信号与系统
题型精讲与考研指导

王仕奎　编著

清华大学出版社

北 京

内 容 简 介

本书共包括 36 章,对信号与系统的主要内容进行了串讲,并主要以中国科学技术大学近 20 年信号与系统全部考研真题的详细解答为例,说明如何运用基础理论分析和解决问题。本书也精选了其他一些高校近年信号与系统的考研真题进行分析与解答。最后一章包括 10 套考研真题,可作为读者自我检测之用。

本书包含作者多年的教学和考研辅导心得,不仅对众多高校的信号与系统专业课的考研备考具有指导作用,对信号与系统这门专业基础课的课程学习,对教授该课程的教师的备课、辅导和考核也具有较高的参考价值。

图书在版编目(CIP)数据

信号与系统题型精讲与考研指导/王仕奎编著.—北京:清华大学出版社,2023.10
ISBN 978-7-302-64705-8

Ⅰ.①信… Ⅱ.①王… Ⅲ.①信号系统-高等学校-教学参考资料 Ⅳ.①TN911.6

中国国家版本馆 CIP 数据核字(2023)第 181709 号

责任编辑:鲁永芳
封面设计:常雪影
责任校对:欧 洋
责任印制:沈 露

出版发行:清华大学出版社
   网 址:http://www.tup.com.cn,http://www.wqbook.com
   地 址:北京清华大学学研大厦 A 座   邮 编:100084
   社 总 机:010-83470000   邮 购:010-62786544
   投稿与读者服务:010-62776969,c-service@tup.tsinghua.edu.cn
   质量反馈:010-62772015,zhiliang@tup.tsinghua.edu.cn
印 装 者:三河市龙大印装有限公司
经 销:全国新华书店
开 本:185mm×260mm 印 张:29.25   字 数:710 千字
版 次:2023 年 11 月第 1 版   印 次:2023 年 11 月第 1 次印刷
定 价:99.00 元

产品编号:103647-01

前　言

　　国内众多高校的信号与系统考研真题中,中国科学技术大学的考研真题绵延了 30 多年,不仅时间长,而且质量高。本书包括中国科学技术大学近 20 年(2003—2022)信号与系统考研真题及其详解。另外,也适当引用了其他一些著名大学及普通高校的考研真题并进行详细解答,如北京邮电大学、四川大学、厦门大学、华中科技大学、上海交通大学、重庆邮电大学、上海大学等。因此,本书不仅特别适合报考中国科学技术大学,也适合报考其他大学的考研学生,同时对学生学习信号与系统课程也有参考作用,具有广泛的实用性。教师可以从本书选择题目作为信号与系统课程练习或考核之用。

　　本书共包括 36 章,取"三十六计"之意,将考研真题分成 36 个主题分门别类讲解。每一章的体例大致是先进行知识点串讲,这一部分包含了作者的很多独特见解和总结;然后分析、解答相应的考研真题。其中,第 35 章"信号与系统学习经验谈"是作者学习、教学与解答考研真题的心得体会,供读者参考。最后一章附上近两三年的 10 套考研真题及参考答案,供同学们自我检测之用。

　　由于中国科学技术大学一度将信息论作为考研内容,所以书末附上几道信息论考研题及其解答,以保持中国科学技术大学 20 年考研真题的完整性。

　　书中尽量对不同部分的符号进行统一,如将单位阶跃信号的两个不同表示 $\varepsilon(t)$ 或 $u(t)$ 统一成 $u(t)$,等等。

　　本书的书稿由硕士研究生赵龙飞同学录入,马多伟、慕云辰、陈凌云三位应届考研生对初稿进行了分工校对,指出很多小问题,在此对以上四位同学表示衷心的感谢!

王仕奎

2023 年 3 月

目 录

第1章

信号的周期性

信号的周期性很重要。首先,周期性是自然界的常见现象,自然界会产生很多周期性或准周期性的信号。其次,周期信号与非周期信号在频域的表现不一样:前者一般是功率信号,频谱是离散的;而后者一般是能量信号,频谱是连续的。周期信号的特点完全由它在一个周期内的时域表达式决定。

傅里叶变换的四种形式中有两种与周期信号有关,即连续周期信号的傅里叶级数(CTFS)和离散周期序列的傅里叶级数(DFS)。它们的傅里叶变换都是离散的,并且 DFS 本身也是周期的。CTFS 是分析连续周期信号的强大工具,DFS 是分析离散周期序列的强大工具。下面的例 1.1 是 DFS 进行离散周期序列分析的例子。

例 1.1 已知 $y(t) = x(t) * h(t)$,如果 $y(t)$ 是周期信号,那么 $x(t)$ 和 $h(t)$ 中至少有一个信号为周期信号。该判断正确否,并说明理由。

分析 一种可能的解答如下:该判断是正确的,用反证法。假设 $x(t)$ 与 $h(t)$ 都是非周期的。由于 $y(t)$ 是周期信号,设其周期为 T,则有

$$y(t) = x(t) * h(t), \quad y(t+T) = x(t+T) * h(t)。$$

上面的第二式利用了卷积的性质。两式相减,得

$$[x(t+T) - x(t)] * h(t) = 0。$$

由于 $h(t) \neq 0$,必有 $x(t+T) - x(t) = 0$,即 $x(t)$ 也是以 T 为周期的信号。

上述分析是错误的,因为从 $[x(t+T) - x(t)] * h(t) = 0$ 且 $h(t) \neq 0$,不能推出 $x(t+T) - x(t) = 0$。

因此这个判断是错误的,不能由 $y(t) = x(t) * h(t)$ 且 $y(t)$ 是周期信号,推出 $x(t)$ 和 $h(t)$ 中至少有一个信号为周期信号。我们可以举一个反例:$x(t) = \sin t + \sin \pi t$ 是非周期信号,$h(t)$ 是某滤波器的单位冲激响应,该滤波器的频率响应 $H(j\omega)$ 满足 $H(j1) = 0, H(j\pi) = 1$,显然 $h(t)$ 也是非周期信号。将 $x(t)$ 输入滤波器 $H(j\omega)$,则输出 $y(t) = x(t) * h(t) = \sin \pi t$ 是周期信号。

例 1.2 一个连续时间周期信号 $x(t)$ 进行等间隔理想冲激采样,所得的采样信号经过一个理想低通滤波器之后,输出一定是周期性的吗?为什么?

分析 $x(t)$ 是周期的,那么它一定有一个最小正周期,进行傅里叶级数展开后,所有分量的频率都是基频的整数倍,因此任何两个频率之比都是有理数。

　　但是,经过理想冲激采样再理想低通滤波后,虽然输出信号的各分量都是周期性的,在频域是离散的谱线,但是不同频率之间的比值不一定还是有理数,因此输出信号不一定是周期性的。

　　举例如下:一个周期信号包含 $\omega_1 = 1\mathrm{rad/s}$ 和 $\omega_2 = 2\mathrm{rad/s}$ 两个角频率,由于两个角频率之比是有理数,所以是周期性的。但是经过 $\omega_s = \dfrac{\pi}{6}\mathrm{rad/s}$ 采样后,再用截止频率 $\omega_c = 2\mathrm{rad/s}$ 的理想低通滤波器进行滤波,剩下的几个分量的角频率分别为 $1 - \dfrac{\pi}{6}$、$2 - \dfrac{\pi}{6}$ 和 $2 - \dfrac{\pi}{2}(\mathrm{rad/s})$,由于这几个角频率之比不是有理数,所以其输出信号不是周期性的。

　　因此,题目的说法是否定的,输出不一定是周期性的。

1.1　知识点

　　1. 正弦信号 $f(t) = \sin\omega_0 t\,(\omega_0 > 0)$ 的周期为 $T = \dfrac{2\pi}{\omega_0}$。

　　2. 正弦序列 $f(n) = \sin\omega_0 n\,(\omega_0 > 0)$,仅当 $\dfrac{2\pi}{\omega_0}$ 为有理数时才是周期性的,且其周期为 $N = M \cdot \dfrac{2\pi}{\omega_0}$,$M$ 是使 N 为最小正整数的整数。

　　3. 两个连续周期信号 $f_1(t)$ 和 $f_2(t)$ 之和
$$f(t) = f_1(t) + f_2(t)$$
不一定是周期信号,仅当周期之比 $\dfrac{T_1}{T_2}$ 为有理数时,$f(t)$ 才是周期性的。

　　4. 两个离散周期序列 $f_1(n)$ 和 $f_2(n)$ 之和
$$f(n) = f_1(n) + f_2(n)$$
一定是周期性的,因为周期之比 $\dfrac{N_1}{N_2}$ 一定是有理数。

　　5. 非周期信号通过一个线性时不变(LTI)系统后,输出不一定是非周期信号。

　　考虑一个简单情形:输入信号为 $f(t) = \sin t + \sin\pi t$,是非周期的,$f(t)$ 通过一个频率响应 $H(j\omega)$ 满足 $H(j1) = 0$,$H(j\pi) \neq 0$ 的 LTI 系统,则输出为 $y(t) = |H(j\pi)|\sin[\pi t + \varphi(\pi)]$,是周期性的,其中 $H(j\omega) = |H(j\omega)|\mathrm{e}^{j\varphi(\omega)}$。

　　6. 周期信号通过一个 LTI 系统后,输出一定是周期性的。

　　设连续周期信号 $f(t)$ 的傅里叶级数的复指数形式展开为 $f(t) = \displaystyle\sum_{n=-\infty}^{\infty} F_n \mathrm{e}^{jn\Omega t}$,其中 $F_n = \dfrac{1}{T}\displaystyle\int_{-T/2}^{T/2} f(t)\mathrm{e}^{-jn\Omega t}$,$T$ 为周期,$\Omega = \dfrac{2\pi}{T}$。设 LTI 系统的频率响应为 $H(j\omega)$。考虑以下三种情形,其他情形可类似讨论。

　　(1) 若 $H(j0) \neq 0$,$H(jn\Omega) = 0$ 对所有 $n \neq 0$ 的整数都成立,且 $F_0 \neq 0$,即信号包含直流分量,则系统的输出为直流信号,任何正整数都是它的周期。

　　(2) 若对所有 n,$F_n \neq 0$,且 $H(jn\Omega) \neq 0$,则输出的周期为 T。

（3）仅当 $n=2,4$ 时，$H(jn\Omega)\neq0$，则输出的周期为 $\dfrac{T}{2}$。

1.2 考研真题解析

真题 1.1 （中国科学技术大学，2019）判断下列信号是否为周期信号，若是，则给出周期。

① $y(t)=\cos(3t+\pi/4)$；② $y(n)=\sin(n/3)\cdot\cos(\pi n/2)$。

解 ① 周期信号，$T=\dfrac{2}{3}\pi$；② 非周期信号。

真题 1.2 （四川大学，2021）$x(n)=1+e^{j4\pi\frac{n}{5}}-e^{j2\pi\frac{n}{3}}$ 的基波周期为 _____ 。

解 因为 $N_1=5,N_2=3$，所以 $N=15$。

真题 1.3 （中国科学技术大学，2022）判断下列信号是否为周期信号，若是，则给出周期。

① $x(t)=\cos\left(3\pi t+\dfrac{\pi}{4}\right)$；② $x(n)=\cos\left(\dfrac{2\pi n}{7}+2\right)$。

解 ① 是，$T=\dfrac{2\pi}{3\pi}=\dfrac{2}{3}$；② 是，$N=\dfrac{2\pi}{2\pi/7}=7$。

真题 1.4 （清华大学，2022）一个非周期信号加上一个周期信号一定得非周期信号。（ ）

A. 正确   B. 错误

解 错误。例如，$f_1(t)=\sin t+\sin\pi t$ 是非周期信号，$f_2(t)=-\sin\pi t$ 是周期信号，但它们之和 $f(t)=f_1(t)+f_2(t)=\sin t$ 是周期信号。故选 B。

第2章

系统性质的判断

系统性质的判断,是学习信号与系统的基本功,特别是对线性与时变性的判断尤为重要,很多重要的概念,如卷积、单位冲激响应、系统的频率响应与系统函数等,都是以系统是线性时不变(LTI)为前提定义或者推导出来的。下面以卷积的推导为例加以说明。

例 2.1 卷积的推导

分析 (1)若系统是 LTI 的,当输入为 $\delta(t)$ 时,输出 $h(t)$ 称为单位冲激响应。

(2)由系统的时不变性,当 $\delta(t) \rightarrow h(t)$ 时,得

$$\delta(t-\tau) \rightarrow h(t-\tau)。$$

(3)由系统的齐次性,得

$$f(\tau)\delta(t-\tau) \rightarrow f(\tau)h(t-\tau)。$$

(4)由系统的可加性,得

$$\int_{-\infty}^{\infty} f(\tau)\delta(t-\tau)\mathrm{d}\tau \rightarrow \int_{-\infty}^{\infty} f(\tau)h(t-\tau)\mathrm{d}\tau,$$

即

$$f(t) \rightarrow \int_{-\infty}^{\infty} f(\tau)h(t-\tau)\mathrm{d}\tau。$$

上式右边为固定的形式,定义为 $f(t)$ 与 $h(t)$ 的卷积,即若信号 $f(t)$ 输入单位冲激响应为 $h(t)$ 的 LTI 系统,则输出为 $f(t)$ 与 $h(t)$ 的卷积,如图 2.1 所示。

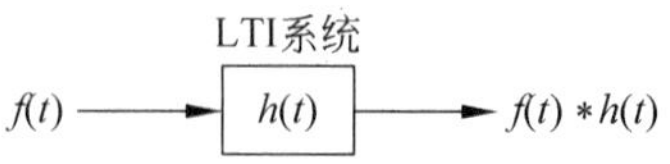

图 2.1

由以上推导可知,卷积是以系统是 LTI 为前提的,且 $h(t)$ 的存在也是以系统是 LTI 为前提的。

若系统不是 LTI 的,则求解单位冲激响应和频率响应是没有意义的。下面两个例题是由于不理解系统 LTI 基本要求而导致的错题!

例 2.2 (中国科学技术大学,2011)某 LTI 系统的系统结构如图 2.2 所示,其中 $H_i(\omega)$ 的频率响应特性为

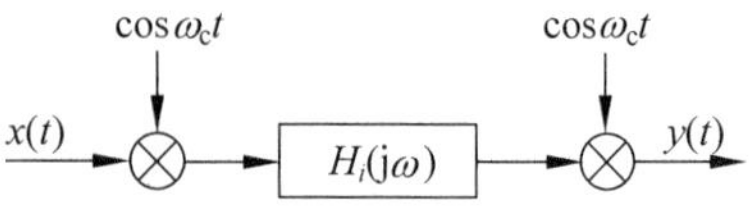

图 2.2

$$H_i(\omega) = [u(\omega+\omega_0) - u(\omega-\omega_0)] \cdot \mathrm{e}^{-\mathrm{j}\omega t_0}。$$

(1)求系统的单位冲激响应 $h(t)$;

（2）求系统的频率响应 $H(\omega)$，画出幅频响应和相频响应特性曲线；

（3）求输入信号 $x(t)=1+[1+\cos(\omega_0 t/2)] \cdot \cos\omega_c t$ 时的系统输出 $y(t)$。

分析 本题是一道错题，其物理过程较为简单：首先对输入信号 $x(t)$ 进行双边带调制，再经过 $H_i(j\omega)$ 低通滤波，最后再次进行双边带调制，得到输出信号 $y(t)$。

整个系统是线性时变的，证明如下。

设

$$T[x(t)]=y(t)=\{[x(t)\cos\omega_c t] * h_i(t)\} \cdot \cos\omega_c t, \qquad ①$$

其中，$h_i(t)$ 为 $H_i(j\omega)$ 的傅里叶逆变换，则

$$\begin{aligned}
T[k_1 x_1(t)+k_2 x_2(t)] &=\{[(k_1 x_1(t)+k_2 x_2(t))\cos\omega_c t] * h_i(t)\} \cdot \cos\omega_c t\\
&=\{[k_1 x_1(t)\cos\omega_c t+k_2 x_2(t)\cos\omega_c t] * h_i(t)\} \cdot \cos\omega_c t\\
&=\{k_1[x_1(t)\cos\omega_c t] * h_i(t)+k_2[x_2(t)\cos\omega_c t] * h_i(t)\} \cdot \cos\omega_c t\\
&=k_1\{[x_1(t)\cos\omega_c t] * h_i(t)\} \cdot \cos\omega_c t+\\
&\quad k_2\{[x_2(t)\cos\omega_c t] * h_i(t)\} \cdot \cos\omega_c t\\
&=k_1 T[x_1(t)]+k_2 T[x_2(t)],
\end{aligned}$$

故系统是线性的。

$$T[x(t-t_0)]=\{[x(t-t_0)\cos\omega_c t] * h_i(t)\} \cdot \cos\omega_c t. \qquad ②$$

在式①中，令 t 为 $t-t_0$，得

$$y(t-t_0)=\{[x(t-t_0)\cos\omega_c(t-t_0)] * h_i(t)\} \cdot \cos\omega_c(t-t_0). \qquad ③$$

对比式②和式③知

$$T[x(t-t_0)] \neq y(t-t_0), \qquad ④$$

故系统是时变的。

综上，系统是线性时变的，即系统是非 LTI 的。

由于系统是非 LTI 的，故该题（1）、（2）两问是无意义的，因为系统的单位冲激响应 $h(t)$ 和频率响应 $H(j\omega)$（$h(t)$ 与 $H(j\omega)$ 互为傅里叶变换对的关系）的前提是系统为 LTI 的。本题的系统是线性时变的，因此，由 $\delta(t) \to h(t)$，不能得到 $\delta(t-t_0) \to h(t-t_0)$，即系统的性质是随时间而变化的，故系统的单位冲激响应的概念是没有意义的。

虽然（1）、（2）问是无意义的，但（3）问可以通过讨论 ω_c 与 ω_0 之间的大小关系得到输出 $y(t)$，讨论过程十分繁琐，这里从略。

例 2.3 （中国科学技术大学，2015）某系统的结构如图 2.3 所示，其子系统 $H_0(j\omega)$ 的频率响应特性为

$$H_0(j\omega)=\begin{cases} 1+\cos(\pi\omega/\omega_m), & |\omega|<\omega_m\\ 0, & |\omega|>\omega_m \end{cases},$$

且有 $\omega_c \gg \omega_m$。

（1）求系统的单位冲激响应 $h(t)$，并画出 $h(t)$ 的波形；

（2）求系统的频率响应 $H(j\omega)$，并画出 $H(j\omega)$ 的波形；

（3）求输入信号 $x(t)=1+[1+\sin(\omega_m t/2)] \cdot \cos\omega_c t$ 时的系统输出 $y(t)$。

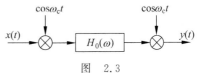

图 2.3

分析 本题是一道错题。

(1) 本题中的系统是非 LTI 的，而系统的单位冲激响应 $h(t)$ 和频率响应 $H(j\omega)$ 都是 LTI 系统中的概念，因此本题(1)、(2)两问关于求 $h(t)$ 和 $H(j\omega)$ 是没有意义的。

(2) 本题中的系统是非 LTI 的，证明如下：

设

$$\text{T}[x(t)] = y(t) = [x(t)\cos\omega_c t * h_0(t)]\cos\omega_c t,$$

其中，$h_0(t)$ 为 $H_0(j\omega)$ 的傅里叶逆变换，则

$$\text{T}[k_1 x(t) + k_2 x_2(t)] = \{[k_1 x_1(t) + k_2 x_2(t)]\cos\omega_c t * h_0(t)\}\cos\omega_c t$$

$$= k_1[x_1(t)\cos\omega_c t * h_0(t)]\cos\omega_c t +$$

$$k_2[x_2(t)\cos\omega_c t * h_0(t)]\cos\omega_c t$$

$$= k_1\text{T}[x_1(t)] + k_2\text{T}[x_2(t)],$$

故系统是线性的。

$$\text{T}[x(t - t_0)] = [x(t - t_0)\cos\omega_c t * h_0(t)]\cos\omega_c t, \qquad ①$$

而

$$y(t - t_0) = [x(t - t_0)\cos\omega_c(t - t_0) * h_0(t)]\cos\omega_c(t - t_0). \qquad ②$$

由式①和式②知

$$\text{T}[x(t - t_0)] \neq y(t - t_0),$$

故系统是时变的。

因此，该系统是线性时变的，即非 LTI 的，故求 $h(t)$ 与 $H(j\omega)$ 是没有意义的。

(3) 有的同学计算 $h(t)$ 和 $H(j\omega)$ 如下：设 $x(t) = \delta(t)$，则

$$h(t) = [\delta(t)\cos\omega_c t * h_0(t)] \cdot \cos\omega_c t = h_0(t) \cdot \cos\omega_c t,$$

$$H(j\omega) = \frac{1}{2}[H_0(\omega + \omega_c) + H_0(\omega + \omega_c)]。$$

以上是无视物理意义的纯数学计算，是错误的，因为系统是时变的，它在不同的时刻有不同的单位冲激响应。

(4) 虽然(1)、(2)问的求解没有意义，但第(3)问的输出 $y(t)$ 仍然是可以计算的，过程如下：

$$x(t)\cos\omega_c t = \left(1 + \cos\omega_c t + \sin\frac{\omega_m}{2}t \cdot \cos\omega_c t\right)\cos\omega_c t$$

$$= \left(\frac{1}{2} + \frac{1}{2}\sin\frac{\omega_m}{2}t\right) + \left(\cos\omega_c t + \frac{1}{2}\cos 2\omega_c t + \frac{1}{2}\sin\frac{\omega_m}{2}t \cdot \cos 2\omega_c t\right),$$

经 $H_0(j\omega)$ 低通滤波后，将后一项滤除，前一项的输出频谱为

$$\left\{\pi\delta(\omega) + \frac{1}{2} \cdot \frac{\pi}{j}\left[\delta\left(\omega - \frac{\omega_m}{2}\right) - \delta\left(\omega + \frac{\omega_m}{2}\right)\right]\right\} \cdot \left(1 + \cos\frac{\pi}{\omega_m}\omega\right)g_{2\omega_m}(\omega)$$

$$= 2\pi\delta(\omega) + \frac{\pi}{2j}\left[\delta\left(\omega - \frac{\omega_m}{2}\right) - \delta\left(\omega + \frac{\omega_m}{2}\right)\right],$$

作傅里叶逆变换得 $1 + \frac{1}{2}\sin\frac{\omega_m}{2}t$，最后得输出

$$y(t) = \left(1 + \frac{1}{2}\sin\frac{\omega_m}{2}t\right)\cos\omega_c t。$$

总之,本题是一道对物理意义理解含糊不清的错题,说明了出题者重数学计算而缺乏物理思维。

信号与系统的所有理论的前提是系统为 LTI 的,例如卷积的概念,就是以系统为 LTI 而建立的。本题的系统是非 LTI 的,故

$$x(t) * h(t) = y(t)$$

是不成立的,进而卷积定理也不成立,即

$$X(j\omega) \cdot H(j\omega) = Y(j\omega)$$

的关系也是不成立的。

因此,本题求解 $h(t)$ 与 $H(j\omega)$ 是毫无意义的。

在一个非 LTI 系统中,虽然 $h(t)$ 与 $H(j\omega)$ 是无意义的,但对某一个输入信号 $x(t)$,仍然可以计算其输出 $y(t)$。但由于本题含两个未知参数 ω_0 和 ω_c,讨论起来十分繁琐,从而(3)问的求解意义不大。

2.1 知识点

系统的性质包括线性、时变性、因果性、稳定性和记忆性,将作为专题进行阐述。此外还有可逆性。可逆性的概念有着重要的应用。

1. 线性

线性包括齐次性和可加性。在文献[1]中线性的判断包含三个步骤:①全响应的可分解性,即"全响应=零输入响应+零状态响应";②零输入响应是线性的;③零状态响应是线性的。只有全部满足以上三个条件的系统才是线性的。

在考研真题中,较少出现初始状态项,系统线性的判断有固定的套路。下面仅以连续系统为例,离散系统可作类似的讨论。

设 $y(t) = T[f(t)]$,$y(t)$ 与 $f(t)$ 之间的关系一般显式地给出,激励 $f_1(t)$ 和 $f_2(t)$ 的响应分别为 $y_1(t) = T[f_1(t)]$,$y_2(t) = T[f_2(t)]$,则验证等式

$$T[k_1 f_1(t) + k_2 f_2(t)] = k_1 T[f_1(t)] + k_2 T[f_2(t)]$$

是否成立,成立则说明系统同时满足齐次性和可加性,系统是线性的;否则,系统是非线性的。

当 $f(t)$ 与 $y(t)$ 之间的关系由微分方程隐式地给出时,线性与时变性的判断较为复杂,参看本章的"考研真题解析"部分。

2. 时变性

若 $y(t) = T[f(t)]$,时变性即判断 $y(t - t_0) = T[f(t - t_0)]$ 是否成立,成立为时不变系统,否则为时变系统。

时变性的判断较线性的判断更易出错,因为 $T[f(t - t_0)]$ 的表达式有时不容易写对,一个较好的解决办法是作换元:令 $g(t) = f(t - t_0)$,则

$$T[f(t - t_0)] = T[g(t)],$$

$T[g(t)]$ 的表达式一般由题目的条件给出,再换回 $T[f(t-t_0)]$ 即可。

例 2.4 若系统为 $y(t)=T[f(t)]=\begin{cases}1, & f(t)\geqslant 0 \\ 0, & \text{其他}\end{cases}$,令 $g(t)=f(t-t_0)$,则

$$T[g(t)]=\begin{cases}1, & g(t)\geqslant 0 \\ 0, & \text{其他}\end{cases}。$$

分析 用 $f(t-t_0)$ 替换 $g(t)$,得

$$T[f(t-t_0)]=\begin{cases}1, & f(t-t_0)\geqslant 0 \\ 0, & \text{其他}\end{cases}。$$

而 $y(t-t_0)=\begin{cases}1, & f(t-t_0)\geqslant 0 \\ 0, & \text{其他}\end{cases}$,显然有 $y(t-t_0)=T[f(t-t_0)]$,故系统是时不变的。

3. 因果性

因果性的判断较为容易,只要考查激励与响应之间的时间关系即可:若 t 时刻的响应只与 t 时刻及以前的激励有关,则系统是因果的;否则,若 t 时刻的响应与 t 以后的激励有关,则系统是非因果的。连续的非因果系统是无法实现的,因而连续系统一般默认为因果的;离散的非因果系统可以利用系统的储存特征来实现。

4. 稳定性

一个 LTI 系统,当输入有界时,零状态响应也是有界的,称为有界输入有界输出(BIBO)稳定,也称为外部稳定。通常所说的稳定性一般指这种稳定。

可以利用系统的零极点来判断系统的稳定性。稳定性之所以与零点有关系,是因为可能发生零点与极点互相抵消的情形。

两个有效的判断系统稳定性的准则:对于连续系统,采用罗斯-霍尔维兹(R-H)准则;对于离散系统,采用朱里准则(Jury rule)。这两个准则需要分别构造两个阵列,即 R-H 阵列和朱里排列,当系统的阶数较高时,阵列的构造有一定难度,但对于低阶的系统,这两个准则需熟练运用,以加快解题速度。归纳如下:

(1) 二阶多项式 $s^2+\alpha s+\beta$ 的两个零点都位于 s 平面左半平面的充分必要条件是:$\alpha>0$,$\beta>0$。

三阶多项式 $s^3+\alpha s^2+\beta s+\gamma$ 的三个零点都位于 s 平面左半平面的充分必要条件是:α,β,$\gamma>0$,且 $\alpha\beta>\gamma$。

(2) 二阶多项式 $z^2+\alpha z+\beta$ 的两个零点都位于 z 平面单位圆内的充分必要条件是:$|\alpha|<1+\beta$,$|\beta|<1$。

三阶多项式 $z^3+\alpha z^2+\beta z+\gamma$ 的三个零点都位于 z 平面单位圆内的充分必要条件是:$|1+\beta|<\alpha+\gamma$,$|\beta-\alpha\gamma|<1-\gamma^2$,$|\gamma|<1$。这种情形的记忆难度较大,实际中考查较少。

5. 记忆性

在信息论中也有记忆的概念,一个信道是有记忆的,信道当前的输出不仅与当前的输入有关,而且与以前的输入也有关。

系统的记忆性与此类似:若系统在 t 时刻的输出与 t 时刻以前的输入有关,则称系统是

有记忆的;否则,若 t 时刻的输出只与 t 时刻的输入有关,则称系统是无记忆的。对于连续系统,系统的记忆性是由于系统中存在储能元件。

2.2 考研真题解析

真题 2.1 (中国科学技术大学,2003)(1)某连续时间系统的输入输出信号变换关系为 $y(t)=\int_0^1 x(t-\tau)\mathrm{d}\tau$,试确定该系统是否线性? 是否时不变? 是否因果? 是否稳定? 若是线性时不变系统,试求出它的单位冲激响应 $h(t)$,并概画出 $h(t)$ 的波形。

(2) 现已知该系统的输入为 $x(t)=\sum_{n=0}^{\infty}(-1)^n x_0(t-2n)$,其中,

$$x_0(t)=\begin{cases}\sin\pi t, & 0\leqslant t\leqslant 1\\ 0, & \text{其他}\end{cases}。$$

试用时域卷积的方法求出系统的输出 $y(t)$,并概画出 $x(t)$ 和 $y(t)$ 的波形。

解 (1) 设 $\mathrm{T}[x(t)]=y(t)=\int_0^1 x(t-\tau)\mathrm{d}\tau$,则

$$\mathrm{T}[k_1 x_1(t)+k_2 x_2(t)]=\int_0^1[k_1 x_1(t-\tau)+k_2 x_2(t-\tau)]\mathrm{d}\tau$$
$$=k_1\int_0^1 x_1(t-\tau)\mathrm{d}\tau+k_2\int_0^1 x_2(t-\tau)\mathrm{d}\tau$$
$$=k_1\mathrm{T}[x_1(t)]+k_2\mathrm{T}[x_2(t)],$$

故系统是线性的。

设 $z(t)=x(t-t_0)$,则 $\mathrm{T}[z(t)]=\int_0^1 z(t-\tau)\mathrm{d}\tau$,即

$$\mathrm{T}[x(t-t_0)]=\int_0^1 x(t-\tau-t_0)\mathrm{d}\tau。$$

而 $y(t-t_0)=\int_0^1 x(t-t_0-\tau)\mathrm{d}\tau$ 。

由于 $\mathrm{T}[x(t-t_0)]=y(t-t_0)$,故系统是时不变的。

由于 t 时刻的输出与 t 时刻以后的输入无关,故系统是因果的。

当 $|x(t)|\leqslant M<+\infty$ 时,

$$|y(t)|\leqslant\int_0^1|x(t-\tau)|\mathrm{d}\tau\leqslant\int_0^1 M\mathrm{d}\tau=M<+\infty,$$

故系统是稳定的。

将 $y(t)=\int_0^1 x(t-\tau)\mathrm{d}\tau$ 写成

$$y(t)=x(t)*[u(t)-u(t-1)],$$

故 $h(t)=u(t)-u(t-1)$ 。 $h(t)$ 波形如图 2.4 所示。

(2) 显然 $x_0(t)=\sin\pi t\cdot[u(t)-u(t-1)]$,故

$$x(t)=\sum_{k=0}^{\infty}[x_0(t-4k)-x_0(t-4k-2)]$$

$$= \sum_{k=0}^{\infty} \{ \sin\pi t \cdot [u(t-4k) - u(t-4k-1)] -$$

$$\sin\pi t \cdot [u(t-4k-2) - u(t-4k-3)] \}$$

$$= \sin\pi t \cdot \sum_{k=0}^{\infty} \{ [u(t-4k) - u(t-4k-1)] - [u(t-4k-2) - u(t-4k-3)] \} \text{。}$$

作 $x(t)$ 波形如图 2.5 所示。

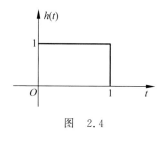

图 2.4

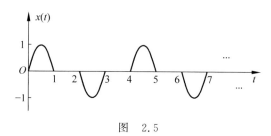

图 2.5

又可以将 $x(t)$ 写成

$$x(t) = x_0(t) * \sum_{k=0}^{\infty} [\delta(t-4k) - \delta(t-4k-2)],$$

故

$$y(t) = x(t) * h(t) = x_0(t) * h(t) * \sum_{k=0}^{\infty} [\delta(t-4k) - \delta(t-4k-2)] \text{。}$$

用卷积定义计算 $x_0(t) * h(t)$，得

$$x_0(t) * h(t) = \sin\pi t \cdot [u(t) - u(t-1)] * [u(t) - u(t-1)]$$

$$= \frac{1}{\pi}(1 - \cos\pi t)[u(t) - u(t-2)] \text{。}$$

故

$$y(t) = \frac{1}{\pi}(1 - \cos\pi t)[u(t) - u(t-2)] * \sum_{k=0}^{\infty} [\delta(t-4k) - \delta(t-4k-2)]$$

$$= \frac{1}{\pi}(1 - \cos\pi t) \cdot \sum_{k=0}^{\infty} \{ [u(t-4k) - u(t-4k-2)] - [u(t-4k-2) - u(t-4k-4)] \} \text{。}$$

作 $y(t)$ 波形如图 2.6 所示。

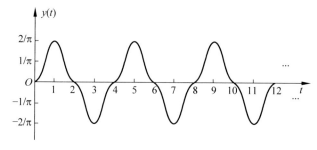

图 2.6

真题 2.2 （中国科学技术大学,2010)对于以输入-输出关系

$$y(t)=x(t)\cos[\omega_0(t-2)+\varphi_0], \quad \omega_0\neq 0$$

描述的系统,简要判断系统的记忆性、线性、时不变性、因果性和稳定性。

解 由于 t 时刻的输出只与 t 时刻的输入有关,故系统是无记忆的。

设 $T[x(t)]=y(t)=x(t)\cos[\omega_0(t-2)+\varphi_0]$,则

$$\begin{aligned}T[k_1x_1(t)+k_2x_2(t)]&=[k_1x_1(t)+k_2x_2(t)]\cos[\omega_0(t-2)+\varphi_0]\\&=k_1x_1(t)\cos[\omega_0(t-2)+\varphi_0]+k_2x_2(t)\cos[\omega_0(t-2)+\varphi_0]\\&=k_1T[x_1(t)]+k_2T[x_2(t)],\end{aligned}$$

即

$$T[k_1x_1(t)+k_2x_2(t)]=k_1T[x_1(t)]+k_2T[x_2(t)],$$

故系统是线性的。

设 $z(t)=x(t-t_0)$,则有

$$T[z(t)]=z(t)\cos[\omega_0(t-2)+\varphi_0],$$

即

$$T[x(t-t_0)]=x(t-t_0)\cos[\omega_0(t-2)+\varphi_0]; \qquad ①$$

而由 $y(t)=x(t)\cos[\omega_0(t-2)+\varphi_0]$ 得

$$y(t-t_0)=x(t-t_0)\cos[\omega_0(t-t_0-2)+\varphi_0]。 \qquad ②$$

对比式①和式②知 $T[x(t-t_0)]\neq y(t-t_0)$,即

$$T[x(t-t_0)]\neq y(t-t_0),$$

故系统是时变的。

由于 t 时刻的输出只与 t 时刻的输入有关,与 t 时刻之后的输入无关,故系统是因果的。

当输入 $x(t)$ 有界时,输出 $y(t)$ 也有界,故系统是稳定的。

真题 2.3 （中国科学技术大学,2010)对于以输入-输出关系 $y(n)=\sum_{k=-\infty}^{n+2}\left(\frac{1}{2}\right)^{n-k}x(k)$

描述的系统,简要判断系统的记忆性、线性、时不变性、因果性和稳定性。

解 由于 n 时刻的输出与 n 时刻之前的输入有关,故系统是有记忆的。

设 $T[x(n)]=y(n)=\sum_{k=-\infty}^{n+2}\left(\frac{1}{2}\right)^{n-k}x(k)$,则

$$\begin{aligned}T[k_1x_1(n)+k_2x_2(n)]&=\sum_{k=-\infty}^{n+2}\left(\frac{1}{2}\right)^{n-k}[k_1x_1(k)+k_2x_2(k)]\\&=k_1\sum_{k=-\infty}^{n+2}\left(\frac{1}{2}\right)^{n-k}x_1(k)+k_2\sum_{k=-\infty}^{n+2}\left(\frac{1}{2}\right)^{n-k}x_2(k)\\&=k_1y_1(n)+k_2y_2(n),\end{aligned}$$

故系统是线性的。

设 $z(n)=x(n-n_0)$,则有

$$T[z(n)]=\sum_{k=-\infty}^{n+2}\left(\frac{1}{2}\right)^{n-k}z(k),$$

即

$$T[x(n-n_0)] = \sum_{k=-\infty}^{n+2} \left(\frac{1}{2}\right)^{n-k} x(k-n_0) \xlongequal{\text{换元}} \sum_{k=-\infty}^{n-n_0+2} \left(\frac{1}{2}\right)^{(n-n_0)-k} x(k); \qquad ①$$

而由 $y(n) = \sum_{k=-\infty}^{n+2} \left(\frac{1}{2}\right)^{n-k} x(k)$ 得

$$y(n-n_0) = \sum_{k=-\infty}^{n-n_0+2} \left(\frac{1}{2}\right)^{n-n_0-k} x(k)。 \qquad ②$$

由式①和式②知系统是时不变的。

由于 n 时刻的输出与 n 时刻之后的输入有关,故系统是非因果的。

当输入 $x(n)$ 有界时,由于

$$|y(n)| \leqslant \max[|x(n)|] \cdot \sum_{k=-\infty}^{n+2} \left(\frac{1}{2}\right)^{n-k} \leqslant 8 \cdot \max[|x(n)|],$$

即输出 $y(n)$ 也是有界的,故系统是稳定的。

稳定性也可以这样判断:由于

$$y(n) = x(n) * \left(\frac{1}{2}\right)^n u(n+2),$$

故 $h(n) = (1/2)^n u(n+2)$,显然 $h(n)$ 是绝对可和的,故系统是稳定的。

真题 2.4　（中国科学技术大学,2011）对于图 2.7 中虚线框内的系统,判断系统的记忆性、线性、时不变性、因果性和稳定性,如果它是 LTI 系统,试写出它的单位冲激响应 $h(t)$。

解　由互相关函数与卷积之间的关系,得

$$y(t) = x(t) * f(-t) = \int_{-\infty}^{\infty} x(\tau) f[-(t-\tau)] \mathrm{d}\tau。$$

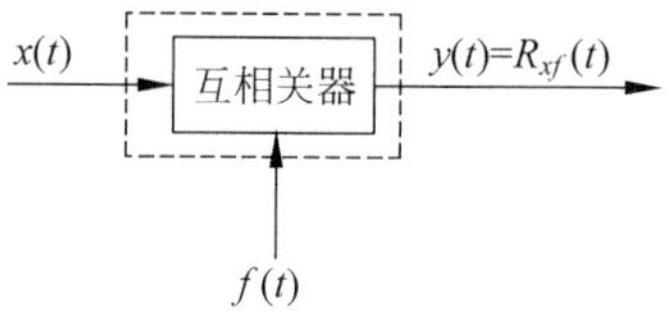

由于 $y(t)$ 与 t 时刻之前的输入有关,故系统是有记忆的。

图　2.7

设 $T[x(t)] = y(t) = x(t) * f(-t)$,则

$$\begin{aligned}
T[k_1 x_1(t) + k_2 x_2(t)] &= [k_1 x_1(t) + k_2 x_2(t)] * f(-t) \\
&= k_1 x_1(t) * f(-t) + k_2 x_2(t) * f(-t) \\
&= k_1 T[x_1(t)] + k_2 T[x_2(t)],
\end{aligned}$$

故系统是线性的。

设 $z(t) = x(t-t_0)$,则

$$\begin{aligned}
T[z(t)] &= z(t) * f(-t) = x(t-t_0) * f(-t) \\
&= \int_{-\infty}^{\infty} x(\tau-t_0) f[-(t-\tau)] \mathrm{d}\tau \\
&\xlongequal{\text{换元}} \int_{-\infty}^{\infty} x(\tau) f[-(t-\tau-t_0)] \mathrm{d}\tau,
\end{aligned}$$

即 $T[x(t-t_0)] = \int_{-\infty}^{\infty} x(\tau) f[-(t-\tau-t_0)] \mathrm{d}\tau。$

而 $y(t-t_0) = \int_{-\infty}^{\infty} x(\tau) f[-(t-t_0-\tau)] \mathrm{d}\tau$,于是 $T[x(t-t_0)] = y(t-t_0)$,所以系统是时不变的。

由于 $y(t)$ 与 t 时刻之后的输入有关,故系统是非因果的。

当 $x(t)$ 有界时,$y(t)$ 有可能趋于无穷,故系统是不稳定的。

对比 $y(t) = x(t) * f(-t)$ 与 $y(t) = x(t) * h(t)$,可知 $h(t) = f(-t)$。

真题 2.5 (中国科学技术大学,2012)对于以输入-输出关系
$$y(t) = [A + x(t)]\cos\omega_0 t, \quad A \neq 0, \quad \omega_0 \neq 0$$
描述的系统,判断系统的记忆性、线性、时不变性、因果性和稳定性(无需说明理由)。

解 由于 t 时刻的输出只与 t 时刻的输入有关,故系统是无记忆的。

设 $T[x(t)] = y(t) = [A + x(t)]\cos\omega_0 t$,则
$$T[k_1 x_1(t) + k_2 x_2(t)] = [A + k_1 x_1(t) + k_2 x_2(t)]\cos\omega_0 t, \qquad ①$$
而
$$k_1 T[x_1(t)] + k_2 T[x_2(t)] = k_1[A + x_1(t)]\cos\omega_0 t + k_2[A + x_2(t)]\cos\omega_0 t, \qquad ②$$
由式①和式②知
$$T[k_1 x_1(t) + k_2 x_2(t)] \neq k_1 T[x_1(t)] + k_2 T[x_2(t)],$$
故系统是非线性的。

设 $z(t) = x(t-t_0)$,则 $T[z(t)] = [A + z(t)]\cos\omega_0 t$,即
$$T[x(t-t_0)] = [A + x(t-t_0)]\cos\omega_0 t, \qquad ③$$
而
$$y(t-t_0) = [A + x(t-t_0)]\cos\omega_0(t-t_0). \qquad ④$$
由式③和式④知 $T[x(t-t_0)] \neq y(t-t_0)$,故系统是时变的。

由于 t 时刻的输出只与 t 时刻的输入有关,与 t 时刻之后的输入无关,故系统是因果的。

当输入 $x(t)$ 有界时,输出 $y(t)$ 也有界,故系统是稳定的。

真题 2.6 (中国科学技术大学,2013)对于以输入-输出关系 $y(t) = \int_{-\infty}^{2t} x(\tau+2)\mathrm{d}\tau$ 描述的系统,判断系统的记忆性、线性、时不变性、因果性、稳定性以及是否具有可逆性。

解 由于 t 时刻的输出与 t 时刻之前的输入有关,故系统是有记忆的。

设 $T[x(t)] = y(t) = \int_{-\infty}^{2t} x(\tau+2)\mathrm{d}\tau$,则
$$T[k_1 x_1(t) + k_2 x_2(t)] = \int_{-\infty}^{2t} [k_1 x_1(\tau+2) + k_2 x_2(\tau+2)]\mathrm{d}\tau$$
$$= k_1 \int_{-\infty}^{2t} x_1(\tau+2)\mathrm{d}\tau + k_2 \int_{-\infty}^{2t} x_2(\tau+2)\mathrm{d}\tau$$
$$= k_1 T[x_1(t)] + k_2 T[x_2(t)],$$
故系统是线性的。

令 $z(t) = x(t-t_0)$,则 $T[z(t)] = \int_{-\infty}^{2t} z(\tau+2)\mathrm{d}\tau$,即
$$T[x(t-t_0)] = \int_{-\infty}^{2t} x(\tau+2-t_0)\mathrm{d}\tau = \int_{-\infty}^{2t-t_0} x(\tau+2)\mathrm{d}\tau,$$
而 $y(t-t_0) = \int_{-\infty}^{2(t-t_0)} x(\tau+2)\mathrm{d}\tau$。

由于 $T[x(t-t_0)] \neq y(t-t_0)$,故系统是时变的。

由于 t 时刻的输出与 t 时刻之后的输入有关,故系统是非因果的。

设 $x(t)=u(t)$，当 $t\to\infty$ 时，有 $y(t)\to\infty$，故系统是不稳定的。

当输入不同时，输出也不同，故系统是可逆的。

真题 2.7　（中国科学技术大学，2015）对于以输入-输出关系 $y(t)=\mathrm{e}^{-2t}\displaystyle\int_{t-2}^{t}\mathrm{e}^{2\tau}x(\tau+2)\mathrm{d}\tau$ 描述的系统，判断系统的记忆性、线性、时不变性、因果性、稳定性以及是否具有可逆性。

解　由于 t 时刻的输出与 t 时刻以前的输入无关，故系统是无记忆的。

设 $\mathrm{T}[x(t)]=y(t)=\mathrm{e}^{-2t}\displaystyle\int_{t-2}^{t}\mathrm{e}^{2\tau}x(\tau+2)\mathrm{d}\tau$，则

$$\mathrm{T}[k_1x_1(t)+k_2x_2(t)]=\mathrm{e}^{-2t}\int_{t-2}^{t}\mathrm{e}^{2\tau}[k_1x_1(\tau+2)+k_2x_2(\tau+2)]\mathrm{d}\tau$$
$$=k_1\mathrm{e}^{-2t}\int_{t-2}^{t}\mathrm{e}^{2\tau}x_1(\tau+2)\mathrm{d}\tau+k_2\mathrm{e}^{-2t}\int_{t-2}^{t}\mathrm{e}^{2\tau}x_2(\tau+2)\mathrm{d}\tau$$
$$=k_1\mathrm{T}[x_1(t)]+k_2\mathrm{T}[x_2(t)],$$

故系统是线性的。

令 $z(t)=x(t-t_0)$，则 $\mathrm{T}[z(t)]=\mathrm{e}^{-2t}\displaystyle\int_{t-2}^{t}\mathrm{e}^{2\tau}z(\tau+2)\mathrm{d}\tau$，即

$$\mathrm{T}[x(t-t_0)]=\mathrm{e}^{-2t}\int_{t-2}^{t}\mathrm{e}^{2\tau}x(\tau+2-t_0)\mathrm{d}\tau。$$

而

$$y(t-t_0)=\mathrm{e}^{-2(t-t_0)}\int_{t-t_0-2}^{t-t_0}\mathrm{e}^{2\tau}x(\tau+2)\mathrm{d}\tau$$
$$=\mathrm{e}^{-2t}\int_{t-t_0-2}^{t-t_0}\mathrm{e}^{2(\tau+t_0)}x(\tau+2)\mathrm{d}\tau$$
$$\xrightarrow{\text{换元}}\mathrm{e}^{-2t}\int_{t-2}^{t}\mathrm{e}^{2\tau}x(\tau-t_0+2)\mathrm{d}\tau。$$

由于 $\mathrm{T}[x(t-t_0)]=y(t-t_0)$，故系统是时不变的。

由于 t 时刻的输出与 t 时刻之后的输入有关，故系统是非因果的。

$$y(t)=\int_{t-2}^{t}\mathrm{e}^{-2(t-\tau)}x(\tau+2)\mathrm{d}\tau$$
$$=\int_{-\infty}^{t}\mathrm{e}^{-2(t-\tau)}x(\tau+2)\mathrm{d}\tau-\int_{-\infty}^{t-2}\mathrm{e}^{-2(t-\tau)}x(\tau+2)\mathrm{d}\tau$$
$$=x(t+2)*\mathrm{e}^{-2t}u(t)-x(t+2)*\mathrm{e}^{-2t}u(t-2)$$
$$=x(t+2)*\mathrm{e}^{-2t}[u(t)-u(t-2)],$$

利用卷积的时移性质得

$$y(t)=x(t)*\mathrm{e}^{-2(t-2)}[u(t-2)-u(t-4)],$$

故 $h(t)=\mathrm{e}^{-2(t-2)}[u(t-2)-u(t-4)]$。由于 $h(t)$ 绝对可积，故系统是稳定的（也可以利用 BIBO 说明稳定性，请读者自行补充）。

由于不同的输入产生不同的输出，故系统是可逆的。

真题 2.8　（中国科学技术大学，2016）对于输入-输出关系 $y(n)=\displaystyle\sum_{k=n-2}^{n+2}x(k)$ 描述的系统，判断系统的记忆性、线性、时不变性、因果性和稳定性。

解　由于 n 时刻的输出与 $n-1,n-2$ 时刻的输入有关,故系统是有记忆的。

设 $\mathrm{T}[x(n)]=y(n)=\displaystyle\sum_{k=n-2}^{n+2}x(k)$,则

$$\mathrm{T}[k_1x_1(n)+k_2x_2(n)]=\sum_{k=n-2}^{n+2}[k_1x_1(k)+k_2x_2(k)]$$

$$=k_1\sum_{k=n-2}^{n+2}x_1(k)+k_2\sum_{k=n-2}^{n+2}x_2(k)$$

$$=k_1\mathrm{T}[x_1(n)]+k_2\mathrm{T}[x_2(n)],$$

故系统是线性的。

$$\mathrm{T}[x(n-n_0)]=\sum_{k=n-2}^{n+2}x(k-n_0)\xlongequal{\text{换元}}\sum_{k=n-n_0-2}^{n-n_0+2}x(k)=y(n-n_0),$$

故系统是时不变的。

由于 n 时刻的输出与 $n+1,n+2$ 时刻的输入有关,故系统是非因果的。

当 $x(n)$ 有界时,显然 $y(n)$ 也是有界的,故系统是稳定的。

真题 2.9　(中国科学技术大学,2017)对于以输入-输出关系 $y(t)=\mathrm{e}^{-2t}\displaystyle\int_{-\infty}^{t}\mathrm{e}^{2\tau}x(\tau)\mathrm{d}\tau$ 描述的系统,判断系统的记忆性、线性、时不变性、因果性、稳定性以及可逆性。如果系统是可逆的,试求它的逆系统的单位冲激响应。

解　由于 t 时刻的输出与 t 时刻之前的输入有关,故系统是有记忆的。

设 $\mathrm{T}[x(t)]=y(t)=\mathrm{e}^{-2t}\displaystyle\int_{-\infty}^{t}\mathrm{e}^{2\tau}x(\tau)\mathrm{d}\tau$,则

$$\mathrm{T}[k_1x_1(t)+k_2x_2(t)]=\mathrm{e}^{-2t}\int_{-\infty}^{t}\mathrm{e}^{2\tau}[k_1x_1(\tau)+k_2x_2(\tau)]\mathrm{d}\tau$$

$$=k_1\left[\mathrm{e}^{-2t}\int_{-\infty}^{t}\mathrm{e}^{2\tau}x_1(\tau)\mathrm{d}\tau\right]+k_2\left[\mathrm{e}^{-2t}\int_{-\infty}^{t}\mathrm{e}^{2\tau}x_2(\tau)\mathrm{d}\tau\right]$$

$$=k_1\mathrm{T}[x_1(t)]+k_2\mathrm{T}[x_2(t)],$$

故系统是线性的。

设 $z(t)=x(t-t_0)$,则 $\mathrm{T}[z(t)]=\mathrm{e}^{-2t}\displaystyle\int_{-\infty}^{t}\mathrm{e}^{2\tau}z(\tau)\mathrm{d}\tau$,即

$$\mathrm{T}[x(t-t_0)]=\mathrm{e}^{-2t}\int_{-\infty}^{t}\mathrm{e}^{2\tau}x(\tau-t_0)\mathrm{d}\tau$$

$$\xlongequal{\text{换元}}\mathrm{e}^{-2t}\int_{-\infty}^{t-t_0}\mathrm{e}^{2(\tau+t_0)}x(\tau)\mathrm{d}\tau=\mathrm{e}^{-2(t-t_0)}\int_{-\infty}^{t-t_0}\mathrm{e}^{2\tau}x(\tau)\mathrm{d}\tau。 \qquad ①$$

而由 $y(t)=\mathrm{e}^{-2t}\displaystyle\int_{-\infty}^{t}\mathrm{e}^{2\tau}x(\tau)\mathrm{d}\tau$ 可得

$$y(t-t_0)=\mathrm{e}^{-2(t-t_0)}\int_{-\infty}^{t-t_0}\mathrm{e}^{2\tau}x(\tau)\mathrm{d}\tau。 \qquad ②$$

由式①和式②知 $\mathrm{T}[x(t-t_0)]=y(t-t_0)$,故系统是时不变的。

由于 t 时刻的输出与 t 时刻以后的输入无关,故系统是因果的。

由于 $y(t)=\displaystyle\int_{-\infty}^{t}\mathrm{e}^{-2(t-\tau)}x(\tau)\mathrm{d}\tau=\mathrm{e}^{-2t}u(t)*x(t)$,即 $h(t)=\mathrm{e}^{-2t}u(t)$,显然系统是稳定的。

对不同的输入 $x(t)$,输出 $y(t)$ 都不相同,故系统是可逆的。

由 $y(t)=\mathrm{e}^{-2t}\displaystyle\int_{-\infty}^{t}\mathrm{e}^{2\tau}x(\tau)\mathrm{d}\tau$ 得 $x(t)=2y(t)+y'(t)$,故逆系统的微分方程为

$$y(t)=2x(t)+x'(t)。$$

逆系统的单位冲激响应为 $h(t)=2\delta(t)+\delta'(t)$。

真题 2.10 (中国科学技术大学,2018)已知一离散系统的差分方程为 $y(n)=0.5^n\displaystyle\sum_{k=-\infty}^{n}2^k x(k)$,判断其记忆性、线性、时变性、因果性、稳定性和可逆性。

解 由于 n 时刻的输出与 n 时刻以前的输入有关,故系统是有记忆的。

设 $\mathrm{T}[x(n)]=y(n)=0.5^n\displaystyle\sum_{k=-\infty}^{n}2^k x(k)$,则

$$\mathrm{T}[k_1 x_1(n)+k_2 x_2(n)]=0.5^n\sum_{k=-\infty}^{n}2^k[k_1 x_1(k)+k_2 x_2(k)]$$

$$=k_1\cdot 0.5^n\sum_{k=-\infty}^{n}2^k x_1(k)+k_2\cdot 0.5^n\sum_{k=-\infty}^{n}2^k x_2(k)$$

$$=k_1\mathrm{T}[x_1(n)]+k_2\mathrm{T}[x_2(n)],$$

故系统是线性的。

$$\mathrm{T}[x(n-n_0)]=0.5^n\sum_{k=-\infty}^{n}2^k x(k-n_0)\xrightarrow{\text{换元}}0.5^{n-n_0}\sum_{k=-\infty}^{n-n_0}2^k x(k)=y(n-n_0),$$

故系统是时不变的。

由于 n 时刻的输出与 n 时刻以后的输入无关,故系统是因果的。

设 $|x(n)|\leqslant M$,则

$$|y(n)|\leqslant 0.5^n\sum_{k=-\infty}^{n}2^k M<M\cdot 0.5^n\cdot 2^{n+1}=2M,$$

即有界的输入产生有界的输出,故系统是稳定的。

当输入不同时,输出也不同,故系统是可逆的。

真题 2.11 (中国科学技术大学,2020)对于以输入-输出关系 $y(t)=\displaystyle\int_{-\infty}^{2t}x(\tau-2)\mathrm{d}\tau$ 描述的系统,判断系统的线性、时变性、因果性、稳定性以及是否具有可逆性。

解 设 $\mathrm{T}[x(t)]=y(t)=\displaystyle\int_{-\infty}^{2t}x(\tau-2)\mathrm{d}\tau$,则

$$\mathrm{T}[k_1 x_1(t)+k_2 x_2(t)]=\int_{-\infty}^{2t}[k_1 x_1(\tau-2)+k_2 x_2(\tau-2)]\mathrm{d}\tau$$

$$=k_1\int_{-\infty}^{2t}x_1(\tau-2)\mathrm{d}\tau+k_2\int_{-\infty}^{2t}x_2(\tau-2)\mathrm{d}\tau$$

$$=k_1\mathrm{T}[x_1(t)]+k_2\mathrm{T}[x_2(t)],$$

故系统是线性的。

令 $z(t)=x(t-t_0)$,则 $\mathrm{T}[z(t)]=\displaystyle\int_{-\infty}^{2t}z(\tau-2)\mathrm{d}\tau$,即

$$\mathrm{T}[x(t-t_0)]=\int_{-\infty}^{2t}x(\tau-2-t_0)\mathrm{d}\tau\xrightarrow{\text{换元}}\int_{-\infty}^{2t-t_0}x(\tau-2)\mathrm{d}\tau。 \qquad ①$$

在 $y(t) = \int_{-\infty}^{2t} x(\tau - 2)\mathrm{d}\tau$ 中令 t 为 $t - t_0$，得

$$y(t - t_0) = \int_{-\infty}^{2(t - t_0)} x(\tau - 2)\mathrm{d}\tau。 \qquad ②$$

由式①和式②知 $\mathrm{T}[x(t - t_0)] \neq y(t - t_0)$，故系统是时变的。

当 $2t - 2 > t$，即 $t > 2$ 时，t 时刻的输出与 t 时刻之后的输入有关，故系统是非因果的。

令 $x(t) = u(t)$，则当 $t \to \infty$ 时，$y(t) \to \infty$，故系统是不稳定的。

当输入不同时，输出也不同，故系统是可逆的。

真题 2.12 （中国科学技术大学，2021）对于以输入-输出关系 $y(n) = 0.5^n \sum_{k=-\infty}^{n} 2^k x(k)$ 描述的系统，请判断该系统是否具有记忆性、线性、时不变性、因果性、稳定性、可逆性。如果系统是可逆的，请给出逆系统的输入-输出表达式。

解 由于 n 时刻的输出与 n 时刻之前的输入有关，所以系统是有记忆的。

由题有 $y(n) = 0.5^n u(n) * x(n)$，设

$$\mathrm{T}[x(n)] = y(n) = 0.5^n u(n) * x(n)，$$

则

$$\begin{aligned}
\mathrm{T}[k_1 x_1(n) + k_2 x_2(n)] &= 0.5^n u(n) * [k_1 x_1(n) + k_2 x_2(n)] \\
&= k_1 0.5^n u(n) * x_1(n) + k_2 0.5^n u(n) * x_2(n) \\
&= k_1 \mathrm{T}[x_1(n)] + k_2 \mathrm{T}[x_2(n)]，
\end{aligned}$$

故系统是线性的。

$$\mathrm{T}[x(n - n_0)] = 0.5^n u(n) * x(n - n_0)，$$

$$y(n - n_0) = 0.5^n u(n) * x(n - n_0)。$$

由于 $\mathrm{T}[x(n - n_0)] = y(n - n_0)$，故系统是时不变的。

由于 n 时刻的输出只与 n 时刻及 n 时刻之前的输入有关，与 n 时刻之后的输入无关，故系统是因果的。或由 $h(n) = 0.5^n u(n)$ 也可知系统是因果的。

设输入 $x(n)$ 是有界的，即 $|x(n)| \leqslant K < \infty$，则

$$|y(n)| \leqslant 0.5^n \cdot \sum_{k=-\infty}^{n} 2^k |x(k)| \leqslant K \cdot 0.5^n \sum_{k=-\infty}^{n} 2^k$$

$$= K \cdot 0.5^n \cdot \frac{2^n}{1 - \frac{1}{2}} = 2K < \infty，$$

即输出也是有界的，故系统是稳定的。亦可由 $H(z) = \dfrac{1}{1 - 0.5z^{-1}}$ 知系统函数的极点 0.5 在单位圆内，故系统是稳定的。

$$y_1(n) = 0.5^n u(n) * x_1(n)，\quad y_2(n) = 0.5^n u(n) * x_2(n)。$$

两式相减得

$$y_1(n) - y_2(n) = 0.5^n u(n) * [x_1(n) - x_2(n)]。$$

当 $x_1(n) \neq x_2(n)$ 时，$y_1(n) \neq y_2(n)$，即对于不同的输入 $x(n)$，有不同的输出 $y(n)$，因此系统是可逆的。由于系统函数

$$H(z) = \frac{1}{1 - 0.5z^{-1}},$$

故逆系统为 $H_r(z) = 1 - 0.5z^{-1}$,差分方程为

$$y(n) - 0.5y(n-1) = x(n)。$$

真题 2.13 (中国科学技术大学,2022)对于 $y(t) = e^{-t}x(t+1)$ 描述的系统,判断系统线性、时不变性、因果性、稳定性以及是否具有可逆性。如果系统可逆,请给出逆系统的表达式。

答案 线性,时变,非因果,稳定,存在可逆系统。

设 $T[x(t)] = y(t) = e^{-t}x(t+1)$,则

$$T[k_1x_1(t) + k_2x_2(t)] = e^{-t}[k_1x_1(t+1) + k_2x_2(t+1)]$$

$$= k_1e^{-t}x_1(t+1) + k_2e^{-t}x_2(t+1) = k_1T[x_1(t)] + k_2T[x_2(t)],$$

故系统是线性的。

$$T[x(t-t_0)] = e^{-t}x(t-t_0+1),\quad y(t-t_0) = e^{-(t-t_0)}x(t-t_0+1)。$$

由于 $T[x(t-t_0)] \neq y(t-t_0)$,故系统是时变的。

因为 t 时刻的输出与 $t+1$ 时刻的输入有关,故系统是非因果的。

当 $x(t)$ 有界时,输出 $y(t)$ 也是有界的,故系统是稳定的。

当输入不同时,输出也不同,故系统是可逆的,且逆系统为

$$y(t) = e^{t-1}x(t-1)。$$

真题 2.14 (清华大学,2022)判断系统 $y(n) = x(n-2)$ 的因果性、移位性、线性: _____ 。

答案 因果、移不变、线性。

第3章

信号波形的画法

信号(序列)的表示有三种形式:函数表达式、图像和描述法(枚举法),它们各有优点,经常相互配合起来使用。图像的优点是直观,有利于进行辅助分析和计算。美观而准确地绘制图形,是学习信号与系统及其他专业基础课的一门必备基本功。

3.1 知识点

1. 数形结合是学习信号与系统的基本技巧之一,解题时要养成勤于绘图以辅助思考的良好习惯。绘图对象包括信号的时域波形图、频谱图(幅度谱及相位谱)等。在表示信号的运算结果及对复杂系统进行求解时,绘图显得尤其重要。例如,在解题过程中有时要在时域与频域之间倒来倒去,这时美观而准确的图像对解答就很有帮助,否则将误导解题过程。

频谱图的绘制我们将有专门的介绍,这里主要讨论信号时域波形图的画法。

2. 信号的时间变换包括三种:平移、翻转和尺度变换。对于离散序列,有时尺度变换将导致无定义的点,因此离散序列的尺度变换一般用采样率转换来代替,包括升采样和降采样,这两种过程首先要抽取或补零,它们都将导致序列的离散时间傅里叶变换(DTFT)发生微妙的变化,有时还需要进行低通滤波以滤除镜像分量,或者防止频谱混叠。

3. 从一个信号经过三种(有时少于三种)时间变换变成另一个信号,可以经过不同的步骤得到。例如,已知 $f(t)$ 的波形,要求画出 $f(-2t+4)$ 的波形,可以经过 $3!=6$ 个不同的步骤得到:

$$f(t) \xrightarrow{\text{翻转}} f(-t) \xrightarrow{\text{压缩至 1/2}} f(-2t) \xrightarrow{\text{右移 2}} f(-2t+4),$$

$$f(t) \xrightarrow{\text{压缩至 1/2}} f(2t) \xrightarrow{\text{左移 2}} f(2t+4) \xrightarrow{\text{翻转}} f(-2t+4),$$

等等,可以根据自己的喜好选择。为避免出错,每一步都画一张图,直到得到最终结果。

4. 对于奇异信号 $\delta(t)$ 与非奇异信号,三种时间变换有着不同的效果:前者不仅有 t 轴方向的平移,也有幅度上的变化,即强度的变化,但没有 t 轴方向的翻转和压缩,因为 $\delta(t)$ 是偶对称的,且宽度为 0;而后者只有 t 轴方向的变换,包括翻转、平移和展缩,在幅度上(纵轴方向)是不变的。因此,如果信号是包含奇异信号与非奇异信号的混合信号时,为避免出错,可将信号分为奇异信号与非奇异信号分别处理。

5. 当信号只能用分段函数表示时,往往用图像表示信号更简洁明快,这时不妨画出信号的波形表示信号。比较如下三角波与梯形波的解析表示与波形表示,可以看出作图的优越性。

(1) 三角波信号:$f(t) = \begin{cases} \tau - |t|, & |t| \leqslant \tau \\ 0, & \text{其他} \end{cases}$,波形如图 3.1 所示。

(2) 梯形波信号:

$$f(t) = \begin{cases} \dfrac{2\tau_1}{\tau_2 - \tau_1}\left(t + \dfrac{\tau_2}{2}\right), & -\dfrac{\tau_2}{2} \leqslant t \leqslant -\dfrac{\tau_1}{2} \\[2mm] \dfrac{2\tau_1}{\tau_1 - \tau_2}\left(t - \dfrac{\tau_2}{2}\right), & \dfrac{\tau_1}{2} \leqslant t \leqslant \dfrac{\tau_2}{2} \\[2mm] \tau_1, & -\dfrac{\tau_1}{2} < t < \dfrac{\tau_1}{2} \\[2mm] 0, & \text{其他} \end{cases}$$

波形如图 3.2 所示。

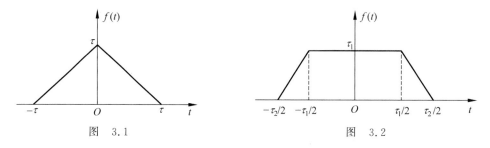

图 3.1　　　　　　　　　　　　图 3.2

6. 有时需要将解析式作恒等变形,变成易于画图的形式,例如:

(1) $u(t) - 2u(t-T) + u(t-2T) = [u(t) - u(t-T)] - [u(t-T) - u(t-2T)]$;

(2) $\displaystyle\sum_{n=0}^{\infty} \cos\pi(t-n) \cdot u(t-n) = \cos\pi t \cdot [u(t) - u(t-1)] * \sum_{n=0}^{\infty} \delta(t-2n)$;

(3) $t \cdot u(t) - (t-2)u(t-2) - (t-4)u(t-4) + (t-6)u(t-6)$
$= t[u(t) - u(t-2)] + 2[u(t-2) - u(t-4)] - (t-6)[u(t-4) - u(t-6)]$。

上面的 3 个信号经重新表示后,就很容易画图了。有时也需要将解析式写成分段函数,更易于画图,例如:

$$(1 - \cos\pi t)u(t) - [1 - \cos\pi(t-1)]u(t-1) = \begin{cases} 1 - \cos\pi t, & 0 < t < 1 \\ -2\cos\pi t, & t \geqslant 1 \\ 0, & t < 0 \end{cases}$$

7. 当信号波形在某个时间区间为上凸或下凹而没有拐点时,可以直接用描点法大致画出其概略图。但是,当信号波形在某个时间区间既有上凸也有下凹,即存在拐点时,需计算出拐点,准确画出波形的凸性。

8. 画图是化简一些信号的好方法,信号经化简后便于计算。下面举两例说明。

例 3.1　(中国科学技术大学,2015)计算 $\operatorname{sgn}(t^2 - 1)$ 的傅里叶变换。

分析　先根据符号函数的定义化简:

$$\mathrm{sgn}(t^2-1)=\begin{cases}1, & t>1\text{ 或 }t<-1\\-1, & -1<t<1\end{cases}\text{。}$$

绘图如图 3.3 所示。

由图知 $\mathrm{sgn}(t^2-1)$ 可以写成

$$\mathrm{sgn}(t^2-1)=1-2g_2(t),$$

于是 $\mathrm{sgn}(t^2-1)$ 的傅里叶变换就容易求了(略)。

例 3.2　计算 $n[u(n)-u(n-4)]$ 的 z 变换。

分析　本题为文献[1]中习题 6.5 第(7)题。原解答不仅繁琐,而且是错误的。

画出 $n[u(n)-u(n-4)]$ 的波形如图 3.4 所示。

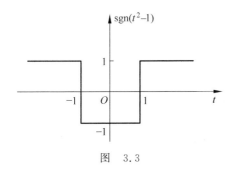

图　3.3

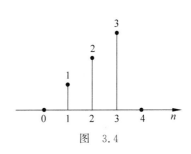

图　3.4

于是,

$$n[u(n)-u(n-4)]=\delta(n-1)+2\delta(n-2)+3\delta(n-3)$$

$$\leftrightarrow z^{-1}+2z^{-2}+3z^{-3}, \quad |z|>0\text{。}$$

3.2　考研真题解析

真题 3.1　(中国科学技术大学,2011)连续时间信号 $x(t)=u(t)-u(t-3)$,试画出 $\int_{-\infty}^{t/2}x(\tau)\mathrm{d}\tau$ 的波形。

解　当 $\dfrac{t}{2}<0$,即 $t<0$ 时,$\int_{-\infty}^{t/2}x(\tau)\mathrm{d}\tau=0$;

当 $0\leqslant\dfrac{t}{2}\leqslant 3$,即 $0\leqslant t\leqslant 6$ 时,$\int_{-\infty}^{t/2}x(\tau)\mathrm{d}\tau=\dfrac{t}{2}$;

当 $\dfrac{t}{2}>3$,即 $t>6$ 时,　$\int_{-\infty}^{t/2}x(\tau)\mathrm{d}\tau=3$。

令 $y(t)=\int_{-\infty}^{t/2}x(\tau)\mathrm{d}\tau$,则 $y(t)$ 的波形如图 3.5 所示。

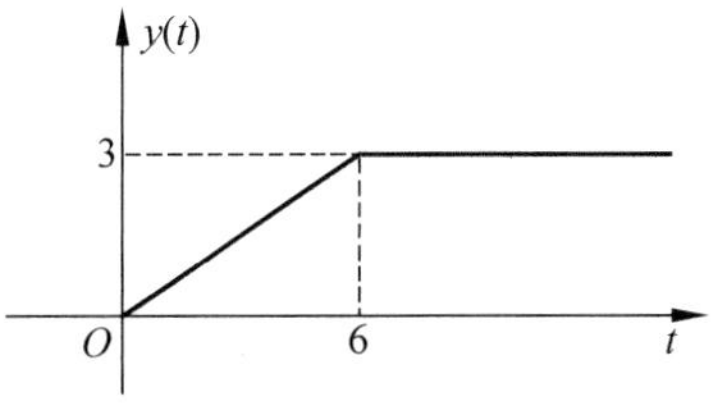

图　3.5

真题 3.2　(中国科学技术大学,2015)试写出如图 3.6 所示信号的闭合表达式,分别概画出信号 $\dfrac{\mathrm{d}x(t)}{\mathrm{d}t}$ 和 $\dfrac{\mathrm{d}^2x(t)}{\mathrm{d}t^2}$ 的波形。

解　$x(t)=\sin\pi t\cdot[u(t)-u(t-2)]*\sum\limits_{n=0}^{\infty}\delta(t-3n),$

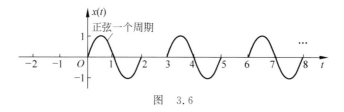

图 3.6

$$\frac{\mathrm{d}x(t)}{\mathrm{d}t} = \pi\cos\pi t \cdot [u(t) - u(t-2)] * \sum_{n=0}^{\infty} \delta(t - 3n),$$

$$\frac{\mathrm{d}^2 x(t)}{\mathrm{d}t^2} = \{-\pi^2 \sin\pi t \cdot [u(t) - u(t-2)] + \pi[\delta(t) - \delta(t-2)]\} * \sum_{n=0}^{\infty} \delta(t - 3n).$$

波形如图 3.7 所示。

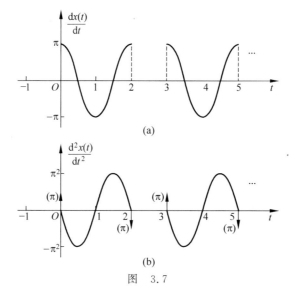

(a)

(b)

图 3.7

真题 3.3 （中国科学技术大学，2019）已知信号 $x(t)$ 的波形如图 3.8 所示，试画出 $x\left(2 - \dfrac{t}{2}\right)$ 和 $\dfrac{\mathrm{d}x(t)}{\mathrm{d}t}$ 的波形。

解 波形图分别如图 3.9(a) 和 (b) 所示。

真题 3.4 （四川大学，2021）已知 $x(-2t+3)$ 图像如图 3.10 所示，画出 $x(t)$ 和 $\dfrac{\mathrm{d}}{\mathrm{d}t}x(t)$ 的图像。

解 由图 3.10 知

$$x(-2t+3) = (-t-1)[u(t+1) - u(t)] + (-2t+2)[u(t) - u(t-1)] + 2\delta(t-2),$$

用换元法得

$$x(t) = (t-1)[u(t-1) - u(t-3)] + \frac{1}{2}(t-5)[u(t-3) - u(t-5)] + 4\delta(t+1).$$

$x(t)$ 如图 3.11 所示。

$$\frac{\mathrm{d}x(t)}{\mathrm{d}t} = [u(t-1) - u(t-3)] - \frac{1}{2}[u(t-3) - u(t-5)] - 3\delta(t-3) + 4\delta'(t+1).$$

$\dfrac{\mathrm{d}x(t)}{\mathrm{d}t}$ 如图 3.12 所示。

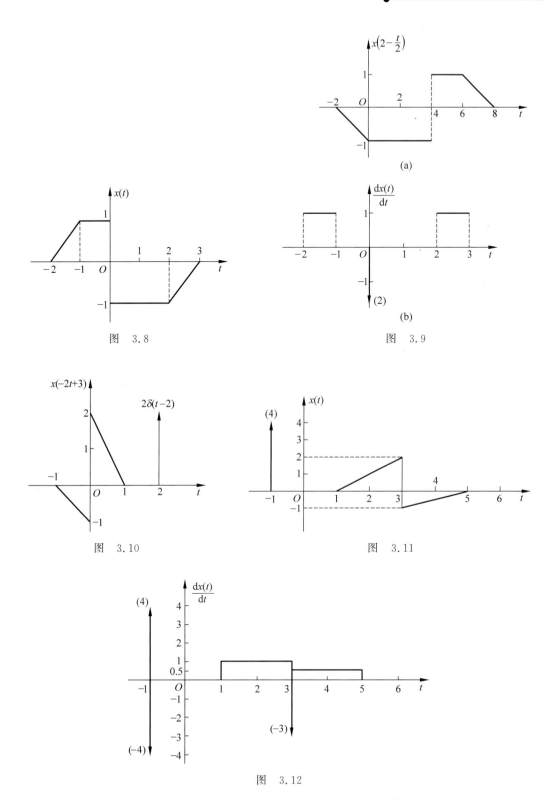

图 3.8

图 3.9

图 3.10

图 3.11

图 3.12

注意,在 $t=3$ 处有一个强度为 -3 的冲激信号 $-3\delta(t-3)$,在 $t=-1$ 处有一个强度为 4 的冲击偶 $4\delta'(t+1)$。

真题 3.5 （重庆邮电大学,2022）画出信号 $f(t)=u(\cos\pi t)$ 的时域波形图,求该信号直流分量和有效频带宽度。

解 当 $2k\pi-\dfrac{\pi}{2}<\pi t<2k\pi+\dfrac{\pi}{2}$, k 为整数时, $\cos\pi t>0$;

当 $2k\pi+\dfrac{\pi}{2}<\pi t<2k\pi+\dfrac{3}{2}\pi$, k 为整数时, $\cos\pi t<0$。

$$f(t)=\begin{cases}1, & 2k-\dfrac{1}{2}<t<2k+\dfrac{1}{2} \\[2mm] 0, & 2k+\dfrac{1}{2}<t<2k+\dfrac{3}{2}\end{cases}, \quad k \text{ 为整数。}$$

$f(t)$ 波形如图 3.13 所示。

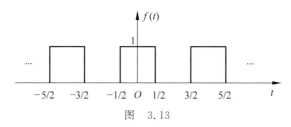

图 3.13

直流分量:

$$F_0=\frac{1}{2}\int_{-1}^{1}f(t)\mathrm{d}t=\frac{1}{2}。$$

$f_0(t)=g_1(t)$, $F_0(\mathrm{j}\omega)=\mathrm{Sa}(\omega/2)$。令 $\dfrac{\omega}{2}=\pi$, $\omega=2\pi$,故有效频带宽度为 2π。

真题 3.6 （重庆邮电大学,2022）已知信号 $f(4-2t)$ 的波形如图 3.14 所示,试画出 $f(t)$ 的波形图。

解 令 $f(4-2t)=f_1(t)+2\delta(t-6)$,其中 $f_1(t)$ 为 $f(4-2t)$ 在 $0\leqslant t\leqslant 4$ 的部分。换元得

$$f(t)=f_1\left(2-\frac{t}{2}\right)+4\delta(t+8)。$$

$f_1\left(2-\dfrac{t}{2}\right)$ 可以通过如下步骤得到:

$$f_1(t)\xrightarrow{\text{翻转}}f_1(-t)\xrightarrow{\text{拉伸2倍}}f_1\left(-\frac{t}{2}\right)\xrightarrow{\text{向右移4}}f_1\left(-\frac{t-4}{2}\right)=f_1\left(2-\frac{t}{2}\right)。$$

而 $4\delta(t+8)$ 是位于 $t=-8$,强度为 4 的冲激信号。

最后得 $f(t)$ 波形如图 3.15 所示。

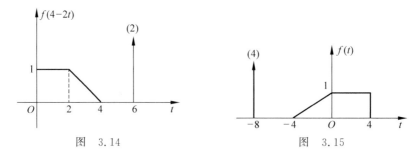

图 3.14   图 3.15

第4章

连续系统的时域求解

连续系统的求解,通常用变换法(傅里叶变换、拉普拉斯变换(后文简称拉氏变换))更为方便。但是有时为了考查学生的计算能力,题目指定用时域方法求解,这时用变换法求解就不符合要求。时域求解涉及很多重要的概念,如自由响应与强迫响应、零输入响应与零状态响应,以及单位冲激响应、卷积等,它们是后续学习变换法求解时要用到的基本概念。

4.1 知识点

1. 给定微分方程及初始条件,求系统的全响应 $y(t)$,有两种分解方法。

一是利用微分方程的经典解法,将全响应 $y(t)$ 分解为自由响应(固有响应)$y_h(t)$ 和强迫响应 $y_f(t)$ 之和:

$$y(t) = y_h(t) + y_f(t);$$

二是将全响应 $y(t)$ 分解为零输入响应 $y_{zi}(t)$ 和零状态响应 $y_{zs}(t)$ 之和:

$$y(t) = y_{zi}(t) + y_{zs}(t)。$$

值得特别注意的是,自由响应不等于零输入响应,强迫响应也不等于零状态响应,它们之间的关系是:自由响应包含整个零输入响应,以及零状态响应的一部分,如图 4.1 所示。

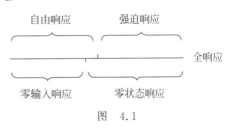

图 4.1

2. 已知 LTI 系统在某个激励 $f_1(t)$ 下的零状态响应 $y_1(t)$,求另一个激励 $f_2(t)$ 下的零状态响应 $y_2(t)$,常将 $f_2(t)$ 表示为 $f_1(t)$ 及其时间移位的线性组合,再利用 LTI 系统的性质求得 $y_2(t)$。将 $f_2(t)$ 表示为 $f_1(t)$ 及其时间移位的线性组合,有时不容易,需要一点观察力,画图帮助分析是一个好方法,如本章真题 4.6(清华大学,2022)将 $x_1(t)$ 写成 $x_1(t) = x(t) + x(t-2)$,给解答带来极大的简洁性。

3. 若已知系统的单位冲激响应 $h(t)$,求系统在任意激励 $f(t)$ 下的零状态响应 $y_{zs}(t)$,就要计算卷积 $y_{zs}(t) = f(t) * h(t)$。卷积的计算常常很复杂,有时利用基本卷积公式及卷积的性质,但有时又要返璞归真,直接利用卷积的定义计算反而更方便。

4. 判断连续系统的阶数是一个难点。已知系统的自由响应和强迫响应,或已知系统的零输入响应和零状态响应,要判断系统的阶数,需对微分方程的时域求解过程有深刻的理解。下面举一个例子加以说明。

例 4.1　线性时不变连续时间系统,其在某激励信号作用下的自由响应为$(e^{-3t}+e^{-t})u(t)$,强迫响应为$(1-e^{-2t})u(t)$,则下面说法正确的是(　　　)。

A. 该系统一定是二阶系统

B. 该系统一定是稳定系统

C. 零输入响应中一定包含$(e^{-3t}+e^{-t})u(t)$

D. 零状态响应中一定包含$(1-e^{-2t})u(t)$

分析　由自由响应的形式知,该系统微分方程对应的特征方程有特征根-3和-1。假设特征方程有异于-3和-1的另一个特征根p,则系统的全响应为

$$y(t)=(Ce^{pt}+e^{-3t}+e^{-t})u(t)+(1-e^{-2t})u(t)。$$

由初始条件$y(0_-),y'(0_-),y''(0_-)$确定任意常数C,有可能使得$C=0$,即本题的情形,但此时系统显然是三阶的,故 A 错。

当上面的$p>0$时,系统是不稳定的,故 B 错。

由于自由响应包含全部零输入响应,以及零状态响应的一部分,故 C 错,D 对。

综上,本题选 D。

4.2　考研真题解析

真题 4.1　(中国科学技术大学,2006)已知一个以微分方程$\dfrac{\mathrm{d}y(t)}{\mathrm{d}t}+2y(t)=x(t)$表示的连续时间因果 LTI 系统,当其输入信号为$x(t)=u(t)-u(t-2)$时,试必须用时域方法求该系统的输出$y(t)$,并概画出$x(t)$和$y(t)$的波形。

解　先解$\dfrac{\mathrm{d}y_1(t)}{\mathrm{d}t}+2y_1(t)=u(t)$。

当$t>0$时,$\dfrac{\mathrm{d}y_1(t)}{\mathrm{d}t}+2y_1(t)=1$,通解为$y_1(t)=\dfrac{1}{2}+Ce^{-2t}$。

由初始条件$y_1(0_+)=0$得$C=-\dfrac{1}{2}$,故$y_1(t)=\dfrac{1}{2}(1-e^{-2t})u(t)$。

由系统的 LTI 性质得

$$y(t)=y_1(t)-y_1(t-2)=\frac{1}{2}(1-e^{-2t})u(t)-\frac{1}{2}[1-e^{-2(t-2)}]u(t-2)。$$

或写成

$$y(t)=\frac{1}{2}[u(t)-u(t-2)]-\frac{1}{2}[e^{-2t}u(t)-e^{-2(t-2)}u(t-2)]。$$

作$x(t)$与$y(t)$的波形分别如图 4.2(a)和(b)所示。

真题 4.2　(中国科学技术大学,2007)已知单位阶跃响应为

$$s(t)=0.5\pi[t\cdot u(t)-(t-2)u(t-2)-(t-4)u(t-4)+(t-6)u(t-6)]$$

的连续时间 LTI 系统和输入信号$x(t)=\sin\pi t\cdot u(t)-\sin\pi(t-2)\cdot u(t-2)$,试分别概画出$x(t)$和$s(t)$的波形,并求出该系统对输入$x(t)$的响应$y(t)$,且概画出$y(t)$的波形。

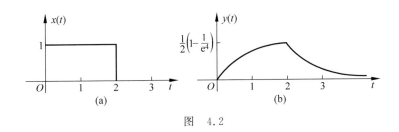

图　4.2

解　由于

$$s(t)=\frac{\pi}{2}\Big\{t[u(t)-u(t-2)]+2[u(t-2)-u(t-4)]-$$

$$(t-6)[u(t-4)-u(t-6)]\Big\},$$

故 $s(t)$ 如图4.3所示。

$$x(t)=\sin\pi t\cdot[u(t)-u(t-2)],$$

$x(t)$ 如图4.4所示。

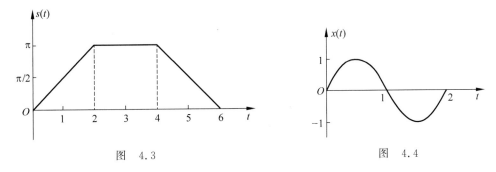

图　4.3　　　　　　　　　　　　　　　图　4.4

下面求响应 $y(t)$。先求系统的单位冲激响应 $h(t)$,

$$h(t)=s'(t)=\frac{\pi}{2}\Big\{[u(t)-u(t-2)]-[u(t-4)-u(t-6)]\Big\}。$$

令 $h_1(t)=\frac{\pi}{2}[u(t)-u(t-2)]$,则 $h(t)=h_1(t)-h_1(t-4)$。

先计算 $y_1(t)=x(t)*h_1(t)$。

(1) 当 $t<0$ 或 $t>4$ 时,$y_1(t)=0$;

(2) 当 $0\leqslant t\leqslant2$ 时, $y_1(t)=\frac{\pi}{2}\int_0^t\sin\pi\tau d\tau=\frac{1}{2}(1-\cos\pi t)$;

(3) 当 $2<t\leqslant4$ 时, $y_1(t)=\frac{\pi}{2}\int_{-2+t}^2\sin\pi\tau d\tau=-\frac{1}{2}(1-\cos\pi t)$。

综合以上结果得

$$y_1(t)=\begin{cases}\dfrac{1}{2}(1-\cos\pi t), & 0\leqslant t\leqslant2\\[2mm]-\dfrac{1}{2}(1-\cos\pi t), & 2<t\leqslant4\\[2mm]0, & \text{其他}\end{cases}$$

最后,由系统的 LTI 性质得

$$y(t) = y_1(t) - y_1(t-4)。$$

作 $y(t)$ 如图 4.5 所示。

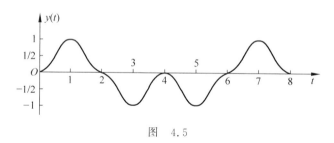

图　4.5

真题 4.3 （中国科学技术大学,2012)某系统如图 4.6 所示,试写出系统函数 $H(s)$,并求出系统的单位阶跃响应 $g(t)$,概画出 $g(t)$ 的图形。

解　由图得 $y(t) = \int_{-\infty}^{t} \left[x(\tau) - x(\tau-1) \right] \mathrm{d}\tau$,令 $x(t) = \delta(t)$ 得

$$h(t) = u(t) - u(t-1)。$$

系统函数为 $H(s) = (1 - \mathrm{e}^{-s}) \dfrac{1}{s}$。

单位阶跃响应为

$$\begin{aligned}
g(t) &= u(t) * h(t) = u(t) * \left[u(t) - u(t-1) \right] \\
&= t \cdot u(t) - (t-1)u(t-1)。
\end{aligned}$$

$g(t)$ 的图形如图 4.7 所示。

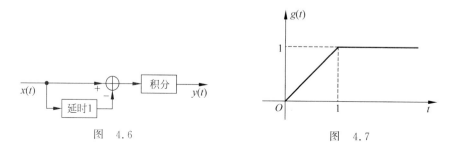

图　4.6　　　　　　　　　　　　图　4.7

真题 4.4 （中国科学技术大学,2012)求信号 $x(t) = \mathrm{e}^{-2t}u(t) + \mathrm{e}^{-3t+1}\delta(t)$ 通过微分器的输出信号 $y(t)$。

解　$x(t) = \mathrm{e}^{-2t}u(t) + \mathrm{e}\delta(t)$,故

$$y(t) = x'(t) = -2\mathrm{e}^{-2t}u(t) + \mathrm{e}^{-2t}\delta(t) + \mathrm{e}\delta'(t) = -2\mathrm{e}^{-2t}u(t) + \delta(t) + \mathrm{e}\delta'(t)。$$

或由

$$X(s) = \frac{1}{s+2} + \mathrm{e}, \quad Y(s) = sX(s) = 1 - 2 \cdot \frac{1}{s+2} + \mathrm{e}s,$$

取逆 s 变换得

$$y(t) = \delta(t) - 2\mathrm{e}^{-2t}u(t) + \mathrm{e}\delta'(t)。$$

两种方法所得结果相同。

真题 4.5 （四川大学,2021）一连续时间线性系统输入 $x(t)=\mathrm{e}^{\mathrm{j}2t}$ 时,输出 $y(t)=3\mathrm{e}^{\mathrm{j}3t}$;输入 $x(t)=\mathrm{e}^{-\mathrm{j}2t}$ 时,输出 $y(t)=3\mathrm{e}^{-\mathrm{j}3t}$。则当输入 $x(t)=\cos(2t-1)+\sin(2t+1)$ 时,输出为_____。

解 由题 $\mathrm{e}^{\mathrm{j}2t}\rightarrow 3\mathrm{e}^{\mathrm{j}3t}$, $\mathrm{e}^{-\mathrm{j}2t}\rightarrow 3\mathrm{e}^{-\mathrm{j}3t}$,由系统的线性得

$$x(t)=\frac{1}{2}\big[\mathrm{e}^{\mathrm{j}(2t-1)}+\mathrm{e}^{-\mathrm{j}(2t-1)}\big]+\frac{1}{2\mathrm{j}}\big[\mathrm{e}^{\mathrm{j}(2t+1)}-\mathrm{e}^{-\mathrm{j}(2t+1)}\big]$$

$$=\frac{1}{2}(\mathrm{e}^{-\mathrm{j}}\mathrm{e}^{\mathrm{j}2t}+\mathrm{e}^{\mathrm{j}}\mathrm{e}^{-\mathrm{j}2t})+\frac{1}{2\mathrm{j}}(\mathrm{e}^{\mathrm{j}}\mathrm{e}^{\mathrm{j}2t}-\mathrm{e}^{-\mathrm{j}}\mathrm{e}^{-\mathrm{j}2t})$$

$$\rightarrow\frac{1}{2}(\mathrm{e}^{-\mathrm{j}}\cdot 3\mathrm{e}^{\mathrm{j}3t}+\mathrm{e}^{\mathrm{j}}\cdot 3\mathrm{e}^{-\mathrm{j}3t})+\frac{1}{2\mathrm{j}}(\mathrm{e}^{\mathrm{j}}\cdot 3\mathrm{e}^{\mathrm{j}3t}-\mathrm{e}^{-\mathrm{j}}\cdot 3\mathrm{e}^{-\mathrm{j}3t})$$

$$=3\cos(3t-1)+3\sin(3t+1)。$$

真题 4.6 （清华大学,2022）某 LTI 系统,当输入 $x(t)$ 时的输出为 $y(t)$,波形分别如图 4.8(a) 和 (b) 所示,画出输入 $x_1(t)=x(0.5t)$ 时的输出 $y_1(t)$ 波形。

解 画图可知 $x_1(t)=x(t)+x(t-2)$,故 $y_1(t)=y(t)+y(t-2)$, $y_1(t)$ 如图 4.9 所示。

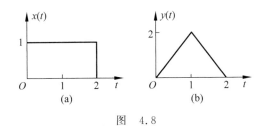

图 4.8

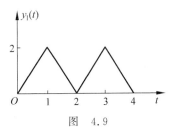

图 4.9

附：如果不用 $x_1(t)=x(t)+x(t-2)$ 的关系,下面用拉氏变换给出另一个解答。

$$x(t)=u(t)-u(t-2),\quad X(s)=(1-\mathrm{e}^{-2s})\frac{1}{s}。$$

$$y(t)=2[u(t)-u(t-1)]*[u(t)-u(t-1)],$$

$$Y(s)=2\cdot\Big[(1-\mathrm{e}^{-s})\frac{1}{s}\Big]^2。\qquad H(s)=\frac{Y(s)}{X(s)}=\frac{2(1-\mathrm{e}^{-s})}{s(1+\mathrm{e}^{-s})}。$$

$$x_1(t)=u(t)-u(t-4),\quad X_1(s)=(1-\mathrm{e}^{-4s})\frac{1}{s},$$

$$Y_1(s)=X_1(s)H(s)=\frac{2(1+\mathrm{e}^{-2s})(1-\mathrm{e}^{-s})^2}{s^2}$$

$$=\frac{2}{s^2}(1-2\mathrm{e}^{-s}+2\mathrm{e}^{-2s}-2\mathrm{e}^{-3s}+\mathrm{e}^{-4s})。$$

取拉氏逆变换得

$$y_1(t)=2[tu(t)-2(t-1)u(t-1)+2(t-2)u(t-2)-2(t-3)u(t-3)+(t-4)u(t-4)]$$

$$=2\Big\{t[u(t)-u(t-1)]-(t-2)[u(t-1)-u(t-2)]+$$

$$(t-2)[u(t-2)-u(t-3)]-(t-4)[u(t-3)-u(t-4)]\Big\}。$$

其波形与图 4.9 完全相同。

第5章

冲激函数匹配法是一种应摒弃的方法

冲激函数匹配法是一种应摒弃的方法,它没有引进任何新的物理概念,属于纯粹的数学计算技巧,这些技巧对后续学习没有任何帮助。用冲激函数匹配法解决的问题,用其他更简单的方法都可以解决。文献[1]不遗余力地介绍这种方法,实在是不合时宜。

在解 n 阶常系数线性微分方程时,为了确定通解 $y(t)$ 中 n 个任意常数 $C_1,C_2,\cdots,C_n$,则必须知道几个初始值 $y(0_+),y'(0_+),\cdots,y^{(n-1)}(0_+)$。由于输入信号(或微分方程的右端)含 $\delta(t)$ 及其导数,则 $y(t)$ 从 0_- 时刻到 0_+ 时刻将有一个跳变。为了求这 n 个 0_+ 时刻的初始值,文献[1]中引入了冲激函数匹配法,其基本思想是:观察微分方程的两端,首先判断左端最高阶微分 $y^{(n)}(t)$ 包含 $\delta(t)$ 导数的最高阶数,将 $y^{(n)}(t)$ 写成

$$y^n(t)=a_n\delta^{(n)}(t)+a_{n-1}\delta^{(n-1)}(t)+\cdots+a_1\delta'(t)+a_0\delta(t)+r_0(t)$$

的形式,其中 $a_n,a_{n-1},\cdots,a_1,a_0$ 为待定系数,$r_0(t)$ 中不含 $\delta(t)$ 及其各阶导数。对 $y^{(n)}(t)$ 从 $-\infty$ 到 t 积分得到 $y^{(n-1)}(t)$,类似地,依次得到 $y^{(n-2)}(t),\cdots,y'(t),y(t)$ 的表达式。然后,将 $y^{(n)}(t),y^{(n-1)}(t),\cdots,y'(t),y(t)$ 代入微分方程,利用待定系数法,对比方程两边奇异函数的系数,将系数 $a_n,a_{n-1},\cdots,a_1,a_0$ 确定下来。最后,分别将 $y'(t),\cdots,y^{(n)}(t)$ 从 0_- 到 0_+ 积分,得到初始值 $y(0_+),y'(0_+),\cdots,y^{(n-1)}(0_+)$。

求系统的单位冲激响应是冲激函数匹配法的另一个应用。

冲激函数匹配法存在两个问题:一是需判断 $y^{(n)}(t)$ 的形式,需要具有较好的观察能力;二是需要进行大量的积分运算,十分繁琐。从下面的例题就可以看出来。

例 5.1 (文献[1],例 2.1-4)描述 LTI 系统的微分方程为

$$y''(t)+2y'(t)+y(t)=f''(t)+2f(t),$$

已知 $y(0_-)=1,y'(0_-)=-1,f(t)=\delta(t)$,求 $y(0_+)$ 和 $y'(0_+)$。

解 将输入 $f(t)=\delta(t)$ 代入微分方程,得

$$y''(t)+2y'(t)+y(t)=\delta''(t)+2\delta(t)。 \qquad ①$$

式①对所有的 t 成立,故等号两端 $\delta(t)$ 及其各阶导数的系数应分别相等,于是知式①中 $y''(t)$ 必含有 $\delta''(t)$,即 $y''(t)$ 含有冲激函数导数的最高阶为二阶,故令

$$y''(t)=a\delta''(t)+b\delta'(t)+c\delta(t)+r_0(t), \qquad ②$$

式中,a、b、c 为待定常数,函数 $r_0(t)$ 中不含 $\delta(t)$ 及其各阶导数。对式②等号两端从 $-\infty$ 到

t 积分,得

$$y'(t) = a\delta'(t) + b\delta(t) + r_1(t)。 \qquad ③$$

式③中,

$$r_1(t) = cu(t) + \int_{-\infty}^{t} r_0(x)\mathrm{d}x,$$

不含 $\delta(t)$ 及其各阶导数。

对式②等号两端从 $-\infty$ 到 t 积分,得

$$y(t) = a\delta(t) + r_2(t)。 \qquad ④$$

式中,

$$r_2(t) = bu(t) + \int_{-\infty}^{t} r_1(x)\mathrm{d}x,$$

也不含 $\delta(t)$ 及其各阶导数。将式②~式④代入微分方程式①并稍加整理,得

$$a\delta''(t) + (2a+b)\delta'(t) + (a+2b+c)\delta(t) + [r_0(t) + 2r_1(t) + r_2(t)]$$
$$= \delta''(t) + 2\delta(t)。 \qquad ⑤$$

式⑤中等号两端 $\delta(t)$ 及其各阶导数的系数应分别相等,故得

$$a = 1, \quad 2a+b = 0, \quad a+2b+c = 2。$$

由上式可解得 $a=1, b=-2, c=5$。将 a 和 b 的值分别代入式③,并对等号两端从 0_- 到 0_+ 进行积分,有

$$y(0_+) - y(0_-) = \int_{0_-}^{0_+} \delta'(t)\mathrm{d}t - \int_{0_-}^{0_+} 2\delta(t)\mathrm{d}t + \int_{0_-}^{0_+} r_1(t)\mathrm{d}t。$$

由于 $r_1(t)$ 不含 $\delta(t)$ 及其各阶导数,而且积分是在无穷小区间 $[0_-, 0_+]$ 进行的,故 $\int_{0_-}^{0_+} r_1(t)\mathrm{d}t = 0$,而

$$\int_{0_-}^{0_+} \delta'(t)\mathrm{d}t = \delta(0_+) - \delta(0_-) = 0, \quad \int_{0_-}^{0_+} \delta(t)\mathrm{d}t = 1,$$

故有

$$y(0_+) - y(0_-) = -2。$$

已知 $y(0_-) = 1$,得

$$y(0_+) = y(0_-) - 2 = -1。$$

同样地,将 a、b、c 的值分别代入式②,并对等号两端从 0_- 到 0_+ 进行积分,得

$$y'(0_+) - y'(0_-) = \int_{0_-}^{0_+} \delta''(t)\mathrm{d}t - 2\int_{0_-}^{0_+} \delta'(t)\mathrm{d}t + 5\int_{0_-}^{0_+} \delta(t)\mathrm{d}t + \int_{0_-}^{0_+} r_0(t)\mathrm{d}t。$$

由于在 $[0_-, 0_+]$ 区间 $\delta''(t)$、$\delta'(t)$ 及 $r_0(t)$ 的积分均为 0,故得

$$y'(0_+) - y'(0_-) = c = 5。$$

将 $y'(0_-) = -1$ 代入上式,得

$$y'(0_+) = y'(0_-) + 5 = 4。$$

可见,上述方法是十分繁琐的。这里提出两个解决方法。方法一是调整内容顺序,将文献[1]中先求单位冲激响应 $h(t)$ 再求单位阶跃响应 $g(t)$,改为先求单位阶跃响应 $g(t)$ 再求单位冲激响应 $h(t)$。由于求 $g(t)$ 时系统的状态不会发生跳变,所以较易求得,再利用 $h(t) = g'(t)$ 的关系即可求得 $h(t)$。方法二是利用微分方程的线性性质,先令方程的右端为 $u(t)$,这时由于不存在从 0_- 到 0_+ 的跳变,所以可以较为方便地求得零状态响应,再利用 $u(t)$ 与原方程右端之间的关系,利用系统的线性性质求得原方程的零状态响应。

首先介绍三个重要结论。

结论 1 n 阶常系数线性微分方程等价于 n 个一阶常系数线性微分方程。

可参考任一本微分方程教科书。也可以从系统的状态变量分析的角度来理解,一个 n 阶 LTI 系统,可以用包含 n 个状态变量的状态方程组来描述,每个状态方程都是一阶的。

结论 2 一阶常系数线性微分方程

$$y'(t) + a_0 y(t) = f(t),$$

当 $f(t)$ 不含 $\delta(t)$ 及其各阶导数时,$y(t)$ 的初始状态不会跳变,即 $y(0_+) = y(0_-)$。

首先,由条件知 $\int_{0_-}^{0_+} f(t)\mathrm{d}t = 0$;其次,由一阶常系数微分方程解的结构知 $y(t)$ 不含 $\delta(t)$,因此 $\int_{0_-}^{0_+} y(t)\mathrm{d}t = 0$;最后,对此一阶微分方程从 0_- 到 0_+ 积分即得 $y(0_+) = y(0_-)$。

结论 1 与结论 2 结合起来,说明当 n 阶微分方程等式的右端不含 $\delta(t)$ 及其各阶导数时,微分方程的解从 0_- 到 0_+ 不会发生跳变,即 $y(0_+) = y(0_-)$。

结论 3 若零状态 LTI 系统的单位阶跃响应为 $g(t)$,则其单位冲激响应为 $h(t) = g'(t)$。

有了以上 3 个结论,在求解 n 阶常系数线性微分方程时,先令右端为 $u(t)$,这时有 $y_{\mathrm{zs}}(0_+) = y_{\mathrm{zs}}(0_-)$,$y'_{\mathrm{zs}}(0_+) = y'_{\mathrm{zs}}(0_-)$,$\cdots$,从而可以利用初始条件确定 n 个任意常数,求出系统的零状态响应,再求出系统的零输入响应,最后利用系统的线性性质即得原微分方程的解。

下面给出例 5.1 的另外两种解法,其中解法 1 即用上面所说的方法,解法 2 利用了拉氏变换的初值定理,显得更为简洁。

解法 1 先求 $y''(t) + 2y'(t) + y(t) = f(t)$ 在零状态下的单位阶跃响应,即解

$$\begin{cases} g''(t) + 2g'(t) + g(t) = 1, & t > 0 \\ g(0_-) = g'(0_-) = 0 \end{cases}$$

易知齐次解为 $(C_1 + C_2 t)\mathrm{e}^{-t}$,特解为 1,故全解为

$$g(t) = [1 + (C_1 + C_2 t)\mathrm{e}^{-t}]u(t)。$$

由初始条件

$$g(0_+) = g(0_-) = 0, \quad g'(0_+) = g'(0_-) = 0,$$

得 $1 + C_1 = 0$,$C_2 - C_1 = 0$,解得 $C_1 = C_2 = -1$,故

$$g(t) = [1 - (1 + t)\mathrm{e}^{-t}]u(t)。$$

由系统的线性,知方程的零状态响应为

$$y_{\mathrm{zs}}(t) = 2g'(t) + g'''(t) = (3t - 2)\mathrm{e}^{-t}u(t) + \delta(t),$$

得 $y_{\mathrm{zs}}(0_+) = -2$。

$$y'_{\mathrm{zs}}(t) = (5 - 3t)\mathrm{e}^{-t}u(t) + \delta'(t),$$

得 $y'_{\mathrm{zs}}(0_+) = 5$。

由于 $y_{\mathrm{zi}}(t)$ 不会发生跳变,故

$$y_{\mathrm{zi}}(0_+) = y_{\mathrm{zi}}(0_-) = 1, \quad y'_{\mathrm{zi}}(0_+) = y'_{\mathrm{zi}}(0_-) = -1。$$

最后得

$$y(0_+) = y_{\mathrm{zi}}(0_+) + y_{\mathrm{zs}}(0_+) = 1 - 2 = -1,$$
$$y'(0_+) = y'_{\mathrm{zi}}(0_+) + y'_{\mathrm{zs}}(0_+) = -1 + 5 = 4。$$

与文献[1]中的结果完全相同,但以上解答思路清晰,物理内涵丰富,既无需冲激函数匹配法中对函数的形状进行各种判断,也避免了繁琐的积分运算。显然,该方法比冲激函数匹配法优越得多。

另一个更好的方法是应用拉氏变换的初值定理,但需学习拉氏变换后才能运用。

解法 2　对微分方程两边取拉氏变换得

$$[s^2Y(s) - sy(0_-) - y'(0_-)] + 2[sY(s) - y(0_-)] + Y(s) = (s^2 + 2)F(s)。$$

代入 $y(0_-) = 1, y'(0_-) = -1, F(s) = 1$,整理得

$$Y(s) = \frac{s^2 + s + 3}{s^2 + 2s + 1} = 1 + \frac{-s + 2}{s^2 + 2s + 1}。$$

故 $y(0_+) = \lim\limits_{s \to \infty} \dfrac{s(-s+2)}{s^2 + 2s + 1} = -1。$

由拉氏变换的时域微分性质得

$$y'(t) \leftrightarrow sY(s) - y(0_-) = \frac{s(s^2 + s + 3)}{s^2 + 2s + 1} - 1$$

$$= \frac{s^3 + s - 1}{s^2 + 2s + 1} = s - 2 + \frac{4s + 1}{s^2 + 2s + 1}。$$

故 $y'(0_+) = \lim\limits_{s \to \infty} \dfrac{s(4s+1)}{s^2 + 2s + 1} = 4。$

下面再看一个求单位冲激响应的例子。

例 5.2　(文献[1],例 2.2-1)　设描述某二阶 LTI 系统的微分方程为

$$y''(t) + 5y'(t) + 6y(t) = f(t),$$

求其单位冲激响应 $h(t)$。

文献[1]中采用冲激函数匹配法解答,显得较为繁琐,下面采用前述方法解答。

解　先求单位阶跃响应 $g(t)$,即求解

$$g''(t) + 5g'(t) + 6g(t) = u(t), \quad g(0_+) = g'(0_+) = 0。$$

易知全响应为

$$g(t) = \left(C_1 \mathrm{e}^{-2t} + C_2 \mathrm{e}^{-3t} + \frac{1}{6}\right) u(t)。$$

由初始条件得

$$C_1 + C_2 + \frac{1}{6} = 0, \quad -2C_1 - 3C_2 = 0,$$

解得 $C_1 = -\dfrac{1}{2}, C_2 = \dfrac{1}{3}$,故

$$g(t) = \left(-\frac{1}{2}\mathrm{e}^{-2t} + \frac{1}{3}\mathrm{e}^{-3t} + \frac{1}{6}\right) u(t)。$$

最后得单位冲激响应为

$$h(t) = g'(t) = (\mathrm{e}^{-2t} - \mathrm{e}^{-3t}) u(t)。$$

总之,冲激函数匹配法是一种十分繁琐且没有前途的"垃圾"方法,应该坚决摒弃。我们应该以更加合情合理的方法取而代之,这对学生和教师都有益处。

第6章

卷积的性质与计算

将信号 $f(t)$ 以 $\delta(t)$ 为基本信号进行时域分解,并将 $f(t)$ 作为激励信号通过一个 LTI 系统,求系统的零状态响应,可以引入卷积的概念,并推导出计算公式。

以 $\delta(t)$ 为基本信号,任意信号 $f(t)$ 可以分解为

$$f(t) = \int_{-\infty}^{\infty} f(\tau)\delta(t-\tau)d\tau_{\circ}$$

以 $f(t)$ 为激励信号,求一个 LTI 系统的零状态响应的步骤如下:

$\delta(t) \xrightarrow{\text{LTI}} h(t), \quad h(t)$ 的定义

$\delta(t-\tau) \xrightarrow{\text{LTI}} h(t-\tau), \quad$ 系统的时不变性

$f(\tau)\delta(t-\tau) \xrightarrow{\text{LTI}} f(\tau)h(t-\tau), \quad$ 系统的齐次性

$\int_{-\infty}^{\infty} f(\tau)\delta(t-\tau)d\tau \xrightarrow{\text{LTI}} \int_{-\infty}^{\infty} f(\tau)h(t-\tau)d\tau, \quad$ 系统的可加性

以上 $\xrightarrow{\text{LTI}}$ 中的 LTI 是为了强调系统的线性时不变性。最后一式左边即 $f(t)$,右边即系统的零状态响应 $y_{zs}(t)$:

$$y_{zs}(t) = \int_{-\infty}^{\infty} f(\tau)h(t-\tau)d\tau_{\circ}$$

将上式右端定义为 $f(t)$ 与 $h(t)$ 的卷积积分,简称卷积,即

$$f(t) * h(t) = \int_{-\infty}^{\infty} f(\tau)h(t-\tau)d\tau_{\circ}$$

由以上推导过程可知,卷积的前提为系统是 LTI 的。同时,单位冲激响应 $h(t)$ 也是 LTI 系统才有的一个概念,如果一个系统不是 LTI 的,则它不存在单位冲激响应 $h(t)$。

以下例 6.1 是重庆邮电大学 2022 年考研真题第 19 题。

例 6.1 如图 6.1 所示的系统中,$f(t) = \begin{cases} 2(1-|\tau|/2), & |t| \leqslant 2 \\ 0, & |t| > 2 \end{cases}$,$s(t) = \sum_{n=-\infty}^{\infty} \delta\left(t-\frac{n}{3}\right)$,子系统 1 的频率响应 $H_1(j\omega) = \begin{cases} 1, & |\omega| < 2\pi \\ 0, & |\omega| > 2\pi \end{cases}$,子系统 2 的单位冲激响应 $h_2(t) =$

$\dfrac{\sin\pi t \cdot \cos 6\pi t}{\pi t}$。

(1) 求子系统 2 的频率响应 $H_2(\mathrm{j}\omega)$；

(2) 分别画出信号 $f_1(t)$、$f_2(t)$ 和 $y(t)$ 的频谱图；

(3) 如果 $s(t)=\cos\omega_0 t$，其中 ω_0 为常数，子系统 2 的频率响应 $H_2(\mathrm{j}\omega)=$
$\begin{cases} \mathrm{e}^{-\mathrm{j}\omega t_0}, & |\omega|<\omega_c \\ 0, & |\omega|>\omega_c \end{cases}$，其中 ω_c 和 t_0 为常数，则求虚线框内系统的单位冲激响应。

分析 虚线框内的子系统为时变系统，证明如下。

如图 6.1 所示，设输入为 $f_1(t)$，输出为 $y(t)$，子系统 2 的单位冲激响应为 $h_2(t)$，设
$$\mathrm{T}[f_1(t)]=y(t)=[f_1(t)s(t)]*h_2(t),$$
则有
$$\mathrm{T}[f_1(t-t_0)]=[f_1(t-t_0)s(t)]*h_2(t),$$
$$y(t-t_0)=[f_1(t-t_0)s(t-t_0)]*h_2(t)。$$
由于 $\mathrm{T}[f_1(t-t_0)]\neq y(t-t_0)$，故系统是时变的。

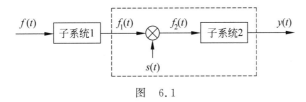

图 6.1

由于虚线框内所组成的子系统不是 LTI 的，所以第（3）问求系统的冲激响应无意义。

6.1 知识点

1. 卷积的概念是从 LTI 系统的零状态响应的计算推导出来的，但实际上卷积积分是一种重要的数学方法，任何两个函数 $f_1(t)$ 和 $f_2(t)$ 都可以定义卷积：
$$f_1(t)*f_2(t)=\int_{-\infty}^{\infty}f_1(\tau)f_2(t-\tau)\mathrm{d}\tau。$$
其中，τ 是虚设变量，t 是实际变量。

2. 卷积的计算有 4 种方法：①图解法；②定义法；③利用卷积基本公式及卷积的性质；④利用傅里叶变换或拉氏变换的卷积定理（变换法）。计算卷积的“终极大招”是拉氏变换。

卷积的计算是学习信号与系统的一项基本功，要多做题，勤练习。求卷积没有一成不变的方法，通常来说，变换法应用广泛，较为有效，但不可一概而论。有时用定义法计算最简；若求某个确定时刻的卷积，则用图解法一般更为方便；有时利用基本卷积公式及卷积的性质更为简单。

图解法和定义法由于含有参变量 t，有时要讨论多种情况，不同的情形有不同的积分表达式和积分区间，讨论和计算都很繁琐。

3. 卷积的性质

（1）代数运算基本性质：①交换律；②分配律；③结合律。

（2）函数与冲激函数卷积的性质：设 $f(t)=f_1(t)*f_2(t)$，则

（i） $f(t)*\delta(t)=f(t)$；

（ii） $f(t)*\delta(t-t_1)=f(t-t_1)$；

（iii） $f(t-t_1)*\delta(t-t_2)=f(t-t_1-t_2)$；

（iv） $f_1(t-t_1)*f_2(t-t_2)=f(t-t_1-t_2)$。

以上性质（i）和性质（ii）由卷积定义得到，性质（iii）和性质（iv）可由前两个性质得到。

（3）卷积的微积分性质

设 $f(t)=f_1(t)*f_2(t)$，$f^{-1}(t)=\int_{-\infty}^{t}f(\tau)\mathrm{d}\tau$，则

（i） $f'(t)=f'_1(t)*f_2(t)=f_1(t)*f'_2(t)$；

（ii） $f^{-1}(t)=f_1^{(-1)}(t)*f_2(t)=f_1(t)*f_2^{(-1)}(t)$；

（iii）若 $f_1(-\infty)=f_2(-\infty)=0$，则有

$$f(t)=f'_1(t)*f_2^{(-1)}(t)=f_1^{(-1)}(t)*f'_2(t)。$$

学习卷积的性质一定不能死记硬背，而要会独立推导。首先，推导过程包含了丰富的证明和计算技巧；其次，只有会推导才能灵活运用。对以上性质进行拓展，可以推导出更多的性质。

4. 门函数的卷积

两个门函数的卷积在计算中经常用到，熟悉其结果，对提高解题速度很有好处。

（1）两个标准门函数的卷积

设两个标准门函数分别为 $g_{\tau_1}(t)$ 和 $g_{\tau_2}(t)$，如图 6.2 所示，求其卷积 $g_{\tau_1}(t)*g_{\tau_2}(t)$。

令 $g(t)=g_{\tau_1}(t)*g_{\tau_2}(t)$，不妨设 $\tau_1\geqslant\tau_2$，根据卷积的微分性质得

$$g'(t)=g'_{\tau_1}(t)*g_{\tau_2}(t)=[\delta(t+\tau_1/2)-\delta(t-\tau_1/2)]*g_{\tau_2}(t)。$$

$g'(t)$ 如图 6.3 所示，则 $g(t)=\int_{-\infty}^{t}g'(\tau)\mathrm{d}\tau$。

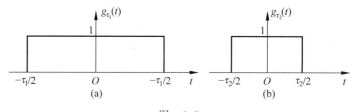

图 6.2

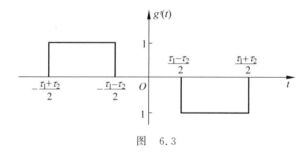

图 6.3

由于 $g(t)$ 是 $g'(t)$ 在 $(-\infty,t]$ 上的面积，由图 6.3 易计算得 $g(t)$ 如图 6.4 所示。

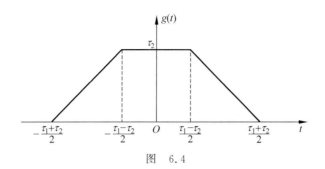

图 6.4

即 $g(t)$ 为等腰梯形,上底宽为 $\tau_1 - \tau_2$,下底宽为 $\tau_1 + \tau_2$,高为 τ_2。

当 $\tau_1 = \tau_2 = \tau$ 时,等腰梯形退化为如图 6.5 所示的一个等腰三角形。即底为 2τ,高为 τ 的等腰直角三角形。

以上两个不等宽标准门函数和两个等宽标准门函数的卷积结果,在解题时可以作为基本结果直接使用。或者相反,把等腰梯形或者等腰三角形写成两个门函数的卷积,这将给解题带来很大的方便。

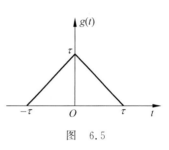

图 6.5

（2）任意两个门函数的卷积

设有两个任意门函数 $x_1(t)$ 和 $x_2(t)$,$x_1(t)$ 的宽为 τ_1,高为 A_1,中心为 t_1;$x_2(t)$ 的宽为 τ_2,高为 A_2,中心为 t_2。不妨设 $\tau_1 \geqslant \tau_2$,则

$$x_1(t) = A_1 g_{\tau_1}(t) * \delta(t - t_1), \quad x_2(t) = A_2 g_{\tau_2}(t) * \delta(t - t_2)。$$

故

$$x_1(t) * x_2(t) = A_1 A_2 [g_{\tau_1}(t) * g_{\tau_2}(t)] * \delta(t - t_1 - t_2),$$

结果是一个等腰梯形,高为 $A_1 A_2 \tau_2$,上底为 $\tau_1 - \tau_2$,下底为 $\tau_1 + \tau_2$,中心为 $t_1 + t_2$。图略。

同样地,当 $\tau_1 = \tau_2$ 时,等腰梯形退化为等腰三角形。

5. 卷积的应用——相关函数的计算

相关函数在通信与信号处理中有着重要的应用。

两个实能量信号 $f_1(t)$ 与 $f_2(t)$ 之间的互相关函数定义为

$$R_{12}(\tau) = \int_{-\infty}^{\infty} f_1(t) f_2(t - \tau) \mathrm{d}t。$$

为便于用卷积计算互相关函数,将 t 与 τ 互换得

$$R_{12}(t) = \int_{-\infty}^{\infty} f_1(\tau) f_2(\tau - t) \mathrm{d}\tau,$$

由卷积的定义知

$$R_{12}(t) = f_1(t) * f_2(-t)。$$

若 $f_1(t) = f_2(t) = f(t)$,则

$$R(t) = \int_{-\infty}^{\infty} f(\tau) f(\tau - t) \mathrm{d}t,$$

称为 $f(t)$ 的自相关函数。同样地,$R(t)$ 可以写成

$$R(t) = \int_{-\infty}^{\infty} f(\tau) f(\tau - t) \mathrm{d}\tau = f(t) * f(-t)。$$

将相关函数和自相关函数写成卷积形式是为了进行快速运算,因为卷积可以采用快速傅里叶变换(FFT)这种快速算法来计算。

6.2 考研真题解析

真题 6.1 (中国科学技术大学,2005)已知当输入信号为 $x(t)$ 时,某连续时间因果 LTI 系统的输出信号为 $y(t)$,$x(t)$ 和 $y(t)$ 的波形如图 6.6 所示。试用时域方法求:

(1) 该系统的单位阶跃响应 $s(t)$,并概画出 $s(t)$ 的波形;

(2) 在系统输入为如图 6.7 所示 $x_1(t)$ 时的输出信号 $y_1(t)$,并概画出 $y_1(t)$ 的波形。

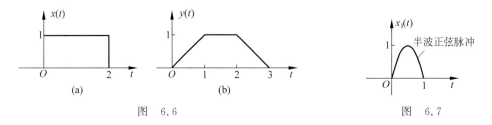

图 6.6　　　　　　　　图 6.7

解 (1) 由于 $x(t)=g_2(t-1)$,

$$y(t)=g_2(t) * g_1(t) * \delta\left(t-\frac{3}{2}\right)=g_2(t-1) * g_1\left(t-\frac{1}{2}\right),$$

故

$$h(t)=g_1\left(t-\frac{1}{2}\right)=u(t)-u(t-1)。$$

于是,单位阶跃响应为

$$\begin{aligned}
s(t)&=u(t) * h(t)=u(t) *[u(t)-u(t-1)] \\
&=u(t) * u(t)-u(t) * u(t-1) \\
&=t \cdot u(t)-(t-1)u(t-1) \\
&=t[u(t)-u(t-1)]+u(t-1)。
\end{aligned}$$

$s(t)$ 的波形如图 6.8 所示。

注:(i) 上面用到了一个卷积基本公式 $u(t) * u(t)=tu(t)$ 及卷积的基本性质。

(ii) 本题解答用到如下结论。两个宽分别为 τ_1 和 $\tau_2(\tau_1>\tau_2)$ 的标准门函数卷积的结果是一个等腰梯形,该等腰梯形以纵轴为对称轴,下底长为 $\tau_1+\tau_2$,上底长为 $\tau_1-\tau_2$,高为 τ_2。当 $\tau_1=\tau_2=\tau$ 时,等腰梯形退化成底长为 2τ,高为 τ 的等腰三角形。

(2) $x_1(t)=\sin\pi t \cdot [u(t)-u(t-1)]$。

下面用卷积定义计算 $y_1(t)=x_1(t) * h(t)$。

(i) 当 $t<0$ 或 $t>2$ 时,$y_1(t)=0$。

(ii) 当 $0 \leqslant t<1$ 时,$x_1(t) * h(t)=\int_0^t \sin\pi\tau \cdot \mathrm{d}\tau=\frac{1}{\pi}(1-\cos\pi t)$。

(iii) 当 $1 \leqslant t \leqslant 2$ 时,$x_1(t) * h(t)=\int_{t-1}^1 \sin\pi\tau \cdot \mathrm{d}\tau=\frac{1}{\pi}(1-\cos\pi t)$。

综合以上结果得

$$y_1(t) = x_1(t) * h(t) = \frac{1}{\pi}(1 - \cos\pi t)[u(t) - u(t-2)]。$$

$y_1(t)$ 波形如图 6.9 所示。

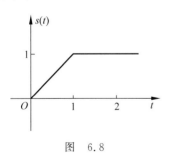

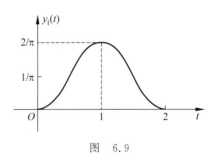

图 6.8

图 6.9

真题 6.2 (中国科学技术大学,2008)某连续时间 LTI 系统的单位阶跃响应 $s(t)$ 和输入 $x(t)$ 如图 6.10 所示,必须用时域卷积方法求系统的输出 $y(t)$,并概画出它的波形。

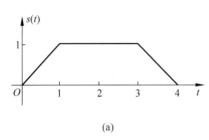

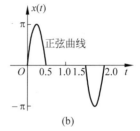

(a)

(b)

图 6.10

解 由图 6.10 知
$$s(t) = [u(t) - u(t-3)] * [u(t) - u(t-1)]$$
$$= u(t) * [\delta(t) - \delta(t-3)] * [u(t) - u(t-1)],$$
由此得系统的单位冲激响应为
$$h(t) = [u(t) - u(t-1)] * [\delta(t) - \delta(t-3)]。$$

另由图 6.10 可知
$$x(t) = \pi\sin 2\pi t \cdot \{[u(t) - u(t-0.5)] + [u(t-1.5) - u(t-2)]\}$$
$$= \pi[\sin 2\pi t \cdot u(t) + \sin 2\pi(t-0.5) \cdot u(t-0.5)] -$$
$$\pi[\sin 2\pi(t-1.5) \cdot u(t-1.5) + \sin 2\pi(t-2) \cdot u(t-2)]。$$

令
$$x_1(t) = \pi[\sin 2\pi t \cdot u(t) + \sin 2\pi(t-0.5) \cdot u(t-0.5)],$$
则
$$x(t) = x_1(t) - x_1(t-1.5)。$$

先计算
$$y_1(t) = x_1(t) * [u(t) - u(t-1)]$$
$$= \pi\sin 2\pi t \cdot [u(t) - u(t-0.5)] * [u(t) - u(t-1)]$$
$$= \frac{1}{2}\{[u(t) - u(t-1.5)] + [u(t-0.5) - u(t-1)] -$$

$$\cos 2\pi t \cdot [u(t) - u(t-0.5)] + \cos 2\pi t \cdot [u(t-1) - u(t-1.5)]\},$$

作 $y_1(t)$ 波形如图 6.11 所示。

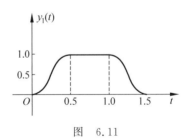

图　6.11

则 $y(t) = [y_1(t) - y_1(t-1.5)] * [\delta(t) - \delta(t-3)]$ 波形如图 6.12 所示。

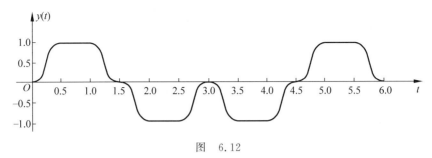

图　6.12

注：本题有如下 3 个技巧。

(1) 将等腰梯形表示成两个门函数的卷积；

(2) 计算简单时域信号卷积时，可以在草稿纸上用拉氏变换求解，在试卷上写成时域求解的形式；

(3) 将一个复杂信号 $y(t)$ 表示或 1 个基本信号经过基本运算后的合成信号。

真题 6.3　（中国科学技术大学,2010)计算信号 $x(t) = u(t) - u(t-\pi)$ 与信号 $y(t) = \cos t \cdot [u(t) - u(t-\pi)]$ 的互相关函数 $R_{xy}(t)$。

解　$R_{xy}(t) = x(t) * y(-t)$。下面分别用两种方法计算 $R_{xy}(t)$。

方法 1（卷积定义）　设 $y_1(t) = y(-t)$，则

$$R_{xy}(t) = x(t) * y_1(t) = \int_{-\infty}^{\infty} y_1(\tau) x(t-\tau) \mathrm{d}\tau = \int_{t-\pi}^{t} y_1(\tau) \mathrm{d}\tau,$$

其中 $y_1(t)$ 如图 6.13 所示。

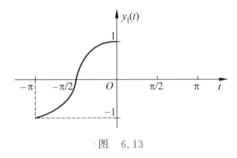

图　6.13

(1) 当 $t<-\pi$ 或 $t>\pi$ 时，$\int_{t-\pi}^{t} y_1(\tau)\mathrm{d}\tau=0$；

(2) 当 $-\pi<t<0$ 时，$\int_{t-\pi}^{t} y_1(\tau)\mathrm{d}\tau=\int_{-\pi}^{t}\cos\tau\mathrm{d}\tau=\sin t$；

(3) 当 $0<t<\pi$ 时，$\int_{t-\pi}^{t} y_1(\tau)\mathrm{d}\tau=\int_{t-\pi}^{0}\cos\tau\mathrm{d}\tau=\sin t$。

故 $R_{xy}(t)=\sin t\cdot[u(t+\pi)-u(t-\pi)]$。

方法 2（傅里叶变换卷积定理）

$$R_{xy}(\mathrm{j}\omega)=X(\mathrm{j}\omega)\cdot Y(-\mathrm{j}\omega),$$

$$X(\mathrm{j}\omega)=(1-\mathrm{e}^{-\mathrm{j}\pi\omega})\left[\pi\delta(\omega)+\frac{1}{\mathrm{j}\omega}\right]=\frac{1-\mathrm{e}^{-\mathrm{j}\pi\omega}}{\mathrm{j}\omega},$$

$$Y(\mathrm{j}\omega)=\frac{1}{2\mathrm{j}}\left(\frac{1+\mathrm{e}^{-\mathrm{j}\pi\omega}}{\omega-1}+\frac{1+\mathrm{e}^{-\mathrm{j}\pi\omega}}{\omega+1}\right),$$

$$Y(-\mathrm{j}\omega)=-\frac{1+\mathrm{e}^{-\mathrm{j}\pi\omega}}{2\mathrm{j}}\left(\frac{1}{\omega+1}+\frac{1}{\omega-1}\right)。$$

故

$$R_{xy}(\mathrm{j}\omega)=X(\mathrm{j}\omega)Y(\mathrm{j}\omega)=\frac{1+\mathrm{e}^{\mathrm{j}\pi\omega}-\mathrm{e}^{-\mathrm{j}\pi\omega}}{2\omega}\left(\frac{1}{\omega+1}+\frac{1}{\omega-1}\right)$$

$$=\frac{1}{2}(\mathrm{e}^{\mathrm{j}\pi\omega}-\mathrm{e}^{-\mathrm{j}\pi\omega})\left(\frac{1}{\omega-1}-\frac{1}{\omega+1}\right)。$$

而 $\mathrm{j}\mathrm{e}^{\mathrm{j}t}u(t)\leftrightarrow\frac{1}{\omega-1}$，$\mathrm{j}\mathrm{e}^{-\mathrm{j}t}u(t)\leftrightarrow\frac{1}{\omega+1}$，故

$$h(t)=\frac{1}{2}\{[\mathrm{j}\mathrm{e}^{\mathrm{j}(t+\pi)}u(t+\pi)-\mathrm{j}\mathrm{e}^{\mathrm{j}(t-\pi)}u(t-\pi)]-[\mathrm{j}\mathrm{e}^{-\mathrm{j}(t+\pi)}u(t+\pi)-\mathrm{j}\mathrm{e}^{-\mathrm{j}(t-\pi)}u(t-\pi)]\}$$

$$=\sin t\cdot[u(t+\pi)-u(t-\pi)]。$$

评注 方法 1 直接用卷积定义求解，简洁明快，在有关计算中，定义法是一个重要的方法；方法 2 虽然繁琐，但对于巩固傅里叶变换的有关知识点、提高计算能力，是很有益处的。

真题 6.4 （中国科学技术大学，2011）计算信号

$$x(t)=\sin t\cdot[u(t)-u(t-\pi)] \text{ 与 } y(t)=u(t)-u(t-\pi)$$

的卷积 $z(t)$。

解 $x(t)=\sin t\cdot u(t)+\sin(t-\pi)u(t-\pi)\leftrightarrow\frac{1}{s^2+1}+\mathrm{e}^{-\pi s}\cdot\frac{1}{s^2+1}=(1+\mathrm{e}^{-\pi s})\cdot\frac{1}{s^2+1}$，

$$y(t)\leftrightarrow\frac{1}{s}-\mathrm{e}^{-\pi s}\cdot\frac{1}{s}=(1-\mathrm{e}^{-\pi s})\cdot\frac{1}{s},$$

故

$$z(t)=x(t)*y(t)\leftrightarrow(1-\mathrm{e}^{-2\pi s})\cdot\frac{1}{s(s^2+1)}=(1-\mathrm{e}^{-2\pi s})\cdot\left(\frac{1}{s}-\frac{s}{s^2+1}\right)。$$

而 $\frac{1}{s}-\frac{s}{s^2+1}\leftrightarrow(1-\cos t)u(t)$，由拉氏变换的性质得

$$z(t)=(1-\cos t)u(t)-[1-\cos(t-2\pi)]u(t-2\pi)$$

$$=(1-\cos t)[u(t)-u(t-2\pi)]。$$

真题 6.5 (中国科学技术大学,2012)求 $x_1(t) = \cos t \cdot [u(t) - u(t-\pi)]$ 和 $x_2(t) = u(t) - 2u(t-\pi) + u(t-2\pi)$ 的卷积。

解 $x_1(t) = \cos t \cdot u(t) + \cos(t-\pi) \cdot u(t-\pi) \leftrightarrow \dfrac{s}{s^2+1}(1 + e^{-\pi s})$,

$$x_2(t) = u(t) - 2u(t-\pi) + u(t-2\pi) \leftrightarrow (1 - 2e^{-\pi s} + e^{-2\pi s}) \cdot \frac{1}{s} = (1 - e^{-\pi s})^2 \cdot \frac{1}{s},$$

故

$$x_1(t) * x_2(t) \leftrightarrow \frac{s}{s^2+1} \cdot (1 + e^{-\pi s}) \cdot (1 - e^{-\pi s})^2 \cdot \frac{1}{s}$$

$$= (1 - e^{-\pi s} - e^{-2\pi s} + e^{-3\pi s}) \frac{1}{s^2+1}。$$

取拉氏逆变换得

$$x_1(t) * x_2(t) = \sin t \cdot [u(t) + u(t-\pi) - u(t-2\pi) - u(t-3\pi)]。$$

真题 6.6 (中国科学技术大学,2016)求信号 $x(t) = u(t) - u(t-2)$ 与 $y(t) = \cos\pi t \cdot [u(t) - u(t-2)]$ 的互相关函数 $R_{xy}(t)$。

解 $R_{xy}(t) = x(t) * y(-t)$,令 $z(t) = y(-t) = \cos\pi t \cdot [u(t+2) - u(t)]$,

$$R_{xy}(t) = x(t) * z(t) = \int_{-\infty}^{\infty} z(\tau) x(t-\tau) d\tau = \int_{t-2}^{t} \cos\pi\tau \cdot [u(\tau+2) - u(\tau)] d\tau。$$

(1) 当 $t < -2$ 时,$R_{xy}(t) = 0$;

(2) 当 $-2 \leqslant t \leqslant 0$ 时,$R_{xy}(t) = \int_{-2}^{t} \cos\pi t \, d\tau = \dfrac{1}{\pi}\sin\pi t$;

(3) 当 $0 < t \leqslant 2$ 时,$R_{xy}(t) = \int_{t-2}^{0} \cos\pi\tau \, d\tau = -\dfrac{1}{\pi}\sin\pi t$;

(4) 当 $t > 2$ 时,$R_{xy}(t) = 0$。

最后得

$$R_{xy}(t) = \frac{1}{\pi}\sin\pi t \cdot [u(t+2) - u(t)] - \frac{1}{\pi}\sin\pi t \cdot [u(t) - u(t-2)]。$$

真题 6.7 (中国科学技术大学,2014)一个离散时间 LTI 系统,当输入 $x(n)$ 为因果序列时,系统响应 $y(n) = \sum\limits_{m=0}^{n} \sum\limits_{k=0}^{m} x(k)$,求该系统的单位冲激响应 $h(n)$。

解 由于 $x(n)$ 是因果序列,故 $x(n) = x(n)u(n)$。

令 $y_1(m) = \sum\limits_{k=0}^{m} x(k)$,则 $y_1(m) = x(m) * u(m)$,故

$$y(n) = [x(n) * u(n)] * u(n) = x(n) * [u(n) * u(n)]$$
$$= x(n) * (n+1)u(n),$$

故 $h(n) = (n+1)u(n)$。

注:以上用到了卷积和的结合律性质及基本卷积和公式

$$u(n) * u(n) = (n+1)u(n)。$$

真题 6.8 (广东工业大学,2017)已知 $f(t)$ 和 $h(t)$ 波形如图 6.14 所示,计算卷积积分 $f(t) * h(t)$ 并画出结果。

解 $f(t) * h(t) = \left[g_1\left(t+\dfrac{1}{2}\right) + 2g_1\left(t-\dfrac{1}{2}\right)\right] * g_1\left(t-\dfrac{3}{2}\right)$

$\qquad\qquad\quad = \left[g_1\left(t+\dfrac{1}{2}\right) + 2g_1\left(t-\dfrac{1}{2}\right)\right] * g_1\left(t-\dfrac{3}{2}\right)$

$\qquad\qquad\quad = g_1\left(t+\dfrac{1}{2}\right) * g_1\left(t-\dfrac{3}{2}\right) + 2g_1\left(t-\dfrac{1}{2}\right) * g_1\left(t-\dfrac{3}{2}\right)$

$\qquad\qquad\quad = g_1(t) * g_1(t) * \delta(t-1) + 2g_1(t) * g_1(t) * \delta(t-2)。$

而 $g_1(t) * g_1(t)$ 结果是一个底为 2,高为 1 的等腰三角形,如图 6.15 所示。

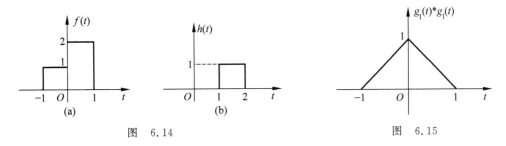

图 6.14 图 6.15

将 $g_1(t) * g_1(t)$ 右移 1,得 $g_1(t) * g_1(t) * \delta(t-1)$；将 $g_1(t) * g_1(t)$ 右移 2,并在纵轴方向拉伸 2 倍,得 $2g_1(t) * g_1(t) * \delta(t-2)$。将两个图形叠加即得 $f(t) * h(t)$,如图 6.16 所示。

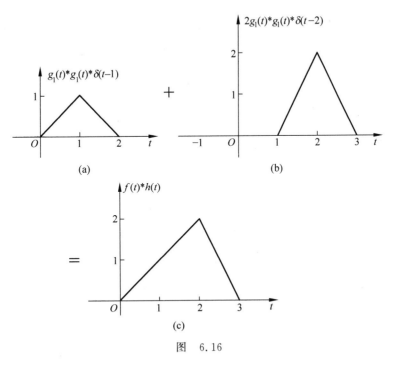

图 6.16

真题 6.9 (上海交通大学,2018)系统函数 $h(t) = -\dfrac{1}{\pi t}$,输入 $e(t) = \sin 3t$,则输出 $r(t) = $ _____。

解 由基本傅里叶变换对 $\operatorname{sgn}(t)\leftrightarrow\dfrac{2}{\mathrm{j}\omega}$ 及傅里叶变换的对称性得

$$\frac{2}{\mathrm{j}t}\leftrightarrow 2\pi\cdot\operatorname{sgn}(-\omega)=-2\pi\cdot\operatorname{sgn}(\omega),\qquad -\frac{1}{\pi t}\leftrightarrow\mathrm{j}\cdot\operatorname{sgn}(\omega),$$

即 $H(\mathrm{j}\omega)=\mathrm{j}\cdot\operatorname{sgn}(\omega)$。又 $E(\mathrm{j}\omega)=\dfrac{\pi}{\mathrm{j}}\cdot[\delta(\omega-3)-\delta(\omega+3)]$。

由于 $r(t)=e(t)*h(t)$，由傅里叶变换的卷积定理得

$$R(\mathrm{j}\omega)=E(\mathrm{j}\omega)H(\mathrm{j}\omega)=\frac{\pi}{\mathrm{j}}\cdot[\delta(\omega-3)-\delta(\omega+3)]\cdot\mathrm{j}\cdot\operatorname{sgn}(\omega)$$

$$=\pi[\delta(\omega-3)+\delta(\omega+3)]。$$

取傅里叶反变换得 $r(t)=\cos 3t$。

注：本题实际上是求 $\sin 3t$ 的希尔伯特变换，再加一个负号。

真题 6.10 （宁波大学，2018)试画出图 6.17 $x(t)$ 与 $h(t)$ 的卷积 $y(t)=x(t)*h(t)$ 在 $0\leqslant t\leqslant 7$ 范围内的波形。

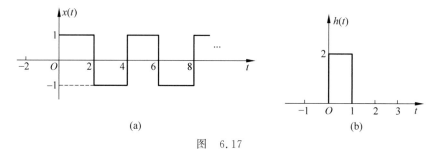

图 6.17

解 $y(t)=\displaystyle\int_{-\infty}^{\infty}x(\tau)h(t-\tau)\mathrm{d}\tau=2\int_{t-1}^{t}x(\tau)\mathrm{d}\tau$。

(1) 当 $0\leqslant t\leqslant 1$ 时，$y(t)=2t$；

(2) 当 $1\leqslant t\leqslant 2$ 时，$y(t)=2$；

(3) 当 $2\leqslant t\leqslant 3$ 时，$y(t)=-(t-2)+2[2-(t-1)]=2(5-2t)$；

(4) 当 $3\leqslant t\leqslant 4$ 时，$y(t)=-2$；

(5) 当 $4\leqslant t\leqslant 5$ 时，$y(t)=t-4-[4-(t-1)]=2(2t-9)$；

(6) 当 $5\leqslant t\leqslant 6$ 时，$y(t)=2$；

(7) 当 $6\leqslant t\leqslant 7$ 时，$y(t)=-(t-6)+[6-(t-1)]=2(13-2t)$。

综上，$y(t)$ 在 $0\leqslant t\leqslant 7$ 内的波形如图 6.18 所示。

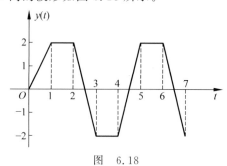

图 6.18

真题 6.11　（中国科学技术大学,2020)LTI 系统的单位阶跃响应为 $s(t)=u(t)-u(t-2)$,

(1) 求系统的单位冲激响应;

(2) 当输入信号为 $x(t)=\int_{t-5}^{t-1}\delta(\tau)\mathrm{d}\tau$ 时,求系统的零状态响应 $y(t)$,并画出波形。

解　(1) $S(s)=\dfrac{1}{s}H(s)=(1-\mathrm{e}^{-2s})\cdot\dfrac{1}{s}$, $H(s)=1-\mathrm{e}^{-2s}$,故

$$h(t)=\delta(t)-\delta(t-2)。$$

(2) $x(t)=u(t-1)-u(t-5)$,故

$$y(t)=x(t)*h(t)=[u(t-1)-u(t-5)]-[u(t-3)-u(t-7)]$$
$$=[u(t-1)-u(t-3)]-[u(t-5)-u(t-7)]。$$

$y(t)$ 波形如图 6.19 所示。

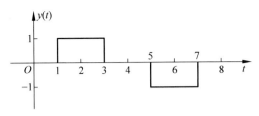

图　6.19

真题 6.12　（南京航空航天大学,2020)已知两个信号

$$f_1(t)=u(t)-u(t-1),\quad f_2(t)=t[u(t)-u(t-1)]-\frac{1}{2}\delta(t-1),$$

求 $f_3(t)=f_1(t)*f_2(t)$,并作图。

分析　本例的解答显示拉氏变换求卷积的高效性。

解　$F_1(s)=(1-\mathrm{e}^{-s})\dfrac{1}{s}$,　$F_2(s)=(1-\mathrm{e}^{-s})\dfrac{1}{s^2}-\mathrm{e}^{-s}\dfrac{1}{s}-\dfrac{1}{2}\mathrm{e}^{-s}$,

$$F_3(s)=F_1(s)F_2(s)=(1-\mathrm{e}^{-s})^2\frac{1}{s^3}-(1-\mathrm{e}^{-s})\mathrm{e}^{-s}\frac{1}{s^2}-\frac{1}{2}(1-\mathrm{e}^{-s})\mathrm{e}^{-s}\frac{1}{s}$$

$$=(1-2\mathrm{e}^{-s}+\mathrm{e}^{-2s})\frac{1}{s^3}-(\mathrm{e}^{-s}-\mathrm{e}^{-2s})\frac{1}{s^2}-\frac{1}{2}(\mathrm{e}^{-s}-\mathrm{e}^{-2s})\frac{1}{s}。$$

由于

$$u(t)\leftrightarrow\frac{1}{s},\quad tu(t)\leftrightarrow\frac{1}{s^2},\quad \frac{1}{2}t^2u(t)\leftrightarrow\frac{1}{s^3},$$

对 $F_3(s)$ 取拉氏逆变换,并利用时移性质得

$$f_3(t)=\frac{1}{2}t^2u(t)-(t-1)^2u(t-1)+\frac{1}{2}(t-2)^2u(t-2)-$$

$$[(t-1)u(t-1)-(t-2)u(t-2)]-\frac{1}{2}[u(t-1)-u(t-2)]$$

$$=\frac{1}{2}t^2[u(t)-u(t-1)]-\frac{1}{2}(t-1)^2[u(t-1)-u(t-2)]。$$

作 $f_3(t)$ 波形如图 6.20 所示。

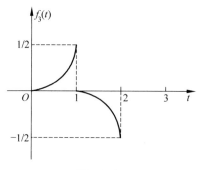

图　6.20

真题 6.13　（南京航空航天大学，2020）已知卷积 $y(t)=f_1(t)*f_2(t)$，则 $f_1(-t)*f_2(-t)=$ _____，$f_1'(t)*f_2'(t)=$ _____，$f_1(3t)*f_2(3t)=$ _____。

答案　$y(-t)$，$y''(t)$，$\dfrac{1}{3}y(3t)$。

解　已知 $y(t)=f_1(t)*f_2(t)$，则 $Y(j\omega)=F_1(j\omega)F_2(j\omega)$。由于
$$f_1(-t)*f_2(-t)\leftrightarrow F_1(-j\omega)F_2(-j\omega)=Y(-j\omega),$$
取傅里叶逆变换得
$$f_1(-t)*f_2(-t)=y(-t)。$$
由卷积的微分性质得
$$y'(t)=f_1'(t)*f_2(t),\quad y''(t)=f_1'(t)*f_2'(t)。$$
由于
$$f_1(3t)*f_2(3t)\leftrightarrow\frac{1}{3}F_1\left(j\,\frac{\omega}{3}\right)*\frac{1}{3}F_2\left(j\,\frac{\omega}{3}\right)=\frac{1}{9}Y\left(j\,\frac{\omega}{3}\right),$$
取傅里叶逆变换得
$$f_1(3t)*f_2(3t)=\frac{1}{3}y(3t)。$$

也可以用卷积定义计算：
$$f_1(-t)*f_2(-t)=\int_{-\infty}^{\infty}f(-\tau)f_2[-(t-\tau)]d\tau。\tag{①}$$
由 $y(t)=\int_{-\infty}^{\infty}f_1(\tau)f_2(t-\tau)d\tau$，得
$$y(-t)=\int_{-\infty}^{\infty}f_1(\tau)f_2(-t-\tau)d\tau\xrightarrow{\text{换元}}\int_{\infty}^{-\infty}f_1(-\tau)f_2(-t+\tau)(-d\tau)$$
$$=\int_{-\infty}^{\infty}f_1(-\tau)f_2[-(t-\tau)]d\tau。\tag{②}$$
由式①和式②知，$f_1(-t)*f_2(-t)=y(-t)$。
$$f_1(3t)*f_2(3t)=\int_{-\infty}^{\infty}f_1(3\tau)f_2 3(t-\tau)d\tau=\int_{-\infty}^{\infty}f_1(3\tau)f_2(3t-3\tau)d\tau$$
$$\xrightarrow{\text{换元}}\int_{-\infty}^{\infty}f_1(\tau)f_2(3t-\tau)\cdot\frac{1}{3}d\tau=\frac{1}{3}y(3t)。$$

用卷积定义求解与用傅里叶变换求解方法比较，后者更简洁，但前提是各函数傅里叶变换必须存在。

真题 6.14 (宁波大学,2020)试计算卷积积分：$y(t) = \dfrac{1}{t} * \dfrac{1}{t}$。

解 由于 $\text{sgn}(t) \leftrightarrow \dfrac{2}{j\omega}, \dfrac{2}{jt} \leftrightarrow 2\pi \cdot \text{sgn}(-\omega) = -2\pi \cdot \text{sgn}(\omega)$，所以，$\dfrac{1}{t} \leftrightarrow -j\pi \cdot \text{sgn}(\omega)$，

$\dfrac{1}{t} * \dfrac{1}{t} \leftrightarrow -\pi^2$。于是，$y(t) = \dfrac{1}{t} * \dfrac{1}{t} = -\pi^2 \delta(t)$。

真题 6.15 (四川大学,2021)已知 $x_1(t) = u(t) - u(t-1), x_2(t) = u(t+2) - u(t-2)$，
设 $y(t) = x_1(t) * \dfrac{\mathrm{d}}{\mathrm{d}t} x_2(2t)$，则 $y(0) = \underline{\qquad}$。

解 $x_2(2t) = u(t+1) - u(t-1)$，

$$\dfrac{\mathrm{d}}{\mathrm{d}t} x_2(2t) = \delta(t+1) - \delta(t-1),$$

$$y(t) = [u(t) - u(t-1)] * [\delta(t+1) - \delta(t-1)]$$
$$= [u(t+1) - u(t)] - [u(t-1) - u(t-2)]。$$

故 $y(0) = u(1) - u(0) = \dfrac{1}{2}$。

注：对于 $u(t)$ 在 $t=0$ 处的取值,有的教材定义为 $\dfrac{1}{2}$,有的教材无定义。

真题 6.16 (中国科学技术大学,2022)已知 $y_1(n) = (1/3)^n u(n), y_2(n) = (1/4)^n u(n)$，
求 $y_1(n)$ 和 $y_2(n)$ 的互相关函数 $R_{y_1 y_2}(n)$。

解 $R_{y_1 y_2}(n) = y_1(n) * y_2(-n)$，

$$R_{y_1 y_2}(z) = Y_1(z) Y_2(z^{-1}) = \dfrac{1}{1 - \dfrac{1}{3} z^{-1}} \cdot \dfrac{1}{1 - \dfrac{1}{4} z}$$

$$= \dfrac{12}{11} \left(\dfrac{z}{z - \dfrac{1}{3}} - \dfrac{z}{z - 4} \right), \quad \dfrac{1}{3} < |z| < 4。$$

取逆 z 变换得

$$R_{y_1 y_2}(n) = \dfrac{12}{11} \left[\left(\dfrac{1}{3} \right)^n u(n) + 4^n u(-n-1) \right]。$$

真题 6.17 (上海交通大学,2022)$2^n u(n) * 3^n u(n-1) = \underline{\qquad}$,其中 $u(n)$ 表示单位阶跃信号。

解 $2^n u(n) * 3^n u(n-1) = 2^n u(n) * 3 \cdot 3^{n-1} u(n-1) \leftrightarrow 3 \cdot \dfrac{1}{1 - 2z^{-1}} \cdot \dfrac{z^{-1}}{1 - 3z^{-1}} =$

$3 \left(\dfrac{1}{1 - 3z^{-1}} - \dfrac{1}{1 - 2z^{-1}} \right), \quad |z| > 3。$

取逆 z 变换得

$$2^n u(n) * 3^n u(n-1) = 3(3^n - 2^n) u(n)。$$

真题 6.18 (清华大学,2022)已知 $x(t)$ 的波形如图 6.21(a)所示,则 $x(t) * x(t)$ 的波形为( )。

解　令 $f(t)=x(t)*x(t)$，则 $f''(t)=x(t)*x''(t)$。$f''(t)$ 如图 6.22 所示。

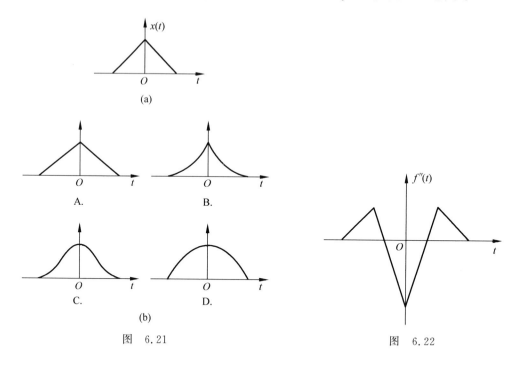

图　6.21

图　6.22

由于 $f''(t)$ 有正有负，故 $f(t)$ 存在拐点，只有 C 存在拐点，故选 C。

本题也可以先计算出 $x(t)*x(t)$，再讨论其形状。不妨设

$$x(t)=\begin{cases}1-|x|, & -1\leqslant x\leqslant 1\\ 0, & \text{其他}\end{cases},$$

则 $f(t)=x(t)*x(t)$ 的非零范围为 $-2<x<2$，且为偶对称，只需计算出 $0\leqslant t\leqslant 2$ 内 $f(t)$ 表达式即可。

(1) 当 $0\leqslant t\leqslant 1$ 时，

$$f(t)=\int_{t-1}^{0}(\tau+1)(\tau+1-t)\mathrm{d}\tau+\int_{0}^{t}(\tau+1-t)(-\tau+1)\mathrm{d}\tau+\int_{t}^{1}(-\tau+1)(-\tau+t-1)\mathrm{d}\tau$$

$$=\frac{t^3}{2}-t^2+\frac{2}{3}。$$

$f''(t)=3t-2<0,0<t<\dfrac{2}{3}$，$f(t)$ 是上凸的；

$f''(t)=3t-2>0,\dfrac{2}{3}<t<1$，$f(t)$ 是下凸的。

(2) 当 $1\leqslant t\leqslant 2$ 时，

$$f(t)=\int_{t-1}^{1}(\tau+1-t)(-\tau+1)\mathrm{d}\tau=-\frac{t^3}{6}+t^2-2t+\frac{4}{3}。$$

$f''(t)=-t+2>0,1<t<2$，$f(t)$ 是下凸的。

综上，$f(t)$ 在 $0<t<\dfrac{2}{3}$ 内是上凸的，在 $\dfrac{2}{3}<t<2$ 内是下凸的。

由 $f(t)$ 在 $0 \leqslant t \leqslant 2$ 内的凸性,可知应选 C。

真题 6.19 (清华大学,2022)若 $y(t)=x(t)*h(t)$,则 $y(t)$ 的积分面积为 $x(t)$ 的积分面积与 $h(t)$ 的积分面积(　　)。

A. 相加　　　　　　B. 相乘　　　　　　　C. 相卷积　　　　　　D. 相减

解　由傅里叶变换的卷积定理得

$$Y(\mathrm{j}\omega)=X(\mathrm{j}\omega)H(\mathrm{j}\omega)。$$

令 $\omega=0$,得

$$Y(0)=X(0)H(0),$$

故选 B。

真题 6.20　(清华大学,2022)已知 $x(t)$ 和 $h(t)$ 的波形分别如图 6.23(a)和(b)所示,$y(t)=x(t)*h(t)$,则 $y(3)=$ _____。

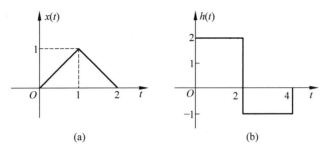

(a)　　　　　　　　　　　　(b)

图　6.23

解　$y(3)=\displaystyle\int_{-\infty}^{\infty}h(\tau)x(-\tau+3)\mathrm{d}\tau=\dfrac{1}{2}$。

真题 6.21　(清华大学,2022)$\mathrm{e}^{-t}u(t)*\displaystyle\sum_{k=-\infty}^{+\infty}\delta(t-3k)=$ _____。（只需写出 $0 \leqslant t \leqslant 3$ 的表达式）

解　$\mathrm{e}^{-t}u(t)*\displaystyle\sum_{k=-\infty}^{\infty}\delta(t-3k)=\sum_{k=-\infty}^{0}\mathrm{e}^{-(t-3k)}=\dfrac{\mathrm{e}^{-t}}{1-\mathrm{e}^{-3}}$。

第7章

离散系统的时域求解

连续系统的时域求解要解微分方程,离散系统的时域求解则要解差分方程。通常来说,解差分方程比解微分方程更简单一些,因为初值(如 $y(-1)$,$y(-2)$ 或 $y(0)$,$y(1)$ 等)很容易根据差分方程递推出来。递推计算是离散系统时域求解的基本功。

本部分涉及的一些基本概念,如单位采样响应和卷积(和)等,是后续 z 变换的基础。

7.1 知识点

1. 与连续系统的求解类似,离散系统的求解经常要计算卷积和。通常来说,卷积和的计算比卷积的计算要简单一点,而且更经常地采用定义法来计算。

2. 由已知差分方程递推计算若干个特殊序列值,是中国科学技术大学早期的常见考点,用来考查计算能力。在差分方程的时域求解中也经常用到递推计算。

3. 差分方程的经典解法与连续系统十分相似,响应也可以分解为两种形式:一是分解为自由响应与强迫响应之和;二是分解为零输入响应与零状态响应之和。同样地,自由响应包括全部零输入响应和零状态响应的一部分,强迫响应则是零状态响应的一部分。

4. 当两个有限长序列进行卷积时,既可以用不进位乘法计算,又可以用补零的方法转化为圆周卷积进行快速计算,参考离散傅里叶变换(DFT)的相关内容。

两个序列的互相关,或一个序列的自相关,都可以转化为卷积,进一步转化为圆周卷积进行快速计算。

5. 与连续系统一样,判断离散系统的阶数也是一个难点。已知系统的自由响应和强迫响应,或已知系统的零输入响应和零状态响应,要判断系统的阶数,则需对差分方程的时域求解过程有较为深刻的理解。下面举一个例子加以说明。

例 7.1 (南京信息工程大学,2019)某线性时不变系统的零输入响应为 $(2^{-n}-3^{-n})u(n)$,零状态响应为 $(1+n)2^{-n}u(n)$,则该系统的阶数是(   )。

A. 肯定是二阶　　　B. 肯定是三阶　　　C. 至少是二阶　　　D. 至少是三阶

分析　由零输入响应的形式知,系统的差分方程对应的特征方程必有特征根 $\dfrac{1}{2}$ 和 $\dfrac{1}{3}$,因此该系统可能是二阶的。利用待定系数法,很容易构造满足题意的二阶离散 LTI 系统如下：

$$y(n) - \frac{5}{6}y(n-1) + \frac{1}{6}y(n-2) = \frac{2}{3}\delta(n) + \frac{1}{3}2^{-n}u(n),$$

$$y(-1) = -1, \quad y(-2) = -5.$$

但还不能断定差分方程一定是二阶的，也有可能是三阶的。例如，若 $\frac{1}{2}$ 为二重特征根，则系统是三阶的，这时零输入响应形如

$$y_{zi}(n) = [(C_1 + C_2 n)2^{-n} + C_3 \cdot 3^{-n}]u(n)。$$

选择合适的初始条件 $y(-1), y(-2), y(-3)$，可使得 $C_1 = 1, C_2 = 0, C_3 = -1$，于是零输入响应为

$$y_{zi}(n) = (2^{-n} - 3^{-n})u(n)。$$

同理，取合适的激励 $f(n)$，可使得零状响应为

$$y_{zs}(n) = (1+n)2^{-n}u(n)。$$

因此，系统可能是二阶的，也可能是三阶的，故 A、B、D 皆错，选 C。

不难用待定系数法构造如下三阶离散 LTI 系统：

$$y(n) - \frac{4}{3}y(n-1) + \frac{7}{12}y(n-2) - \frac{1}{12}y(n-3) = \delta(n) - \frac{1}{3}\delta(n-1),$$

$$y(-1) = -1, \quad y(-2) = -5, \quad y(-3) = -19,$$

使其零输入响应为 $(2^{-n} - 3^{-n})u(n)$，零状态响应为 $(1+n)2^{-n}u(n)$。

7.2 考研真题解析

真题 7.1 （中国科学技术大学，2003）已知差分方程 $y(n) - 0.5y(n-1) - 0.5y(n-2) = x(n) - x(n-3)$ 和非零起始条件 $y(-1) = 2, y(-2) = -2$ 表示起始不松弛的离散时间因果系统，试用递推算法分别计算出在输入 $\delta(n)$ 时，系统的输出 $y(n)$ 中的零输入响应 $y_{zi}(n), n \geqslant 0$ 和零状态响应 $y_{zs}(n), n \geqslant 0$（至少需分别递推计算出 $y_{zi}(n)$ 和 $y_{zs}(n)$ 的头 4 个序列值）。

解 先求零输入响应 $y_{zi}(n)$，这时差分方程为

$$y_{zi}(n) - 0.5y_{zi}(n-1) - 0.5y_{zi}(n-2) = 0,$$

初始条件为 $y_{zi}(-1) = 2, y_{zi}(-2) = -2$。

令 $n = 0$，得 $y_{zi}(0) - 0.5 \times 2 - 0.5 \times (-2) = 0, y_{zi}(0) = 0$；

令 $n = 1$，得 $y_{zi}(1) - 0.5 \times 0 - 0.5 \times 2 = 0, y_{zi}(1) = 1$；

令 $n = 2$，得 $y_{zi}(2) - 0.5 \times 1 - 0.5 \times 0 = 0, y_{zi}(2) = 0.5$；

令 $n = 3$，得 $y_{zi}(3) - 0.5 \times 0.5 - 0.5 \times 1 = 0, y_{zi}(3) = 0.75$。

再求零状态响应，这时差分方程为

$$y_{zs}(n) - 0.5y_{zs}(n-1) - 0.5y_{zs}(n-2) = \delta(n) - \delta(n-3),$$

初始条件为 $y_{zs}(-1) = y_{zs}(-2) = 0$。

令 $n = 0$，得 $y_{zs}(0) = 1$；

令 $n = 1$，得 $y_{zs}(1) - 0.5 \times 1 = 0, y_{zs}(1) = 0.5$；

令 $n=2$,得 $y_{zs}(2)-0.5\times0.5-0.5\times1=0,y_{zs}(2)=0.75$;

令 $n=3$,得 $y_{zs}(3)-0.5\times0.75-0.5\times0.5=-1,y_{zs}(3)=-0.375$。

真题 7.2 (中国科学技术大学,2004)用递推算法求如下差分方程表示的离散时间因果 LTI 系统的单位冲激响应 $h(n)$,至少计算前 4 个序列值:

$$y(n)+\frac{1}{2}y(n-1)-\frac{1}{2}y(n-2)=\sum_{k=0}^{\infty}x(n-k)。$$

解 $y(n)+\frac{1}{2}y(n-1)-\frac{1}{2}y(n-2)=\sum_{k=0}^{\infty}\delta(n-k)=u(n)。$

令 $n=0$,得 $y(0)=1$;

令 $n=1$,得 $y(1)+\frac{1}{2}=1,y(1)=\frac{1}{2}$;

令 $n=2$,得 $y(2)+\frac{1}{2}\times\frac{1}{2}-\frac{1}{2}\times1=1,y(2)=\frac{5}{4}$;

令 $n=3$,得 $y(3)+\frac{1}{2}\times\frac{5}{4}-\frac{1}{2}\times\frac{1}{2}=1,y(3)=\frac{5}{8}$。

真题 7.3 (中国科学技术大学,2005)由差分方程 $y(n)-0.5y(n-1)=\sum_{k=0}^{4}\left[x(n-k)-2x(n-k-1)\right]$ 和非零起始条件 $y(-1)=1$ 表示的离散时间因果系统,当系统输入 $x(n)=\delta(n)$ 时,试用递推算法求:

(1) 该系统的零状态响应 $y_{zs}(n)$(至少计算出前 6 个序列值);

(2) 该系统的零输入响应 $y_{zi}(n)$(至少计算出前 4 个序列值)。

解 (1) 先计算 $y_{zs}(n)$,此时

$y(n)-0.5y(n-1)$
$=\delta(n)-\delta(n-1)-\delta(n-2)-\delta(n-3)-\delta(n-4)-2\delta(n-5),\quad y(-1)=0。$

分别令 $n=0,1,2,3,4,5$,得

$$y(0)=1,\quad y(1)=-0.5,\quad y(2)=-1.25,\quad y(3)=-1.625,$$
$$y(4)=-1.8125,\quad y(5)=-2.90625。$$

(2) 再计算 $y_{zi}(n)$,此时 $y(n)-0.5y(n-1)=0,y(-1)=1$。

分别令 $n=0,1,2,3$,得

$$y(0)=0.5,\quad y(1)=0.25,\quad y(2)=0.125,\quad y(3)=0.0625。$$

真题 7.4 (中国科学技术大学,2006)如图 7.1 信号流图所示的数字滤波器,已知有始输入数字信号 $x(n)$ 的序列值依次为 $4,1,2,0,-4,2,4,\cdots$,试求该数字滤波器输出 $y(n)$ 的前 5 个序列值。

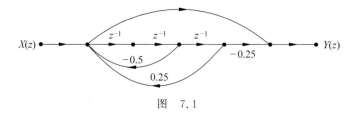

图 7.1

解　由梅森(Mason)公式得

$$H(z) = \frac{1 - 0.25z^{-3}}{1 - (-0.5z^{-2} + 0.25z^{-3})} = \frac{1 - 0.25z^{-3}}{1 + 0.5z^{-2} - 0.25z^{-3}}。$$

由 $\dfrac{Y(z)}{X(z)} = \dfrac{1 - 0.25z^{-3}}{1 + 0.5z^{-2} - 0.25z^{-3}}$ 得差分方程

$$y(n) + 0.5y(n-2) - 0.25y(n-3) = x(n) - 0.25x(n-3)。$$

由题，$y(-1) = y(-2) = y(-3) = 0$。

令 $n = 0$，得 $y(0) = x(0) = 4$；

令 $n = 1$，得 $y(1) = x(1) = 1$；

令 $n = 2$，得 $y(2) + 0.5y(0) = 2, y(2) = 0$；

令 $n = 3$，得 $y(3) + 0.5y(1) - 0.25y(0) = x(3) - 0.25x(0), y(3) = -0.5$；

令 $n = 4$，得 $y(4) + 0.5y(2) - 0.25y(1) = x(4) - 0.25x(1), y(4) = -4$。

真题 7.5　(中国科学技术大学，2007)已知数字信号 $x(n)$ 和 $v(n)$ 如表 7.1 所示，试求它们在区间 $-4 \leqslant n \leqslant 7$ 内的互相关函数 $R_{xv}(n)$。

表　7.1

n	$n<0$	0	1	2	3	4	5	6	7	8	9	$n>9$
$x(n)$	0	1	-1	1	1	1	-1	-1	1	-1	1	0
$v(n)$	0	1	1	1	-1	-1	1	-1	0	0	0	0

解　$R_{xv}(n) = x(n) * v(-n)$，其中，

$$x(n) = \{\underline{1}, -1, 1, 1, 1, -1, -1, 1, -1, 1\},$$

$$v(-n) = \{-1, 1, -1, -1, 1, 1, \underline{1}\}。$$

用不进位乘法计算得

$$x(n) * v(-n) = \{-1, 2, -3, 0, 1, 0, \underline{-1}, -1, 7, -1, 0, -1, -2, 1, 0, 1\}。$$

故 $-4 \leqslant n \leqslant 7$ 内的 $R_{xv}(n)$ 为

$$R_{xv}(n) = \{-3, 0, 1, 0, \underline{-1}, -1, 7, -1, 0, -1, -2, 1\}。$$

真题 7.6　(中国科学技术大学，2008)已知某个无限冲激响应(IIR)数字滤波器的结构如图 7.2 所示，图中 D 为单位延时，试求其单位阶跃响应 $s(n)$，并计算在如下因果输入 $x(n)$ 时，滤波器输出 $y(n)$ 的前 5 个序列值：

$$x(n) = 0，\quad n < 0；\quad x(0) = 4，\quad x(1) = 2, x(2) = 2，$$

$$x(3) = -6，\quad x(4) = -2，\quad x(5) = 4，\cdots。$$

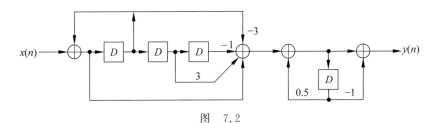

图　7.2

解 由梅森公式得

$$H(z) = \frac{1 - 3z^{-1} + 3z^{-2} - z^{-3}}{1 - z^{-1}} \cdot \frac{1 - z^{-1}}{1 - 0.5z^{-1}} = \frac{1 - 3z^{-1} + 3z^{-2} - z^{-3}}{1 - 0.5z^{-1}}。$$

由题有

$$S(z) = \frac{1}{1 - z^{-1}} H(z) = \frac{1}{1 - z^{-1}} \cdot \frac{(1 - z^{-1})(1 - 2z^{-1} + z^{-2})}{1 - 0.5z^{-1}} = \frac{1 - 2z^{-1} + z^{-2}}{1 - 0.5z^{-1}}。$$

取逆 z 变换得

$$s(n) = 0.5^n u(n) - 2 \cdot 0.5^{n-1} u(n-1) + 0.5^{n-2} u(n-2)。$$

由 $\dfrac{Y(z)}{X(z)} = \dfrac{1 - 3z^{-1} + 3z^{-2} - z^{-3}}{1 - 0.5z^{-1}}$，十字交叉相乘再取逆 z 变换，得系统差分方程

$$y(n) - 0.5y(n-1) = x(n) - 3x(n-1) + 3x(n-2) - x(n-3)。$$

令 $n = 0$，得 $y(0) = x(0) = 4$；

令 $n = 1$，得

$$y(1) - 0.5y(0) = x(1) - 3x(0)，\quad y(1) - 2 = -10，\quad y(1) = -8；$$

令 $n = 2$，得

$$y(2) - 0.5y(1) = x(2) - 3x(1) + 3x(0)，\quad y(2) + 4 = 2 - 6 + 12，\quad y(2) = 4；$$

令 $n = 3$，得

$$y(3) - 0.5y(2) = x(3) - 3x(2) + 3x(1) - x(0)，$$
$$y(3) - 2 = -6 - 6 + 6 - 4，\quad y(3) = -8；$$

令 $n = 4$，得

$$y(4) - 0.5y(3) = x(4) - 3x(3) + 3x(2) - x(1)，$$
$$y(4) + 4 = -2 + 18 + 6 - 2，\quad y(4) = 16。$$

真题 7.7 （中国科学技术大学，2011）对于序列 $x(n) = \left(\dfrac{1}{2}\right)^n u(n)$，计算 $y_1(n) = \displaystyle\sum_{k=-\infty}^{n} x(k)$ 和 $y_2(n) = \Delta x(n)$，然后分别画出 $y_1(n)$ 和 $y_2(n)$ 的波形。

解 $y_1(n) = x(n) * u(n) \leftrightarrow \dfrac{1}{1 - \dfrac{1}{2}z^{-1}} \cdot \dfrac{1}{1 - z^{-1}} = 2 \cdot \dfrac{1}{1 - z^{-1}} - \dfrac{1}{1 - \dfrac{1}{2}z^{-1}}$，

取逆 z 变换得

$$y_1(n) = \left[2 - \left(\frac{1}{2}\right)^n \right] u(n)。$$

而

$$y_2(n) = \left(\frac{1}{2}\right)^{n+1} u(n+1) - \left(\frac{1}{2}\right)^n u(n)$$

$$= \left(\frac{1}{2}\right)^{n+1} [\delta(n+1) + u(n)] - \left(\frac{1}{2}\right)^n u(n)$$

$$= \delta(n+1) - \left(\frac{1}{2}\right)^{n+1} u(n)。$$

$y_1(n)$ 与 $y_2(n)$ 波形略。

注：前向差分定义为 $\Delta x(n)=x(n+1)-x(n)$，后向差分定义为 $\nabla x(n)=x(n)-x(n-1)$。

真题 7.8　（中国科学技术大学，2012）已知离散时间因果稳定的 LTI 系统单位冲激响应为 $h(n)=\sum\limits_{k=0}^{\infty}h_k\delta(n-k)$，它的逆系统是因果稳定 LTI 系统，其单位冲激响应为 $h_{inv}(n)=\sum\limits_{k=0}^{\infty}g_k\delta(n-k)$。试确定 g_k 满足的代数方程并找出计算的递推算法。

解　$h(n)=\{h_0,h_1,h_2,h_3,\cdots\}$，　$h_{inv}(n)=\{g_0,g_1,g_2,g_3,\cdots\}$。

由题有 $h(n)*h_{inv}(n)=\delta(n)$，得代数方程为

$$\begin{cases} h_0g_0=1, \\ \sum\limits_{k=0}^{n}h_kg_{n-k}=0, \quad n\geqslant 1。\end{cases}$$

递推算法为

$$g_0=\frac{1}{h_0}, \quad g_k=-\frac{\sum\limits_{m=1}^{k}g_mh_{k-m}}{h_0}, \quad k=1,2,3,\cdots。$$

注：在 $\sum\limits_{k=0}^{n}h_kg_{n-k}=0, n\geqslant 1$ 中，改变下标得

$$\sum\limits_{m=0}^{k}h_mg_{k-m}=0, \quad k\geqslant 1。$$

由 $h_0g_0=1$，得 $g_0=\dfrac{1}{h_0}$；由 $\sum\limits_{m=0}^{k}h_mg_{k-m}=0$，得 $h_0g_k+\sum\limits_{m=1}^{k}h_mg_{k-m}=0$，于是

$$g_k=-\frac{\sum\limits_{m=1}^{k}h_mg_{k-m}}{h_0}, \quad k\geqslant 1。$$

所有的 h_m 都是已知的，分别令 $k=1,2,\cdots$，依次可以由 $g_0,g_1,\cdots,g_{k-1}$ 递推计算出 $g_k(k\geqslant 1)$。

真题 7.9　（中国科学技术大学，2012）对方程 $y(n)-0.25y(n-2)=x(n)-x(n-1)$ 和起始条件 $y(-1)=8,y(-2)=-4$ 表示的离散时间因果系统，用递推方法计算输入 $x(n)=\cos(\pi n/2)u(n)$ 时系统的零状态响应 $y_{zs}(n)$ 和零输入响应 $y_{zi}(n)$，分别计算前 4 个序列值。

解　先求 $y_{zs}(n)$，此时

$$y_{zs}(n)-0.25y_{zs}(n-2)=\cos(\pi n/2)u(n)-\cos[\pi(n-1)/2]u(n-1),$$

$$y_{zs}(-1)=y_{zs}(-2)=0。$$

分别令 $n=0,1,2,3$，得

$$y_{zs}(0)=1, \quad y_{zs}(1)=-1, \quad y_{zs}(2)=-0.75, \quad y_{zs}(3)=0.75。$$

再求 $y_{zi}(n)$，此时

$$y_{zi}(n)-0.25y_{zi}(n-2)=0, \quad y_{zi}(-1)=8, \quad y_{zi}(-2)=-4。$$

分别令 $n=0,1,2,3$，得

$$y_{zi}(0) = -1, \quad y_{zi}(1) = 2, \quad y_{zi}(2) = -0.25, \quad y_{zi}(3) = 0.5。$$

真题 7.10 （中国科学技术大学，2014）由差分方程 $y(n) - \frac{1}{2}y(n-1) = \sum\limits_{k=0}^{3}[x(n-k) - 2x(n-k-1)]$ 和起始条件 $y(-1) = -2$ 表示的离散时间因果系统，当系统输入 $x(n) = \delta(n)$ 时，试用递推算法求系统的零状态响应 $y_{zs}(n)$ 和零输入响应 $y_{zi}(n)$（各计算出前 5 个序列值）。

解 先计算 $y_{zs}(n)$，$n = 0,1,2,3,4$，这时

$$y_{zs}(n) - \frac{1}{2}y_{zs}(n-1) = \delta(n) - \delta(n-1) - \delta(n-2) - \delta(n-3) - 2\delta(n-4)，$$

且 $y_{zs}(-1) = 0$。

分别令 $n = 0,1,2,3,4$，得

$$y_{zs}(0) - \frac{1}{2}y_{zs}(-1) = 1, \quad y_{zs}(0) = 1;$$

$$y_{zs}(1) - \frac{1}{2}y_{zs}(0) = -1, \quad y_{zs}(1) = \frac{1}{2} - 1 = -\frac{1}{2};$$

$$y_{zs}(2) - \frac{1}{2}y_{zs}(1) = -1, \quad y_{zs}(2) = \frac{1}{2} \cdot \left(-\frac{1}{2}\right) - 1 = -\frac{5}{4};$$

$$y_{zs}(3) - \frac{1}{2}y_{zs}(2) = -1, \quad y_{zs}(3) = \frac{1}{2} \cdot \left(-\frac{5}{4}\right) - 1 = -\frac{13}{8};$$

$$y_{zs}(4) - \frac{1}{2}y_{zs}(3) = -2, \quad y_{zs}(4) = \frac{1}{2} \cdot \left(-\frac{13}{8}\right) - 2 = -\frac{45}{16}。$$

再计算 $y_{zi}(n)$，$n = 0,1,2,3,4$，这时

$$y_{zi}(n) - \frac{1}{2}y_{zi}(n-1) = 0, \quad y_{zi}(-1) = -2。$$

分别令 $n = 0,1,2,3,4$，得

$$y_{zi}(0) = \frac{1}{2}y_{zi}(-1) = -1; \quad y_{zi}(1) = \frac{1}{2}y_{zi}(0) = -\frac{1}{2};$$

$$y_{zi}(2) = \frac{1}{2}y_{zi}(1) = -\frac{1}{4}; \quad y_{zi}(3) = \frac{1}{2}y_{zi}(2) = -\frac{1}{8};$$

$$y_{zi}(4) = \frac{1}{2}y_{zi}(3) = -\frac{1}{16}。$$

真题 7.11 （中国科学技术大学，2015）用递推算法求差分方程

$$y(n) + 0.5y(n-1) - 0.5y(n-2) = \sum\limits_{k=0}^{\infty} x(n-k)$$

表示的离散时间因果 LTI 系统的单位冲激响应 $h(n)$，至少计算前 6 个序列值。

解 $h(n) + 0.5h(n-1) - 0.5h(n-2) = \sum\limits_{k=0}^{\infty}\delta(n-k) = u(n)，$

令 $n = 0$，得 $h(0) = 1$；

令 $n = 1$，得 $h(1) + 0.5h(0) = 1, h(1) = 0.5$；

令 $n = 2$，得 $h(2) + 0.5h(1) - 0.5h(0) = 1, h(2) = 1.25$；

令 $n = 3$，得 $h(3) + 0.5h(2) - 0.5h(1) = 1, h(3) = 0.625$；

令 $n=4$，得 $h(4)+0.5h(3)-0.5h(2)=1,h(4)=1.3125$；

令 $n=5$，得 $h(5)+0.5h(4)-0.5h(3)=1,h(5)=0.65625$。

真题 7.12　（中国科学技术大学,2018）已知离散时间因果稳定的 LTI 系统单位冲激

响应为 $h(n)=\sum\limits_{k=0}^{\infty}h_k\delta(n-k)$，它的逆系统是因果稳定 LTI 系统,其单位冲激响应为 $h_{inv}(n)=$

$\sum\limits_{k=0}^{\infty}g_k\delta(n-k)$。试确定 g_k 满足的代数方程并找出计算的递推算法。

解　由题有 $h(n)*h_{inv}(n)=\delta(n)$，即得

$$h_0 g_0=1,\quad \sum_{k=0}^{n}h_k g_{n-k}=0,\quad n\geqslant 1。$$

解得

$$g_0=\frac{1}{h_0},\quad g_k=-\frac{\sum\limits_{m=1}^{k}h_m g_{k-m}}{h_0},\quad k\geqslant 1。$$

注：本题与中国科学技术大学 2012 年信号与系统考研真题第一大题第 8 小题完全相同。

第8章

逆系统的概念及其应用

　　系统的可逆性及逆系统的概念在国内的教材中介绍不多,但在文献[3]中有较为详细的介绍。可逆性在通信中是一个重要的概念,例如,信息论中的无损编码系统是可逆的,接收端的解码输出与发送端的编码输入相同。逆系统的概念在解决一些综合性题目时,能简化问题的分析,因而有着重要的应用。

8.1　知识点

　　1. 逆系统的概念:一个 LTI 系统在输入不同时,输出也不同,称该系统是可逆的。

　　例 8.1　(中国海洋大学,2022)判断系统 $y(n)=x(n)x(n-1)$ 的可逆性。若是,求其逆系统;若不是,请说明理由。

　　分析　系统是否可逆,一般来说通过求"反函数"就可以看出来:能求出反函数的就是"可逆"的,否则就是"不可逆"的。本题中很难用 $y(n)$ 表示 $x(n)$,因此我们猜想系统是不可逆的。要说明系统的不可逆性,只要举出反例说明不同的输入将导致相同的输出即可。

　　解　不是可逆系统,因为输入两个不同的序列
$$x_1(n)=(-1)^n,\quad x_2(n)=(-1)^{n+1},$$
输出都是 $y(n)=-1$。或者输入两个不同的序列
$$x_1(n)=1,\quad x_2(n)=(-1)^n,$$
输出都是 $y(n)=1$。

　　2. 如果一个系统是可逆的,那么当它与其逆系统级联构成一个简单的复合系统时,对于任何输入,输出与输入都是相同的。图 8.1(a)与(b)分别为可逆的连续系统和可逆的离散系统与其逆系统级联时的情形。对于连续系统,可逆系统与其逆系统级联后复合系统的系统函数为 $H(s)=1$,单位冲激响应为 $h(t)=\delta(t)$;对于离散系统,复合系统的系统函数为 $H(z)=1$,

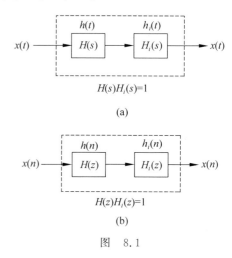

$$H(s)H_i(s)=1$$

(a)

$$H(z)H_i(z)=1$$

(b)

图　8.1

单位采样响应为 $h(n)=\delta(n)$。

记连续可逆系统 $H(s)$ 的逆系统为 $H_i(s)$，离散可逆系统 $H(z)$ 的逆系统为 $H_i(z)$，则有

$$H(s)H_i(s)=1,\quad H(z)H_i(z)=1,$$

或

$$H_i(s)=\frac{1}{H(s)},\quad H_i(z)=\frac{1}{H(z)}。$$

例如，连续系统 $y(t)=2x(t)$ 的逆系统为 $y(t)=\dfrac{1}{2}x(t)$，这时 $H(s)=2$，$H_i(s)=\dfrac{1}{2}$，显然 $H(s)H_i(s)=1$。

3. 模拟信号的数字化传输中，可以利用逆系统的概念说明复杂的过程。模拟信号 $x(t)$ 的数字化传输过程如图 8.2 所示。

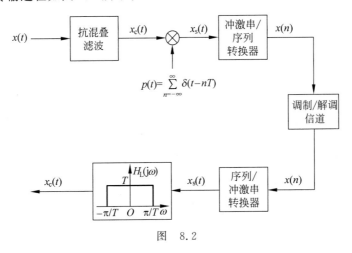

图　8.2

下面从频域对上述过程进行分析。为分辨模拟角频率与数字角频率，前者用 Ω 表示，后者用 ω 表示。

设 $x_c(t)$ 是带限于 $|\Omega|\leqslant\Omega_m$ 的模拟信号。为了不产生频谱混叠，采样间隔必须满足奈奎斯特(Nyquist)采样定理，即 $T\leqslant\dfrac{\pi}{\Omega_m}$。对带限信号 $x_c(t)$ 采样后得到信号 $x_s(t)$ 的频谱为

$$X_s(\mathrm{j}\Omega)=\frac{1}{2\pi}X_c(\mathrm{j}\Omega)*\frac{2\pi}{T}\sum_{n=-\infty}^{\infty}\delta\left(\Omega-\frac{2\pi}{T}n\right)=\frac{1}{T}\sum_{n=-\infty}^{\infty}X_c\left[\mathrm{j}\left(\Omega-\frac{2\pi}{T}n\right)\right]。$$

即采样后导致 $X_c(\mathrm{j}\Omega)$ 的频谱发生周期搬移，且不发生频谱混叠。

经冲激串/序列转换后，得到数字序列 $x(n)$ 的频谱为 $X(\mathrm{e}^{\mathrm{j}\omega})$。由于 $\omega=\Omega T$，$\Omega=\dfrac{\omega}{T}$，故

$$X(\mathrm{e}^{\mathrm{j}\omega})=\frac{1}{T}\sum_{n=-\infty}^{\infty}X_c\left(\mathrm{j}\frac{\omega-2\pi n}{T}\right)。$$

由于 $\omega_m=\Omega_m T\leqslant\pi$，故 $X(\mathrm{e}^{\mathrm{j}\omega})$ 也不会产生频率混叠。

$X(\mathrm{e}^{\mathrm{j}\omega})$ 经信道传输后，在接收端经序列/冲激串转换得 $X_s(\mathrm{j}\Omega)=\dfrac{1}{T}\sum\limits_{n=-\infty}^{\infty}X_c\left[\mathrm{j}\left(\Omega-\dfrac{2\pi}{T}n\right)\right]$，再经低通滤波即得 $X_c(\mathrm{j}\Omega)$，$|\Omega|\leqslant\Omega_m$。为了得到与输入端相同的 $X_c(\mathrm{j}\Omega)$，低通滤波器的

增益大小取为 T。

有时由于某些原因,如反射现象或多径传输等,带限信号 $x_c(t)$ 在进行理想采样前经由一个 LTI 连续系统转变为另一个信号 $y_c(t)$。为了在接收端恢复 $x_c(t)$,则必须在数字域进行数字信号处理,以便对 $x_c(t) \rightarrow y_c(t)$ 的过程进行补偿。这个补偿过程通常由一个数字逆系统完成。

4. 带限信号 $x_c(t)$ 在传输中由于多次反射而到达接收端变成 $y_c(t)$(如中国科学技术大学,2004,真题 8.1),或者带限信号 $x(t)$ 在传输中由于多径传输而到达接收端变成 $x_c(t)$(如中国科学技术大学,2008,真题 8.4)。下面研究如何消除反射和多径等造成的影响。

将反射和多径的作用等效为一个连续系统 $H(s)$。设带限信号 $x_c(t)$ 经过 $H(s)$ 后,输出为 $y_c(t)$,如图 8.3 所示。

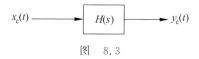

图 8.3

将 $y_c(t)$ 进行理想冲激采样,再经过冲激串/序列转换,最后送入数字信号处理器进行处理,整个过程如图 8.4 所示。

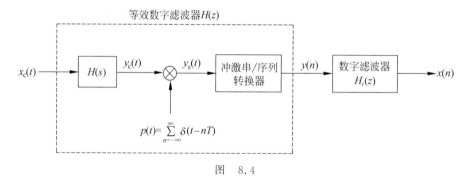

图 8.4

同样地,我们来分析以上过程的频谱转换过程。

设连续系统的频率响应为 $H(\mathrm{j}\Omega)$,则
$$Y_c(\mathrm{j}\Omega) = X_c(\mathrm{j}\Omega)H(\mathrm{j}\Omega), \quad |\Omega| \leqslant \Omega_m。$$

只要 $T \leqslant \dfrac{\pi}{\Omega_m}$,则 $y_c(t)$ 经理想采样后也不会发生频谱混叠,采样信号 $y_s(t)$ 的频谱为

$$Y_s(\mathrm{j}\Omega) = \frac{1}{T} \sum_{n=-\infty}^{\infty} X_c\left[\mathrm{j}\left(\Omega - \frac{2\pi}{T}n\right)\right] H\left[\mathrm{j}\left(\Omega - \frac{2\pi}{T}n\right)\right]。$$

经冲激串/序列转换后,数字序列 $y(n)$ 的频谱为

$$Y(\mathrm{e}^{\mathrm{j}\omega}) = \frac{1}{T} \sum_{n=-\infty}^{\infty} X_c\left(\mathrm{j}\frac{\omega - 2\pi n}{T}\right) H\left(\mathrm{j}\frac{\omega - 2\pi n}{T}\right)。$$

对于一般的频率响应 $H(\mathrm{j}\Omega)$ 来说,要从 $Y(\mathrm{e}^{\mathrm{j}\omega})$ 中恢复出 $x(n)$ 的频谱 $X(\mathrm{e}^{\mathrm{j}\omega}) = \dfrac{1}{T} \displaystyle\sum_{n=-\infty}^{\infty} X_c\left(\mathrm{j}\dfrac{\omega - 2\pi n}{T}\right)$,通常是很困难的,但对某些特殊的 $H(\mathrm{j}\Omega)$,却可以很容易地恢复 $X(\mathrm{e}^{\mathrm{j}\omega})$,如真题 8.1 和真题 8.4 所示。

若对于一切 n,恒有 $H\left(\mathrm{j}\dfrac{\omega-2\pi n}{T}\right)=H_0(\mathrm{e}^{\mathrm{j}\omega})$,则

$$Y_s(\mathrm{j}\Omega)=H_0(\mathrm{e}^{\mathrm{j}\omega})\cdot\frac{1}{T}\sum_{n=-\infty}^{\infty}X_c\left(\mathrm{j}\frac{\omega-2\pi n}{T}\right).$$

于是取 $H_d(\mathrm{e}^{\mathrm{j}\omega})=\dfrac{1}{H_0(\mathrm{e}^{\mathrm{j}\omega})}$,即可恢复出 $x(n)$。显然 $H_d(\mathrm{e}^{\mathrm{j}\omega})$ 与 $H_0(\mathrm{e}^{\mathrm{j}\omega})$ 互为逆系统。

8.2 考研真题解析

真题 8.1 (中国科学技术大学,2004)长途电信网中由于传输线两端负载不匹配,会产生反射现象,若发射信号为 $x_c(t)$,则经两端多次反射到接收端的信号 $y_c(t)$ 可以表示为

$$y_c(t)=\sum_{k=0}^{\infty}\alpha^k x_c(t-kT_0).$$

其中,α 为信号来回反射一次的衰减,T_0 为来回一次的传输延时。

(1) 试问从 $x_c(t)$ 到 $y_c(t)$ 的系统是否是 LTI 系统,并写出它的 $h(t)$。什么条件下系统稳定?然后,求出它的逆系统的单位冲激响应 $h_I(t)$,此逆系统因果、稳定吗?并画出用连续时间相加器、数乘器和纯延时器构成 $h_I(t)$ 的框图。

(2) 如果 $x_c(t)$ 是带限于 Ω_m 的带限信号,即其频谱 $X_c(\mathrm{j}\Omega)=0$,$|\omega|>\Omega_m$,可以用离散时间(数字)信号处理的方法,从 $y_c(t)$ 中恢复出 $x_c(t)$,处理的框图如图 8.5 所示。

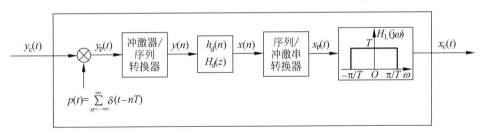

图 8.5

又已知反射延时 T_0 满足 $\dfrac{\pi}{\Omega_m}<T_0<\dfrac{2\pi}{\Omega_m}$,若取抽样间隔 $T=\dfrac{T_0}{2}$,会产生混叠吗?并试

求在 $T=\dfrac{T_0}{2}$ 时,图 8.5 中数字滤波器的单位冲激响应 $h_d(n)$,写出其差分方程表示,画出它用三种离散时间基本单元构成的系统框图(或信号流图)。

解 (1) 设 $\mathrm{T}[x_c(t)]=y_c(t)=\displaystyle\sum_{k=0}^{\infty}\alpha^k x_c(t-kT_0)$,则

$$\mathrm{T}[k_1 x_{c1}(t)+k_2 x_{c2}(t)]=\sum_{k=0}^{\infty}\alpha^k[k_1 x_{c1}(t-kT_0)+k_2 x_{c2}(t-kT_0)]$$

$$=k_1\sum_{k=0}^{\infty}\alpha^k x_{c1}(t-kT_0)+k_2\sum_{k=0}^{\infty}\alpha^k x_{c2}(t-kT_0)$$

$$=k_1\mathrm{T}[x_{c_1}(t)]+k_2\mathrm{T}[x_{c_2}(t)],$$

故系统是线性的。

$$\mathrm{T}[x_\mathrm{c}(t-t_0)]=\sum_{k=0}^{\infty}\alpha^k x_\mathrm{c}(t-t_0-kT_0)=y_\mathrm{c}(t-t_0),$$

故系统是时不变的。

综上可知,从 $x_\mathrm{c}(t)$ 到 $y_\mathrm{c}(t)$ 的系统是 LTI 的。

令 $x_\mathrm{c}(t)=\delta(t)$,得 $h(t)=\sum_{k=0}^{\infty}\alpha^k\delta(t-kT_0)$,取拉氏变换得系统函数

$$H(s)=\sum_{k=0}^{\infty}\alpha^k\mathrm{e}^{-kT_0 s}=\frac{1}{1-\alpha\mathrm{e}^{-T_0 s}},\quad \mathrm{Re}\{s\}>\frac{1}{T_0}\ln|\alpha|.$$

当 $0<|\alpha|<1$ 时,极点 $\frac{1}{T_0}\ln|\alpha|+\mathrm{j}\frac{2\pi}{T_0}k$($k$ 为整数)在 s 平面的左半平面,系统是稳定的。

逆系统的系统函数为

$$H_1(s)=\frac{1}{H(s)}=1-\alpha\mathrm{e}^{-T_0 s}. \qquad ①$$

在整个 s 平面内 $H_1(s)$ 无极点,故逆系统是因果稳定的。

对式①取拉氏逆变换得

$$h_1(t)=\delta(t)-\alpha\delta(t-T_0).$$

逆系统的实现框图如图 8.6 所示。

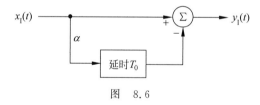

图 8.6

(2) 由(1)知从 $x_\mathrm{c}(t)$ 到 $y_\mathrm{c}(t)$ 的系统是 LTI 的,故 $y_\mathrm{c}(t)$ 也是带限于 Ω_m 的带限信号。

取 $T=\frac{T_0}{2}$ 时,由于 $\frac{\pi}{\Omega_\mathrm{m}}<T_0<\frac{2\pi}{\Omega_\mathrm{m}}$,故 $\frac{\pi}{2\Omega_\mathrm{m}}<T<\frac{\pi}{\Omega_\mathrm{m}}$,$T$ 满足奈奎斯特采样定理,故不会产生混叠。

从 $x_\mathrm{c}(t)$ 到 $y_\mathrm{c}(t)$ 的模拟系统的频率响应为

$$H(\mathrm{j}\Omega)=\sum_{k=0}^{\infty}\alpha^k\mathrm{e}^{-\mathrm{j}kT_0\Omega}=\frac{1}{1-\alpha\mathrm{e}^{-\mathrm{j}T_0\Omega}}.$$

于是,

$$Y_\mathrm{c}(\mathrm{j}\Omega)=X_\mathrm{c}(\mathrm{j}\Omega)H(\mathrm{j}\Omega),$$

$$Y_\mathrm{p}(\mathrm{j}\Omega)=\frac{1}{T}\sum_{n=-\infty}^{\infty}X_\mathrm{c}\left[\mathrm{j}\left(\Omega-\frac{2\pi}{T}n\right)\right]H\left[\mathrm{j}\left(\Omega-\frac{2\pi}{T}n\right)\right].$$

经冲激串/序列转换后,$y(n)$ 的频谱为

$$Y(\mathrm{e}^{\mathrm{j}\omega})=\frac{1}{T}\sum_{n=-\infty}^{\infty}X_\mathrm{c}\left(\mathrm{j}\frac{\omega-2\pi n}{T}\right)H\left(\mathrm{j}\frac{\omega-2\pi n}{T}\right).$$

将 $H(\mathrm{j}\Omega)=\dfrac{1}{1-\alpha e^{-\mathrm{j}\Omega T_0}}$ 代入上式,并注意到 $T=\dfrac{T_0}{2}$,得

$$Y(e^{\mathrm{j}\omega})=\frac{1}{1-\alpha e^{-\mathrm{j}2\omega}}\cdot\frac{1}{T}\sum_{n=-\infty}^{\infty}X_{\mathrm{c}}\left(\mathrm{j}\frac{\omega-2\pi n}{T}\right)\text{。}$$

于是,取 $H_{\mathrm{d}}(e^{\mathrm{j}\omega})=1-\alpha e^{-\mathrm{j}2\omega}$,即 $H_{\mathrm{d}}(z)=1-\alpha z^{-2}$,即可输出 $x(n)$。在接收端可恢复出 $x_{\mathrm{c}}(t)$。

$H_{\mathrm{d}}(z)$ 的实现框图如图 8.7 所示。

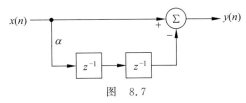

图 8.7

真题 8.2 (中国科学技术大学,2005)某连续时间时的因果 LTI 系统的零极点见图 8.8,并已知 $\int_{0_-}^{\infty}h(t)\mathrm{d}t=1.5$,其中 $h(t)$ 为该系统的单位冲激响应。

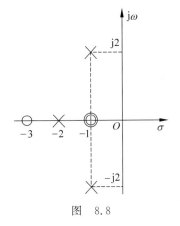

(1) 它是什么类型的系统(全通或最小相移系统),并求 $h(t)$(应为实函数);

(2) 写出它的线性实系数微分方程表示;

(3) 求它的逆系统的单位冲激响应 $h_{\mathrm{I}}(t)$,该逆系统是可以实现(即既因果又稳定)的吗?

解 (1) 由于零极点都在 s 平面的左半平面,所以该系统是最小相移系统。

图 8.8

由零极点图可设

$$H(s)=\frac{A(s+3)(s+1)^2}{[s-(-1+\mathrm{j}2)][s-(-1-\mathrm{j}2)](s+2)},\quad \mathrm{Re}\{s\}>-1\text{。}$$

由题知 $H(0)=1.5$,解得 $A=5$。故系统函数为

$$H(s)=5\cdot\frac{(s+3)(s+1)^2}{(s^2+2s+5)(s+2)}=5+4\cdot\frac{(s+1)-6}{(s+1)^2+4}+\frac{1}{5}\cdot\frac{1}{s+2}\text{。}$$

取拉氏逆变换得

$$h(t)=5\delta(t)+4e^{-t}(\cos 2t-3\sin 2t)u(t)+\frac{1}{5}e^{-2t}u(t)\text{。}$$

(2) 由 $H(s)=\dfrac{Y(s)}{X(s)}=\dfrac{5(s^3+5s^2+7s+3)}{s^3+4s^2+9s+10}$ 得系统的微分方程为

$$y'''(t)+4y''(t)+9y'(t)+10y(t)=5x'''(t)+25x''(t)+35x'(t)+15x(t)\text{。}$$

(3) 由于 $H(s)$ 的零极点都在 s 平面的左半平面,所以其逆系统存在,且既是因果又是稳定的。

$$H_{\mathrm{I}}(s)=\frac{1}{H(s)}=\frac{1}{5}\cdot\frac{(s^2+2s+5)(s+2)}{(s+3)(s+1)^2}$$

$$=\frac{1}{5}\left[1-\frac{2}{s+3}+\frac{4}{(s+1)^2}-\frac{1}{s+1}\right]\text{。}$$

取拉氏逆变换得

$$h_1(t) = \frac{1}{5}\big[\delta(t) - 2e^{-3t}u(t) + (4t-1)e^{-t}u(t)\big]。$$

真题 8.3 （中国科学技术大学,2006）某个实际测量系统(LTI 系统)的单位阶跃响应 $s(t) = (1-e^{-t/\tau})u(t)$,$\tau$ 为系统的时间常数。显然,它不能瞬时响应被测信号的变化。试设计一个补偿系统,使得原测量系统与它级联后的输出信号能对被测信号作出瞬时的响应,即能准确地表示被测信号。请给出你设计的补偿系统的特性(单位冲激响应或频率响应)。

解 由 $s(t) = (1-e^{-t/\tau})u(t)$,得

$$\frac{1}{s}H(s) = \frac{1}{s} - \frac{1}{s+1/\tau}, \quad H(s) = \frac{1/\tau}{s+1/\tau}, \quad \text{Re}\{s\} > -1/\tau。$$

补偿系统 $H_c(s)$ 为 $H(s)$ 的逆系统:

$$H_c(s) = \frac{1}{H(s)} = \tau s + 1,\text{收敛域为整个 } s \text{ 平面。}$$

补偿系统的单位冲激响应为

$$h_c(t) = \tau\delta'(t) + \delta(t)。$$

真题 8.4 （中国科学技术大学,2008）在有多径传输的情况下,接收机收到的信号 $x_c(t)$ 的数学模型为

$$x_c(t) = x(t) + \alpha x(t-T), \quad 0 < \alpha < 1。$$

其中,$x(t)$ 是通过直达路径传输来的、带限于 ω_m 的信号,且 $\omega_m < \dfrac{\pi}{T_s}$;$\alpha x(t-T)$ 代表经历另一条路径传输来的信号,T 表示相对于直达路径的延时。可以通过如图 8.9 所示的连续时间信号的离散时间处理来消除多径传输的影响,图中,

$$x_d(n) = x_c(nT_s), \quad y_p(t) = \sum_{n=-\infty}^{\infty} y_d(n)\delta(t-nT_s)。$$

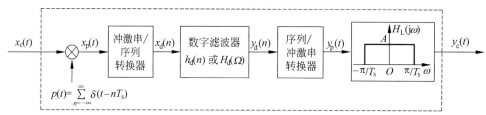

图 8.9

(1) 如果路径延时 $T < \dfrac{\pi}{\omega_m}$,为使 $y_c(t) = x(t-t_0)$,这里 t_0 是一个延时,试选择抽样间隔 T_s,确定图中数字滤波器的 $h_d(n)$ 和系统函数 $H_d(z)$,画出它的滤波器实现结构(方框图或信号流图)及 $h_d(n)$ 的序列图形,并确定理想低通滤波器 $H_L(j\omega)$ 增益 A。

(2) 如果路径延时 $T > \dfrac{\pi}{\omega_m}$,例如 $\dfrac{2\pi}{\omega_m} < T < \dfrac{3\pi}{\omega_m}$,重做(1)小题。

解 (1) 易知 $x(t)$ 到 $x_c(t)$ 的连续系统的频率响应为

$$H(j\Omega) = 1 + \alpha e^{-j\Omega T}。$$

由于 $T<\dfrac{\pi}{\Omega_m}$ 满足奈奎斯特采样定理，取 $T_s=T$ 即可。$x_p(t)$ 的频谱为

$$X_p(j\Omega)=\frac{1}{T}\sum_{n=-\infty}^{\infty}X_c\left[j\left(\Omega-\frac{2\pi}{T}n\right)\right]$$
$$=\frac{1}{T}\sum_{n=-\infty}^{\infty}X\left[j\left(\Omega-\frac{2\pi}{T}n\right)\right]H\left[j\left(\Omega-\frac{2\pi}{T}n\right)\right]。$$

经冲激串/序列转换后，$x_d(n)$ 的频谱为

$$X_d(e^{j\omega})=\frac{1}{T}\sum_{n=-\infty}^{\infty}X\left(j\frac{\omega-2\pi n}{T}\right)H\left(j\frac{\omega-2\pi n}{T}\right)。$$

在上式中代入 $H(j\Omega)=1+\alpha e^{-j\Omega T}$，得

$$X_d(e^{j\omega})=(1+\alpha e^{-j\omega})\cdot\frac{1}{T}\sum_{n=-\infty}^{\infty}X\left(j\frac{\omega-2\pi n}{T}\right)。$$

可见，只要取 $H_d(e^{j\omega})=\dfrac{1}{1+\alpha e^{-j\omega}}$，即 $H_d(z)=\dfrac{1}{1+\alpha z^{-1}}$ 即可。

数字滤波器输出为 $x(t)$ 经理想采样后所得的数字序列 $x(n)$，进而在输出端恢复 $x(t-t_0)$，其中 t_0 是由传输时延造成的。

$H_d(z)$ 的信号流图如图 8.10 所示。

对 $H_d(z)$ 取逆 z 变换得

$$h_d(n)=(-\alpha)^n u(n)。$$

$h_d(n)$ 波形如图 8.11 所示。

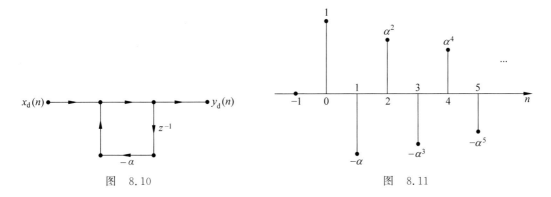

图　8.10　　　　　　　　图　8.11

由于 $x_p(t)$ 的频谱是 $x_c(t)$ 频谱的无混叠周期延拓，且有增益 $\dfrac{1}{T}$，所以在接收端的数模转换中起平滑作用的低通滤波器的增益取 $A=T_s=T$，这时 $y_c(t)=x(t-t_0)$，其中 t_0 为 $H_L(j\omega)$ 的相位谱斜率的绝对值，即

$$H_L(j\omega)=Tg_{2\pi/T}(\omega)e^{-j\omega t_0}。$$

（2）若 $\dfrac{2\pi}{\omega_m}<T<\dfrac{3\pi}{\omega_m}$，则 $\dfrac{T}{3}<\dfrac{\pi}{\omega_m}<\dfrac{T}{2}$，取 $T_s=\dfrac{T}{3}$ 即可满足奈奎斯特采样定理。

与（1）中的分析类似，可得

$$H_{\mathrm{d}}(z)=\frac{1}{1+\alpha z^{-3}}\,。$$

$H_{\mathrm{d}}(z)$ 的信号流图如图 8.12 所示。

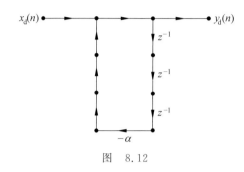

图　8.12

这时取 $A=\dfrac{1}{T_{\mathrm{s}}}=\dfrac{3}{T}$。

下面求 $H_{\mathrm{d}}(z)$ 的逆 z 变换。

令 $\alpha=\beta^{3}$，$0<\beta<1$，则

$$H_{\mathrm{d}}(z)=\frac{z^{3}}{z^{3}+\alpha}=\frac{z^{3}}{z^{3}+\beta^{3}}=\frac{z^{3}}{(z+\beta)(z^{2}-\beta z+\beta^{2})}=\frac{1}{3}\cdot\frac{z}{z+\beta}+\frac{\dfrac{2}{3}z^{2}-\dfrac{\beta}{3}z}{z^{2}-\beta z+\beta^{2}}$$

$$=\frac{1}{3}\cdot\frac{1}{1+\beta z^{-1}}+\frac{1}{3}\cdot\frac{2-\beta z^{-1}}{(1-\beta\mathrm{e}^{\mathrm{j}\pi/3}z^{-1})(1-\beta\mathrm{e}^{-\mathrm{j}\pi/3}z^{-1})}$$

$$=\frac{1}{3}\cdot\frac{1}{1+\beta z^{-1}}+\frac{1}{3}\cdot\left(\frac{1}{1-\beta\mathrm{e}^{\mathrm{j}\pi/3}z^{-1}}+\frac{1}{1-\beta\mathrm{e}^{-\mathrm{j}\pi/3}z^{-1}}\right)。$$

取逆 z 变换得

$$h_{\mathrm{d}}(n)=\frac{1}{3}(-\beta)^{n}u(n)+\frac{1}{3}(\beta^{n}\mathrm{e}^{\mathrm{j}\pi n/3}+\beta^{n}\mathrm{e}^{-\mathrm{j}\pi n/3})$$

$$=\frac{1}{3}(-\beta)^{n}u(n)+\frac{2}{3}\beta^{n}\cos(\pi n/3)\cdot u(n)。$$

再代回 $\beta=\alpha^{1/3}$，得

$$h_{\mathrm{d}}(n)=\frac{1}{3}(-\alpha^{1/3})^{n}u(n)+\frac{2}{3}\alpha^{n/3}\cos(\pi n/3)\cdot u(n)。$$

$h_{\mathrm{d}}(n)$ 图略。

真题 8.5　(中国科学技术大学,2013)已知一个离散时间 LTI 系统,它的单位采样响应 $h(n)$ 为著名的斐波那契(Fibonacci)序列,即当 $n<0$ 时,$h(n)=0$,$h(0)=1$,$h(1)=1$；当 $n\geqslant 2$ 时,$h(n)=h(n-1)+h(n-2)$。请判断它是否是可逆的系统。若不是,请说明原因；若是,请找出它的逆系统的单位冲激响应。

解　由题意知,输入 $\delta(n)$ 与输出 $h(n)$ 之间的关系为

$$h(n)=h(n-1)+h(n-2)+\delta(n)。$$

用反证法易知,不同的输入将产生不同的输出,故系统是可逆的。

易知 $H(z)=\dfrac{1}{1-z^{-1}-z^{-2}}$,故逆系统为 $H_{\mathrm{I}}(z)=1-z^{-1}-z^{-2}$,取逆 z 变换得

$$h_1(n) = \delta(n) - \delta(n-1) - \delta(n-2)。$$

真题 8.6 (中国科学技术大学,2016)在长途电话通信中,由于传输线与发射机和接收机阻抗不匹配,则信号会在接收端和发射端来回地反射,这种传输系统可用一个因果 LTI 系统来模拟,其单位冲激响应 $h(t) = \sum_{k=0}^{\infty} \alpha^{2k+1} \delta(t - T - 2kT)$,其中,$\alpha$ 和 T 分别为从发射机到接收机信号的单程传输衰减和传播时间,且 $0 < \alpha < 1$。

(1) 试求该系统的系统函数和收敛域;

(2) 画出该系统及其逆系统的零、极点图,试问它们是全极点系统还是全零点系统?

(3) 试求这个系统的逆系统的单位冲激响应,并写出它的微分方程表示;

(4) 如果只考虑单位冲激响应 $h(t)$ 中的前两项,重做(3)小题。

解 (1) $H(s) = \sum_{k=0}^{\infty} \alpha^{2k+1} e^{-(2k+1)Ts} = \dfrac{\alpha e^{-Ts}}{1 - \alpha^2 e^{-2Ts}}$,ROC:$\mathrm{Re}\{s\} > \dfrac{1}{T}\ln\alpha$。

(2) $H(s)$ 在有限平面无零点,极点:$\dfrac{1}{T}\ln\alpha + \mathrm{j}\dfrac{\pi}{T}k$($k$ 为整数),该系统属全极点系统。

逆系统 $H_1(s) = \dfrac{1}{H(s)} = \dfrac{1}{\alpha}(e^{Ts} - \alpha^2 e^{-2Ts})$,零点:$\dfrac{1}{T}\ln\alpha + \mathrm{j}\dfrac{\pi}{T}k$($k$ 为整数),在有限 s 平面无极点,零、极点图略。该系统属于全零点系统。

(3) $H_1(s) = \dfrac{1}{\alpha}e^{Ts} - \alpha e^{-Ts}$,取拉氏逆变换得

$$h_1(t) = \dfrac{1}{\alpha}\delta(t+T) - \alpha\delta(t-T)。$$

由 $\dfrac{Y(s)}{X(s)} = \dfrac{1}{\alpha}e^{Ts} - \alpha e^{-Ts}$,得

$$Y(s) = \dfrac{1}{\alpha}e^{Ts}X(s) - \alpha e^{-Ts}X(s)。$$

取拉氏变换得

$$y(t) = \dfrac{1}{\alpha}x(t+T) - \alpha x(t-T)。$$

(4) $h(t) = \alpha\delta(t-T) + \alpha^3\delta(t-3T)$, $H(s) = \alpha e^{-Ts} + \alpha^3 e^{-3Ts}$,

$$H_1(s) = \dfrac{1}{\alpha e^{-Ts} + \alpha^3 e^{-3Ts}} = \dfrac{1}{\alpha} \cdot \dfrac{e^{Ts}}{1 + \alpha^2 e^{-2Ts}}$$

$$= \dfrac{1}{\alpha}e^{Ts} \cdot \sum_{k=0}^{\infty}(-\alpha^2 e^{-2Ts})^k = \dfrac{1}{\alpha}e^{Ts} \cdot \sum_{k=0}^{\infty}(-1)^k \alpha^{2k} e^{-2kTs}$$

$$= \sum_{k=0}^{\infty} \alpha^{2k-1} \cdot (-1)^k e^{(1-2k)Ts}。$$

取拉氏逆变换得

$$h_1(t) = \sum_{k=0}^{\infty}(-1)^k \alpha^{2k-1} \delta[t + (1-2k)T]。$$

由 $\dfrac{Y(s)}{X(s)} = \dfrac{1}{\alpha e^{-Ts} + \alpha^3 e^{-3Ts}}$,得

$$\alpha e^{-Ts} Y(s) + \alpha^3 e^{-3Ts} Y(s) = X(s),$$

取拉氏逆变换得

$$\alpha y(t-T) + \alpha^3 y(t-3T) = x(t)。$$

真题 8.7 (中国科学技术大学,2019)系统如图 8.13 所示,已知 $x_c(t) = x(t) + \alpha x(t-T)$,
$0 < |\alpha| < 1$,$x(t)$ 为带限于 ω_m 的信号。

(1) 若 $T < \dfrac{\pi}{\Omega_m}$,抽样间隔取 $T_s = T$,试确定数字滤波器的单位冲激响应 $h_d(n)$,使输出
$y_c(t)$ 与 $x(t)$ 成正比;

(2) 试确定 $H_L(j\Omega)$ 的增益 A,使输出 $y_c(t) = x(t)$。

注: 为叙述方便,将题目中的模拟角频率改为用 Ω 表示,而用 ω 表示数字角频率。

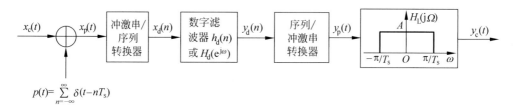

图 8.13

解 (1) 由于 $x(t)$ 带限于 Ω_m,故 $x_c(t)$ 也带限于 Ω_m,故 $T_s = T$ 时,对 $x_c(t)$ 进行理想抽样不会产生频率混叠。

$$X_p(j\Omega) = \frac{1}{T} \sum_{n=-\infty}^{\infty} X_c\left[j\left(\Omega - \frac{2\pi}{T}n\right)\right]$$

$$= \frac{1}{T} \sum_{n=-\infty}^{\infty} X\left[j\left(\Omega - \frac{2\pi}{T}n\right)\right] H\left[j\left(\Omega - \frac{2\pi}{T}n\right)\right]。$$

经冲激串/序列转换后,得数字序列 $x_d(n)$,其 DTFT 为

$$X_d(e^{j\omega}) = \frac{1}{T} \sum_{n=-\infty}^{\infty} X\left(j\frac{\omega - 2\pi n}{T}\right) H\left(j\frac{\omega - 2\pi n}{T}\right)。$$

代入 $H(j\Omega) = 1 + \alpha e^{-j\Omega T}$,得

$$X_d(e^{j\omega}) = (1 + \alpha e^{-j\omega}) \cdot \frac{1}{T} \sum_{n=-\infty}^{\infty} X\left(j\frac{\omega - 2\pi n}{T}\right)。$$

其中,$\dfrac{1}{T} \sum\limits_{n=-\infty}^{\infty} X\left(j\dfrac{\omega - 2\pi n}{T}\right)$ 即 $x(t)$ 对应的以 T 为采样间隔的数字序列 $x(n)$ 的 DTFT,于

是取 $H_d(e^{j\omega}) = \dfrac{1}{1 + \alpha e^{-j\omega}}$,即 $H_d(z) = \dfrac{1}{1 + \alpha z^{-1}}$,就可以得到输出 $y_c(t) = \dfrac{A}{T} x(t)$。

数字滤波器的单位采样响应为

$$h_d(n) = (-\alpha)^n u(n)。$$

(2) 由(1)知,只要 $A = T$,就可以实现输出 $y_c(t) = x(t)$。

真题 8.8 (中国海洋大学,2022)连续时间信号的离散时间傅里叶变换处理。

如图 8.14 所示,连续时间因果 LTI 系统满足输入-输出方程 $\dfrac{d}{dt} y_c(t) + y_c(t) = x_c(t)$,

且输入 $x_c(t)$ 为单位冲激信号 $\delta(t)$。

（1）求 LTI 系统的输出信号 $y_c(t)$；

（2）若要求 $w(n)=\delta(n)$，试确定离散时间 LTI 系统的频率响应 $H(e^{j\omega})$ 及其单位脉冲响应 $h(n)$。

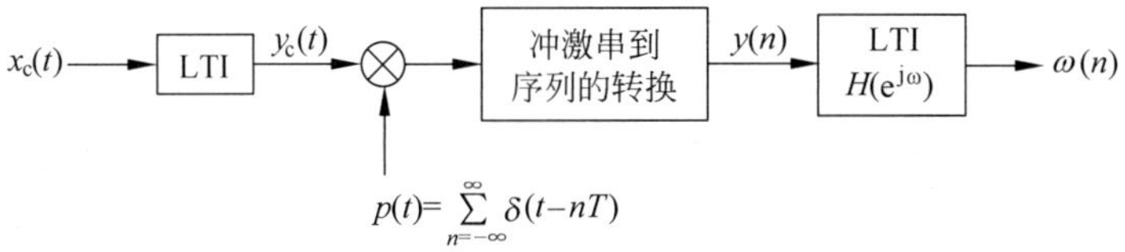

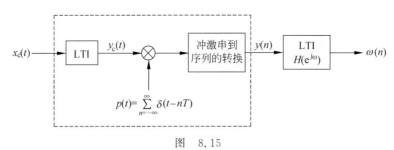

图　8.14

解　（1）由 $\dfrac{\mathrm{d}}{\mathrm{d}t}y_c(t)+y_c(t)=x_c(t)$，得系统函数

$$H(s)=\frac{1}{s+1},\quad \mathrm{Re}\{s\}>-1。$$

取拉氏逆变换得

$$y_c(t)=h(t)=\mathrm{e}^{-t}u(t)。$$

（2）乘法器输出为

$$y_s(t)=\sum_{k=-\infty}^{\infty}\mathrm{e}^{-nT}u(nT)\delta(t-nT)=\sum_{n=0}^{\infty}\mathrm{e}^{-nT}u(n)\delta(t-nT),$$

于是

$$y(n)=\mathrm{e}^{-nT}u(n)=(\mathrm{e}^{-T})^n u(n),\quad Y(z)=\frac{1}{1-\mathrm{e}^{-T}z^{-1}}。$$

由题知 $Y(z)H(z)=1$，故 $H(z)=1-\mathrm{e}^{-T}z^{-1}$。

$$H(e^{j\omega})=1-\mathrm{e}^{-T}\mathrm{e}^{-j\omega},\quad h(n)=\delta(n)-\mathrm{e}^{-T}\delta(n-1)。$$

注：本题中，如图 8.15 所示虚线框中的部分是将模拟系统用冲激响应不变法转换为数字系统，因此为了得到 $w(n)=\delta(n)$，只要后一个数字滤波器和转换得来的数字滤波器互为逆系统即可，即 $Y(z)H(z)=1$。

图　8.15

第9章

连续周期信号的傅里叶级数

在高等数学中我们已经学过,任何连续周期信号都可以展开为三角函数的傅里叶级数,这种展开是在实函数中进行的,其优点是直观,但不利于傅里叶分析的进一步发展。引进复指数信号后,周期信号的级数展开更为简洁,且可以进一步对非周期信号进行傅里叶分析。

9.1 知识点

1. 将几何中向量正交分解的概念推广到信号空间中,就得到正交函数集及信号正交分解的概念。

定义在 (t_1, t_2) 上的两个实函数 $f_1(t)$ 与 $f_2(t)$,若满足

$$\int_{t_1}^{t_2} f_1(t) f_2(t) \mathrm{d}t = 0,$$

则称 $f_1(t)$ 与 $f_2(t)$ 在 (t_1, t_2) 内是正交的。

若定义在 (t_1, t_2) 上的实函数集 $\{f_k(t)\}$ $(k=1,2,\cdots,n)$ 在 (t_1, t_2) 内满足

$$\int_{t_1}^{t_2} f_i(t) f_j(t) \mathrm{d}t = \begin{cases} 0, & i \neq j \\ K_i \neq 0, & i = j \end{cases},$$

则称此函数集在 (t_1, t_2) 内为正交函数集,$\{f_k(t)\}$ 构成正交信号空间。

如果在正交函数集 $\{f_k(t)\}$ $(k=1,2,\cdots,n)$ 之外,不存在非零函数 $f(t)$ 与每个 $f_k(t)$ 都正交,则称此正交函数集是完备的。

若 $f_k(t), k=1,2,\cdots,n$ 是复函数,且

$$\int_{t_1}^{t_2} f_i(t) f_j^*(t) \mathrm{d}t = \begin{cases} 0, & i \neq j \\ K_i \neq 0, & i = j \end{cases},$$

其中,$f_j^*(t)$ 是 $f_j(t)$ 的共轭复函数,则称 $\{f_k(t)\}$ $(k=1,2,\cdots,n)$ 在 (t_1, t_2) 内是正交的复函数集。同样地,正交复函数集也有完备性的概念。

2. 三角函数集 $\{1, \cos n\Omega t, \sin n\Omega t, n=1,2,\cdots\}$ 在任何长度为 $T=\dfrac{2\pi}{\Omega}$ 的区间上都构成正交函数集,而且是完备的。三角函数集的正交性容易验证,完备性可用反证法证明,要用到

帕塞瓦(Parseval)定理,从略。

复指数函数集$\{e^{jn\Omega t}, n\text{ 为整数}\}$在任何长度为$T=\dfrac{2\pi}{\Omega}$的区间上构成完备的正交函数集。正交性验证如下:

$$\int_{t_0}^{t_0+T} e^{jm\Omega t}(e^{jn\Omega t})^* \, dt = \int_{t_0}^{t_0+T} e^{j(m-n)\Omega t} \, dt = \begin{cases} 0, & m \neq n \\ T, & m = n \end{cases}。$$

完备性的证明从略。

3. 设$\{f_n(t)\}(n=1,2,\cdots)$是(t_1,t_2)上的完备的正交函数集,则$f(t)$在(t_1,t_2)上可以展开为级数

$$f(t) = \sum_{n=1}^{\infty} C_n f_n(t),$$

其中,系数C_n由下式确定:

$$C_n = \frac{\int_{t_1}^{t_2} f(t) f_n^*(t) \, dt}{\int_{t_1}^{t_2} f_n(t) f_n^*(t) \, dt}。$$

这里$f_n(t)$可以为实函数,也可以为复函数。

4. 若$f(t)$是连续的周期信号,周期为T,模拟角频率为$\Omega=\dfrac{2\pi}{T}$,则$f(t)$可以进行如下三角函数级数展开:

$$f(t) = \frac{a_0}{2} + \sum_{n=1}^{\infty} a_n \cos n\Omega t + \sum_{n=1}^{\infty} b_n \sin n\Omega t。$$

其中,傅里叶系数a_n和b_n分别为

$$\begin{cases} a_n = \dfrac{2}{T}\displaystyle\int_{-T/2}^{T/2} f(t)\cos n\Omega t \, dt, & n=0,1,2,\cdots \\[3mm] b_n = \dfrac{2}{T}\displaystyle\int_{-T/2}^{T/2} f(t)\sin n\Omega t \, dt, & n=1,2,3,\cdots \end{cases}。$$

式中,a_n关于n为偶函数,b_n关于n为奇函数,$\dfrac{a_0}{2}$为直流分量。

由于同频信号相加还是同频信号,但幅度和相位要发生改变,将$f(t)$表示为

$$f(t) = \frac{A_0}{2} + \sum_{n=1}^{\infty} A_n \cos(n\Omega t + \varphi_n)。$$

其中,

$$A_0 = a_0, \quad A_n = \sqrt{a_n^2 + b_n^2}, \quad \tan\varphi_n = -\frac{b_n}{a_n}, \quad n=1,2,\cdots,$$

或

$$A_0 = a_0, \quad A_n \cos\varphi_n = a_n, \quad -A_n \sin\varphi_n = b_n, \quad n=1,2,\cdots。$$

A_n关于n为偶函数,φ_n关于n为奇函数。

合并了同频信号之后的表达式显然更为简洁。

5. 将$f(t)$在完备的正交复指数函数集$\{e^{jn\Omega t}\}$上展开,形式将进一步简化。

利用欧拉公式、换元、A_n 与 φ_n 的奇偶性等一系列技巧，$f(t)$ 的三角函数级数展开可以转化为

$$f(t) = \sum_{n=-\infty}^{\infty} \frac{1}{2} A_n e^{j\varphi_n} e^{jn\Omega t},$$

令 $F_n = \frac{1}{2} A_n e^{j\varphi_n}$，即得 $f(t)$ 的复指数级数展开

$$f(t) = \sum_{n=-\infty}^{\infty} F_n e^{jn\Omega t}。$$

其中，

$$F_n = \frac{1}{2} A_n e^{j\varphi_n} = \frac{1}{2}(A_n \cos\varphi_n + jA_n \sin\varphi_n) = \frac{1}{2}(a_n - jb_n)$$

$$= \frac{1}{2}\left[\frac{2}{T}\int_{-T/2}^{T/2} f(t)\cos n\Omega t\, dt - j\frac{2}{T}\int_{-T/2}^{T/2} f(t)\sin n\Omega t\, dt\right]$$

$$= \frac{1}{T}\int_{-T/2}^{T/2} f(t)e^{-jn\Omega t}\, dt。$$

对比周期信号 $f(t)$ 的三角函数级数展开式和复指数级数展开式，可知后者简洁得多，展示了复数进行信号表示和分析的优越性。

下面是一道考研真题：

（西安交通大学，2007）已知 $f(t) = \dfrac{\sin\pi t}{\pi t}$，求积分 $\displaystyle\int_{-\infty}^{\infty} f(t-m)f(t-n)\, dt$ 的值，其中 m，n 均为整数。

受这道题的启发，我们编制了如下例题。

例 9.1　最高频率满足 $\omega_m \leqslant \pi$ 的所有连续信号构成一个信号空间。令 $f_n(t) = \dfrac{\sin\pi(t-n)}{\pi(t-n)}$，$n$ 为整数，则 $\{f_n(t)\}$ 构成该信号空间上一个完备的正交函数集，且任何最高频率 $\omega_m \leqslant \pi$ 的带限信号 $f(t)$ 在该正交函数集上都可以唯一地展开。

分析与解答　首先，$\{f_n(t)\}$ 的正交性很容易验证：

$$\int_{-\infty}^{\infty} f_m(t)f_n(t)\, dt = \frac{1}{2\pi}\left[e^{-j\omega m}g_{2\pi}(\omega) * e^{-j\omega n}g_{2\pi}(\omega)\right]_{\omega=0}$$

$$= \frac{1}{2\pi}\int_{-\pi}^{\pi} e^{-j\omega_1(n-m)}\, d\omega_1 = \begin{cases} 1, & n=m \\ 0, & n \neq m \end{cases}。$$

完备性的证明超出信号与系统课程的范围，这里从略。

任何最高频率满足 $\omega_m \leqslant \pi$ 的带限信号 $f(t)$，在该正交函数集上都可以唯一地展开为

$$f(t) = \sum_{n=-\infty}^{\infty} C_n \frac{\sin\pi(t-n)}{\pi(t-n)},$$

展开系数 C_n 为

$$C_n = \int_{-\infty}^{\infty} f(t) \cdot \frac{\sin\pi(t-n)}{\pi(t-n)}\, dt = \frac{1}{2\pi}\left[F(j\omega) * e^{-j\omega n}g_{2\pi}(\omega)\right]_{\omega=0}$$

$$= \frac{1}{2\pi}\left[\int_{-\infty}^{\infty} F(j\omega_1)e^{-j(\omega-\omega_1)n}g_{2\pi}(\omega-\omega_1)\, d\omega_1\right]_{\omega=0}$$

$$= \frac{1}{2\pi}\int_{-\pi}^{\pi} F(j\omega_1)e^{j\omega_1 n}\, d\omega_1 = f(n),$$

即 C_n 是 $f(t)$ 以 $T=1$ 为周期进行理想采样的采样点。

6. 下面讨论几种特殊的周期信号的傅里叶系数的性质。

(1) $f(t)$ 为奇函数,则 $f(-t)=-f(t)$,于是

$$F_n = \frac{1}{T}\int_{-T/2}^{T/2} f(t)\mathrm{e}^{-jn\Omega t}\,\mathrm{d}t = \frac{1}{T}\int_{T/2}^{-T/2} f(-t)\mathrm{e}^{jn\Omega t}\,\mathrm{d}(-t)$$

$$= -\frac{1}{T}\int_{-T/2}^{T/2} f(t)\mathrm{e}^{-j(-n)\Omega t}\,\mathrm{d}t = -F_{-n}\,。$$

即 F_n 关于 n 为奇对称。

(2) $f(t)$ 为偶函数,则 $f(-t)=f(t)$,同理可知 F_n 关于 n 为偶对称。

(3) $f(t)$ 为奇谐函数,即 $f(t)=-f\left(t\pm\dfrac{T}{2}\right)$,先考虑 $f(t)=-f\left(t+\dfrac{T}{2}\right)$ 的情形,则有

$$F_n = \frac{1}{T}\int_{-T/2}^{T/2} f(t)\mathrm{e}^{-jn\Omega t}\,\mathrm{d}t = \frac{1}{T}\int_{-T/2}^{T/2}\left[-f(t+T/2)\right]\mathrm{e}^{-jn\Omega t}\,\mathrm{d}t$$

$$= \frac{1}{T}\int_0^T\left[-f(t)\right]\mathrm{e}^{-jn\Omega(t-T/2)}\,\mathrm{d}t = (-1)^{n+1}F_n\,。$$

以上用到周期为 T 的信号在任意长为 T 的区间上定积分都相等的性质,于是当 n 为偶数时,$F_n=-F_n$,$F_n=0$。

同理,若 $f(t)=-f\left(t-\dfrac{T}{2}\right)$,也有 $F_n=0$(n 为偶数)。

故 $f(t)$ 的级数展开只含奇次谐波分量。

(4) $f(t)$ 为偶谐函数,即 $f(t)=f\left(t\pm\dfrac{T}{2}\right)$。

同理可证,$f(t)$ 的级数展开只含偶次谐波分量。

9.2 考研真题解析

真题 9.1 (中国科学技术大学,2009)周期为 T 的实周期信号 $\tilde{x}(t)$ 的指数形式的傅里叶级数和三角傅里叶级数分别表示为

$$\tilde{x}(t) = \sum_{k=-\infty}^{\infty} F_k\mathrm{e}^{jk(2\pi/T)t}, \quad k=1,2,\cdots$$

和

$$\tilde{x}(t) = c_0 + \sum_{k=1}^{\infty} c_k\cos\left(k\frac{2\pi}{T}t+\theta_k\right), \quad k=1,2,\cdots。$$

采用如图 9.1(a)所示的系统来获得已知实周期信号 $\tilde{x}(t)$ 的各次谐波的幅度 c_k 和初相位 $\theta_k(k=1,2,\cdots)$。图中,滤波器的单位冲激响应 $h(t)=\dfrac{\sin(\pi t/T)}{\pi t}$。

(1) 当 $p(t)=\cos k(2\pi/T)t$ 和 $p(t)=\sin k(2\pi/T)t$ 时,分别画出 $\tilde{x}(t)$ 和 $v(t)$ 的频谱,并分别求出这两种情况下如图 9.1(a)所示系统的输出 $y(t)$。

(2) 根据(1)小题的结果,设计能够分别获得实周期信号 $\tilde{x}(t)$ 的 k 次谐波的幅度 c_k 和初相位 $\theta_k(k=1,2,\cdots)$ 的系统,并画出系统框图。

（3）如果将图 9.1(a)中的滤波器换成如图 9.1(b)所示的一阶 RC 低通滤波器,则将对 (2)小题设计结果产生什么影响? 若要使设计的系统仍希望获得较精确的 c_k 和 θ_k 的值,则 RC 低通滤波器的时间常数 $\tau = RC$ 的选择应有什么考虑?

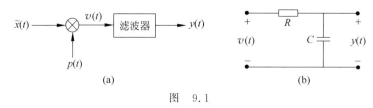

图　9.1

解答　见真题 9.3。

真题 9.2 （清华大学,2022)以下信号中含有(　　)。

A. 直流分量　　　　B. 奇次谐波　　　　C. 偶次谐波　　　　D. 有限次谐波

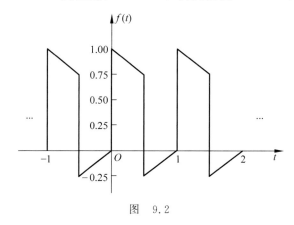

图　9.2

解　显然 $f(t)$ 含直流分量,故 A 对;

由于 $f(t)$ 减去直流分量得到奇谐对称信号,即 $f(t)$ 包含奇次谐波,故 B 对、C 错;

由于 $f(t)$ 不是光滑的,故 D 错。

故本题选 A、B。

真题 9.3 （中国科学技术大学,2019)周期为 T 的实周期信号 $\tilde{x}(t)$ 的指数形式的 傅里叶级数和三角傅里叶级数分别表示为 $\tilde{x}(t) = \sum\limits_{k=-\infty}^{\infty} F_k e^{jk(2\pi/T)t}$ 和 $\tilde{x}(t) = c_0 + \sum\limits_{k=1}^{\infty} c_k \cos\left(k\dfrac{2\pi}{T}t + \theta_k\right)$。

采用如图 9.3(a)所示的系统来获得已知实周期信号 $\tilde{x}(t)$ 的各次谐波的幅度 c_k 和初相 位 $\theta_k(k=1,2,\cdots)$。图中,滤波器的单位冲激响应 $h(t) = \dfrac{\sin(\pi t/T)}{\pi t}$。

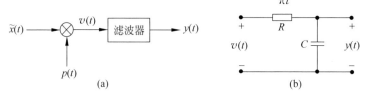

图　9.3

（1）当 $p(t)=\cos[k_0(2\pi/T)t]$ 和 $p(t)=\sin[k_0(2\pi/T)t]$ 时，分别画出 $\tilde{x}(t)$ 和 $v(t)$ 的频谱，并分别求出这两种情况下如图 9.3(a) 所示系统的输出 $y(t)$。

（2）根据（1）小题的结果，设计能够分别获得实周期信号 $\tilde{x}(t)$ 的 k 次谐波的幅度 c_k 和初相位 $\theta_k(k=1,2,\cdots)$ 的系统，并画出系统框图。

（3）如果图 9.3(a) 中的滤波器换成如图 9.3(b) 所示的一阶 RC 低通滤波器，则将对 (2) 小题设计结果产生什么影响？若要使设计的系统仍希望获得较精确的 c_k 和 θ_k 的值，则 RC 低通滤波器的时间常数 $\tau=RC$ 的选择应有什么考虑？

解 （1）$\tilde{X}(\mathrm{j}\omega)=2\pi\sum\limits_{k=-\infty}^{\infty}F_k\delta\left(\omega-k\cdot\dfrac{2\pi}{T}\right)$。

由于 $v(t)=\tilde{x}(t)\cdot p(t)$，故当 $p(t)=\cos\dfrac{2\pi}{T}k_0 t$ 时，

$$V(\mathrm{j}\omega)=\frac{1}{2\pi}\left[2\pi\sum_{k=-\infty}^{\infty}F_k\delta\left(\omega-k\cdot\frac{2\pi}{T}\right)\right]*\pi\left[\delta\left(\omega+k_0\cdot\frac{2\pi}{T}\right)+\delta\left(\omega-k_0\cdot\frac{2\pi}{T}\right)\right]$$

$$=\pi\sum_{k=-\infty}^{\infty}\left\{F_k\delta\left[\omega-(k-k_0)\cdot\frac{2\pi}{T}\right]+F_k\delta\left[\omega-(k+k_0)\cdot\frac{2\pi}{T}\right]\right\}$$

$$=\pi\sum_{k=-\infty}^{\infty}(F_{k+k_0}+F_{k-k_0})\delta\left(\omega-k\cdot\frac{2\pi}{T}\right)。$$

当 $p(t)=\sin\dfrac{2\pi}{T}k_0 t$ 时，同理可得

$$V(\mathrm{j}\omega)=\frac{\pi}{\mathrm{j}}\sum_{k=-\infty}^{\infty}(F_{k-k_0}-F_{k+k_0})\delta\left(\omega-k\cdot\frac{2\pi}{T}\right)。$$

$\tilde{X}(\mathrm{j}\omega)$ 与 $V(\mathrm{j}\omega)$ 频谱图略。

易知 $H(\mathrm{j}\omega)=g_{2\pi/T}(\omega)$，故当 $p(t)=\cos\dfrac{2\pi}{T}k_0 t$ 时，

$$Y(\mathrm{j}\omega)=\pi(F_{k_0}+F_{-k_0})\delta(\omega)。$$

由于 $\tilde{x}(t)$ 是实信号，故 F_{k_0} 与 F_{-k_0} 共轭，故

$$y_1(t)=\frac{1}{2}(F_{k_0}+F_{-k_0})=\mathrm{Re}\{F_{k_0}\}。$$

当 $p(t)=\sin\dfrac{2\pi}{T}k_0 t$ 时，

$$Y(\mathrm{j}\omega)=\frac{\pi}{\mathrm{j}}(F_{-k_0}-F_{k_0})\delta(\omega)。$$

故

$$y_2(t)=\frac{1}{2}\cdot\frac{1}{\mathrm{j}}(-2\mathrm{j})\mathrm{Im}\{F_{k_0}\}=-\mathrm{Im}\{F_{k_0}\}。$$

（2）由于

$$c_k=2\,|\,F_k\,|=2\sqrt{\mathrm{Re}^2\{F_k\}+\mathrm{Im}^2\{F_k\}}=2\sqrt{y_1^2(t)+y_2^2(t)}，$$

$$\theta_k=\arctan\frac{\mathrm{Im}\{F_k\}}{\mathrm{Re}\{F_k\}}=-\arctan\frac{y_2(t)}{y_1(t)}，$$

构造如图 9.4 所示框图,可以获得 c_k 和 θ_k。

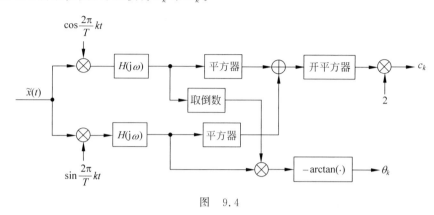

图 9.4

(3)此时 $H(\mathrm{j}\omega) = \dfrac{1}{1+\mathrm{j}\omega RC}$,(2)小题设计中输出除 $\mathrm{Re}\{F_k\}$ 和 $-\mathrm{Im}\{F_k\}$,还有其他谐波分量,这将产生误差。令 $|H(\mathrm{j}\omega)|^2 = \dfrac{1}{2}$,解得 $\omega_c = \dfrac{1}{RC} = \dfrac{1}{\tau}$,即 3dB 截止频率。当 $\omega_c = \dfrac{1}{\tau} \ll \dfrac{2\pi}{T}$ 时,可以获得较精确的 c_k 和 θ_k。

真题 9.4 (宁波大学,2020)试求如图 9.5 所示周期信号 $f(t)$ 的三角函数形式傅里叶级数表示式。

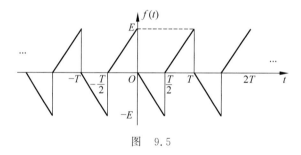

图 9.5

解法 1 设 $f(t) = \dfrac{a_0}{2} + \displaystyle\sum_{n=1}^{\infty}(a_n\cos n\Omega t + b_n\sin n\Omega t)$,其中 $\Omega = \dfrac{2\pi}{T}$。

显然 $a_0 = 0$,下面计算 a_n 和 b_n。

$$a_n = \frac{2}{T}\left[\int_{-T/2}^{0}\left(\frac{2E}{T}t + E\right)\cos n\Omega t\,\mathrm{d}t + \int_{0}^{T/2}\left(-\frac{2E}{T}t\right)\cos n\Omega t\,\mathrm{d}t\right]$$

$$= \frac{2E}{\pi^2}\cdot\frac{1}{n^2}[1-(-1)^n] = \frac{4E}{\pi^2}\cdot\frac{1}{(2m-1)^2},$$

$$b_n = \frac{2}{T}\left[\int_{-T/2}^{0}\left(\frac{2E}{T}t + E\right)\sin n\Omega t\,\mathrm{d}t + \int_{0}^{T/2}\left(-\frac{2E}{T}t\right)\sin n\Omega t\,\mathrm{d}t\right]$$

$$= -\frac{E}{\pi}\cdot\frac{1}{n}[1-(-1)^n] = -\frac{2E}{\pi}\cdot\frac{1}{2m-1}, \quad n = 2m-1, m\in\mathbb{N}^+。$$

故

$$f(t) = \frac{4E}{\pi^2} \sum_{m=1}^{\infty} \frac{\cos(2m-1)\Omega t}{(2m-1)^2} - \frac{2E}{\pi} \sum_{m=1}^{\infty} \frac{\sin(2m-1)\Omega t}{2m-1}。$$

解法 2 设 $f_0(t) = f(t)\left[u\left(t+\frac{T}{2}\right) - u\left(t-\frac{T}{2}\right)\right]$，则

$$f'_0(t) = \frac{2E}{T}\left[g_{T/2}\left(t+\frac{T}{4}\right) - g_{T/2}\left(t-\frac{T}{4}\right)\right] - E\delta(t) + E\delta\left(t-\frac{T}{2}\right)$$

$$\leftrightarrow j2E\left[\mathrm{Sa}\left(\frac{T}{4}\omega\right)\sin\frac{T}{4}\omega - e^{-j\frac{T}{4}\omega}\sin\frac{T}{4}\omega\right]。$$

当 $\omega = 0$ 时，上式中的傅里叶变换为 0，由傅里叶变换的时域积分性质得

$$F_0(j\omega) = \frac{1}{2}ET\left[\mathrm{Sa}^2\left(\frac{T}{4}\omega\right) - e^{-j\frac{T}{4}\omega}\mathrm{Sa}\left(\frac{T}{4}\omega\right)\right],$$

$$F_n = \frac{1}{T}F_0(j\omega)\bigg|_{\omega=\frac{2\pi}{T}n} = \frac{E}{2}\left[\mathrm{Sa}^2\left(\frac{\pi}{2}n\right) - e^{-j\frac{\pi}{2}n}\mathrm{Sa}\left(\frac{\pi}{2}n\right)\right]$$

$$= \begin{cases} \dfrac{2E}{\pi^2} \cdot \dfrac{1}{(2m-1)^2} + j\dfrac{E}{\pi} \cdot \dfrac{1}{2m-1}, & n = 2m-1 \\ 0, & n = 2m \end{cases}。$$

其中，m 为整数。故

$$f(t) = \sum_{n=-\infty}^{\infty} F_n e^{jn\Omega t} = \sum_{m=-\infty}^{\infty} F_{2m-1} e^{j(2m-1)\Omega t}$$

$$= \frac{2E}{\pi^2} \sum_{m=-\infty}^{\infty} \frac{e^{j(2m-1)\Omega t}}{(2m-1)^2} + j\frac{E}{\pi} \sum_{m=-\infty}^{\infty} \frac{e^{j(2m-1)\Omega t}}{2m-1}$$

$$= \frac{4E}{\pi^2} \sum_{m=1}^{\infty} \frac{\cos(2m-1)\Omega t}{(2m-1)^2} - \frac{2E}{\pi} \sum_{m=1}^{\infty} \frac{\sin(2m-1)\Omega t}{2m-1}。$$

其中，$\Omega = \dfrac{2\pi}{T}$。

注：以上两种解答结果相同。第一种解答直接计算连续周期信号的三角函数级数展开式的正弦项和余弦项的系数，需要计算定积分；第二种解答先计算信号的复指数级数展开式，然后将正负频率项两两相加，得到三角函数形式的级数展开。前一种方法以微积分运算为主，后一种方法以代数运算为主。一般来说，前一种方法更直接，但有时后一种方法也很有效。两种方法都很好，都值得练习，对锻炼计算能力很有帮助。

真题 9.5（中国海洋大学，2022）已知周期为 4 的连续时间信号 $x(t)$ 的傅里叶级数系数如下，求 $x(t)$ 信号：

$$a_k = (-1)^k \frac{\sin\dfrac{k\pi}{8}}{2k\pi}, \quad a_0 = \frac{1}{16}。$$

解 由题意设 $x(t) = \sum_{k=-\infty}^{\infty} a_k e^{j\frac{\pi}{2}kt}$，则

$$X(j\omega) = 2\pi \sum_{k=\infty}^{\infty} a_k \delta\left(\omega - \frac{\pi}{2}k\right) = 2\pi \cdot \frac{1}{16} e^{j2\omega}\mathrm{Sa}\left(\frac{\omega}{4}\right) \sum_{k=-\infty}^{\infty} \delta\left(\omega - \frac{\pi}{2}k\right)$$

$$= \frac{\pi}{8}F(j\omega) \cdot \delta_T(\omega)。$$

其中，

$$F(\mathrm{j}\omega)=\mathrm{e}^{\mathrm{j}2\omega}\,\mathrm{Sa}\!\left(\frac{\omega}{4}\right),\quad \delta_T(\omega)=\sum_{k=-\infty}^{\infty}\delta\!\left(\omega-\frac{\pi}{2}k\right)。$$

取傅里叶逆变换得

$$f(t)=2g_{1/2}(t+2),\quad \delta_T(t)=\frac{2}{\pi}\sum_{k=-\infty}^{\infty}(t-4k)。$$

其中，$g_{1/2}(t)$ 表示宽为 $1/2$ 的标准门函数。

对 $X(\mathrm{j}\omega)$ 取傅里叶逆变换，并利用傅里叶变换的卷积定理得

$$x(t)=\frac{\pi}{8}\cdot 2g_{1/2}(t+2)*\frac{2}{\pi}\sum_{k=-\infty}^{\infty}\delta(t-4k)$$

$$=\frac{1}{2}g_{1/2}(t+2)*\sum_{k=-\infty}^{\infty}\delta(t-4k)。$$

$x(t)$ 的一个基本周期信号为 $\frac{1}{2}g_{1/2}(t+2)$，该基本周期信号以 $T=4$ 为周期向左、右无限延拓，即得到周期信号 $x(t)$。$x(t)$ 也可以写成

$$x(t)=\frac{1}{2}\sum_{k=-\infty}^{\infty}g_{1/2}(t+2-4k)。$$

第10章

傅里叶变换的性质与计算

傅里叶变换是信号与系统课程三大变换中的第一个变换。与信号的时域分解不同,它是在频域对信号进行分解的,这时基本信号是 $e^{j\omega t}$,由此产生了很多形式优美的性质和崭新的概念。本章概念多、性质多、计算灵活复杂,对学好这门课程具有决定性的作用。我们应动手推导傅里叶变换的各个性质,而不是仅仅记住它们,因为推导过程包含了很多解题技巧,只有会独立推导,才能深刻理解并熟练运用它们。

傅里叶变换的性质较多,本部分重点讨论傅里叶变换的两个重要性质,即时域积分性质和频域积分性质。但不能忽视傅里叶变换的其他性质,傅里叶变换的每一个性质都极其重要。

10.1　知识点

1. 学习傅里叶变换的微分性质和积分性质时,我们都能感觉到微分性质较为简单,积分性质较为复杂,不易记住。学习拉氏变换和 z 变换时也有这个感觉,但从后面的有关论述中我们可以知道,拉氏变换和 z 变换的积分性质都可以从微分性质中推导得到。

那么,自然而然地我们会提出一个问题:傅里叶变换的积分性质能由微分性质推导而来吗?

2. 设 $f(t) \leftrightarrow F(j\omega)$,则

(1) $f'(t) \leftrightarrow j\omega F(j\omega)$;

(2) $\int_{-\infty}^{t} f(\tau) d\tau \leftrightarrow \pi F(0)\delta(\omega) + \dfrac{F(j\omega)}{j\omega}$。

(1)即傅里叶变换的时域微分性质;(2)即傅里叶变换的时域积分性质。

下面我们作一个由傅里叶变换的时域微分性质推导时域积分性质的尝试。

设 $g(t) = \int_{-\infty}^{t} f(\tau) d\tau$,两边求导得 $g'(t) = f(t)$,再两边取傅里叶变换得

$$j\omega G(j\omega) = F(j\omega), \quad G(j\omega) = \frac{F(j\omega)}{j\omega},$$

即 $\int_{-\infty}^{t} f(\tau) d\tau \leftrightarrow \dfrac{F(j\omega)}{j\omega}$。

显然上面的推导是错误的,因为第一步求导时,$\int_{-\infty}^{t} f(\tau)\mathrm{d}\tau$ 中的"直流分量"丢失了,只有不含有直流分量的信号,求导时才不会丢失信息。

3. 首先给出信号的直流分量的定义,然后用傅里叶变换的微分性质推导积分性质。

定义　设 $f(t)$ 为任意绝对可积的信号(因而傅里叶变换存在),令

$$m = \lim_{T\to\infty} \frac{1}{2T}\int_{-T}^{T} f(t)\mathrm{d}t,$$

则称 m 为信号 $f(t)$ 的直流分量。

注意,若直流分量 $m = 0$,则不一定有 $F(0) = 0$,例如,$f(t) = g_\tau(t)$,显然 $m = 0$,但 $F(\mathrm{j}\omega) = \tau\mathrm{Sa}\left(\dfrac{\omega\tau}{2}\right)$,$F(0) = \tau \neq 0$。但若 $F(0) = 0$,则一定有 $m = 0$。

下面计算几个信号的直流分量。

(1) 绝对可积的信号 $f(t)$,即 $\int_{-\infty}^{\infty} |f(t)|\mathrm{d}t < \infty$,则

$$m = \lim_{T\to\infty} \frac{1}{2T}\int_{-T}^{T} f(t)\mathrm{d}t \leqslant \lim_{T\to\infty} \frac{1}{2T}\int_{-T}^{T} |f(t)|\mathrm{d}t = 0,$$

即绝对可积的信号的直流分量为 0。因此,当对 $f(t)$ 求导时不会丢失直流分量信息。

(2) $f(t) = u(t) = \int_{-\infty}^{t} \delta(\tau)\mathrm{d}\tau$。易计算得 $m = \dfrac{1}{2}$。

(3) $g(t) = \int_{-\infty}^{t} f(\tau)\mathrm{d}\tau$,计算 $g(t)$ 的直流分量。

$$\begin{aligned}
m &= \lim_{T\to\infty} \frac{1}{2T}\int_{-T}^{T}\left[\int_{-\infty}^{t} f(\tau)\mathrm{d}\tau\right]\mathrm{d}t \\
&= \lim_{T\to\infty} \frac{1}{2T}\left\{\int_{-\infty}^{-T}\left[\int_{-T}^{T} f(\tau)\mathrm{d}t\right]\mathrm{d}\tau + \int_{-T}^{T}\left[\int_{\tau}^{T} f(\tau)\mathrm{d}t\right]\mathrm{d}\tau\right\} \\
&= \lim_{T\to\infty} \frac{1}{2T}\left[2T\int_{-\infty}^{-T} f(\tau)\mathrm{d}\tau + \int_{-T}^{T}(T-\tau)f(\tau)\mathrm{d}\tau\right] \\
&= \lim_{T\to\infty}\int_{-\infty}^{-T} f(\tau)\mathrm{d}\tau + \frac{1}{2}\lim_{T\to\infty}\int_{-T}^{T} f(\tau)\mathrm{d}\tau - \lim_{T\to\infty}\frac{1}{2T}\int_{-T}^{T}\tau f(\tau)\mathrm{d}\tau \\
&= \frac{1}{2}\int_{-\infty}^{\infty} f(\tau)\mathrm{d}\tau = \frac{1}{2}F(0)。
\end{aligned}$$

注: 以上推导中 $\displaystyle\lim_{T\to\infty}\int_{-\infty}^{-T} f(\tau)\mathrm{d}\tau = 0$ 是显然的,下面说明 $\displaystyle\lim_{T\to\infty}\frac{1}{2T}\int_{-T}^{T}\tau f(\tau)\mathrm{d}\tau = 0$。

当 $T\to\infty$ 时,$\displaystyle\lim_{T\to\infty}\int_{-T}^{T}\tau f(\tau)\mathrm{d}\tau = \int_{-\infty}^{\infty} tf(t)\mathrm{d}t$。

因 $f(t)\leftrightarrow F(\mathrm{j}\omega)$,由傅里叶变换的微分性质得

$$-\mathrm{j}tf(t)\leftrightarrow F'(\mathrm{j}\omega),\quad tf(t)\leftrightarrow \mathrm{j}F'(\mathrm{j}\omega),$$

即 $\mathrm{j}F'(\mathrm{j}\omega) = \int_{-\infty}^{\infty} tf(t)\mathrm{e}^{-\mathrm{j}\omega t}\mathrm{d}t$。

令 $\omega = 0$,得 $\mathrm{j}F'(0) = \int_{-\infty}^{\infty} tf(t)\mathrm{d}t$,于是 $\int_{-\infty}^{\infty} tf(t)\mathrm{d}t$ 有界,故

$$\lim_{T\to\infty}\frac{1}{2T}\int_{-T}^{T}\tau f(\tau)\mathrm{d}\tau = 0。$$

4. 用傅里叶变换的微分性质推导积分性质时,首先将 $\int_{-\infty}^{t} f(\tau)\mathrm{d}\tau$ 分解成两部分:第一

部分是直流分量 $\frac{1}{2}F(0)$,第二部分是剔除了直流分量的部分,即

$$\int_{-\infty}^{t} f(\tau)\mathrm{d}\tau = \frac{1}{2}F(0) + \left[\int_{-\infty}^{t} f(\tau)\mathrm{d}\tau - \frac{1}{2}F(0)\right]。$$

其中, $\frac{1}{2}F(0)$ 的傅里叶变换为 $\pi F(0)\delta(\omega)$;对剔除了直流分量的部分应用傅里叶变换的微

分性质,不会丢失信息,令

$$s(t) = \int_{-\infty}^{t} f(\tau)\mathrm{d}\tau - \frac{1}{2}F(0),$$

则 $s'(t) = f(t)$,两边取傅里叶变换得

$$\mathrm{j}\omega S(\mathrm{j}\omega) = F(\mathrm{j}\omega), \quad S(\mathrm{j}\omega) = \frac{F(\mathrm{j}\omega)}{\mathrm{j}\omega}。$$

最后得

$$\int_{-\infty}^{t} f(\tau)\mathrm{d}\tau \leftrightarrow \pi F(0)\delta(\omega) + \frac{F(\mathrm{j}\omega)}{\mathrm{j}\omega}。$$

与文献[1]用卷积法推导的结果是一致的。

5. 下面看 3 个例子,第一个是文献[1]中的例 4.5-9。

例 10.1 求门函数 $g_\tau(t)$ 的积分 $f(t) = \frac{1}{\tau}\int_{-\infty}^{t} g_\tau(x)\mathrm{d}x$ 的频谱函数。

解 易计算得 $m = \frac{1}{2}$,故

$$f(t) = \frac{1}{2} + \left[\frac{1}{\tau}\int_{-\infty}^{t} g_\tau(x)\mathrm{d}x - \frac{1}{2}\right]。$$

令 $s(t) = \frac{1}{\tau}\int_{-\infty}^{t} g_\tau(x)\mathrm{d}x - \frac{1}{2}$,两边求导得 $s'(t) = \frac{1}{\tau}g_\tau(t)$,于是

$$\mathrm{j}\omega S(\mathrm{j}\omega) = \mathrm{Sa}(\omega\tau/2), \quad S(\mathrm{j}\omega) = \frac{\mathrm{Sa}(\omega\tau/2)}{\mathrm{j}\omega}。$$

而 $\frac{1}{2} \leftrightarrow \pi\delta(\omega)$,最后得

$$F(\mathrm{j}\omega) = \pi\delta(\omega) + \frac{\mathrm{Sa}(\omega\tau/2)}{\mathrm{j}\omega}。$$

第二个例子是文献[1]中的例 4.5-10。

例 10.2 求图 10.1 中信号 $g_1(t)$ 和 $g_2(t)$ 的傅里叶变换。

解 对于 $g_1(t)$,易知 $m_1 = 1$,故

$$g_1(t) = 1 + [g_1(t) - 1]。$$

其中 $1 \leftrightarrow 2\pi\delta(\omega)$, $[g_1(t)-1]' = 2\delta(t+1) \leftrightarrow 2\mathrm{e}^{\mathrm{j}\omega}$,故 $g_1(t) - 1 \leftrightarrow \dfrac{2\mathrm{e}^{\mathrm{j}\omega}}{\mathrm{j}\omega}$。最后得

$$G_1(\mathrm{j}\omega) = 2\pi\delta(\omega) + \frac{2\mathrm{e}^{\mathrm{j}\omega}}{\mathrm{j}\omega}。$$

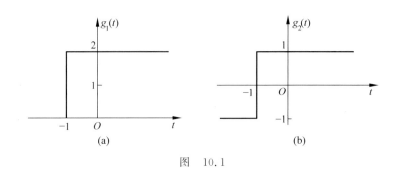

图 10.1

对于 $g_2(t)$，$m_2=0$，易得 $G_2(j\omega)=\dfrac{2e^{j\omega}}{j\omega}$。显然，这里求 $G_2(j\omega)$ 的方法比文献[1]中

$$G(j\omega)=\pi F(0)\delta(\omega)+\frac{F(j\omega)}{j\omega}+2\pi g(-\infty)\delta(\omega)$$

要简洁得多。

采样这种方法，很容易求得符号函数 $\mathrm{sgn}(t)$ 的傅里叶变换为 $\dfrac{2}{j\omega}$，比文献[1]中的逼近法简单。

例 10.3 计算 $u(t)=\displaystyle\int_{-\infty}^{t}\delta(\tau)\mathrm{d}\tau$ 的傅里叶变换。

解 易计算得 $m=\dfrac{1}{2}$，于是

$$u(t)=\frac{1}{2}+\left[\int_{-\infty}^{t}\delta(\tau)\mathrm{d}\tau-\frac{1}{2}\right]。$$

其中，$\dfrac{1}{2}\leftrightarrow\pi\delta(\omega)$，而

$$\left[\int_{-\infty}^{t}\delta(\tau)\mathrm{d}\tau-\frac{1}{2}\right]'=\delta(t)\leftrightarrow 1,\quad \int_{-\infty}^{t}\delta(\tau)\mathrm{d}\tau-\frac{1}{2}\leftrightarrow\frac{1}{j\omega}。$$

最后得 $u(t)\leftrightarrow\pi\delta(\omega)+\dfrac{1}{j\omega}$。

6. 以上引入信号的直流分量的概念，将任意信号分解为直流分量和剔除了直流分量的绝对可积信号，对于后一部分可以利用傅里叶变换的微分性质进行变换而不丢失信息。这种方法的好处，一是使三种变换（傅里叶变换、拉氏变换和 z 变换）的积分性质都可以由微分性质求得；二是在某些情况下，用这种方法比用傅里叶变换的时域积分性质更加方便。

下面讨论傅里叶变换频域积分性质的推导。傅里叶变换的频域积分性质在文献[1]中简略地给出结果，没有推导，下面我们给出两个推导方法。

傅里叶变换的频域积分性质：若 $f(t)\leftrightarrow F(j\omega)$，则

$$\int_{-\infty}^{\omega}F(j\lambda)\mathrm{d}\lambda\leftrightarrow\pi f(0)\delta(t)+\frac{f(t)}{-jt}。$$

推导方法 1（与时域积分性质完全类似）

由于

$$\int_{-\infty}^{\omega}F(j\lambda)\mathrm{d}\lambda=F(j\omega)*u(\omega),$$

而

$$u(\omega) \leftrightarrow \frac{1}{2\pi}\left[\pi\delta(t) + \frac{1}{-jt}\right],$$

由傅里叶变换卷积定理得

$$F(j\omega) * u(\omega) \leftrightarrow 2\pi f(t) \cdot \frac{1}{2\pi}\left[\pi\delta(t) + \frac{1}{-jt}\right] = \pi f(0)\delta(t) + \frac{f(t)}{-jt}。$$

推导方法 2(利用傅里叶变换的对称性)

由 $f(t) \leftrightarrow F(j\omega)$,得 $F(jt) \leftrightarrow 2\pi f(-\omega)$。

由时域积分性质,得

$$\int_{-\infty}^{t} F(j\lambda)d\lambda \leftrightarrow 2\pi^2 f(0)\delta(\omega) + \frac{2\pi f(-\omega)}{j\omega}。$$

由傅里叶变换对称性,有

$$2\pi\int_{-\infty}^{-\omega} F(j\lambda)d\lambda \leftrightarrow 2\pi^2 f(0)\delta(t) + \frac{2\pi f(-t)}{jt},$$

即

$$\int_{-\infty}^{\omega} F(j\lambda)d\lambda \leftrightarrow \pi f(0)\delta(-t) + \frac{f(t)}{-jt} = \pi f(0)\delta(t) + \frac{f(t)}{-jt}。$$

这种方法两次用到傅里叶变换的对称性。

7. 再介绍几个利用傅里叶变换微积分性质的例子。

例 10.4 若信号 $x(t)$ 的频谱为 $X(j\omega) = |\omega| e^{-j3\omega}$, $0 \leq |\omega| < 1$, 求 $\int_{-\infty}^{0} x(\tau)d\tau$。

这是一道考研真题,一名考研学生发到考研微信群里面讨论的题目。

解法 1(利用傅里叶变换的积分性质)

令 $g(t) = \int_{-\infty}^{t} x(\tau)d\tau$, 则 $G(j\omega) = \frac{X(j\omega)}{j\omega}$, 而

$$g(t) = \frac{1}{2\pi}\int_{-\infty}^{\infty} G(j\omega)e^{j\omega t}d\omega,$$

故

$$g(0) = \int_{-\infty}^{0} x(t)dt = \frac{1}{2\pi}\int_{-\infty}^{\infty} G(j\omega)d\omega = \frac{1}{2\pi}\int_{-1}^{1} \frac{X(j\omega)}{j\omega}d\omega = \frac{\cos 3 - 1}{3\pi}。$$

以上利用了时域积分的性质,解答非常出色。

解法 2(暴力计算)

$X(j\omega) = [|\omega| g_2(\omega)]e^{-j3\omega}$, 设 $f(t) \leftrightarrow |\omega| g_2(\omega)$, 则 $x(t) = f(t-3)$。

由于 $\frac{1}{-\pi t^2} \leftrightarrow |\omega|$, $\frac{1}{\pi}\mathrm{Sa}(t) \leftrightarrow g_2(\omega)$, 故 $f(t) = -\frac{1}{\pi^2} \cdot \frac{1}{t^2} * \mathrm{Sa}(t)$, $f(t)$ 为偶函数,且

$$\int_{-\infty}^{\infty} f(t)dt = 0, \quad \int_{-\infty}^{0} f(t)dt = 0。$$

因此,

$$\int_{-\infty}^{0} x(\tau)d\tau = \int_{-\infty}^{0} f(\tau-3)d\tau = \int_{-\infty}^{-3} f(\tau)d\tau = \int_{-\infty}^{0} f(\tau)d\tau - \int_{-3}^{0} f(\tau)d\tau$$

$$= -\frac{1}{2}\int_{-3}^{3} f(\tau)d\tau = -\frac{1}{2}\int_{-\infty}^{\infty} f(\tau)g_6(\tau)d\tau$$

$$= -\frac{1}{2} \cdot \frac{1}{2\pi} \left[\mid \omega \mid g_2(\omega) \right] * \left[6\mathrm{Sa}(3\omega) \right] \Big|_{\omega=0}$$

$$= -\frac{1}{2} \cdot \left[-\frac{2}{3\pi}(\cos 3 - 1) \right] = \frac{\cos 3 - 1}{3\pi}.$$

以上计算用到了较多的信号与系统有关的基础知识,有些技巧值得仿效。

例 10.5 若 $f(t) \leftrightarrow F(\mathrm{j}\omega)$,计算 $\int_{-\infty}^{1-\frac{t}{2}} f(\tau)\mathrm{d}\tau$ 的傅里叶变换。

本题为文献[1]习题 4.20 第(7)题,下面提供三种解法。

解法 1 令 $g(t) = \int_{-\infty}^{1-\frac{t}{2}} f(\tau)\mathrm{d}\tau$,则 $g'(t) = -\frac{1}{2}f\left(1-\frac{t}{2}\right)$。

易知 $-\frac{1}{2}f\left(1-\frac{t}{2}\right) \leftrightarrow -\mathrm{e}^{-\mathrm{j}2\omega}F(-\mathrm{j}2\omega)$。

令 $\omega = 0$,则 $-\mathrm{e}^{-\mathrm{j}2\omega}F(-\mathrm{j}2\omega) = -F(0)$;又显然 $g(-\infty) = \int_{-\infty}^{\infty} f(\tau)\mathrm{d}\tau = F(0)$。

参见文献[1]公式(4.5-33)得

$$G(\mathrm{j}\omega) = -\pi F(0)\delta(\omega) - \frac{\mathrm{e}^{-\mathrm{j}2\omega}F(-\mathrm{j}2\omega)}{\mathrm{j}\omega} + 2\pi F(0)\delta(\omega)$$

$$= \pi F(0)\delta(\omega) - \frac{\mathrm{e}^{-\mathrm{j}2\omega}F(-\mathrm{j}2\omega)}{\mathrm{j}\omega}.$$

解法 2 令 $g(t) = \int_{-\infty}^{t} f(\tau)\mathrm{d}\tau$,则

$$g(t) \leftrightarrow \pi F(0)\delta(\omega) + \frac{F(\mathrm{j}\omega)}{\mathrm{j}\omega}.$$

由傅里叶变换的尺度变换性质得

$$g\left(-\frac{t}{2}\right) \leftrightarrow 2\left[\pi F(0)\delta(-2\omega) + \frac{F(-\mathrm{j}2\omega)}{-\mathrm{j}2\omega}\right] = \pi F(0)\delta(\omega) - \frac{F(-\mathrm{j}2\omega)}{\mathrm{j}\omega}.$$

再由傅里叶变换的时移性质得

$$g\left(-\frac{t-2}{2}\right) \leftrightarrow \mathrm{e}^{-\mathrm{j}2\omega}\left[\pi F(0)\delta(\omega) - \frac{F(-\mathrm{j}2\omega)}{\mathrm{j}\omega}\right]$$

$$= \pi F(0)\delta(\omega) - \frac{\mathrm{e}^{-\mathrm{j}2\omega}F(-\mathrm{j}2\omega)}{\mathrm{j}\omega}.$$

即

$$\int_{-\infty}^{1-\frac{t}{2}} f(\tau)\mathrm{d}\tau \leftrightarrow \pi F(0)\delta(\omega) - \frac{\mathrm{e}^{-\mathrm{j}2\omega}F(-\mathrm{j}2\omega)}{\mathrm{j}\omega}.$$

以上化简用到了 $\delta(-2\omega) = \frac{1}{2}\delta(\omega)$ 性质。

解法 3 令 $g(t) = \int_{-\infty}^{1-\frac{t}{2}} f(\tau)\mathrm{d}\tau$,则 $g[2(1-t)] = \int_{-\infty}^{t} f(\tau)\mathrm{d}\tau$。 两边取傅里叶变换得

$$\frac{1}{2}\mathrm{e}^{-\mathrm{j}\omega}G\left(-\mathrm{j}\,\frac{\omega}{2}\right) = \pi F(0)\delta(\omega) + \frac{F(\mathrm{j}\omega)}{\mathrm{j}\omega}$$

$$G\left(-\mathrm{j}\,\frac{\omega}{2}\right) = 2\mathrm{e}^{\mathrm{j}\omega}\left[\pi F(0)\delta(\omega) + \frac{F(\mathrm{j}\omega)}{\mathrm{j}\omega}\right] = 2\left[\pi F(0)\delta(\omega) + \frac{\mathrm{e}^{\mathrm{j}\omega}F(\mathrm{j}\omega)}{\mathrm{j}\omega}\right].$$

换元后即得

$$G(j\omega) = \pi F(0)\delta(\omega) - \frac{e^{-j2\omega}F(-j2\omega)}{j\omega}.$$

以上化简同样用到了 $\delta(-2\omega) = \frac{1}{2}\delta(\omega)$。

8. 一本经典教材里的错题及其改正。

奥本海姆的经典教材[3]有如下一道习题：

假设 $g(t) = x(t) \cdot \cos t$，而 $g(t)$ 的傅里叶变换是 $G(\omega) = \begin{cases} 1, & |\omega| \leqslant 2 \\ 0, & \omega > 2 \text{ 或 } \omega < -2 \end{cases}$。

（1）求 $x(t)$；

（2）若 $g(t) = x_1(t)\cos\frac{2}{3}t$，试求 $x_1(t)$ 的傅里叶变换 $X_1(\omega)$。

分析　由于 $G(\omega)$ 为门函数，易求得 $g(t) = \frac{2}{\pi}\mathrm{Sa}(2t)$。

由（2）知 $\frac{2}{\pi}\mathrm{Sa}(2t) = x_1(t)\cos\frac{2}{3}t$。

当 $\cos\frac{2}{3}t = 0$ 时，上式右边为零，而左边一定不为零，等式不成立，因此这是一道错题。

但是将 $\cos\frac{2}{3}t$ 改成 $\sin\frac{2}{3}t$，则等式成立，（2）是可解的：

若 $g(t) = x_1(t)\sin\frac{2}{3}t$，试求 $x_1(t)$ 的傅里叶变换 $X_1(\omega)$。

解　（1）易知 $g(t) = \frac{2}{\pi}\mathrm{Sa}(2t)$，故 $x(t) = \frac{g(t)}{\cos t} = \frac{2}{\pi}\mathrm{Sa}(t)$。

（2）$x_1(t) = \dfrac{g(t)}{\sin\frac{2}{3}t} = \dfrac{2}{\pi} \cdot \dfrac{\sin 2t}{2t} \cdot \dfrac{1}{\sin\frac{2}{3}t} = \dfrac{2}{\pi} \cdot \dfrac{3\sin\frac{2}{3}t - 4\sin^3\frac{2}{3}t}{2t\sin\frac{2}{3}t}$

$\qquad = \dfrac{1}{\pi t}\left(3 - 4\sin^2\frac{2}{3}t\right) = \dfrac{3}{\pi} \cdot \dfrac{1}{t} - \dfrac{8}{3\pi}\mathrm{Sa}\left(\dfrac{2t}{3}\right)\sin\frac{2}{3}t$。

由于

$$\frac{1}{t} \leftrightarrow -j\pi\,\mathrm{sgn}(\omega), \quad \mathrm{Sa}\left(\frac{2t}{3}\right) \leftrightarrow \frac{3}{2}\pi \cdot g_{\frac{4}{3}}(\omega),$$

$$\sin\frac{2}{3}t \leftrightarrow \frac{\pi}{j}\left[\delta\left(\omega - \frac{2}{3}\right) - \delta\left(\omega + \frac{2}{3}\right)\right],$$

故

$$X_1(j\omega) = \frac{3}{\pi}(-j\pi)\mathrm{sgn}(\omega) - \frac{8}{3\pi} \cdot \frac{1}{2\pi} \cdot \frac{3}{2}\pi \cdot g_{\frac{4}{3}}(\omega) * \frac{\pi}{j}\left[\delta\left(\omega - \frac{2}{3}\right) - \delta\left(\omega + \frac{2}{3}\right)\right]$$

$$= -j \cdot 3\,\mathrm{sgn}(\omega) + j \cdot 2\left[g_{\frac{4}{3}}\left(\omega - \frac{2}{3}\right) - g_{\frac{4}{3}}\left(\omega + \frac{2}{3}\right)\right].$$

10.2　考研真题解析

真题 10.1　（中国科学技术大学，2003）已知连续时间 LTI 系统的单位冲激响应 $h(t)=$
$\begin{cases}|\sin(\pi t/T)|, & |t|\leqslant T \\ 0, & |t|>T\end{cases}$，概画出它的波形，求出系统频率响应 $H(\mathrm{j}\omega)$，概画出它的幅频响应 $|H(\mathrm{j}\omega)|$ 和相频响应 $\varphi(\omega)$。

解　$h(t)$ 波形如图 10.2 所示。

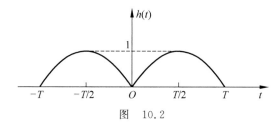

图　10.2

由于

$$h(t)=\sin\frac{\pi}{T}t\cdot\left[u(t)-u(t-T)\right]-\sin\frac{\pi}{T}t\cdot\left[u(t+T)-u(t)\right]$$

$$=\sin\frac{\pi}{T}t\cdot\left[2u(t)-u(t-T)-u(t+T)\right],$$

由傅里叶变换的卷积定理得

$$H(\mathrm{j}\omega)=\frac{1}{2\pi}\cdot\frac{\pi}{\mathrm{j}}\left[\delta\left(\omega-\frac{\pi}{T}\right)-\delta\left(\omega+\frac{\pi}{T}\right)\right]*(2-\mathrm{e}^{-\mathrm{j}\omega T}-\mathrm{e}^{\mathrm{j}\omega T})\left[\pi\delta(\omega)+\frac{1}{\mathrm{j}\omega}\right]$$

$$=\frac{T^2}{2}\omega\mathrm{Sa}^2\left(\frac{\omega T}{2}\right)*\left[\delta\left(\omega+\frac{\pi}{T}\right)-\delta\left(\omega-\frac{\pi}{T}\right)\right]$$

$$=\frac{T^2}{2}\left\{\left(\omega+\frac{\pi}{T}\right)\mathrm{Sa}^2\left[\frac{T}{2}\left(\omega+\frac{\pi}{T}\right)\right]-\left(\omega-\frac{\pi}{T}\right)\mathrm{Sa}^2\left[\frac{T}{2}\left(\omega-\frac{\pi}{T}\right)\right]\right\}$$

$$=-\frac{4\pi}{T}\cdot\frac{\cos^2\left(\frac{\omega T}{2}\right)}{\omega^2-\left(\frac{\pi}{T}\right)^2}。$$

幅频特性如图 10.3 所示。

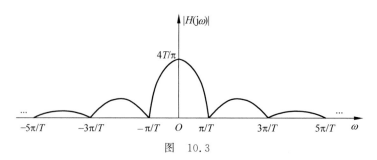

图　10.3

相频特性：在$[-\pi/T,\pi/T]$上的相位为 0，在其他区间长度为 $2\pi/T$ 的范围内相位交叉为 π 和 $-\pi$。图略。

真题 10.2 （中国科学技术大学，2004）已知单位冲激响应为 $h(t)=\dfrac{\sin\omega_0(t-1)\cdot\sin 2\omega_0(t-1)}{\pi^2(t-1)^2}$ 的连续时间 LTI 系统，试求它的频率响应 $H(\mathrm{j}\omega)$，并概画出幅频响应 $|H(\mathrm{j}\omega)|$ 和相频响应 $\varphi(\omega)$。

解 由 $\dfrac{\sin\omega_0 t}{\pi t}\leftrightarrow g_{2\omega_0}(\omega)$，$\dfrac{\sin 2\omega_0 t}{\pi t}\leftrightarrow g_{4\omega_0}(\omega)$ 得

$$\frac{\sin\omega_0 t}{\pi t}\cdot\frac{\sin 2\omega_0 t}{\pi t}\leftrightarrow\frac{1}{2\pi}g_{2\omega_0}(\omega)*g_{4\omega_0}(\omega),$$

$$\frac{\sin\omega_0(t-1)}{\pi(t-1)}\cdot\frac{\sin 2\omega_0(t-1)}{\pi(t-1)}\leftrightarrow\mathrm{e}^{-\mathrm{j}\omega}\frac{1}{2\pi}g_{2\omega_0}(\omega)*g_{4\omega_0}(\omega),$$

即

$$H(\mathrm{j}\omega)=\mathrm{e}^{-\mathrm{j}\omega}\cdot\frac{1}{2\pi}g_{2\omega_0}(\omega)*g_{4\omega_0}(\omega),$$

$$|H(\mathrm{j}\omega)|=\frac{1}{2\pi}g_{2\omega_0}(\omega)*g_{4\omega_0}(\omega),\quad\varphi(\omega)=-\omega.$$

幅频特性与相频特性分别如图 10.4 所示。

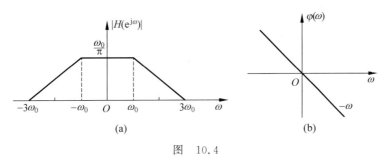

图 10.4

真题 10.3 （中国科学技术大学，2004）已知单位冲激响应为

$$h(t)=\frac{1}{2T}\left[\mathrm{Sa}\left(\frac{\pi t}{T}\right)+2\mathrm{Sa}\left(\frac{\pi t}{T}-\frac{\pi}{2}\right)+\mathrm{Sa}\left(\frac{\pi t}{T}-\pi\right)\right]$$

的连续时间 LTI 系统，其中的函数 $\mathrm{Sa}(x)=\dfrac{\sin x}{x}$。

（1）试求该系统的频率响应 $H(\mathrm{j}\omega)$，并概画出它的幅频响应 $|H(\mathrm{j}\omega)|$ 和相频响应 $\varphi(\omega)$，它是什么类型（低通、高通、带通、全通、线性相位等）滤波器？

（2）当系统的输入为

$$x(t)=\frac{\sin\dfrac{\pi t}{2T}}{\pi t}\sin\frac{2\pi t}{T}+\sum_{k=0}^{\infty}2^{-k}\cos k\left(\frac{\pi}{2T}t+\frac{\pi}{4}\right)$$

时，试求系统的输出 $y(t)$。

解 （1）求系统频率响应并画频谱图。

$$h(t)=\frac{1}{2T}\left\{\mathrm{Sa}\left(\frac{\pi t}{T}\right)+2\mathrm{Sa}\left[\frac{\pi}{T}\left(t-\frac{T}{2}\right)\right]+\mathrm{Sa}\left[\frac{\pi}{T}(t-T)\right]\right\}.$$

由 $\mathrm{Sa}\left(\dfrac{\pi t}{T}\right) \leftrightarrow T g_{2\pi/T}(\omega)$ 及傅里叶变换的时移性质得

$$H(\mathrm{j}\omega) = \frac{1}{2T} \cdot T g_{2\pi/T}(\omega)(1 + 2\mathrm{e}^{-\mathrm{j}\omega T/2} + \mathrm{e}^{-\mathrm{j}\omega T})$$

$$= \left(1 + \cos\frac{T}{2}\omega\right) g_{2\pi/T}(\omega) \cdot \mathrm{e}^{-\mathrm{j}\omega T/2}.$$

故幅频特性为

$$|H(\mathrm{j}\omega)| = \left(1 + \cos\frac{T}{2}\omega\right) g_{2\pi/T}(\omega),$$

相频特性为

$$\varphi(\omega) = -\frac{T}{2}\omega.$$

作 $|H(\mathrm{j}\omega)|$ 与 $\varphi(\omega)$ 图像分别如图 10.5(a) 和 (b) 所示。

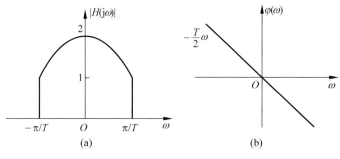

图 10.5

（2）求系统输出。令 $x(t) = x_1(t) + x_2(t)$，其中

$$x_1(t) = \frac{\sin\dfrac{\pi t}{2T}}{\pi t}\sin\frac{2\pi t}{T}, \quad x_2(t) = \sum_{k=0}^{\infty} 2^{-k}\cos k\left(\frac{\pi}{2T}t + \frac{\pi}{4}\right).$$

易计算得

$$X_1(\mathrm{j}\omega) = \frac{1}{2\mathrm{j}}\left[g_{\pi/T}\left(\omega - \frac{2\pi}{T}\right) - g_{\pi/T}\left(\omega + \frac{2\pi}{T}\right)\right].$$

由于 $X_1(\mathrm{j}\omega)H(\mathrm{j}\omega) = 0$，故 $x_1(t)$ 的输出为 0。

下面求 $x_2(t)$ 的响应。

$$H(\mathrm{j}0) = 2, \quad H\left(\mathrm{j}\frac{\pi}{2T}\right) = \left(1 + \frac{\sqrt{2}}{2}\right)\mathrm{e}^{-\mathrm{j}\frac{\pi}{4}}.$$

但是，$\left|H\left(\mathrm{j}\dfrac{\pi}{T}\right)\right|$ 按照有些教材要么没有定义，要么定义为 $\dfrac{1}{2}$。若定义为 $\dfrac{1}{2}$，则 $H\left(\mathrm{j}\dfrac{\pi}{T}\right) = \dfrac{1}{2}\mathrm{e}^{-\mathrm{j}\frac{\pi}{2}}$，$x_2(t)$ 的输出为

$$y_2(t) = 2 + \left(1 + \frac{\sqrt{2}}{2}\right) \cdot \frac{1}{2}\cos\left(\frac{\pi}{2T}t + \frac{\pi}{4} - \frac{\pi}{4}\right) + \frac{1}{2} \cdot \frac{1}{4}\cos\left(\frac{\pi}{T}t + \frac{\pi}{2} - \frac{\pi}{2}\right)$$

$$= 2 + \frac{1}{2}\left(1 + \frac{\sqrt{2}}{2}\right)\cos\frac{\pi}{2T}t + \frac{1}{8}\cos\frac{\pi}{T}t.$$

最后得系统输出为

$$y(t) = y_1(t) + y_2(t) = 2 + \frac{1}{2}\left(1 + \frac{\sqrt{2}}{2}\right)\cos\frac{\pi}{2T}t + \frac{1}{8}\cos\frac{\pi}{T}t。$$

真题 10.4 （中国科学技术大学,2007）一个具有升余弦特性的带通滤波器的频率响应 $H(j\omega)$ 如图 10.6 所示,试求其单位冲激响应 $h(t)$,并概画出 $h(t)$ 的波形。该滤波器是因果的吗?

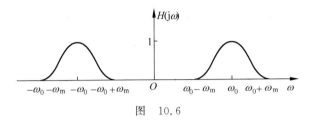

图　10.6

解 由图 10.6 知

$$H(j\omega) = H_1[j(\omega - \omega_0)] + H_1[j(\omega + \omega_0)]。$$

其中,

$$h_1(t) \leftrightarrow H_1(j\omega) = \frac{1}{2}\left(1 + \cos\frac{\pi}{\omega_m}\omega\right)g_{2\omega_m}(\omega),$$

这里 $g_{2\omega_m}(\omega)$ 是宽为 $2\omega_m$ 的标准门函数。

于是,由傅里叶变换的频移性质有

$$h(t) = e^{j\omega_0 t}h_1(t) + e^{-j\omega_0 t}h_1(t) = 2\cos\omega_0 t \cdot h_1(t)。$$

易知 $\dfrac{\omega_m}{\pi}\mathrm{Sa}(\omega_m t) \leftrightarrow g_{2\omega_m}(\omega)$,故

$$\frac{1}{2}\left(1 + \cos\frac{\pi}{\omega_m}\omega\right) \leftrightarrow \frac{1}{2}\left\{\delta(t) + \frac{1}{2}\left[\delta\left(t + \frac{\pi}{\omega_m}\right) + \delta\left(t - \frac{\pi}{\omega_m}\right)\right]\right\}。$$

由傅里叶变换卷积定理得

$$h_1(t) = \frac{1}{2}\left\{\delta(t) + \frac{1}{2}\left[\delta\left(t + \frac{\pi}{\omega_m}\right) + \delta\left(t - \frac{\pi}{\omega_m}\right)\right]\right\} * \frac{\omega_m}{\pi}\mathrm{Sa}(\omega_m t)$$

$$= \frac{\omega_m}{2\pi}\left\{\mathrm{Sa}(\omega_m t) + \frac{1}{2}\mathrm{Sa}\left[\omega_m\left(t + \frac{\pi}{\omega_m}\right)\right] + \frac{1}{2}\mathrm{Sa}\left[\omega_m\left(t - \frac{\pi}{\omega_m}\right)\right]\right\}。$$

在 $h(t)$ 表达式中代入 $h_1(t)$ 表达式,最后得

$$h(t) = \frac{\omega_m}{\pi}\left\{\mathrm{Sa}(\omega_m t) + \frac{1}{2}\mathrm{Sa}\left[\omega_m\left(t + \frac{\pi}{\omega_m}\right)\right] + \frac{1}{2}\mathrm{Sa}\left[\omega_m\left(t - \frac{\pi}{\omega_m}\right)\right]\right\} \cdot \cos\omega_0 t。$$

通常 $\omega_0 \gg \omega_m$,$h(t)$ 可以看作用一个高频余弦信号对基带信号进行双边带调制。画 $h(t)$ 波形时,先画包络,再画高频调制信号,如图 10.7 所示。

由于当 $t < 0$ 时,$h(t) \neq 0$,故滤波器是非因果的。

真题 10.5 （中国科学技术大学,2010）已知系统的频率响应为 $H(j\omega) = \dfrac{\omega e^{-j(\omega - 3\pi/2)}}{10 - \omega^2 + 6j\omega}$,求它的单位冲激响应 $h(t)$。

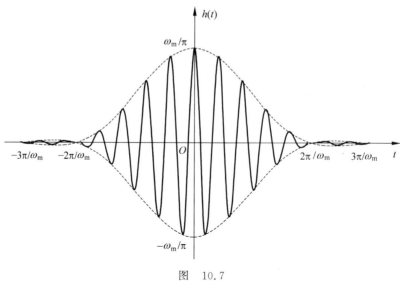

图 10.7

解　$H(\mathrm{j}\omega)=\dfrac{-\mathrm{j}\omega\mathrm{e}^{-\mathrm{j}\omega}}{(\mathrm{j}\omega)^2+6\mathrm{j}\omega+10}=-\mathrm{e}^{-\mathrm{j}\omega}\boldsymbol{\cdot}\dfrac{\mathrm{j}\omega}{(\mathrm{j}\omega+3+\mathrm{j})(\mathrm{j}\omega+3-\mathrm{j})}$

$$=-\mathrm{e}^{-\mathrm{j}\omega}\left(\frac{3+\mathrm{j}}{2\mathrm{j}}\boldsymbol{\cdot}\frac{1}{\mathrm{j}\omega+3+\mathrm{j}}-\frac{3-\mathrm{j}}{2\mathrm{j}}\boldsymbol{\cdot}\frac{1}{\mathrm{j}\omega+3-\mathrm{j}}\right)。$$

而

$$\frac{3+\mathrm{j}}{2\mathrm{j}}\boldsymbol{\cdot}\frac{1}{\mathrm{j}\omega+3+\mathrm{j}}-\frac{3-\mathrm{j}}{2\mathrm{j}}\boldsymbol{\cdot}\frac{1}{\mathrm{j}\omega+3-\mathrm{j}}\leftrightarrow\left[\frac{3+\mathrm{j}}{2\mathrm{j}}\boldsymbol{\cdot}\mathrm{e}^{(-3-\mathrm{j})t}-\frac{3-\mathrm{j}}{2\mathrm{j}}\boldsymbol{\cdot}\mathrm{e}^{(-3+\mathrm{j})t}\right]u(t),$$

故

$$h(t)=-\left[\frac{3+\mathrm{j}}{2\mathrm{j}}\boldsymbol{\cdot}\mathrm{e}^{(-3-\mathrm{j})(t-1)}-\frac{3-\mathrm{j}}{2\mathrm{j}}\boldsymbol{\cdot}\mathrm{e}^{(-3+\mathrm{j})(t-1)}\right]u(t-1)$$

$$=\mathrm{e}^{-3(t-1)}[3\sin(t-1)-\cos(t-1)]u(t-1)。$$

由 $H(\mathrm{j}\omega)$ 的表达式可知,系统的极点位于 s 平面的左半平面,因而也可以转化为 s 域求解,计算更加简洁。

$$H(s)=H(\mathrm{j}\omega)\Big|_{\mathrm{j}\omega=s}=-\mathrm{e}^{-s}\boldsymbol{\cdot}\frac{s}{(s+3)^2+1}$$

$$=\mathrm{e}^{-s}\left[3\boldsymbol{\cdot}\frac{1}{(s+3)^2+1}-\frac{s+3}{(s+3)^2+1}\right],$$

由基本 s 变换对

$$\cos t\boldsymbol{\cdot}u(t)\leftrightarrow\frac{s}{s^2+1},\quad\sin t\boldsymbol{\cdot}u(t)\leftrightarrow\frac{1}{s^2+1}$$

以及 s 变换的时移与频移性质得

$$h(t)=\mathrm{e}^{-3(t-1)}[3\sin(t-1)-\cos(t-1)]u(t-1),$$

结果与上面相同。

　　真题 10.6　(中国科学技术大学,2011)已知 $f_1(t)\xrightarrow{\mathrm{CFT}}F_1(\mathrm{j}\omega)$,$f_2(t)\xrightarrow{\mathrm{CFT}}F_2(\mathrm{j}\omega)$,$F_1(\mathrm{j}\omega)$ 和 $F_2(\mathrm{j}\omega)$ 的波形分别如图 10.8(a)和(b)所示,现对信号 $f(t)=f_1(t)+f_2^2(t)$ 进行

采样,采样间隔为 T_s,得到采样后的信号 $f_s(t)$,

(1) 为了保证能够从 $f_s(t)$ 恢复 $f(t)$,则最大的采样间隔 T_s 为多少?在此采样间隔下,请画出采样后信号 $f_s(t)$ 的频谱 $F_s(\omega)$;

(2) 若将采样后信号 $f_s(t)$ 通过一个频率响应 $H(j\omega)$ 如图 10.8(c)所示的理想低通滤波器,试求滤波后的输出信号 $y(t)$。

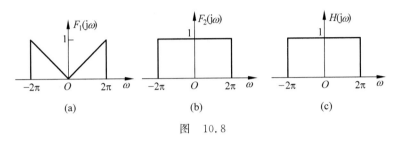

图 10.8

解 题目中的 CFT 是 Continuous time Fourier Transform。

(1) $f_2^2(t) \leftrightarrow \dfrac{1}{2\pi} F_2(j\omega) * F_2(j\omega)$,如图 10.9 所示。

于是 $F(j\omega)$ 如图 10.10 所示。

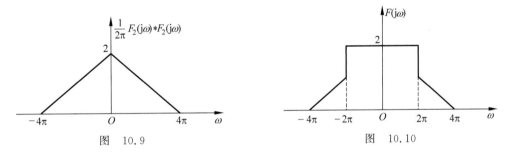

图 10.9　　　　　　　　　　　　　　图 10.10

由于 $f_s(t)$ 的最大角频率 $\omega_m = 4\pi$,故 $\omega_s \geqslant 8\pi$,$T_s \leqslant \dfrac{2\pi}{\omega_s} = \dfrac{1}{4}$ s,即最大采样间隔 T_s 为 $\dfrac{1}{4}$ s。

$$f_s(t) = f(t) \cdot \sum_{n=-\infty}^{\infty} \delta(t - nT_s),$$

$$F_s(j\omega) = \frac{1}{2\pi} F(j\omega) * \frac{2\pi}{T_s} \sum_{n=-\infty}^{\infty} \delta\left(\omega - n \cdot \frac{2\pi}{T_s}\right)$$

$$= \frac{1}{T_s} \sum_{n=-\infty}^{\infty} F[j(\omega - n \cdot 2\pi/T_s)]。$$

$F_s(j\omega)$ 如图 10.11 所示。

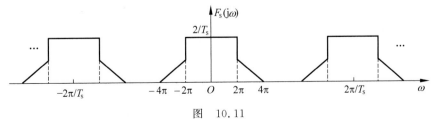

图 10.11

（2）易知 $Y(j\omega) = \dfrac{2}{T_s} g_{4\pi}(\omega)$，取傅里叶逆变换得 $y(t) = \dfrac{4}{T_s} \mathrm{Sa}(2\pi t)$。

真题 10.7 （中国科学技术大学,2012）求信号 $x(t) = \begin{cases} 1 + \cos\pi t, & |t| \leqslant 1 \\ 0, & |t| > 1 \end{cases}$ 的傅里叶变换。

解 $x(t) = (1 + \cos\pi t) g_2(t)$，而

$$1 + \cos\pi t \leftrightarrow 2\pi\delta(\omega) + \pi[\delta(\omega + \pi) + \delta(\omega - \pi)],$$
$$g_2(t) \leftrightarrow 2\mathrm{Sa}(\omega),$$

由傅里叶变换的卷积定理得

$$X(j\omega) = \frac{1}{2\pi} \{2\pi\delta(\omega) + \pi[\delta(\omega + \pi) + \delta(\omega - \pi)]\} * 2\mathrm{Sa}(\omega)$$

$$= 2\mathrm{Sa}(\omega) + \mathrm{Sa}(\omega + \pi) + \mathrm{Sa}(\omega - \pi)。$$

真题 10.8 （中国科学技术大学,2012）计算频率响应为 $H(j\omega) = \dfrac{j\omega + 1}{6 - \omega^2 + 5j\omega} e^{-j\omega}$ 的连续时间因果 LTI 系统的单位冲激响应 $h(t)$。

解 $H(j\omega) = \dfrac{j\omega + 1}{(j\omega)^2 + 5j\omega + 6} e^{-j\omega} = \dfrac{j\omega + 1}{(j\omega + 2)(j\omega + 3)} \cdot e^{-j\omega} = \left(2 \cdot \dfrac{1}{j\omega + 3} - \dfrac{1}{j\omega + 2}\right) e^{-j\omega}$，

取傅里叶逆变换得

$$h(t) = [2e^{-3(t-1)} - e^{-2(t-1)}] u(t-1)。$$

真题 10.9 （中国科学技术大学,2013）信号 $x(t)$ 如图 10.12 所示,试求信号 $x(t)$ 的傅里叶变换。

解 $x'(t) = -\delta(t+1) - \delta(t-1) + [u(t+1) - u(t-1)]$

$$\leftrightarrow -e^{j\omega} - e^{-j\omega} + 2\mathrm{Sa}(\omega) = 2[\mathrm{Sa}(\omega) - \cos\omega],$$

且 $\displaystyle\int_{-\infty}^{\infty} x'(\tau) \mathrm{d}\tau = 0$，故

$$X(j\omega) = \frac{2[\mathrm{Sa}(\omega) - \cos\omega]}{j\omega}。$$

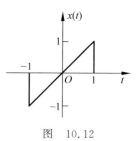

图 10.12

真题 10.10 （中国科学技术大学,2013）试求 $y(t) = e^{-\pi t^2} * e^{-\pi t^2}$，即 $e^{-\pi t^2}$ 与自身的卷积；如果 $y_N(t)$ 是信号 $e^{-\pi t^2}$ 与自身的 $N-1$ 次卷积,试求 $y_N(t)$ 并讨论当 $N \to \infty$ 时 $y_N(t)$ 的信号波形。

解 易知 $e^{-\pi t^2} \leftrightarrow e^{-\frac{\omega^2}{4\pi}}$，于是 $y(t) \leftrightarrow (e^{-\frac{\omega^2}{4\pi}})^2 = e^{-\frac{\omega^2}{2\pi}}$，取傅里叶逆变换得

$$y(t) = \frac{1}{\sqrt{2}} e^{-\pi \cdot (\frac{t}{\sqrt{2}})^2} = \frac{1}{\sqrt{2}} e^{-\frac{\pi}{2} t^2}。$$

由卷积定理得 $y_N(t) \leftrightarrow e^{-\frac{N}{4\pi}\omega^2}$，取傅里叶逆变换得 $y_N(t) = \dfrac{1}{\sqrt{N}} e^{-\frac{\pi}{N} t^2}$。

当 $N \to \infty$ 时,$y_N(t) = 0$。

注：（1）本题关键在于求傅里叶变换对 $e^{-\pi t^2} \leftrightarrow e^{-\frac{\omega^2}{4\pi}}$。

（2）文献[1]附录四"常用信号的傅里叶变换表"有如下傅里叶变换对:

$$e^{-(t/\tau)^2} \leftrightarrow \sqrt{\pi}\tau \cdot e^{-(\omega\tau/2)^2}。$$

令 $\tau=\frac{1}{\sqrt{\pi}}$，即得

$$e^{-\pi t^2}\leftrightarrow e^{-\left(\frac{\omega}{2\sqrt{\pi}}\right)^2}=e^{-\frac{\omega^2}{4\pi}}。$$

（3）下面我们不查表，直接计算 $e^{-\pi t^2}$ 的傅里叶变换。

由于

$$\int_{-\infty}^{\infty}e^{-\pi t^2}e^{-j\omega t}dt=\int_{-\infty}^{\infty}e^{-\pi t^2}\cos\omega t\,dt$$

是关于 ω 的实函数，故记 $F(\omega)=\int_{-\infty}^{\infty}e^{-\pi t^2}\cos\omega t\,dt$，则

$$\begin{aligned}F'(\omega)&=-\int_{-\infty}^{\infty}te^{-\pi t^2}\sin\omega t\,dt=\frac{1}{2\pi}\int_{-\infty}^{\infty}\sin\omega t\,d(e^{-\pi t^2})\\&=\frac{1}{2\pi}\left[e^{-\pi t^2}\sin\omega t\Big|_{-\infty}^{\infty}-\int_{-\infty}^{\infty}\omega e^{-\pi t^2}\cos\omega t\,dt\right]\\&=-\frac{\omega}{2\pi}\int_{-\infty}^{\infty}e^{-\pi t^2}\cos\omega t\,dt=-\frac{\omega}{2\pi}F(\omega),\end{aligned}$$

即 $F'(\omega)=-\frac{\omega}{2\pi}F(\omega)$。解之得 $F(\omega)=Ce^{-\frac{\omega^2}{4\pi}}$，$C$ 为常数。

下面确定常数 C，先计算 $F(0)=\int_{-\infty}^{\infty}e^{-\pi t^2}dt$。

$$\begin{aligned}F^2(0)&=\int_{-\infty}^{\infty}e^{-\pi x^2}dx\int_{-\infty}^{\infty}e^{-\pi y^2}dy=\int_{-\infty}^{\infty}\int_{-\infty}^{\infty}e^{-\pi(x^2+y^2)}dx\,dy\\&\xlongequal{\text{换元}}\int_0^{2\pi}d\theta\int_0^{\infty}e^{-\pi r^2}r\,dr=2\pi\cdot\left(-\frac{1}{2\pi}\right)e^{-\pi r^2}\Big|_0^{\infty}=1,\end{aligned}$$

故 $F(0)=1$，$C=1$。

最后得 $F(\omega)=e^{-\frac{\omega^2}{4\pi}}$，即 $e^{-\pi t^2}\leftrightarrow e^{-\frac{\omega^2}{4\pi}}$。

真题 10.11 （中国科学技术大学，2013）已知 $\text{sinc}(t)=\sin\pi t/(\pi t)$，计算 $\text{sinc}(t)$ 和 $\text{sinc}^2(t)$ 的卷积。

解 易知 $\text{sinc}(t)\leftrightarrow g_{2\pi}(\omega)$，$\text{sinc}^2(t)\leftrightarrow\frac{1}{2\pi}g_{2\pi}(\omega)*g_{2\pi}(\omega)=\Delta_{4\pi}(\omega)$。其中，$\Delta_{4\pi}(\omega)$ 表示底为 4π，高为 1 的等腰三角形，如图 10.13 所示。

故

$$\begin{aligned}\text{sinc}(t)*\text{sinc}^2(t)&\leftrightarrow g_{2\pi}(\omega)\cdot\Delta_{4\pi}(\omega)=\frac{1}{2}g_{2\pi}(\omega)+\frac{1}{2}\Delta_{2\pi}(\omega)\\&=\frac{1}{2}g_{2\pi}(\omega)+\frac{1}{2\pi}g_{\pi}(\omega)*g_{\pi}(\omega)。\end{aligned}\qquad ①$$

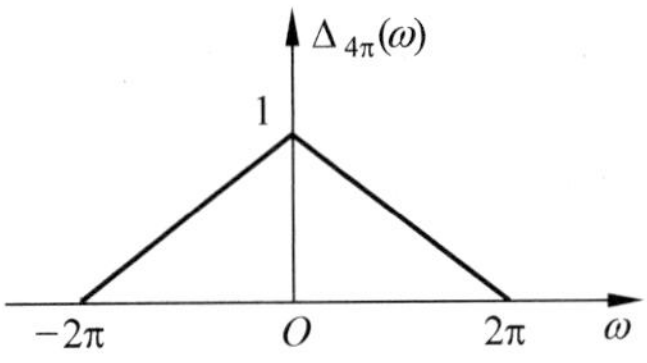

图 10.13

其中,$\Delta_{2\pi}(\omega)$ 表示底为 2π,高为 1 的等腰三角形。

对式①中 $\dfrac{1}{2}g_{2\pi}(\omega)+\dfrac{1}{2\pi}g_{\pi}(\omega)*g_{\pi}(\omega)$ 取傅里叶逆变换,即得

$$\mathrm{sinc}(t)*\mathrm{sinc}^2(t)=\frac{1}{2}\mathrm{sinc}(t)+\left(\frac{\sin\pi t/2}{\pi t}\right)^2=\frac{1}{2}\mathrm{sinc}(t)+\frac{1}{4}\mathrm{sinc}^2(t/2)。$$

真题 10.12 (中国科学技术大学,2014)已知 $x(t)=tu(t)-2(t-1)u(t-1)+(t-2)u(t-2)$,试画出 $y(t)=x\left(\dfrac{t-1}{2}\right)$ 的波形图,并计算 $y(t)$ 的傅里叶变换。

解 $x(t)=tu(t)-[tu(t-1)+(t-2)u(t-1)]+(t-2)u(t-2)$
$\qquad =t[u(t)-u(t-1)]-(t-2)[u(t-1)-u(t-2)]。$

作 $x(t)$ 波形如图 10.14 所示。

由 $x(t)\to x\left(t-\dfrac{1}{2}\right)\to x\left(\dfrac{t}{2}-\dfrac{1}{2}\right)$ 得 $y(t)$,作 $y(t)$ 波形如图 10.15 所示。

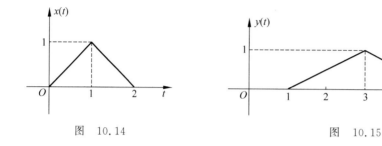

图 10.14   图 10.15

由于

$$y(t)=\frac{1}{2}g_2(t)*g_2(t)*\delta(t-3),$$

而

$$g_2(t)\leftrightarrow 2\mathrm{Sa}(\omega),\quad \delta(t-3)\leftrightarrow \mathrm{e}^{-\mathrm{j}3\omega},$$

由傅里叶变换卷积定理得

$$Y(\mathrm{j}\omega)=\frac{1}{2}\cdot[2\mathrm{Sa}(\omega)]^2\cdot\mathrm{e}^{-\mathrm{j}3\omega}=2\mathrm{e}^{-\mathrm{j}3\omega}\cdot\mathrm{Sa}^2(\omega)。$$

真题 10.13 (中国科学技术大学,2015)计算 $\mathrm{sgn}(t^2-1)$ 的傅里叶变换。

解 设 $x(t)=\mathrm{sgn}(t^2-1)$,则

$$x(t)=\begin{cases}1, & t^2-1>0\\-1, & t^2-1<0\end{cases}=\begin{cases}1, & t>1 \text{ 或 } t<-1\\-1, & -1<t<1\end{cases}=1-2g_2(t),$$

故 $X(\mathrm{j}\omega)=2\pi\delta(\omega)-4\mathrm{Sa}(\omega)$。

真题 10.14 (中国科学技术大学,2015)试画出信号 $x(t)=\dfrac{\sin(\pi t/2)}{\pi t}+\dfrac{\sin(\pi t/2-\pi)}{\pi t-2\pi}$ 的幅度频谱曲线 $|X(\mathrm{j}\omega)|$ 和相位频谱曲线 $\varphi(\omega)$,并求出对这个信号进行采样的奈奎斯特间隔 T_{s}。

解 易知

$$\frac{\sin(\pi t/2)}{\pi t} \leftrightarrow g_\pi(\omega), \qquad \frac{\sin(\pi t/2 - \pi)}{\pi t - 2\pi} = \frac{\sin\dfrac{\pi}{2}(t-2)}{\pi(t-2)} \leftrightarrow e^{-j2\omega} g_\pi(\omega),$$

于是

$$X(j\omega) = (1 + e^{-j2\omega}) g_\pi(\omega) = e^{-j\omega} \cdot 2\cos\omega \cdot g_\pi(\omega),$$

$$|X(j\omega)| = \begin{cases} 2\cos\omega, & |\omega| < \dfrac{\pi}{2}, \\ 0, & \text{其他} \end{cases} \qquad \varphi(\omega) = -\omega。$$

幅频图和相频图略。

由于 $\omega_m = \dfrac{\pi}{2}$，故 $T_s = \dfrac{2\pi}{2\omega_m} = 2\,\mathrm{s}$。

真题 10.15 （中国科学技术大学，2015）试写出延时 $t_0 = 1$ 的连续时间延时器的单位冲激响应 $h(t)$、频率响应 $H(j\omega)$ 和系统函数 $H(s)$。

解 $h(t) = \delta(t-1)$，$\quad H(j\omega) = e^{-j\omega}$，$\quad H(s) = e^{-s}$。

真题 10.16 （中国科学技术大学，2016）信号 $x(t)$ 的傅里叶频谱为 $X(j\omega)$，那么信号 $x(t)$ 的偶分量 x_e、奇分量 $x_0(t)$ 各自的频谱与 $X(j\omega)$ 有什么关系？

解 当 $x(t)$ 是实信号时，$x(-t) \leftrightarrow X(-j\omega) = X^*(j\omega)$，故

$$x_e(t) = \frac{1}{2}[x(t) + x(-t)] \leftrightarrow \frac{1}{2}[X(j\omega) + X^*(j\omega)] = \mathrm{Re}\{X(j\omega)\},$$

$$x_0(t) = \frac{1}{2}[x(t) - x(-t)] \leftrightarrow \frac{1}{2}[X(j\omega) - X^*(j\omega)] = j\mathrm{Im}\{X(j\omega)\}。$$

即 $x_e(t)$ 的频谱为 $X(j\omega)$ 的实数部分，$x_0(t)$ 的频谱为 $X(j\omega)$ 的虚数部分。

真题 10.17 （中国科学技术大学，2019）已知 $x(t)$ 的频谱 $X(\omega)$ 如图 10.16 所示，求 $x(t)$。

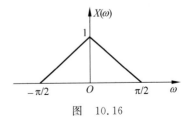

图 10.16

解 显然 $X(\omega) = \dfrac{2}{\pi} g_{\pi/2}(\omega) * g_{\pi/2}(\omega)$，而 $\mathrm{Sa}\left(\dfrac{\pi}{4}t\right) \leftrightarrow 4g_{\pi/2}(\omega)$，由傅里叶变换的卷积定理得

$$\mathrm{Sa}^2\left(\frac{\pi}{4}t\right) \leftrightarrow \frac{1}{2\pi}[4g_{\pi/2}(\omega)] * [4g_{\pi/2}(\omega)] = \frac{8}{\pi} g_{\pi/2}(\omega) * g_{\pi/2}(\omega)。$$

故

$$\frac{1}{4}\mathrm{Sa}^2\left(\frac{\pi}{4}t\right) \leftrightarrow \frac{2}{\pi} g_{\pi/2}(\omega) * g_{\pi/2}(\omega),$$

因此 $x(t) = \dfrac{1}{4}\mathrm{Sa}^2\left(\dfrac{\pi}{4}t\right)$。

真题 10.18 （中国科学技术大学，2017）信号 $x(t)$ 为实的因果信号且在 $t=0$ 时不包含 $\delta(t)$ 及其导数项，它的傅里叶频谱按实部虚部表示为 $X(j\omega) = R(\omega) + jI(\omega)$，请问 $R(\omega)$ 和 $I(\omega)$ 各自有何特性？$R(\omega)$ 与 $I(\omega)$ 有何联系？

解 由于 $x(t)$ 为实信号，故 $R(\omega)$ 为 ω 的偶函数，$I(\omega)$ 为 ω 的奇函数。

下面推导 $R(\omega)$ 与 $I(\omega)$ 之间的关系。

由于 $x(t)$ 为因果信号，故 $x(t)=x(t)u(t)$，利用基本傅里叶变换对

$$u(t)\leftrightarrow\frac{1}{j\omega}+\pi\delta(\omega)$$

及傅里叶变换的卷积定理得

$$R(\omega)+jI(\omega)=\frac{1}{2\pi}\left[R(\omega)+jI(\omega)\right]*\left[\frac{1}{j\omega}+\pi\delta(\omega)\right]$$

$$=\frac{1}{2}\left[R(\omega)+jI(\omega)\right]+\frac{1}{2\pi}I(\omega)*\frac{1}{\omega}-j\cdot\frac{1}{2\pi}R(\omega)*\frac{1}{\omega},$$

即

$$R(\omega)+jI(\omega)=\frac{1}{\pi}I(\omega)*\frac{1}{\omega}-j\frac{1}{\pi}R(\omega)*\frac{1}{\omega},$$

故

$$R(\omega)=\frac{1}{\pi}I(\omega)*\frac{1}{\omega}=\frac{1}{\pi}\int_{-\infty}^{\infty}\frac{I(\lambda)}{\omega-\lambda}d\lambda,$$

$$I(\omega)=-\frac{1}{\pi}R(\omega)*\frac{1}{\omega}=-\frac{1}{\pi}\int_{-\infty}^{\infty}\frac{R(\lambda)}{\omega-\lambda}d\lambda,$$

即 $R(\omega)$ 与 $I(\omega)$ 互为希尔伯特变换对的关系。

注：若

$$\begin{cases}\hat{s}(t)=\dfrac{1}{\pi}\displaystyle\int_{-\infty}^{\infty}\dfrac{s(\tau)}{t-\tau}d\tau & ① \\[2mm] s(t)=-\dfrac{1}{\pi}\displaystyle\int_{-\infty}^{\infty}\dfrac{\hat{s}(\tau)}{t-\tau}d\tau & ②\end{cases},$$

则称 $s(t)$ 与 $\hat{s}(t)$ 互为希尔伯特变换对，其中式①为希尔伯特变换，式②为希尔伯特逆变换。

真题 10.19 （中国科学技术大学，2017）信号 $x(t)$ 的傅里叶频谱函数为 $X(j\omega)=-j\,\mathrm{sgn}(\omega)=\begin{cases}-j, & \omega>0 \\ j, & \omega<0\end{cases}$，试求 $x(t)$。

解 由于 $\mathrm{sgn}(t)\leftrightarrow\dfrac{2}{j\omega}$，故

$$\frac{2}{jt}\leftrightarrow2\pi\mathrm{sgn}(-\omega)=-2\pi\mathrm{sgn}(\omega),\quad\frac{1}{\pi t}\leftrightarrow-j\cdot\mathrm{sgn}(\omega),$$

故 $x(t)=\dfrac{1}{\pi t}$。

真题 10.20 （中国科学技术大学，2017）利用傅里叶变换求 $\displaystyle\int_{0}^{\infty}\cos\omega t\,d\omega$ 和 $\displaystyle\int_{-\infty}^{\infty}e^{j\omega(t-t_0)}d\omega$ 的积分。

解 由 $\delta(t)\leftrightarrow1$，得 $\delta(t)=\dfrac{1}{2\pi}\displaystyle\int_{-\infty}^{\infty}e^{j\omega t}d\omega$，且 $\delta(-t)=\dfrac{1}{2\pi}\displaystyle\int_{-\infty}^{\infty}e^{-j\omega t}d\omega$，则 $\delta(t)=\delta(-t)$。

故

$$\int_{-\infty}^{\infty}e^{j\omega t}d\omega=\int_{-\infty}^{\infty}e^{-j\omega t}d\omega=2\pi\delta(t)。\qquad\qquad①$$

因此

$$\int_0^\infty \cos\omega t\,\mathrm{d}\omega = \frac{1}{2}\int_{-\infty}^\infty \cos\omega t\,\mathrm{d}\omega = \frac{1}{4}\int_{-\infty}^\infty (\mathrm{e}^{\mathrm{j}\omega t} + \mathrm{e}^{-\mathrm{j}\omega t})\,\mathrm{d}\omega = \frac{1}{4}\cdot 2\pi\delta(t)\cdot 2 = \pi\delta(t),$$

即 $\int_0^\infty \cos\omega t\,\mathrm{d}\omega = \pi\delta(t)$。

由式①立即得

$$\int_{-\infty}^\infty \mathrm{e}^{\mathrm{j}\omega(t-t_0)}\,\mathrm{d}\omega = 2\pi\delta(t-t_0)。$$

真题 10.21 （中国科学技术大学,2017)某连续时间因果 LTI 系统,当输入为一个单位阶跃信号 $u(t)$ 时,系统的输出 $y(t) = \mathrm{e}^{-2t}\cos t\cdot u(t) - \mathrm{e}^{-2t}\sin t\cdot u(t)$,求该系统的频率响应 $H(\mathrm{j}\omega)$。

解 $X(s) = \dfrac{1}{s}$, $\quad Y(s) = \dfrac{s+2}{(s+2)^2+1} - \dfrac{1}{(s+2)^2+1} = \dfrac{s+1}{s^2+4s+5}$,

$$H(s) = \frac{Y(s)}{X(s)} = \frac{s(s+1)}{s^2+4s+5}, \quad \mathrm{Re}\{s\} > -2。$$

由于 ROC:$\mathrm{Re}\{s\} > -2$ 包括虚轴,故

$$H(\mathrm{j}\omega) = H(s)\Big|_{s=\mathrm{j}\omega} = \frac{\mathrm{j}\omega(\mathrm{j}\omega+1)}{(\mathrm{j}\omega)^2+4\mathrm{j}\omega+5} = \frac{-\omega^2+\mathrm{j}\omega}{(5-\omega^2)+4\mathrm{j}\omega}。$$

真题 10.22 （中国科学技术大学,2018)已知信号 $x(t)$ 波形如图 10.17 所示,求其傅里叶变换 $X(\mathrm{j}\omega)$ 及拉氏变换 $X(s)$。

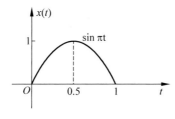

图 10.17

解 $x(t) = \sin\pi t\cdot[u(t) - u(t-1)]$。

由傅里叶变换的卷积定理得

$$X(\mathrm{j}\omega) = \frac{1}{2\pi}\cdot\frac{\pi}{\mathrm{j}}\big[\delta(\omega-\pi) - \delta(\omega+\pi)\big] * \Big[\mathrm{e}^{-\mathrm{j}\frac{\omega}{2}}\,\mathrm{Sa}\Big(\frac{\omega}{2}\Big)\Big]$$

$$= \frac{1}{2\mathrm{j}}\Big[\mathrm{e}^{-\mathrm{j}\frac{\omega-\pi}{2}}\,\mathrm{Sa}\Big(\frac{\omega-\pi}{2}\Big) - \mathrm{e}^{-\mathrm{j}\frac{\omega+\pi}{2}}\,\mathrm{Sa}\Big(\frac{\omega+\pi}{2}\Big)\Big]$$

$$= \frac{1}{2}\mathrm{e}^{-\mathrm{j}\frac{\omega}{2}}\Big[\mathrm{Sa}\Big(\frac{\omega-\pi}{2}\Big) + \mathrm{Sa}\Big(\frac{\omega+\pi}{2}\Big)\Big],$$

即

$$X(\mathrm{j}\omega) = \frac{1}{2}\mathrm{e}^{-\mathrm{j}\frac{\omega}{2}}\Big[\mathrm{Sa}\Big(\frac{\omega-\pi}{2}\Big) + \mathrm{Sa}\Big(\frac{\omega+\pi}{2}\Big)\Big]。$$

由于

$$x(t) = \sin\pi t\cdot u(t) + \sin\pi(t-1)\cdot u(t-1),$$

由基本拉氏变换对

$$\sin\pi t \cdot u(t) \leftrightarrow \frac{\pi}{s^2 + \pi^2}$$

及拉氏变换的时移性质得

$$X(s) = \frac{\pi}{s^2 + \pi^2} + e^{-s} \cdot \frac{\pi}{s^2 + \pi^2} = \frac{\pi(1 + e^{-s})}{s^2 + \pi^2}, \quad \mathrm{Re}\{s\} > 0。$$

真题 10.23 （中国科学技术大学,2018)已知信号 $x(t) = \begin{cases} \dfrac{1}{2\tau}\left(1 + \cos\dfrac{\pi t}{\tau}\right), & |t| \leqslant \tau \\ 0, & |t| > \tau \end{cases}$,求其

傅里叶变换 $X(j\omega)$。

解 因为 $x(t) = \dfrac{1}{2\tau}\left(1 + \cos\dfrac{\pi t}{\tau}\right)g_{2\tau}(t)$,所以

$$X(j\omega) = \frac{1}{2\pi} \cdot \frac{1}{2\tau}\{2\pi\delta(\omega) + \pi[\delta(\omega + \pi/\tau) + \delta(\omega - \pi/\tau)]\} * 2\tau\mathrm{Sa}(\omega\tau)$$

$$= \mathrm{Sa}(\omega\tau) + \frac{1}{2}\{\mathrm{Sa}[\tau(\omega + \pi/\tau)] + \mathrm{Sa}[\tau(\omega - \pi/\tau)]\}$$

$$= \frac{\sin\omega\tau}{\omega\tau} + \frac{1}{2}\left[\frac{\sin\tau(\omega + \pi/\tau)}{\tau(\omega + \pi/\tau)} + \frac{\sin\tau(\omega - \pi/\tau)}{\tau(\omega - \pi/\tau)}\right]$$

$$= \frac{\sin\omega\tau}{\omega\tau} - \frac{1}{2}\left[\frac{\sin\omega\tau}{\tau(\omega + \pi/\tau)} + \frac{\sin\omega\tau}{\tau(\omega - \pi/\tau)}\right]$$

$$= -(\pi/\tau)^2 \cdot \frac{\mathrm{Sa}(\omega\tau)}{\omega^2 - (\pi/\tau)^2}。$$

真题 10.24 （中国科学技术大学,2019)已知 $x(t) = \dfrac{\sin(\pi t/2)}{\pi t}$,$y(t) = \left(\dfrac{\sin\pi t}{\pi t}\right)^2$,求 $x(t)$ 和 $y(t)$ 的互相关函数 $r_{xy}(t)$。

解 易知 $X(j\omega) = g_\pi(\omega)$,$\dfrac{\sin\pi t}{\pi t} \leftrightarrow g_{2\pi}(\omega)$,故

$$Y(j\omega) = \frac{1}{2\pi}g_{2\pi}(\omega) * g_{2\pi}(\omega) = \Delta_{4\pi}(\omega)。$$

其中,$\Delta_{4\pi}(\omega)$ 表示如图 10.18 所示等腰三角形。

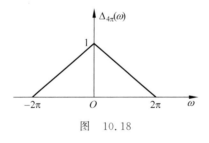

图 10.18

由 $r_{xy}(t) = x(t) * y(-t)$,得

$$R_{xy}(j\omega) = X(j\omega) \cdot Y(-j\omega) = g_\pi(\omega) \cdot \Delta_{4\pi}(\omega)。$$

作 $R_{xy}(j\omega)$ 如图 10.19 所示。

故

$$R_{xy}(\mathrm{j}\omega)=\frac{3}{4}g_{\pi}(\omega)+\frac{1}{2\pi}g_{\pi/2}(\omega)*g_{\pi/2}(\omega)。$$

易知 $\frac{1}{2}\mathrm{Sa}\left(\frac{\pi}{2}t\right)\leftrightarrow g_{\pi}(\omega)$，故 $\frac{3}{8}\mathrm{Sa}\left(\frac{\pi}{2}t\right)\leftrightarrow\frac{3}{4}g_{\pi}(\omega)$。

又易知 $\frac{1}{4}\mathrm{Sa}\left(\frac{\pi}{4}t\right)\leftrightarrow g_{\pi/2}(\omega)$，故

$$\left[\frac{1}{4}\mathrm{Sa}\left(\frac{\pi}{4}t\right)\right]^{2}\leftrightarrow\frac{1}{2\pi}g_{\pi/2}(\omega)*g_{\pi/2}(\omega)。$$

最后得

$$r_{xy}(t)=\frac{3}{8}\mathrm{Sa}\left(\frac{\pi}{2}t\right)+\frac{1}{16}\mathrm{Sa}^{2}\left(\frac{\pi}{4}t\right)。$$

真题 10.25 （中国科学技术大学，2019）已知 $x(t)$ 的频谱 $X(\mathrm{j}\omega)$ 如图 10.20 所示，求 $x(t)$。

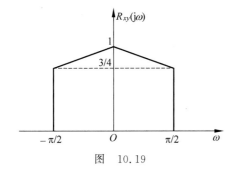
图 10.19

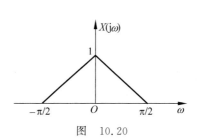
图 10.20

解 显然 $X(\mathrm{j}\omega)=\frac{2}{\pi}g_{\pi/2}(\omega)*g_{\pi/2}(\omega)$，而 $\mathrm{Sa}\left(\frac{\pi}{4}t\right)\leftrightarrow 4g_{\pi/2}(\omega)$，由傅里叶变换的卷积定理得

$$\mathrm{Sa}^{2}\left(\frac{\pi}{4}t\right)\leftrightarrow\frac{1}{2\pi}[4g_{\pi/2}(\omega)]*[4g_{\pi/2}(\omega)]=\frac{8}{\pi}g_{\pi/2}(\omega)*g_{\pi/2}(\omega)。$$

故

$$\frac{1}{4}\mathrm{Sa}^{2}\left(\frac{\pi}{4}t\right)\leftrightarrow\frac{2}{\pi}g_{\pi/2}(\omega)*g_{\pi/2}(\omega)，$$

因此 $x(t)=\frac{1}{4}\mathrm{Sa}^{2}\left(\frac{\pi}{4}t\right)$。

真题 10.26 （中国科学技术大学，2020）有一实因果信号 $x(t)$，且在 $t=0$ 时没有 $\delta(t)$ 及其导数项，$x(t)$ 对应的傅里叶变换为 $X(\mathrm{j}\omega)$。

(1) 证明：当 $t>0$ 时，$x(t)=\frac{2}{\pi}\int_{0}^{\infty}\mathrm{Re}\{X(\mathrm{j}\omega)\}\cos\omega t\,\mathrm{d}\omega$；

(2) 证明：$X(\mathrm{j}\omega)=\frac{1}{\mathrm{j}\pi}\int_{-\infty}^{\infty}\frac{X(\mathrm{j}\sigma)}{\omega-\sigma}\mathrm{d}\sigma$，且 $X(\mathrm{j}\omega)$ 由其实部唯一决定；

(3) 若 $\mathrm{Re}\{X(\mathrm{j}\omega)\}=\mathrm{Sa}(\omega)$，求 $x(t)$ 以及 $X(\mathrm{j}\omega)$。

解 （1）**证明 1** 由傅里叶变换的奇偶对称性有

$$x_e(t) = \frac{x(t) + x(-t)}{2} \leftrightarrow X_R(\omega),$$

故

$$\frac{x(t) + x(-t)}{2} = \frac{1}{2\pi} \int_{-\infty}^{\infty} X_R(\omega) e^{j\omega t} d\omega = \frac{1}{2\pi} \int_{-\infty}^{\infty} X_R(\omega)(\cos\omega t + j\sin\omega t) d\omega$$

$$= \frac{1}{\pi} \int_0^{\infty} X_R(\omega) \cos\omega t \, d\omega,$$

以上利用了 $X_R(\omega)$ 是 ω 的偶函数的性质。

故当 $t > 0$ 时，

$$x(t) = \frac{2}{\pi} \int_0^{\infty} X_R(\omega) \cos\omega t \, d\omega。$$

证明 2　当 $t > 0$ 时，

$$x(t) = \frac{1}{2\pi} \int_{-\infty}^{\infty} [X_R(\omega) + jX_I(\omega)](\cos\omega t + j\sin\omega t) d\omega$$

$$= \frac{1}{2\pi} \int_{-\infty}^{\infty} [X_R(\omega)\cos\omega t - X_I(\omega)\sin\omega t + jX_R(\omega)\sin\omega t + jX_I(\omega)\cos\omega t] d\omega。$$

易知 $X_R(\omega)\sin\omega t$ 与 $X_I(\omega)\cos\omega t$ 是关于 ω 的奇函数，故

$$\int_{-\infty}^{\infty} X_R(\omega)\sin\omega t \, d\omega = \int_{-\infty}^{\infty} X_I(\omega)\cos\omega t \, d\omega = 0。$$

同时，$X_R(\omega)$ 与 $X_I(\omega)$ 互为希尔伯特变换，必有

$$\int_{-\infty}^{\infty} X_R(\omega)\cos\omega t \, d\omega = -\int_{-\infty}^{\infty} X_I(\omega)\sin\omega t \, d\omega。$$

故 $x(t) = \dfrac{1}{\pi} \displaystyle\int_{-\infty}^{\infty} X_R(\omega)\cos\omega t \, d\omega$。

注：$\displaystyle\int_{-\infty}^{\infty} X_R(\omega)\cos\omega t \, d\omega = -\int_{-\infty}^{\infty} X_I(\omega)\sin\omega t \, d\omega$ 的证明。

先介绍几个基本结论。

（i）因果信号 $x(t)$ 的傅里叶变换

$$X(j\omega) = X_R(\omega) + jX_I(\omega)$$

的实部与虚部满足

$$X_R(\omega) = X_I(\omega) * \frac{1}{\pi\omega} = \frac{1}{\pi} \int_{-\infty}^{\infty} \frac{X_I(\lambda)}{\omega - \lambda} d\lambda,$$

$$X_I(\omega) = -X_R(\omega) * \frac{1}{\pi\omega} = -\frac{1}{\pi} \int_{-\infty}^{\infty} \frac{X_R(\lambda)}{\omega - \lambda} d\lambda。$$

这两个等式关系在中国科学技术大学历年的考研真题中考过数次。

（ii）两个常用希尔伯特变换对：

$$\cos\omega t \xrightarrow{\ H\ } \sin\omega t, \quad \sin\omega t \xrightarrow{\ H\ } -\cos\omega t。$$

式中 $\xrightarrow{H}$ 表示希尔伯特变换。原式证明如下：

$$\int_{-\infty}^{\infty} X_R(\omega)\cos\omega t \, d\omega = \int_{-\infty}^{\infty} \left[\frac{1}{\pi} \int_{-\infty}^{\infty} \frac{X_I(\lambda)}{\omega - \lambda} d\lambda \right] \cos\omega t \, d\omega$$

$$= \int_{-\infty}^{\infty} X_{\mathrm{I}}(\lambda)\mathrm{d}\lambda \left[\frac{1}{\pi}\int_{-\infty}^{\infty} \frac{\cos\omega t}{\omega - \lambda}\mathrm{d}\omega \right] = \int_{-\infty}^{\infty} X_{\mathrm{I}}(\lambda)(-\sin\lambda t)\mathrm{d}\lambda$$

$$= -\int_{-\infty}^{\infty} X_{\mathrm{I}}(\omega)\sin\omega t\,\mathrm{d}\omega,$$

即

$$\int_{-\infty}^{\infty} X_{\mathrm{R}}(\omega)\cos\omega t\,\mathrm{d}\omega = -\int_{-\infty}^{\infty} X_{\mathrm{I}}(\omega)\sin\omega t\,\mathrm{d}\omega。$$

上面用到了积分与符号(λ 或 ω)无关的性质。

(2) 证明 由 $x(t) = x(t)u(t)$ 得

$$X(\mathrm{j}\omega) = \frac{1}{2\pi}X(\mathrm{j}\omega) * \left[\pi\delta(\omega) + \frac{1}{\mathrm{j}\omega} \right] = \frac{1}{2}X(\mathrm{j}\omega) + \frac{1}{2\pi}X(\mathrm{j}\omega) * \frac{1}{\mathrm{j}\omega},$$

故

$$X(\mathrm{j}\omega) = \frac{1}{\pi}X(\mathrm{j}\omega) * \frac{1}{\mathrm{j}\omega} = \frac{1}{\mathrm{j}\pi}\int_{-\infty}^{\infty} \frac{X(\mathrm{j}\sigma)}{\omega - \sigma}\mathrm{d}\sigma。$$

由于 $X(\mathrm{j}\omega)$ 的实部与虚部存在希尔伯特变换对的关系,所以 $x(\mathrm{j}\omega)$ 由其实部或者虚部唯一决定。

(3) 由(1)得

$$x(t) = \frac{2}{\pi}\int_{0}^{\infty} \mathrm{Sa}(\omega)\cos\omega t\,\mathrm{d}\omega = \frac{1}{\pi}\int_{-\infty}^{\infty} \mathrm{Sa}(\omega)\cos\omega t\,\mathrm{d}\omega$$

$$= \frac{1}{2\pi}\int_{-\infty}^{\infty} \mathrm{Sa}(\omega)(\mathrm{e}^{\mathrm{j}\omega t} + \mathrm{e}^{-\mathrm{j}\omega t})\mathrm{d}\omega = \frac{1}{2}g_2(t) + \frac{1}{2}g_2(-t)$$

$$= g_2(t), \quad t \geqslant 0,$$

即 $x(t) = u(t) - u(t-1)$,故 $X(\mathrm{j}\omega) = \mathrm{e}^{-\mathrm{j}\omega/2}\mathrm{Sa}(\omega/2)$。

真题 10.27 (北京邮电大学,2020)已知因果线性时不变系统的频响特性的实部为 $\pi\delta(\omega)$,则该系统的单位冲激响应可表示为_____。

解 由于 $u(t) \leftrightarrow \pi\delta(\omega) + \frac{1}{\mathrm{j}\omega}$,显然 $\pi\delta(\omega)$ 为频谱的实部,$\frac{1}{\mathrm{j}\omega}$ 为频谱的虚部,故 $h(t) = u(t)$。

真题 10.28 (中国科学技术大学,2021)某因果信号 $x(t) = x(t)u(t)$,其傅里叶变换为 $X(\mathrm{j}\omega) = R(\omega) + \mathrm{j}I(\omega)$,请问 $R(\omega)$ 与 $I(\omega)$ 有何对称性?$R(\omega)$ 与 $I(\omega)$ 之间有何关系?如有,请写出关系表达式。

解 由于 $x(t)$ 为实信号,故 $R(\omega)$ 关于 ω 偶对称,$I(\omega)$ 关于 ω 奇对称。

下面推导 $R(\omega)$ 与 $I(\omega)$ 之间的关系。由于 $x(t) = x(t)u(t)$,而 $x(t) \leftrightarrow X(\mathrm{j}\omega)$,$u(t) \leftrightarrow \pi\delta(\omega) + \frac{1}{\mathrm{j}\omega}$,故

$$X(\mathrm{j}\omega) = \frac{1}{2\pi} \cdot X(\mathrm{j}\omega) * \left[\pi\delta(\omega) + \frac{1}{\mathrm{j}\omega} \right],$$

即

$$R(\omega) + \mathrm{j}I(\omega) = \frac{1}{2\pi}[R(\omega) + \mathrm{j}I(\omega)] * \left[\pi\delta(\omega) + \frac{1}{\mathrm{j}\omega} \right],$$

$$R(\omega) + \mathrm{j}I(\omega) = \frac{1}{\pi} \left[I(\omega) * \frac{1}{\omega} - \mathrm{j}R(\omega) * \frac{1}{\omega} \right]。$$

故

$$R(\omega)=\frac{1}{\pi}I(\omega)*\frac{1}{\omega}=\frac{1}{\pi}\int_{-\infty}^{\infty}\frac{I(\lambda)}{\omega-\lambda}\mathrm{d}\lambda,$$

$$I(\omega)=-\frac{1}{\pi}R(\omega)*\frac{1}{\omega}=-\frac{1}{\pi}\int_{-\infty}^{\infty}\frac{R(\lambda)}{\omega-\lambda}\mathrm{d}\lambda。$$

即 $R(\omega)$ 与 $I(\omega)$ 互为希尔伯特变换对关系。

真题 10.29 （四川大学，2021）$x(t)$ 频谱 $X(\mathrm{j}\omega)$ 带宽为 ω_{m}，则 $x^2(3t)$ 的频谱宽度为 _____。

解 $x(3t)$ 的带宽为 ω_{m}，故 $x^2(3t)$ 的带宽为 $6\omega_{\mathrm{m}}$。

真题 10.30 （四川大学，2021）计算 $x(t)=t\mathrm{e}^{-|t|}$ 的傅里叶变换 $X(\mathrm{j}\omega)$。

解 由于 $\mathrm{e}^{-|t|}\leftrightarrow\dfrac{2}{\omega^2+1}$，利用傅里叶变换的频域微分性质得

$$-\mathrm{j}t\mathrm{e}^{-|t|}\leftrightarrow-2\cdot\frac{2\omega}{(\omega^2+1)^2}=-\frac{4\omega}{(\omega^2+1)^2},$$

故 $X(\mathrm{j}\omega)=-\mathrm{j}\dfrac{4\omega}{(\omega^2+1)^2}$。

真题 10.31 （中国科学技术大学，2022）$x(t)=\sin\pi t\cdot\dfrac{\sin2\pi t}{(\pi t)^2}$，求频谱密度 $X(\mathrm{j}\omega)$，并画出相应波形状态下的最低采样角频率 ω_{s}。

解 $x(t)=\dfrac{\sin\pi t}{\pi t}\cdot\dfrac{\sin2\pi t}{\pi t}$，$X(\mathrm{j}\omega)=\dfrac{1}{2\pi}g_{2\pi}(\omega)*g_{4\pi}(\omega)$。

作 $X(\mathrm{j}\omega)$ 如图 10.21 所示。

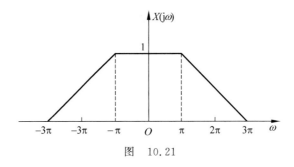

图 10.21

最低采样角频率 $\omega_{\mathrm{s}}=6\pi$。

注：以上解答用到一个结论，即两个标准门函数 $g_{\tau_1}(t)$ 和 $g_{\tau_2}(t)$（设 $\tau_1>\tau_2$）的卷积结果是一个等腰梯形，以纵轴为对称轴，下底长为 $\tau_1+\tau_2$，上底长为 $\tau_1-\tau_2$，高为 τ_2。当 $\tau_1=\tau_2=\tau$ 时，等腰梯形退化为一个底长为 2τ，高为 τ 的等腰三角形。灵活运用这个结论，将给解题带来很大的方便。

真题 10.32 （中国科学技术大学，2022）求 $y(t)=\displaystyle\int_{-\infty}^{\infty}\frac{\cos\omega_0\tau}{t-\tau}\mathrm{d}\tau$ 的表达式。

解 $y(t)=\displaystyle\int_{-\infty}^{\infty}\frac{\cos\omega_0\tau}{t-\tau}\mathrm{d}\tau=\pi\cos\omega_0t*\frac{1}{\pi t}$,

$$Y(\mathrm{j}\omega) = \pi^2 \big[\delta(\omega + \omega_0) + \delta(\omega - \omega_0) \big] \cdot (-\mathrm{j}) \operatorname{sgn}(\omega)$$
$$= \mathrm{j}\pi^2 \big[\delta(\omega + \omega_0) - \delta(\omega - \omega_0) \big]。$$

取傅里叶逆变换得

$$y(t) = \mathrm{j}\pi^2 \left(\frac{1}{2\pi} \mathrm{e}^{-\mathrm{j}\omega_0 t} - \frac{1}{2\pi} \mathrm{e}^{\mathrm{j}\omega_0 t} \right) = \mathrm{j}\pi^2 \cdot \frac{1}{2\pi} (-2\mathrm{j}\sin\omega_0 t) = \pi\sin\omega_0 t。$$

注：本题也可以用换元法求解，这样就没有用到信号与系统的有关知识。实际上，本题推导了信号 $f(t) = \cos\omega_0 t$ 的希尔伯特变换为 $\hat{f}(t) = \sin\omega_0 t$。

真题 10.33 （清华大学，2022）已知 $h(t)$ 为因果系统，$H(\mathrm{j}\omega)$ 为 $h(t)$ 的傅里叶变换，且 $H(\mathrm{j}\omega) = R(\omega) + \mathrm{j}X(\omega)$。证明希尔伯特变换：

$$R(\omega) = \frac{1}{\pi} \int_{-\infty}^{\infty} \frac{X(\lambda)}{\omega - \lambda} \mathrm{d}\lambda, \quad X(\omega) = -\frac{1}{\pi} \int_{-\infty}^{\infty} \frac{R(\lambda)}{\omega - \lambda} \mathrm{d}\lambda。$$

证明　$h(t) = h(t)u(t)$，两边取傅里叶变换得

$$H(\mathrm{j}\omega) = \frac{1}{2\pi} H(\mathrm{j}\omega) * \left[\pi\delta(\omega) + \frac{1}{\mathrm{j}\omega} \right] = \frac{1}{2} H(\mathrm{j}\omega) + \frac{1}{2\pi} H(\mathrm{j}\omega) * \frac{1}{\mathrm{j}\omega},$$

$$H(\mathrm{j}\omega) = \frac{1}{\pi} H(\mathrm{j}\omega) * \frac{1}{\mathrm{j}\omega} = \frac{1}{\pi} [R(\omega) + \mathrm{j}X(\omega)] * \frac{1}{\mathrm{j}\omega}$$

$$= \frac{1}{\pi} \left[X(\omega) * \frac{1}{\omega} - \mathrm{j}R(\omega) * \frac{1}{\omega} \right]$$

$$= \frac{1}{\pi} \int_{-\infty}^{\infty} \frac{X(\lambda)}{\omega - \lambda} \mathrm{d}\lambda - \mathrm{j} \frac{1}{\pi} \int_{-\infty}^{\infty} \frac{R(\lambda)}{\omega - \lambda} \mathrm{d}\lambda,$$

即

$$R(\omega) + \mathrm{j}X(\omega) = \frac{1}{\pi} \int_{-\infty}^{\infty} \frac{X(\lambda)}{\omega - \lambda} \mathrm{d}\lambda - \mathrm{j} \frac{1}{\pi} \int_{-\infty}^{\infty} \frac{R(\lambda)}{\omega - \lambda} \mathrm{d}\lambda,$$

故

$$R(\omega) = \frac{1}{\pi} \int_{-\infty}^{\infty} \frac{X(\lambda)}{\omega - \lambda} \mathrm{d}\lambda, \quad X(\omega) = -\frac{1}{\pi} \int_{-\infty}^{\infty} \frac{R(\lambda)}{\omega - \lambda} \mathrm{d}\lambda。$$

真题 10.34 （上海交通大学，2022）已知 $f(t)$ 的傅里叶变换为

$$F(\mathrm{j}\omega) = \operatorname{sgn}(\omega + 1) - \operatorname{sgn}(\omega - 1),$$

则 $f(t) = $ _____，其中 $\operatorname{sgn}(\omega) = \begin{cases} 1, & \omega > 0 \\ -1, & \omega < 0 \end{cases}$。

解　由基本傅里叶变换对 $\operatorname{sgn}(t) \leftrightarrow \dfrac{2}{\mathrm{j}\omega}$ 及傅里叶变换的时移性质得

$$\operatorname{sgn}(t + 1) \leftrightarrow \mathrm{e}^{\mathrm{j}\omega} \cdot \frac{2}{\mathrm{j}\omega}。$$

由傅里叶变换的对称性得

$$\mathrm{e}^{\mathrm{j}t} \cdot \frac{2}{\mathrm{j}t} \leftrightarrow 2\pi \cdot \operatorname{sgn}(-\omega + 1),$$

由于 $\operatorname{sgn}(\omega)$ 是奇函数，故

$$-\frac{1}{2\pi} \mathrm{e}^{\mathrm{j}t} \cdot \frac{2}{\mathrm{j}t} \leftrightarrow \operatorname{sgn}(\omega - 1);$$

同理可得

$$-\frac{1}{2\pi}\cdot e^{-jt}\cdot\frac{2}{jt}\leftrightarrow\text{sgn}(\omega+1)。$$

故

$$f(t)=-\frac{1}{2\pi}e^{-jt}\cdot\frac{2}{jt}+\frac{1}{2\pi}e^{jt}\cdot\frac{2}{jt}=\frac{2}{\pi}\text{Sa}(t)。$$

真题 10.35 （清华大学，2022）已知信号 $f(t)$ 波形如图 10.22 所示，则 $\displaystyle\int_{-\infty}^{\infty}F(j\omega)d\omega$ 为（ ）。

A. 2π B. 4π C. 6π D. 8π

解 在 $f(t)=\dfrac{1}{2\pi}\displaystyle\int_{-\infty}^{\infty}F(j\omega)e^{j\omega t}d\omega$ 中令 $t=0$，得

$$\int_{-\infty}^{\infty}F(j\omega)d\omega=2\pi f(0)=2\pi\cdot 1=2\pi。$$

故选 A。

真题 10.36 （清华大学，2022）已知 $f(t)$ 图像如图 10.23 所示，求 $f(t)\cos\omega_0 t$ 的傅里叶变换_____。

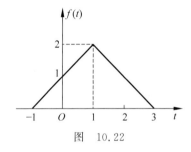

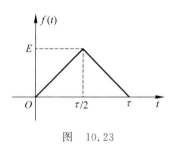

图 10.22   图 10.23

解 $f(t)=\dfrac{2E}{\tau}g_{\tau/2}(t)*g_{\tau/2}(t)*\delta\left(t-\dfrac{\tau}{2}\right)$，

$$F(j\omega)=\frac{2E}{\tau}\cdot\left[\frac{\tau}{2}\text{Sa}\left(\frac{\omega\tau}{4}\right)\right]^2\cdot e^{-j\frac{\tau}{2}\omega}=\frac{1}{2}E\tau\text{Sa}^2\left(\frac{\omega\tau}{4}\right)e^{-j\frac{\tau}{2}\omega}$$

$$f(t)\cos\omega_0 t\leftrightarrow\frac{1}{2}\{F[j(\omega+\omega_0)]+F[j(\omega-\omega_0)]\}$$

$$=\frac{1}{4}E\tau\left\{\text{Sa}^2\left[\frac{\tau}{4}(\omega+\omega_0)\right]e^{-j\frac{\tau}{2}(\omega+\omega_0)}+\text{Sa}^2\left[\frac{\tau}{4}(\omega-\omega_0)\right]e^{-j\frac{\tau}{2}(\omega-\omega_0)}\right\}。$$

真题 10.37 （清华大学，2013）$\displaystyle\int_{-\infty}^{\infty}e^{j\omega t}d\omega=$_____。

解 由于 $\delta(t)\leftrightarrow 1$，则 $\delta(t)=\dfrac{1}{2\pi}\displaystyle\int_{-\infty}^{\infty}e^{j\omega t}d\omega$，故 $\displaystyle\int_{-\infty}^{\infty}e^{j\omega t}d\omega=2\pi\delta(t)$。

真题 10.38 （厦门大学，2020）电路如图 10.24 所示。若系统为无失真传输系统，则 R_1、R_2、C_1、C_2 满足什么条件？

解 画出等效电路图，如图 10.25 所示。

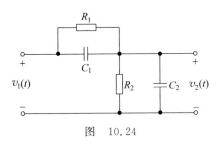 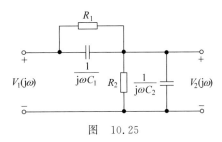

图 10.24   图 10.25

系统的频率响应为

$$H(j\omega) = \cfrac{\cfrac{1}{\cfrac{1}{R_2} + j\omega C_2}}{\cfrac{1}{\cfrac{1}{R_1} + j\omega C_1} + \cfrac{1}{\cfrac{1}{R_2} + j\omega C_2}} = \frac{R_2 + j\omega R_1 R_2 C_1}{(R_1 + R_2) + j\omega R_1 R_2 (C_1 + C_2)}。$$

当 $\dfrac{R_2}{R_1 + R_2} = \dfrac{C_1}{C_1 + C_2}$，即 $R_1 C_1 = R_2 C_2$ 时，系统为无失真传输系统。

真题 10.39 (清华大学,2022)已知 $f_1(t)$ 傅里叶变换为 $F_1(\omega)$，$\mathcal{F}\{\cdot\}$ 表示傅里叶变换,写出 $\mathcal{F}\left[\dfrac{\mathrm{d}}{\mathrm{d}t} f_1(2t-1)\right]$。

解 $f(2t) \leftrightarrow \dfrac{1}{2} F\left(j\dfrac{\omega}{2}\right)$，$f(2t-1) \leftrightarrow \dfrac{1}{2} \mathrm{e}^{-j\frac{\omega}{2}} F\left(j\dfrac{\omega}{2}\right)$，

$$\frac{\mathrm{d}}{\mathrm{d}t} f(2t-1) \leftrightarrow \frac{1}{2} j\omega \mathrm{e}^{-j\frac{\omega}{2}} F\left(j\frac{\omega}{2}\right)。$$

真题 10.40 (重庆邮电大学,2022)周期信号 $f(t)$ 的波形如图 10.26 所示,求该信号的傅里叶变换。

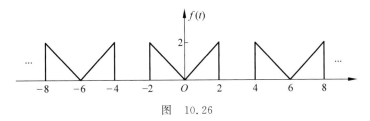

图 10.26

解 令

$$f_0(t) = 2g_4(t) - (2-|t|)[u(t+2) - u(t-2)] = 2g_4(t) - g_2(t) * g_2(t)，$$

$f_0(t)$ 为一个门函数减去一个三角波,而三角波又可以写为两个门函数的卷积。

$$F_0(j\omega) = 8\mathrm{Sa}(2\omega) - [2\mathrm{Sa}(\omega)]^2 = 8\mathrm{Sa}(2\omega) - 4\mathrm{Sa}^2(\omega)，$$

$$F_k = \frac{1}{T} F_0(j\omega)\bigg|_{\omega = \frac{2\pi}{T}k} = \frac{1}{6} F_0(j\omega)\bigg|_{\omega = \frac{\pi}{3}k} = \frac{4}{3}\mathrm{Sa}\left(\frac{2\pi}{3}k\right) - \frac{2}{3}\mathrm{Sa}^2\left(\frac{\pi}{3}k\right)，$$

$$F(j\omega) = \sum_{k=-\infty}^{\infty} 2\pi F_k \delta\left(\omega - \frac{\pi}{3}k\right) = \sum_{k=-\infty}^{\infty}\left[\frac{8}{3}\pi\mathrm{Sa}\left(\frac{2\pi}{3}k\right) - \frac{4}{3}\pi\mathrm{Sa}^2\left(\frac{\pi}{3}k\right)\right]\delta\left(\omega - \frac{\pi}{3}k\right)。$$

真题 10.41 （重庆邮电大学,2022）求信号 $f(t)=t\left(\dfrac{\sin t}{\sqrt{\pi}\,t}\right)^2$ 的傅里叶变换。

解 已知 $\mathrm{Sa}(t)\leftrightarrow\pi g_2(\omega)$,$f_1(t)=\left(\dfrac{\sin t}{\sqrt{\pi}\,t}\right)^2=\dfrac{1}{\pi}\mathrm{Sa}^2(t)$,则

$$F_1(j\omega)=\frac{1}{\pi}\cdot\frac{1}{2\pi}\cdot\left[\pi g_2(\omega)\right]*\left[\pi g_2(\omega)\right]=\frac{1}{2}g_2(\omega)*g_2(\omega)。$$

作 $F_1(j\omega)$ 如图 10.27 所示。

由傅里叶变换的频域微分性质得

$$-jt\left(\frac{\sin t}{\sqrt{\pi}\,t}\right)^2\leftrightarrow\frac{1}{2}\left[u(\omega+2)-u(\omega)\right]-\frac{1}{2}\left[u(\omega)-u(\omega-2)\right]$$

$$=\frac{1}{2}\left[u(\omega+2)-2u(\omega)+u(\omega-2)\right],$$

$$t\left(\frac{\sin t}{\sqrt{\pi}\,t}\right)^2\leftrightarrow j\frac{1}{2}\left[u(\omega+2)-2u(\omega)+u(\omega-2)\right]。$$

真题 10.42 （清华大学,2022）如图 10.28 所示信号,其傅里叶变换可写成 $F(j\omega)=|F(j\omega)|e^{j\varphi(\omega)}$。

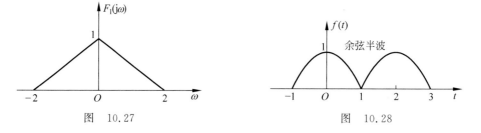

图 10.27   图 10.28

求:(1) $\varphi(\omega)$;(2) $\displaystyle\int_{-\infty}^{\infty}F(j\omega)d\omega$;(3) $F(0)$;(4) $\mathrm{Re}[F(j\omega)]$ 的傅里叶逆变换,并画出其波形。

解 (1) $f(t)=\cos\dfrac{\pi}{2}t\cdot\left[u(t+1)-u(t-1)\right]-\cos\dfrac{\pi}{2}t\cdot\left[u(t-1)-u(t-3)\right]$

$$=\cos\frac{\pi}{2}t\cdot\left[u(t+1)-2u(t-1)+u(t-3)\right],$$

其中,

$$u(t+1)-2u(t-1)+u(t-3)$$

$$=\left[u(t+1)-u(t-1)\right]-\left[u(t-1)-u(t-3)\right]$$

$$=g_2(t)-g_2(t-2)\leftrightarrow 2\mathrm{Sa}(\omega)-e^{-j2\omega}\cdot 2\mathrm{Sa}(\omega)$$

$$=j4e^{-j\omega}\frac{\sin^2\omega}{\omega},$$

因此

$$F(j\omega)=\frac{1}{2\pi}\cdot\pi\left[\delta\left(\omega+\frac{\pi}{2}\right)+\delta\left(\omega-\frac{\pi}{2}\right)\right]*\frac{j4e^{-j\omega}\sin^2\omega}{\omega}=-2\pi e^{-j\omega}\cdot\frac{\cos^2\omega}{\omega^2-(\pi/2)^2}。$$

故

$$\varphi(\omega) = \begin{cases} -\omega \pm \pi, & \omega > \pi/2 \text{ 或 } \omega < -\pi/2 \\ -\omega, & -\pi/2 < \omega < \pi/2 \end{cases}$$

（2）$\displaystyle\int_{-\infty}^{\infty} F(j\omega)\,d\omega = 2\pi f(0) = 2\pi$。

（3）$F(0) = \displaystyle\int_{-\infty}^{\infty} f(t)\,dt = \dfrac{8}{\pi}$。

（4）$F^{-1}\{\mathrm{Re}[F(j\omega)]\} = f_e(t) = \dfrac{1}{2}[f(t) + f(-t)]$。

作其波形如图 10.29 所示。

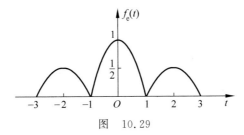

图　10.29

第11章

特征信号与特征值的概念及其应用(一)

将信号分解为基本信号,考查基本信号通过 LTI 系统的响应,再利用 LTI 系统的性质得到全部信号的响应,是信号与系统的基本分析方法。

11.1　知识点

1. 任意信号 $f(t)$ 若以 $\delta(t)$ 为基本信号进行分解,然后通过一个单位冲激响应为 $h(t)$ 的 LTI 系统,可以推出零状态响应为 $f(t)$ 与 $h(t)$ 的卷积,即

$$y_{zs}(t) = f(t) * h(t)。$$

若将 $f(t)$ 以基本信号 $e^{j\omega t}$ 进行分解,将打开一片新天地,给系统的分析带来崭新的观念。

2. 设一个 LTI 系统的单位冲激响应为 $h(t)$,且 $h(t)$ 绝对可积,因而其傅里叶变换存在。考查 $e^{j\omega t}$ 通过该系统的零状态响应:

$$y_{zs}(t) = e^{j\omega t} * h(t) = \int_{-\infty}^{\infty} h(\tau) e^{j\omega(t-\tau)} d\tau = e^{j\omega t} \int_{-\infty}^{\infty} h(\tau) e^{-j\omega \tau} d\tau。$$

其中,$\int_{-\infty}^{\infty} h(\tau) e^{-j\omega \tau} d\tau$ 即 $h(t)$ 的傅里叶变换,定义为系统的频率响应 $H(j\omega)$,即

$$H(j\omega) = \int_{-\infty}^{\infty} h(\tau) e^{-j\omega \tau} d\tau。$$

将 $H(j\omega)$ 写成极坐标形式: $H(j\omega) = |H(j\omega)| e^{j\varphi(\omega)}$,这里,$|H(j\omega)|$ 称为系统的幅频特性,$\varphi(\omega)$ 称为系统的相频特性,$e^{j\omega t}$ 称为系统的特征信号,$H(j\omega)$ 称为 $e^{j\omega t}$ 对应的特征值。

3. 由于 $e^{j\omega t} \xrightarrow{\text{LTI}} e^{j\omega t} H(j\omega)$,由系统的 LTI 性质得

$$\frac{1}{2\pi} \int_{-\infty}^{\infty} F(j\omega) e^{j\omega t} d\omega \xrightarrow{\text{LTI}} \frac{1}{2\pi} \int_{-\infty}^{\infty} F(j\omega) H(j\omega) e^{j\omega t} d\omega。$$

上式左边即 $f(t)$,右边 $F(j\omega)H(j\omega)$ 为 $y_{zs}(t)$ 的傅里叶变换,将 $F(j\omega)H(j\omega)$ 作傅里叶逆变换即得 $y_{zs}(t)$,于是有

$$Y_{zs}(j\omega) = F(j\omega)H(j\omega),$$

即零状态响应的傅里叶变换为输入信号的傅里叶变换与系统频率响应的乘积。

4. 由上可见,引进频率响应 $H(\mathrm{j}\omega)$ 的概念,给系统的分析带来极大的方便。

(1) 当输入为基本信号 $\mathrm{e}^{\mathrm{j}\omega t}$ 时,输出是简单的乘积 $\mathrm{e}^{\mathrm{j}\omega t}H(\mathrm{j}\omega)$,其物理含义是:LTI 系统将对 $\mathrm{e}^{\mathrm{j}\omega t}$ 作一个处理,使其幅度产生一个增益 $|H(\mathrm{j}\omega)|$,相位产生一个叠加 $\varphi(\omega)$,即

$$\mathrm{e}^{\mathrm{j}\omega t}H(\mathrm{j}\omega) = |H(\mathrm{j}\omega)|\,\mathrm{e}^{\mathrm{j}(\omega t + \varphi(\omega))}.$$

(2) 若输入为 $\cos(\omega t + \varphi_0)$,则输出为 $|H(\mathrm{j}\omega)|\cos[\omega t + \varphi_0 + \varphi(\omega)]$,即

$$\cos(\omega t + \varphi_0) \xrightarrow{\;H(\mathrm{j}\omega)\;} |H(\mathrm{j}\omega)|\,\cos[\omega t + \varphi_0 + \varphi(\omega)].$$

证明如下:首先,由欧拉公式得

$$\cos(\omega t + \varphi_0) = \frac{1}{2}\big[\mathrm{e}^{\mathrm{j}(\omega t + \varphi_0)} + \mathrm{e}^{-\mathrm{j}(\omega t + \varphi_0)}\big] = \frac{1}{2}\big(\mathrm{e}^{\mathrm{j}\varphi_0}\mathrm{e}^{\mathrm{j}\omega t} + \mathrm{e}^{-\mathrm{j}\varphi_0}\mathrm{e}^{-\mathrm{j}\omega t}\big).$$

由上知

$$\mathrm{e}^{\mathrm{j}\omega t} \xrightarrow{\;H(\mathrm{j}\omega)\;} |H(\mathrm{j}\omega)|\,\mathrm{e}^{\mathrm{j}[\omega t + \varphi(\omega)]}, \quad \mathrm{e}^{-\mathrm{j}\omega t} \xrightarrow{\;H(\mathrm{j}\omega)\;} |H(-\mathrm{j}\omega)|\,\mathrm{e}^{\mathrm{j}[-\omega t + \varphi(-\omega)]}.$$

由系统的 LTI 性质得

$$\cos(\omega t + \varphi_0) \xrightarrow{\;H(\mathrm{j}\omega)\;} \frac{1}{2}\big[\mathrm{e}^{\mathrm{j}\varphi_0}\,|H(\mathrm{j}\omega)|\,\mathrm{e}^{\mathrm{j}[\omega t + \varphi(\omega)]} + \mathrm{e}^{-\mathrm{j}\varphi_0}\,|H(-\mathrm{j}\omega)|\,\mathrm{e}^{\mathrm{j}[-\omega t + \varphi(-\omega)]}\big].$$

由于 $h(t)$ 是实信号,故 $|H(-\mathrm{j}\omega)| = |H(\mathrm{j}\omega)|$,$\varphi(-\omega) = -\varphi(\omega)$,代入上式右端得

$$\cos(\omega t + \varphi_0) \xrightarrow{\;H(\mathrm{j}\omega)\;} \frac{1}{2}\big[\mathrm{e}^{\mathrm{j}\varphi_0}\,|H(\mathrm{j}\omega)|\,\mathrm{e}^{\mathrm{j}[\omega t + \varphi(\omega)]} + \mathrm{e}^{-\mathrm{j}\varphi_0}\,|H(\mathrm{j}\omega)|\,\mathrm{e}^{-\mathrm{j}[\omega t + \varphi(\omega)]}\big]$$

$$= \frac{1}{2}\,|H(\mathrm{j}\omega)|\,\big[\mathrm{e}^{\mathrm{j}[\omega t + \varphi_0 + \varphi(\omega)]} + \mathrm{e}^{-\mathrm{j}[\omega t + \varphi_0 + \varphi(\omega)]}\big]$$

$$= |H(\mathrm{j}\omega)|\,\cos[\omega t + \varphi_0 + \varphi(\omega)].$$

同理有

$$\sin(\omega t + \varphi_0) \xrightarrow{\;H(\mathrm{j}\omega)\;} |H(\mathrm{j}\omega)|\,\sin[\omega t + \varphi_0 + \varphi(\omega)].$$

5. 若输入为周期信号 $f_T(t)$,由于 $f_T(t)$ 可以展开为

$$f_T(t) = \sum_{n=-\infty}^{\infty} F_n \mathrm{e}^{\mathrm{j}n\Omega t}$$

或

$$f_T(t) = \frac{a_0}{2} + \sum_{n=1}^{\infty} a_n \cos n\Omega t + \sum_{n=1}^{\infty} b_n \sin n\Omega t,$$

其中,$\Omega = \dfrac{2\pi}{T}$。则通过频率响应为 $H(\mathrm{j}\omega)$ 的系统后的输出为

$$y(t) = \sum_{n=-\infty}^{\infty} F_n \mathrm{e}^{\mathrm{j}n\Omega t} H(\mathrm{j}n\Omega)$$

或

$$y(t) = \frac{a_0}{2}H(0) + \sum_{n=1}^{\infty} a_n\,|H(\mathrm{j}n\Omega)|\,\cos[n\Omega t + \varphi(n\Omega)] +$$

$$\sum_{n=1}^{\infty} b_n\,|H(\mathrm{j}n\Omega)|\,\sin[n\Omega t + \varphi(n\Omega)].$$

6. 设 LTI 系统的单位冲激响应为 $h(t)$,$h(t)$ 的拉氏变换 $H(s)$ 即系统函数,其收敛域为 ROC。将复指数信号 e^{st}($s = \sigma + \mathrm{j}\omega$)输入该系统,则零状态响应为

$$y(t) = \mathrm{e}^{st} * h(t) = \int_{-\infty}^{\infty} h(\tau) \mathrm{e}^{s(t-\tau)} \mathrm{d}\tau = \mathrm{e}^{st} \int_{-\infty}^{\infty} h(\tau) \mathrm{e}^{-s\tau} \mathrm{d}\tau。$$

通常系统是因果的,当 $t<0$ 时,$h(t)=0$,则

$$y(t) = \mathrm{e}^{st} \int_{0-}^{\infty} h(\tau) \mathrm{e}^{-s\tau} \mathrm{d}\tau = \mathrm{e}^{st} H(s),$$

称 e^{st} 为该 LTI 系统的特征信号,$H(s)$ 为 e^{st} 对应的特征值。

上式表明,特征信号通过一个 LTI 系统的响应,等于该特征信号与对应特征值的乘积。

讨论:

(1) 若 $\mathrm{Re}\{s\}$ 在 $H(s)$ 的收敛域 ROC 中,则输出 $y(t)$ 存在,且 $y(t)=\mathrm{e}^{st}H(s)$;

(2) 若 $\mathrm{Re}\{s\}$ 不在 $H(s)$ 的收敛域 ROC 中,则输出 $y(t)$ 不存在;

(3) 若 $s=0$,则 $y(t)=H(0)$。

例 11.1　设输入为 $f(t)=\mathrm{e}^{3t}$,$H(s)=\dfrac{1}{(s-1)(s-2)}$,$\mathrm{Re}\{s\}>2$,则

$$y(t) = \mathrm{e}^{3t} H(3) = \frac{1}{2}\mathrm{e}^{3t}。$$

例 11.2　设输入为 $f(t)=\mathrm{e}^{-t}$,$H(s)=\dfrac{1}{(s-1)(s-2)}$,$\mathrm{Re}\{s\}>2$,则输出 $y(t)$ 不存在。

例 11.3　设输入为 $f(t)=1$,$H(s)=\dfrac{1}{(s+1)(s+2)}$,$\mathrm{Re}\{s\}>-1$。由于 $1=\mathrm{e}^0$,$s=0$,且 0 在 ROC 内,故 $y(t)=H(0)=\dfrac{1}{2}$。

7. 以上两对特征信号与特征值之间的关系,可以由图 11.1 表示。

若图 11.1(b) 中 e^{st} 的 s 取复平面虚轴上的任意点,系统函数 $H(s)$ 的收敛域包含虚轴,即系统的频率响应 $H(\mathrm{j}\omega)$ 存在,且 $H(\mathrm{j}\omega)=H(s)\Big|_{s=\mathrm{j}\omega}$,则图 11.1(b) 即图 11.1(a)。因此图 11.1(a) 是图 11.1(b) 的特殊情形。

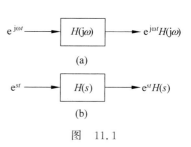

图　11.1

11.2　考研真题解析

真题 11.1　(中国科学技术大学,2010)已知如图 11.2(a) 所示周期三角波信号 $x(t)$,通过一个频率响应特性 $H(\omega)$ 如图 11.2(b) 所示的 LTI 系统。

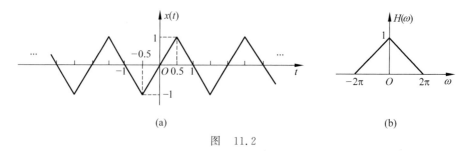

(a) (b)

图　11.2

(1) 试求输出信号 $y(t)$；

(2) 试求该输出信号 $y(t)$ 的功率与输入信号 $x(t)$ 的功率之比值。

解 (1) 首先将 $x(t)$ 展开为复指数级数。显然 $x(t)$ 为奇谐波形,即满足 $x(t)=-x\left(t\pm\dfrac{T}{2}\right)$,故其复指数级数只含奇次谐波。由于基频 $\omega_0=\pi$,结合 $H(\omega)$,只需计算 $F_{\pm1}$ 即可。

$$\begin{aligned}F_1&=\frac{1}{2}\int_{-1}^1 x(t)\mathrm{e}^{-\mathrm{j}\pi t}\mathrm{d}t=-\mathrm{j}\int_0^1 x(t)\sin\pi t\,\mathrm{d}t\\&=-\mathrm{j}\left[\int_0^{0.5}2t\sin\pi t\,\mathrm{d}t+\int_{0.5}^1(-2t+2)\sin\pi t\,\mathrm{d}t\right]\\&=\frac{4}{\pi^2}\mathrm{e}^{-\mathrm{j}\frac{\pi}{2}},\end{aligned}$$

故

$$F_{-1}=\frac{4}{\pi^2}\mathrm{e}^{\mathrm{j}\frac{\pi}{2}},\quad F_1\mathrm{e}^{\mathrm{j}\pi t}+F_{-1}\mathrm{e}^{-\mathrm{j}\pi t}=\frac{8}{\pi^2}\cos\left(\pi t-\frac{\pi}{2}\right)。$$

由于 $H(\pi)=\dfrac{1}{2}$,故输出信号为

$$y(t)=\frac{4}{\pi^2}\cos\left(\pi t-\frac{\pi}{2}\right)=\frac{4}{\pi^2}\sin\pi t。$$

(2) $x(t)$ 的功率为

$$P_x=\int_0^{0.5}(2t)^2\mathrm{d}t+\int_{0.5}^1(-2t+2)^2\mathrm{d}t=\frac{1}{3},$$

$y(t)$ 的功率为

$$P_y=\frac{1}{2}\cdot\left(\frac{4}{\pi^2}\right)^2=\frac{8}{\pi^4}。$$

故它们的比值为 $\dfrac{P_y}{P_x}=\dfrac{24}{\pi^4}$。

真题 11.2 (中国科学技术大学,2010)某带通系统的频率响应为

$$H(\mathrm{j}\omega)=\frac{1}{1+\mathrm{j}(\omega-1000)}+\frac{1}{1+\mathrm{j}(\omega+1000)},$$

(1) 求该系统的单位冲激响应 $h(t)$；

(2) 概画 $H(\mathrm{j}\omega)$ 的幅频响应特性曲线和相频响应特性曲线；

(3) 系统的输入为 $x(t)=(1+\cos t)\cos1000t$,求输出 $y(t)$。

解 (1) 对

$$H(\mathrm{j}\omega)=\frac{1}{\mathrm{j}\omega-(-1+\mathrm{j}1000)}+\frac{1}{\mathrm{j}\omega-(-1-\mathrm{j}1000)},$$

取傅里叶逆变换,得

$$h(t)=\mathrm{e}^{(-1+\mathrm{j}1000)t}u(t)+\mathrm{e}^{(-1-\mathrm{j}1000)t}u(t)=2\mathrm{e}^{-t}\cos1000t\cdot u(t)。$$

(2) 图略(用描点法)。

(3) $x(t)=\cos1000t+\dfrac{1}{2}(\cos999t+\cos1001t)$。而

$$H(\mathrm{j}999) = \frac{1}{1-\mathrm{j}} + \frac{1}{1+\mathrm{j}1999} \approx \frac{\sqrt{2}}{2} \mathrm{e}^{\mathrm{j}\frac{\pi}{4}}, \quad H(\mathrm{j}1000) = 1 + \frac{1}{\mathrm{j}2000} \approx 1,$$

$$H(\mathrm{j}1001) = \frac{1}{1+\mathrm{j}} + \frac{1}{1+\mathrm{j}2001} \approx \frac{\sqrt{2}}{2} \mathrm{e}^{-\mathrm{j}\frac{\pi}{4}},$$

故输出信号为

$$y(t) = \cos 1000t + \frac{\sqrt{2}}{4}\left[\cos\left(999t + \frac{\pi}{4}\right) + \cos\left(1001t - \frac{\pi}{4}\right)\right]。$$

真题 11.3 （中国科学技术大学,2014）对于单位冲激响应为 $h(t) = \delta(t-T)$ 的 LTI 系统,试证明 $\phi_1(t) = \sum\limits_{k=-\infty}^{\infty} \delta(t-kT)$ 是该系统的特征函数,并给出相应的特征值;与此类似,试求出相应的特征值为 2 的另一个特征函数 $\phi_2(t)$。

解 $\phi_1(t) * h(t) = \sum\limits_{k=-\infty}^{\infty} \delta(t-kT-T) = \sum\limits_{k=-\infty}^{\infty} \delta(t-kT) = \phi_1(t)$,即 $\phi_1(t) * h(t) = 1 \cdot \phi_1(t)$,故 $\phi_1(t)$ 是该系统的特征函数,且特征值为 1。

取 $\phi_2(t) = \sum\limits_{k=-\infty}^{\infty} (1/2)^k \delta(t-kT)$,则

$$\phi_2(t) * h(t) = \sum_{k=-\infty}^{\infty} (1/2)^k \delta(t-kT-T) = 2\sum_{k=-\infty}^{\infty} (1/2)^{k+1} \delta[t-(k+1)T]$$

$$= 2\sum_{k=-\infty}^{\infty} (1/2)^k \delta(t-kT) = 2\phi_2(t),$$

即 $\phi_2(t) * h(t) = 2\phi_2(t)$,于是

$$\phi_2(t) = \sum_{k=-\infty}^{\infty} (1/2)^k \delta(t-kT)$$

为该系统的特征值为 2 的特征函数。

真题 11.4 （中国科学技术大学,2014）某 LTI 系统的频率响应 $H(\omega) = \begin{cases} 1, & |\omega| < W \\ 0, & |\omega| > W \end{cases}$。周期信号 $x(t) = \sum\limits_{k=-\infty}^{\infty} \alpha^{|k|} \mathrm{e}^{\mathrm{j}k\frac{2\pi}{T}t}, 0 < \alpha < 1$。如果该周期信号 $x(t)$ 通过这个LTI系统,试确定 W 值取多大时,才能确保系统输出 $y(t)$ 的平均功率至少是 $x(t)$ 平均功率的 80%。

解 输入信号功率

$$P_x = \sum_{k=-\infty}^{\infty} (\alpha^{|k|})^2 = 1 + 2\sum_{k=1}^{\infty} \alpha^{2k} = 1 + 2 \cdot \frac{\alpha^2}{1-\alpha^2} = \frac{1+\alpha^2}{1-\alpha^2}。$$

根据题意,输出信号 $y(t)$ 的功率 P_y 至少是 $x(t)$ 的功率的 80%,即

$$P_y \geqslant 0.8P_x = 0.8 \cdot \frac{1+\alpha^2}{1-\alpha^2}。$$

下面计算 P_y。P_y 与 W 有关,显然 W 越大,P_y 越大;当 $W \to \infty$ 时,$y(t) = x(t)$,这时输出信号与输入信号的功率相等(100%)。

假设 $y(t)$ 包含直流($k=0$)及 k 个谐波,则其功率为

$$P_y = \sum_{i=-k}^{k} (\alpha^{|i|})^2 = 1 + 2 \cdot \frac{\alpha^2 [1 - (\alpha^2)^k]}{1 - \alpha^2} = \frac{1 + \alpha^2 - 2\alpha^{2(k+1)}}{1 - \alpha^2}。$$

由前面的分析知

$$\frac{1 + \alpha^2 - 2\alpha^{2(k+1)}}{1 - \alpha^2} \geqslant 0.8 \cdot \frac{1 + \alpha^2}{1 - \alpha^2},$$

解得 $k \geqslant \dfrac{\ln 0.1(1+\alpha^2)}{2\ln\alpha} - 1$。

因此,取 k 为不小于 $\dfrac{\ln 0.1(1+\alpha^2)}{2\ln\alpha} - 1$ 的最小整数 k_0,则 $W \geqslant \dfrac{2\pi}{T} k_0$。

真题 11.5 (中国科学技术大学,2015)微分方程 $y'(t) + 3y(t) = 2x(t)$ 描述一个起始松弛的连续时间系统,试求当输入信号 $x(t) = \mathrm{e}^{2t} (-\infty < t < \infty)$ 时系统的输出 $y(t)$。

解 $H(s) = \dfrac{2}{s+3}$,$H(2) = \dfrac{2}{5}$,故 $y(t) = \dfrac{2}{5}\mathrm{e}^{2t}$。

真题 11.6 (中国科学技术大学,2017)微分方程 $y'(t) + 2y(t) = x(t)$ 描述一个起始松弛的连续时间系统,试求当输入信号 $x(t) = \cos 2t (-\infty < t < \infty)$ 时系统的输出 $y(t)$。

解 $(s+2)Y(s) = X(s)$, $H(s) = \dfrac{1}{s+2}$, $H(\mathrm{j}\omega) = \dfrac{1}{\mathrm{j}\omega + 2}$,

$$H(\mathrm{j}2) = \frac{1}{\mathrm{j}2 + 2} = \frac{\sqrt{2}}{4}\mathrm{e}^{-\mathrm{j}\frac{\pi}{4}},故 \ y(t) = \frac{\sqrt{2}}{4}\cos\left(2t - \frac{\pi}{4}\right)。$$

真题 11.7 (中国科学技术大学,2017)已知一个连续时间 LTI 系统,它的单位冲激响应表示为

$$h(t) = tu(t) - 2(t-2)u(t-2) + (t-4)u(t-4),$$

它的输入是周期信号 $\tilde{x}(t)$,并已知 $\tilde{x}(t)$ 的单边拉氏变换为 $[s(1+\mathrm{e}^{-s})]^{-1}$,试求系统的输出 $y(t)$。

解 $h(t) = tu(t) - tu(t-2) - (t-4)u(t-2) + (t-4)u(t-4)$
$\qquad = t[u(t) - u(t-2)] - (t-4)[u(t-2) - u(t-4)]$。

$h(t)$ 为如图 11.3 所示三角波。

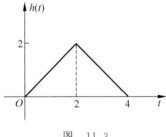

图 11.3

因为 $h(t) = g_2(t) * g_2(t) * \delta(t-2)$,故系统的频率响应为

$$H(\mathrm{j}\omega) = \mathrm{e}^{-\mathrm{j}2\omega} \cdot [2\mathrm{Sa}(\omega)]^2 = 4\mathrm{e}^{-\mathrm{j}2\omega} \cdot \mathrm{Sa}^2(\omega)。$$

由题,

$$\tilde{x}(t)u(t) \leftrightarrow \frac{1}{s(1+\mathrm{e}^{-s})} = \sum_{n=0}^{\infty} \frac{1}{s}(-\mathrm{e}^{-s})^n = \sum_{n=0}^{\infty} (-1)^n \frac{1}{s}\mathrm{e}^{-ns},$$

故 $\tilde{x}(t)u(t)=\sum_{n=0}^{\infty}(-1)^{n}u(t-n)$，即 $\tilde{x}(t)$ 为 $u(t)-u(t-1)$ 以 $T=2$ 进行周期延拓所得的周期信号，波形如图 11.4 所示。

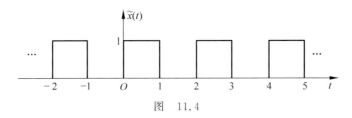

图　11.4

$\tilde{x}(t)$ 的复指数级数展开式为

$$\tilde{x}(t)=\sum_{n=-\infty}^{\infty}F_{n}\mathrm{e}^{\mathrm{j}n\pi t},$$

其中，$F_{0}=\dfrac{1}{2}\displaystyle\int_{0}^{2}\tilde{x}(t)\mathrm{d}t=\dfrac{1}{2}$ 为直流分量。

而 $H(\mathrm{j}0)=4$；当 $n\neq0$ 时，$H(\mathrm{j}n\pi)=0$。即系统只能通过直流分量，故输出为

$$y(t)=H(\mathrm{j}0)\cdot F_{0}=2。$$

真题 11.8　（中国科学技术大学，2018）已知系统微分方程和激励分别为 $y'(t)+2y(t)=x'(t)$，$x(t)=\sin 2t$，求响应 $y(t)$。

解　对微分方程两边取拉氏变换得

$$sY(s)+2Y(s)=sX(s)，\quad(s+2)Y(s)=sX(s)，$$

故系统函数为 $H(s)=\dfrac{Y(s)}{X(s)}=\dfrac{s}{s+2}$。

由于极点 -2 位于 s 平面的左半平面，故系统是稳定的，系统的频率响应为

$$H(\mathrm{j}\omega)=H(s)\Big|_{s=\mathrm{j}\omega}=\dfrac{\mathrm{j}\omega}{\mathrm{j}\omega+2}。$$

由于 $H(\mathrm{j}2)=\dfrac{\mathrm{j}2}{\mathrm{j}2+2}=\dfrac{1}{\sqrt{2}}\mathrm{e}^{\mathrm{j}\frac{\pi}{4}}$，故

$$y(t)=\dfrac{1}{\sqrt{2}}\sin\left(2t+\dfrac{\pi}{4}\right)。$$

真题 11.9　（中国科学技术大学，2019）微分方程 $y'(t)+3y(t)=x'(t)$ 描述一个起始松弛的连续时间系统，试求 $x(t)=\mathrm{e}^{3t}$（$-\infty<t<+\infty$）时的输出 $y(t)$。

解　由微分方程得系统函数 $H(s)=\dfrac{s}{s+3}$，而 $H(3)=\dfrac{1}{2}$，故

$$y(t)=H(3)\mathrm{e}^{3t}=\dfrac{1}{2}\mathrm{e}^{3t}。$$

真题 11.10　（上海交通大学，2022）某线性时不变系统的频率响应 $H(\mathrm{j}\omega)=\mid H(\mathrm{j}\omega)\mid\cdot\mathrm{e}^{\mathrm{j}\varphi(\omega)}$，其幅频响应 $\mid H(\mathrm{j}\omega)\mid$ 和相频响应 $\varphi(\omega)$ 如图 11.5 所示。若输入信号为 $x(t)=1+\sum_{n=1}^{\infty}\dfrac{1}{n}\cos nt$，求系统的响应 $y(t)$。

解　$H(\mathrm{j}0)=0，\quad H(\mathrm{j}1)=\mathrm{e}^{-\mathrm{j}\pi/2}，\quad H(\mathrm{j}2)=2\mathrm{e}^{-\mathrm{j}\pi}。$

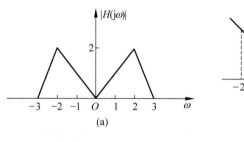
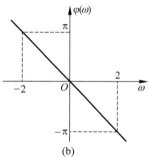

图　11.5

当 $n \geqslant 3$ 时，$H(\mathrm{j}n) = 0$。故

$$y(t) = \cos\left(t - \frac{\pi}{2}\right) + \cos(2t - \pi) = \sin t - \cos 2t \text{。}$$

第12章

连续系统的时频综合分析

学习信号与系统有一个诀窍,即时域和频域之间进行灵活的切换。信号有两个方面的性质,即时域和频域,这两个方面对于信号来说,正如一个硬币的正反两面,是须臾不能分离的。进行连续系统的综合分析时,我们要在信号的时域和频域之间进行灵活的切换,这种切换的数学工具就是傅里叶分析。对于连续系统来说,包括两种形式的傅里叶分析,即连续周期信号傅里叶级数(CTFS),以及连续非周期信号的傅里叶变换(FT)。

12.1　知识点

1. 模拟信号的数字传输涉及采样、模数转换、数字域滤波、数模转换等,其中采样和数字滤波过程必须进行频域分析。模拟信号的各种调制与解调也必须在频域中分析,最后转化为时域输出信号。

2. 连续系统的时频分析对傅里叶变换的性质与计算要求较高,经常需要将数形结合,即将傅里叶变换及频谱图(特别是幅频图)结合起来,以便于分析与计算。例如单边带调制与解调,有时需要画多幅图以辅助分析与计算。

3. 模拟信号的时频分析技巧并不高,主要是过程较为复杂,重在考查计算能力,因此勤于动手、做一定综合性习题是十分必要的。不仅要做所报考高校的往年真题,也要做一些其他高校的典型的真题。

12.2　考研真题解析

真题 12.1　(中国科学技术大学,2006)如图 12.1(a)所示为连续时间信号抽样传输系统,已知系统的输入信号 $x(t)=\dfrac{\sin^2(4\pi\times10^3 t)}{\pi^2 t^2}$,抽样间隔 $T=0.1\mathrm{ms}$,图 12.1(a)中的信道滤波器是一个实的升余弦滚降带通滤波器,其频率响应 $H_{\mathrm{BP}}(f)$ 如图 12.1(b)所示。

(1) 试求 $x(t)$ 的频谱 $X(\mathrm{j}\omega)$,并概画出 $X(\mathrm{j}\omega)$,以及 $x_{\mathrm{p}}(t)$ 和 $y(t)$ 的频谱 $X_{\mathrm{p}}(\mathrm{j}\omega)$ 和 $Y(\mathrm{j}\omega)$;

(2) 试设计由系统输出 $y(t)$ 恢复出 $x(t)$ 的系统,画出该恢复系统的框图,并给出其中所用系统的系统特性(例如滤波器的频率响应等)。

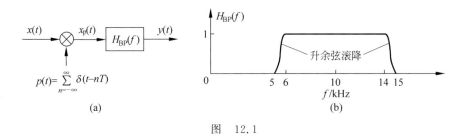

图 12.1

解 为简洁起见，以 f（单位 kHz）代替 ω，ω 与 f 之间的关系为 $\omega = 2\pi \times 10^3 f$。

（1）由于

$$\frac{\sin(4\pi \times 10^3 t)}{\pi t} \leftrightarrow g_{8\pi \times 10^3}(\omega) = g_4(f),$$

故 $X(\mathrm{j}f) = g_4(f) * g_4(f)$，作 $X(\mathrm{j}f)$ 如图 12.2 所示。

$x_\mathrm{p}(t) = x(t)p(t)$，其中

$$p(t) = \sum_{n=-\infty}^{\infty} \delta(t - nT), \quad P(\mathrm{j}f) = 10^4 \sum_{n=-\infty}^{\infty} \delta(f - 10n),$$

故

$$X_\mathrm{p}(\mathrm{j}f) = X(\mathrm{j}f)P(\mathrm{j}f) = 10^4 \sum_{n=-\infty}^{\infty} X[\mathrm{j}(f - 10n)]。$$

作 $X_\mathrm{p}(\mathrm{j}f)$ 如图 12.3 所示。

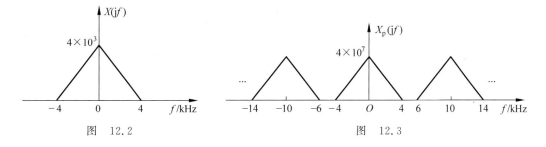

图 12.2　　　　　　　　　　　图 12.3

经 $H_\mathrm{BP}(f)$ 滤波后，输出 $y(t)$ 的频谱如图 12.4 所示。

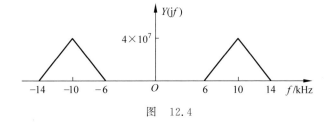

图 12.4

（2）用相干法解调，框图如图 12.5 所示。

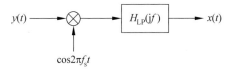

图 12.5

其中，$f_s = 10\text{kHz}$，低通滤波器 $H_{LP}(jf)$ 的频率响应为

$$H_{LP}(jf) = \begin{cases} 10^{-4}, & |f| \leqslant f_0 \\ 0, & \text{其他} \end{cases}。$$

这里 f_0 满足 $4 < f_0 < 16$。

真题 12.2　（中国科学技术大学，2008）计算机通信中的数据传输系统可以等效成如图 12.6 所示的数字信号的连续时间传输模型，图中 $x(n)$ 是数据信号，$x_p(t) = \sum\limits_{n=-\infty}^{\infty} x(n)\delta(t-nT)$，$T$ 为数据位间隔，且右端的抽样间隔也是 T。现已知：升余弦成形电路的单位冲激响应为

$$h_0(t) = 0.5\left(1 - \cos\frac{\pi t}{T}\right)[u(t) - u(t-2T)],$$

传输信道的系统函数为 $H_c(s) = \dfrac{\pi/T}{s + \pi/T}$，冲激串/序列转换输出为 $y(n) = y_c(nT)$。

（1）假设要传输的数据序列 $x(n)$ 是 $\{1.5, 0, 1, 1, 0, 0, 2, \cdots\}$，试概画出 $x_c(t)$ 的波形；

（2）试求升余弦成形电路的频率响应 $H_0(j\omega)$，概画出它的幅频响应 $|H_0(j\omega)|$ 和相频响应 $\varphi_0(\omega)$；

（3）如图 12.6 所示系统是有失真传输系统（$y(n) \neq x(n-n_0)$），试说明导致失真的主要原因，它将产生哪些失真？分析它们对传输数据误差的影响程度，分别讨论补偿这些失真的方法，陈述你的方法，并给出所用补偿系统的特性（若是 LTI 系统，则给出其单位冲激响应或频率响应）。除了你陈述的方法，有否其他方法？并简述。

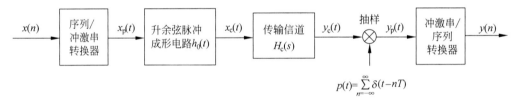

图　12.6

解　（1）$x_p(t) = 1.5\delta(t) + \delta(t-2T) + \delta(t-3T) + 2\delta(t-6T)$，

$x_c(t) = x_p(t) * h_0(t) = 1.5h_0(t) + h_0(t-2T) + h_0(t-3T) + 2h_0(t-6T)$。

由于 $h_0(t)$ 波形如图 12.7 所示，故 $x_c(t)$ 波形如图 12.8 所示。

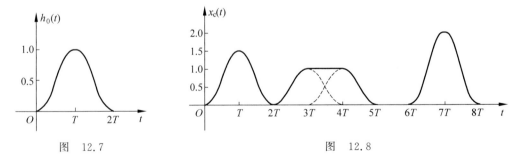

图　12.7　　　　　　　　　　　　　　图　12.8

（2）$H_0(\mathrm{j}\omega)=\dfrac{1}{2\pi}\cdot 0.5\left\{2\pi\delta(\omega)-\pi\left[\delta\left(\omega+\dfrac{\pi}{T}\right)+\delta\left(\omega-\dfrac{\pi}{T}\right)\right]\right\}*\left[\mathrm{e}^{-\mathrm{j}\omega T}\cdot 2T\mathrm{Sa}(T\omega)\right]$

$\qquad\qquad =\dfrac{1}{2}\mathrm{e}^{-\mathrm{j}\omega T}\cdot T\left\{2\mathrm{Sa}(T\omega)+\mathrm{Sa}\left[T\left(\omega+\dfrac{\pi}{T}\right)\right]+\mathrm{Sa}\left[T\left(\omega-\dfrac{\pi}{T}\right)\right]\right\}.$

令

$$H_0'(\mathrm{j}\omega)=\dfrac{T}{2}\left\{2\mathrm{Sa}(T\omega)+\mathrm{Sa}\left[T\left(\omega+\dfrac{\pi}{T}\right)\right]+\mathrm{Sa}\left[T\left(\omega-\dfrac{\pi}{T}\right)\right]\right\},$$

则幅频特性为$|H_0(\mathrm{j}\omega)|=|H_0'(\mathrm{j}\omega)|$，相频特性为$\varphi_0(\omega)=-\omega T$（当$H_0'(\mathrm{j}\omega)<0$时，还要加一个$\pi$或者$-\pi$的相位）。

画$|H_0(\mathrm{j}\omega)|$的图像时，联想到$\{R_1,R_2,R_3,R_4,R_5\}=\{1,2,1,0,0\}$的第Ⅱ类部分响应波形，先画$H_0'(\mathrm{j}\omega)$的图像，如图12.9所示。

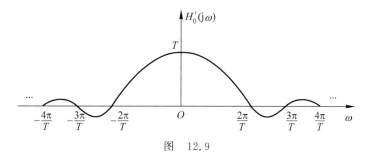

图 12.9

之所以要画$H_0'(\mathrm{j}\omega)$，是因为下面画相频特性图时要用到这个图。对$H_0'(\mathrm{j}\omega)$取绝对值，即得$|H_0(\mathrm{j}\omega)|=|H_0'(\mathrm{j}\omega)|$，如图12.10所示。

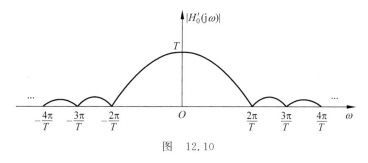

图 12.10

实际上，$H_0'(\mathrm{j}\omega)$在$|\omega|>\dfrac{2\pi}{T}$上随着$|\omega|$的增大而衰减很快，并很快就衰减到零，以上画图时为醒目起见，对衰减幅度做了处理。

画$\varphi_0(\omega)=-\omega T$时要考虑两个约束条件：

（1）$\varphi_0(\omega)$必须在$[-\pi,\pi]$之内；

（2）要结合$H_0'(\mathrm{j}\omega)$的正负，如果为负，则要在$\varphi_0(\omega)$上叠加一个π或者$-\pi$的相位，且满足约束条件（1）。例如，

在$[-\pi/T,\pi/T]$上，$\varphi_0(\omega)=-\omega T$在$[-\pi,\pi]$内；

在$[\pi/T,2\pi/T]$上，由于$-2\pi\leqslant-\omega T\leqslant-\pi$，这时要加$2\pi$使得$0\leqslant-\omega T\leqslant\pi$；

在$[2\pi/T,3\pi/T]$上，由于$H_0'(\mathrm{j}\omega)<0$，$-\pi\leqslant\varphi_0(\omega)\leqslant0$，这时要叠加一个相位$\pi$，结果

$0 \leqslant \varphi_0(\omega) \leqslant \pi$。

先画出 $\omega \geqslant 0$ 的相频图，再根据 $\varphi_0(\omega)$ 对 ω 的奇对称性，画出 $\omega < 0$ 的部分，作 $\varphi_0(\omega)$ 如图 12.11 所示。

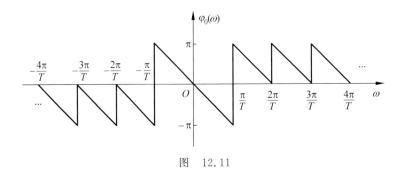

图 12.11

（3）由升余弦成形电路的频率响应的幅频特性可知，它可以近似于一个带限于 $|\omega| \leqslant \dfrac{2\pi}{T}$ 的低通滤波器。另外，由 $H_c(s)$ 表达式得传输信道的频率响应应为

$$H_c(j\omega) = \frac{\pi/T}{j\omega + \pi/T},$$

它是一个低通滤波器，显然在 $|\omega| \leqslant \dfrac{2\pi}{T}$ 内 $H_c(j\omega)$ 不满足无失真传输条件（幅频特性为水平线，相频特性为过原点的负斜率直线），因此其输出既产生幅度失真，又产生相位失真。

对信道的补偿一般有两种方法：时域补偿和频域补偿。这里采用频域补偿，即在传输信道后面级联一个补偿滤波器，使得综合效果构成一个无失真传输信道。由于 $y(n) = x(n - n_0)$，即

$$y(t) = x(t - n_0 T), \qquad \frac{Y(e^{j\omega})}{X(e^{j\omega})} = e^{-jn_0 T\omega}。$$

设补偿滤波器的频率响应为 $\hat{H}_c(j\omega)$，则有

$$H_c(j\omega) \cdot \hat{H}_c(j\omega) = e^{-jn_0 T\omega},$$

故

$$\hat{H}_c(j\omega) = \frac{e^{-jn_0 T\omega}}{H_c(j\omega)}, \qquad |\omega| \leqslant \frac{2\pi}{T}。$$

真题 12.3　（中国科学技术大学，2009）考虑如图 12.11(a)所示的连续时间系统。$x(t)$ 为带限信号，其频谱如图 12.11(b)所示。$p(t)$ 为周期三角脉冲信号，其周期为 T_s，脉宽为 τ，如图 12.12(c)所示。

（1）试求相乘器输出信号 $x_p(t)$ 的频谱 $X_p(j\omega)$，并概略画出该频谱图形。

（2）如果使用低通滤波器 $H(j\omega)$，从信号 $x_p(t)$ 中无失真地恢复原输入信号 $x(t)$，那么周期脉冲信号 $p(t)$ 应满足什么条件？并确定 $H(j\omega)$ 的特性。

解　（1）$p(t) = p_0(t) * \displaystyle\sum_{n=-\infty}^{\infty} \delta(t - nT_s)$，其中 $p_0(t)$ 为如图 12.13 所示三角形。

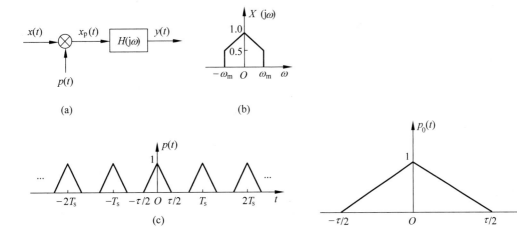

图 12.12

图 12.13

$p_0(t)$ 可以写成 $p_0(t) = \dfrac{2}{\tau} g_{\tau/2}(t) * g_{\tau/2}(t)$,故

$$p_0(j\omega) = \frac{2}{\tau} \cdot \left[\frac{\tau}{2} \mathrm{Sa}\left(\frac{\tau}{4}\omega\right)\right]^2 = \frac{\tau}{2} \mathrm{Sa}^2\left(\frac{\tau}{4}\omega\right),$$

$$p(j\omega) = \frac{\tau}{2} \mathrm{Sa}^2\left(\frac{\tau}{4}\omega\right) \cdot \frac{2\pi}{T_s} \sum_{n=-\infty}^{\infty} \delta\left(\omega - n \cdot \frac{2\pi}{T_s}\right)$$

$$= \frac{\pi\tau}{T_s} \sum_{n=-\infty}^{\infty} \mathrm{Sa}^2\left(\frac{\pi\tau}{2T_s}n\right) \delta\left(\omega - n\frac{2\pi}{T_s}\right).$$

由于 $x_p(t) = x(t) \cdot p(t)$,由傅里叶变换卷积定理得

$$X_p(j\omega) = \frac{1}{2\pi} X(j\omega) * P(j\omega) = \frac{1}{2\pi} X(j\omega) * \frac{\pi\tau}{T_s} \sum_{n=-\infty}^{\infty} \mathrm{Sa}^2\left(\frac{\pi\tau}{2T_s}n\right) \delta\left(\omega - n\frac{2\pi}{T_s}\right)$$

$$= \frac{\tau}{2T_s} \sum_{n=-\infty}^{\infty} \mathrm{Sa}^2\left(\frac{\pi\tau}{2T_s}n\right) X\left[j\left(\omega - n\frac{2\pi}{T_s}\right)\right].$$

画 $X_p(j\omega)$ 的图像时,先画其包络 $\dfrac{\tau}{2T_s} \mathrm{Sa}^2\left(\dfrac{\tau}{4}\omega\right)$,再在每一点 $\omega = n \cdot \dfrac{2\pi}{T_s}$ 处画 $X(j\omega)$ 的周期延拓,并内接于包络内,图略。

(2) 不产生混叠的条件是 $\dfrac{2\pi}{T_s} \geqslant \omega_m$,即 $T_s \leqslant \dfrac{2\pi}{\omega_m}$。取

$$H(j\omega) = \begin{cases} \dfrac{2T_s}{\tau}, & \omega_m \leqslant |\omega| \leqslant \dfrac{2\pi}{T_s} - \omega_m, \\ 0, & \text{其他} \end{cases}$$

即可恢复 $x(t)$。

真题 12.4 (中国科学技术大学,2012)定义函数 $\Lambda(t) = \begin{cases} 1 - |t|, & |t| \leqslant 1 \\ 0, & \text{其他} \end{cases}$。某系统如图 12.14 所示,其中,子系统 1 的频率响应为

$$H_1(\omega) = \Lambda\left(\frac{\omega}{2\pi b_1}\right) - \Lambda\left(\frac{\omega}{2\pi b_2}\right), \quad b_1 = 6\mathrm{kHz}, \quad b_2 = 2\mathrm{kHz}.$$

采用理想周期冲激串 $p(t) = \sum\limits_{n=-\infty}^{\infty} \delta(t - nT_s)$ 采样,这里 T_s 为采样间隔,采样频率 $f_s = 8\text{kHz}$。子系统 2 是离散时间系统,它的频率响应为

$$H_2(e^{j\Omega}) = \begin{cases} 1, & 2\pi k - \Omega_c < \Omega < \Omega_c + 2\pi k \\ 0, & 2\pi k + \Omega_c < \Omega < 2\pi(k+1) - \Omega_c \end{cases}, \quad k \in \mathbb{Z}, \Omega_c = \frac{5\pi}{8}.$$

插值系统的单位冲激响应为 $h_3(t) = T_s \dfrac{\sin 2\pi b_3 t}{\pi t}, b_3 = 4\text{kHz}$。

(1) 若 $x(t) = \cos 2\pi f_1 t + \sin 2\pi f_2 t + \cos 2\pi f_3 t$, $f_1 = 1\text{kHz}$, $f_2 = 2\text{kHz}$, $f_3 = 5\text{kHz}$,求系统的输出信号 $y(t)$;

(2) 对于任意的输入信号 $x(t)$,整个系统是线性的吗? 是时不变的吗? 简要说明理由。

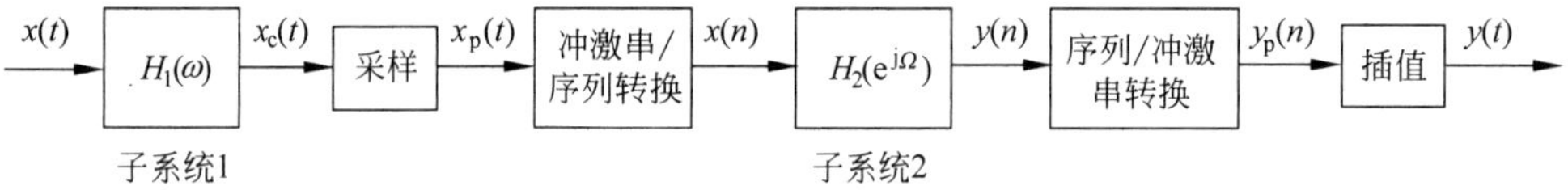

图 12.14

解 (1) 由于 $H_1(2\pi f_1) = \dfrac{1}{3}$, $H_1(2\pi f_2) = \dfrac{2}{3}$, $H_1(2\pi f_3) = \dfrac{1}{6}$,故

$$x_c(t) = \frac{1}{3}\cos 2\pi f_1 t + \frac{2}{3}\sin 2\pi f_2 t + \frac{1}{6}\cos 2\pi f_3 t,$$

$$x_p(t) = x_c(t) \cdot p(t) = x_c(t) \cdot \sum_{n=-\infty}^{\infty} \delta(t - nT_s)$$

$$= \sum_{n=-\infty}^{\infty} \left(\frac{1}{3}\cos 2\pi f_1 nT_s + \frac{2}{3}\sin 2\pi f_2 nT_s + \frac{1}{6}\cos 2\pi f_3 nT \right) \delta(t - nT_s)$$

$$= \sum_{n=-\infty}^{\infty} \left(\frac{1}{3}\cos \frac{\pi}{4} n + \frac{2}{3}\sin \frac{\pi}{2} n + \frac{1}{6}\cos \frac{5}{4}\pi n \right) \delta(t - nT_s)$$

$$= \sum_{n=-\infty}^{\infty} \left(\frac{1}{3}\cos \frac{\pi}{4} n + \frac{2}{3}\sin \frac{\pi}{2} n + \frac{1}{6}\cos \frac{3}{4}\pi n \right) \delta(t - nT_s)。$$

以上由于 $f_s < 2f_3$,故产生了折叠频率。

数字化后得到

$$x(n) = \frac{1}{3}\cos \frac{\pi}{4} n + \frac{2}{3}\sin \frac{\pi}{2} n + \frac{1}{6}\cos \frac{3}{4}\pi n。$$

经 $H_2(e^{j\Omega})$ 低通滤波后得

$$y(n) = \frac{1}{3}\cos \frac{\pi}{4} n + \frac{2}{3}\sin \frac{\pi}{2} n。$$

转换为冲激串得

$$y_p(t) = \left(\frac{1}{3}\cos \frac{\pi}{4} f_s t + \frac{2}{3}\sin \frac{\pi}{2} f_s t \right) \cdot \sum_{n=-\infty}^{\infty} \delta(t - nT_s),$$

于是，

$$Y_p(j\omega) = f_s \sum_{n=-\infty}^{\infty} \left\{ \frac{1}{3}\pi \left[\delta\left(\omega + \frac{f_s}{4}\pi - 2\pi f_s n\right) + \delta\left(\omega - \frac{f_s}{4}\pi - 2\pi f_s n\right) \right] + \right.$$

$$\left. \frac{2}{3} \cdot \frac{\pi}{j} \left[\delta\left(\omega - \frac{f_s}{2}\pi - 2\pi f_s n\right) - \delta\left(\omega + \frac{f_s}{2}\pi - 2\pi f_s n\right) \right] \right\}.$$

再经插值系统进行低通滤波，易知 $H_3(j\omega) \leftrightarrow T_s g_{4\pi b_3}(\omega)$，滤波后得

$$Y(j\omega) = \frac{1}{3}\pi \left[\delta\left(\omega + \frac{f_s}{4}\pi\right) + \delta\left(\omega - \frac{f_s}{4}\pi\right) \right] + \frac{2}{3} \cdot \frac{\pi}{j} \left[\delta\left(\omega - \frac{f_s}{2}\pi\right) - \delta\left(\omega + \frac{f_s}{2}\pi\right) \right],$$

取傅里叶逆变换得

$$y(t) = \frac{1}{3}\cos\frac{\pi}{4}f_s t + \frac{2}{3}\sin\frac{\pi}{2}f_s t.$$

（2）因为每个子系统都是线性的，所以整个系统是线性的；因为采样过程是时变的，所以整个系统是时变的。

真题 12.5　（中国科学技术大学，2013）在如图 12.15(a) 所示系统中，输入信号为 $x(t) = \cos\pi t$，经过取绝对值运算器的输出信号为 $v(t) = |x(t)|$；然后 $v(t)$ 经过频率响应 $H(j\omega)$ 如图 12.15(b) 所示的 LTI 系统的滤波后输出 $y(t)$。

（1）求系统的输出信号 $y(t)$；

（2）求系统的输出信号 $y(t)$ 与输入信号 $x(t)$ 的功率比值。

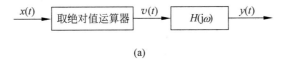

(a)

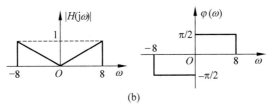

(b)

图　12.15

解　（1）$v(t) = |x(t)| = |\cos\pi t|$

$$= \left\{ \cos\pi t \cdot \left[u\left(t + \frac{1}{2}\right) - u\left(t - \frac{1}{2}\right) \right] \right\} * \sum_{n=-\infty}^{\infty} \delta(t - n).$$

其中，

$$\cos\pi t \cdot \left[u\left(t + \frac{1}{2}\right) - u\left(t - \frac{1}{2}\right) \right] \leftrightarrow \frac{1}{2\pi} \cdot \pi[\delta(\omega + \pi) + \delta(\omega - \pi)] * \mathrm{Sa}(\omega/2)$$

$$= \frac{1}{2}\left[\mathrm{Sa}\left(\frac{\omega + \pi}{2}\right) + \mathrm{Sa}\left(\frac{\omega - \pi}{2}\right) \right],$$

$$\sum_{n=-\infty}^{\infty} \delta(t - n) \leftrightarrow 2\pi \sum_{n=-\infty}^{\infty} \delta(\omega - 2\pi n).$$

由傅里叶变换的卷积定理得

$$V(j\omega) = \frac{1}{2}\left[\operatorname{Sa}\left(\frac{\omega+\pi}{2}\right) + \operatorname{Sa}\left(\frac{\omega-\pi}{2}\right)\right] \cdot 2\pi \sum_{n=-\infty}^{\infty} \delta(\omega-2\pi n)$$

$$= \pi \sum_{n=-\infty}^{\infty}\left[\operatorname{Sa}\left(\pi n+\frac{\pi}{2}\right) + \operatorname{Sa}\left(\pi n-\frac{\pi}{2}\right)\right] \delta(\omega-2\pi n)_{\circ}$$

于是

$$Y(j\omega) = V(j\omega)H(j\omega) = \left\{\pi \sum_{n=-\infty}^{\infty}\left[\operatorname{Sa}\left(\pi n+\frac{\pi}{2}\right) + \operatorname{Sa}\left(\pi n-\frac{\pi}{2}\right)\right] \cdot \delta(\omega-2\pi n)\right\} \cdot H(j\omega)$$

$$= \pi \sum_{n=-\infty}^{\infty}\left[\operatorname{Sa}\left(\pi n+\frac{\pi}{2}\right) + \operatorname{Sa}\left(\pi n-\frac{\pi}{2}\right)\right] H(j2\pi n) \cdot \delta(\omega-2\pi n)$$

$$= \pi\left[\frac{1}{3}e^{j\frac{\pi}{2}}\delta(\omega-2\pi) + \frac{1}{3}e^{-j\frac{\pi}{2}}\delta(\omega+2\pi)\right]$$

$$= \frac{\pi}{3}\left[e^{j\frac{\pi}{2}}\delta(\omega-2\pi) + e^{-j\frac{\pi}{2}}\delta(\omega+2\pi)\right]_{\circ}$$

取傅里叶逆变换得

$$y(t) = \frac{1}{6}\left[e^{j\left(2\pi t+\frac{\pi}{2}\right)} + e^{-j\left(2\pi t+\frac{\pi}{2}\right)}\right] = \frac{1}{3}\cos\left(2\pi t+\frac{\pi}{2}\right)_{\circ}$$

(2) $y(t)$ 与 $x(t)$ 的功率比为 $\dfrac{\frac{1}{2} \cdot (1/3)^2}{\frac{1}{2} \cdot 1^2} = \dfrac{1}{9}$。

真题 12.6 (中国科学技术大学,2013)在如图 12.16(a)所示的系统中,子系统 $H(j\omega) = -j \cdot \operatorname{sgn}(\omega)$,$\omega_0 \gg \omega_m$。系统输入信号 $x(t)$ 的频谱如图 12.16(b)所示。

(1) 试求输出信号 $y(t)$ 的频谱 $Y(j\omega)$,并画出 $Y(j\omega)$ 的频谱图;

(2) 试问能否从输出信号 $y(t)$ 恢复得到原输入信号 $x(t)$? 如果能,请给出相应的系统实现方案。

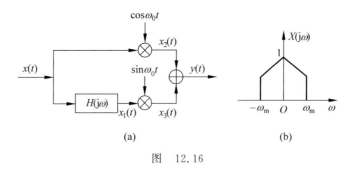

图 12.16

分析 本题考查单边带信号的调制与解调,由于上下两个支路的信号是相加的,所以调制的结果保留下边带(相减则保留上边带)。

解 (1) 上支路 $x_2(t) = x(t)\cos\omega_0 t$ 的频谱为

$$X_2(j\omega) = \frac{1}{2}\{X[j(\omega+\omega_c)] + X[j(\omega-\omega_c)]\},$$

下支路 $x_1(t) = x(t) * h(t)$ 的频谱为

$$X_1(j\omega) = \begin{cases} jX(j\omega), & \omega < 0 \\ -jX(j\omega), & \omega > 0 \end{cases},$$

$x_3(t) = x_1(t)\sin\omega_0 t$ 频谱为

$$X_3(j\omega) = \frac{1}{2\pi}X_1(j\omega) * \frac{\pi}{j}[\delta(\omega - \omega_c) - \delta(\omega + \omega_c)]$$

$$= \frac{1}{2j}\{X_1[j(\omega - \omega_c)] - X_1[j(\omega + \omega_c)]\}。$$

上下两个支路相加,输出信号 $y(t)$ 的频谱为

$$Y(j\omega) = X_2(j\omega) + X_3(j\omega)。$$

以上过程产生的频谱分别如图 12.17(a)～(c)所示。

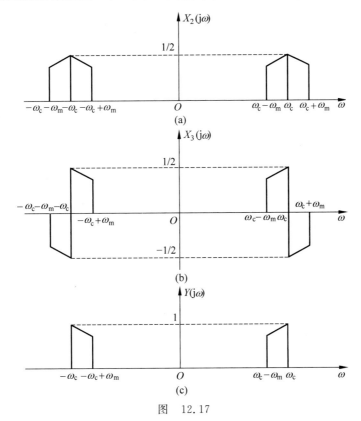

图　12.17

（2）可以。对 $y(t)$ 进行相干解调即可,实现框图如图 12.18 所示。其中,低通滤波器 LP 的频率响应为

$$H_L(j\omega) = \begin{cases} 1, & \omega_m \leqslant |\omega| < 2\omega_c - \omega_m \\ 0, & \omega \text{ 取其他值} \end{cases}。$$

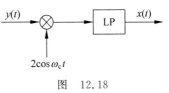

图　12.18

真题 12.7　（中国科学技术大学,2014)对于如图 12.19(a)所示的正交多路复用系统和如图 12.19(b)所示的解复用系统,两路输入信号 $x_1(t)$ 和 $x_2(t)$ 都是带限于 ω_m 的信号,即当 $|\omega| > \omega_m$, $X_1(\omega) = X_2(\omega) = 0$,其中 $X_1(\omega)$ 和 $X_2(\omega)$ 分别是 $x_1(t)$ 和 $x_2(t)$ 的频谱。设载波频率 ω_c 远大于 ω_m。试证明: $y_1(t) = x_1(t)$, $y_2(t) = x_2(t)$。

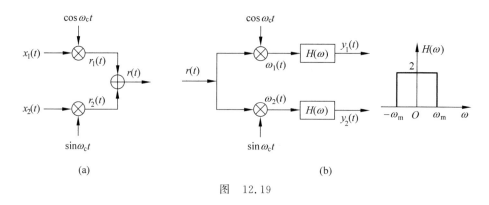

图 12.19

证明 $r(t) = x(t)\cos\omega_c t + x_2(t)\sin\omega_c t$,

$$w_1(t) = r(t)\cos\omega_c t = [x_1(t)\cos\omega_c t + x_2(t)\sin\omega_c t]\cos\omega_c t$$

$$= \frac{1}{2}x_1(t) + \frac{1}{2}[x_1(t)\cos 2\omega_c t + x_2(t)\sin 2\omega_c t]_\circ$$

显然,$H(\omega)$ 滤除 $w_1(t)$ 表达式的后一部分,输出 $y_1(t) = x_1(t)$。

同理,$y_2(t) = x_2(t)$。

真题 12.8 (中国科学技术大学,2016)如图 12.20 所示的连续时间 LTI 系统,其中子系统 5 是如图 12.21 所示 RC 积分电路,时间常数 $\tau = RC = 10\text{ms}$。已知

$$h_1(t) = \frac{\sin 10\pi t}{\pi t}, \quad H_2(j\omega) = \begin{cases} e^{-j0.2\omega}, & |\omega| < 10\pi \\ 0, & |\omega| > 10\pi \end{cases},$$

$$h_3(t) = \begin{cases} \dfrac{1}{\pi t}, & t \neq 0 \\ 0, & t = 0 \end{cases}, \quad H_4(j\omega) = \begin{cases} -j, & \omega > 0 \\ j, & \omega < 0 \end{cases}。$$

在比较精确的工程近似情况下,

(1) 试求整个系统的频率响应 $H(j\omega)$,画出它的幅频响应和相频响应曲线;

(2) 当输入 $x(t) = \sum\limits_{l=-\infty}^{\infty} [u(t - 0.4l) - u(t - 0.2 - 0.4l)]$ 时,求系统的输出 $y(t)$。

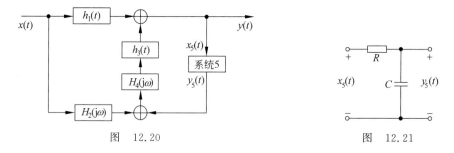

图 12.20   图 12.21

解 (1) $H_1(j\omega) = g_{20\pi}(\omega)$,$H_2(j\omega) = e^{-j0.2\omega} \cdot g_{20\pi}(\omega)$,$H_3(j\omega) = \begin{cases} j, & \omega < 0 \\ -j, & \omega > 0 \end{cases}$,

$H_5(j\omega) = \dfrac{1}{j\omega RC + 1} = 1$。易知 $H_3(j\omega)H_4(j\omega) = -1$。

由梅森公式得

$$H(\mathrm{j}\omega) = \frac{H_1(\mathrm{j}\omega) + H_2(\mathrm{j}\omega)H_3(\mathrm{j}\omega)H_4(\mathrm{j}\omega)}{1 - H_3(\mathrm{j}\omega)H_4(\mathrm{j}\omega)H_5(\mathrm{j}\omega)}$$

$$= \frac{H_1(\mathrm{j}\omega) - H_2(\mathrm{j}\omega)}{1 + H_5(\mathrm{j}\omega)} = \frac{1}{2}(1 - \mathrm{e}^{-\mathrm{j}0.2\omega}) \cdot g_{20\pi}(\omega),$$

$$|H(\mathrm{j}\omega)| = |\sin 0.1\omega|,$$

$$\varphi(\omega) = \arctan\frac{\sin 0.2\omega}{1 - \cos 0.2\omega} = \begin{cases} \dfrac{\pi}{2} - 0.1\omega \\[2mm] -\dfrac{\pi}{2} - 0.1\omega \end{cases}, \quad -10\pi \leqslant \omega \leqslant 10\pi。$$

作幅频特性与相频特性如图 12.22 所示。

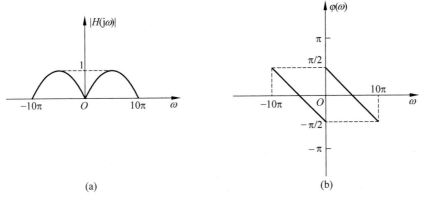

(a)   (b)

图　12.22

(2) $x(t) = [u(t) - u(t-0.2)] * \displaystyle\sum_{l=-\infty}^{\infty}\delta(t-0.4l) = g_{0.2}(t-0.1) * \sum_{l=-\infty}^{\infty}\delta(t-0.4l),$

$$X(\mathrm{j}\omega) = \mathrm{e}^{-\mathrm{j}0.1\omega} \cdot 0.2\mathrm{Sa}(0.1\omega) \cdot 5\pi\sum_{l=-\infty}^{\infty}\delta(\omega - 5\pi l)$$

$$= \pi\sum_{l=-\infty}^{\infty}\mathrm{e}^{-\mathrm{j}\pi l/2}\mathrm{Sa}(\pi l/2)\delta(\omega - 5\pi l),$$

$$Y(\mathrm{j}\omega) = X(\mathrm{j}\omega)H(\mathrm{j}\omega)$$

$$= \pi[\mathrm{e}^{-\mathrm{j}\pi/2}\mathrm{Sa}(\pi/2)\delta(\omega - 5\pi) + \mathrm{e}^{\mathrm{j}\pi/2}\mathrm{Sa}(\pi/2)\delta(\omega + 5\pi)]$$

$$= \mathrm{j}2[\delta(\omega + 5\pi) - \delta(\omega - 5\pi)]。$$

取傅里叶逆变换得

$$y(t) = -\frac{2}{\pi}\sin 5\pi t。$$

真题 12.9　（中国科学技术大学，2018）某通信系统如图 12.23 所示，输入信号 $x(t)$ 带限于 ω_m，子系统 $h_1(t) = \dfrac{1}{\pi t}$，输出信号 $y(t)$。

（1）求子系统 $h_1(t)$ 及输出 $y(t)$ 的频谱；

（2）设计由 $y(t)$ 恢复 $x(t)$ 的系统，并画出其框图。

解　（1）子系统 $h_1(t)$ 为希尔伯特变换，故

$$H_1(\mathrm{j}\omega)=\begin{cases}\mathrm{j}, & \omega<0\\ -\mathrm{j}, & \omega>0\end{cases}。$$

上支路 $x_2(t)=x(t)\cdot\cos\omega_c t$，故

$$X_2(\mathrm{j}\omega)=\frac{1}{2\pi}X(\mathrm{j}\omega)*\pi[\delta(\omega+\omega_c)+\delta(\omega-\omega_c)]=\frac{1}{2}\{X[\mathrm{j}(\omega+\omega_c)]+X[\mathrm{j}(\omega-\omega_c)]\}。$$

下支路经子系统 $h_1(t)$ 后，输出 $x_1(t)$ 的频谱为

$$X_1(\mathrm{j}\omega)=\begin{cases}\mathrm{j}X(\mathrm{j}\omega), & \omega<0\\ -\mathrm{j}X(\mathrm{j}\omega), & \omega>0\end{cases}。$$

再经正弦调制得 $x_3(t)$，其频谱为

$$X_3(\mathrm{j}\omega)=\frac{1}{2\pi}X_1(\mathrm{j}\omega)*\frac{\pi}{\mathrm{j}}[\delta(\omega-\omega_c)-\delta(\omega+\omega_c)]$$

$$=\frac{1}{2\mathrm{j}}\{X_1[\mathrm{j}(\omega-\omega_c)]-X_1[\mathrm{j}(\omega+\omega_c)]\}。$$

设 $x(t)$ 的频谱如图 12.24 所示。

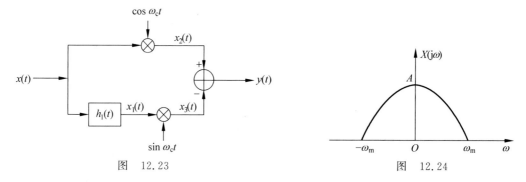

图　12.23　　　　图　12.24

则 $x_2(t)$ 的频谱如图 12.25 所示。

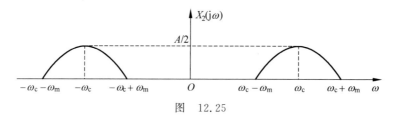

图　12.25

$x_3(t)$ 的频谱如图 12.26 所示。

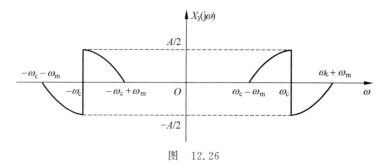

图　12.26

最后得 $y(t)$ 的频谱如图 12.27 所示。

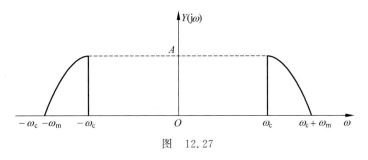

图 12.27

（2）用相干解调法恢复 $x(t)$，框图如图 12.28 所示。

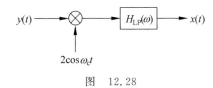

图 12.28

其中，$H_{LP}(\omega)$ 为低通滤波器，其频率特性如下：

$$H_{LP}(\omega) = \begin{cases} 1, & |\omega| \leqslant \omega_p \\ 0, & \text{其他} \end{cases}。$$

这里 ω_p 满足 $\omega_m \leqslant \omega_p \leqslant 2\omega_c - \omega_m$。

真题 12.10 （中国科学技术大学，2020）有一系统如图 12.29 所示，其中子系统 $h_1(t)$ 的单位冲激响应为 $h_1(t) = [\sin(2\pi b_1 t)/(\pi t)]^2$，$b_1 = 3\text{kHz}$，采样用理想采样冲激串 $p(t) = \sum_{l=-\infty}^{\infty} \delta(t - lT_s)$，这里 T_s 为采样间隔，采样频率 $f_s = 8\text{kHz}$，离散系统 $H_2(e^{j\Omega})$ 的频率响应为

$$H_2(e^{j\Omega}) = \begin{cases} 1, & 2\pi k - \Omega_c < \Omega < 2\pi k + \Omega_c \\ 0, & 2\pi k + \Omega_c \leqslant \Omega < 2\pi(k+1) - \Omega_c \end{cases}, \quad k \in \mathbb{Z}, \quad \Omega_c = \frac{7}{8}\pi。$$

插值子系统的单位冲激响应 $h_3(t) = T_s \sin(2\pi b_2 t)/(\pi t)$，$b_2 = 4\text{kHz}$。

（1）若 $x(t) = \sin 2\pi f_1 t + \cos 2\pi f_2 t + \cos 2\pi f_3 t$，$f_1 = 2\text{kHz}$，$f_2 = 3\text{kHz}$，$f_3 = 5\text{kHz}$，求输出 $y(t)$。

（2）对于任意的 $x(t)$，该系统是线性的吗？是时不变的吗？请简要说明原因。

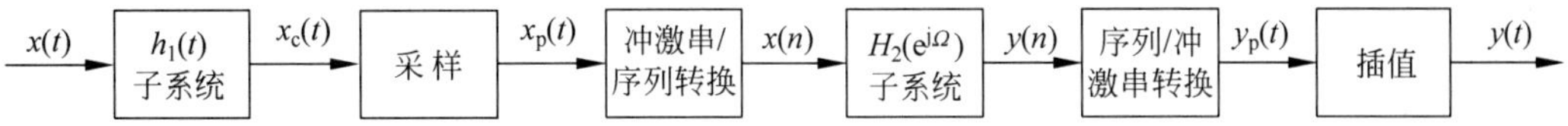

| $x(t)$ → | $h_1(t)$ 子系统 | → $x_c(t)$ | 采样 | → $x_p(t)$ | 冲激串/ 序列转换 | → $x(n)$ | $H_2(e^{j\Omega})$ 子系统 | → $y(n)$ | 序列/冲 激串转换 | → $y_p(t)$ | 插值 | → $y(t)$ |

图 12.29

解 （1）易知 $\dfrac{\sin 2\pi b_1 t}{\pi t} \leftrightarrow g_{4\pi b_1}(\omega)$，故

$$H_1(j\omega) = \frac{1}{2\pi} g_{4\pi b_1}(\omega) * g_{4\pi b_1}(\omega)。$$

$H_1(\mathrm{j}\omega)$ 如图 12.30 所示。

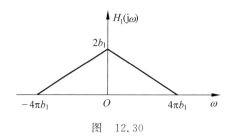

图 12.30

$x(t)$ 经过 $h_1(t)$ 子系统后，输出为

$$x_c(t) = \frac{4}{3}b_1\sin 2\pi f_1 t + b_1\cos 2\pi f_2 t + \frac{b_1}{3}\cos 2\pi f_3 t。$$

经采样及数字化后得

$$x(n) = \frac{4}{3}b_1\sin\frac{\pi}{2}n + b_1\cos\frac{3}{4}\pi n + \frac{b_1}{3}\cos\frac{3}{4}\pi n$$

$$= \frac{4}{3}b_1\sin\frac{\pi}{2}n + \frac{4}{3}b_1\cos\frac{3}{4}\pi n。$$

经数字低通滤波器 $H_2(\mathrm{e}^{\mathrm{j}\Omega})$ 滤波后得

$$y(n) = \frac{4}{3}b_1\sin\frac{\pi}{2}n + \frac{4}{3}b_1\cos\frac{3}{4}\pi n。$$

序列/冲激串转换器输出为

$$y_p(t) = \frac{4}{3}b_1\left(\sin\frac{\pi}{2}f_s t + \cos\frac{3}{4}\pi f_s t\right)\cdot\sum_{n=-\infty}^{\infty}\delta(t-nT_s),$$

$$Y_p(\mathrm{j}\omega) = \frac{1}{2\pi}\cdot\frac{4}{3}b_1\left\{\frac{\pi}{\mathrm{j}}\left[\delta\left(\omega-\frac{\pi}{2}f_s\right)-\delta\left(\omega+\frac{\pi}{2}f_s\right)\right]+\right.$$

$$\left.\pi\left[\delta\left(\omega+\frac{3}{4}\pi f_s\right)+\delta\left(\omega-\frac{3}{4}\pi f_s\right)\right]\right\}*\frac{2\pi}{T_s}\sum_{n=-\infty}^{\infty}\delta\left(\omega-\frac{2\pi}{T_s}n\right)$$

$$= \frac{1}{T_s}\cdot\frac{4}{3}b_1\left\{\frac{\pi}{\mathrm{j}}\left[\delta\left(\omega-\frac{\pi}{2}f_s\right)-\delta\left(\omega+\frac{\pi}{2}f_s\right)\right]+\right.$$

$$\left.\pi\left[\delta\left(\omega+\frac{3}{4}\pi f_s\right)+\delta\left(\omega-\frac{3}{4}\pi f_s\right)\right]\right\}*\sum_{n=-\infty}^{\infty}\delta\left(\omega-\frac{2\pi}{T_s}n\right)。$$

插值滤波器为 $H_3(\mathrm{j}\omega) = T_s\cdot g_{4\pi b_2}(\omega)$，于是

$$Y(\mathrm{j}\omega) = \frac{4}{3}b_1\left\{\frac{\pi}{\mathrm{j}}\left[\delta(\omega-2\pi f_2)-\delta(\omega+2\pi f_2)\right]+\pi\left[\delta(\omega+2\pi f_3)+\delta(\omega-2\pi f_3)\right]\right\},$$

取傅里叶逆变换得

$$y(t) = \frac{4}{3}b_1(\sin 2\pi f_2 t + \cos 2\pi f_3 t) = 4000(\sin 4000\pi t + \cos 6000\pi t)。$$

（2）该系统是线性的，因为每个环节都是线性的。但该系统是时变的，因为采样过程就是时变的。整个系统是非 LTI 的。

真题 12.11　（中国科学技术大学，2020）如图 12.31(a)所示是一语音保密通信系统，语音信号 $x(t)$ 先经加密器变为 $y(t)$，$y(t)$ 具有与 $x(t)$ 相同的频带，再经由信道传输（假设传

输是理想的)在接收端经对应的解密器解出 $x(t)$，假定 $x(t)$ 是带限于 ω_m 的实信号，$x(t)$ 对应的频谱为 $X(\omega)$，$y(t)$ 对应的频谱为 $Y(\omega)$，加密器在频域的输入-输出关系为

$$Y(\omega)=\begin{cases}X(\omega-\omega_m),&0<\omega<\omega_m\\X(\omega+\omega_m),&-\omega_m<\omega<0\end{cases}。$$

（1）若 $x(t)$ 的频谱如图 12.31(b) 所示，画出 $y(t)$ 的频谱；

（2）利用乘法器、加法器及适合的任意类型的滤波器，画出加密器的框图；

（3）利用乘法器、加法器及适合的任意类型的滤波器，画出对应解密器的框图。

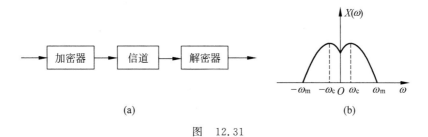

(a)　　　　　(b)

图　12.31

解　（1）$Y(\omega)$ 如图 12.32 所示。

（2）由题知，加密器为保留下边带的单边带调制，故

$$y(t)=x(t)\cos\omega_m t+\hat{x}(t)\sin\omega_m t。$$

其中，$\hat{x}(t)$ 为 $x(t)$ 的希尔伯特变换。

加密器实现框图如图 12.33 所示。

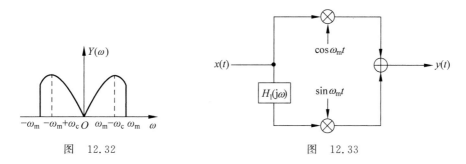

图　12.32　　　　　图　12.33

其中，$H_1(j\omega)$ 为希尔伯特变换，$H_1(j\omega)=\begin{cases}j,&\omega<0\\-j,&\omega>0\end{cases}。$

（3）解密器框图如图 12.34 所示。

其中，$H_2(j\omega)$ 为低通滤波器，频率特性如图 12.35 所示。

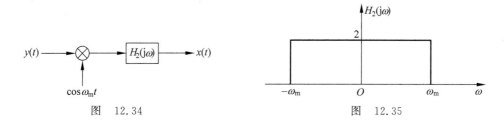

图　12.34　　　　　图　12.35

真题 12.12 (清华大学,2022)已知 $x(t)$ 的频谱图如图 12.36(a)所示,系统如图 12.36(b)所示,画出系统中 7 个点的频域图,其中 $\omega_c \gg \omega_m$,$H(j\omega)$ 为理想低通滤波器,截止频率为 $\dfrac{\omega_m}{2}$。

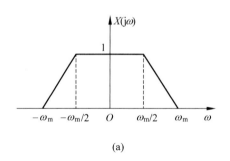

(a)

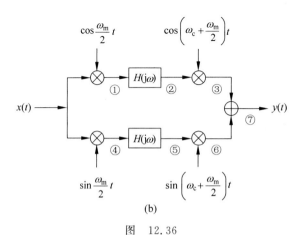

(b)

图 12.36

解 (1) $x_1(t) = x(t)\cos\dfrac{\omega_m}{2}t$,

$$X_1(j\omega) = \frac{1}{2}\left\{ X\left[j\left(\omega + \frac{\omega_m}{2} \right) \right] + X\left[j\left(\omega - \frac{\omega_m}{2} \right) \right] \right\}。$$

$X_1(j\omega)$ 如图 12.37 所示。

(2) $X_2(j\omega) = X_1(j\omega)H(j\omega)$,$X_2(j\omega)$ 如图 12.38 所示。

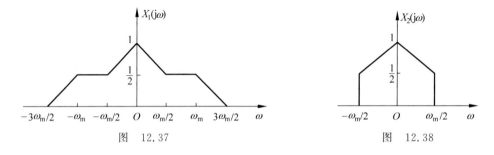

图 12.37   图 12.38

(3) $X_3(j\omega) = \dfrac{1}{2}\left\{ X_2\left[j\left(\omega + \omega_c + \dfrac{\omega_m}{2} \right) \right] + X_2\left[j\left(\omega - \omega_c - \dfrac{\omega_m}{2} \right) \right] \right\}。$

$X_3(j\omega)$ 如图 12.39 所示。

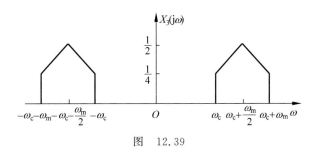

图　12.39

（4）$x_4(t)=x(t)\sin\dfrac{\omega_m}{2}t$,

$$X_4(j\omega)=\frac{1}{2\pi}\cdot X(j\omega)*\frac{\pi}{j}\left[\delta\left(\omega-\frac{\omega_m}{2}\right)-\delta\left(\omega+\frac{\omega_m}{2}\right)\right]$$

$$=\frac{1}{2j}\left\{X\left[j\left(\omega-\frac{\omega_m}{2}\right)\right]-X\left[j\left(\omega+\frac{\omega_m}{2}\right)\right]\right\}。$$

$X_4(j\omega)$如图 12.40 所示,图中$\pm\pi/2$表示相位。

（5）$X_5(j\omega)=X_4(j\omega)H(j\omega)$,$X_5(j\omega)$如图 12.41 所示。图中$\pm\pi/2$表示相位。

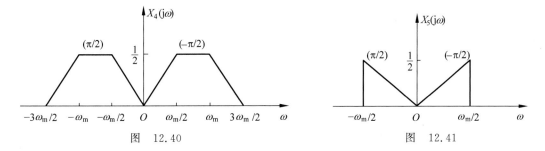

图　12.40　　　　　　　　　　图　12.41

（6）$x_6(t)=x_5(t)\sin\left(\omega_c+\dfrac{\omega_m}{2}\right)t$,

$$X_6(j\omega)=\frac{1}{2\pi}X_5(j\omega)*\frac{\pi}{j}\left[\delta\left(\omega-\omega_c-\frac{\omega_m}{2}\right)-\delta\left(\omega+\omega_c+\frac{\omega_m}{2}\right)\right]$$

$$=\frac{1}{2j}\left\{X_5\left[j\left(\omega-\omega_c-\frac{\omega_m}{2}\right)\right]-X_5\left[j\left(\omega+\omega_c+\frac{\omega_m}{2}\right)\right]\right\}。$$

$X_6(j\omega)$如图 12.42 所示。

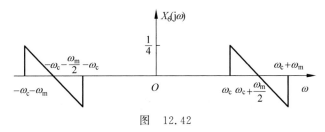

图　12.42

（7）$Y(j\omega)=X_3(j\omega)+X_6(j\omega)$,$Y(j\omega)$如图 12.43 所示。

由$Y(j\omega)$图像知,整个过程实现了上边带调制。

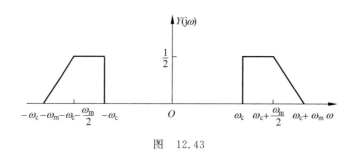

图 12.43

真题 12.13 （四川大学,2021）系统如图 12.44(a)所示,其中 $x(t)=\dfrac{\sin\omega_{\mathrm{m}}t}{\pi t}$,$\omega_{\mathrm{m}}=100\pi(\mathrm{rad/s})$,$H_1(\mathrm{j}\omega)$ 和 $p_2(t)$ 分别如图 12.44(b)和(c)所示,$T=\dfrac{1}{200}(s)$,求:

（1）A 点频谱或画出 A 点频谱图;

（2）B 点频谱或画出 B 点频谱图;

（3）$p_2(t)$ 频谱或画出 $p_2(t)$ 频谱图;

（4）是否存在子系统 $h_2(t)$,使 D 点输出 $y(t)=Kx(t)$(K 为常数)? 若存在,设计 $h_2(t)$。

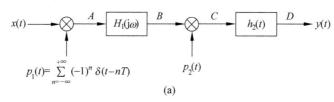

(a)

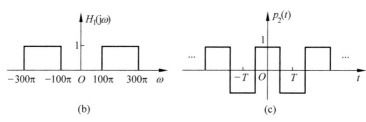

(b)   (c)

图 12.44

解 （1）$X(\mathrm{j}\omega)=g_{2\omega_{\mathrm{m}}}(\omega)=g_{200\pi}(\omega)$。

因为 $p_1(t)=\mathrm{e}^{\mathrm{j}\frac{\pi}{T}t}\displaystyle\sum_{n=-\infty}^{\infty}\delta(t-nT)$,所以

$$P_1(\mathrm{j}\omega)=\frac{2\pi}{T}\sum_{n=-\infty}^{\infty}\delta\left(\omega-\frac{2\pi}{T}n-\frac{\pi}{T}\right)=400\pi\sum_{n=-\infty}^{\infty}\delta(\omega-400\pi n-200\pi)。$$

故 A 点频谱为

$$X_A(\mathrm{j}\omega)=\frac{1}{2\pi}g_{200\pi}(\omega)*400\pi\sum_{n=-\infty}^{\infty}\delta(\omega-400\pi n-200\pi)$$

$$=200\sum_{n=-\infty}^{\infty}g_{200\pi}(\omega-400\pi n-200\pi)。$$

A 点频谱图如图 12.45 所示。

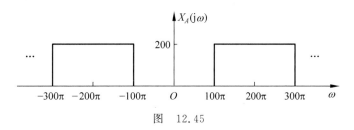

图 12.45

（2）经 $H_1(\mathrm{j}\omega)$ 滤波后，B 点频谱图如图 12.46 所示。

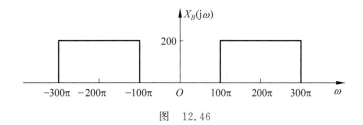

图 12.46

（3）$p_2(t) = \left[g_T(t) - g_T(t-T)\right] * \displaystyle\sum_{n=-\infty}^{\infty} \delta(t-2nT)$，其中

$$g_T(t) - g_T(t-T) \leftrightarrow (1 - \mathrm{e}^{-\mathrm{j}\omega T}) T \mathrm{Sa}\left(\frac{\omega T}{2}\right),$$

$$\sum_{n=-\infty}^{\infty} \delta(t-2nT) \leftrightarrow \frac{\pi}{T} \sum_{n=-\infty}^{\infty} \delta\left(\omega - \frac{\pi}{T}n\right).$$

故

$$P_2(\mathrm{j}\omega) = (1 - \mathrm{e}^{-\mathrm{j}\omega T}) T \mathrm{Sa}\left(\frac{\omega T}{2}\right) \cdot \frac{\pi}{T} \sum_{n=-\infty}^{\infty} \delta\left(\omega - \frac{\pi}{T}n\right)$$

$$= \pi \sum_{n=-\infty}^{\infty} \left[1 - (-1)^n\right] \mathrm{Sa}\left(\frac{\pi}{2}n\right) \cdot \delta\left(\omega - \frac{\pi}{T}n\right)$$

$$= 2\pi \sum_{n=-\infty}^{\infty} \mathrm{Sa}\left[\left(n + \frac{1}{2}\right)\pi\right] \delta\left[\omega - 200\pi(2n+1)\right].$$

（4）C 点频谱为

$$X_C(\mathrm{j}\omega) = \frac{1}{2\pi} X_B(\mathrm{j}\omega) * 2\pi \sum_{n=-\infty}^{\infty} \mathrm{Sa}\left[\left(n + \frac{1}{2}\right)\pi\right] \delta\left[\omega - 200\pi(2n+1)\right]$$

$$= \sum_{n=-\infty}^{\infty} \mathrm{Sa}\left[\left(n + \frac{1}{2}\right)\pi\right] X_B\left\{\mathrm{j}\left[\omega - 200\pi(2n+1)\right]\right\}.$$

选择 $h_2(t)$ 为一个低通滤波器，其频谱特性如下：

$$H_2(\mathrm{j}\omega) = \begin{cases} 1, & 100\pi \leqslant |\omega| \leqslant 300\pi \\ 0, & \text{其他} \end{cases},$$

可以使 D 点输出 $y(t) = Kx(t)$（K 为常数）。

真题 12.14 （重庆邮电大学,2022)在如图 12.47 所示的系统中, $f(t)=\begin{cases}2\left(1-\dfrac{|t|}{2}\right), & |t|\leqslant 2,\\ 0, & |t|>2\end{cases}$

$s(t)=\displaystyle\sum_{n=-\infty}^{\infty}\delta\left(t-\dfrac{n}{3}\right)$, 子系统 1 的频率响应为 $H_1(j\omega)=\begin{cases}1, & |\omega|<2\pi\\ 0, & |\omega|>2\pi\end{cases}$, 子系统 2 的单位

冲激响应为 $h_2(t)=\dfrac{\sin\pi t\cdot\cos 6\pi t}{\pi t}$。

(1) 求子系统 2 的频率响应 $H_2(j\omega)$;

(2) 分别画出信号 $f_1(t)$、$f_2(t)$ 和 $y(t)$ 的频谱图;

(3) 如果 $s(t)=\cos\omega_0 t$, 其中 ω_0 为常数, 子系统 2 的频率响应为

$$H_2(j\omega)=\begin{cases}e^{-j\omega t_0}, & |\omega|<\omega_c\\ 0, & |\omega|>\omega_c\end{cases}。$$

其中, ω_c 和 t_0 为常数。求虚线框内系统的单位冲激响应。

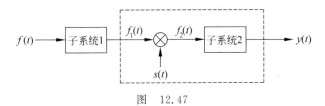

图 12.47

解 (1) $h_2(t)=\dfrac{\sin\pi t\cos 6\pi t}{\pi t}=\dfrac{1}{2}\cdot\dfrac{\sin 7\pi t-\sin 5\pi t}{\pi t}=\dfrac{1}{2}\left(\dfrac{\sin 7\pi t}{\pi t}-\dfrac{\sin 5\pi t}{\pi t}\right)$,

$$H_2(j\omega)=\dfrac{1}{2}\left[g_{14\pi}(\omega)-g_{10\pi}(\omega)\right]。$$

$H_2(j\omega)$ 如图 12.48 所示。

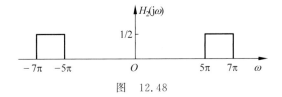

图 12.48

(2) $f(t)=g_2(t)*g_2(t)$, $F(j\omega)=[2Sa(\omega)]^2=4\,Sa^2(\omega)$。

$F_1(j\omega)=F(j\omega)H_1(j\omega)$, $F_1(j\omega)$ 如图 12.49 所示。

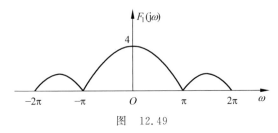

图 12.49

$$S(j\omega) = 6\pi \sum_{n=-\infty}^{\infty} \delta(\omega - 6\pi n),$$

$$F_2(j\omega) = \frac{1}{2\pi} F_1(j\omega) * S(j\omega) = 3 \sum_{n=-\infty}^{\infty} F_1[j(\omega - 6\pi n)]_{\circ}$$

$F_2(j\omega)$ 如图 12.50 所示。

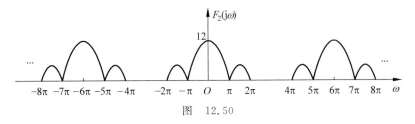

图 12.50

$Y(j\omega) = F_2(j\omega) H_2(j\omega)$，$Y(j\omega)$ 如图 12.51 所示。

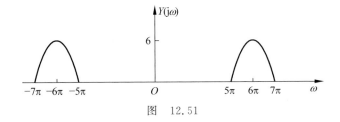

图 12.51

（3）设虚线框所组成的子系统的输入为 $f(t)$，输出为 $y(t)$。其中子系统 2 的单位冲激响应为 $h_2(t)$。

设 $T[f(t)] = y(t) = [f(t)s(t)] * h_2(t)$，显然系统是线性的。

$$T[f(t-t_0)] = [f(t-t_0)s(t)] * h_2(t), \quad y(t-t_0) = [f(t-t_0)s(t-t_0)] * h_2(t)_{\circ}$$

由于 $T[f(t-t_0)] \neq y(t-t_0)$，故系统是时变的。

由于子系统是非 LTI 的，故第（3）问无意义。

真题 12.15 （中国海洋大学，2022）傅里叶变换应用于通信系统。

如图 12.52 所示系统，$\cos\omega_0 t$ 是自激振荡器，理想低通滤波器的转移函数为

$$H_i(j\omega) = [u(\omega + 2\omega_0) - u(\omega - 2\omega_0)]e^{-j\omega t_0}, \quad \omega_0 \gg \Omega_{\circ}$$

（1）求虚框内系统的单位冲激响应 $h(t)$；

（2）若输入信号为 $e(t) = \left(\frac{\sin\Omega t}{\Omega t}\right)^2 \cos\omega_0 t$，求系统输出信号 $r(t)$；

（3）若输入信号为 $e(t) = \left(\frac{\sin\Omega t}{\Omega t}\right)^2 \sin\omega_0 t$，求系统输出信号 $r(t)$；

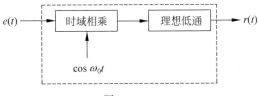

图 12.52

（4）虚框所示系统是否是线性时不变系统？说明理由。

解 （1）由于虚框中的系统不是 LTI 的，因此求单位冲激响应无意义。

（2）由基本傅里叶变换对 $\dfrac{\sin\Omega t}{\pi t}\leftrightarrow g_{2\Omega}(\omega)$，得 $\dfrac{\sin\Omega t}{\Omega t}\leftrightarrow\dfrac{\pi}{\Omega}g_{2\Omega}(\omega)$。

设 $f(t)=\left(\dfrac{\sin\Omega t}{\Omega t}\right)^2\leftrightarrow F(\mathrm{j}\omega)$，则由傅里叶变换的卷积定理得

$$F(\mathrm{j}\omega)=\frac{1}{2\pi}\cdot\frac{\pi}{\Omega}g_{2\Omega}(\omega)*\frac{\pi}{\Omega}g_{2\Omega}(\omega)=\frac{\pi}{2\Omega^2}g_{2\Omega}(\omega)*g_{2\Omega}(\omega)。$$

$F(\mathrm{j}\omega)$ 如图 12.53 所示。

易知 $e(t)$ 的频谱为

$$E(\mathrm{j}\omega)=\frac{1}{2}\{F[\mathrm{j}(\omega+\omega_0)]+F[\mathrm{j}(\omega-\omega_0)]\},$$

$E(\mathrm{j}\omega)$ 如图 12.54 所示。

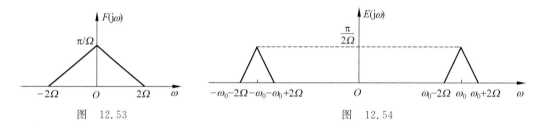

图 12.53　　　　　　　　　　图 12.54

时域相乘器对 $e(t)$ 作双边带调制，设输出为 $e_1(t)$，则

$$E_1(\mathrm{j}\omega)=\frac{1}{2}\{E[\mathrm{j}(\omega+\omega_0)]+E[\mathrm{j}(\omega-\omega_0)]\}。$$

$E_1(\mathrm{j}\omega)$ 如图 12.55 所示。

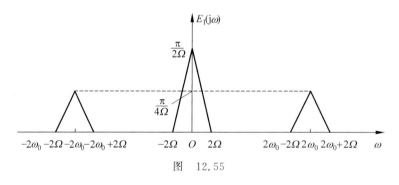

图 12.55

$e_1(t)$ 经 $H_i(\mathrm{j}\omega)$ 低通滤波后得输出 $r(t)$，故其对应的频谱为

$$R(\mathrm{j}\omega)=E_1(\mathrm{j}\omega)H_i(\mathrm{j}\omega)=R_1(\mathrm{j}\omega)\mathrm{e}^{-\mathrm{j}\omega t_0}。$$

其中，$R_1(\mathrm{j}\omega)$ 的频谱图如图 12.56 所示。

先求 $R_1(\mathrm{j}\omega)$ 的傅里叶逆变换 $r_1(t)$，则由傅里叶变换的时移性质得 $r(t)=r_1(t-t_0)$。

$R_1(\mathrm{j}\omega)$ 在从 -2Ω 到 2Ω 的频谱对应信号 $\dfrac{1}{2}f(t)$。

下面考虑 $R_1(\mathrm{j}\omega)$ 的另外两段，即 $-2\omega_0$ 到 $-2\omega_0+2\Omega$ 和 $2\omega_0-2\Omega$ 到 $2\omega_0$ 这两段频谱

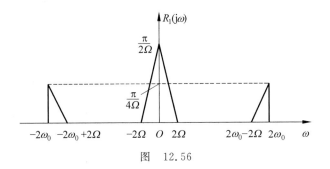

图 12.56

的傅里叶逆变换。记这部分频谱为 $R_2(\mathrm{j}\omega)$，且 $r_2(t) \leftrightarrow R_2(\mathrm{j}\omega)$。由傅里叶变换的频域微分性质得

$$-\mathrm{j}tr_2(t) \leftrightarrow R_2'(\mathrm{j}\omega) = \frac{\pi}{8\Omega^2}[g_{2\Omega}(\omega - 2\omega_0 + \Omega) - g_{2\Omega}(\omega + 2\omega_0 - \Omega)] +$$

$$\frac{\pi}{4\Omega}[\delta(\omega + 2\omega_0) - \delta(\omega - 2\omega_0)]。$$

对上式右边取傅里叶逆变换，并利用傅里叶变换的频移性质得

$$-\mathrm{j}tr_2(t) = \frac{\pi}{8\Omega^2}\left[\frac{\sin\Omega t}{\pi t}\mathrm{e}^{\mathrm{j}(2\omega_0 - \Omega)t} - \frac{\sin\Omega t}{\pi t}\mathrm{e}^{-\mathrm{j}(2\omega_0 - \Omega)t}\right] + \frac{\pi}{4\Omega}\frac{1}{2\pi}(\mathrm{e}^{-\mathrm{j}2\omega_0 t} - \mathrm{e}^{\mathrm{j}2\omega_0 t})$$

$$= \mathrm{j}\cdot\frac{1}{4\Omega^2}\cdot\frac{\sin\Omega t \cdot \sin(2\omega_0 - \Omega)t}{t} - \mathrm{j}\frac{1}{4\Omega}\sin2\omega_0 t,$$

$$r_2(t) = \frac{1}{4\Omega t}\sin2\omega_0 t - \frac{1}{4\Omega^2}\frac{\sin\Omega t \cdot \sin(2\omega_0 - \Omega)t}{t^2}$$

$$= \frac{\omega_0}{2\Omega}\mathrm{Sa}(2\omega_0 t) - \frac{2\omega_0 - \Omega}{4\Omega}\mathrm{Sa}(\Omega t)\mathrm{Sa}[(2\omega_0 - \Omega)t]。$$

最后得输出信号为

$$r(t) = \frac{1}{2}f(t - t_0) + r_2(t - t_0)$$

$$= \frac{1}{2}\mathrm{Sa}^2[\Omega(t - t_0)] + \frac{\omega_0}{2\Omega}\mathrm{Sa}[2\omega_0(t - t_0)] -$$

$$\frac{2\omega_0 - \Omega}{4\Omega}\mathrm{Sa}[\Omega(t - t_0)]\mathrm{Sa}[(2\omega_0 - \Omega)(t - t_0)]。$$

（3）设时域相乘器输出信号为 $e_1(t)$，则

$$e_1(t) = \left(\frac{\sin\Omega t}{\Omega t}\right)^2\sin\omega_0 t\cos\omega_0 t = \frac{1}{2}\cdot\left(\frac{\sin\Omega t}{\Omega t}\right)^2\sin2\omega_0 t。$$

设 $f(t) = \left(\frac{\sin\Omega t}{\Omega t}\right)^2$ 且 $f(t) \leftrightarrow F(\mathrm{j}\omega)$，则由傅里叶变换的卷积定理得

$$E_1(\mathrm{j}\omega) = \frac{1}{2\pi}\cdot\frac{1}{2}F(\mathrm{j}\omega) * \frac{\pi}{\mathrm{j}}[\delta(\omega - 2\omega_0) - \delta(\omega + 2\omega_0)]$$

$$= \frac{1}{4\mathrm{j}}\{F[\mathrm{j}(\omega - 2\omega_0)] - F[\mathrm{j}(\omega + 2\omega_0)]\}。$$

经 $H_i(\mathrm{j}\omega)$ 滤波后得输出 $r(t)$。设其频谱为

$$R(\mathrm{j}\omega) = \frac{1}{4\mathrm{j}}R_2(\mathrm{j}\omega)\mathrm{e}^{-\mathrm{j}\omega t_0},$$

其中，$R_2(\mathrm{j}\omega)$如图 12.57 所示。

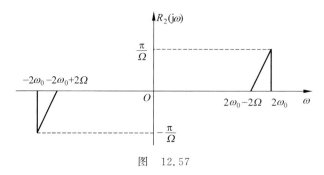

图　12.57

设 $r_2(t) \leftrightarrow R_2(\mathrm{j}\omega)$，则

$$-\mathrm{j}tr_2(t) \leftrightarrow \frac{\pi}{2\Omega^2}[g_{2\Omega}(\omega - 2\omega_0 + \Omega) + g_{2\Omega}(\omega + 2\omega_0 - \Omega)] -$$

$$\frac{\pi}{\Omega}[\delta(\omega + 2\omega_0) + \delta(\omega - 2\omega_0)],$$

$$-\mathrm{j}tr_2(t) = \frac{\pi}{2\Omega^2}\left[\frac{\sin\Omega t}{\pi t}\mathrm{e}^{\mathrm{j}(2\omega_0 - \Omega)t} + \frac{\sin\Omega t}{\pi t}\mathrm{e}^{-\mathrm{j}(2\omega_0 - \Omega)}\right] - \frac{\pi}{\Omega}\frac{1}{2\pi}(\mathrm{e}^{-\mathrm{j}2\omega_0 t} + \mathrm{e}^{\mathrm{j}2\omega_0 t})$$

$$= \frac{1}{\Omega}\cdot\frac{\sin\Omega t \cdot \cos(2\omega_0 - \Omega)t}{\Omega t} - \frac{1}{\Omega}\cos 2\omega_0 t,$$

$$r_2(t) = \mathrm{j}\cdot\left[\mathrm{Sa}(\Omega t)\frac{\cos(2\omega_0 - \Omega)t}{\Omega t} - \frac{1}{\Omega t}\cos 2\omega_0 t\right].$$

于是

$$\frac{1}{4\mathrm{j}}R_2(\mathrm{j}\omega) \leftrightarrow \frac{1}{4}\left[\mathrm{Sa}(\Omega t)\frac{\cos(2\omega_0 - \Omega)t}{\Omega t} - \frac{1}{\Omega t}\cos 2\omega_0 t\right].$$

最后考虑到 $H_i(\mathrm{j}\omega)$中 $\mathrm{e}^{-\mathrm{j}\omega t_0}$ 的时延作用，得

$$r(t) = \frac{1}{4}\left\{\mathrm{Sa}[\Omega(t - t_0)]\frac{\cos[(2\omega_0 - \Omega)(t - t_0)]}{\Omega t} - \frac{1}{\Omega t}\cos 2\omega_0(t - t_0)\right\}.$$

（4）设理想低通滤波器的单位冲激响应为 $h(t)$，则

$$r(t) = [e(t)\cos\omega_0 t] * h(t).$$

令 $T[e(t)] = r(t) = [e(t)\cos\omega_0 t] * h(t)$，则

$$T[e(t - t_0)] = [e(t - t_0)\cos\omega_0 t] * h(t),$$

$$r(t - t_0) = [e(t - t_0)\cos\omega_0(t - t_0)] * h(t).$$

由于 $T[e(t - t_0)] \neq r(t - t_0)$，故系统是时变的，所以系统不是 LTI 系统。

第13章

帕塞瓦公式及其应用

帕塞瓦公式是联系时域与频域运算的桥梁,有很明确的物理意义,即信号的能量(功率),既可以在时域计算,也可以在频域计算,两者计算的结果是相等的。

帕塞瓦公式在解题中有着重要的作用。首先,用帕塞瓦公式可以方便地计算信号的能量与功率;其次,有时某个表达式的计算难度很大,但可以根据表达式的物理意义转化为另一个易于计算的表达式,给计算带来很大的方便。

13.1 知识点

1. 信号既有连续与离散之分,又有周期与非周期之分,四者组合起来就有四类信号:连续周期信号、连续非周期信号、离散周期信号和离散非周期信号。相应地,就有四个不同形式的帕塞瓦公式,下面分别加以介绍。

2. 连续周期信号的帕塞瓦公式

设 $f_T(t)$ 为周期信号,周期为 T,是功率信号,其功率定义为

$$P = \frac{1}{T} \int_{-T/2}^{T/2} f_T^2(t) \, dt \, .$$

$f_T(t)$ 的复指数级数展开为 $f_T(t) = \sum_{n=-\infty}^{\infty} F_n e^{jn\Omega t}$,其中 $\Omega = \frac{2\pi}{T}$,

$$F_n = \frac{1}{T} \int_{-T/2}^{T/2} f(t) e^{-jn\Omega t} \, dt \, .$$

根据功率的定义及复指数函数集 $\{e^{jn\Omega t}\}$(n 为整数)的正交性可得

$$P = \frac{1}{T} \int_{-T/2}^{T/2} f_T^2(t) \, dt = \sum_{n=-\infty}^{\infty} |F_n|^2 \, . \tag{①}$$

公式①即连续周期信号的帕塞瓦公式。

3. 连续非周期信号的帕塞瓦公式

设 $f(t)$ 为非周期实信号,且绝对可积,则其傅里叶变换存在,即 $f(t) \leftrightarrow F(j\omega)$。$f(t)$ 是能量信号,其能量定义为 $E = \int_{-\infty}^{\infty} f^2(t) \, dt$。利用傅里叶逆变换公式、交换积分顺序及复数的性质可得

$$E = \int_{-\infty}^{\infty} f^2(t)\,\mathrm{d}t = \frac{1}{2\pi}\int_{-\infty}^{\infty} |F(\mathrm{j}\omega)|^2\,\mathrm{d}\omega\,。 \qquad ②$$

公式②即连续非周期信号的帕塞瓦公式。

下面的例子表明,帕塞瓦公式能进行复杂积分。

例 13.1 （自编）计算积分 $\displaystyle\int_{-\infty}^{\infty}\left[\dfrac{\pi\cos\omega}{(\pi/2)^2-\omega^2}\right]^2\mathrm{d}\omega$。

分析 观察知,积分形式为 $\displaystyle\int_{-\infty}^{\infty}|F(\mathrm{j}\omega)|^2\mathrm{d}\omega$,可联想到帕塞瓦公式

$$\int_{-\infty}^{\infty} f^2(t)\,\mathrm{d}t = \frac{1}{2\pi}\int_{-\infty}^{\infty} |F(\mathrm{j}\omega)|^2\,\mathrm{d}\omega,$$

只要求出 $f(t)$,将积分转化到时域中计算,也许十分简单。按照这个思路,先求 $F(\mathrm{j}\omega)=\dfrac{\pi\cos\omega}{(\pi/2)^2-\omega^2}$ 的傅里叶逆变换。

解
$$F(\mathrm{j}\omega)=\frac{\pi\cos\omega}{(\pi/2)^2-\omega^2}=\frac{\cos\omega}{\dfrac{\pi}{2}-\omega}+\frac{\cos\omega}{\dfrac{\pi}{2}+\omega}$$

$$=\frac{\cos\omega}{\omega+\pi/2}-\frac{\cos\omega}{\omega-\pi/2}=\frac{\sin(\omega+\pi/2)}{\omega+\pi/2}+\frac{\sin(\omega-\pi/2)}{\omega-\pi/2}$$

$$=\mathrm{Sa}(\omega)*[\delta(\omega+\pi/2)+\delta(\omega-\pi/2)]$$

$$=\frac{1}{2\pi}\cdot 2\mathrm{Sa}(\omega)*\pi[\delta(\omega+\pi/2)+\delta(\omega-\pi/2)]。$$

根据基本傅里叶变换对

$$u(t+1)-u(t-1)\leftrightarrow 2\mathrm{Sa}(\omega),\quad \cos\frac{\pi}{2}t\leftrightarrow\pi[\delta(\omega+\pi/2)+\delta(\omega-\pi/2)]$$

及傅里叶变换的卷积定理,得

$$f(t)=\cos\frac{\pi}{2}t\cdot[u(t+1)-u(t-1)]。$$

作 $f(t)$ 如图 13.1 所示。

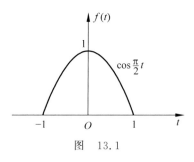

图 13.1

由帕塞瓦公式得

$$\int_{-\infty}^{\infty}\left[\frac{\pi\cos\omega}{(\pi/2)^2-\omega^2}\right]^2\mathrm{d}\omega=2\pi\int_{-1}^{1}f^2(t)\mathrm{d}t=2\pi\int_{-1}^{1}\cos^2\frac{\pi}{2}t\,\mathrm{d}t$$

$$=\pi\int_{-1}^{1}(1+\cos\pi t)\mathrm{d}t=2\pi。$$

4. 离散周期信号(序列)的帕塞瓦公式

设离散序列 $f_N(n)$ 以 N 为周期,则其 DFS 展开为

$$f_N(n) = \frac{1}{N} \sum_{k=0}^{N-1} F_N(k) e^{j\Omega nk},$$

其中, $F_N(k) = \sum_{k=0}^{N-1} f_N(n) e^{-j\frac{2\pi}{N}nk}$, $\Omega = \frac{2\pi}{N}$ 。

$f_N(n)$ 是功率信号,其功率定义为 $P = \sum_{n=0}^{N-1} f_N^2(n)$ 。根据功率的定义及复指数函数集 $\{e^{j\Omega nk}\}$ $(n = 0, 1, \cdots, N-1)$ 的正交性不难得到

$$P = \sum_{n=0}^{N-1} f_N^2(n) = \frac{1}{N} \sum_{k=0}^{N-1} |F_N(k)|^2 。 \qquad ③$$

公式③即离散序列的帕塞瓦公式。

5. 离散非周期信号(序列)的帕塞瓦公式

设 $f(n)$ 为非周期实序列,且绝对可和,则其 DTFT 存在,即 $f(n) \leftrightarrow F(e^{j\omega})$ 。 $f(n)$ 是能量信号,其能量定义为 $E = \sum_{n=-\infty}^{\infty} f^2(n)$ 。利用 DTFT 的逆变换(IDTFT)公式、交换求和顺序及复数的性质,得

$$E = \sum_{n=-\infty}^{\infty} f^2(n) = \frac{1}{2\pi} \int_{-\pi}^{\pi} |F(e^{j\omega})|^2 d\omega 。 \qquad ④$$

公式④即离散非周期信号的帕塞瓦公式。

例 13.2　(自编)计算 $\sum_{n=-\infty}^{\infty} \left(\dfrac{\sin \frac{\pi}{3} n}{\pi n} \right)^2$ 。

解　易知 $\dfrac{\sin \frac{\pi}{3} n}{\pi n} \leftrightarrow g_{2\pi/3}(\omega)$, $|\omega| \leqslant \pi$ 。由帕塞瓦公式得

$$\sum_{n=-\infty}^{\infty} \left(\frac{\sin \frac{\pi}{3} n}{\pi n} \right)^2 = \frac{1}{2\pi} \int_{-\pi}^{\pi} |g_{2\pi/3}(\omega)|^2 d\omega = \frac{1}{2\pi} \cdot \frac{2\pi}{3} = \frac{1}{3} 。$$

6. 对离散周期信号 $f_N(n)$ 有另一种级数展开式,即

$$f_N(n) = \sum_{k=0}^{N-1} C_k e^{j\Omega nk},$$

其中, $\Omega = \dfrac{2\pi}{N}$, $C_k = \dfrac{1}{N} \sum_{n=0}^{N-1} f_N(n) e^{-j\Omega nk}$ 。

在作信号的谱分析时, C_k 是需要频繁计算的量,为简洁起见,令 $F_N(k) = NC_k$,于是得到 DFS 变换对

$$\begin{cases} F_N(k) = \sum_{n=0}^{N-1} f_N(n) e^{-j\Omega nk} \\ f_N(n) = \dfrac{1}{N} \sum_{k=0}^{N-1} F_N(k) e^{j\Omega nk} \end{cases} 。$$

当取离散周期信号 $f_N(n)$ 变换对为

$$\begin{cases} C_k = \dfrac{1}{N}\sum_{n=0}^{N-1} f_N(n)e^{-j\Omega nk} \\[2mm] f_N(n) = \sum_{k=0}^{N-1} C_k e^{j\Omega nk} \end{cases}$$

时,对应的帕塞瓦公式为

$$P = \frac{1}{N}\sum_{n=0}^{N-1} f_N(n) = \sum_{k=0}^{N-1} |C_k|^2 \text{。}$$

13.2 考研真题解析

真题 13.1 (中国科学技术大学,2005)已知连续时间信号 $x(t) = \dfrac{\sin 2\pi(10^3 t-1)}{2\pi(t-10^{-3})} \times$

$\cos 2\pi \times 10^6 t(\text{mA})$,若它是能量信号,试求其能谱密度函数和它在单位电阻上消耗的能量;
若它是功率信号,则求其功率谱密度函数和它在单位电阻上消耗的平均功率。

解 $x(t) = \dfrac{\sin[2\pi \times 10^3(t-10^{-3})]}{2\pi(t-10^{-3})}\cos(2\pi \times 10^6 t)(\text{mA})$

$\qquad\quad = \dfrac{\sin[2\pi \times 10^3(t-10^{-3})]}{2\pi \times 10^3(t-10^{-3})} \cdot \cos(2\pi \times 10^6 t)(\text{A})\text{。}$

令 $x_1(t) = \dfrac{\sin[2\pi \times 10^3(t-10^{-3})]}{2\pi \times 10^3(t-10^{-3})}$,易知

$$X_1(j\omega) = \frac{1}{2}\times 10^{-3} g_{4\pi \times 10^3}(\omega) \cdot e^{-j10^{-3}\omega}\text{。}$$

于是,

$$X(j\omega) = \frac{1}{2}\{X_1[j(\omega+2\pi \times 10^6)] + X_1[j(\omega-2\pi \times 10^6)]\}\text{。}$$

作 $|X(j\omega)|$ 如图 13.2 所示。

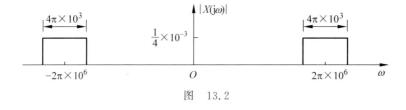

图 13.2

$x(t)$是能量信号,它在单位电阻上消耗的能量为

$$E = \frac{1}{2\pi}\int_{-\infty}^{\infty} |X(j\omega)|^2 d\omega = \frac{1}{2\pi}\times\left(\frac{1}{4}\times 10^{-3}\right)^2 \times 4\pi \times 10^3 \times 2\text{J} = \frac{1}{4}\times 10^{-3}\text{J}\text{。}$$

真题 13.2 (中国科学技术大学,2021)信号 $x(t) = \left(\dfrac{\sin\pi t}{\pi t}\right)^2$,试求对 $x(t)$采样的奈奎

斯特间隔 T_s 以及能量 E_x。

解 易知 $\dfrac{\sin\pi t}{\pi t}=\mathrm{Sa}(\pi t)\leftrightarrow g_{2\pi}(\omega)$，故

$$X(\mathrm{j}\omega)=\dfrac{1}{2\pi}g_{2\pi}(\omega)*g_{2\pi}(\omega)。$$

$X(\mathrm{j}\omega)$ 为图 13.3 所示的等腰三角形。

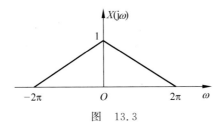

图 13.3

由于 $\omega_{\mathrm{m}}=2\pi,\omega_{\mathrm{s}}=4\pi$，故 $T_{\mathrm{s}}=\dfrac{2\pi}{\omega_{\mathrm{s}}}=0.5\mathrm{s}$。

由帕塞瓦公式，能量为

$$E_x=\dfrac{1}{2\pi}\int_{-\infty}^{\infty}\mid X(\mathrm{j}\omega)\mid^2\mathrm{d}\omega=\dfrac{1}{\pi}\int_{0}^{2\pi}\left(1-\dfrac{\omega}{2\pi}\right)^2\mathrm{d}\omega=\dfrac{2}{3}。$$

第14章

能量与功率的计算

信号与系统课程主要研究两种信号：能量信号和功率信号。能量有限的信号称为能量信号，功率有限的信号称为功率信号。能量信号的功率为零，功率信号的能量为无穷大。

$\delta(t)$ 既不是能量信号也不是功率信号。

14.1 知识点

1. 连续的复能量信号 $f(t)$，其能量定义为

$$E = \int_{-\infty}^{\infty} \mid f(t) \mid^2 \mathrm{d}t \, 。$$

如果 $f(t)$ 是实信号，则定义为 $E = \int_{-\infty}^{\infty} f^2(t) \mathrm{d}t \, 。$

2. 帕塞瓦公式是计算能量的强大工具。设 $f(t) \leftrightarrow F(\mathrm{j}\omega)$，则帕塞瓦公式为

$$E = \int_{-\infty}^{\infty} \mid f(t) \mid^2 \mathrm{d}t = \frac{1}{2\pi} \int_{-\infty}^{\infty} \mid F(\mathrm{j}\omega) \mid^2 \mathrm{d}\omega \, 。$$

其物理意义是：信号的能量既可以在时域计算，也可以在频域计算，两者计算的结果是相同的。

当频率用自然频率 f 表示而不是角频率 ω 表示时，能量的频域计算公式为

$$E = \int_{-\infty}^{\infty} \mid F(\mathrm{j}2\pi f) \mid^2 \mathrm{d}f \, 。$$

3. 计算信号的能量时，选择较易计算的公式，若时域计算简单就用时域公式计算，若频域计算简单就用频域公式计算。

4. 有时一个表达式的物理意义体现在时域(频域)计算信号的能量，但计算很困难甚至是不可能的，这时往往转化到频域(时域)中计算，会发现很简单。

由于帕塞瓦公式中含有 $F(\mathrm{j}\omega)$，所以要求熟练计算 $f(t)$ 的傅里叶变换或者 $F(\mathrm{j}\omega)$ 的傅里叶逆变换 $f(t)$。

5. 对离散的复能量信号 $f(n)$，其能量的定义式为 $E = \sum_{n=-\infty}^{\infty} \mid f(n) \mid^2$。如果 $f(n)$ 是

实序列,则定义式为 $E = \sum\limits_{n=-\infty}^{\infty} f^2(n)$。

6. 离散能量信号也有帕塞瓦公式。设 $f(n) \leftrightarrow F(\mathrm{e}^{\mathrm{j}\omega})$,则帕塞瓦公式为

$$E = \sum_{n=-\infty}^{\infty} |f(n)|^2 = \frac{1}{2\pi}\int_{-\pi}^{\pi} |F(\mathrm{e}^{\mathrm{j}\omega})|^2 \mathrm{d}\omega。$$

其物理意义与连续能量信号完全相同。

与连续信号类似,我们应选择易于计算的时域或频域计算公式,或者将一个不易计算的离散信号的能量转化到另一个域中计算。

7. 连续功率信号的功率定义式为

$$P = \lim_{T\to 0} \frac{1}{2T}\int_{-T}^{T} |f(t)|^2 \mathrm{d}t。$$

对于连续周期信号 $f_T(t)$,T 为周期,$f_T(t)$ 的复指数级数展开为

$$f_T(t) = \sum_{n=-\infty}^{\infty} F_n \mathrm{e}^{\mathrm{j}n\Omega t}, \quad \Omega = \frac{2\pi}{T},$$

则有帕塞瓦公式

$$P = \frac{1}{T}\int_{-T/2}^{T/2} |f_T(t)|^2 \mathrm{d}t = \sum_{n=-\infty}^{\infty} |F_n|^2。$$

8. 离散功率信号的功率定义式为

$$P = \lim_{N\to\infty} \frac{1}{2N+1}\sum_{n=-N}^{N} |f(n)|^2。$$

对于离散周期信号 $\tilde{f}_N(n)$,N 为周期,$\tilde{f}_N(n)$ 的 DFS 展开式为

$$\tilde{f}_N(n) = \sum_{k=0}^{N-1} C_k \mathrm{e}^{\mathrm{j}\frac{2\pi}{N}nk},$$

其中,$C_k = \frac{1}{N}\sum_{k=0}^{N-1} \tilde{f}_N(n)\mathrm{e}^{-\mathrm{j}\frac{2\pi}{N}nk}$,则有帕塞瓦公式

$$P = \frac{1}{N}\sum_{n=0}^{N-1} |f(n)|^2 = \sum_{k=0}^{N-1} C_k^2。$$

9. 信号 $f(t) = A\cos(\omega_0 t + \varphi_0)$ 的功率为 $P = \frac{A^2}{2}$。由于 $f(t)$ 的周期为 $T = \frac{2\pi}{\omega_0}$,故

$$P = \frac{1}{T}\int_{-T/2}^{T/2} f^2(t)\mathrm{d}t = \frac{1}{T}\int_{-T/2}^{T/2} A^2\cos^2(\omega_0 t + \varphi_0)\mathrm{d}t$$

$$= \frac{A^2}{2T}\int_{-T/2}^{T/2}[1 + \cos(2\omega_0 t + 2\varphi_0)]\mathrm{d}t = \frac{A^2}{2}。$$

10. 信号 $f_n(t) = F_n \mathrm{e}^{\mathrm{j}n\Omega t}$,$\Omega = \frac{2\pi}{T}$ 的功率为 $P_n = |F_n|^2$,

$$P_n = \frac{1}{T}\int_{-T/2}^{T/2} |F_n \mathrm{e}^{\mathrm{j}n\Omega t}|^2 \mathrm{d}t = |F_n|^2。$$

11. 设两个周期为 T 的实周期信号 $f_1(t)$ 和 $f_2(t)$,它们的功率分别为 P_1 和 P_2,且两信号在 $[-T/2, T/2]$ 上正交,则和信号 $f(t) = f_1(t) + f_2(t)$ 的功率 P 为两正交信号功率

之和,即 $P = P_1 + P_2$。因为

$$P_1 = \frac{1}{T}\int_{-T/2}^{T/2} f_1^2(t)\,\mathrm{d}t, \quad P_2 = \frac{1}{T}\int_{-T/2}^{T/2} f_2^2(t)\,\mathrm{d}t,$$

故

$$P = \frac{1}{T}\int_{-T/2}^{T/2}\left[f_1(t)+f_2(t)\right]^2\mathrm{d}t$$

$$= \frac{1}{T}\int_{-T/2}^{T/2} f_1^2(t)\,\mathrm{d}t + \frac{1}{T}\int_{-T/2}^{T/2} f_2^2(t)\,\mathrm{d}t + \frac{2}{T}\int_{-T/2}^{T/2} f_1(t)f_2(t)\,\mathrm{d}t$$

$$= P_1 + P_2。$$

以上用到了 $f_1(t)$ 与 $f_2(t)$ 之间的正交性:$\int_{-T/2}^{T/2} f_1(t)f_2(t)\,\mathrm{d}t = 0$。

12. 设 $f_1(t)=A_1\cos(\omega_1 t+\varphi_1)$,$f_2(t)=A_2\cos(\omega_2 t+\varphi_2)$,它们的功率分别为 P_1 和 P_2。令 $f(t)=f_1(t)+f_2(t)$,$f(t)$ 的功率为 P,则有 $0 \leqslant P \leqslant (\sqrt{P_1}+\sqrt{P_2})^2$。

(1) 当 $f_1(t)=-f_2(t)$ 时,$P=0$;

(2) 当 $f_1(t)/f_2(t)=$ 正常数时,$P=(\sqrt{P_1}+\sqrt{P_2})^2$;

(3) 当 $f_1(t)$ 与 $f_2(t)$ 正交时,$P=P_1+P_2$。

(1)和(3)是显然的,下面对(2)稍加说明。

为了讨论的方便,设 $\dfrac{\omega_1}{\omega_2}=$ 有理数,因此 $f(t)$ 为周期信号,且周期为 T。

$$P = \frac{1}{T}\int_{-T/2}^{T/2}\left[f_1(t)+f_2(t)\right]^2\mathrm{d}t$$

$$= \frac{1}{T}\int_{-T/2}^{T/2} A_1^2\cos^2(\omega_1 t+\varphi_1)\,\mathrm{d}t + \frac{1}{T}\int_{-T/2}^{T/2} A_2^2\cos^2(\omega_2 t+\varphi_2)\,\mathrm{d}t +$$

$$\frac{2}{T}\int_{-T/2}^{T/2} A_1 A_2\cos(\omega_1 t+\varphi_1)\cos(\omega_2 t+\varphi_2)\,\mathrm{d}t$$

$$\leqslant \frac{A_1^2}{2}+\frac{A_2^2}{2}+A_1 A_2 = \left(\frac{A_1}{\sqrt{2}}+\frac{A_2}{\sqrt{2}}\right)^2 = (\sqrt{P_1}+\sqrt{P_2})^2。$$

当 $\omega_1=\omega_2$,$\varphi_1=\varphi_2$ 时取等号,即 $P=(\sqrt{P_1}+\sqrt{P_2})^2$。

例 14.1 (自编)设正弦信号 $f_1(t)$ 和 $f_2(t)$ 的功率分别为 9 和 16,则两信号之和 $f(t)=f_1(t)+f_2(t)$ 的功率不可能为(　　)。

A. 1　　　　　　　　B. 25　　　　　　　　C. 30　　　　　　　　D. 50

分析　$f(t)$ 的功率只可能在 1~49,故 D 不可能,选 D。

14.2　考研真题解析

真题 14.1　(重庆邮电大学,2020)已知信号 $f(t)$ 的频谱如图 14.1 所示。

(1) 求信号的总能量 E;

(2) 计算 $\int_{-\infty}^{\infty} tf(t)\mathrm{e}^{\mathrm{j}\frac{1}{2}t}\,\mathrm{d}t$ 的值。

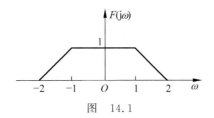

图 14.1

解 （1）$E = \dfrac{1}{2\pi}\displaystyle\int_{-2}^{2}\mid F(\mathrm{j}\omega)\mid^{2}\mathrm{d}\omega = \dfrac{1}{\pi}\int_{0}^{2}\mid F(\mathrm{j}\omega)\mid^{2}\mathrm{d}\omega$

$$= \dfrac{1}{\pi}\left[\int_{0}^{1}1\cdot\mathrm{d}\omega + \int_{1}^{2}(2-\omega)^{2}\mathrm{d}\omega\right] = \dfrac{4}{3\pi}.$$

（2）易知 $tf(t)\mathrm{e}^{\mathrm{j}\frac{t}{2}}\leftrightarrow\mathrm{j}F'\left[\mathrm{j}\left(\omega-\dfrac{1}{2}\right)\right]$，故 $\displaystyle\int_{-\infty}^{\infty}tf(t)\mathrm{e}^{\mathrm{j}\frac{t}{2}}\mathrm{d}t = 0$。

真题 14.2 （南京航空航天大学，2020）已知一个用包络检波解调的正弦调制的调幅信号为

$$x(t) = A_0[1 + m\cos(\Omega t + \varphi)]\cos(\omega_{\mathrm{c}}t + \varphi)。$$

其中 m 称为_____，平均功率 $\overline{P} = $ _____，最大功率 $P_{\mathrm{m}} = $ _____。

答案 调幅系数，$\left(\dfrac{1}{2} + \dfrac{m^2}{4}\right)A_0^2$，$\dfrac{3}{4}A_0^2$。

解 $x(t) = A_0\left(\cos(\omega_{\mathrm{c}}t + \varphi) + \dfrac{m}{2}\{\cos[(\Omega + \omega_{\mathrm{c}})t + 2\varphi] + \cos(\Omega - \omega_{\mathrm{c}})t\}\right)$。

由于 $x(t)$ 包含 ω_{c}、$\Omega + \omega_{\mathrm{c}}$、$\omega_{\mathrm{c}} - \Omega$ 等三个不同频率的信号，故

$$\overline{P} = A_0^2\left[\dfrac{1}{2} + \dfrac{1}{2}\cdot\left(\dfrac{m}{2}\right)^2\cdot 2\right] = A_0^2\left(\dfrac{1}{2} + \dfrac{m^2}{4}\right)。$$

由于要用包络检波解调，调制时不能产生过调幅，m 的最大值为 1，所以最大功率为

$$P_{\mathrm{m}} = \dfrac{3}{4}A_0^2。$$

真题 14.3 （重庆邮电大学，2022）$F(\mathrm{j}\omega)$ 是信号 $f(t)$ 的傅里叶变换，且

$$F(\mathrm{j}\omega) = \mid F(\mathrm{j}\omega)\mid \mathrm{e}^{\mathrm{j}\varphi(\omega)}，\quad \mid F(\mathrm{j}\omega)\mid = \pi\mathrm{e}^{-\mid\omega\mid}，\quad \varphi(\omega) = -\omega。$$

（1）求 $f(t)$ 的偶分量；

（2）计算该信号的能量。

解 （1）$F(\mathrm{j}\omega) = \pi\mathrm{e}^{-\mid\omega\mid}\mathrm{e}^{-\mathrm{j}\omega}$。

易知 $\dfrac{1}{t^2 + 1}\leftrightarrow\pi\mathrm{e}^{-\mid\omega\mid}$，故 $f(t) = \dfrac{1}{(t-1)^2 + 1}$。

$$f_{\mathrm{e}}(t) = \dfrac{1}{2}[f(t) + f(-t)] = \dfrac{1}{2}\left[\dfrac{1}{(t-1)^2 + 1} + \dfrac{1}{(t+1)^2 + 1}\right]。$$

（2）$E = \dfrac{1}{2\pi}\displaystyle\int_{-\infty}^{\infty}\mid F(\mathrm{j}\omega)\mid^2\mathrm{d}\omega = \dfrac{1}{2\pi}\int_{-\infty}^{\infty}\pi^2\mathrm{e}^{-2\mid\omega\mid}\mathrm{d}\omega = \pi\int_{0}^{\infty}\mathrm{e}^{-2\omega}\mathrm{d}\omega = \dfrac{\pi}{2}$

真题 14.4 （浙江大学，2021）一个连续时间信号 $x(t)$ 的能量能否用其样值 $x(n) = x(nT)$ 来计算？如可以，请给出其要满足的条件以及计算公式；如不能，请说明理由。

分析 本题考查连续信号与离散序列的帕塞瓦定理，以及连续信号与其采样序列的傅

里叶变换(频谱)之间的关系。若一个连续信号的频谱不是带限的,即频谱是无限的,那么无论如何采样都要产生频谱混叠,因此在模拟域计算的能量和数字域计算的能量不相等。若信号是带限的,且采样率满足奈奎斯特采样定理,这时数字序列的频谱不会产生混叠,且模拟信号的频谱和数字序列的频谱在$[-\pi,\pi]$内形状完全相同,仅相差一个常数增益。

解 如上分析,当$x(t)$不是带限信号时,$x(t)$的能量不能用$x(n)$来计算。当$x(t)$是带限信号时,其频率满足$|\Omega|\leqslant\Omega_{\mathrm{m}}$,且采样满足奈奎斯特采样定理,即$\Omega_{\mathrm{m}}\leqslant\dfrac{\Omega_{\mathrm{s}}}{2}$,则$x(t)$的能量可以用$x(n)$的能量来计算。推导如下。

设$x(t)\leftrightarrow X(\mathrm{j}\Omega)$,$x(n)\leftrightarrow X(\mathrm{e}^{\mathrm{j}\omega})$,由帕塞瓦公式得

$$E_1=\int_{-\infty}^{\infty}x^2(t)\mathrm{d}t=\frac{1}{2\pi}\int_{-\frac{1}{2}\Omega_{\mathrm{s}}}^{\frac{1}{2}\Omega_{\mathrm{s}}}|X(\mathrm{j}\Omega)|^2\mathrm{d}\Omega,$$

$$E_2=\sum_{n=-\infty}^{\infty}x^2(n)=\frac{1}{2\pi}\int_{-\pi}^{\pi}|X(\mathrm{e}^{\mathrm{j}\omega})|^2\mathrm{d}\omega。$$

$X(\mathrm{j}\Omega)$与$X(\mathrm{e}^{\mathrm{j}\omega})$之间的关系为

$$X(\mathrm{e}^{\mathrm{j}\omega})=\frac{1}{T}\sum_{n=-\infty}^{\infty}X\left[\mathrm{j}\left(\Omega-\frac{2\pi}{T}n\right)\right]\Bigg|_{\Omega=\frac{\omega}{T}}=\frac{1}{T}\sum_{n=-\infty}^{\infty}X\left(\mathrm{j}\frac{\omega-2\pi n}{T}\right)。$$

故

$$E_1=\frac{1}{2\pi}\int_{-\frac{1}{2}\Omega_{\mathrm{s}}}^{\frac{1}{2}\Omega_{\mathrm{s}}}|X(\mathrm{j}\Omega)|^2\mathrm{d}\Omega\xrightarrow{\Omega=\frac{\omega}{T}}\frac{1}{2\pi}\int_{-\pi}^{\pi}\left|X\left(\mathrm{j}\frac{\omega}{T}\right)\right|^2\frac{\mathrm{d}\omega}{T},\qquad ①$$

$$E_2=\frac{1}{2\pi}\int_{-\pi}^{\pi}\left|\frac{1}{T}X\left(\mathrm{j}\frac{\omega}{T}\right)\right|^2\mathrm{d}\omega=\frac{1}{2\pi}\int_{-\pi}^{\pi}\left|X\left(\mathrm{j}\frac{\omega}{T}\right)\right|^2\frac{\mathrm{d}\omega}{T^2}。\qquad ②$$

对比式①和式②,可知$E_1=T\cdot E_2$。

真题 14.5 (福州大学,2022)已知信号$f(t)=6\cos10\pi t\cdot u(t)-4\sin\left(20\pi t-\dfrac{\pi}{5}\right)u(t)$。

分别求该信号的

(1)自相关函数;

(2)功率谱;

(3)总功率。

注:带$u(t)$的,算出来之后比不带的少一半。

解 (1)$R(\tau)=\lim\limits_{T\to\infty}\dfrac{1}{T}\int_{-T/2}^{T/2}f(t)f(t-\tau)\mathrm{d}t$。

为表示简洁,令$g(t)=6\cos10\pi t-4\sin\left(20\pi t-\dfrac{\pi}{5}\right)$。

当$\tau\geqslant0$时,

$$R(\tau)=\lim_{T\to\infty}\frac{1}{T}\int_{-\frac{T}{2}}^{\frac{T}{2}}g(t)g(t-\tau)\mathrm{d}t=\lim_{T\to\infty}\frac{1}{T}(18\cos10\pi\tau+8\cos20\pi\tau)\left(\frac{T}{2}-\tau\right)$$

$$=9\cos10\pi\tau+4\cos20\pi\tau。$$

同理,当$\tau<0$时,也有

$$R(\tau)=9\cos10\pi\tau+4\cos20\pi\tau。$$

故
$$R(\tau) = 9\cos10\pi\tau + 4\cos20\pi\tau, \quad -\infty < \tau < \infty。$$

（2）$p(\omega) = F\{R(\tau)\}$
$$= 9\pi[\delta(\omega+10\pi)+\delta(\omega-10\pi)] + 4\pi[\delta(\omega+20\pi)+\delta(\omega-20\pi)]。$$

（3）$P = \dfrac{1}{2\pi}\displaystyle\int_{-\infty}^{\infty} p(\omega)\,\mathrm{d}\omega = \dfrac{1}{2\pi}(9\pi+4\pi)\times 2 = 13。$

第15章

奈奎斯特采样定理及其应用

奈奎斯特采样定理在模拟信号的数字化中起着重要的桥梁作用,为数字时代的来临奠定了坚实的理论基础,包含了丰富的时频分析思想与方法。

15.1 知识点

1. 对连续信号 $f(t)$ 的采样,理论分析上一般都采取理想采样,即将 $f(t)$ 与理想周期冲激信号 $\delta_T(t)$ 相乘得采样信号 $f_s(t)$:

$$f_s(t) = f(t) \cdot \delta_T(t) = f(t) \cdot \sum_{n=-\infty}^{\infty} \delta(t - nT)$$

$$= \sum_{n=-\infty}^{\infty} f(nT)\delta(t - nT)。$$

其中,T 为采样周期,$f_s = \dfrac{1}{T}$ 为采样频率。

在实际中,理想采样是无法实现的,一般采用非理想的采样,如零阶保持采样等。不管采取哪种采样,当满足一定的条件时,都能从采样信号中恢复原来的模拟信号,即不失真还原。

2. 为了避免采样时出现频率混叠,连续信号的频率必须限制在一定的范围,即 $|\omega| \leqslant \omega_m$ 或 $|f| \leqslant f_m$,这时 $f(t)$ 称为带限信号。但实际的连续信号都不是带限的,因此在对连续信号采样之前,通常要对它进行低通滤波,以限制其带宽。这个过程称为抗混叠滤波。

抗混叠滤波会损失少量高频信息,但不作抗混叠滤波会产生信号恢复的失真。

3. 对带限信号 $f(t)$ 进行理想冲激采样,采样信号是对连续信号的频谱进行周期搬移,即

$$f_s(t) = f(t) \cdot \delta_T(t) \leftrightarrow$$

$$F_s(j\omega) = \frac{1}{2\pi} F(j\omega) * \Omega_s \sum_{n=-\infty}^{\infty} \delta(\omega - n\Omega_s) = \frac{1}{T} \sum_{n=-\infty}^{\infty} F[j(\omega - n\Omega_s)]。$$

其中,$\Omega_s = \dfrac{2\pi}{T}$ 为采样角频率。

4. 由于 $F_s(j\omega)$ 是对 $F(j\omega)$ 进行周期平移再叠加而成,为了避免产生频率混叠,采样频率必须满足 $\Omega_s \geq 2\omega_m$ 或 $f_s \geq 2f_m$,或者采样时间间隔满足 $T \leq \dfrac{\pi}{\omega_m}$。在接收端进行连续信号的恢复时,只需将 $n=0$ 的那部分频谱进行过滤,并乘以增益 T 即可,即

$$F(j\omega) = F_s(j\omega) \cdot H_{LP}(j\omega)。$$

其中,$H_{LP}(j\omega) = \begin{cases} T, & |\omega| \leq \omega_m \\ 0, & \text{其他} \end{cases}$ 为理想低通滤波器。

注意,在奈奎斯特采样定理的表述中,有的教材对采样频率的限制是 $\Omega_s \geq 2\omega_m$ 或 $f_s \geq 2f_m$,有的则是 $\Omega_s > 2\omega_m$ 或 $f_s > 2f_m$,前者是假设理想的低通滤波器能够实现,后者是为了留有保护频带,使得低通滤波器更容易实现。

5. 除时域采样定理,还有频域采样定理,但频域采样定理在解题过程中应用并不多。

6. 有些重要结论在做题时经常要用到,但教材上一般没有介绍,需要同学们自己补充推导。下面讨论两个信号 $f_1(t)$ 和 $f_2(t)$ 乘积 $g(t) = f_1(t)f_2(t)$ 的频谱范围。

首先证明一个简单结论。

结论 1 若

$$f_1(t) \leftrightarrow F_1(j\omega), \quad \omega_1 \leq \omega \leq \omega_2; \qquad f_2(t) \leftrightarrow F_2(j\omega), \quad \omega_3 \leq \omega \leq \omega_4,$$

则

$$g(t) = f_1(t)f_2(t) \leftrightarrow G(j\omega), \quad \omega_1 + \omega_3 \leq \omega \leq \omega_2 + \omega_4。$$

即两个频带限制在一段有限范围内的信号之积的频谱的上、下截止频率分别为原来两个信号上、下截止频率之和。

注意:此时 $f_1(t)$ 和 $f_2(t)$ 不一定是实信号,仅当 $F_1(j\omega)$ 和 $F_2(j\omega)$ 的幅频特性关于 ω 为偶对称,相频特性关于 ω 为奇对称时,两个信号才是实的。

证明　由傅里叶变换卷积定理,

$$G(j\omega) = \frac{1}{2\pi} F_1(j\omega) * F_2(j\omega)$$

$$= \frac{1}{2\pi} \int_{-\infty}^{\infty} F_1(j\lambda) F_2[j(\omega - \lambda)] d\lambda$$

$$= \frac{1}{2\pi} \int_{\omega_1}^{\omega_2} F_1(j\lambda) F_2[j(\omega - \lambda)] d\lambda。$$

由于 $\omega_1 \leq \lambda \leq \omega_2$,故 $\omega - \omega_2 \leq \omega - \lambda \leq \omega - \omega_1$。显然,仅当 $\omega - \omega_2 > \omega_4$ 或 $\omega - \omega_1 < \omega_3$,即 $\omega > \omega_2 + \omega_4$ 或 $\omega < \omega_1 + \omega_3$ 时,$G(j\omega) = 0$,故 $G(j\omega)$ 的频谱范围为

$$\omega_1 + \omega_3 \leq \omega \leq \omega_2 + \omega_4。$$

推论 1　若 $f(t) \leftrightarrow F(j\omega), |\omega| \leq \omega_m$,则 $g(t) = f^2(t) \leftrightarrow G(j\omega), |\omega| \leq 2\omega_m$。

结论 1 中令 $f_1(t) = f_2(t) = f(t)$,$\omega_1 = \omega_3 = -\omega_m$,$\omega_2 = \omega_4 = \omega_m$ 即可。

推论 1 表明,带限信号的平方所得信号的带宽将加倍。

推论 2　若

$$f_1(t) \leftrightarrow F_1(j\omega), \quad |\omega| \leq \omega_1; \qquad f_2(t) \leftrightarrow F_2(j\omega), \quad |\omega| \leq \omega_2,$$

则

$$g(t) = f_1(t)f_2(t) \leftrightarrow G(j\omega), \quad |\omega| \leq \omega_1 + \omega_2。$$

结论 1 中令 $\omega_1 = -\omega_1, \omega_2 = \omega_1, \omega_3 = -\omega_2, \omega_4 = \omega_2$ 即可。

推论 2 表明，两个带限信号之积的带宽为两个信号带宽之和；一个带限信号的 n 次方的带宽是原带宽的 n 倍。

显然，推论 1 是推论 2 的特例。

对于两个带通信号，即频率范围为大于零的某个有限区间，它们之积的频谱范围有如下结论。

结论 2 若

$$f_1(t) \leftrightarrow F_1(j\omega), \quad 0 < \omega_1 \leqslant |\omega| \leqslant \omega_2;$$
$$f_2(t) \leftrightarrow F_2(j\omega), \quad 0 < \omega_3 \leqslant |\omega| \leqslant \omega_4;$$
$$g(t) = f_1(t)f_2(t) \leftrightarrow G(j\omega),$$

则根据 ω_1、ω_2、ω_3、ω_4 相对取值的不同，$G(j\omega)$ 的频谱有两段或一段。一般性的讨论很复杂，也没有必要。

7. 特别要注意，奈奎斯特采样定理只适用于带限的连续信号，即频率范围从 0 到 ω_m 的信号。若信号是窄带信号，即带宽相对于中心频率很小的信号，这时若采用奈奎斯特采样定理，采样频率将会很高，造成实现的困难，这时必须采取带通采样定理，采样频率大约只需要带宽的 2 倍即可。

带通采样定理

设模拟带通信号的频带限制在 ω_L 和 ω_H 之间，信号带宽 $B = \omega_H - \omega_L$，则此模拟带通信号不发生频谱混叠的最小采样频率 ω_s 满足 $\omega_s = 2B\left(1 + \dfrac{k}{n}\right)$，其中 B 为带宽，n 为 $\dfrac{\omega_H}{\omega_L}$ 的整数部分，k 为 $\dfrac{\omega_H}{\omega_L}$ 的小数部分，$0 \leqslant k < 1$。

当中心频率 $\dfrac{\omega_L + \omega_H}{2}$ 很大而 B 很小时，带通采样频率 $2B\left(1 + \dfrac{k}{n}\right)$ 远低于奈奎斯特采样频率 $2\omega_H$。

15.2 考研真题解析

真题 15.1 （中国科学技术大学，2005）已知 $x(t)$ 是最高频率为 4kHz 的连续时间带限信号。

(1) 若对 $x(t)$ 进行平顶抽样获得的已抽样信号 $x_p(t)$ 如图 15.1 所示，试求由 $x_p(t)$ 恢复出 $x(t)$ 的重构滤波器的频率响应 $H_L(\omega)$，并概画出其幅频响应和相频响应；

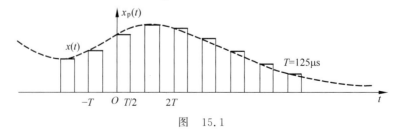

图 15.1

（2）在（1）小题求得的重构滤波器为什么不可实现？为实现无失真恢复原信号，需对抽样频率和重构滤波器频率响应 $H_L(\omega)$ 作怎样的修改？

解 （1）显然采样率满足奈奎斯特采样定理，不会产生频谱混叠。平顶抽样信号 $x_p(t)$ 可以表示为

$$x_p(t) = \sum_{n=-\infty}^{\infty} x(nT) g_{T/2}\Big(t - \frac{T}{4} - nT\Big)$$

$$= g_{T/2}\Big(t - \frac{T}{4}\Big) * \Big[x(t) \sum_{n=-\infty}^{\infty} \delta(t - nT)\Big].$$

由于

$$x(t) \cdot \sum_{n=-\infty}^{\infty} \delta(t - nT) \leftrightarrow \frac{1}{2\pi} X(j\omega) * \frac{2\pi}{T} \sum_{n=-\infty}^{\infty} \delta\Big(\omega - n \frac{2\pi}{T}\Big)$$

$$= \frac{1}{T} \sum_{n=-\infty}^{\infty} X\Big[j\Big(\omega - n \cdot \frac{2\pi}{T}\Big)\Big],$$

故

$$x_p(j\omega) = \frac{T}{2} \mathrm{Sa}\Big(\frac{T}{4}\omega\Big) e^{-j\frac{T}{4}\omega} \cdot \frac{1}{T} \sum_{n=-\infty}^{\infty} X\Big[j\Big(\omega - n \cdot \frac{2\pi}{T}\Big)\Big]$$

$$= \frac{1}{2} \sum_{n=-\infty}^{\infty} \mathrm{Sa}\Big(\frac{T}{4}\omega\Big) e^{-j\frac{T}{4}\omega} X\Big[j\Big(\omega - n \cdot \frac{2\pi}{T}\Big)\Big].$$

于是，重构滤波器只需将 $n=0$ 的那一部分频谱

$$X_{p0}(j\omega) = \frac{1}{2} \mathrm{Sa}\Big(\frac{T}{4}\omega\Big) e^{-j\frac{T}{4}\omega} X(j\omega)$$

过滤恢复即可，于是重构滤波器 $H_L(j\omega)$ 为

$$H_L(j\omega) = \frac{2e^{j\frac{T}{4}\omega}}{\mathrm{Sa}\Big(\frac{T}{4}\omega\Big)}, \quad |\omega| \leqslant \frac{\pi}{T}.$$

幅频特性为

$$|H_L(j\omega)| = \frac{2}{\mathrm{Sa}\Big(\frac{T}{4}\omega\Big)}, \quad |\omega| \leqslant \frac{\pi}{T},$$

相频特性为 $\varphi(\omega) = \frac{T}{4}\omega$。

作幅频特性与相频特性分别如图 15.2（a）和（b）所示。

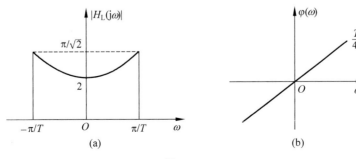

图 15.2

（2）重构滤波器不能实现,因为：①过渡带为零；②相频特性斜率为正,系统是非因果的。

修改如下：①提高采样频率 f_s,使得重构滤波器有一个过渡带；②幅频特性不变,相频特性改为 0,即

$$H_L(j\omega) = \frac{2}{Sa\left(\frac{T}{4}\omega\right)}, \quad |\omega| \leqslant \pi f_s。$$

真题 15.2 （中国科学技术大学,2007）已知 $x_c(t)$ 是一个带限为 ω_m 的带限信号,即 $x_c(t) \overset{F}{\leftrightarrow} X_c(j\omega) = 0, |\omega| > \omega_m$,并假设 $x_c(t)$ 的频谱为 $X_c(j\omega) = 1, |\omega| < \omega_m$。现有 4 个连续时间信号分别为：

A. $x_1(t) = x_c(t) + x_c\left(t - \frac{\pi}{\omega_m}\right)$；

B. $x_2(t) = R_x(t)$（即 $x_c(t)$ 的自相关函数）；

C. $x_3(t) = x_c^2(t)$；

D. $x_4(t) = x_1(t)\cos 5\omega_m t$,其中 $x_1(t)$ 见 A。

（1）试分别概画出 $x_i(t)$ 的幅度频谱 $|X_i(j\omega)|, i = 1,2,3,4$；并分别求出在对这 4 个信号进行抽样时,可选用的最大抽样间隔 $T_{i\max}, i = 1,2,3,4$。

（2）分别按上面确定的最大抽样间隔 $T_{i\max}$,对 $x_i(t), i = 1,2,3,4$ 进行理想冲激串抽样,得到已抽样信号 $x_{pi}(t), i = 1,2,3,4$。试概画出 $x_{pi}(t), i = 1,2,3,4$ 的幅度频谱 $|X_{pi}(j\omega)|, i = 1,2,3,4$。

解 （1）$X_1(j\omega) = X_c(j\omega) + e^{-j\frac{\pi}{\omega_m}\omega} X_c(j\omega) = e^{-j\frac{\pi}{2\omega_m}\omega} 2\cos\frac{\pi}{2\omega_m}\omega \cdot X_c(j\omega)$,

$$|X_1(j\omega)| = 2X_c(j\omega)\cos\frac{\pi}{2\omega_m}\omega。$$

$|X_1(j\omega)|$ 如图 15.3 所示。

$x_1(t)$ 的最大抽样间隔为 $T_{1\max} = \frac{\pi}{\omega_m}$。

$$x_2(t) = x_c(t) * x_c(-t), \quad X_2(j\omega) = X_c(j\omega) \cdot X_c(-j\omega) = g_{2\omega_m}(\omega)。$$

$|X_2(j\omega)|$ 如图 15.4 所示。

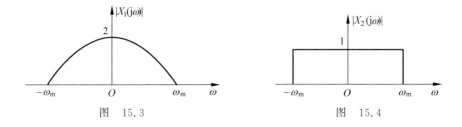

图 15.3   图 15.4

$x_2(t)$ 的最大抽样间隔为 $T_{2\max} = \frac{\pi}{\omega_m}$。

$$X_3(j\omega) = \frac{1}{2\pi}X_c(j\omega) * X_c(j\omega)。$$

$|X_3(j\omega)|$ 如图 15.5 所示。

$x_3(t)$ 的最大抽样间隔为 $T_{3\max}=\dfrac{\pi}{2\omega_m}$。

$$X_4(j\omega)=\frac{1}{2}\{X_1[j(\omega+5\omega_m)]+X_1[j(\omega-5\omega_m)]\}。$$

$|X_4(j\omega)|$ 如图 15.6 所示。

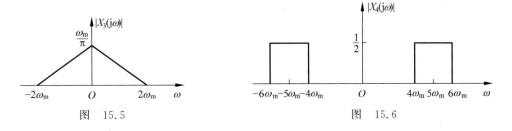

图 15.5   图 15.6

由带通采样定理，$\omega_s=4\omega_m$，故 $x_4(t)$ 的最大抽样间隔为

$$T_{4\max}=\frac{2\pi}{4\omega_m}=\frac{\pi}{2\omega_m}。$$

(2) $x_{pi}(t)=x_i(t)\cdot\displaystyle\sum_{n=-\infty}^{\infty}\delta(t-nT_{i\max})$，

$$X_{p_i}(j\omega)=\frac{1}{2\pi}\cdot X_i(j\omega)*\frac{2\pi}{T_{i\max}}\sum_{n=-\infty}^{\infty}\delta\left(\omega-n\cdot\frac{2\pi}{T_{i\max}}\right)$$

$$=\frac{1}{T_{i\max}}\sum_{n=-\infty}^{\infty}X_i\left[j\left(\omega-n\cdot\frac{2\pi}{T_{i\max}}\right)\right]。$$

故 $|X_{p_i}(j\omega)|(i=1,2,3,4)$ 分别如图 15.7(a)~(d)所示。

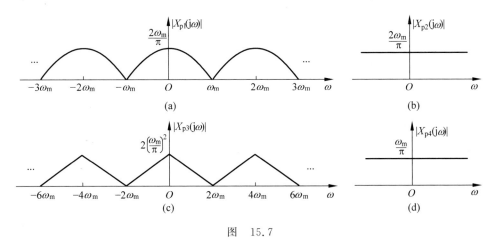

图 15.7

真题 15.3 （中国科学技术大学，2010）计算对连续时间信号 $\mathrm{Sa}^2(\omega_0 t)$ 进行采样的奈奎斯特间隔 T_s。

解 由 $\mathrm{Sa}\left(\dfrac{\tau}{2}t\right)\leftrightarrow\dfrac{2\pi}{\tau}g_\tau(\omega)$，令 $\tau=2\omega_0$，得 $\mathrm{Sa}(\omega_0 t)\leftrightarrow\dfrac{\pi}{\omega_0}g_{2\omega_0}(\omega)$。

由于 $\mathrm{Sa}^2(\omega_0 t)$ 的最高角频率 $\omega_\mathrm{m}=2\omega_0$，故 $T_\mathrm{s}=\dfrac{2\pi}{2\omega_\mathrm{m}}=\dfrac{\pi}{2\omega_0}$。

真题 15.4　（中国科学技术大学，2015）试画出信号 $x(t)=\dfrac{\sin(\pi t/2)}{\pi t}+\dfrac{\sin(\pi t/2-\pi)}{\pi t-2\pi}$ 的幅度频谱曲线 $|X(\mathrm{j}\omega)|$ 和相位频谱曲线 $\varphi(\omega)$，并求出对这个信号进行采样的奈奎斯特间隔 T_s。

解　易知

$$\frac{\sin(\pi t/2)}{\pi t}\leftrightarrow g_\pi(\omega)，\qquad \frac{\sin(\pi t/2-\pi)}{\pi t-2\pi}=\frac{\sin\dfrac{\pi}{2}(t-2)}{\pi(t-2)}\leftrightarrow \mathrm{e}^{-\mathrm{j}2\omega}g_\pi(\omega)，$$

于是

$$X(\mathrm{j}\omega)=(1+\mathrm{e}^{-\mathrm{j}2\omega})g_\pi(\omega)=\mathrm{e}^{-\mathrm{j}\omega}\cdot 2\cos\omega\cdot g_\pi(\omega)。$$

$$|X(\mathrm{j}\omega)|=\begin{cases}2\cos\omega，& |\omega|<\dfrac{\pi}{2}，\\ 0，& \text{其他}\end{cases}\qquad \varphi(\omega)=-\omega。$$

幅频图和相频图略。

由于 $\omega_\mathrm{m}=\dfrac{\pi}{2}$，故 $T_\mathrm{s}=\dfrac{2\pi}{2\omega_\mathrm{m}}=2\mathrm{s}$。

真题 15.5　（中国科学技术大学，2016）对信号 $x(t)=\left(\dfrac{\sin 5\pi t}{\pi t}\right)^2$ 进行采样的奈奎斯特频率 ω_s 和奈奎斯特间隔 T_s 是多少？

解　易知 $\dfrac{\sin 5\pi t}{\pi t}\leftrightarrow g_{10\pi}(\omega)$。

$X(\mathrm{j}\omega)=\dfrac{1}{2\pi}\cdot g_{10\pi}(\omega)*g_{10\pi}(\omega)$，其最高角频率 $\omega_\mathrm{m}=10\pi$，故

$$\omega_\mathrm{s}=2\omega_\mathrm{m}=20\pi，\qquad T_\mathrm{s}=\frac{2\pi}{\omega_\mathrm{s}}=0.1\mathrm{s}。$$

真题 15.6　（四川大学，2021）对信号 $x(t)$ 理想抽样的奈奎斯特频率为 200π，则对 $x(t)*x(t/2)$ 理想抽样的奈奎斯特频率为_____。

解　由题知，$x(t)$ 的最高（角）频率为 100π，故 $x(t/2)$ 的最高频率为 50π，$x(t)*x(t/2)$ 的最高频率为 50π，故其奈奎斯特频率为 100π。

真题 15.7　（清华大学，2022）$\mathrm{Sa}(100t)+\mathrm{Sa}^2(60t)$ 的奈奎斯特频率为_____ Hz。

解　$\omega_{1\mathrm{m}}=100，\omega_{2\mathrm{m}}=120，\omega_\mathrm{m}=120，f=\dfrac{2\omega_\mathrm{m}}{2\pi}=\dfrac{120}{\pi}$。

第16章

周期序列的离散傅里叶级数及其应用

前面学过的连续周期信号的傅里叶级数(CFS)和连续非周期信号的傅里叶变换(FT),是两种基本的傅里叶分析。与 CFS 和 FT 对应的分别是周期序列的离散傅里叶级数(DFS)和非周期序列的离散傅里叶变换(DTFT),也是两种基本的傅里叶分析。后续专题要讲到的离散傅里叶变换(DFT)并不是一种基本的傅里叶分析,只是一种将 DFS 和 DTFT 结合起来进行信号频谱分析的工具。

DFS 处于一种很尴尬的地位:信号与系统和数字信号处理两门课程都讲 DFS,因此讲信号与系统的教师把 DFS 推给数字信号处理,而讲数字信号处理的教师又会说 DFS 在信号与系统中讲过,就不多讲了。解决的办法是:两门课由同一名教师讲授。

16.1 知识点

1. 四种基本的傅里叶分析(CFS、FT、DFS 和 DTFT)之间有着紧密的联系,但由于各种原因,它们都不能利用计算机分析信号的频谱,只有 DFT 才是可以利用计算机进行信号频谱分析的切实可行的方法。只有深刻理解这四种基本的傅里叶分析之间的关系,理解 DFS 和 DTFT 是如何相结合创造出 DFT 分析的,才能正确理解利用 DFT 进行频谱分析的原理,并理解存在的问题及解决的办法。

DFS 是引进 DFT 概念的关键,同时 DFS 本身也有着重要的应用。

2. 与 CFS 类似,DFS 是将周期为 N 的序列 $f_N(n)$ 展开为虚指数信号 $e^{jk\Omega n}$ 之和,其中 $\Omega = \dfrac{2\pi}{N}$ 称为基波数字角频率。由于 $e^{j(k+lN)\Omega n} = e^{jk\Omega n}$,即 $e^{jk\Omega n}$ 以 N 为周期,故取第一个周期 $k = 0, 1, \cdots, N-1$,则 $f_N(n)$ 可以展开为

$$f_N(n) = \sum_{k=0}^{N-1} C_k e^{jk\Omega n} = \sum_{k=0}^{N-1} C_k e^{jk\frac{2\pi}{N}n}。$$

式中,C_k 为 DFS 系数,其推导与 CFS 中的 F_n 非常类似,

$$C_k = \frac{1}{N} \sum_{k=0}^{N-1} f_N(n) e^{-jk\Omega n}。$$

对比 CFS 与 DFS 两个级数,可以发现两者的形式极其类似,见表 16.1。

表 16.1

CFS	DFS
连续周期信号 $f_T(t)$	周期序列 $f_N(n)$
$f_T(t+nT)=f_T(t)$	$f_N(k+lN)=f_N(k)$
$f_T(t)=\sum\limits_{n=-\infty}^{\infty}F_n \mathrm{e}^{\mathrm{j}n\frac{2\pi}{T}t}$	$f_N(n)=\sum\limits_{k=0}^{N-1}C_k \mathrm{e}^{\mathrm{j}k\frac{2\pi}{N}n}$
$F_n=\dfrac{1}{T}\displaystyle\int_{-T/2}^{T/2}f_T(t)\mathrm{e}^{-\mathrm{j}n\frac{2\pi}{T}t}\mathrm{d}t$	$C_k=\dfrac{1}{N}\displaystyle\sum_{k=0}^{N-1}f_N(n)\mathrm{e}^{-\mathrm{j}k\frac{2\pi}{N}n}$

注意：DFS 系数 C_k 与离散傅里叶系数 $F_N(k)$ 之间的关系为 $C_k=\dfrac{1}{N}F_N(k)$，其中

$$F_N(k)=\sum_{k=0}^{N-1}f_N(n)\mathrm{e}^{-\mathrm{j}k\frac{2\pi}{N}n}$$

为 $f_N(n)$ 在主值区间上的 N 个点 $\{f_N(0),f_N(1),\cdots,f_N(N-1)\}$ 的 DFT，再以 N 为周期延拓而成。C_k 与 $f_N(k)$ 相差一个系数 $\dfrac{1}{N}$，这样做的好处是：在 DFT 分析中以正变换为主，可以少写一个因子 $\dfrac{1}{N}$，显然更简洁一些。

3. 下面的例子选自文献[1]中习题 4.53，注意计算的是 $F_N(k)$，而不是 C_k。

例 16.1 求下列离散周期信号的傅里叶系数。

(1) $f(n)=\sin\dfrac{\pi}{6}(n-1)$；

(2) $f(n)=\left(\dfrac{1}{2}\right)^n$，$0\leqslant n\leqslant 3$，$N=4$。

解 (1) 显然 $N=12$，故

$$F_N(k)=\sum_{n=0}^{11}f(n)\mathrm{e}^{-\mathrm{j}\frac{\pi}{6}nk}=\sum_{n=0}^{11}\frac{1}{2\mathrm{j}}\left[\mathrm{e}^{\mathrm{j}\frac{\pi}{6}}\mathrm{e}^{\mathrm{j}\frac{\pi}{6}(1-k)n}-\mathrm{e}^{-\mathrm{j}\frac{\pi}{6}}\mathrm{e}^{-\mathrm{j}\frac{\pi}{6}(1+k)n}\right]$$

$$=\begin{cases}6\mathrm{e}^{-\mathrm{j}\frac{2}{3}\pi}, & k=1\\6\mathrm{e}^{\mathrm{j}\frac{2}{3}\pi}, & k=11\\0, & k=0,2,\cdots,9,10\end{cases}。$$

若计算 C_k，则

$$C_k=\frac{1}{12}F_N(k)。$$

(2) $F_N(k)=\sum\limits_{n=0}^{3}\left(\dfrac{1}{2}\right)^n\mathrm{e}^{-\mathrm{j}\frac{\pi}{2}nk}=\sum\limits_{n=0}^{3}\left(\dfrac{1}{2}\mathrm{e}^{-\mathrm{j}\frac{\pi}{2}k}\right)^n$

$$=\frac{1-\left(\dfrac{1}{2}\mathrm{e}^{-\mathrm{j}\frac{\pi}{2}k}\right)^4}{1-\dfrac{1}{2}\mathrm{e}^{-\mathrm{j}\frac{\pi}{2}k}}=\frac{15}{16}\cdot\frac{1}{1-\dfrac{1}{2}\mathrm{e}^{-\mathrm{j}\frac{\pi}{2}k}}。$$

若计算 C_k，则

$$C_k = \frac{1}{4} F_N(k) = \frac{15}{64} \cdot \frac{1}{1 - \frac{1}{2} \mathrm{e}^{-\mathrm{j}\frac{\pi}{2}k}}。$$

4. 下面的例子是简单的 DFS 展开,虽然简单,却极有用处。

例 16.2　周期序列 $\tilde{x}(n)$ 满足 $\tilde{x}(n) = \begin{cases} 1, & n = mN \\ 0, & n \neq mN \end{cases}$,其中 N 为正整数,m 为整数,试求 $\tilde{x}(n)$ 的表达式。

解　$\tilde{x}(n)$ 是以 N 为周期的周期序列,其在主值区间 $[0, N-1]$ 上的值为 $\{1, 0, \cdots, 0\}$,$\tilde{x}(n)$ 的 DFS 展开为

$$\tilde{x}(n) = \frac{1}{N} \sum_{k=0}^{N-1} \tilde{X}(k) \mathrm{e}^{\mathrm{j}\frac{2\pi}{N}nk}。$$

其中,$\tilde{X}(k) = \sum_{n=0}^{N-1} \tilde{x}(n) \mathrm{e}^{-\mathrm{j}\frac{2\pi}{N}nk} = 1$,故

$$\tilde{x}(n) = \frac{1}{N} \sum_{k=0}^{N-1} \mathrm{e}^{\mathrm{j}\frac{2\pi}{N}nk},$$

即所求 $\tilde{x}(n)$ 的表达式。

作为特例,当 $N = 2$ 时,

$$\tilde{x}(n) = \frac{1}{2}[1 + (-1)^n];$$

当 $N = 3$ 时,

$$\tilde{x}(n) = \frac{1}{3}(1 + \mathrm{e}^{\mathrm{j}2\pi n/3} + \mathrm{e}^{\mathrm{j}4\pi n/3})。$$

这个简单的周期序列在实际中有着重要的应用,见下面的例子。

例 16.3　序列 $y(n)$ 的 DTFT 为 $Y(\mathrm{e}^{\mathrm{j}\omega})$,由 $y(n)$ 构造另一个序列

$$y_1(n) = \begin{cases} y(n), & n/3 \text{ 为整数} \\ 0, & n/3 \text{ 不为整数} \end{cases},$$

即 $y_1(n)$ 是 $y(n)$ 将序号为 3 的整数倍的点保持不变,而将其他点全部置为零所形成的新序列。试求 $y_1(n)$ 的 DTFT 表达式 $Y_1(\mathrm{e}^{\mathrm{j}\omega})$,并用 $Y(\mathrm{e}^{\mathrm{j}\omega})$ 表示。

解　由例 16.2 可知,$y_1(n) = \tilde{x}(n) y(n)$,其中

$$\tilde{x}(n) = \frac{1}{3}(1 + \mathrm{e}^{\mathrm{j}2\pi n/3} + \mathrm{e}^{\mathrm{j}4\pi n/3})。$$

于是,

$$y_1(n) = \frac{1}{3}(1 + \mathrm{e}^{\mathrm{j}2\pi n/3} + \mathrm{e}^{\mathrm{j}4\pi n/3}) \cdot y(n)。$$

由 DTFT 的调制性质得

$$Y_1(\mathrm{e}^{\mathrm{j}\omega}) = \frac{1}{3}\{Y(\mathrm{e}^{\mathrm{j}\omega}) + Y[\mathrm{e}^{\mathrm{j}(\omega-2\pi/3)}] + Y[\mathrm{e}^{\mathrm{j}(\omega-4\pi/3)}]\}。$$

即 $Y_1(\mathrm{e}^{\mathrm{j}\omega})$ 可以由 $Y(\mathrm{e}^{\mathrm{j}\omega})$ 及其移位频谱 $Y[\mathrm{e}^{\mathrm{j}(\omega-2\pi/3)}]$,$Y[\mathrm{e}^{\mathrm{j}(\omega-4\pi/3)}]$ 三者的加权合成得到。

16.2 考研真题解析

真题 16.1 (中国科学技术大学,2003)某数字滤波器的框图如图 16.1(a)所示,试求它的系统函数 $H(z)$ 及其收敛域,写出系统零、极点,并回答它是 IIR 还是有限冲激响应(FIR)滤波器。进一步,求出它对如图 16.1(b)所示的周期输入信号 $\tilde{x}(n)$ 的响应或输出 $y(n)$。

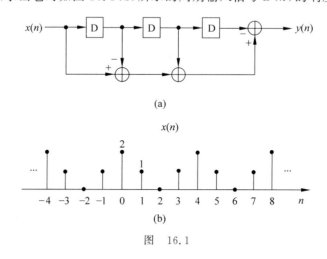

图 16.1

解 由梅森公式得 $H(z)=1-z^{-1}+z^{-2}-z^{-3},|z|>0$。

零点为 $\pm j,1$,极点为 $0(3$ 阶)。

由于系统没有反馈回路,故是 FIR 滤波器。

由图 16.1 知,$\tilde{x}(n)$ 的周期为 4,主值区间为 $\{2,1,0,1\}$,其 DFS 展开为

$$\tilde{x}(n)=\frac{1}{4}(4+2e^{j\frac{2\pi}{4}n}+2e^{j\frac{2\pi}{4}\cdot 3n})=1+\cos\frac{\pi}{2}n。$$

系统的频率响应为

$$H(e^{j\omega})=H(z)\Big|_{z=e^{j\omega}}=1-e^{-j\omega}+e^{-j2\omega}-e^{-j3\omega}。$$

由于 $H(e^{j0})=H(e^{j\pi/2})=0$,故 $y(n)=0$。

第17章

拉氏变换及其逆变换的计算

为什么要引入拉氏变换呢？有如下几个理由：

（1）傅里叶变换是一种全局变换，它不能处理含初始条件的问题；而拉氏变换的定义中天然地含有初始状态，因而能处理含有初始条件的问题。

（2）傅里叶变换要求的条件较为苛刻，有很多信号的傅里叶变换不存在，给解决问题带来很大的限制。拉氏变换是傅里叶变换的推广，是一种特殊的傅里叶变换，拉氏变换的应用范围更广、更灵活。

（3）拉氏变换将微分方程变成代数方程，给计算带来很大的方便。特别是对于复杂的电网络，转化为线性代数方程组后，能使用计算机进行复杂计算。

（4）由拉氏变换建立起系统函数的概念，很好地描述了系统的外部特征，是研究模拟LTI系统的强大工具。

17.1 知识点

1. 有时信号 $f(t)$ 的傅里叶变换不存在，但 $f(t)$ 乘以一个指数因子 $e^{-\sigma t}$（σ 为实数）后，傅里叶变换就存在了，即

$$\int_{-\infty}^{\infty} \left[f(t) e^{-\sigma t} \right] e^{-j\omega t} \, dt = \int_{-\infty}^{\infty} f(t) e^{-(\sigma+j\omega)t} \, dt$$

存在。令

$$F_b(s) = \int_{-\infty}^{\infty} f(t) e^{-st} \, dt,$$

其中，$s = \sigma + j\omega$，称 $F_b(s)$ 为 $f(t)$ 的双边拉氏变换。

2. 在实际中遇到的信号 $f(t)$ 总是存在时间起点的，将这个时间起点设为 $t = 0$，而 $t < 0$ 的所有作用效果等效为信号的初始状态 $f(0_-)$，这时拉氏变换定义为

$$F(s) = \int_{0_-}^{\infty} f(t) e^{-st} \, dt,$$

称为单边拉氏变换。

信号与系统课程主要研究单边拉氏变换，偶尔也用到双边拉氏变换。

3. 求拉氏变换时,写上收敛域是一个好习惯,但若信号是因果的,则收敛域是 s 平面上某条竖直线的右边区域,这时收敛域常常忽略不写。

4. 学习拉氏变换,熟练掌握拉氏变换的 9 条性质(文献[1])至关重要。这 9 条性质不能死记硬背,而要能独立地推导,因为:

(1) 能独立推导的话则一般能牢固地记忆,即使偶有遗忘,也能临时推导出来;

(2) 推导过程本身包含很多证明或计算的解题技巧。

5. 学习拉氏变换的性质,要对照傅里叶变换的性质一起学习,注意两者之间的异同,以达到事半功倍的效果。

傅里叶变换不需要讨论收敛域,而拉氏变换的各种性质需讨论收敛域。一般来说,两个信号作相加或卷积运算,和信号或卷积信号的收敛域为两个信号各自拉氏变换的收敛域的交集,但有时收敛域会在交集基础上扩大,这是因为两信号相加或卷积时,它们的拉氏变换的零极点可能相互抵消,由于极点减少了,收敛域可能扩大。对于拉氏变换的时域微分性质也有类似的情形。

6. 傅里叶变换有对称性和相关定理,拉氏变换则没有;拉氏变换有初值定理和终值定理,傅里叶变换则没有。

傅里叶变换的时移性质中,信号可以右移,也可以左移,但拉氏变换中的信号只能右移。因为如果左移的话,部分 $t>0$ 的信号将移到 $t<0$ 的区间,这样作单边拉氏变换时,会丢失一部分信息。

例 17.1 (自编)设 $t_0>0$,分别求下列信号的(单边)拉氏变换:

(1) $f_1(t)=\cos\omega_0(t-t_0)\cdot u(t-t_0)$;

(2) $f_2(t)=\cos\omega_0(t-t_0)\cdot u(t)$;

(3) $f_3(t)=\cos\omega_0(t+t_0)\cdot u(t)$;

(4) $f_4(t)=\cos\omega_0 t\cdot u(t-t_0)$;

(5) $f_5(t)=\cos\omega_0 t\cdot u(t+t_0)$。

解 (1) 因为 $\cos\omega_0 t\cdot u(t)\leftrightarrow\dfrac{s}{s^2+\omega_0^2}$,由拉氏变换的时移性质得

$$F_1(s)=\frac{s\,\mathrm{e}^{-st_0}}{s^2+\omega_0^2},\quad \mathrm{Re}\{s\}>0。$$

(2) $f_2(t)=(\cos\omega_0 t\cos\omega_0 t_0+\sin\omega_0 t\sin\omega_0 t_0)u(t)$
$=\cos\omega_0 t_0\cos\omega_0 t\cdot u(t)+\sin\omega_0 t_0\sin\omega_0 t\cdot u(t)$,

由基本拉氏变换对

$$\cos\omega_0 t\cdot u(t)\leftrightarrow\frac{s}{s^2+\omega_0^2},\quad \sin\omega_0 t\cdot u(t)\leftrightarrow\frac{\omega_0}{s^2+\omega_0^2},$$

得

$$F_2(s)=\frac{s\cos\omega_0 t_0+\omega_0\sin\omega_0 t_0}{s^2+\omega_0^2},\quad \mathrm{Re}\{s\}>0。$$

(3) 同样可得

$$F_3(s)=\frac{s\cos\omega_0 t_0-\omega_0\sin\omega_0 t_0}{s^2+\omega_0^2},\quad \mathrm{Re}\{s\}>0。$$

（4）$\cos\omega_0 t \cdot u(t-t_0) = \cos[\omega_0(t-t_0) + \omega_0 t_0] \cdot u(t-t_0)$

$$= [\cos\omega_0(t-t_0)\cos\omega_0 t_0 - \sin\omega_0(t-t_0)\sin\omega_0 t_0]u(t-t_0)$$

$$= \cos\omega_0 t_0 \cos\omega_0(t-t_0)u(t-t_0) - \sin\omega_0 t_0 \sin\omega_0(t-t_0)u(t-t_0),$$

利用基本拉氏变换对及拉氏变换的时移性质得

$$F_4(s) = \cos\omega_0 t_0 \cdot \frac{s\,\mathrm{e}^{-st_0}}{s^2 + \omega_0^2} - \sin\omega_0 t_0 \cdot \frac{\omega_0 \mathrm{e}^{-st_0}}{s^2 + \omega_0^2}, \quad \mathrm{Re}\{s\} > 0_\circ$$

（5）$f_5(t)$ 与 $\cos\omega_0 t \cdot u(t)$ 的拉氏变换相同，故

$$F_5(s) = \frac{s}{s^2 + \omega_0^2}, \quad \mathrm{Re}\{s\} > 0_\circ$$

注：以下两个基本变换对

$$\cos\omega_0 t \cdot u(t) \leftrightarrow \frac{s}{s^2 + \omega_0^2}, \quad \sin\omega_0 t \cdot u(t) \leftrightarrow \frac{\omega_0}{s^2 + \omega_0^2}$$

容易混淆，只要记住口诀"偶对奇，奇对偶"，就不会混淆，如图 17.1 所示。

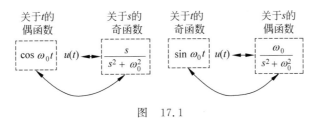

图 17.1

7. 傅里叶变换和拉氏变换都有时域微积分性质和频域微积分性质。相对来说，微分性质的形式较为简单，推导也更容易，因而便于记忆和运用；而积分性质的形式和推导更为复杂，记忆也较为困难，更容易出错。

若 $f(t) \leftrightarrow F(\mathrm{j}\omega)$，则

（1）时域微分性质：$f'(t) \leftrightarrow \mathrm{j}\omega F(\mathrm{j}\omega)$；

（2）时域积分性质：$\displaystyle\int_{-\infty}^{t} f(\tau)\mathrm{d}\tau \leftrightarrow \pi F(0)\delta(\omega) + \frac{F(\mathrm{j}\omega)}{\mathrm{j}\omega}$。

若 $f(t) \leftrightarrow F(s)$，则

（1）时域微分性质：$f'(t) \leftrightarrow sF(s) - f(0_-)$；

（2）时域积分性质：$\displaystyle\int_{-\infty}^{t} f(\tau)\mathrm{d}\tau \leftrightarrow \frac{1}{s}F(s) + \frac{1}{s}\int_{-\infty}^{0_-} f(\tau)\mathrm{d}\tau$。

可以看出，时域积分性质比时域微分性质的形式更复杂，如果不常使用的话，积分性质很容易遗忘。频域（s 域）微分性质也有类似的情形。

本书对傅里叶变换的时域微积分性质和频域（s 域）微积分性质，以及微分性质与积分性质之间的关系，作了专门的探讨，请阅读相关的章节。

8. 应用拉氏变换的初值定理和终值定理时，要注意其适用的条件。

首先，计算初值 $f(0_+)$ 和终值 $f(\infty)$ 的 $F(s)$ 必须为有理真分式，因为 s 的多项式对应的是 $\delta(t)$ 及其各阶导数，它们不影响 $f(0_+)$ 和 $f(\infty)$ 的值。若 $F(s)$ 为假分式，则用长除法将 $F(s)$ 分解为多项式和真分式之和，取真分式计算 $f(0_+)$ 和 $f(\infty)$。

在利用拉氏变换的终值定理

$$f(\infty) = \lim_{s \to 0} sF(s)$$

时,前提条件是 $f(t)$ 在 $t \to \infty$ 时极限存在。由于 $f(\infty)$ 是 $sF(s)$ 取 $s \to 0$ 的极限,从而 $s = 0$ 应在 $sF(s)$ 的收敛域内,否则不能应用终值定理。

9. 拉氏变换的收敛域非常重要,因为仅有拉氏变换(像函数)是无法确定拉氏变换的逆变换(原函数)的。只有像函数与收敛域结合起来,才能唯一地确定原函数。

拉氏变换(包含系统函数)的确定有一条基本原则,即收敛域内永不含极点,因为在极点处拉氏变换不存在(或说不收敛)。另外,收敛域还与信号(系统)的因果性有关,与信号的绝对可积性(或系统的稳定性)有关。因果信号的收敛域是过 s 平面上最右边极点的竖直线的右边区域,反因果信号的收敛域是过 s 平面上最左边极点的竖直线的左边区域,双边信号的收敛域是过两个极点的竖直线所夹的带状区域,且带状区域内不能含其他极点。

除以上基本原则及要点,还要注意零极点抵消的情形。

例 17.2 求图 17.2 中信号 $f(t)$ 的单边拉氏变换,并写出收敛域。

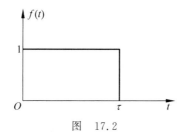

图 17.2

解 $f(t) = u(t) - u(t - \tau)$,由基本拉氏变换对及拉氏变换的时移性质得

$$F(s) = \frac{1}{s} - e^{-s\tau} \frac{1}{s} = (1 - e^{-s\tau}) \frac{1}{s}, \quad \text{ROC:整个 } s \text{ 平面。}$$

注:(1)虽然 $\frac{1}{s}$ 与 $e^{-s\tau} \frac{1}{s}$ 的收敛域都是 $\mathrm{Re}\{s\} > 0$,但它们之差 $(1 - e^{-s\tau}) \frac{1}{s}$ 的收敛域却是整个 s 平面。因为 0 既是 $F(s)$ 的极点,又是 $F(s)$ 的零点,零极点抵消后,$F(s)$ 在有限 s 平面上无极点,故收敛域为整个有限 s 平面,收敛域扩大了。

(2)$F(s)$ 的零点即 $1 - e^{-s\tau} = 0$ 的根,解得

$$s = j \frac{2\pi}{\tau} k, \quad k \text{ 为整数。}$$

取 $k = 0$ 得零点 0,故 $F(s)$ 有无穷个零点,其中一个零点为 0。

在 z 变换中也存在由于零极点抵消而导致收敛域扩大的情形。

10. 求单边拉氏变换的逆变换,公式

$$f(t) = \frac{1}{2\pi j} \int_{\sigma - j\infty}^{\sigma + j\infty} F(s) e^{st} ds, \quad t > 0$$

的理论意义大于实际意义。在现实中经常出现的几种信号的拉氏变换,都可以用部分分式展开并结合查表法求得拉氏逆变换,而且只涉及代数运算,计算较为简单。

在作部分分式展开时,除非不得已,则尽量展开为实系数分式,而不要展开为复系数分式。例如文献[1]中例 5.3-4,将 $F(s) = \dfrac{s+2}{s^2 + 2s + 2}$ 进行部分分式展开为

$$F(s) = \frac{\frac{\sqrt{2}}{2}\mathrm{e}^{-\mathrm{j}\frac{\pi}{4}}}{s+1-\mathrm{j}} + \frac{\frac{\sqrt{2}}{2}\mathrm{e}^{\mathrm{j}\frac{\pi}{4}}}{s+1+\mathrm{j}},$$

这样做计算量太大。而应该将 $F(s)$ 展开为

$$F(s) = \frac{s+1}{(s+1)^2+1} + \frac{1}{(s+1)^2+1},$$

然后利用基本拉氏变换对

$$\cos t \cdot u(t) \leftrightarrow \frac{s}{s^2+1}, \quad \sin t \cdot u(t) \leftrightarrow \frac{1}{s^2+1}$$

以及拉氏变换的时移性质求得

$$\begin{aligned} f(t) &= \mathrm{e}^{-t} \cdot \cos t \cdot u(t) + \mathrm{e}^{-t} \cdot \sin t \cdot u(t) \\ &= \mathrm{e}^{-t}(\cos t + \sin t)u(t) \\ &= \sqrt{2}\,\mathrm{e}^{-t}\cos\left(t - \frac{\pi}{4}\right) \cdot u(t) . \end{aligned}$$

将拉氏变换(像函数)进行实分式展开时,要求对拉氏变换表较为熟悉,因此我们应多推导拉氏变换表,在解题时养成查阅拉氏变换表的习惯,查阅多了自然就熟悉了。查阅 z 变换表比查阅拉氏变换表更为重要,因为 z 变换的表达式一般更为复杂。

11. 已知 $F(s)$ 求 $F(\mathrm{j}\omega)$ 时,一般来说用 $\mathrm{j}\omega$ 代替 s 即可,即 $F(\mathrm{j}\omega) = F(s)\big|_{s=\mathrm{j}\omega}$,这时要求 $F(s)$ 的极点都在 s 平面的左半平面。

如果 $F(s)$ 在虚轴上有极点,则不能直接用 $\mathrm{j}\omega$ 代替 s,因为 $F(\mathrm{j}\omega)$ 的表达式中含 $\delta(\omega)$ 项。文献[1]对这种情形给出了一个复杂的转换公式。

设 $F(s)$ 的分母多项式 $A(s) = 0$ 的 N 个单虚根分别为 $\mathrm{j}\omega_1, \mathrm{j}\omega_2, \cdots, \mathrm{j}\omega_N$。将 $F(s)$ 展开成部分分式,并把它分为两部分,其中极点在左半平面的部分为 $F_a(s)$,于是

$$F(s) = F_a(s) + \sum_{i=1}^{N} \frac{K_i}{s - \mathrm{j}\omega_1},$$

取拉氏逆变换得

$$f(t) = f_a(t) + \sum_{i=1}^{N} K_i \mathrm{e}^{\mathrm{j}\omega_i t} u(t).$$

再对 $f(t)$ 求傅里叶变换得

$$F(\mathrm{j}\omega) = F_a(s)\big|_{s=\mathrm{j}\omega} + \sum_{i=1}^{N} K_i \left[\frac{1}{\mathrm{j}(\omega - \omega_i)} + \pi\delta(\omega - \omega_i) \right]. \qquad ①$$

以上是求 $F(s)$ 对应的 $F(\mathrm{j}\omega)$ 的一般方法,同样地,这种方法存在复数运算的缺点,实际中无需如此繁琐,直接利用傅里叶变换的性质时比式①更方便。

下面的两个例子分别是文献[1]中例 5.4-13 和例 5.4-14。

例 17.3 已知 $f(t) = \cos\omega_0 t \cdot u(t)$ 的拉氏变换为 $F(s) = \dfrac{s}{s^2 + \omega_0^2}$,求其傅里叶变换。

分析 文献[1]中用式①计算 $F(\mathrm{j}\omega)$,而直接从 $f(t)$ 计算 $F(\mathrm{j}\omega)$ 更简单。

解 利用傅里叶变换卷积定理得

$$F(j\omega) = \frac{1}{2\pi} \cdot \pi[\delta(\omega+\omega_0)+\delta(\omega-\omega_0)] * \left[\pi\delta(\omega)+\frac{1}{j\omega}\right]$$

$$= \frac{\pi}{2}[\delta(\omega+\omega_0)+\delta(\omega-\omega_0)] + \frac{1}{2}\left[\frac{1}{j(\omega+\omega_0)}+\frac{1}{j(\omega-\omega_0)}\right]$$

$$= \frac{\pi}{2}[\delta(\omega+\omega_0)+\delta(\omega-\omega_0)] + \frac{\omega}{j(\omega^2-\omega_0^2)}。$$

例 17.4　已知 $f(t)=t \cdot u(t)$ 的像函数 $F(s)=\dfrac{1}{s^2}$,求其傅里叶变换。

解　因为 $u(t) \leftrightarrow \pi\delta(\omega)+\dfrac{1}{j\omega}$,由傅里叶变换的频域微分性质得 $-jtu(t) \leftrightarrow \pi\delta'(\omega)-\dfrac{1}{j\omega^2}$,故 $F(j\omega)=j\pi\delta'(\omega)-\dfrac{1}{\omega^2}$。

12. 连续周期信号 $f_T(t)$ 的双边拉氏变换不存在,因为收敛域为空集,它只能作单边拉氏变换。

记 $f_T(t)$ 在 $[0,T]$ 内的部分为 $f_0(t)$,称 $f_0(t)$ 为 $f_T(t)$ 的一个基本周期信号,则 $f_T(t)$ 可以看作基本周期信号 $f_0(t)$ 以 T 为周期向左、右无限延拓而成,即

$$f_T(t) = f_0(t) * \sum_{n=-\infty}^{\infty}\delta(t-nT)。$$

显然,$f_0(t)$ 的拉氏变换存在,设为 $F_0(s)$,于是 $f_T(t)$ 的单边拉氏变换等于 $f_T(t) \cdot u(t)$ 的单边拉氏变换。而

$$f_T(t) \cdot u(t) = f_0(t) * \sum_{n=0}^{\infty}\delta(t-nT),$$

由拉氏变换的卷积定理得

$$f_T(t)u(t) \leftrightarrow F_0(s) \cdot \sum_{n=0}^{\infty}e^{-nTs} = \frac{F_0(s)}{1-e^{-Ts}}, \quad \text{Re}\{s\}>0。$$

17.2　考研真题解析

真题 17.1　(中国科学技术大学,2010)已知 $X(s)=\dfrac{1}{(s^2+\pi^2)(1+e^{-2s})}$,$\text{Re}\{s\}>0$,试求 $x(t)$。

解　$X(s) = \dfrac{1}{(s^2+\pi^2)(1+e^{-2s})} = \dfrac{1}{\pi} \cdot \dfrac{\pi}{s^2+\pi^2} \cdot \sum_{k=0}^{\infty}(-e^{-2s})^k$

$$= \frac{1}{\pi} \cdot \frac{\pi}{s^2+\pi^2} \cdot \sum_{k=0}^{\infty}(-1)^k e^{-2ks}。$$

由 $\sin\pi t \leftrightarrow \dfrac{\pi}{s^2+\pi^2}$ 及拉氏变换的时移性质,得

$$x(t) = \frac{1}{\pi}\sum_{k=0}^{\infty}\sin\pi(t-2k)u(t-2k) \cdot (-1)^k = \frac{1}{\pi}\sum_{k=0}^{\infty}(-1)^k\sin\pi t \cdot u(t-2k)。$$

注:$x(t)$ 波形如图 17.3 所示。

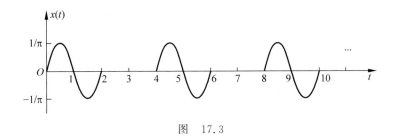

图 17.3

真题 17.2 (中国科学技术大学,2011)已知某因果连续时间信号 $x(t)$,它的拉氏变换的像函数为

$$X(s) = (2s+3)/(s^2+5s+6),$$

试求信号 $x(t)$ 的初值 $\lim_{t\to 0^+} x(t)$ 和终值 $\lim_{t\to\infty} x(t)$。

解 初值 $x(0+) = \lim_{s\to\infty} sX(s) = 2$,终值 $x(\infty) = \lim_{s\to 0} sX(s) = 0$。

真题 17.3 (中国科学技术大学,2011)试求 $X(s) = \dfrac{s\,\mathrm{e}^{-2s-2}}{(s+1)(s^2+2s+5)}$,$\mathrm{Re}\{s\} > -1$ 的拉氏逆变换。

解 $X(s) = \mathrm{e}^{-2} \cdot \mathrm{e}^{-2s} \cdot \dfrac{s}{(s+1)(s^2+2s+5)}$,其中,

$$\frac{s}{(s+1)(s^2+2s+5)} = \frac{1}{4}\left(\frac{s+1}{s^2+2s+5} + \frac{4}{s^2+2s+5} - \frac{1}{s+1}\right)$$

$$= \frac{1}{4}\left[\frac{s+1}{(s+1)^2+2^2} + 2 \cdot \frac{2}{(s+1)^2+2^2} - \frac{1}{s+1}\right]$$

$$\leftrightarrow \frac{1}{4}\mathrm{e}^{-t}(\cos 2t + 2\sin 2t - 1)u(t),$$

故

$$x(t) = \mathrm{e}^{-2} \cdot \frac{1}{4}\mathrm{e}^{-(t-2)}\left[\cos 2(t-2) + 2\sin 2(t-2) - 1\right] \cdot u(t-2)$$

$$= \frac{1}{4}\mathrm{e}^{-t}\left[\cos 2(t-2) + 2\sin 2(t-2) - 1\right]u(t-2)。$$

真题 17.4 (中国科学技术大学,2013)已知像函数及其收敛域分别为 $X(s) = \dfrac{s^3\mathrm{e}^{-s}}{s^2+s+1}$,$\mathrm{Re}\{s\} > -\dfrac{1}{2}$,试求其逆变换。

解 $X(s) = \mathrm{e}^{-s} \cdot \dfrac{s^3}{s^2+s+1} = \mathrm{e}^{-s} \cdot \left(s-1+\dfrac{1}{s^2+s+1}\right)$

$$= \mathrm{e}^{-s} \cdot \left[s-1+\frac{2}{\sqrt{3}} \cdot \frac{\sqrt{3}/2}{(s+1/2)^2+(\sqrt{3}/2)^2}\right],$$

取拉氏逆变换,得

$$x(t) = \delta'(t-1) - \delta(t-1) + \frac{2}{\sqrt{3}}\mathrm{e}^{-\frac{1}{2}(t-1)}\sin\frac{\sqrt{3}}{2}(t-1) \cdot u(t-1)。$$

真题 17.5 （中国科学技术大学,2014）已知单位阶跃响应的拉氏变换为 $S(s) = \dfrac{2}{(s^2 + 2s + 10)(e^{4s} - 1)}$,$\mathrm{Re}\{s\} > 0$ 的连续时间 LTI 系统,试求其单位冲激响应 $h(t)$。

解　由 $\dfrac{1}{s}H(s) = S(s)$,得

$$H(s) = s \cdot S(s) = \frac{2s}{[(s+1)^2 + 9](e^{4s} - 1)} = 2 \cdot \frac{(s+1) - 1}{(s+1)^2 + 9} \sum_{n=1}^{\infty} e^{-4ns}。$$

由 $\dfrac{s-1}{s^2 + 9} \leftrightarrow \left(\cos 3t - \dfrac{1}{3}\sin 3t\right)u(t)$,得

$$2 \cdot \frac{(s+1) - 1}{(s+1)^2 + 9} \leftrightarrow 2e^{-t}\left(\cos 3t - \frac{1}{3}\sin 3t\right)u(t)。$$

最后得

$$h(t) = 2e^{-t}\left(\cos 3t - \frac{1}{3}\sin 3t\right)u(t) * \sum_{n=1}^{\infty} \delta(t - 4n)$$

$$= 2\sum_{n=1}^{\infty} e^{-(t-4n)}\left[\cos 3(t - 4n) - \frac{1}{3}\sin 3(t - 4n)\right]u(t - 4n)。$$

真题 17.6 （中国科学技术大学,2015）已知单位阶跃响应的拉氏变换为 $G(s) = \dfrac{1}{(s^2 + 2s + 5)(1 - e^{-4s})}$,$\mathrm{Re}\{s\} > 0$ 的连续时间 LTI 系统,试求其单位冲激响应 $h(t)$。

解　由题有 $\dfrac{1}{s}H(s) = G(s)$,故

$$H(s) = sG(s) = \frac{s}{s^2 + 2s + 5} \cdot \frac{1}{1 - e^{-4s}}$$

$$= \left[\frac{s+1}{(s+1)^2 + 2^2} - \frac{1}{2} \cdot \frac{2}{(s+1)^2 + 2^2}\right] \sum_{n=0}^{\infty} e^{-4ns},$$

取拉氏逆变换得

$$h(t) = e^{-t}\left(\cos 2t - \frac{1}{2}\sin 2t\right)u(t) * \sum_{n=0}^{\infty} \delta(t - 4n)$$

$$= \sum_{n=0}^{\infty} e^{-(t-4n)}\left[\cos 2(t - 4n) - \frac{1}{2}\sin 2(t - 4n)\right]u(t - 4n)。$$

真题 17.7 （中国科学技术大学,2018）已知信号 $f(t)$ 的拉氏变换 $F(s) = \ln(1 + as^{-1})$,$a > 0$,求 $f(t)$。

答案　$f(t) = \dfrac{1 - e^{-at}}{t}u(t)$（请同学们自己补充解题过程）。

真题 17.8 （中国科学技术大学,2019）求 $e^{-t}u(2t - 3)$ 的拉氏变换,并求其收敛域。

解　由 $e^{-t}u(t) \leftrightarrow \dfrac{1}{s+1}$,得

$$e^{-(t-3/2)}u(t - 3/2) \leftrightarrow \frac{e^{-\frac{3}{2}s}}{s+1},$$

即

$$\mathrm{e}^{-t}u(t-3/2)\leftrightarrow\frac{\mathrm{e}^{-\frac{3}{2}(s+1)}}{s+1},$$

故

$$\mathrm{e}^{-t}u(2t-3)=\mathrm{e}^{-t}u(t-3/2)\leftrightarrow\frac{\mathrm{e}^{-\frac{3}{2}(s+1)}}{s+1},\quad \mathrm{ROC}\colon\mathrm{Re}\{s\}>-1。$$

真题 17.9 （中国科学技术大学,2019）已知某系统的频率响应满足 $|H(\mathrm{j}\omega)|^2=\dfrac{\omega^2+9}{\omega^4+5\omega^2+4}$,且该系统为因果稳定系统,满足最小相移特性。

(1) 求 $H(s)$ 及其收敛域;

(2) 画出零极点图及其收敛域;

(3) 求单位阶跃响应 $s(t)$。

解　(1) $H(s)=\dfrac{s+3}{(s+1)(s+2)}$,　$\mathrm{ROC}\colon\mathrm{Re}\{s\}>-1$。

(2) 在有限 s 平面内零点为 -3,极点为 $-1,-2$,图略。

(3) $\dfrac{1}{s}H(s)=\dfrac{s+3}{s(s+1)(s+2)}=\dfrac{3}{2}\cdot\dfrac{1}{s}-2\cdot\dfrac{1}{s+1}+\dfrac{1}{2}\cdot\dfrac{1}{s+2},$

取拉氏逆变换得

$$s(t)=\left(\frac{3}{2}-2\mathrm{e}^{-t}+\frac{1}{2}\mathrm{e}^{-2t}\right)u(t)。$$

真题 17.10 （中国科学技术大学,2020）若 $x(t)$ 绝对可积,其拉氏变换像函数为 $X(s)=\dfrac{3s+1}{s^2+2s-3}$,求信号 $x(t)$。

解　$X(s)=\dfrac{3s+1}{(s+3)(s-1)}=2\cdot\dfrac{1}{s+3}+\dfrac{1}{s-1}$。

因为 $x(t)$ 绝对可积,故 $X(s)$ 的收敛域包含虚轴,即 $\mathrm{ROC}\colon-3<\mathrm{Re}\{s\}<1$。

对 $X(s)$ 取拉氏逆变换并结合收敛域,得

$$x(t)=2\mathrm{e}^{-3t}u(t)-\mathrm{e}^{t}u(-t)。$$

真题 17.11 （四川大学,2021）两积分器级联组成的系统单位冲激响应 $h(t)=$ _____。

解　$t\cdot u(t)$。由于 $H(s)=\dfrac{1}{s^2}$,故 $h(t)=t\cdot u(t)$。

真题 17.12 （中国科学技术大学,2021）试求信号 $x(t)=\mathrm{e}^{-a|t|}\sin\omega_0 t,a>0$ 的拉氏变换。

解　$x(t)=\mathrm{e}^{-at}\sin\omega_0 t\cdot u(t)+\mathrm{e}^{at}\sin\omega_0 t\cdot u(-t),$

$$X(s)=\frac{\omega_0}{(s+a)^2+\omega_0^2}-\frac{\omega_0}{(s-a)^2+\omega_0^2},\quad -a<\mathrm{Re}\{s\}<a。$$

真题 17.13 （中国科学技术大学,2022）求 $H(\mathrm{j}\omega)=\dfrac{\omega^2\mathrm{e}^{-\mathrm{j}\omega}}{\omega^2-4\mathrm{j}\omega-4}$ 的因果 LTI 系统的单位阶跃响应 $g(t)$。

解　$H(\mathrm{j}\omega)=\dfrac{(\mathrm{j}\omega)^2\mathrm{e}^{-\mathrm{j}\omega}}{(\mathrm{j}\omega)^2+4\mathrm{j}\omega+4}=\dfrac{(\mathrm{j}\omega)^2\mathrm{e}^{-\mathrm{j}\omega}}{(\mathrm{j}\omega+2)^2}$,　$H(s)=\dfrac{s^2\mathrm{e}^{-s}}{(s+2)^2}$,

$$G(s)=\frac{1}{s}H(s)=\frac{s}{(s+2)^2}\mathrm{e}^{-s}=\left[\frac{1}{s+2}-\frac{2}{(s+2)^2}\right]\mathrm{e}^{-s}。$$

取拉氏逆变换得

$$g(t)=\left[\mathrm{e}^{-2(t-1)}-2(t-1)\mathrm{e}^{-2(t-1)}\right]u(t-1)=(3-2t)\mathrm{e}^{-2(t-1)}u(t-1)。$$

真题 17.14　（上海交通大学,2022)已知某信号 $x(t)$ 的拉氏变换为 $X(s)=\dfrac{1}{1+s-\mathrm{e}^{-s}s-\mathrm{e}^{-s}}$,

收敛域为 $\mathrm{Re}\{s\}>0$,则 $x(t)=$ _____。

解　$X(s)=\dfrac{1}{(s+1)(1-\mathrm{e}^{-s})}=\dfrac{1}{s+1}\displaystyle\sum_{n=0}^{\infty}\mathrm{e}^{-ns}$,$x(t)=\displaystyle\sum_{n=0}^{\infty}\mathrm{e}^{-(t-n)}u(t-n)。$

真题 17.15　（清华大学,2022)已知某系统函数的零极点如图 17.4 所示,则该系统的单位冲激响应 $h(t)$ 的波形可能为(　　)。

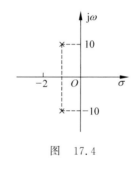

图　17.4

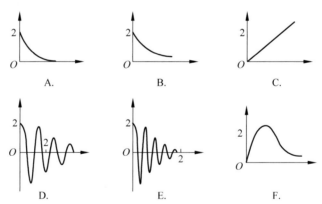

解　由于 $H(s)$ 存在极点 $-1\pm\mathrm{j}10$,故 $h(t)$ 的表达式存在 $A\mathrm{e}^{-t}\cos(10t+\varphi)$ 项,即 $h(t)$ 是振荡衰减的,其振荡周期 $T=\dfrac{2\pi}{10}=\dfrac{\pi}{5}=0.6$,故选 E。

真题 17.16　（清华大学,2022)$\delta(\sin t)$ 的拉氏变换为 _____。

解　$\sin t$ 的零点为 $k\pi$,k 为整数,将 $\sin t$ 在 $t=k\pi$ 处展开并略去高阶无穷小得

$$\sin t=\cos k\pi\cdot(t-k\pi)=(-1)^k(t-k\pi),$$

故 $\delta(\sin t)=\displaystyle\sum_{k=-\infty}^{\infty}\delta(t-k\pi)$。由于

$$\sum_{k=-\infty}^{\infty}\delta(t-k\pi)\leftrightarrow\sum_{k=-\infty}^{\infty}\mathrm{e}^{-k\pi s}=\sum_{k=-\infty}^{-1}\mathrm{e}^{-k\pi s}+\sum_{k=0}^{\infty}\mathrm{e}^{-k\pi s}=\frac{\mathrm{e}^{\pi s}}{1-\mathrm{e}^{\pi s}}+\frac{1}{1-\mathrm{e}^{-\pi s}},$$

其中,

$$\sum_{k=-\infty}^{-1}\mathrm{e}^{-k\pi s}=\frac{\mathrm{e}^{\pi s}}{1-\mathrm{e}^{\pi s}},\quad \mathrm{Re}\{s\}<0;\qquad \sum_{k=0}^{\infty}\mathrm{e}^{-k\pi s}=\frac{1}{1-\mathrm{e}^{-\pi s}},\quad \mathrm{Re}\{s\}>0。$$

故收敛域为空集,拉氏变换不存在。

真题 17.17 (清华大学,2022)求 $t\,\mathrm{e}^{-4t}\cos[2(t-1)]u(t-1)$ 的拉氏变换。

解 $\cos 2t \cdot u(t)\leftrightarrow\dfrac{s}{s^2+4}$,$\cos 2(t-1) \cdot u(t-1)\leftrightarrow\mathrm{e}^{-s}\cdot\dfrac{s}{s^2+4}$,

$$-t\cos 2(t-1) \cdot u(t-1)\leftrightarrow-\mathrm{e}^{-s}\cdot\frac{s}{s^2+4}+\mathrm{e}^{-s}\cdot\frac{4-s^2}{(s^2+4)^2},$$

$$t\cos 2(t-1) \cdot u(t-1)\leftrightarrow\mathrm{e}^{-s}\left[\frac{s}{s^2+4}+\frac{s^2-4}{(s^2+4)^2}\right],$$

$$t\mathrm{e}^{-4t}\cos 2(t-1) \cdot u(t-1)\leftrightarrow\mathrm{e}^{-(s+4)}\left\{\frac{s+4}{(s+4)^2+4}+\frac{(s+4)^2-4}{[(s+4)^2+4]^2}\right\}$$

$$=\mathrm{e}^{-(s+4)}\cdot\left[\frac{s+4}{s^2+8s+20}+\frac{s^2+8s+12}{(s^2+8s+20)^2}\right]。$$

第**18**章

推导拉氏变换表是学习拉氏变换的好方法

学习拉氏变换,首先要熟悉基本拉氏变换对及拉氏变换的性质。其次,推导拉氏逆变换表是学习拉氏变换的极好方法。文献[1]中附录五"拉氏逆变换表"包含了 27 个拉氏变换对,主要供已知拉氏变换(像函数)求其逆变换(原函数)时查阅之用。除极少数需在理解的基础上记忆,其他都无需死记硬背,只要会推导就可以了,推导过程就是求拉氏变换或者逆变换的方法。

相对于 z 变换,拉氏逆变换表用到的性质和数学技巧更少,用得最多的是部分分式展开,此外还有拉氏变换的线性性质及 s 域微分性质。

推导拉氏逆变换表时,有两个原则:一是尽量多得利用已有的更简单的变换对,逐步由简单到复杂推导更为复杂的变换对;二是尽量多得利用拉氏变换的线性性质,采用实函数运算,避免复指数函数的运算。

下面推导文献[1]中附录五的"拉氏逆变换表",该表值得反复推导,以加深对基本拉氏变换对的记忆,以及对拉氏变换基本性质的理解,以便灵活应用。

在所有 27 个变换对中,最重要的一个变换对是 1-2,即 $b_0 \mathrm{e}^{-\alpha t} u(t) \rightarrow \dfrac{b_0}{s+\alpha}$,其他绝大部分变换都可以由这个变换对直接或间接地推导出来。

推导时,如果左边为时域信号(原函数),右边为拉氏变换(像函数),则用单箭头→表示将时域信号进行拉氏变换;当左边为拉氏变换,右边为时域信号时,则用双箭头↔表示左右其互为拉氏变换对。

为简洁起见,省略了收敛域,在实际解答题目时最好不厌其烦地写上收敛域。

0-1 $\delta'(t) \rightarrow s$。

由 $\delta(t) \rightarrow 1$ 及 s 变换时域微分性质即得。

0-2 $\delta(t) \rightarrow 1$。

最简单、最基本的拉氏变换,由拉氏变换的定义即得。

1-1 $u(t) \rightarrow \dfrac{1}{s}$。

由基本拉氏变换 $\mathrm{e}^{-\alpha t} u(t) \rightarrow \dfrac{1}{s+\alpha}$,令 $\alpha = 0$ 即得。

1-2 $b_0 \mathrm{e}^{-at} u(t) \rightarrow \dfrac{b_0}{s+\alpha}$。

这是所有拉氏变换中最重要的一个变换,由它可以推出大部分其他变换对。用拉氏变换的定义即得。

2-1 $\sin\beta t \cdot u(t) \rightarrow \dfrac{\beta}{s^2+\beta^2}$。

$$\sin\beta t \cdot u(t) = \frac{1}{2\mathrm{j}}(\mathrm{e}^{\mathrm{j}\beta t} - \mathrm{e}^{-\mathrm{j}\beta t})u(t) \rightarrow \frac{1}{2\mathrm{j}}\left(\frac{1}{s-\mathrm{j}\beta} - \frac{1}{s+\mathrm{j}\beta}\right) = \frac{\beta}{s^2+\beta^2}$$

2-2 $\cos\beta t \cdot u(t) \rightarrow \dfrac{s}{s^2+\beta^2}$。

$$\cos\beta t \cdot u(t) = \frac{1}{2}(\mathrm{e}^{\mathrm{j}\beta t} + \mathrm{e}^{-\mathrm{j}\beta t})u(t) \rightarrow \frac{1}{2}\left(\frac{1}{s-\mathrm{j}\beta} + \frac{1}{s+\mathrm{j}\beta}\right) = \frac{s}{s^2+\beta^2}$$

2-3 $\sinh\beta t \cdot u(t) \rightarrow \dfrac{\beta}{s^2-\beta^2}$。

$$\sinh\beta t \cdot u(t) = \frac{1}{2}(\mathrm{e}^{\beta t} - \mathrm{e}^{-\beta t})u(t) \rightarrow \frac{1}{2}\left(\frac{1}{s-\beta} - \frac{1}{s+\beta}\right) = \frac{\beta}{s^2-\beta^2}$$

2-4 $\cosh\beta t \cdot u(t) \rightarrow \dfrac{s}{s^2-\beta^2}$。

$$\cosh\beta t \cdot u(t) = \frac{1}{2}(\mathrm{e}^{\beta t} + \mathrm{e}^{-\beta t})u(t) \rightarrow \frac{1}{2}\left(\frac{1}{s-\beta} + \frac{1}{s+\beta}\right) = \frac{s}{s^2-\beta^2}$$

2-5 $\mathrm{e}^{-at}\sin\beta t \cdot u(t) \rightarrow \dfrac{\beta}{(s+\alpha)^2+\beta^2}$。

由 2-1 有 $\sin\beta t \cdot u(t) \rightarrow \dfrac{\beta}{s^2+\beta^2}$,再由 s 域复频域性质即得。

2-6 $\mathrm{e}^{-at}\cos\beta t \cdot u(t) \rightarrow \dfrac{s+\alpha}{(s+\alpha)^2+\beta^2}$。

由 2-2 有 $\cos\beta t \cdot u(t) \rightarrow \dfrac{s}{s^2+\beta^2}$,再由复频移性质即得。

2-7 $\mathrm{e}^{-at}\sinh\beta t \cdot u(t) \rightarrow \dfrac{\beta}{(s+\alpha)^2-\beta^2}$。

由 2-3 有 $\sinh\beta t \cdot u(t) \rightarrow \dfrac{\beta}{s^2-\beta^2}$,再由复频移性质即得。

2-8 $\mathrm{e}^{-at}\cosh\beta t \cdot u(t) \rightarrow \dfrac{s+\alpha}{(s+\alpha)^2-\beta^2}$。

由 2-4 有 $\cosh\beta t \cdot u(t) \rightarrow \dfrac{s}{s^2-\beta^2}$,再由复频移性质即得。

2-9 $\dfrac{b_1 s+b_0}{(s+\alpha)^2+\beta^2} \leftrightarrow A\mathrm{e}^{-at}\sin(\beta t+\theta) \cdot u(t)$。

由 2-5 和 2-6 有

$$\begin{cases} \dfrac{s+\alpha}{(s+\alpha)^2+\beta^2} \leftrightarrow \mathrm{e}^{-\alpha t}\cos\beta t \cdot u(t), & ① \\[4mm] \dfrac{\beta}{(s+\alpha)^2+\beta^2} \leftrightarrow \mathrm{e}^{-\alpha t}\sin\beta t \cdot u(t)。 & ② \end{cases}$$

式①$\times b_1$+式②$\times \dfrac{b_0-b_1\alpha}{\beta}$得

$$\dfrac{b_1 s+b_0}{(s+\alpha)^2+\beta^2} \leftrightarrow \mathrm{e}^{-\alpha t}\left(b_1\cos\beta t+\dfrac{b_0-b_1\alpha}{\beta}\sin\beta t\right)u(t)$$
$$= \mathrm{e}^{-\alpha t}(\cos\beta t \cdot A\sin\theta+\sin\beta t \cdot A\cos\theta)u(t)$$
$$= A\mathrm{e}^{-\alpha t}\sin(\beta t+\theta) \cdot u(t)。$$

其中,令 $b_1=A\sin\theta$, $\dfrac{b_0-b_1\alpha}{\beta}=A\cos\theta$。

2-10 $(b_0 t+b_1)u(t) \to \dfrac{b_1 s+b_0}{s^2}$。

由 $u(t) \to \dfrac{1}{s}$,即 $1 \to \dfrac{1}{s}$,所以 $b_1 \to \dfrac{b_1}{s}$。再由复频域微分性质有 $t \to \dfrac{1}{s^2}$。

因为 $b_0 t \cdot u(t) \to \dfrac{b_0}{s^2}$,所以 $(b_0 t+b_1)u(t) \to \dfrac{b_0}{s^2}+\dfrac{b_1}{s}=\dfrac{b_1 s+b_0}{s^2}$,即得

$$(b_0 t+b_1)u(t) \to \dfrac{b_1 s+b_0}{s^2}。$$

2-11 $\dfrac{b_1 s+b_0}{s(s+\alpha)} \leftrightarrow \left[\dfrac{b_0}{\alpha}-\left(\dfrac{b_0}{\alpha}-b_1\right)\mathrm{e}^{-\alpha t}\right]u(t)$。

令 $\dfrac{b_1 s+b_0}{s(s+\alpha)}=\dfrac{A}{s}+\dfrac{B}{s+\alpha}$,易知 $A=\dfrac{b_0}{\alpha}$, $B=-\left(\dfrac{b_0}{\alpha}-b_1\right)$,代入部分分式展开表达式并取拉氏逆变换,即得所求变换对。

2-12 $\dfrac{b_1 s+b_0}{(s+\alpha)(s+\beta)} \leftrightarrow \left(\dfrac{b_0-b_1\alpha}{\beta-\alpha} \cdot \mathrm{e}^{-\alpha t}+\dfrac{b_0-b_1\beta}{\alpha-\beta} \cdot \mathrm{e}^{-\beta t}\right)u(t)$。

令 $\dfrac{b_1 s+b_0}{(s+\alpha)(s+\beta)}=\dfrac{A}{s+\alpha}+\dfrac{B}{s+\beta}$,易知 $A=\dfrac{b_0-b_1\alpha}{\beta-\alpha}$, $B=\dfrac{b_0-b_1\beta}{\alpha-\beta}$,代入部分分式展开表达式并取拉氏逆变换,即得所求变换对。

2-13 $\dfrac{b_1 s+b_0}{(s+\alpha)^2} \leftrightarrow [b_1+(b_0-b_1\alpha)t]\mathrm{e}^{-\alpha t}u(t)$。

令 $\dfrac{b_1 s+b_0}{(s+\alpha)^2}=\dfrac{A}{s+\alpha}+\dfrac{B}{(s+\alpha)^2}=b_1 \cdot \dfrac{1}{s+\alpha}+(b_0-b_1\alpha) \cdot \dfrac{1}{(s+\alpha)^2}$,因为 $\mathrm{e}^{-\alpha t}u(t) \to$

$\dfrac{1}{s+\alpha}$,由 s 域微分性质有 $t\mathrm{e}^{-\alpha t}u(t) \to \dfrac{1}{(s+\alpha)^2}$,所以 $\dfrac{b_1 s+b_0}{(s+\alpha)^2} \leftrightarrow [b_1\mathrm{e}^{-\alpha t}+(b_0-b_1\alpha)t\mathrm{e}^{-\alpha t}]$

$u(t)=[b_1+(b_0-b_1\alpha)t]\mathrm{e}^{-\alpha t}u(t)$。

3-1 $\dfrac{b_2 s^2+b_1 s+b_0}{(s+\alpha)(s+\beta)(s+\gamma)} \to \dfrac{b_0-b_1\alpha+b_2\alpha^2}{(\beta-\alpha)(\gamma-\alpha)} \cdot \mathrm{e}^{-\alpha t}+\dfrac{b_0-b_1\beta+b_2\beta^2}{(\alpha-\beta)(\gamma-\beta)} \cdot \mathrm{e}^{-\beta t}+$

$$\frac{b_0-b_1\gamma+b_2\gamma^2}{(\alpha-\gamma)(\beta-\gamma)}\cdot \mathrm{e}^{-\gamma t}。$$

令 $\dfrac{b_2 s^2+b_1 s+b_0}{(s+\alpha)(s+\beta)(s+\gamma)}=\dfrac{A}{s+\alpha}+\dfrac{B}{s+\beta}+\dfrac{C}{s+\gamma}$，易知

$$A=\frac{b_0-b_1\alpha+b_2\alpha^2}{(\beta-\alpha)(\gamma-\alpha)},\quad B=\frac{b_0-b_1\beta+b_2\beta^2}{(\alpha-\beta)(\gamma-\beta)},\quad C=\frac{b_0-b_1\gamma+b_2\gamma^2}{(\alpha-\gamma)(\beta-\gamma)},$$

代入部分分式展开式，取拉氏逆变换即得。

3-2
$$\frac{b_2 s^2+b_1 s+b_0}{(s+\alpha)^2(s+\beta)}=\frac{b_2\alpha(\alpha-2\beta)+(b_1\beta-b_0)}{(\beta-\alpha)^2}\cdot\frac{1}{s+\alpha}+\frac{b_0-b_1\alpha+b_2\alpha^2}{\beta-\alpha}\cdot\frac{1}{(s+\alpha)^2}+$$
$$\frac{b_0-b_1\beta+b_2\beta^2}{(\alpha-\beta)^2}\cdot\frac{1}{s+\beta}\leftrightarrow\left[\frac{b_2\alpha(\alpha-2\beta)+(b_1\beta-b_0)}{(\beta-\alpha)^2}\cdot \mathrm{e}^{-\alpha t}+\frac{b_0-b_1\alpha+b_2\alpha^2}{\beta-\alpha}\cdot t\mathrm{e}^{-\alpha t}+\right.$$
$$\left.\frac{b_0-b_1\beta+b_2\beta^2}{(\alpha-\beta)^2}\cdot \mathrm{e}^{-\beta t}\right]u(t)。$$

令 $\dfrac{b_2 s^2+b_1 s+b_0}{(s+\alpha)^2(s+\beta)}=\dfrac{A}{s+\alpha}+\dfrac{B}{(s+\alpha)^2}+\dfrac{C}{s+\beta}$，易得

$$A=\frac{b_2\alpha(\alpha-2\beta)+(b_1\beta-b_0)}{(\beta-\alpha)^2},\quad B=\frac{b_0-b_1\alpha+b_2\alpha^2}{\beta-\alpha},\quad C=\frac{b_0-b_1\beta+b_2\beta^2}{(\alpha-\beta)^2},$$

代入部分分式展开式，取拉氏逆变换即得。

3-3
$$\frac{b_2 s^2+b_1 s+b_0}{(s+\alpha)^3}\leftrightarrow\left[b_2\mathrm{e}^{-\alpha t}+(b_1-2b_2\alpha)\cdot t\mathrm{e}^{-\alpha t}+\frac{1}{2}(b_0-b_1\alpha+b_2\alpha^2)\cdot t^2\mathrm{e}^{-\alpha t}\right]u(t)。$$

令 $\dfrac{b_2 s^2+b_1 s+b_0}{(s+\alpha)^3}=\dfrac{A}{s+\alpha}+\dfrac{B}{(s+\alpha)^2}+\dfrac{C}{(s+\alpha)^3}$，易知

$$A=b_2,\quad B=b_1-2b_2\alpha,\quad C=b_0-b_1\alpha+b_2\alpha^2。$$

又 $\mathrm{e}^{-\alpha t}u(t)\to\dfrac{1}{s+\alpha}$，反复利用复频域微分性质得

$$t\mathrm{e}^{-\alpha t}u(t)\to\frac{1}{(s+\alpha)^2},\quad \frac{1}{2}t^2\mathrm{e}^{-\alpha t}u(t)\to\frac{1}{(s+\alpha)^3}。$$

因此

$$\frac{b_2 s^2+b_1 s+b_0}{(s+\alpha)^3}\leftrightarrow\left[b_2\mathrm{e}^{-\alpha t}+(b_1-2b_2\alpha)\cdot t\mathrm{e}^{-\alpha t}+\frac{1}{2}(b_0-b_1\alpha+b_2\alpha^2)\cdot t^2\mathrm{e}^{-\alpha t}\right]u(t)。$$

3-4
$$\frac{b_2 s^2+b_1 s+b_0}{(s+\gamma)(s^2+\beta^2)}=\frac{b_0-b_1\gamma+b_2\gamma^2}{\gamma^2+\beta^2}\cdot\frac{1}{s+\gamma}+\frac{A}{2\mathrm{j}}\cdot\left(\mathrm{e}^{\mathrm{j}\theta}\cdot\frac{1}{s-\mathrm{j}\beta}-\mathrm{e}^{-\mathrm{j}\theta}\cdot\frac{K_3}{s+\mathrm{j}\beta}\right)$$
$$\leftrightarrow\frac{b_0-b_1\gamma+b_2\gamma^2}{\gamma^2+\beta^2}\mathrm{e}^{-\gamma t}u(t)+\frac{A}{2\mathrm{j}}\cdot\left[\mathrm{e}^{\mathrm{j}(\beta t+\theta)}-\mathrm{e}^{-\mathrm{j}(\beta t+\theta)}\right]u(t)$$
$$=\frac{b_0-b_1\gamma+b_2\gamma^2}{\gamma^2+\beta^2}\mathrm{e}^{-\gamma t}u(t)+A\sin(\beta t+\theta)\cdot u(t)。$$

令 $\dfrac{b_2 s^2+b_1 s+b_0}{(s+\gamma)(s^2+\beta^2)}=\dfrac{K_1}{s+\gamma}+\dfrac{K_2}{s+\mathrm{j}\beta}+\dfrac{K_3}{s-\mathrm{j}\beta}$，易知

$$K_1 = \frac{b_0 - b_1\gamma + b_2\gamma^2}{\gamma^2 + \beta^2}, \quad K_3 = \frac{1}{2\mathrm{j}} \cdot \frac{b_0 + \mathrm{j}b_1\beta - b_2\beta^2}{\beta(\gamma + \mathrm{j}\beta)}.$$

由部分分式展开理论知，K_2 与 K_3 互为共轭复数。

令 $\dfrac{b_0 + \mathrm{j}b_1\beta - b_2\beta^2}{\beta(\gamma + \mathrm{j}\beta)} = A\mathrm{e}^{\mathrm{j}\theta}$，则 $K_3 = \dfrac{1}{2\mathrm{j}} \cdot A\mathrm{e}^{\mathrm{j}\theta}$，$K_2 = -\dfrac{1}{2\mathrm{j}} \cdot A\mathrm{e}^{-\mathrm{j}\theta}$。把 K_1、K_2、K_3 一起

代入前面的式子即得。

3-5 $\dfrac{b_2 s^2 + b_1 s + b_0}{(s+\gamma)\left[(s+\alpha)^2 + \beta^2\right]} \rightarrow \left[\dfrac{b_0 - b_1\gamma + b_2\gamma^2}{(\alpha - \gamma)^2 + \beta^2} \cdot \mathrm{e}^{-\gamma t} + \dfrac{1}{2\mathrm{j}} \cdot A\mathrm{e}^{\mathrm{j}\theta}\mathrm{e}^{(-\alpha + \mathrm{j}\beta)t} - \right.$

$\left. \dfrac{1}{2\mathrm{j}} \cdot A\mathrm{e}^{-\mathrm{j}\theta}\mathrm{e}^{(-\alpha - \mathrm{j}\beta)t}\right] u(t)$

$$= \left\{\frac{b_0 - b_1\gamma + b_2\gamma^2}{(\alpha - \gamma)^2 + \beta^2}\mathrm{e}^{-\gamma t} + A\mathrm{e}^{-\alpha t} \cdot \frac{1}{2\mathrm{j}} \cdot \left[\mathrm{e}^{\mathrm{j}(\beta t + \theta)} - \mathrm{e}^{-\mathrm{j}(\beta t + \theta)}\right]\right\} u(t)$$

$$= \left\{\frac{b_0 - b_1\gamma + b_2\gamma^2}{(\alpha - \gamma)^2 + \beta^2}\mathrm{e}^{-\gamma t} + A\mathrm{e}^{-\alpha t} \cdot \sin(\beta t + \theta)\right\} u(t).$$

令 $\dfrac{b_2 s^2 + b_1 s + b_0}{(s+\gamma)\left[(s+\alpha)^2 + \beta^2\right]} = \dfrac{K_1}{s+\gamma} + \dfrac{K_2}{s+\alpha - \mathrm{j}\beta} + \dfrac{K_3}{s+\alpha + \mathrm{j}\beta}$，易知

$$K_1 = \frac{b_0 - b_1\gamma + b_2\gamma^2}{(\alpha - \gamma)^2 + \beta^2}, \quad K_2 = \frac{1}{2\mathrm{j}} \cdot \frac{b_0 - b_1(\alpha - \mathrm{j}\beta) + b_2(\alpha - \mathrm{j}\beta)^2}{\beta(\gamma - \alpha + \mathrm{j}\beta)}.$$

由部分分式展开基本理论知，K_3 与 K_2 互为共轭复数。

设 $A\mathrm{e}^{\mathrm{j}\theta} = \dfrac{b_0 - b_1(\alpha - \mathrm{j}\beta) + b_2(\alpha - \mathrm{j}\beta)^2}{\beta(\gamma - \alpha + \mathrm{j}\beta)}$，则 $K_2 = \dfrac{1}{2\mathrm{j}} \cdot A\mathrm{e}^{\mathrm{j}\theta}$，$K_3 = -\dfrac{1}{2\mathrm{j}} \cdot A\mathrm{e}^{-\mathrm{j}\theta}$。把 K_1、

K_2、K_3 一起代入前面的式子即得。

4-1 $\dfrac{1}{s^2(s^2 + \beta^2)} \leftrightarrow \dfrac{1}{\beta^2}\left(t - \dfrac{1}{\beta}\sin\beta t\right) u(t)$.

先进行部分分式展开

$$\frac{1}{s^2(s^2 + \beta^2)} = \frac{1}{\beta^2}\left(\frac{1}{s^2} - \frac{1}{s^2 + \beta^2}\right),$$

由 $u(t) \rightarrow \dfrac{1}{s}$，利用 s 域微分性质有 $tu(t) \rightarrow \dfrac{1}{s^2}$。

又 $\sin\beta t \cdot u(t) \rightarrow \dfrac{\beta}{s^2 + \beta^2}$，所以 $\dfrac{1}{\beta}\sin\beta t \cdot u(t) \rightarrow \dfrac{1}{s^2 + \beta^2}$。代入上述展开式即得。

4-2 $\dfrac{1}{2\beta^2}\left(\dfrac{1}{\beta}\sin\beta t - t\cos\beta t\right) u(t) \rightarrow \dfrac{1}{(s^2 + \beta^2)^2}$.

由 $\sin\beta t \cdot u(t) \rightarrow \dfrac{\beta}{s^2 + \beta^2}$，所以

$$\frac{1}{\beta}\sin\beta t \cdot u(t) \rightarrow \frac{1}{s^2 + \beta^2} = \frac{s^2 + \beta^2}{(s^2 + \beta^2)^2}. \qquad ①$$

又 $\cos\beta t \cdot u(t) \rightarrow \dfrac{s}{s^2 + \beta^2}$，由 s 域微分性质有

$$t\cos\beta t \cdot u(t) \rightarrow \frac{s^2-\beta^2}{(s^2+\beta^2)^2}。 \qquad ②$$

式①－式②得

$$\left(\frac{1}{\beta}\sin\beta t - t\cos\beta t\right)u(t) \rightarrow \frac{2\beta^2}{(s^2+\beta^2)^2},$$

所以

$$\frac{1}{2\beta^2}\left(\frac{1}{\beta}\sin\beta t - t\cos\beta t\right)u(t) \rightarrow \frac{1}{(s^2+\beta^2)^2}。$$

注：文献[1]中将$\frac{1}{2\beta^2}\left(\frac{1}{\beta}\sin\beta t - t\cos\beta t\right)$误为$\frac{1}{2\beta^2}\left(\frac{1}{\beta}\sin\beta t - t\sin\beta t\right)$。

4-3 $\frac{1}{2\beta}t\sin\beta t \cdot u(t) \rightarrow \frac{s}{(s^2+\beta^2)^2}。$

因为$\sin\beta t \cdot u(t) \rightarrow \frac{\beta}{s^2+\beta^2}$，由$s$域微分性质有

$$t\sin\beta t \cdot u(t) \rightarrow \frac{2s\beta}{(s^2+\beta^2)^2},$$

所以$\frac{1}{2\beta}t\sin\beta t \cdot u(t) \rightarrow \frac{s}{(s^2+\beta^2)^2}。$

4-4 $\left(\frac{1}{2\beta}\sin\beta t + \frac{t}{2}\cos\beta t\right)u(t) \rightarrow \frac{s^2}{(s^2+\beta^2)^2}。$

因为$\sin\beta t \cdot u(t) \rightarrow \frac{\beta}{s^2+\beta^2}$，所以

$$\frac{1}{\beta}\sin\beta t \cdot u(t) \rightarrow \frac{1}{s^2+\beta^2}。 \qquad ①$$

又$\cos\beta t \cdot u(t) \rightarrow \frac{s}{s^2+\beta^2}$，由$s$域微分性质有

$$t\cos\beta t \cdot u(t) \rightarrow \frac{s^2-\beta^2}{(s^2+\beta^2)^2}。 \qquad ②$$

式①＋式②得

$$\left(\frac{1}{\beta}\sin\beta t + t\cos\beta t\right)u(t) \rightarrow \frac{2s^2}{(s^2+\beta^2)^2},$$

所以$\left(\frac{1}{2\beta}\sin\beta t + \frac{t}{2}\cos\beta t\right)u(t) \rightarrow \frac{s^2}{(s^2+\beta^2)^2}。$

4-5 $t\cos\beta t \cdot u(t) \rightarrow \frac{s^2-\beta^2}{(s^2+\beta^2)^2}。$

由$\cos\beta t \cdot u(t) \rightarrow \frac{s}{s^2+\beta^2}$，利用$s$域微分性质即得。

第19章

拉氏变换的微分性质与积分性质

　　拉氏变换的微分性质包括时域微分性质和 s 域微分性质,积分性质同样包括时域积分性质和 s 域积分性质。两个微分性质都较为简单,而两个积分性质则较为繁琐,不容易记住。本节旨在说明,凡是可以用拉氏变换的积分性质解决的问题,都可以用拉氏变换微分性质来解决。

19.1　知识点

　　1. 时域微分性质: 若 $f(t) \leftrightarrow F(s), \operatorname{Re}\{s\} > \sigma_0$, 则

$$f^{(1)}(t) \leftrightarrow sF(s) - f(0_-),$$

$$f^{(2)}(t) \leftrightarrow s^2 F(s) - sf(0_-) - f^{(1)}(0_-),$$

$$f^{(3)}(t) \leftrightarrow s^3 F(s) - s^2 f(0_-) - sf^{(1)}(0_-) - f^{(2)}(0_-),$$

$$\cdots$$

各像函数的收敛域至少是 $\operatorname{Re}\{s\} > \sigma_0$。

　　注: (1) n 阶导数 $f^{(n)}(t)$ 的拉氏变换包含首项 $s^n F(s)$,再减去 n 项,这 n 项分别为 s 的幂与 $f(0_-)$ 的各项导数的乘积,s 的幂从 $(n-1)$ 次到 0 次依次降幂排列,$f(0_-)$ 的导数从 0 阶到 $(n-1)$ 阶依次升阶排列。

　　(2) 实际上,只要能推导出第一个拉氏变换对

$$f^{(1)}(t) \leftrightarrow sF(s) - f(0_-),$$

则其他变换对可由该变换对逐步递推得到。首先,第一个变换对用定义计算:

$$f^{(1)}(t) \leftrightarrow \int_{0_-}^{\infty} f^{(1)}(t) \mathrm{e}^{-st} \, \mathrm{d}t = \int_{0_-}^{\infty} \mathrm{e}^{-st} \, \mathrm{d}f(t)$$

$$= \mathrm{e}^{-st} f(t) \Big|_{0_-}^{\infty} + s \int_{0_-}^{\infty} f(t) \mathrm{e}^{-st} \, \mathrm{d}t = sF(s) - f(0_-)。$$

于是,其他高阶微分的拉氏变换可以逐步递推:

$$f^{(2)}(t) = \left[f^{(1)}(t) \right]' \leftrightarrow s \left[sF(s) - f(0_-) \right] - f^{(1)}(0_-)$$

$$= s^2 F(s) - sf(0_-) - f^{(1)}(0_-);$$

$$f^{(3)}(t) = [f^{(2)}(t)]' \leftrightarrow s[s^2F(s) - sf(0_-) - f^{(1)}(0_-)] - f^{(2)}(0_-)$$
$$= s^3F(s) - s^2f(0_-) - sf^{(1)}(0_-) - f^{(2)}(0_-)。$$

上面由简单到复杂的递推方法是常用的数学技巧,当记不住 $f(t)$ 高阶微分的拉氏变换时,可用这个方法随时推导出来。

(3) 对 $f(t)$ 微分的拉氏变换的收敛域作个说明。各像函数的收敛域至少是 $\mathrm{Re}\{s\} > \sigma_0$,说明 $f^{(n)}(t)$ 的像函数的收敛域可能会扩大,这是因为 $f(t)$ 的微分将产生一个零点 0,如果这个零点 0 和极点 0 发生抵消,则收敛域可能扩大。

例如,若 $f(t) = (1 - e^{-t})u(t)$,则 $F(s) = \dfrac{1}{s} - \dfrac{1}{s+1}$,$\mathrm{Re}\{s\} > 0$,而

$$f'(t) = e^{-t}u(t) \leftrightarrow \frac{1}{s+1}, \quad \mathrm{Re}\{s\} > -1。$$

$f'(t)$ 的拉氏变换的收敛域扩大了,这是因为 $f'(t)$ 的拉氏变换只有一个极点 -1,比 $f(t)$ 的拉氏变换极点减少了,故收敛域扩大了。

2. 时域积分性质:若 $f(t) \leftrightarrow F(s)$,$\mathrm{Re}\{s\} > \sigma_0$,则

$$f^{(-1)}(t) = \int_{-\infty}^{t} f(\tau)\mathrm{d}\tau \leftrightarrow \frac{1}{s}F(s) + \frac{1}{s}f^{(-1)}(0_-),$$

$$f^{(-2)}(t) = \left(\int_{-\infty}^{t}\right)^2 f(\tau)\mathrm{d}\tau \leftrightarrow \frac{1}{s^2}F(s) + \frac{1}{s^2}f^{(-1)}(0_-) + \frac{1}{s}f^{(-2)}(0_-),$$

$$f^{(-3)}(t) = \left(\int_{-\infty}^{t}\right)^3 f(\tau)\mathrm{d}\tau \leftrightarrow \frac{1}{s^3}F(s) + \frac{1}{s^3}f^{(-1)}(0_-) + \frac{1}{s^2}f^{(-2)}(0_-) + \frac{1}{s}f^{(-3)}(0_-)。$$

……

各像函数的收敛域至少是 $\mathrm{Re}\{s\} > \sigma_0$ 与 $\mathrm{Re}\{s\} > 0$ 相重叠的部分。

同样地,注解如下。

(1) n 重积分 $f^{(-n)}(t)$ 的拉氏变换包含首项 $\dfrac{1}{s^n}F(s)$,再加上 n 项,这 n 项分别为 $\dfrac{1}{s}$ 的幂与 $f(t)$ 的各重积分在 0_- 处值的乘积,$\dfrac{1}{s}$ 的幂从 n 次到 1 次降幂排列,$f(t)$ 的积分重数从 1 重到 n 重升重排列。

(2) 只要能推导出第一个变换对

$$f^{(-1)}(t) \leftrightarrow \frac{1}{s}F(s) + \frac{1}{s}f^{(-1)}(0_-),$$

其他变换对可逐步递推得到。但一重积分 $f^{-1}(t)$ 的拉氏变换在教材(文献[1])中一般较为繁琐,下面采用拉氏变换的时域微分性质来推导时域积分性质。

令 $g(t) = f^{-1}(t)$,则 $g'(t) = f(t)$。由拉氏变换的时域微分性质得
$$g'(t) \leftrightarrow sG(s) - g(0_-),$$

而 $f(t) \leftrightarrow F(s)$,故 $sG(s) - g(0_-) = F(s)$,即 $G(s) = \dfrac{1}{s}F(s) + \dfrac{1}{s}g(0_-)$,即

$$f^{-1}(t) \leftrightarrow \frac{1}{s}F(s) + \frac{1}{s}f^{-1}(0_-)。$$

上面的推导给我们一个启示:凡是可以用时域积分性质解答的问题,都可以用时域微

分性质来解答。

例 19.1　求 $f(t)=t^n u(t)$ 的拉氏变换。

解　易知

$$f^{(1)}(t)=nt^{n-1}u(t),$$

$$f^{(2)}(t)=n(n-1)t^{n-2}u(t),$$

$$\cdots$$

$$f^{(n)}(t)=n!u(t)。$$

对最后一式两边取单边拉氏变换,并利用拉氏变换的时域微分性质得

$$s^n F(s)=n!\frac{1}{s},$$

故 $F(s)=\dfrac{n!}{s^{n+1}}$。

3. 和傅里叶变换的情形不同,在用拉氏变换的微分性质推导积分性质时,无需考虑直流分量的影响。下面对此进行验证。

设

$$\int_{-\infty}^{t}f(\tau)\mathrm{d}\tau=\left[\int_{-\infty}^{t}f(\tau)\mathrm{d}\tau-m\right]+m。 \hspace{2cm} ①$$

其中,m 为直流分量,定义为

$$m=\lim_{T\to\infty}\frac{1}{2T}\int_{-T}^{T}f(t)\mathrm{d}t。$$

式①即将 $\displaystyle\int_{-\infty}^{t}f(\tau)\mathrm{d}\tau$ 分解为直流分量 m 和剔除了直流分量的部分之和。

令

$$g(t)=\int_{-\infty}^{t}f(\tau)\mathrm{d}\tau-m。 \hspace{2cm} ②$$

对式②两边求导得 $g'(t)=f(t)$,再两边取单边拉氏变换,并利用拉氏变换的时域微分性质,得

$$sG(s)-g(0_-)=F(s),$$

其中,$g(0_-)=f^{-1}(0_-)-m$,故

$$sG(s)=F(s)+f^{-1}(0)-m,\quad G(s)=\frac{F(s)}{s}+\frac{f^{-1}(0)}{s}-\frac{m}{s}。$$

再对式①右边取单边拉氏变换得

$$\int_{-\infty}^{t}f(\tau)\mathrm{d}\tau\leftrightarrow\left[\frac{F(s)}{s}+\frac{f^{-1}(0)}{s}-\frac{m}{s}\right]+\frac{m}{s}=\frac{F(s)}{s}+\frac{f^{-1}(0)}{s}。$$

可见,将时域积分分解后,直流分量与初值的对应部分相抵消后,因而无需将 $\displaystyle\int_{-\infty}^{t}f(\tau)\mathrm{d}\tau$ 进行分解。

4. s 域微分性质:若 $f(t)\leftrightarrow F(s),\mathrm{Re}\{s\}>\sigma_0$,则

$$(-t)f(t)\leftrightarrow\frac{\mathrm{d}F(s)}{\mathrm{d}s},$$

$$(-t)^2 f(t) \leftrightarrow \frac{\mathrm{d}^2 F(s)}{\mathrm{d}s^2},$$

$$\cdots$$

$$(-t)^n f(t) \leftrightarrow \frac{\mathrm{d}^n F(s)}{\mathrm{d}s^n}, \quad \mathrm{Re}\{s\} > \sigma_0 \, .$$

注：s 域微分性质的推导较为简单，由单边拉氏变换的定义有

$$F(s) = \int_0^\infty f(t) \mathrm{e}^{-st} \, \mathrm{d}t,$$

两边对 s 求导得

$$\frac{\mathrm{d}F(s)}{\mathrm{d}s} = \int_0^\infty (-t) f(t) \mathrm{e}^{-st} \, \mathrm{d}t,$$

于是，由拉氏变换的定义得

$$(-t) f(t) \leftrightarrow \frac{\mathrm{d}F(s)}{\mathrm{d}s} \, .$$

重复运用上述结果即得

$$(-t)^n f(t) \leftrightarrow \frac{\mathrm{d}^n F(s)}{\mathrm{d}s^n} \, .$$

对 $F(s)$ 求导不改变极点位置，故收敛域仍为 $\mathrm{Re}\{s\} > \sigma_0$。

5. s 域积分性质：若 $f(t) \leftrightarrow F(s)$，$\mathrm{Re}\{s\} > \sigma_0$，则

$$\frac{f(t)}{t} \leftrightarrow \int_s^\infty F(\eta) \mathrm{d}\eta, \quad \mathrm{Re}\{s\} > \sigma_0 \, .$$

文献[1]中对 s 域积分性质有一个并不简单的推导，下面用另一个方法进行推导，这个方法说明 s 域积分性质可以用 s 域微分性质推导，两个性质本质上是一致的。

设 $g(t) = \dfrac{f(t)}{t} \leftrightarrow G(s)$，由 s 域微分性质得

$$-tg(t) \leftrightarrow G'(s), \quad -f(t) \leftrightarrow G'(s) \, .$$

于是得 $G'(s) = -F(s)$，两边从 s 到 ∞ 积分得

$$\int_s^\infty G'(\eta) \mathrm{d}\eta = -\int_s^\infty F(\eta) \mathrm{d}\eta,$$

$$G(\infty) - G(s) = -\int_s^\infty F(\eta) \mathrm{d}\eta \, .$$

由 $g(0_+) = \lim_{s \to \infty} sG(s)$ 知 $G(\infty) = 0$，故 $G(s) = \int_s^\infty F(\eta) \mathrm{d}\eta$，即

$$\frac{f(t)}{t} \leftrightarrow \int_s^\infty F(\eta) \mathrm{d}\eta \, .$$

下面的例子是文献[1]中的例 5.2-12，原解答是利用 s 域积分性质，下面利用 s 域微分性质解答。

例 19.2　求 $\dfrac{\sin t}{t} u(t)$ 的单边拉氏变换。

解　设 $f(t) = \dfrac{\sin t}{t} u(t) \leftrightarrow F(s)$，则

$$-\sin t u(t) \leftrightarrow F'(s), \quad F'(s) = -\frac{1}{s^2 + 1} \, .$$

两边从 s 到 ∞ 积分得

$$F(\infty) - F(s) = -\int_s^\infty \frac{1}{\eta^2 + 1} \mathrm{d}\eta = -\left(\frac{\pi}{2} - \arctan s\right)。$$

由题知 $f(0_+) = 1 = \lim_{s \to \infty} sF(s)$，故 $F(\infty) = 0$，最后得

$$F(s) = \frac{\pi}{2} - \arctan s。$$

由 s 域积分性质的推导及上例可知，我们只要掌握了 s 域微分性质，再结合拉氏变换的初值定理，可以解决用 s 域积分性质解决的任何问题，而且计算量相差也不大。因此，在学习 s 域微分性质和积分性质时，只要掌握其中一个性质，例如 s 域微分性质（包括时域微分性质和 s 域微分性质）即可。

19.2 考研真题解析

真题 19.1 （天津大学，2012）因果信号 $f(t)$ 的单边拉氏变换为 $F(s) = \dfrac{1}{s^2 + s - 1}$，试求 $y(t) = \displaystyle\int_0^{t-2} f(\tau) \mathrm{e}^\tau \mathrm{d}\tau$ 的单边拉氏变换。

解 由 $y(t) = \displaystyle\int_0^{t-2} f(\tau) \mathrm{e}^\tau \mathrm{d}\tau$，得

$$y'(t) = f(t-2)\mathrm{e}^{t-2}。 \qquad\qquad ①$$

由 $f(t) \leftrightarrow F(s)$，得

$$\mathrm{e}^t f(t) \leftrightarrow F(s-1)，\quad \mathrm{e}^{t-2}f(t-2) \leftrightarrow \mathrm{e}^{-2s}F(s-1)。$$

对式①两边取拉氏变换得

$$sY(s) - y(0_-) = sY(s) = \mathrm{e}^{-2s}F(s-1)，$$

故

$$Y(s) = \frac{1}{s}\mathrm{e}^{-2s}F(s-1) = \frac{\mathrm{e}^{-2s}}{s(s^2 - s - 1)}。$$

真题 19.2 （天津大学，2012）已知 $f(t)$ 的像函数 $F(s) = \ln\dfrac{s^2 + 1}{s - 1}$，试求信号 $f(t)$。

解 设 $f(t) \leftrightarrow \ln\dfrac{s^2+1}{s-1}$，由 s 域微分性质得

$$-tf(t) \leftrightarrow \left(\ln\frac{s^2+1}{s-1}\right)' = \frac{s^2 - 2s - 1}{(s^2+1)(s-1)} = \frac{2s}{s^2+1} - \frac{1}{s-1}。$$

取拉氏逆变换得

$$-tf(t) = (2\cos t - \mathrm{e}^t)u(t)，$$

故 $f(t) = \dfrac{\mathrm{e}^t - 2\cos t}{t}u(t)$。

第20章

特征信号与特征值的概念及其应用(二)

在连续系统中,我们将 $e^{j\omega t}$ 作为基本信号,通过频率响应为 $H(j\omega)$ 的 LTI 系统,或者将 e^{st} 作为基本信号通过系统函数为 $H(s)$ 的 LTI 系统,求系统的零状态响应,由此产生了两个美观的关系式,即

$$y_{zs}(t) = e^{j\omega t} H(j\omega)$$

和

$$y_{zs}(t) = e^{st} H(s)。$$

同样地,考查离散系统的情形,我们将得到两个形式类似的漂亮结果。

20.1 知识点

1. 将任意信号 $f(n)$ 以 $\delta(n)$ 为基本信号进行分解,再通过一个单位采样响应为 $h(n)$ 的 LTI 系统,类似地,可以推出零状态响应 $y_{zs}(n)$ 为 $f(n)$ 与 $h(n)$ 的卷积和(简称卷积),即

$$y_{zs}(n) = f(n) * h(n) = \sum_{m=-\infty}^{\infty} f(m)h(n-m)。$$

同样地,若将 $f(n)$ 以基本信号 $e^{j\omega n}$ 进行分解,将产生一些崭新的概念,给系统分析带来极大的方便。

2. 设一个离散 LTI 系统的单位采样响应为 $h(n)$,且 $h(n)$ 绝对可和,因而其离散时间傅里叶变换 $H(e^{j\omega})$ 存在。将 $H(e^{j\omega})$ 写成极坐标形式:

$$H(e^{j\omega}) = |H(e^{j\omega})| e^{j\varphi(\omega)},$$

$H(e^{j\omega}) = \sum_{n=-\infty}^{\infty} h(n)e^{-jn\omega}$ 称为系统的频率响应。其中,$|H(e^{j\omega})|$ 称为系统的幅频特性,它关于 ω 为偶对称,即 $|H(e^{-j\omega})| = |H(e^{j\omega})|$;$\varphi(\omega)$ 称为系统的相频特性,它关于 ω 奇对称,即 $\varphi(-\omega) = -\varphi(\omega)$。

通常 $h(n)$ 是因果序列,则 $H(e^{j\omega}) = \sum_{n=0}^{\infty} h(n)e^{-jn\omega}$。

考查 $e^{jn\omega}$ 通过某 LTI 系统 $h(n)$ 的零状态响应:

$$y_{zs}(n) = e^{j\omega n} * h(n) = \sum_{m=-\infty}^{\infty} h(m) e^{j\omega(n-m)}$$

$$= e^{j\omega n} \sum_{m=-\infty}^{\infty} h(m) e^{-jm\omega} = e^{j\omega n} H(e^{j\omega}),$$

即 $e^{j\omega n} \xrightarrow{\text{LTI}} e^{j\omega n} H(e^{j\omega})$。

由系统的 LTI 性质得

$$\frac{1}{2\pi} \int_{-\pi}^{\pi} F(e^{j\omega}) e^{j\omega n} d\omega \xrightarrow{\text{LTI}} \frac{1}{2\pi} \int_{-\pi}^{\pi} F(e^{j\omega}) H(e^{j\omega}) e^{j\omega n} d\omega。$$

上式左边即输入信号 $f(n)$，右边即零状态响应 $y_{zs}(n)$，其 DTFT 为 $F(e^{j\omega}) H(e^{j\omega})$，即

$$Y_{zs}(e^{j\omega}) = F(e^{j\omega}) H(e^{j\omega})。$$

于是，零状态响应的 DTFT 等于输入信号 $f(n)$ 的 DTFT 与系统频率响应的乘积。

3. 由上可见，引进频率响应 $H(e^{j\omega})$ 的概念，给系统分析带来极大的便利。

(1) 当输入为基本信号 $e^{j\omega n}$ 时，输出是简单的乘积 $e^{j\omega n} H(e^{j\omega})$，其物理意义是，LTI 系统 $H(e^{j\omega})$ 将对任意输入 $e^{j\omega n}$ 作一个处理，使其幅度产生增益 $|H(e^{j\omega})|$，相位产生叠加 $\varphi(\omega)$，即

$$y_{zs}(n) = e^{j\omega n} H(j\omega) = |H(j\omega)| e^{j[\omega n + \varphi(\omega)]}。$$

我们将 $e^{j\omega n}$ 称为系统的特征信号，$H(e^{j\omega})$ 称为特征信号 $e^{j\omega n}$ 所对应的特征值。

(2) 若输入为 $\cos(\omega n + \varphi_0)$，则输出为 $|H(e^{j\omega})| \cos[\omega n + \varphi_0 + \varphi(\omega)]$，即

$$\cos(\omega n + \varphi_0) \xrightarrow{\text{LTI}} |H(e^{j\omega})| \cos[\omega n + \varphi_0 + \varphi(\omega)]。$$

证明如下。

首先，由欧拉公式得

$$\cos(\omega n + \varphi_0) = \frac{1}{2}(e^{j\varphi_0} e^{j\omega n} + e^{-j\varphi_0} e^{-j\omega n})。$$

由前述知

$$e^{j\omega n} \xrightarrow{\text{LTI}} |H(e^{j\omega})| e^{j[\omega n + \varphi(\omega)]}, \quad e^{-j\omega n} \xrightarrow{\text{LTI}} |H(e^{-j\omega})| e^{j[-\omega n + \varphi(-\omega)]}。$$

由系统的 LTI 性质得

$$\cos(\omega n + \varphi_0) \xrightarrow{\text{LTI}} \frac{1}{2} \left\{ e^{j\varphi_0} |H(e^{j\omega})| e^{j[\omega n + \varphi(\omega)]} + e^{-j\varphi_0} |H(e^{-j\omega})| e^{j[-\omega n + \varphi(-\omega)]} \right\}$$

$$= \frac{1}{2} \left\{ e^{j\varphi_0} |H(e^{j\omega})| e^{j[\omega n + \varphi(\omega)]} + e^{-j\varphi_0} |H(e^{j\omega})| e^{j[-\omega n - \varphi(\omega)]} \right\}$$

$$= \frac{1}{2} |H(e^{j\omega})| \left\{ e^{j[\omega n + \varphi_0 + \varphi(\omega)]} + e^{-j[\omega n + \varphi_0 + \varphi(\omega)]} \right\}$$

$$= |H(e^{j\omega})| \cos[\omega n + \varphi_0 + \varphi(\omega)]。$$

同理有

$$\sin(\omega n + \varphi_0) \xrightarrow{\text{LTI}} |H(e^{j\omega})| \sin[\omega n + \varphi_0 + \varphi(\omega)]。$$

4. 如输入为周期序列 $f_N(n)$，由于 $f_N(n)$ 可以展开为 DFS：

$$f_N(n) = \sum_{k=0}^{N-1} C_k e^{jk\Omega n},$$

其中，$\Omega = \dfrac{2\pi}{N}$ 为数字基波角频率，则 $f_N(n)$ 通过系统 $H(e^{j\omega})$ 的响应为

$$y_{zs}(n) = \sum_{n=0}^{N-1} C_n e^{jn\Omega n} H(e^{jn\Omega})。$$

5. 设离散 LTI 系统的单位采样响应为 $h(n)$，$h(n)$ 的 z 变换 $H(z)$ 即系统函数

$$H(z) = \sum_{n=-\infty}^{\infty} h(n) z^{-n}，$$

通常情况下 $h(n)$ 是因果的，则有

$$H(z) = \sum_{n=-\infty}^{\infty} h(n) z^{-n} = \sum_{m=0}^{\infty} h(n) z^{-n}。$$

设 $H(z)$ 收敛域为 ROC。将复信号 z^n 输入该系统，则零状态响应为

$$y(n) = z^n * h(n) = \sum_{m=-\infty}^{\infty} h(m) z^{n-m} = z^n \sum_{m=-\infty}^{\infty} h(m) z^{-m}。$$

因此，

$$y(n) = z^n H(z)。$$

称 z^n 为该 LTI 系统的特征信号，$H(z)$ 为特征信号 z^n 对应的特征值。上式表明，特征信号 z^n 通过一个 LTI 系统的零状态响应，等于该特征信号与对应特征值的乘积。

讨论：(1) 若 z^n 中的 $|z|$ 在 $H(z)$ 的收敛域 ROC 中，则输出 $y(n)$ 存在，且 $y(n) = z^n H(z)$；

(2) 若 z^n 中的 $|z|$ 不在 $H(z)$ 的收敛域 ROC 中，则输出 $y(n)$ 不存在；

(3) 若 z^n 中 $z=1$，则 $y(n) = H(1)$。

例 20.1 设离散 LTI 系统的系统函数为

$$H(z) = \frac{1}{(1 - z^{-1})(1 - 2z^{-1})}, \quad |z| > 2,$$

输入为 $f(n) = 3^n$，则输出为

$$y(n) = 3^n H(3) = 3^n \cdot \frac{9}{2} = \frac{1}{2} \cdot 3^{n+2}。$$

例 20.2 设离散 LTI 系统的系统函数为

$$H(z) = \frac{1}{\left(1 - \dfrac{2}{3} z^{-1}\right)\left(1 - \dfrac{3}{4} z^{-1}\right)}, \quad |z| > \frac{3}{4}。$$

输入为 $f(n) = \left(\dfrac{1}{2}\right)^n$，则输出 $y(n)$ 不存在。

例 20.3 设离散 LTI 系统的系统函数为

$$H(z) = \frac{1}{\left(1 - \dfrac{1}{2} z^{-1}\right)\left(1 - \dfrac{1}{3} z^{-1}\right)}, \quad |z| > \frac{1}{2}。$$

输入为 $f(n) = 3 = 3 \cdot 1^n$，则输出为

$$y(n) = 3 \cdot 1^n H(1) = 3 \cdot 3 = 9。$$

20.2 考研真题解析

真题 20.1 （中国科学技术大学,2005)已知 $\tilde{x}(n)$ 是周期为 4 的周期序列,且已知 8 点序列 $x(n)=\tilde{x}(n),0\leqslant n\leqslant 7$ 的 8 点 DFT 系数为 $X(0)=X(2)=X(4)=X(6)=1,X(1)=X(3)=X(5)=X(7)=0$。试求：

(1) 周期序列 $\tilde{x}(n)$,并概画出它的序列波形;

(2) 该周期序列 $\tilde{x}(n)$ 通过单位采样响应为 $h(n)=(-1)^n\dfrac{\sin^2(\pi n/2)}{\pi^2 n^2}$ 的数字滤波器后的输出 $y(n)$,并概画出它的序列波形。

解 (1) 由于 $X(k)=\{1,0,1,0,1,0,1,0\}$,故

$$x(n)=\frac{1}{8}\sum_{k=0}^{7}X(k)\mathrm{e}^{\mathrm{j}\frac{\pi}{4}nk}=\frac{1}{8}\left(1+\mathrm{e}^{\mathrm{j}\frac{\pi}{2}n}+\mathrm{e}^{\mathrm{j}\pi n}+\mathrm{e}^{\mathrm{j}\frac{3}{2}\pi n}\right)$$

$$=\frac{1}{8}\left[1+(-1)^n+2\cos\frac{\pi}{2}n\right],\quad 0\leqslant n\leqslant 7。$$

于是

$$\tilde{x}(n)=\frac{1}{8}\left[1+(-1)^n+2\cos\frac{\pi}{2}n\right],\quad -\infty<n<\infty。$$

$\tilde{x}(n)$ 在 $0\leqslant n\leqslant 3$ 内的值为 $\left\{\dfrac{1}{2},0,0,0\right\}$,画出 $\tilde{x}(n)$ 波形如图 20.1 所示。

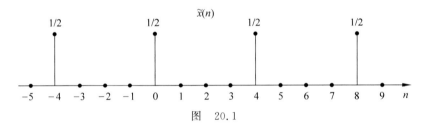

图 20.1

(2) 设 $h_1(n)=\dfrac{\sin(\pi n/2)}{\pi n},h_2(n)=\dfrac{\sin^2(\pi n/2)}{\pi^2 n^2}$。

由于 $H_1(\mathrm{e}^{\mathrm{j}\omega})=g_\pi(\omega),|\omega|\leqslant\pi$,所以

$$H_2(\mathrm{e}^{\mathrm{j}\omega})=\frac{1}{2\pi}g_\pi(\omega)*g_\pi(\omega)。$$

$H_2(\mathrm{e}^{\mathrm{j}\omega}),|\omega|\leqslant\pi$ 如图 20.2 所示。

由于

$$h(n)=(-1)^n h_2(n)=\mathrm{e}^{\mathrm{j}\pi n}h_2(n),$$

利用 DTFT 的频移性质得

$$H(\mathrm{e}^{\mathrm{j}\omega})=H_2\left[\mathrm{e}^{\mathrm{j}(\omega-\pi)}\right]。$$

$H(\mathrm{e}^{\mathrm{j}\omega})$ 在 $-\pi\leqslant\omega\leqslant\pi$ 内如图 20.3 所示。

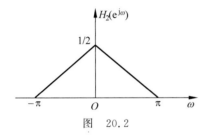

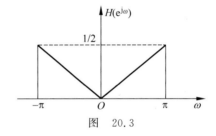

图 20.2   图 20.3

由于

$$H(e^{j0}) = 0, \quad H(e^{j\pi/2}) = \frac{1}{4}, \quad H(e^{j\pi}) = \frac{1}{2},$$

故输出为

$$y(n) = \frac{1}{8}\left[\frac{1}{2}(-1)^n + \frac{1}{4} \cdot 2\cos\frac{\pi}{2}n\right] = \frac{1}{16}\left[(-1)^n + \cos\frac{\pi}{2}n\right].$$

作 $y(n)$ 波形如图 20.4 所示。

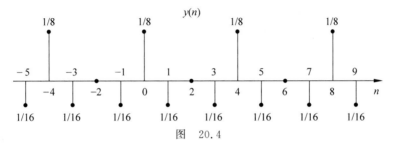

图 20.4

真题 20.2 （中国科学技术大学,2006)某因果数字滤波器的零极点如图 20.5(a)所示,并已知其 $H(e^{j\pi}) = -1$。

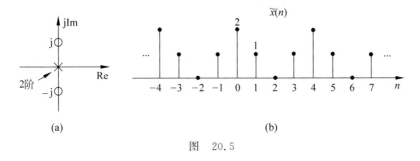

(a)   (b)

图 20.5

（1）试求它的系统函数 $H(z)$ 及其收敛域,且回答它是 IIR 还是 FIR 的什么类型(低通、高通、常通、带阻或全通)滤波器;

（2）写出如图 20.5(b)所示周期信号 $\tilde{x}(n)$ 的表达式,并求其离散傅里叶级数的系数;

（3）试求该滤波器对周期输入 $\tilde{x}(n)$ 的响应 $y(n)$。

解 （1）由零极点图可设

$$H(z) = A \cdot \frac{(z+j)(z-j)}{z^2} = A(1 + z^{-2}), \quad |z| > 0。$$

由 $H(\mathrm{e}^{\mathrm{j}\pi})=H(-1)=-1$ 得 $A=-\dfrac{1}{2}$，故

$$H(z)=-\frac{1}{2}(1+z^{-2}),\quad |z|>0。$$

由 $H(z)$ 的形式及零极点位置知这是一个 FIR 带阻滤波器。

（2）$\tilde{x}(n)$ 的周期是 4，在主值区间的值是 $\{2,1,0,1\}$，则

$$X(k)=\sum_{n=0}^{3}\tilde{x}(n)\mathrm{e}^{-\mathrm{j}\frac{\pi}{2}nk}=2+2\cos\frac{\pi}{2}k。$$

（3）由（2）知 $X(k)$ 在主值区间的值是 $\{4,2,0,2\}$，故

$$\tilde{x}(n)=\frac{1}{4}\sum_{k=0}^{3}X(k)\mathrm{e}^{\mathrm{j}\frac{\pi}{2}nk}=1+\cos\frac{\pi}{2}n。$$

由于

$$H(\mathrm{e}^{\mathrm{j}0})=H(1)=-1,\quad H(\mathrm{e}^{\mathrm{j}\pi/2})=H(\mathrm{j})=0,$$

故 $y(n)=-1,-\infty<n<\infty$。

真题 20.3（中国科学技术大学，2012）将离散时间信号 $x(n)=A\mathrm{e}^{\mathrm{j}\Omega_0 n}$ 输入一个频率响应为 $H(\mathrm{e}^{\mathrm{j}\Omega})$ 的离散时间 LTI 系统。试推导该离散系统对上述信号 $x(n)$ 的时域响应 $y(n)$，要求用系统的频率响应 $H(\mathrm{e}^{\mathrm{j}\Omega})$ 来表达，给出推导过程。

解 设系统的单位采样响应为 $h(n)$，则有 $H(\mathrm{e}^{\mathrm{j}\Omega})=\sum\limits_{n=-\infty}^{\infty}h(n)\mathrm{e}^{-\mathrm{j}n\Omega}$，于是

$$y(n)=x(n)*h(n)=\sum_{m=-\infty}^{\infty}h(m)\cdot A\mathrm{e}^{\mathrm{j}\Omega_0(n-m)}$$

$$=A\mathrm{e}^{\mathrm{j}\Omega_0 n}\sum_{m=-\infty}^{\infty}h(m)\mathrm{e}^{-\mathrm{j}\Omega_0 m}=A\mathrm{e}^{\mathrm{j}\Omega_0 n}H(\mathrm{e}^{\mathrm{j}\Omega_0}),$$

即 $y(n)=A\mathrm{e}^{\mathrm{j}\Omega_0 n}H(\mathrm{e}^{\mathrm{j}\Omega_0})$。

真题 20.4（中国科学技术大学，2015）已知 $x(n)$ 是周期为 4 的周期序列，对序列 $x(n)$ 在 $0\leqslant n\leqslant 7$ 作 8 点 DFT 运算，得到 DFT 系数为 $X(0)=X(2)=X(4)=X(6)=1$，$X(1)=X(3)=X(5)=X(7)=0$。试求：

（1）周期序列 $x(n)$，并画出它的序列图形；

（2）该周期序列 $x(n)$ 通过单位冲激响应为 $h(n)=(-1)^{n}\dfrac{\sin^{2}(\pi n/2)}{\pi^{2}n^{2}}$ 的数字滤波器后的输出 $y(n)$，并概画出它的序列图形。

注：本题与中国科学技术大学 2005 年考研真题第四题几乎一样，仅题目叙述略有不同。

解（1）由于 $X(k)=\{1,0,1,0,1,0,1,0\}$，故

$$x(n)=\frac{1}{8}\sum_{k=0}^{7}X(k)\mathrm{e}^{\mathrm{j}\frac{\pi}{4}nk}=\frac{1}{8}(1+\mathrm{e}^{\mathrm{j}\frac{\pi}{2}n}+\mathrm{e}^{\mathrm{j}\pi n}+\mathrm{e}^{\mathrm{j}\frac{3}{2}\pi n})$$

$$=\frac{1}{8}\left[1+(-1)^{n}+2\cos\frac{\pi}{2}n\right],\quad 0\leqslant n\leqslant 7。$$

于是

$$x(n) = \frac{1}{8}\left[1 + (-1)^n + 2\cos\frac{\pi}{2}n\right], \quad -\infty < n < \infty。$$

$x(n)$ 在 $0 \leqslant n \leqslant 3$ 内的值为 $\left\{\frac{1}{2}, 0, 0, 0\right\}$，作 $x(n)$ 波形如图 20.6 所示。

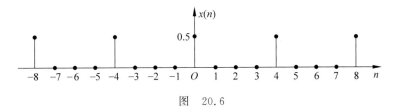

图　20.6

(2) $x(n) = \frac{1}{2}\sum_{k=-\infty}^{\infty}\delta(n-4k), X(e^{j\omega}) = \frac{\pi}{4}\sum_{k=-\infty}^{\infty}\delta\left(\omega - \frac{\pi}{2}k\right)$,

$$h(n) = e^{j\pi n} \cdot \frac{\sin(\pi n/2)}{\pi n} \cdot \frac{\sin(\pi n/2)}{\pi n}。$$

由于

$$\frac{\sin(\pi n/2)}{\pi n} \leftrightarrow \begin{cases} 1, & |\omega| \leqslant \pi/2 \\ 0, & \pi/2 < |\omega| < \pi \end{cases},$$

由 DTFT 卷积定理得

$$\frac{\sin(\pi n/2)}{\pi n} \cdot \frac{\sin(\pi n/2)}{\pi n} \leftrightarrow H_2(e^{j\omega}),$$

$H_2(e^{j\omega}), |\omega| \leqslant \pi$ 如图 20.7 所示。

$H(e^{j\omega}) = H_2[e^{j(\omega-\pi)}]$ 在 $[-\pi, \pi]$ 内如图 20.8 所示。

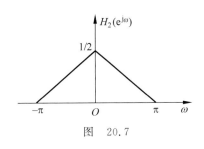

图　20.7

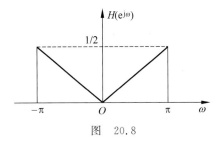

图　20.8

由于

$$H(e^{j0}) = 0, \quad H(e^{j\pi/2}) = \frac{1}{4}, \quad H(e^{j\pi}) = \frac{1}{2},$$

故输出为

$$y(n) = \frac{1}{8}\left[\frac{1}{2}(-1)^n + \frac{1}{4} \cdot 2\cos\frac{\pi}{2}n\right] = \frac{1}{16}\left[(-1)^n + \cos\frac{\pi}{2}n\right]。$$

作 $y(n)$ 波形如图 20.9 所示。

真题 20.5　(中国科学技术大学,2016)差分方程 $y(n) - 0.5y(n-1) = x(n)$ 描述一个起始松弛的离散时间系统,试求当输入信号 $x(n) = 1 + (-1)^n, -\infty < n < \infty$ 时系统的输

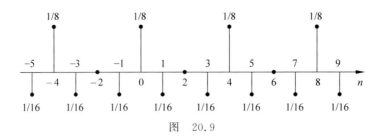

图 20.9

出 $y(n)$。

解 对差分方程取 z 变换得

$$Y(z) - 0.5z^{-1}Y(z) = X(z), \quad (1 - 0.5z^{-1})Y(z) = X(z),$$

$$H(z) = \frac{Y(z)}{X(z)} = \frac{1}{1 - 0.5z^{-1}}。$$

由于 $H(1) = 2, H(-1) = \dfrac{2}{3}$,故 $y(n) = 2 + \dfrac{2}{3} \cdot (-1)^n$。

真题 20.6 (中国科学技术大学,2016)在如图 20.10 所示的离散时间系统中,子系统 $H_1(e^{j\Omega})$ 的单位冲激响应为

$$h_1(n) = \frac{\sin(\pi n/3)\sin(\pi n/6)}{\pi n^2}。$$

(1) 求整个系统的单位冲激响应 $h(n)$;

(2) 画出整个系统频率响应 $H(e^{j\Omega})$ 的频率响应特性曲线,并判断它是什么类型(低通、高通、带通等)的滤波器;

(3) 当系统的输入

$$x(n) = \sum_{k=-\infty}^{\infty} \delta(n-2k)e^{jk\pi} + \sum_{k=0}^{2} 2^{-k}\cos\frac{\pi kn}{3} + \sin\frac{(31n-1)\pi}{12}$$

时,求系统的输出 $y(n)$。

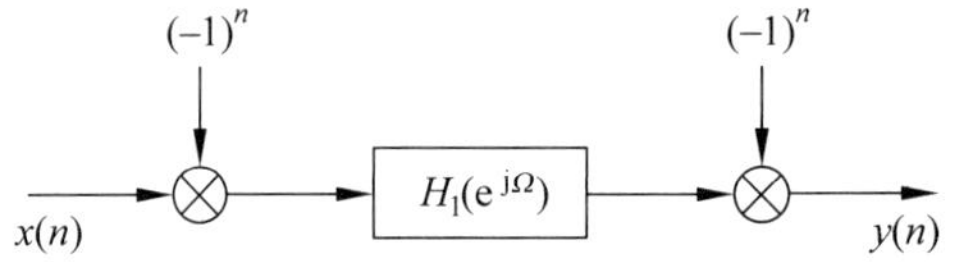

图 20.10

解 (1) 设 $x(n) \leftrightarrow X(e^{j\omega})$,则 $(-1)^n x(n) \leftrightarrow X[e^{j(\omega-\pi)}]$。

$$h_1(n) = \pi \cdot \frac{\sin(\pi n/3)}{\pi n} \cdot \frac{\sin(\pi n/6)}{\pi n},$$

$$H_1(e^{j\omega}) = \frac{1}{2\pi} \cdot \pi \cdot g_{2\pi/3}(\omega) * g_{\pi/3}(\omega) = \frac{1}{2} \cdot g_{2\pi/3}(\omega) * g_{\pi/3}(\omega)。$$

$H_1(e^{j\omega})$ 如图 20.11 所示。

$H_1(e^{j\omega})$ 输出序列的傅里叶变换为 $X[e^{j(\omega-\pi)}]H_1(e^{j\omega})$。

再经过 $(-1)^n$ 反相后,输出为 $Y(e^{j\omega}) = X(e^{j\omega})H_1[e^{j(\omega-\pi)}]$。

故 $H(e^{j\omega}) = H_1[e^{j(\omega-\pi)}]$,取 DTFT 逆变换得 $h(n) = (-1)^n h_1(n)$。

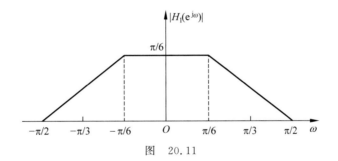

图 20.11

（2）$|H(\mathrm{e}^{\mathrm{j}\omega})|$ 如图 20.12 所示（只画出一个周期）。

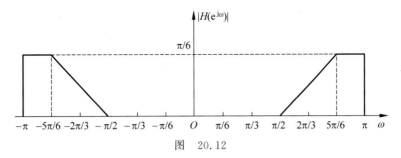

图 20.12

由图可知，系统是一个高通滤波器。

（3）设 $x(n)=x_1(n)+x_2(n)+x_3(n)$，

$$x_1(n)=\sum_{k=-\infty}^{\infty}\delta(n-2k)\mathrm{e}^{\mathrm{j}k\pi}=\sum_{k=-\infty}^{\infty}(-1)^k\delta(n-2k)$$

$$=\sum_{k=-\infty}^{\infty}\delta(n-4k)-\sum_{k=-\infty}^{\infty}\delta(n-2-4k),$$

$$X_1(\mathrm{e}^{\mathrm{j}\omega})=\frac{\pi}{2}\sum_{k=-\infty}^{\infty}\delta\left(\omega-\frac{\pi}{2}k\right)-\mathrm{e}^{-\mathrm{j}2\omega}\cdot\frac{\pi}{2}\sum_{k=-\infty}^{\infty}\delta\left(\omega-\frac{\pi}{2}k\right)$$

$$=\frac{\pi}{2}\sum_{k=-\infty}^{\infty}(1-\mathrm{e}^{-\mathrm{j}\pi k})\delta\left(\omega-\frac{\pi}{2}k\right)。$$

或者利用基本 DTFT 变换对

$$\sum_{k=-\infty}^{\infty}\delta(n-2k)\leftrightarrow\pi\sum_{k=-\infty}^{\infty}\delta(\omega-\pi k)$$

及 DTFT 的频移性质得

$$x_1(n)=\sum_{k=-\infty}^{\infty}(-1)^k\delta(n-2k)=\mathrm{e}^{\mathrm{j}n\pi/2}\sum_{k=-\infty}^{\infty}\delta(n-2k)$$

$$\leftrightarrow X_1(\mathrm{e}^{\mathrm{j}\omega})=\pi\sum_{k=-\infty}^{\infty}\delta\left(\omega-\pi k-\frac{\pi}{2}\right)。$$

由于

$$Y_1(\mathrm{e}^{\mathrm{j}\omega})=X_1(\mathrm{e}^{\mathrm{j}\omega})H(\mathrm{e}^{\mathrm{j}\omega})=0,$$

故 $y_1(n)=0$，

$$x_2(n) = 1 + \frac{1}{2}\cos\frac{\pi n}{3} + \frac{1}{4}\cos\frac{2}{3}\pi n。$$

由于 $H(e^{j\pi/3}) = 0$，$H(e^{j2\pi/3}) = \frac{\pi}{12}$，$H(e^{j0}) = 0$，故

$$y_2(n) = \frac{1}{4} \cdot \frac{\pi}{12}\cos\frac{2\pi n}{3} = \frac{\pi}{48}\cos\frac{2\pi n}{3},$$

$$x_3(n) = \sin\left(\frac{31}{12}\pi n - \frac{\pi}{12}\right) = \sin\left(\frac{7}{12}\pi n - \frac{\pi}{12}\right)。$$

由于 $H(e^{j7\pi/12}) = \frac{\pi}{24}$，故 $y_3(n) = \frac{\pi}{24}\sin\left(\frac{7}{12}\pi n - \frac{\pi}{12}\right)$。

最后得系统的输出为

$$y(n) = \frac{\pi}{48}\cos\frac{2\pi n}{3} + \frac{\pi}{24}\sin\left(\frac{7}{12}\pi n - \frac{\pi}{12}\right)。$$

真题 20.7　（合肥工业大学，2020）已知输入正弦 $x(n) = A\sin(\omega_0 n + \varphi)$ 且 $h(n)$ 为实序列，且 $\mathrm{DTFT}[h(n)] = H(e^{j\omega}) = |H(e^{j\omega})|e^{j\theta(\omega)}$。证明：LTI 系统稳态响应为

$$y(n) = A|H(e^{j\omega_0})|\sin[\theta(\omega_0) + \omega_0 n + \varphi]。$$

证明　$y(n) = x(n) * h(n) = \sum_{m=-\infty}^{\infty} h(m)x(n-m)$

$$= \sum_{m=-\infty}^{\infty} h(m) \cdot \frac{A}{2j}\{e^{j[\omega_0(n-m)+\varphi]} - e^{-j[\omega_0(n-m)+\varphi]}\}$$

$$= \frac{A}{2j}e^{j(\omega_0 n+\varphi)}\sum_{m=-\infty}^{\infty} h(m)e^{-j\omega_0 m} - \frac{A}{2j}e^{-j(\omega_0 n+\varphi)}\sum_{m=-\infty}^{\infty} h(m)e^{j\omega_0 m}$$

$$= \frac{A}{2j}e^{j(\omega_0 n+\varphi)}H(e^{j\omega_0}) - \frac{A}{2j}e^{-j(\omega_0 n+\varphi)}H(e^{-j\omega_0})。$$

由于 $h(n)$ 是实序列，因而

$$H(e^{j\omega_0}) = |H(e^{j\omega_0})|e^{j\theta(\omega_0)}, \quad H(e^{-j\omega_0}) = |H(e^{j\omega_0})|e^{-j\theta(\omega_0)},$$

故

$$y(n) = \frac{A}{2j}e^{j(\omega_0 n+\varphi)}|H(e^{j\omega_0})|e^{j\theta(\omega_0)} - \frac{A}{2j}e^{-j(\omega_0 n+\varphi)}|H(e^{j\omega_0})|e^{-j\theta(\omega_0)}$$

$$= A|H(e^{j\omega_0})| \cdot \sin[\theta(\omega_0) + \omega_0 n + \varphi]。$$

第21章

用s域模型求解电路问题

用拉氏变换求解电路,本质上与用拉氏变换解微分方程是一回事。在时域求解电路问题,可转化为求微分方程的初值问题,而用 s 域模型求解电路,可以把复杂的微分方程转化为代数方程来求解。本章所有物理量皆采用国际单位。

21.1 知识点

1. 拉氏变换既可解微分方程形式的连续系统问题,也可解电路形式的连续系统问题,它们都是将微分方程转化为代数方程求解的,因而能简化计算。但即使能简化计算,用 s 域模型求解电路问题仍有一定的计算量,需要通过训练才能做得又快又好。

2. 用 s 域模型求解电路问题的步骤:

(1) 将电路从模拟域转换到 s 域;

(2) 列 KCL,KVL 方程并求解;

(3) 最后转换到时域,得到结果。

步骤(1)中,当电容或电感存在初始非零条件时,转换到 s 域模型有两种不同的形式,可根据解题需要或个人爱好选用;步骤(2)需要计算含参数 s 的方程组,计算量较大,可采用逐次消元法,或用行列式法;步骤(3)要求熟练地进行拉氏逆变换。

3. 有些同学对电容、电感的 s 域模型容易混淆或记错,其实无需死记硬背,应在推导的基础上理解记忆。考试时即使忘了也很容易临时推导出来。

4. 由于电容两端电荷变化 $\dfrac{\mathrm{d}q(t)}{\mathrm{d}t}$ 产生电流 $i(t)$,而 $q(t)$ 与电压之间的关系为 $q(t) = C \cdot v(t)$,故 $C \cdot \dfrac{\mathrm{d}v(t)}{\mathrm{d}t} = i(t)$。两边取拉氏变换得

$$C[sV(s) - v_C(0_-)] = I(s)。$$

如果将 s 域方程写成

$$V(s) = \frac{1}{sC}I(s) + \frac{v_C(0_-)}{s},$$

即得串联形式的电容 s 域模型,如图 21.1 所示。

注意图 21.1 中有一个由初始非零条件产生的附加电压源,其电压降的方向与电流方向相同。

如果将 s 域模型写成

$$I(s) = sCV(s) - Cv_C(0_-),$$

即得并联形式的电容 s 域模型,如图 21.2 所示。

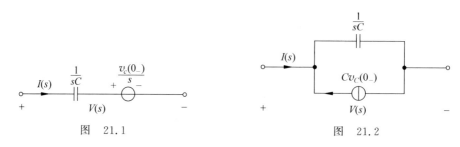

图 21.1　　　　　　　　　　图 21.2

注意图 21.2 中有一个由非零初始条件产生的附加电流源,其电流源的电流方向与前文电压降的方向相反。

5. 由于电感的磁通量的变化 $\dfrac{\mathrm{d}\Phi(t)}{\mathrm{d}t}$ 产生感应电动势 $u(t)$,而磁通量 $\Phi(t) = L \cdot i(t)$,

故 $v(t) = L\dfrac{\mathrm{d}i(t)}{\mathrm{d}t}$。两边取拉氏变换,并利用拉氏变换的时域微分性质得

$$V(s) = L \cdot \left[sI(s) - i_L(0_-)\right]。$$

若将 s 域方程写成

$$V(s) = sLI(s) - L \cdot i_L(0_-),$$

即得串联形式的电感 s 域模型,如图 21.3 所示。

注意图 21.3 中有一个由初始非零条件产生的附加电压源,电压降的方向与电流方向相反。

若将 s 域方程写成

$$I(s) = \frac{1}{sL}U(s) + \frac{i_L(0_-)}{s},$$

即得并联形式的电感 s 域模型,如图 21.4 所示。

图 21.3　　　　　　　　　　图 21.4

注意图 21.4 中有一个由非零初始条件产生的附加电流源,电流源的电流方向与前文电压降的方向相同。

从以上推导可以看出大学普通物理知识的重要性。

6. 若电容或电感无初始能量储存,即 $i_L(0_-)=0$ 或 $v_C(0_-)=0$,则无对应等效的电压源或电流源,画其等效 s 域模型时要简单得多。

例 21.1 (安徽大学,2021)如图 21.5 所示电路,已知 $v_s(t)=u(t)$, $i_s(t)=\delta(t)$,假设有起始状态 $v_C(0_-)=1\mathrm{V}$, $i_L(0_-)=2\mathrm{A}$,求电压 $v_L(t)$。

分析 可以直接在拉氏变换域求解。如果结合拉氏变换和时域求解,则容易犯一个不易觉察的错误。先计算电感的电流,再计算电感的端电压时,注意用公式算出来的是整个感应电动势,它包括了电感的初始感应电动势,要除掉初始感应电动势才得到电感在 $t>0$ 的实际端电压。

解 作 s 域电路图如图 21.6 所示。

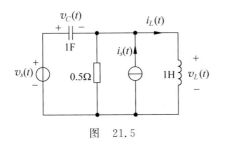

图 21.5

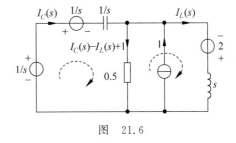

图 21.6

列 KVL 方程如下:

$$\begin{cases} \dfrac{1}{s}I_C(s)+0.5[I_C(s)-I_L(s)+1]=0, \\ 0.5[I_C(s)-I_L(s)+1]=sI_L(s)-2 \end{cases}$$

解得

$$I_L(s)=\frac{2s+5}{s^2+2s+1}=\frac{2}{s+1}+3\cdot\frac{1}{(s+1)^2},$$

$$V_L(s)=sI_L(s)-2=\frac{1}{s+1}-3\cdot\frac{1}{(s+1)^2},\quad \mathrm{Re}\{s\}>-1。$$

取拉氏逆变换得

$$v_L(t)=(1-3t)\mathrm{e}^{-t}u(t)。$$

注:如果先算出电感上的电流

$$i_L(t)=(2+3t)\mathrm{e}^{-t}u(t),$$

再计算电感的感应电动势

$$\varepsilon_L(t)=L\frac{\mathrm{d}i_L(t)}{\mathrm{d}t}=(1-3t)\mathrm{e}^{-t}u(t)+2\delta(t),$$

其中,$2\delta(t)$ 是初始电流 $i_L(0_-)=2\mathrm{A}$ 产生的初始感应电动势,$\varepsilon_L(0_-)=2\delta(t)$,则要除掉这部分才是 $t>0$ 时电感的端电压:

$$v_L(t)=\varepsilon_L(t)-\varepsilon_L(0_-)=[(1-3t)\mathrm{e}^{-t}u(t)+2\delta(t)]-2\delta(t)$$

$$=(1-3t)\mathrm{e}^{-t}u(t)。$$

21.2 考研真题解析

真题 21.1 (中国科学技术大学,2017)电路如图 21.7 所示,图中 $R=1\Omega$, $L_1=2\mathrm{H}$,

$L_2 = \dfrac{2}{3}$ H，$C = \dfrac{3}{4}$ F，$v_i(t)$ 和 $v_o(t)$ 分别是电路的输入和输出电压信号。

（1）求该电路的系统函数 $H(s) = v_o(s)/v_i(s)$ 及收敛域；

（2）画出 $H(s)$ 的零极点分布、收敛域，并粗略画出该系统的幅频响应特性曲线；

（3）输入电压信号 $v_i(t) = 5 + 0.1\sin\dfrac{\sqrt{2}}{2}t + 0.05\sin\sqrt{2}\,t$（V）时，求系统的输出 $v_o(t)$。

解　（1）作 s 域电路图如图 21.8 所示。

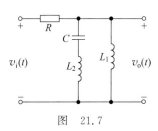
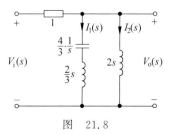

图　21.7　　　　　　　　　图　21.8

由图列 KVL 和 KCL 方程：

$$
\begin{cases}
V_i(s) = \left[I_1(s) + I_2(s) \right] \cdot 1 + I_2(s) \cdot 2s \\[2mm]
V_o(s) = I_2(s) \cdot 2s \\[2mm]
I_1(s)\left(\dfrac{4}{3} \cdot \dfrac{1}{s} + \dfrac{2}{3}s \right) = I_2(s) \cdot 2s
\end{cases}，
$$

解得

$$
V_i(s) = \frac{2s^3 + 4s^2 + 4s + 2}{s^2 + 2} I_2(s)，\quad V_o(s) = 2s \cdot I_2(s)，
$$

故

$$
H(s) = \frac{V_o(s)}{V_i(s)} = \frac{(s^2 + 2)s}{(s+1)(s^2 + s + 1)}，\quad \text{ROC: } \operatorname{Re}\{s\} > -\frac{1}{2}。
$$

（2）零点为 $\pm j\sqrt{2}$，0，极点为 -1，$-\dfrac{1}{2} \pm j\dfrac{\sqrt{3}}{2}$，图略。

（3）由于 ROC 包含虚轴，故系统的频率响应 $H(j\omega) = H(s)\Big|_{s = j\omega}$。

计算得

$$
H(j0) = 0，\quad H\!\left(j\frac{\sqrt{2}}{2} \right) = 1，\quad H(j\sqrt{2}) = 0，
$$

故输出为

$$
v_o(t) = 0.1\sin\frac{\sqrt{2}}{2}t\text{（V）}。
$$

真题 21.2　（南京航空航天大学，2020）已知电路如图 21.9 所示，0 时刻时，开关 K 闭合。

（1）求 $v_C(0_-)$，$i_L(0_-)$；

（2）画 s 域等效电路图；

（3）求系统函数 $H(s)$；

（4）求全响应 $v(t)$。

解 （1）$v_C(0_-)=2\text{V},i_L(0_-)=1\text{A}$。

（2）作 s 域等效电路如图 21.10 所示。

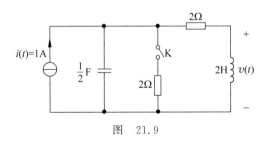
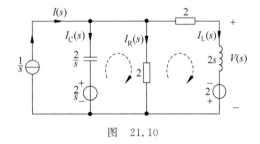

图 21.9   图 21.10

（3）求 $H(s)$ 时，令 $v_L(0_-)=i_L(0_-)=0$，列 KCL,KVL 方程，则有

$$
\begin{cases}
I_C(s)+I_R(s)+I_L(s)=I(s) \\
\dfrac{2}{s}I_C(s)=2I_R(s) \\
(2+2s)I_L(s)=2I_R(s) \\
2sI_L(s)=V(s)
\end{cases},
$$

解得

$$
H(s)=\frac{V(s)}{I(s)}=\frac{2s}{s^2+2s+2}。
$$

（4）列方程组如下：

$$
\begin{cases}
I_C(s)+I_R(s)+I_L(s)=\dfrac{1}{s}, \\
\dfrac{2}{s}I_C(s)+\dfrac{2}{s}=2I_R(s), \\
(2s+2)I_L(s)-2=2I_R(s)。
\end{cases}
$$

解得

$$
I_L(s)=\frac{s^2+2s+1}{s(s^2+2s+2)},
$$

于是

$$
V(s)=2sI_L(s)-2=-2\cdot\frac{1}{s^2+2s+2}。
$$

取拉氏逆变换得

$$
v(t)=-2\mathrm{e}^{-t}\sin t\cdot u(t)。
$$

真题 21.3 （中国科学技术大学,2020）对于如图 21.11(a)所示的系统，当输入如图 21.11(b)所示的有始周期矩形信号 $x(t)$ 时，求系统的稳态响应 $y(t)$ 并画出波形。

解 由图 21.11(a)知 $H(s)=\dfrac{R}{R+\dfrac{1}{sC}}=\dfrac{s}{s+\dfrac{1}{RC}}$，令 $\alpha=\dfrac{1}{RC}$，则 $H(s)=\dfrac{s}{s+\alpha}$。

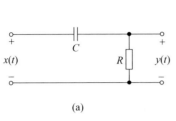

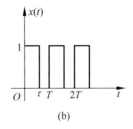

$$\text{图}\quad 21.11$$

由图 21.11(b)知

$$x(t)=\bigl[u(t)-u(t-\tau)\bigr]*\sum_{n=0}^{\infty}\delta(t-nT)。$$

故

$$X(s)=(1-\mathrm{e}^{-s\tau})\cdot\frac{1}{s}\sum_{n=0}^{\infty}\mathrm{e}^{-nTs},$$

$$Y(s)=X(s)H(s)=(1-\mathrm{e}^{-s\tau})\cdot\frac{1}{s+\alpha}\sum_{n=0}^{\infty}\mathrm{e}^{-nTs}。$$

取拉氏逆变换得

$$y(t)=\bigl[\mathrm{e}^{-\alpha t}u(t)-\mathrm{e}^{-\alpha(t-\tau)}u(t-\tau)\bigr]*\sum_{n=0}^{\infty}\delta(t-nT)$$

$$=\sum_{n=0}^{\infty}\bigl[\mathrm{e}^{-\alpha(t-nT)}u(t-nT)-\mathrm{e}^{-\alpha(t-\tau-nT)}u(t-\tau-nT)\bigr]。$$

当 $nT\leqslant t<\tau+nT,n=0,1,2,\cdots$ 时，

$$y(t)=\begin{cases}\mathrm{e}^{-\alpha t},&n=0\\[2mm]\dfrac{1-\mathrm{e}^{\alpha\tau}}{1-\mathrm{e}^{\alpha T}}\mathrm{e}^{-\alpha t}+\dfrac{\mathrm{e}^{\alpha\tau}-\mathrm{e}^{\alpha T}}{1-\mathrm{e}^{\alpha T}}\mathrm{e}^{-\alpha(t-nT)},&n\geqslant1\end{cases}。$$

当 $t\to\infty$ 时，上式中 $\dfrac{1-\mathrm{e}^{\alpha\tau}}{1-\mathrm{e}^{\alpha T}}\mathrm{e}^{-\alpha t}\to 0$ 且单调减少，而 $\dfrac{\mathrm{e}^{\alpha\tau}-\mathrm{e}^{\alpha T}}{1-\mathrm{e}^{\alpha T}}\mathrm{e}^{-\alpha(t-nT)}$ 是周期为 T 的周期函数。

当 $\tau+nT<t<(n+1)T,n=0,1,2,\cdots$ 时，

$$y(t)=\sum_{k=0}^{n}\bigl[\mathrm{e}^{-\alpha(t-kT)}-\mathrm{e}^{-\alpha(t-\tau-kT)}\bigr]$$

$$=\frac{1-\mathrm{e}^{\alpha\tau}}{1-\mathrm{e}^{\alpha T}}\mathrm{e}^{-\alpha t}-\frac{\mathrm{e}^{\alpha T}(1-\mathrm{e}^{\alpha\tau})}{1-\mathrm{e}^{\alpha T}}\mathrm{e}^{-\alpha(t-nT)}。$$

当 $t\to\infty$ 时，上式中 $\dfrac{1-\mathrm{e}^{\alpha\tau}}{1-\mathrm{e}^{\alpha T}}\mathrm{e}^{-\alpha t}\to 0$ 且单调减少，而 $-\dfrac{\mathrm{e}^{\alpha T}(1-\mathrm{e}^{\alpha\tau})}{1-\mathrm{e}^{\alpha T}}\mathrm{e}^{-\alpha(t-nT)}$ 是周期为 T 的周期函数。

于是，当 $n\to\infty$ 时，输出信号 $y(t)$ 的稳态值为

$$y(t)=\begin{cases}\dfrac{\mathrm{e}^{\alpha\tau}-\mathrm{e}^{\alpha T}}{1-\mathrm{e}^{\alpha T}}\mathrm{e}^{-\alpha(t-nT)},&nT\leqslant t<\tau+nT\\[4mm]-\dfrac{\mathrm{e}^{\alpha T}(1-\mathrm{e}^{\alpha\tau})}{1-\mathrm{e}^{\alpha T}}\mathrm{e}^{-\alpha(t-nT)},&\tau+nT<t<(n+1)T\end{cases}。$$

综合以上讨论,绘制 $y(t)$ 波形如图 21.12 所示。

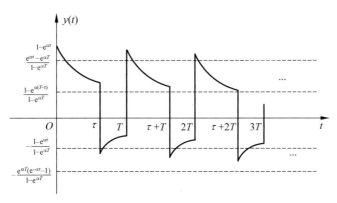

图 21.12

真题 21.4 (重庆邮电大学,2021)如图 21.13 所示的电路系统中,电流 $f(t)$ 为系统激励,电流 $y(t)$ 为系统响应。

(1) 若 $f(t)=\mathrm{e}^{-2t}u(t)$,求系统的零状态响应 $y_{zs}(t)$;

(2) 若 $y(0_-)=1$,求 $t>0$ 时的零输入响应 $y_{zi}(t)$;

(3) 画出系统的幅频特性和相频特性曲线。

解 (1) 画 s 域电路图如图 21.14 所示。

由 KVL 和 KCL 列方程如下:

$$\begin{cases} sY_{zs}(s)=Y_1(s), \\ Y_{zs}(s)+Y_1(s)=F(s)。 \end{cases}$$

其中,$F(s)=\dfrac{1}{s+2}$。解得

$$Y_{zs}(s)=\frac{1}{(s+1)(s+2)}=\frac{1}{s+1}-\frac{1}{s+2}。$$

取拉氏逆变换得

$$y_{zs}(t)=(\mathrm{e}^{-t}-\mathrm{e}^{-2t})u(t)。$$

(2) 画 s 域电路图,如图 21.15 所示。

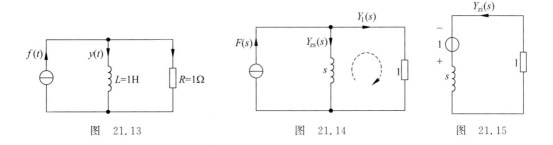

图 21.13   图 21.14   图 21.15

设 $Y_{zi}(s)$ 方向如图 21.15 所示。由图得 $Y_{zi}(s)=\dfrac{1}{s+1}$,故 $y_{zi}(t)=\mathrm{e}^{-t}u(t)$。

(3) 由(1)知 $Y_{zs}(s)+sY_{zs}(s)=F(s)$,则

$$H(s) = \frac{Y_{zs}(s)}{F(s)} = \frac{1}{s+1}.$$

故 $H(j\omega) = \dfrac{1}{j\omega + 1}$,幅频特性$|H(j\omega)|$与相频特性$\varphi(\omega)$分别如图21.16(a)和(b)所示。

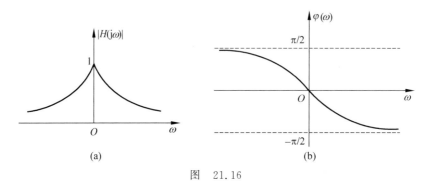

图 21.16

真题 21.5 (中国科学技术大学,2022)用电路的 s 域模型对如图21.17所示电路进行分析。

(1) 求该系统的系统函数 $H(s) = \dfrac{Y(s)}{X(s)}$,其中$Y(s)$和$X(s)$分别是输出电压$y(t)$和输入电压$x(t)$的拉氏变换。

(2) 若要求系统是一个全通系统,则系统元件参数间应满足什么条件?

(3) 若 $R_1 = R_2 = 1\Omega, C_1 = C_2 = 1\text{F}, x(t) = \cos t \cdot u(t)$,则求输出$y(t)$,并给出自由响应、强迫响应、稳态响应和暂态响应。

解 (1) 作 s 域电路图如图21.18所示。

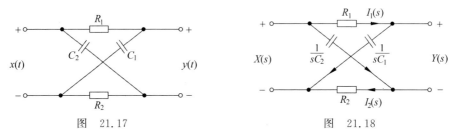

图 21.17　　　　　　　　图 21.18

列 KVL 方程如下:

$$\begin{cases} \left(R_1 + \dfrac{1}{sC_1}\right) I_1(s) = \left(R_2 + \dfrac{1}{sC_2}\right) I_2(s) & \text{①} \\[3mm] X(s) = \left(R_1 + \dfrac{1}{sC_1}\right) I_1(s) & \text{②} \\[3mm] Y(s) = \dfrac{1}{sC_1} I_1(s) - R_2 I_2(s) & \text{③} \end{cases}$$

由式①得 $I_2(s) = \dfrac{R_1 + \dfrac{1}{sC_1}}{R_2 + \dfrac{1}{sC_2}} I_1(s)$,代入式③得

$$Y(s) = \frac{1}{sC_1}I_1(s) - \frac{R_2\left(R_1 + \frac{1}{sC_1}\right)}{R_2 + \frac{1}{sC_2}}I_1(s) = \left[\frac{1}{sC_1} - \frac{R_2\left(R_1 + \frac{1}{sC_1}\right)}{R_2 + \frac{1}{sC_2}}\right]I_1(s)。 \quad ④$$

式④除以式②并化简得

$$H(s) = \frac{Y(s)}{X(s)} = \frac{1 - s^2 R_1 R_2 C_1 C_2}{(1 + sR_1C_1)(1 + sR_2C_2)}。$$

（2）整理上式，当 $R_1C_1 = R_2C_2$ 时，系统为全通系统。

（3）由 $H(s) = \dfrac{1-s}{1+s}$，故

$$Y(s) = X(s)H(s) = \frac{s}{s^2+1} \cdot \frac{1-s}{1+s} = \frac{1}{s^2+1} - \frac{1}{1+s}, \quad \operatorname{Re}\{s\} > 0。$$

取拉氏逆变换得

$$y(t) = (\sin t - e^{-t})u(t)。$$

自由响应：$y_{\mathrm{fr}}(t) = -e^{-t}u(t)$，强迫响应：$y_{\mathrm{fo}}(t) = \sin t \cdot u(t)$；

稳态响应：$y_{\mathrm{ss}}(t) = \sin t \cdot u(t)$，暂态响应：$y_{\mathrm{tr}}(t) = -e^{-t}u(t)$。

真题 21.6　（重庆邮电大学，2022）在如图 21.19 所示电路系统中，$R_1 = R_2 = 1\Omega$，$C = 0.5\mathrm{F}$，$L = 0.1\mathrm{H}$，电压源 $e(t)$ 为系统的激励，电压 $r(t)$ 为系统的响应。

（1）求系统函数 $H(s)$；

（2）求系统的单位冲激响应 $h(t)$；

（3）定性画出系统的幅频特性曲线，说明系统的滤波特性。

解　（1）作电路的 s 域模型如图 21.20 所示。

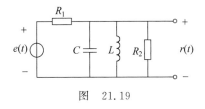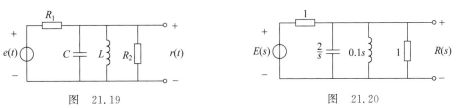

图　21.19　　　　　　　　　　　　图　21.20

由图 21.20 得

$$E(s) = 1 \cdot \left(\frac{s}{2} + \frac{10}{s} + 1\right)R(s) + R(s),$$

$$E(s) = \left(\frac{s}{2} + \frac{10}{s} + 2\right)R(s)。$$

$$H(s) = \frac{R(s)}{E(s)} = \frac{1}{\frac{s}{2} + 2 + \frac{10}{s}} = \frac{2s}{s^2 + 4s + 20}。$$

（2）$H(s) = \dfrac{2(s+2) - 4}{(s+2)^2 + 16}$，$h(t) = e^{-2t}(2\cos 4t - \sin 4t)\varepsilon(t)$。

（3）零点为 0，极点为 $-2 \pm \mathrm{j}4$，带通滤波器。

幅频特性 $|H(\mathrm{j}\omega)|$ 如图 21.21 所示。

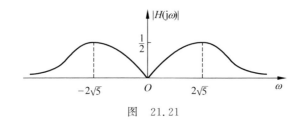

图 21.21

真题 21.7 （安徽大学，2021）电路如图 21.22 所示，解答以下问题：

(1) 写出系统的传递函数 $H(s)$；

(2) 设 $RC=0.1\text{s}$，在 s 平面画出 $H(s)$ 零、极点分布图；

(3) 求系统频率特性函数 $H(\text{j}\omega)$，画出幅频特性曲线。

解 (1) 作 s 域电路图如图 21.23 所示。

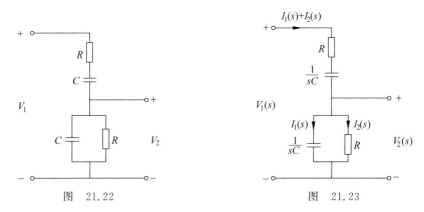

图 21.22   图 21.23

列 KVL 方程如下：

$$\begin{cases} V_1(s) = \left(R + \dfrac{1}{sC}\right)\left[I_1(s) + I_2(s)\right] + V_2(s) \\ V_2(s) = RI_2(s) \\ \dfrac{1}{sC}I_1(s) = RI_2(s) \end{cases},$$

整理并化简得

$$V_1(s) = \left[\left(R + \frac{1}{sC}\right)\left(\frac{1}{R} + sC\right) + 1\right]V_2(s),$$

$$H(s) = \frac{V_2(s)}{V_1(s)} = \frac{1}{\left(R + \dfrac{1}{sC}\right)\left(\dfrac{1}{R} + sC\right) + 1} = \frac{RCs}{(RC)^2 s^2 + 3RCs + 1}。$$

(2) $RC=0.1\text{s}$ 时，

$$H(s) = \frac{0.1s}{0.01s^2 + 0.3s + 1} = \frac{10s}{s^2 + 30s + 100}。$$

零点为 0，极点为 $-15 \pm 5\sqrt{5}$，图略。

(3) $H(\text{j}\omega) = \dfrac{\text{j}10\omega}{(100 - \omega^2) + \text{j}30\omega}$。作幅频特性 $|H(\text{j}\omega)|$ 如图 21.24 所示。

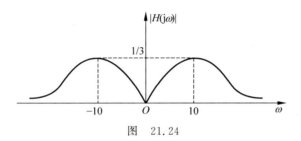

图　21.24

真题 21.8 （福州大学,2022）电路如图 21.25 所示,$t<0$ 时,两开关都位于 1 且进入稳态。$t=0$ 时,K_1 和 K_2 同时自 1 转至 2。电路中的输入电压 $v_i(t)=\sin t$。

（1）列出输出关于输入的电路微分方程；

（2）求出输出 $v_o(t)$ 的完全响应。

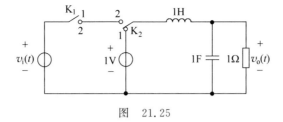

图　21.25

解　（1）$i_R(t)=\dfrac{1}{R}v_o(t)=v_o(t)$,$i_C(t)=C\cdot\dfrac{\mathrm{d}u_C(t)}{\mathrm{d}t}=\dfrac{\mathrm{d}v_o(t)}{\mathrm{d}t}$,

$$i_L(t)=i_C(t)+i_R(t)=\frac{\mathrm{d}v_o(t)}{\mathrm{d}t}+v_o(t)。$$

列 KVL 方程得

$$v_L(t)+v_o(t)=v_i(t),\quad L\cdot\frac{\mathrm{d}i_L(t)}{\mathrm{d}t}+v_o(t)=v_i(t),$$

即

$$\frac{\mathrm{d}^2 v_o(t)}{\mathrm{d}t^2}+\frac{\mathrm{d}v_o(t)}{\mathrm{d}t}+v_o(t)=\sin t\cdot u(t)。$$

初始条件：$v_o(0_-)=1,v_o'(0_-)=0$。

（2）对微分方程取拉氏变换得

$$[s^2 V_o(s)-sv_o(0_-)-v_o'(0_-)]+[sV_o(s)-v_o(0_-)]+V_o(s)=\frac{1}{s^2+1},$$

$$(s^2+s+1)V_o(s)=(s+1)+\frac{1}{s^2+1},$$

$$V_o(s)=\frac{s+1}{s^2+s+1}+\frac{1}{(s^2+1)(s^2+s+1)}=\frac{2(s+1)}{s^2+s+1}-\frac{s}{s^2+1}$$

$$=\frac{2\left(s+\dfrac{1}{2}\right)}{\left(s+\dfrac{1}{2}\right)^2+\left(\dfrac{\sqrt{3}}{2}\right)^2}+\frac{2}{\sqrt{3}}\cdot\frac{\dfrac{\sqrt{3}}{2}}{\left(s+\dfrac{1}{2}\right)^2+\left(\dfrac{\sqrt{3}}{2}\right)^2}-\frac{s}{s^2+1},\quad \mathrm{Re}\{s\}>0。$$

取拉氏逆变换得

$$v_o(t) = e^{-\frac{1}{2}t}\left(2\cos\frac{\sqrt{3}}{2}t + \frac{2}{\sqrt{3}}\sin\frac{\sqrt{3}}{2}t\right)u(t) - \cos t \cdot u(t)$$

$$= \frac{4}{\sqrt{3}}e^{-\frac{1}{2}t}\cos\left(\frac{\sqrt{3}}{2}t - \frac{\pi}{6}\right)u(t) - \cos t \cdot u(t).$$

真题 21.9 （武汉大学，2021）如图 21.26 所示电路中运算放大器的输入阻抗为 ∞，输出阻抗为零。

当 $R_1 = R_2 = 2\Omega$，$C_1 = C_2 = 2$F 时，

（1）求系统函数 $H(s) = \dfrac{V_2(s)}{V_1(s)}$；

（2）为了使系统稳定，求放大系数 K 的范围；

（3）在临界稳定时，求单位冲激响应 $h(t)$；

（4）在 $K=1$ 时，求单位冲激响应 $h(t)$，粗略画出幅频特性曲线并标出 3dB 的频率点。

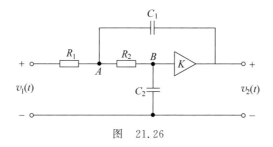

图　21.26

解　（1）作 s 域电路图如图 21.27 所示，设上下两个支路的电流分别为 $I_1(s)$ 和 $I_2(s)$。

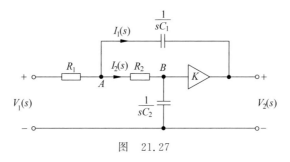

图　21.27

列 KVL 方程：

$$\begin{cases} \left(R_2 + \dfrac{1}{sC_2}\right)I_2(s) = \dfrac{1}{sC_1}I_1(s) + V_2(s) & \textcircled{1} \\[3mm] V_1(s) = R_1\left[I_1(s) + I_2(s)\right] + \left(R_2 + \dfrac{1}{sC_2}\right)I_2(s)。 & \textcircled{2} \\[3mm] V_2(s) = K \cdot \dfrac{1}{sC_2}I_2(s) & \textcircled{3} \end{cases}$$

将式③代入式①得

$$\left(R_2 + \frac{1}{sC_2}\right)I_2(s) = \frac{1}{sC_1}I_1(s) + \frac{K}{sC_2}I_2(s),$$

$$\left(R_2 + \frac{1-K}{sC_2}\right) I_2(s) = \frac{1}{sC_1} I_1(s),$$

$$I_1(s) = sC_1\left(R_2 + \frac{1-K}{sC_2}\right) I_2(s)。$$

将上式 $I_1(s)$ 代入式②得

$$V_1(s) = R_1\left[sC_1\left(R_2 + \frac{1-K}{sC_2}\right)I_2(s) + I_2(s)\right] + \left(R_2 + \frac{1}{sC_2}\right)I_2(s)$$

$$= \left[sR_1C_1\left(R_2 + \frac{1-K}{sC_2}\right) + R_1 + \left(R_2 + \frac{1}{sC_2}\right)\right]I_2(s)。 \qquad ④$$

由式③和式④得

$$H(s) = \frac{V_2(s)}{V_1(s)} = \frac{\dfrac{K}{sC_2}}{sR_1C_1\left(R_2 + \dfrac{1-K}{sC_2}\right) + R_1 + \left(R_2 + \dfrac{1}{sC_2}\right)}$$

$$= \frac{K}{R_1R_2C_1C_2s^2 + [(1-K)R_1C_1 + R_1C_2 + R_2C_2]s + 1}。$$

代入 $R_1 = R_2 = 2, C_1 = C_2 = 2$，得

$$H(s) = \frac{K}{16s^2 + (12-4K)s + 1}。$$

（2）若系统稳定，则必有

$$12 - 4K > 0, \quad K < 3。$$

（3）临界稳定时，$K = 3$，$H(s) = \dfrac{3}{16} \cdot \dfrac{1}{s^2 + \dfrac{1}{16}}$，取拉氏逆变换得

$$h(t) = \frac{3}{4}\sin\frac{1}{4}t \cdot u(t)。$$

（4）当 $K = 1$ 时，$H(s) = \dfrac{1}{16s^2 + 8s + 1}$，由于极点 $-\dfrac{1}{4}$ 在 s 平面的左半平面，故频率响应存在且

$$H(j\omega) = H(s)\Big|_{s=j\omega} = \frac{1}{(1-16\omega^2) + 8j\omega}。$$

幅频特性为 $|H(j\omega)| = \dfrac{1}{1+16\omega^2}$，作 $|H(j\omega)|$ 如图 21.28 所示。

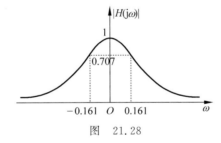

图 21.28

真题 21.10 （海南大学,2021）如图 21.29 所示电路,已知 $v_s(t)=u(t)(\text{V})$,$i_s(t)=\delta(t)(\text{A})$,起始状态 $v_C(0_-)=1\text{V}$,$i_L(0_-)=2\text{A}$。

(1) 画出电路的 s 域模型;

(2) 求电压 $v(t)$;

(3) 指出输出 $v(t)$ 中的暂态分量和稳态分量。

解 （1）作 s 域模型如图 21.30 所示。

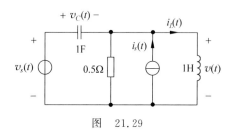 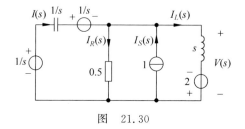

图 21.29 图 21.30

(2) 由图 21.30,列 KVL 和 KCL 方程如下:

$$\begin{cases} I(s)+1=I_R(s)+I_L(s) \\ 0.5I_R(s)=sI_L(s)-2 \\ 0.5I_R(s)+\dfrac{1}{s}I_L(s)+\dfrac{1}{s}=\dfrac{1}{s} \end{cases},$$

解得 $I_L(s)=\dfrac{2s+5}{(s+1)^2}$,故

$$V(s)=sI_L(s)-2=\dfrac{(2s+5)s}{(s+1)^2}-2=\dfrac{s-2}{(s+1)^2}=\dfrac{1}{s+1}-3\cdot\dfrac{1}{(s+1)^2}。$$

取拉氏逆变换得

$$v(t)=(1-3t)e^{-t}u(t)。$$

(3) 暂态分量即 $v(t)$,稳态分量为 0。

真题 21.11 （厦门大学,2022）如图 21.31 所示电路中运算放大器的输入阻抗为 ∞,输出阻抗为零。

(1) 求系统函数 $H(s)=\dfrac{V_2(s)}{V_1(s)}$;

(2) 为了使得系统稳定,求放大系数 K 的取值范围;

(3) 临界稳定时,求该系统的单位冲激响应 $h(t)$;

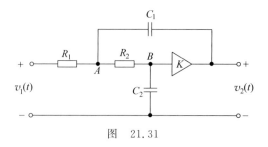

图 21.31

(4) 若 $K=1$，$R_1 = R_2 = 1\Omega$，$C_1 = C_2 = 1F$，粗略画出系统的幅频特性曲线，并注明 3dB 带宽的频率点。若运算放大器开环，即 C_1 开路，则 3dB 带宽的频率点有何变化？

解 （1）作 s 域电路图如图 21.32 所示，设上下两个支路的电流分别为 $I_1(s)$ 和 $I_2(s)$。

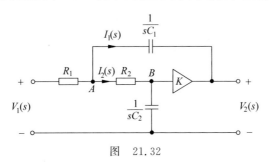

图 21.32

列 KVL 方程：

$$\begin{cases} \left(R_2 + \dfrac{1}{sC_2}\right)I_2(s) = \dfrac{1}{sC_1}I_1(s) + V_2(s), & ① \\[3mm] V_1(s) = R_1[I_1(s) + I_2(s)] + \left(R_2 + \dfrac{1}{sC_2}\right)I_2(s), & ② \\[3mm] V_2(s) = K \cdot \dfrac{1}{sC_2}I_2(s)。 & ③ \end{cases}$$

将式③代入式①得

$$\left(R_2 + \frac{1}{sC_2}\right)I_2(s) = \frac{1}{sC_1}I_1(s) + \frac{K}{sC_2}I_2(s),$$

$$\left(R_2 + \frac{1-K}{sC_2}\right)I_2(s) = \frac{1}{sC_1}I_1(s),$$

$$I_1(s) = sC_1\left(R_2 + \frac{1-K}{sC_2}\right)I_2(s)。$$

将上式 $I_1(s)$ 代入式②得

$$V_1(s) = R_1\left[sC_1\left(R_2 + \frac{1-K}{sC_2}\right)I_2(s) + I_2(s)\right] + \left(R_2 + \frac{1}{sC_2}\right)I_2(s)$$

$$= \left[sR_1C_1\left(R_2 + \frac{1-K}{sC_2}\right) + R_1 + \left(R_2 + \frac{1}{sC_2}\right)\right]I_2(s)。 \quad ④$$

由式③和式④得

$$H(s) = \frac{V_2(s)}{V_1(s)} = \frac{\dfrac{K}{sC_2}}{sR_1C_1\left(R_2 + \dfrac{1-K}{sC_2}\right) + R_1 + \left(R_2 + \dfrac{1}{sC_2}\right)}$$

$$= \frac{K}{R_1R_2C_1C_2s^2 + [(1-K)R_1C_1 + R_1C_2 + R_2C_2]s + 1}。$$

（2）若系统稳定，则必有

$$(1-K)R_1C_1 + R_1C_2 + R_2C_2 > 0, \quad K < \frac{(R_1+R_2)C_2}{R_2C_1} + 1。$$

(3) 临界稳定时，

$$H(s) = \frac{K}{R_1 R_2 C_1 C_2} \cdot \frac{1}{s^2 + \dfrac{1}{R_1 R_2 C_1 C_2}}。$$

令 $\alpha^2 = \dfrac{1}{R_1 R_2 C_1 C_2}$，$\alpha > 0$，则

$$H(s) = K\alpha \cdot \frac{\alpha}{s^2 + \alpha^2}。$$

取拉氏逆变换得

$$h(t) = K\alpha \sin\alpha t \cdot u(t)。$$

(4) $H(s) = \dfrac{1}{(s+1)^2}$，由于极点 -1 在 s 平面的左半平面，故频率响应存在且

$$H(j\omega) = H(s)\Big|_{s=j\omega} = \frac{1}{(j\omega+1)^2}。$$

幅频特性为 $|H(j\omega)| = \dfrac{1}{\omega^2 + 1}$，作 $|H(j\omega)|$ 如图 21.33 所示。

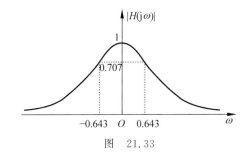

图 21.33

若运算放大器开环，令 $C_1 = 0$，则

$$H(s) = \frac{1}{2s+1} = \frac{1}{2} \cdot \frac{1}{s + \dfrac{1}{2}}，$$

$$H(j\omega) = \frac{1}{2} \cdot \frac{1}{j\omega + \dfrac{1}{2}}，\qquad |H(j\omega)| = \frac{1}{2} \cdot \frac{1}{\sqrt{\omega^2 + \dfrac{1}{4}}}。$$

令 $|H(j\omega)| = \dfrac{\sqrt{2}}{2}$，得 $\omega = \pm\dfrac{1}{2}$，故 3dB 带宽频率变小。

真题 21.12 （福州大学，2022）电路如图 21.34 所示，图中 $Kv_2(t)$ 是受控源。

(1) 求 $H(s) = \dfrac{V_2(s)}{V_1(s)}$；

(2) K 满足什么条件时系统是稳定的？

(3) 当 $K = 1$ 时，求系统的频响特性(包括幅频特性和相频特性)。

解 (1) 画出对应的 s 域电路图，如图 21.35 所示。

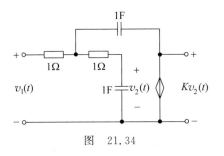

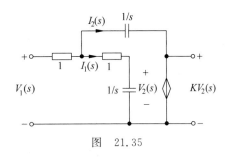

图 21.34

图 21.35

如图 21.35 所示,设两个支路的电流分别为 $I_1(s)$ 和 $I_2(s)$,列 KVL 方程如下:

$$
\begin{cases}
V_1(s) = [I_1(s) + I_2(s)] \cdot 1 + \left(1 + \dfrac{1}{s}\right) I_1(s) & \text{①} \\[2mm]
\left(1 + \dfrac{1}{s}\right) I_1(s) = \dfrac{1}{s} I_2(s) + K V_2(s) & \text{②} \\[2mm]
V_2(s) = \dfrac{1}{s} I_1(s) & \text{③}
\end{cases}
$$

将式③代入式②并化简得

$$
I_2(s) = [s + (1-K)] I_1(s) 。 \qquad\qquad ④
$$

由式①和式④得

$$
V_1(s) = \left[s + (3-K) + \frac{1}{s}\right] I_1(s) ,
$$

于是

$$
H(s) = \frac{V_2(s)}{V_1(s)} = \frac{1}{s^2 + (3-K)s + 1} 。
$$

(2) 当 $3-K>0$,即 $K<3$ 时,系统是稳定的。

(3) $K=1$ 时,$H(s) = \dfrac{1}{(s+1)^2}$,由于极点 -1 在 s 平面的左半平面,所以 $H(j\omega)$ 存在,且

$$
H(j\omega) = H(s)\Big|_{s=j\omega} = \frac{1}{(j\omega + 1)^2} 。
$$

幅频特性:$|H(j\omega)| = \dfrac{1}{\omega^2 + 1}$,相频特性:$\varphi(\omega) = -2\arctan\omega$。

作幅频特性与相频特性分别如图 21.36(a)和(b)所示。

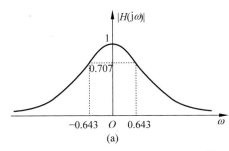

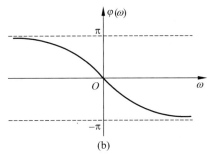

(a)

(b)

图 21.36

第22章

用拉氏变换进行连续系统的求解

正如前面所述,拉氏变换比傅里叶变换的应用范围更广,凡是已知系统频率响应 $H(j\omega)$ 的问题,只要不涉及时频分析(时域与频域的相互转换),都可以将频率响应 $H(j\omega)$ 转化为系统函数 $H(s)=H(j\omega)\Big|_{j\omega=s}$ 来解答,更加方便和简洁。

22.1 知识点

1. 连续系统的拉氏变换法求解,考查的内容十分广泛,包括:计算系统函数;系统的零极点分布;计算单位冲激响应或单位阶跃响应;画出系统的框图或信号流图;由流图或框图求系统的微分方程表示;求系统的各种响应,如零输入响应、零状态响应、全响应、暂态响应、稳态响应等;绘制信号波形或系统的频谱图;判断系统的稳定性及最小相位系统的概念,等等。

这部分考查的内容综合性很强,形式灵活多变,要求正确地理解物理概念和物理过程,对计算能力要求很高。

2. 本部分的各种解题技巧散见于本书其他各部分,要注意平时的积累,只有进行一定量的训练,才能做到解题又快又好。

例如,对于二次多项式 $s^2+\alpha s+\beta$,它的两个根都位于 s 平面左半平面的充要条件是 $\alpha>0,\beta>0$;对于三次多项式 $s^3+\alpha s^2+\beta s+\gamma$,它的三个根都位于 s 平面左半平面的充要条件是 $\alpha>0,\beta>0,\gamma>0,\alpha\beta>\gamma$。如果熟悉了这两个现成的简单结论,解题将会又快又准确,否则,若用罗斯(Routh)判据,不仅耗费时间,也容易出错。

3. 有时题目的顺序不一定合理,可以适当调整解答顺序。

4. 除了计算的准确性,还需要注意一些细节,例如,拉氏变换尽量写上收敛域;一般不要用不太常见的结论,一定要用的话也要作个简短说明;要有必要的文字说明,不能整道题除了公式计算外没有文字,至少要写出关键词,等等。

22.2 考研真题解析

真题 22.1 (中国科学技术大学,2003)某个稳定的连续时间 LTI 系统的系统函数为

$$H(s) = \frac{3s - 0.5}{(s^2 + 0.5s - 1.5)e^{2s}}。$$

(1) 试确定其收敛域和零、极点分布,并求出该系统的单位冲激响应 $h(t)$;

(2) 该系统因果(或能实现)吗? 若不能实现,请设计一个与它的幅度频率特性完全相同的连续时间因果稳定滤波器,画出其用连续时间相加器、数乘器和积分器的并联实现结构的框图或信号流图,并写出其微分方程表示。

解 (1) $H(s) = e^{-2s} \cdot \dfrac{3s - 0.5}{(s + 1.5)(s - 1)}$,   ROC: $-1.5 < \mathrm{Re}\{s\} < 1$。

有限 s 平面内有零点 $\dfrac{1}{6}$,极点 $-1.5, 1$,

$$H(s) = e^{-2s}\left(\frac{2}{s + 1.5} + \frac{1}{s - 1} \right)。$$

取拉氏逆变换并考虑收敛域得

$$h(t) = 2e^{-1.5(t-2)} u(t - 2) - e^{t-2} u(-t + 2)。$$

(2) 该系统是非因果的,不能实现。

与该系统具有相同幅频特性的因果稳定滤波器为

$$H_1(s) = \frac{3s - 0.5}{(s + 1.5)(s + 1)}。$$

由于

$$H_1(s) = \frac{10}{s + 1.5} - \frac{7}{s + 1} = \frac{10s^{-1}}{1 - (-1.5s^{-1})} - \frac{7s^{-1}}{1 - (-s^{-1})},$$

故并联实现的信号流图如图 22.1 所示。

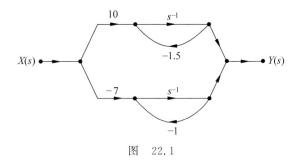

图 22.1

由 $\dfrac{Y(s)}{X(s)} = \dfrac{3s - 0.5}{s^2 + 2.5s + 1.5}$,得微分方程

$$y''(t) + 2.5y'(t) + 1.5y(t) = 3x'(t) - 0.5x(t)。$$

真题 22.2 (中国科学技术大学,2004)已知单位阶跃响应为

$$s(t) = tu(t) - 2(t - T)u(t - T) + (t - 2T)u(t - 2T)$$

的连续时间 LTI 系统,试求并概画出输入为 $x(t) = \dfrac{\pi}{T}\sin\dfrac{2\pi t}{T} \cdot u(t)$ 时的输出 $y(t)$。

解 由题有

$$\frac{1}{s}H(s) = S(s) = (1 - 2e^{-Ts} + e^{-2Ts})\frac{1}{s^2},$$

$$H(s) = \frac{1}{s}(1 - 2e^{-Ts} + e^{-2Ts})。$$

于是，

$$Y(s) = X(s)H(s) = \frac{\pi}{T} \cdot \frac{2\pi/T}{s^2 + (2\pi/T)^2} \cdot \frac{1}{s}(1 - 2e^{-Ts} + e^{-2Ts})$$

$$= \frac{1}{2} \cdot \frac{[s^2 + (2\pi/T)^2] - s^2}{s[s^2 + (2\pi/T)^2]}(1 - 2e^{-Ts} + e^{-2Ts})$$

$$= \frac{1}{2}\left[\frac{1}{s} - \frac{s}{s^2 + (2\pi/T)^2}\right](1 - 2e^{-Ts} + e^{-2Ts})。$$

取拉氏逆变换得

$$y(t) = \frac{1}{2}\left(1 - \cos\frac{2\pi}{T}t\right)u(t) - \left[1 - \cos\frac{2\pi}{T}(t-T)\right]u(t-T) +$$

$$\frac{1}{2}\left[1 - \cos\frac{2\pi}{T}(t-2T)\right]u(t-2T)$$

$$= \frac{1}{2}\left(1 - \cos\frac{2\pi}{T}t\right)\{[u(t) - u(t-T)] - [u(t-T) - u(t-2T)]\}。$$

作 $y(t)$ 波形如图 22.2 所示。

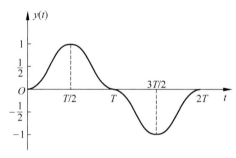

图 22.2

真题 22.3 （中国科学技术大学，2005）某连续时间实的因果 LTI 系统的零极点如图 22.3 所示，并已知 $\int_{0_-}^{\infty} h(t)\mathrm{d}t = 1.5$，其中 $h(t)$ 为该系统的单位冲激响应。

（1）它是什么类型的系统（全通或最小相移系统），并求 $h(t)$（应为实函数）；

（2）写出它的线性实系数微分方程表示；

（3）它的逆系统的单位冲激响应 $h_1(t)$，该逆系统是可以实现（即既因果又稳定）的吗？

解 （1）由于零极点都在 s 平面的左半平面，所以该系统是最小相位系统。

由零极点图可设

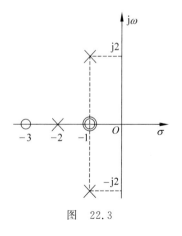

图 22.3

$$H(s) = A \cdot \frac{(s+3)(s+1)^2}{[s-(-1+j2)][s-(-1-j2)](s+2)}, \quad \mathrm{Re}\{s\} > -1。$$

由题知 $H(0)=1.5$，解得 $A=5$。故系统函数为

$$H(s)=5\cdot\frac{(s+3)(s+1)^2}{(s^2+2s+5)(s+2)}=5+4\cdot\frac{(s+1)-6}{(s+1)^2+4}+\frac{1}{5}\cdot\frac{1}{s+2}。$$

取拉氏逆变换得

$$h(t)=5\delta(t)+4\mathrm{e}^{-t}(\cos2t-3\sin2t)u(t)+\frac{1}{5}\mathrm{e}^{-2t}u(t)。$$

（2）由 $H(s)=\dfrac{Y(s)}{X(s)}=\dfrac{5(s^3+5s^2+7s+3)}{s^3+4s^2+9s+10}$，得微分方程

$$y'''(t)+4y''(t)+9y'(t)+10y(t)=5x'''(t)+25x''(t)+35x'(t)+15x(t)。$$

（3）由于 $H(s)$ 的零极点都在 s 平面的左半平面，所以其逆系统存在，且既是因果的又是稳定的。

$$\begin{aligned}H_2(s)&=\frac{1}{H(s)}=\frac{1}{5}\cdot\frac{(s^2+2s+5)(s+2)}{(s+3)(s+1)^2}\\&=\frac{1}{5}\left[1-\frac{2}{s+3}+\frac{4}{(s+1)^2}-\frac{1}{s+1}\right]0>-1。\end{aligned}$$

取拉氏逆变换得

$$h_1(t)=\frac{1}{5}\left[\delta(t)-2\mathrm{e}^{-3t}u(t)+(2t-1)\mathrm{e}^{-t}u(t)\right]。$$

真题 22.4 （中国科学技术大学，2006）稳定的连续时间 LTI 系统的频率响应为 $H(\mathrm{j}\omega)=\dfrac{1-\mathrm{e}^{-(\mathrm{j}\omega+1)}}{\mathrm{j}\omega+1}$，试求其单位阶跃响应 $s(t)$。

解 由题有 $H(s)=\dfrac{1-\mathrm{e}^{-(s+1)}}{s+1}$，于是

$$\frac{1}{s}H(s)=\frac{1-\mathrm{e}^{-(s+1)}}{s(s+1)}=\left(\frac{1}{s}-\frac{1}{s+1}\right)\left[1-\mathrm{e}^{-(s+1)}\right]=\left(\frac{1}{s}-\frac{1}{s+1}\right)-\mathrm{e}^{-1}\left(\frac{1}{s}-\frac{1}{s+1}\right)\mathrm{e}^{-s}。$$

取拉氏逆变换得

$$s(t)=(1-\mathrm{e}^{-t})u(t)-\mathrm{e}^{-1}\left[1-\mathrm{e}^{-(t-1)}\right]u(t-1)。$$

真题 22.5 （中国科学技术大学，2006）已知当输入信号为 $x(t)=u(t)-u(t-2)$ 时，某连续时间因果 LTI 系统的输出信号为 $y(t)=\sin\pi t\cdot u(t)+\sin\pi(t-1)\cdot u(t-1)$。试求：

（1）该系统的单位冲激响应 $h(t)$，并概画出 $h(t)$ 的波形；

（2）当该系统输入为 $x_1(t)=u(t)-u(t-1)$ 时的输出信号 $y_1(t)$，并概画出 $y_1(t)$ 的波形。

解 （1）由于本题未限定用时域法求解，故可用拉氏变换解答。

$$X(s)=\frac{1}{s}(1-\mathrm{e}^{-2s}),\quad Y(s)=(1+\mathrm{e}^{-s})\cdot\frac{\pi}{s^2+\pi^2}。$$

则

$$H(s)=\frac{Y(s)}{X(s)}=\frac{\pi s}{s^2+\pi^2}\cdot\frac{1}{1-\mathrm{e}^{-s}}=\frac{\pi s}{s^2+\pi^2}\sum_{n=0}^{\infty}\mathrm{e}^{-ns},\quad \mathrm{Re}\{s\}>0。$$

取拉氏逆变换得

$$h(t) = \pi \sum_{n=0}^{\infty} \cos\pi(t-n) \cdot u(t-n) = \pi\cos\pi t \cdot [u(t) - u(t-1)] * \sum_{n=0}^{\infty} \delta(t-2n)。$$

作 $h(t)$ 的波形如图 22.4 所示。

（2）由于 $x(t) = x_1(t) + x_1(t-1)$，故 $y(t) = y_1(t) + y_1(t-1)$，即

$$\sin\pi t \cdot u(t) + \sin\pi(t-1) \cdot u(t-1) = y_1(t) + y_1(t-1)。$$

对比两端得 $y_1(t) = \sin\pi t \cdot u(t)$，作 $y_1(t)$ 的波形如图 22.5 所示。

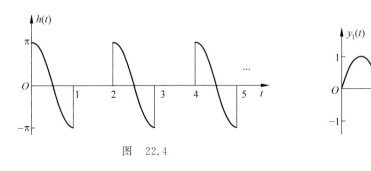
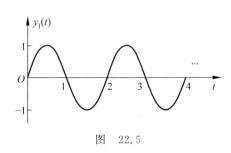

图 22.4　　　　　　　　　　　　　　图 22.5

真题 22.6　（中国科学技术大学,2006)已知一个以微分方程 $\dfrac{dy(t)}{dt} + 2y(t) = x(t-1)$ 和 $y(0_-) = 1$ 的起始条件表示的连续时间因果系统,试求当输入为 $x(t) = \sin 2t \cdot u(t)$ 时,该系统的输出 $y(t)$,并写出其中的零状态响应 $y_{zs}(t)$ 和零输入响应分量 $y_{zi}(t)$,以及暂态响应和稳态响应分量。

解　对微分方程取拉氏变换得

$$[sY(s) - y(0_-)] + 2Y(s) = e^{-s}X(s)，\quad Y(s) = \frac{y(0_-)}{s+2} + \frac{e^{-s}}{s+2}X(s)。$$

代入 $y(0_-) = 1, X(s) = \dfrac{2}{s^2+2}$，得

$$Y_{zi}(s) = \frac{1}{s+2}，\quad Y_{zs}(s) = \frac{2}{(s+2)(s^2+4)}e^{-s} = \left(\frac{1}{4}\cdot\frac{1}{s+2} - \frac{1}{4}\cdot\frac{s}{s^2+4} + \frac{1}{4}\cdot\frac{2}{s^2+4}\right)e^{-s}。$$

取拉氏逆变换得

$$y_{zi}(t) = e^{-2t}u(t)，\quad y_{zs}(t) = \frac{1}{4}[e^{-2(t-1)} + \sin 2(t-1) - \cos 2(t-1)]u(t-1)。$$

全响应为

$$\begin{aligned}
y(t) &= y_{zi}(t) + y_{zs}(t) \\
&= e^{-2t}u(t) + \frac{1}{4}[e^{-2(t-1)} + \sin 2(t-1) - \cos 2(t-1)]u(t-1)。
\end{aligned}$$

暂态响应为

$$y_{tr}(t) = e^{-2t}u(t) + \frac{1}{4}e^{-2(t-1)}u(t-1)；$$

稳态响应为

$$y_{ss}(t) = \frac{1}{4}[\sin 2(t-1) - \cos 2(t-1)]u(t-1)。$$

真题 22.7 （中国科学技术大学,2007)某连续时间 LTI 系统的单位冲激响应为
$$h(t)=tu(t)-2(t-2)u(t-2)+(t-4)u(t-4),$$
它的输入是周期信号 $\tilde{x}(t)$,并已知 $\tilde{x}(t)$ 的单边拉氏变换为 $[s(1+\mathrm{e}^{-s})]^{-1}$,试求系统的输出 $y(t)$。

解 $h(t)=t[u(t)-u(t-2)]-(t-4)[u(t-2)-u(t-4)]=g_2(t)*g_2(t)*\delta(t-2)$,
故 $H(\mathrm{j}\omega)=[2\mathrm{Sa}(\omega)]^2\mathrm{e}^{-\mathrm{j}2\omega}=4\,\mathrm{Sa}^2(\omega)\mathrm{e}^{-\mathrm{j}2\omega}$。
$$\frac{1}{s(1+\mathrm{e}^{-s})}=\frac{1}{s}\sum_{n=0}^{\infty}(-\mathrm{e}^{-s})^n=\frac{1}{s}\sum_{n=0}^{\infty}(-1)^n\mathrm{e}^{-ns},\quad \mathrm{Re}\{s\}>0,$$
取拉氏逆变换得
$$\tilde{x}(t)u(t)=\sum_{n=0}^{\infty}(-1)^n u(t-n)=[u(t)-u(t-1)]*\sum_{n=0}^{\infty}\delta(t-2n)。$$
于是,$\tilde{x}(t)$ 是 $u(t)-u(t-1)$ 以 $T=2$ 为周期延拓而成,即
$$\tilde{x}(t)=[u(t)-u(t-1)]*\sum_{n=-\infty}^{\infty}\delta(t-2n)。$$
由傅里叶变换卷积定理得
$$\tilde{X}(\mathrm{j}\omega)=\mathrm{Sa}\left(\frac{\omega}{2}\right)\mathrm{e}^{-\mathrm{j}\frac{\omega}{2}}\cdot\pi\sum_{n=-\infty}^{\infty}\delta(\omega-\pi n)$$
$$=\pi\sum_{n=-\infty}^{\infty}\mathrm{Sa}\left(\frac{n}{2}\pi\right)\mathrm{e}^{-\mathrm{j}\frac{n}{2}\pi}\delta(\omega-\pi n)。$$
于是
$$Y(\mathrm{j}\omega)=\tilde{X}(\mathrm{j}\omega)H(\mathrm{j}\omega)$$
$$=4\pi\sum_{n=-\infty}^{\infty}\mathrm{Sa}^2(n\pi)\mathrm{e}^{-\mathrm{j}2n\pi}\mathrm{Sa}\left(\frac{n}{2}\pi\right)\mathrm{e}^{-\mathrm{j}\frac{n}{2}\pi}\delta(\omega-\pi n)=4\pi\delta(\omega)。$$
取傅里叶逆变换得 $y(t)=2$。

真题 22.8 （中国科学技术大学,2008)已知如下方程和初始条件 $y(0_-)=1,y'(0_-)=-1$ 表示的连续时间因果系统,试分别求出它对因果输入 $x(t)=\mathrm{e}^{-t}u(t)$ 的零状态响应 $y_{\mathrm{zs}}(t)$、零输入响应 $y_{\mathrm{zi}}(t)$ 和稳态响应 $y_{\mathrm{ss}}(t)$。
$$y''(t)+3y'(t)+2y(t)=x(t)+\int_0^{\infty}x(t-\tau)\mathrm{d}\tau。$$

解 由题得
$$y''(t)+3y'(t)+2y(t)=x(t)+x(t)*u(t)。$$
取拉氏变换得
$$[s^2Y(s)-sy(0_-)-y'(0_-)]+3[sY(s)-y(0_-)]+2Y(s)=X(s)+\frac{X(s)}{s},$$
$$(s^2+3s+2)Y(s)=[sy(0_-)+y'(0_-)+3y(0_-)]+\left(1+\frac{1}{s}\right)X(s),$$
$$Y(s)=\frac{sy(0_-)+y'(0_-)+3y(0_-)}{s^2+3s+2}+\frac{\left(1+\frac{1}{s}\right)X(s)}{s^2+3s+2}。$$

其中,

$$Y_{zi}(s) = \frac{sy(0_-) + y'(0_-) + 3y(0_-)}{s^2 + 3s + 2} = \frac{1}{s+1},$$

$$Y_{zs}(s) = \frac{\frac{1}{s}(s+1) \cdot \frac{1}{s+1}}{(s+1)(s+2)} = \frac{1}{s(s+1)(s+2)} = \frac{1}{2} \cdot \frac{1}{s} - \frac{1}{s+1} + \frac{1}{2} \cdot \frac{1}{s+2}。$$

取拉氏逆变换得零输入响应和零状态响应分别为

$$y_{zi}(t) = e^{-t}u(t), \quad y_{zs}(t) = \left(\frac{1}{2} - e^{-t} + \frac{1}{2}e^{-2t}\right)u(t)。$$

稳态响应为

$$y_{ss}(t) = \frac{1}{2} \cdot u(t)。$$

真题 22.9 (中国科学技术大学,2008)如图 22.6 所示为因果连续时间线性反馈系统,已知系统 1 是用微分方程 $y'(t) - y(t) = e(t)$ 表示的 LTI 系统,反馈通路的系统函数为 $F(s) = \frac{K}{s+2}$,可调增益 K 为任意实数。

(1) 试求系统 1 的系统函数 $H_1(s)$,概画出其零、极点和收敛域,系统 1 稳定吗?

(2) 为保证整个反馈系统稳定,试求 $F(s)$ 中可调增益 K 的取值范围。

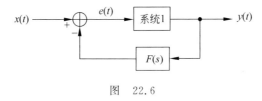

图 22.6

解 (1) 由 $y'(t) - y(t) = e(t)$ 知,系统 1 的系统函数为 $H_1(s) = \frac{1}{s-1}$,极点为 1,有限 s 平面内无零点,ROC:Re$\{s\} > 1$。图略。由于极点位于 s 平面的右半平面,故系统 1 是不稳定的。

(2) 由梅森公式得

$$H(s) = \frac{H_1(s)}{1 + H_1(s)F(s)} = \frac{\frac{1}{s-1}}{1 + \frac{1}{s-1} \cdot \frac{K}{s+2}} = \frac{s+2}{s^2 + s + (K-2)}。$$

当 $K > 2$ 时,整个反馈系统是稳定的。

真题 22.10 (中国科学技术大学,2008)有一个因果的连续时间 LTI 系统,已知输入 $p(t)$ 时它的输出为 $q(t)$,$p(t)$ 和 $q(t)$ 的波形如图 22.7(a)和(b)所示。试求该系统的单位阶跃响应 $s(t)$,并概画出它的波形。

解 由题知

$$p(t) = [u(t) - u(t-2)] * [u(t) - u(t-1)] * \sum_{n=0}^{\infty} \delta(t - 4n),$$

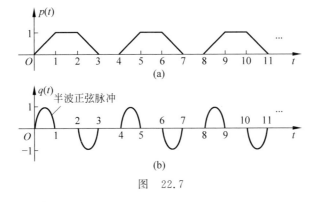

图 22.7

$$P(s) = \frac{1}{s}(1 - \mathrm{e}^{-2s}) \cdot \frac{1}{s}(1 - \mathrm{e}^{-s}) \cdot \sum_{n=0}^{\infty} \mathrm{e}^{-4ns} = \frac{(1 - \mathrm{e}^{-2s})(1 - \mathrm{e}^{-s})}{s^2} \cdot \frac{1}{1 - \mathrm{e}^{-4s}}\,.$$

$$q(t) = \sin\pi t \cdot [u(t) - u(t-1)] * \sum_{n=0}^{\infty} (-1)^n \delta(t - 2n)$$

$$= [\sin\pi t \cdot u(t) + \sin\pi(t-1) \cdot u(t-1)] * \sum_{n=0}^{\infty} (-1)^n \delta(t - 2n),$$

$$Q(s) = (1 + \mathrm{e}^{-s}) \cdot \frac{\pi}{s^2 + \pi^2} \cdot \sum_{n=0}^{\infty} (-1)^n \mathrm{e}^{-2ns} = (1 + \mathrm{e}^{-s}) \cdot \frac{\pi}{s^2 + \pi^2} \cdot \frac{1}{1 + \mathrm{e}^{-2s}}\,.$$

故系统函数为

$$H(s) = \frac{Q(s)}{P(s)} = \frac{\pi s^2}{s^2 + \pi^2} \cdot \frac{1 + \mathrm{e}^{-s}}{1 - \mathrm{e}^{-s}}\,.$$

当输入为 $u(t)$ 时,输出的拉氏变换为

$$S(s) = \frac{1}{s} H(s) = \frac{\pi s}{s^2 + \pi^2} \cdot \frac{1 + \mathrm{e}^{-s}}{1 - \mathrm{e}^{-s}} = \pi(1 + \mathrm{e}^{-s}) \frac{s}{s^2 + \pi^2} \sum_{n=0}^{\infty} \mathrm{e}^{-ns}, \quad \mathrm{Re}\{s\} > 0\,.$$

取拉氏逆变换得

$$s(t) = \pi\cos\pi t \cdot u(t) * [\delta(t) + \delta(t-1)] * \sum_{n=0}^{\infty} \delta(t - n)$$

$$= \pi\cos\pi t \cdot [u(t) - u(t-1)] * \sum_{n=0}^{\infty} \delta(t - n)\,.$$

真题 22.11 (中国科学技术大学,2009)某个连续时间因果 LTI 系统的频率响应为

$$H(\mathrm{j}\omega) = \frac{(\mathrm{j}\omega - 2)\mathrm{e}^{-\mathrm{j}2\omega}}{6 - \omega^2 + \mathrm{j}5\omega}\,.$$

(1) 试求该系统的系统函数,画出它的零极点图和收敛域;

(2) 试求描述该系统的微分方程,并概略画出系统的幅频响应 $|H(\mathrm{j}\omega)|$;

(3) 试求系统的单位阶跃响应 $s(t)$,并概略画出其波形;

(4) 当该系统的输入信号为 $x(t) = u(t) - u(t-2)$ 时,必须用时域方法求系统的输出信号 $y(t)$,若用变换域方法做本小题将不给分;

(5) 写出该系统的一个延时的因果逆系统的系统函数 $H_{\mathrm{inv}}(s)$(即要求 $h(t) * h_{\mathrm{inv}}(t) = \delta(t - t_0)$,其中 t_0 为正实数),确定其收敛域,判断是否稳定;

（6）该系统与单位采样响应为 $K\delta(t+2)$ 的 LTI 系统构成如图 22.8 所示的反馈系统,请给出该反馈系统的系统函数。

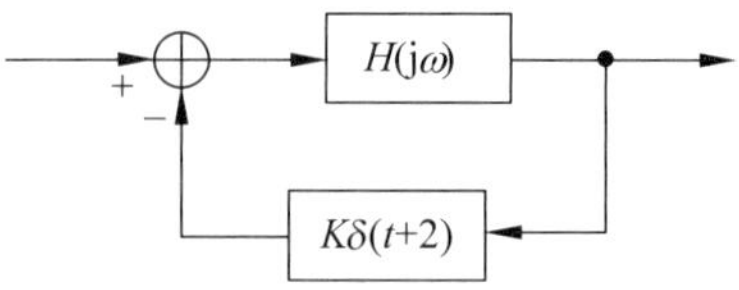

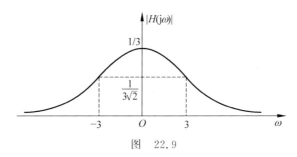

图 22.8

解 （1）$H(s) = H(j\omega)\Big|_{j\omega=s} = \dfrac{(s-2)e^{-2s}}{s^2+5s+6}$。

在有限 s 平面内零点为 2,极点为 $-2,-3$,ROC: $\mathrm{Re}\{s\} > -2$。图略。

（2）由 $\dfrac{Y(s)}{X(s)} = \dfrac{(s-2)e^{-2s}}{s^2+5s+6}$,得

$$s^2 Y(s) + 5s Y(s) + 6Y(s) = s e^{-2s} X(s) - 2e^{-2s} X(s)。$$

取拉氏逆变换得

$$y''(t) + 5y'(t) + 6y(t) = x'(t-2) - 2x(t-2)。$$

由于

$$H(j\omega) = \frac{j\omega-2}{j\omega+2} \cdot \frac{1}{j\omega+3} e^{-j2\omega},$$

其中,$\dfrac{j\omega-2}{j\omega+2}$ 为全通滤波器,故

$$|H(j\omega)| = \left|\frac{1}{j\omega+3}\right| = \frac{1}{\sqrt{\omega^2+9}}。$$

作幅频响应 $|H(j\omega)|$ 如图 22.9 所示。

$|H(j\omega)|$

$1/3$

$\dfrac{1}{3\sqrt{2}}$

-3　O　3　ω

图 22.9

（3）$\dfrac{1}{s} H(s) = \dfrac{s-2}{s(s+2)(s+3)} e^{-2s} = \left(-\dfrac{1}{3} \cdot \dfrac{1}{s} + 2 \cdot \dfrac{1}{s+2} - \dfrac{5}{3} \cdot \dfrac{1}{s+3}\right) e^{-2s}$。

取拉氏逆变换得

$$s(t) = \left[-\frac{1}{3} + 2e^{-2(t-2)} - \frac{5}{3} e^{-3(t-2)}\right] u(t-2)。$$

作 $s(t)$ 波形如图 22.10 所示。

注：画 $s(t)$ 波形时,先画

$$s_1(t) = -\frac{1}{3} + 2e^{-2t} - \frac{5}{3} e^{-3t}, \quad t \geqslant 0。$$

令 $s_1'(t) = -4e^{-2t} + 5e^{-3t} = 0$,得 $e^t = \dfrac{5}{4}$,$t = \ln\dfrac{5}{4}$。

$s_1''(t) = 8e^{-2t} - 15e^{-3t}$。当 $e^t = \dfrac{5}{4}$ 时,$s_1''(t) < 0$,故在 $t = \ln\dfrac{5}{4}$ 处 $s_1(t)$ 取极大值。

在 $\left(0,\ln\dfrac{5}{4}\right)$ 上, $s'_1(t)>0$, $s_1(t)$ 是增函数；

在 $\left(\ln\dfrac{5}{4},+\infty\right)$ 上, $s'_1(t)<0$, $s_1(t)$ 是减函数。

$s_1\left(\ln\dfrac{5}{4}\right)=\dfrac{7}{75}$, $s_1(0)=0$, $s_1(1)<0$。由介值定理, $s_1(t)$ 在 $\left(\ln\dfrac{5}{4},+\infty\right)$ 上唯一零点在

$\left(\ln\dfrac{5}{4},1\right)$ 内, 当 $t\to\infty$ 时, $f(t)\to-\dfrac{1}{3}$。

综合以上讨论, 可以画出 $s_1(t)$ 的图像(图 22.11)。

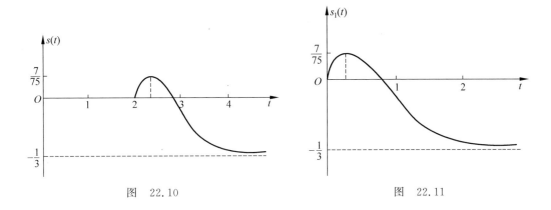

图　22.10　　　　　　　　　　图　22.11

由于 $s(t)=s_1(t-2)$, 将 $s_1(t)$ 的图像往右平移 2 个单位即得 $s(t)$ 的波形。

(4) 由(3)知, $u(t)\to s(t)$。由系统的 LTI 性质得 $y(t)=s(t)-s(t-2)$。

(5) 由 $h(t)*h_{\mathrm{inv}}(t)=\delta(t-t_0)$, 得

$$H(s)\cdot H_{\mathrm{inv}}(s)=\mathrm{e}^{-st_0},$$

$$H_{\mathrm{inv}}(s)=\frac{\mathrm{e}^{-st_0}}{H(s)}=\frac{(s+2)(s+3)}{s-2}\mathrm{e}^{(2-t_0)s}, \quad \mathrm{Re}\{s\}>2。$$

由于收敛域不包含虚轴, 故系统是不稳定的。

(6) 由梅森公式得

$$H_{\mathrm{f}}(s)=\frac{H(s)}{1+H(s)K\mathrm{e}^{2s}}=\frac{(s-2)\mathrm{e}^{-2s}}{s^2+(K+5)+(6-2K)}。$$

真题 22.12　(中国科学技术大学, 2010)对于如下微分方程描述的连续时间因果系统:

$$\frac{\mathrm{d}^2y(t)}{\mathrm{d}t^2}+4\frac{\mathrm{d}y(t)}{\mathrm{d}t}+3y(t)=2\left[x(t)+\mathrm{e}^{-2t}\int_0^t\mathrm{e}^{2\tau}x(\tau)\mathrm{d}\tau\right],$$

已知 $x(t)=u(t)$, 起始条件为 $y(0_-)=1$, $y'(0_-)=-5$, 试求系统的全响应 $y(t)$, $t\geqslant0$, 写出系统的零输入响应 $y_{\mathrm{zi}}(t)$ 和零状态响应 $y_{\mathrm{zs}}(t)$；自由响应 $y_{\mathrm{fr}}(t)$ 和强迫响应 $y_{\mathrm{fo}}(t)$；暂态响应 $y_{\mathrm{tr}}(t)$ 和稳态响应 $y_{\mathrm{st}}(t)$。

解　将 $x(t)=u(t)$ 代入微分方程得

$$y''(t)+4y'(t)+3y(t)=(3-\mathrm{e}^{-2t})u(t),$$

取拉氏变换得

$$[s^2Y(s) - sy(0_-) - y'(0_-)] + 4[sY(s) - y(0_-)] + 3Y(s) = \frac{3}{s} - \frac{1}{s+2}.$$

整理得

$$(s^2 + 4s + 3)Y(s) = [sy(0_-) + y'(0_-) + 4y(0_-)] + \frac{2(s+3)}{s(s+2)},$$

$$Y(s) = \frac{sy(0_-) + y'(0_-) + 4y(0_-)}{(s+1)(s+3)} + \frac{2}{s(s+1)(s+2)}.$$

于是,

$$Y_{zi}(s) = \frac{sy(0_-) + y'(0_-) + 4y(0_-)}{(s+1)(s+3)} = \frac{s-1}{(s+1)(s+3)} = -\frac{1}{s+1} + 2 \cdot \frac{1}{s+3},$$

$$Y_{zs}(s) = \frac{2}{s(s+1)(s+2)} = \frac{1}{s} - \frac{2}{s+1} + \frac{1}{s+2}.$$

取拉氏逆变换得

$$y_{zi}(t) = (-e^{-t} + 2e^{-3t})u(t), \quad y_{zs}(t) = (1 - 2e^{-t} + e^{-2t})u(t).$$

再求自由响应 $y_{fr}(t)$ 和强迫响应 $y_{fo}(t)$。当 $t>0$ 时,

$$y''(t) + 4y'(t) + 3y(t) = 3 - e^{-2t}.$$

齐次解为 $y_h(t) = C_1 e^{-t} + C_2 e^{-3t}$,特解为 $y_p(t) = 1 + e^{-2t}$,故全解为

$$y(t) = C_1 e^{-t} + C_2 e^{-3t} + (1 + e^{-2t}),$$

$$y'(t) = -C_1 e^{-t} - 3C_2 e^{-3t} - 2e^{-2t}.$$

由于输入不含 $\delta(t)$ 及其导数,故

$$y(0_+) = y(0_-) = 1, \quad y'(0_+) = y'(0_-) = -5.$$

由初始条件得

$$C_1 + C_2 + 2 = 1, \quad -C_1 - 3C_2 - 2 = -5,$$

解得 $C_1 = -3, C_2 = 2$。故全解为

$$y(t) = (-3e^{-t} + 2e^{-3t}) + (1 + e^{-2t}), \quad t > 0.$$

自由响应为

$$y_{fr}(t) = (-3e^{-t} + 2e^{-3t})u(t);$$

强迫响应为

$$y_{fo}(t) = (1 + e^{-2t})u(t);$$

暂态响应为

$$y_{tr}(t) = (-3e^{-t} + 2e^{-3t} + e^{-2t})u(t);$$

稳态响应为

$$y_{st}(t) = u(t).$$

注: 如果深刻理解了自由响应和强迫响应的求解,则本题可以不经计算而直接从 $y_{zi}(t)$ 和 $y_{zs}(t)$ 写出 $y_{fr}(t)$ 和 $y_{fo}(t)$,而只有当输入含有 $e^{\alpha t}u(t)$,且 α 为系统的极点时,才不能直接写出 $y_{fr}(t)$ 和 $y_{fo}(t)$。

真题 22.13 (中国科学技术大学,2012)由微分方程 $y''(t) + 3y'(t) + 2y(t) = x''(t) - 2x'(t)$ 表示的因果系统,已知其起始条件为 $y(0_-) = 2, y'(0_-) = -1$。

(1) 求系统函数 $H(s)$,画出 $H(s)$ 在 s 平面上零极点分布和收敛域;

(2) 试画出用最少数目的三种连续时间基本单元(数乘器、相加器和积分器)实现该系

统的规范型实现结构；

（3）当输入 $x(t)=u(t)$ 时，求该系统的零状态响应 $y_{zs}(t),t\geqslant0$，以及零输入响应 $y_{zi}(t),t\geqslant0$。

解　（1）对微分方程取拉氏变换得

$$s^2Y(s)+3sY(s)+2Y(s)=s^2X(s)-2sX(s),$$
$$(s^2+3s+2)Y(s)=(s^2-2s)X(s),$$

故 $H(s)=\dfrac{Y(s)}{X(s)}=\dfrac{s^2-2s}{s^2+3s+2}$。

零点为 $0,2$，极点为 $-1,-2$，ROC：$\mathrm{Re}(s)>-1$，零极点及收敛域图略。

（2）将 $H(s)$ 写成 $H(s)=\dfrac{1-2s^{-1}}{1-(-3s^{-1}-2s^{-2})}$，规范型实现结构如图 22.12 所示。

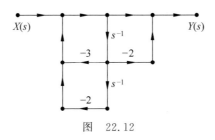

图　22.12

（3）当输入为 $x(t)=u(t)$ 时，微分方程为

$$y''(t)+3y'(t)+2y(t)=\delta'(t)-2\delta(t),$$

取拉氏变换得

$$[s^2Y(s)-sy(0_-)-y'(0_-)]+3[sY(s)-y(0_-)]+2Y(s)=s-2,$$
$$(s^2+3s+2)Y(s)=[sy(0_-)+y'(0_-)+3y(0_-)]+(s-2)。$$

故

$$Y_{zi}(s)=\frac{sy(0_-)+y'(0_-)+3y(0_-)}{s^2+3s+2}=\frac{2s+5}{(s+1)(s+2)}=3\cdot\frac{1}{s+1}-\frac{1}{s+2},$$

$$Y_{zs}(s)=\frac{s-2}{s^2+3s+2}=\frac{s-2}{(s+1)(s+2)}=-3\cdot\frac{1}{s+1}+4\cdot\frac{1}{s+2}。$$

取拉氏逆变换得

$$y_{zi}(t)=(3\mathrm{e}^{-t}-\mathrm{e}^{-2t})u(t),\qquad y_{zs}(t)=(-3\mathrm{e}^{-t}+4\mathrm{e}^{-2t})u(t)。$$

真题 22.14　（中国科学技术大学，2013)已知某连续时间 LTI 系统的如下信息：当输入为反因果信号 $x(t)=0,t>0$ 时，它的像函数为 $X(s)=\dfrac{s+2}{s-2}$，系统的输出信号 $y(t)=\dfrac{1}{3}\mathrm{e}^{-t}u(t)-\dfrac{2}{3}\mathrm{e}^{2t}u(-t)$。试写出系统的单位冲激响应 $h(t)$ 和系统的单位阶跃响应 $s(t)$。

解　$Y(s)=\dfrac{1}{3}\cdot\dfrac{1}{s+1}+\dfrac{2}{3}\cdot\dfrac{1}{s-2}$，

$$H(s)=\frac{Y(s)}{X(s)}=\left(\frac{1}{3}\cdot\frac{1}{s+1}+\frac{2}{3}\cdot\frac{1}{s-2}\right)\cdot\frac{s-2}{s+2}$$

$$= \frac{1}{3} \cdot \frac{s-2}{(s+1)(s+2)} + \frac{2}{3} \cdot \frac{1}{s+2} = -\frac{1}{s+1} + 2 \cdot \frac{1}{s+2}, \quad \text{Re}\{s\} > -1,$$

故 $h(t) = (-\mathrm{e}^{-t} + 2\mathrm{e}^{-2t})u(t)$。

$$S(s) = \frac{1}{s}H(s) = \frac{1}{s}\left(-\frac{1}{s+1} + 2 \cdot \frac{1}{s+2}\right) = \frac{1}{s+1} - \frac{1}{s+2}, \quad \text{Re}\{s\} > -1,$$

故 $s(t) = (\mathrm{e}^{-t} - \mathrm{e}^{-2t})u(t)$。

真题 22.15 （中国科学技术大学，2014）某系统当输入 $x(t) = \begin{cases} 1, & 0 < t < 2 \\ 0, & \text{其他} \end{cases}$ 时，输出为 $y(t) = \begin{cases} 1 - \cos\pi t, & 0 \leqslant t \leqslant 2 \\ 0, & \text{其他} \end{cases}$。已知该系统是因果的连续时间 LTI 系统。

（1）试求该系统的单位冲激响应 $h(t)$，并画出 $h(t)$ 的波形；

（2）试求该系统对于输入信号为 $x_1(t) = u(t) - u(t-1)$ 的响应 $y_1(t)$，并概画出 $y_1(t)$ 的波形。

解 （1）$x(t) = u(t) - u(t-2)$，$X(s) = (1 - \mathrm{e}^{-2s}) \cdot \frac{1}{s}$，

$$y(t) = (1 - \cos\pi t)[u(t) - u(t-2)],$$

$$Y(s) = (1 - \mathrm{e}^{-2s})\left(\frac{1}{s} - \frac{s}{s^2 + \pi^2}\right) = (1 - \mathrm{e}^{-2s}) \cdot \frac{\pi^2}{s(s^2 + \pi^2)}。$$

于是，$H(s) = \dfrac{Y(s)}{X(s)} = \dfrac{\pi^2}{s^2 + \pi^2}$，取拉氏逆变换得

$$h(t) = \pi \cdot \sin\pi t \cdot u(t)。$$

作 $h(t)$ 波形如图 22.13 所示。

（2）$Y(s) = X_1(s)H(s) = (1 - \mathrm{e}^{-s}) \cdot \frac{1}{s} \cdot \frac{\pi^2}{s^2 + \pi^2} = (1 - \mathrm{e}^{-s})\left(\frac{1}{s} - \frac{s}{s^2 + \pi^2}\right)$，

对 $Y_1(s)$ 作拉氏逆变换得

$$y_1(t) = (1 - \cos\pi t)u(t) - [1 - \cos\pi(t-1)]u(t-1)。$$

把 $y_1(t)$ 写成分段函数 $y_1(t) = \begin{cases} 1 - \cos\pi t, & 0 < t < 1 \\ -2\cos\pi t, & t \geqslant 1 \end{cases}$，绘图如图 22.14 所示。

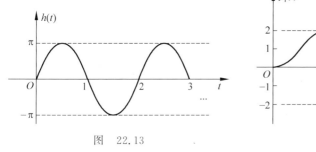

图 22.13

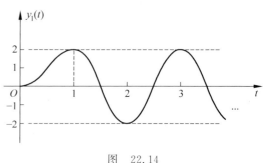

图 22.14

真题 22.16 （中国科学技术大学，2014）已知一因果的连续时间系统，在 s 平面上的零极点分布如图 22.15 所示，已知该系统的单位冲激响应 $h(t)$ 的终值 $\lim\limits_{t \to \infty} h(t) = 1$，系统的初

始条件为 $y(0_-)=1,y'(0_-)=-1,y''(0_-)=3$。

（1）试求该系统的系统函数 $H(s)$ 及其收敛域，并给出该系统的微分方程表示；

（2）给出该系统使用积分器等实现的并联型、级联型实现结构；

（3）当输入 $x(t)=\mathrm{e}^{-t}u(t)$ 时，试求：系统的零输入响应 $y_{zi}(t),t\geqslant 0$；零状态响应 $y_{zs}(t),t\geqslant 0$；自由响应 $y_{fr}(t),t\geqslant 0$；强迫响应 $y_{fo}(t),t\geqslant 0$；稳态响应 $y_{st}(t),t\geqslant 0$ 和暂态响应 $y_{tr}(t),t\geqslant 0$。

解 （1）由零极点图，令 $H(s)=K\cdot\dfrac{(s+1)(s-2)}{s(s+2)(s+3)}$。

由 $H(s)$ 的极点分布知 $h(+\infty)$ 存在，故

$$h(+\infty)=\lim_{s\to 0}sH(s)=1,$$

得 $K=-3$，故

$$H(s)=-3\cdot\frac{(s+1)(s-2)}{s(s+2)(s+3)},\quad \mathrm{Re}\{s\}>0。$$

由 $\dfrac{Y(s)}{X(s)}=\dfrac{-3(s^2-s-2)}{s^3+5s^2+6s}$，得微分方程

$$y'''(t)+5y''(t)+6y'(t)=-3x''(t)+3x'(t)+6x(t)。 \qquad ①$$

（2）将 $H(s)$ 写成

$$H(s)=s^{-1}+6\cdot\frac{s^{-1}}{1-(-2s^{-1})}-10\cdot\frac{s^{-1}}{1-(-3s^{-1})},$$

并联型结构如图 22.16 所示。

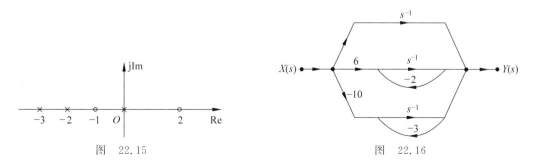

图　22.15　　　　　　　　　　图　22.16

将 $H(s)$ 写成

$$H(s)=-3\cdot s^{-1}\cdot\frac{1+s^{-1}}{1-(-2s^{-1})}\cdot\frac{1-2s^{-1}}{1-(-3s^{-1})},$$

级联型结构如图 22.17 所示。

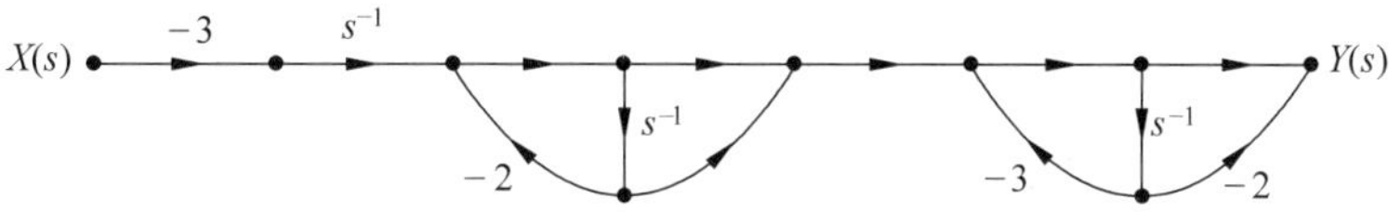

图　22.17

对微分方程①取拉氏变换得

$$[s^3Y(s)-s^2y(0_-)-sy'(0_-)-y''(0_-)]+5[s^2Y(s)-sy(0_-)-y'(0_-)]+$$

$$6[sY(s)-y(0_-)]=-3(s^2-s-2),$$

$$(s^3+5s^2+6s)Y(s)=\{[s^2y(0_-)+sy'(0_-)+y''(0_-)]+5[sy(0_-)+y'(0_-)]+6y(0_-)\}-3(s^2-s-2)X(s)。$$

代入已知条件并整理得

$$Y(s)=\frac{s^2+4s+4}{s(s+2)(s+3)}-\frac{3(s+1)(s-2)\cdot\frac{1}{s+1}}{s(s+2)(s+3)}$$

$$=\frac{s+2}{s(s+3)}-3\cdot\frac{s-2}{s(s+2)(s+3)},$$

$$Y_{zi}(s)=\frac{s+2}{s(s+3)}=\frac{2}{3}\cdot\frac{1}{s}+\frac{1}{3}\cdot\frac{1}{s+3},$$

$$Y_{zs}(s)=\frac{1}{s}-6\cdot\frac{1}{s+2}+5\cdot\frac{1}{s+3}。$$

取拉氏逆变换得

$$y_{zi}(t)=\left(\frac{2}{3}+\frac{1}{3}e^{-3t}\right)u(t),\quad y_{zs}(t)=(1-6e^{-2t}+5e^{-3t})u(t)。$$

故

$$y(t)=\left(\frac{5}{3}-6e^{-2t}+\frac{16}{3}e^{-3t}\right)u(t),$$

$$y_{st}(t)=\frac{5}{3}u(t),\quad y_{tr}(t)=\left(-6e^{-2t}+\frac{16}{3}e^{-3t}\right)u(t),$$

$$y_{fr}(t)=y(t)=\left(\frac{5}{3}-6e^{-2t}+\frac{16}{3}e^{-3t}\right)u(t),\quad y_{fo}(t)=0。$$

真题 22.17 （中国科学技术大学,2016）求频率响应为 $H(j\omega)=\frac{\omega^2}{5+2j\omega-\omega^2}$ 的连续时间因果LTI系统的单位阶跃响应 $s(t)$。

解 $H(j\omega)=\frac{\omega^2}{5-\omega^2+2j\omega}=-\frac{(j\omega)^2}{(j\omega)^2+2j\omega+5}$,故 $H(s)=-\frac{s^2}{s^2+2s+5}$。

$$S(s)=\frac{1}{s}H(s)=-\frac{s}{s^2+2s+5}=-\frac{s+1}{(s+1)^2+4}+\frac{1}{2}\cdot\frac{2}{(s+1)^2+4},$$

取拉氏逆变换得

$$s(t)=e^{-t}\left(\frac{1}{2}\sin2t-\cos2t\right)\cdot u(t)。$$

真题 22.18 （中国科学技术大学,2016）微分方程 $y''(t)+5y'(t)+6y(t)=x''(t)-3x'(t)+2x(t)$ 所描述的因果连续时间系统的起始条件为 $y(0_-)=1,y'(0_-)=-1$。

(1) 试求该微分方程所描述的LTI系统的系统函数 $H(s)$,并画出 $H(s)$ 在 s 平面的零极点分布和收敛域;

(2) 给出该LTI系统使用积分器等实现的并联型、级联型实现结构;

(3) 画出该LTI系统的幅频响应特性曲线和相频响应特性曲线;

(4) 当输入 $x(t)=e^{-2t}u(t)$ 时,试求：系统的零输入响应 $y_{zi}(t),t\geq0$;零状态响应

$y_{zs}(t), t \geqslant 0$。

解　（1）设系统的初始状态为零，对微分方程取拉氏变换得

$$(s^2 + 5s + 6)Y_{zs}(s) = (s^2 - 3s + 2)X(s),$$

故 $H(s) = \dfrac{Y_{zs}(s)}{X(s)} = \dfrac{s^2 - 3s + 2}{s^2 + 5s + 6}$。

极点为 $-2, -3$，零点为 $1, 2$，ROC：$\mathrm{Re}(s) > -2$，零极点分布图略。

（2）$H(s) = \dfrac{s^2 - 3s + 2}{s^2 + 5s + 6} = 1 - 20 \cdot \dfrac{s^{-1}}{1 - (-3s^{-1})} + 12 \cdot \dfrac{s^{-1}}{1 - (-2s^{-1})}$。

并联型结构如图 22.18 所示。

$$H(s) = \frac{(s-1)(s-2)}{(s+2)(s+3)} = \frac{1 - s^{-1}}{1 - (-2s^{-1})} \cdot \frac{1 - 2s^{-1}}{1 - (-3s^{-1})}。$$

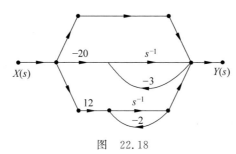

图　22.18

级联型结构如图 22.19 所示。

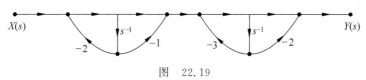

图　22.19

（3）由于 $H(s) = \dfrac{(s-1)(s-2)}{(s+2)(s+3)} = \dfrac{s-2}{s+2} \cdot \dfrac{s-1}{s+3}$，其中，$\dfrac{s-2}{s+2}$ 是全通子系统，故 $|H(\mathrm{j}\omega)| =$

$\sqrt{\dfrac{\omega^2 + 1}{\omega^2 + 9}}$。

相频特性为 $\varphi(\omega) = -\left(\arctan\omega + 2\arctan\dfrac{\omega}{2} + \arctan\dfrac{\omega}{3}\right)$。

作幅频特性和相频特性分别如图 22.20(a) 和 (b) 所示。

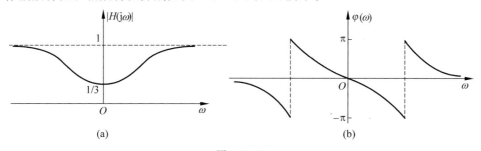

图　22.20

（4）对微分方程取拉氏变换得

$$[s^2Y(s) - sy(0_-) - y'(0_-)] + 5[sY(s) - y(0_-)] + 6Y(s) = (s^2 - 3s + 2)X(s),$$

$$(s^2 + 5 + 6)Y(s) = [sy(0_-) + y'(0_-) + 5y(0_-)] + (s^2 - 3s + 2)X(s),$$

$$Y_{zi}(s) = \frac{sy(0_-) + y'(0_-) + 5y(0_-)}{s^2 + 5s + 6}, \quad Y_{zs}(s) = \frac{(s^2 - 3s + 2)X(s)}{(s+2)(s+3)}.$$

代入 $y(0_-) = 1, y'(0_-) = -1, X(s) = \dfrac{1}{s+2}$，得

$$Y_{zi}(s) = \frac{s+4}{(s+2)(s+3)} = 2 \cdot \frac{1}{s+2} - \frac{1}{s+3},$$

$$Y_{zi}(s) = \frac{(s-1)(s-2)}{(s+3)(s+2)^2} = 20 \cdot \frac{1}{s+3} - 19 \cdot \frac{1}{s+2} + 12 \cdot \frac{1}{(s+2)^2}.$$

取拉氏逆变换得

$$y_{zi}(t) = (2e^{-2t} - e^{-3t})u(t), \quad y_{zs}(t) = (20e^{-3t} - 19 \cdot e^{-2t} + 12te^{-2t})u(t).$$

真题 22.19（中国科学技术大学,2018）已知连续系统微分方程：

$$y''(t) + 4y'(t) + 3y(t) = x'(t) - 2x(t).$$

（1）求系统函数 $H(s)$，画出零极点图；

（2）画出系统的规范型（直接 II 型）流图；

（3）画出系统的幅频特性及相频特性；

（4）求 $y_{zs}(t), y_{zi}(t)$，已知 $y(0_-) = 1, y'(0_-) = -1, x(t) = e^{-2t}u(t)$。

解　（1）$H(s) = \dfrac{s-2}{s^2 + 4s + 3}$，在有限 s 平面内有零点 2,极点 $-1, -3$。零极点图略。

（2）$H(s) = \dfrac{s^{-1} - 2s^{-2}}{1 - (-4s^{-1} - 3s^{-2})}$，流图如图 22.21 所示。

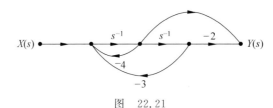

图　22.21

（3）因为两个极点都在 s 平面的左半平面,故

$$H(j\omega) = H(s)\Big|_{s=j\omega} = \frac{-2 + j\omega}{(3 - \omega^2) + j4\omega},$$

幅频特性 $|H(j\omega)|$ 与相频特性 $\varphi(\omega)$ 分别如下：

$$|H(j\omega)| = \sqrt{\frac{\omega^2 + 4}{(\omega^2 + 1)(\omega^2 + 9)}}, \quad \varphi(\omega) = -\arctan\frac{\omega}{2} - \arctan\frac{4\omega}{3 - \omega^2}.$$

根据零极点位置,利用向量法,画出幅频特性与相频特性分别大致如图 22.22（a）和（b）所示。

从幅频特性可以看出,该系统是低通滤波器。

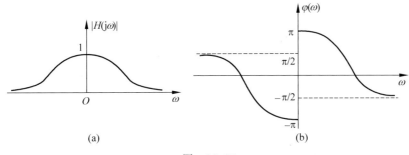

图 22.22

（4）由 $H(s) = \dfrac{Y(s)}{X(s)} = \dfrac{s-2}{s^2+4s+3}$，得系统微分方程

$$y''(t) + 4y'(t) + 3y(t) = x'(t) - 2x(t)。$$

取拉氏变换得

$$\left[s^2 Y(s) - s y(0_-) - y'(0_-)\right] + 4\left[s Y(s) - y(0_-)\right] + 3Y(s)$$
$$= s X(s) - 2X(s) = (s-2)X(s)。$$

代入 $y(0_-)=1, y'(0_-)=-1, X(s)=\dfrac{1}{s+2}$，并整理得

$$Y(s) = \frac{1}{s+1} + \frac{s-2}{(s+1)(s+2)(s+3)}。$$

其中，

$$Y_{zi}(s) = \frac{1}{s+1},$$

$$Y_{zs}(s) = \frac{s-2}{(s+1)(s+2)(s+3)} = -\frac{3}{2} \cdot \frac{1}{s+1} + 4 \cdot \frac{1}{s+2} - \frac{5}{2} \cdot \frac{1}{s+3}。$$

取拉氏逆变换得

$$y_{zi}(t) = e^{-t} u(t),$$

$$y_{zs}(t) = \left(-\frac{3}{2}e^{-t} + 4e^{-2t} - \frac{5}{2}e^{-3t}\right) u(t)。$$

真题 22.20（中国科学技术大学，2020）LTI 系统的单位阶跃响应为 $s(t) = u(t) - u(t-2)$，

（1）试求系统的单位冲激响应；

（2）当输入信号为 $x(t) = \displaystyle\int_{t-5}^{t-1} \delta(\tau)\mathrm{d}\tau$ 时，求系统的零状态响应 $y(t)$，并画出其波形。

解（1）$S(s) = \dfrac{1}{s} H(s) = (1 - e^{-2s}) \cdot \dfrac{1}{s}$，$H(s) = 1 - e^{-2s}$，故

$$h(t) = \delta(t) - \delta(t-2)。$$

（2）$x(t) = u(t-1) - u(t-5)$，故

$$y(t) = x(t) * h(t) = [u(t-1) - u(t-5)] - [u(t-3) - u(t-7)]$$
$$= [u(t-1) - u(t-3)] - [u(t-5) - u(t-7)]。$$

作 $y(t)$ 波形如图 22.23 所示。

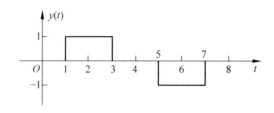

图 22.23

真题 22.21 （中国科学技术大学，2021）已知当输入为 $x_1(t)$ 时，某连续 LTI 系统的输出为 $y_1(t)$，$x_1(t)$ 和 $y_1(t)$ 的波形分别如图 22.24(a)和(b)所示。

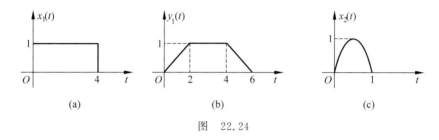

(a)　　　　　　　　(b)　　　　　　　　(c)

图 22.24

（1）试求该系统的单位阶跃响应 $s(t)$，并大概画出 $s(t)$ 的波形图；

（2）当输入信号 $x_2(t)$ 为图 22.24(c)所示的半波正弦脉冲信号时，求输出信号 $y_2(t)$，并大概画出其波形。

解　（1）首先介绍一个重要的结论：两个宽分别为 τ_1 和 τ_2（设 $\tau_1 \geqslant \tau_2$）的标准门函数的卷积 $g_{\tau_1}(t) * g_{\tau_2}(t)$，结果是一个上底长为 $\tau_1 - \tau_2$，下底长为 $\tau_1 + \tau_2$，高为 τ_2，以纵轴为对称轴的等腰梯形。当 $\tau_1 = \tau_2 = \tau$ 时，梯形退化为一个底长 2τ，高为 τ 的等腰三角形。于是

$$y_1(t) = \frac{1}{2} g_4(t) * g_2(t) * \delta(t-3)。$$

而 $x_1(t) = g_4(t) * \delta(t-2)$，因此系统的单位冲激响应为

$$h(t) = \frac{1}{2} g_2(t) * \delta(t-1) = \frac{1}{2}[u(t) - u(t-2)]。$$

故系统单位阶跃响应为

$$s(t) = u(t) * h(t) = u(t) * \frac{1}{2}[u(t) - u(t-2)]$$

$$= \frac{1}{2}[tu(t) - (t-2)u(t-2)]。$$

作 $s(t)$ 波形图如图 22.25 所示。

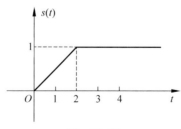

图 22.25

（2）用拉氏变换求解。

$$x_2(t) = \sin\pi t \cdot [u(t) - u(t-1)] = \sin\pi t \cdot u(t) + \sin\pi(t-1) \cdot u(t-1),$$

$$X_2(s) = (1 + e^{-s}) \cdot \frac{\pi}{s^2 + \pi^2}, \quad H(s) = \frac{1}{2}(1 - e^{-2s}) \cdot \frac{1}{s},$$

故

$$Y_2(s) = X_2(s) \cdot H(s) = (1 + e^{-s})\frac{\pi}{s^2 + \pi^2} \cdot \frac{1}{2}(1 - e^{-2s})\frac{1}{s}$$

$$= \frac{1}{2}(1 + e^{-s} - e^{-2s} - e^{-3s}) \cdot \frac{\pi}{s(s^2 + \pi^2)}$$

$$= \frac{1}{2\pi}(1 + e^{-s} - e^{-2s} - e^{-3s})\left(\frac{1}{s} - \frac{s}{s^2 + \pi^2}\right)。$$

取拉氏逆变换得

$$y_2(t) = \frac{1}{2\pi}\{(1 - \cos\pi t)u(t) + [1 - \cos\pi(t-1)]u(t-1) -$$

$$[1 - \cos\pi(t-2)]u(t-2) - [1 - \cos\pi(t-3)]u(t-3)\}$$

$$= \frac{1}{2\pi}\{[u(t) - u(t-3)] + [u(t-1) - u(t-2)] -$$

$$\cos\pi t \cdot [u(t) + u(t-1)] + \cos\pi t \cdot [u(t-2) - u(t-3)]\}。$$

作 $y_2(t)$ 波形如图 22.26 所示。

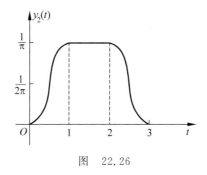

图　22.26

真题 22.22 （中国科学技术大学，2021）对方程 $y''(t) + 4y'(t) + 4y(t) = x(t) + \int_{-\infty}^{t} x(\tau)d\tau$ 所描述的因果连续时间系统，起始条件为 $y(0_-) = y'(0_-) = 1$。

（1）求该方程所描述的 LTI 系统的系统函数 $H(s)$，并画出 $H(s)$ 在 s 平面的零极点分布和收敛域；

（2）给出 LTI 系统使用积分器等实现的规范型实现结构；

（3）当输入 $x(t) = e^{-t}u(t)$ 时，求：该系统的零输入响应 $y_{zi}(t), t \geq 0$；零状态响应 $y_{zs}(t), t \geq 0$；自由响应 $y_{fr}(t), t \geq 0$；强迫响应 $y_{fo}(t), t \geq 0$。

解 （1）将微分方程写成

$$y''(t) + 4y'(t) + 4y(t) = x(t) + x(t) * u(t)。$$

取拉氏变换得

$$s^2 Y(s) + 4sY(s) + 4Y(s) = X(s) + \frac{1}{s}X(s),$$

$$(s^2 + 4s + 4)Y(s) = \left(1 + \frac{1}{s}\right)X(s)。$$

故系统函数为

$$H(s) = \frac{Y(s)}{X(s)} = \frac{1 + \dfrac{1}{s}}{s^2 + 4s + 4} = \frac{s+1}{s(s+2)^2}。$$

有限 s 平面内有零点 -1,极点 $0,-2$(二阶),ROC:$\mathrm{Re}\{s\} > 0$。图略。

(2)将 $H(s)$ 写成

$$H(s) = \frac{s^{-2} + s^{-3}}{1 - (-4s^{-1} - 4s^{-2})},$$

规范型实现结构流图如图 22.27 所示。

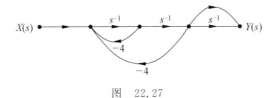

图 22.27

(3)对微分方程取拉氏变换得

$$[s^2 Y(s) - sy(0_-) - y'(0_-)] + 4[sY(s) - y(0_-)] + 4Y(s) = X(s) + \frac{1}{s}X(s),$$

$$Y(s) = \frac{sy(0_-) + y'(0_-) + 4y(0_-)}{(s+2)^2} + \frac{s+1}{s(s+2)^2}X(s)。$$

代入 $y(0_-) = y'(0_-) = 1$,$X(s) = \dfrac{1}{s+1}$,得

$$Y(s) = \frac{s+5}{(s+2)^2} + \frac{1}{s(s+2)^2},$$

$$Y_{zi}(s) = \frac{s+5}{(s+2)^2} = \frac{1}{s+2} + \frac{3}{(s+2)^2},$$

$$Y_{zs}(s) = \frac{1}{s(s+2)^2} = \frac{1}{4} \cdot \frac{1}{s} - \frac{1}{4} \cdot \frac{1}{s+2} - \frac{1}{2} \cdot \frac{1}{(s+2)^2}。$$

取拉氏逆变换得零输入响应和零状态响应分别为

$$y_{zi}(t) = (1 + 3t)\mathrm{e}^{-2t}u(t), \quad y_{zs}(t) = \left[\frac{1}{4} - \left(\frac{1}{4} + \frac{t}{2}\right)\mathrm{e}^{-2t}\right]u(t)。$$

自由响应:$y_{fr}(t) = \left(\dfrac{3}{4} + \dfrac{5}{2}t\right)\mathrm{e}^{-2t}u(t)$;强迫响应:$y_{fo}(t) = \dfrac{1}{4}u(t)$。

真题 22.23 (四川大学,2021)因果连续线性时不变系统满足条件:

(1)初始状态不为 0,输入 $x(t) = u(t)$ 时,全响应 $y_1(t) = \left(3\mathrm{e}^{-2t} + \dfrac{2}{3}\mathrm{e}^{-t}\right)u(t)$;

(2)初始状态同(1),输入 $x(t) = \dfrac{\mathrm{d}\delta(t)}{\mathrm{d}t}$ 时,全响应 $y_2(t) = \left(-3\mathrm{e}^{-2t} + \dfrac{2}{3}\mathrm{e}^{-t}\right)u(t)$。

求:

（1）系统单位冲激响应 $h(t)$，并判断系统稳定性；

（2）画出系统模拟框图；

（3）输入 $x(t)=u(t)$，初始状态 $y(0_-)=1$，$y'(0_-)=y''(0_-)=0$ 时的全响应。

解　（1）设系统的单位冲激响应为 $h(t)$，零输入响应为 $y_{zi}(t)$，由题有

$$y_{zi}(t)+u(t)*h(t)=y_1(t), \tag{①}$$

$$y_{zi}(t)+h'(t)=y_2(t)。 \tag{②}$$

式①减式②得

$$u(t)*h(t)-h'(t)=y_1(t)-y_2(t)。 \tag{③}$$

对式③取拉氏变换得

$$\frac{1}{s}H(s)-sH(s)=\frac{6}{s+2},$$

$$H(s)=-6\frac{s}{(s+2)(s+1)(s-1)}$$

$$=4\cdot\frac{1}{s+2}-3\cdot\frac{1}{s+1}-\frac{1}{s-1}, \quad \text{Re}\{s\}>1。$$

取拉氏逆变换得

$$h(t)=(4\mathrm{e}^{-2t}-3\mathrm{e}^{-t}-\mathrm{e}^t)u(t)。$$

由于收敛域不包含虚轴，故系统是不稳定的。

（2）$H(s)=\dfrac{-6s^{-2}}{1-(-2s^{-1}+s^{-2}+2s^{-3})}$，系统流图如图 22.28 所示。

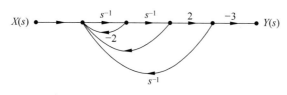

图　22.28

（3）系统微分方程为

$$y'''(t)+2y''(t)-y'(t)-2y(t)=-6x'(t)。$$

取拉氏变换得

$$[s^3Y(s)-s^2y(0_-)-sy'(0_-)-y''(0_-)]+2[s^2Y(s)-sy(0_-)-y'(0_-)]-$$
$$[sY(s)-y(0_-)]-2Y(s)=-6sX(s)。$$

代入 $X(s)=\dfrac{1}{s}$，$y(0_-)=1$，$y'(0_-)=y''(0_-)=0$，得

$$[s^3Y(s)-s^2]+2[s^2Y(s)-s]-[sY(s)-1]-2Y(s)=-6,$$

$$Y(s)=\frac{s^2+2s-7}{(s+2)(s+1)(s-1)}=-\frac{7}{3}\cdot\frac{1}{s+2}+4\cdot\frac{1}{s+1}-\frac{2}{3}\cdot\frac{1}{s-1}。$$

取拉氏逆变换得

$$y(t)=\left(-\frac{7}{3}\mathrm{e}^{-2t}+4\mathrm{e}^{-t}-\frac{2}{3}\mathrm{e}^t\right)u(t)。$$

真题 22.24　（上海交通大学，2022）若激励信号 $e(t)$ 为如图 22.29(a) 所示的周期矩形

脉冲,$e(t)$施加于如图 22.29(b)所示电路,研究响应 $v_o(t)$ 的特点,已求得 $v_o(t)$ 由瞬态响应 $v_{ot}(t)$ 和稳态响应 $v_{os}(t)$ 两部分组成,若表达式分别为

$$v_{ot}(t) = -\frac{E(1-e^{a\tau})}{1-e^{aT}} \cdot e^{-at},$$

$$v_{os}(t) = \sum_{n=0}^{\infty} v_{os1}(t-nT)\{u(t-nT) - u[t-(n+1)T]\}.$$

其中,$v_{os1}(t)$ 为 $v_{os}(t)$ 第一周期的信号:

$$v_{os1}(t) = E\left[1 - \frac{1-e^{-a(T-t)}}{1-e^{-aT}} \cdot e^{-at}\right]u(t) - E[1-e^{-a(t-\tau)}]u(t-\tau),$$

且 $u(t)$ 表示单位阶跃信号,则

(1) 画出 $v_o(t)$ 的波形,从物理概念讨论其波形特点;

(2) 推导 $v_{ot}(t)$、$v_{os}(t)$ 和 $v_{os1}(t)$;

(3) 系统函数的极点分布和激励信号的极点分布对系统响应的结果有何影响?

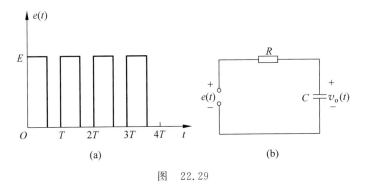

图 22.29

解 (1) 易知电路的系统函数为

$$H(s) = \frac{\dfrac{1}{sC}}{R + \dfrac{1}{sC}} = \frac{1}{sRC+1} = \frac{\dfrac{1}{RC}}{s+\dfrac{1}{RC}}.$$

令 $\alpha = \dfrac{1}{RC}$,则 $H(s) = \dfrac{\alpha}{s+\alpha}$,于是

$$e(t) = E \cdot [u(t) - u(t-\tau)] * \sum_{n=0}^{\infty} \delta(t-nT),$$

$$E(s) = E \cdot (1-e^{-s\tau})\frac{1}{s} \cdot \sum_{n=0}^{\infty} e^{-snT},$$

$$v_o(s) = E(s)H(s) = E \cdot \frac{\alpha}{s(s+\alpha)} \sum_{n=0}^{\infty} [e^{-snT} - e^{-s(\tau+nT)}]$$

$$= E \cdot \left(\frac{1}{s} - \frac{1}{s+\alpha}\right) \sum_{n=0}^{\infty} [e^{-snT} - e^{-s(\tau+nT)}].$$

对 $v_o(s)$ 取拉氏逆变换得

$$v_\mathrm{o}(t)=E(1-\mathrm{e}^{-at})*\sum_{n=0}^{\infty}\delta(t-nT)-E(1-\mathrm{e}^{-at})*\sum_{n=0}^{\infty}\delta(t-\tau-nT)。$$

$v_\mathrm{o}(t)$是两个信号之和,其中一个是$E(1-\mathrm{e}^{-at})$以T为周期向右延拓所得的信号$v_{\mathrm{o}1}(t)$,另一个是$-E(1-\mathrm{e}^{-at})$向右分别平移$\tau+nT(n=0,1,\cdots)$所得的信号$v_{\mathrm{o}2}(t)$。信号$v_{\mathrm{o}1}(t)$和$v_{\mathrm{o}2}(t)$分别如图22.30(a)和(b)所示。

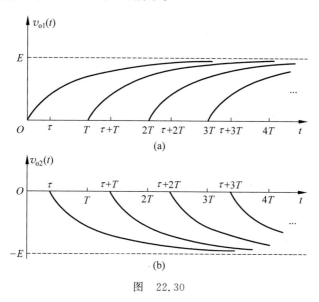

图　22.30

由信号$v_{\mathrm{o}1}(t)$和$v_{\mathrm{o}2}(t)$相加得到输出信号$v_\mathrm{o}(t)$如图22.31所示。

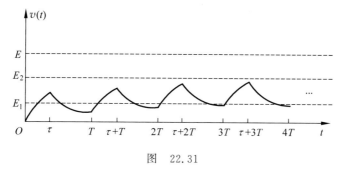

图　22.31

图中$E_2=\dfrac{E(1-\mathrm{e}^{-\alpha\tau})}{1-\mathrm{e}^{-\alpha T}}$,$E_1=\dfrac{E(1-\mathrm{e}^{\alpha\tau})}{1-\mathrm{e}^{\alpha T}}$。

从$v_\mathrm{o}(t)$的波形可以看出,电容器轮流处于充电和放电状态,且当$t\to\infty$时,充电与放电处于平衡状态。

(2) 下面对$v_\mathrm{o}(t)$进行分段讨论。

(i) 当$0\leqslant t<\tau$时,$v_\mathrm{o}(t)=E(1-\mathrm{e}^{-at})$。

(ii) 当$nT\leqslant t<\tau+nT$,$n=1,2,\cdots$时,

$$v_\mathrm{o}(t)=E\sum_{m=0}^{n}[1-\mathrm{e}^{-\alpha(t-mT)}]-E\sum_{m=0}^{n-1}[1-\mathrm{e}^{-\alpha(t-T-mT)}]$$

$$= E\left[1 + \sum_{m=0}^{n-1} e^{-\alpha(t-\tau-mT)} - \sum_{m=0}^{n} e^{-\alpha(t-mT)}\right]$$

$$= E\left\{1 + \frac{e^{\alpha\tau}}{1-e^{\alpha T}}e^{-\alpha t} - \frac{e^{\alpha\tau}}{1-e^{\alpha T}}e^{-\alpha(t-nT)} - \frac{1}{1-e^{\alpha T}}e^{-\alpha t} + \frac{e^{-\alpha[t-(n+1)T]}}{1-e^{\alpha T}}\right\}$$

$$= E\left[1 - \frac{1-e^{\alpha\tau}}{1-e^{\alpha T}}e^{-\alpha t} - \frac{e^{\alpha T}-e^{\alpha\tau}}{e^{\alpha T}-1}e^{-\alpha(t-nT)}\right]。$$

(iii) 当 $\tau+nT \leqslant t \leqslant (n+1)T, n=0,1,\cdots$ 时，

$$v_o(t) = E\sum_{m=0}^{n}\left\{\left[1-e^{-\alpha(t-mT)}\right] - \left[1-e^{-\alpha(t-\tau-mT)}\right]\right\}$$

$$= Ee^{-\alpha t}\sum_{m=0}^{n}(e^{\alpha\tau}-1)e^{\alpha mT}$$

$$= Ee^{-\alpha t}(e^{\alpha\tau}-1)\cdot\frac{1-e^{\alpha(n+1)T}}{1-e^{\alpha T}}$$

$$= E\left\{\frac{1-e^{\alpha\tau}}{1-e^{\alpha T}}\cdot e^{-\alpha[t-(n+1)T]} - \frac{1-e^{\alpha\tau}}{1-e^{\alpha T}}e^{-\alpha t}\right\}。$$

综合(i),(ii),(iii)并将(i),(ii)合并,得

$$v_o(t) = \begin{cases} E\left[1 - \dfrac{1-e^{\alpha\tau}}{1-e^{\alpha T}}e^{-\alpha t} - \dfrac{e^{\alpha\tau}-e^{\alpha T}}{1-e^{\alpha T}}e^{-\alpha(t-nT)}\right], & nT \leqslant t < \tau+nT \\[3mm] E\left\{\dfrac{1-e^{\alpha\tau}}{1-e^{\alpha T}}e^{-\alpha[t-(n+1)T]} - \dfrac{1-e^{\alpha\tau}}{1-e^{\alpha T}}e^{-\alpha t}\right\}, & \tau+nT \leqslant t(n+1)T \end{cases}。$$

其中, $n=0,1,2,\cdots$, 也可以借助单位阶跃信号 $u(t)$ 将 $v_o(t)$ 写成

$$v_o(t) = -E\cdot\frac{1-e^{\alpha\tau}}{1-e^{\alpha T}}e^{-\alpha t} + E\cdot\sum_{n=0}^{\infty}\left[1 - \frac{e^{\alpha\tau}-e^{\alpha T}}{1-e^{\alpha T}}e^{-\alpha(t-nT)}\right]\cdot$$

$$\left[u(t-nT) - u(t-\tau-nT)\right] + E\cdot\sum_{n=0}^{\infty}\frac{1-e^{\alpha\tau}}{1-e^{\alpha T}}e^{-\alpha[t-(n+1)T]}\cdot$$

$$\left\{u(t-\tau-nT) - u[t-(n+1)T]\right\}$$

$$= -E\cdot\frac{1-e^{\alpha\tau}}{1-e^{\alpha T}}e^{-\alpha t} + E\cdot\left[1 - \frac{e^{\alpha\tau}-e^{\alpha T}}{1-e^{\alpha T}}e^{-\alpha(t-nT)}\right]u(t-nT) -$$

$$E\cdot\frac{1-e^{\alpha\tau}}{1-e^{\alpha T}}e^{-\alpha[t-(n+1)T]}u[t-(n+1)T] + E\cdot\left[e^{-\alpha(t-\tau-nT)}-1\right]u(t-\tau-nT)$$

$$= -E\cdot\frac{1-e^{\alpha\tau}}{1-e^{\alpha T}}e^{-\alpha\tau} + \sum_{n=0}^{\infty}v_{os1}(t-nT)\left\{u(t-nT) - u[t-(n+1)T]\right\}。$$

其中,

$$v_{os1}(t) = E\cdot\left[1 - \frac{1-e^{-\alpha(T-\tau)}}{1-e^{-\alpha T}}\right]u(t) - E\cdot\left[1-e^{-\alpha(t-\tau)}\right]u(t-\tau)。$$

令

$$v_{ot}(t) = -E \cdot \frac{1 - e^{\alpha\tau}}{1 - e^{\alpha T}} e^{-at},$$

$$v_{os}(t) = \sum_{n=0}^{\infty} v_{os1}(t - nT) \left\{ u(t - nT) - u[t - (n+1)T] \right\},$$

于是推导出 $v_{ot}(t)$、$v_{os}(t)$ 和 $v_{os1}(t)$。

（3）系统函数有唯一的极点 $-\alpha$，它决定系统达到稳态的快慢，并且影响系统达到稳态时输出的形状；激励信号的极点为 $j\frac{2\pi}{T}k$，k 为整数，它们影响系统达到稳态时输出的形状。

真题 22.25 （清华大学，2022）如图 22.32 所示框图中，已知 $h_1(t)$ 为 $u(t)$，

$$H_2(j\omega) = \frac{1}{2(j\omega + 2)} + \frac{1}{2(j\omega)} + \frac{\pi}{2}\delta(\omega),$$

$$H_3(s) = \frac{s^2 + 1}{s^2(s+1)(s+2)}.$$

（1）求系统函数 $H(s)$；

（2）求 $h(t)$；

（3）判断系统函数是否 BIBO 稳定；

（4）根据系统函数零、极点分析系统函数的幅频特性。

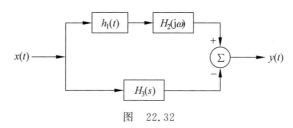

图 22.32

解 （1）$H_1(s) = \frac{1}{s}$，$h_2(t) = \frac{1}{2}e^{-2t}u(t) + \frac{1}{2}u(t)$，

$$H_2(s) = \frac{1}{2} \cdot \frac{1}{s+2} + \frac{1}{2} \cdot \frac{1}{s} = \frac{s+1}{s(s+2)}.$$

由系统结构得

$$H(s) = H_1(s)H_2(s) - H_3(s)$$

$$= \frac{1}{s} \cdot \frac{s+1}{s(s+2)} - \frac{s^2+1}{s^2(s+1)(s+2)}$$

$$= \frac{2}{s(s+1)(s+2)}.$$

（2）$H(s) = \frac{1}{s} - 2 \cdot \frac{1}{s+1} + \frac{1}{s+2}$，取拉氏逆变换得

$$h(t) = (1 - 2e^{-t} + e^{-2t})u(t).$$

（3）不是 BIBO 稳定的，因为有一个极点 0。

（4）极点为 $0, -1, -2$，有限平面上无零点，故系统是低通滤波器。

第23章

z变换及其计算

用变换法对离散系统进行分析,有两大工具,一个是离散时间傅里叶变换(DTFT),另一个是 z 变换。DTFT 是 z 变换的一种特殊情况,即 z 变换在单位圆上的取值。DTFT 对序列的要求比较苛刻,对一般的序列用 z 变换分析更为方便。DTFT 将在后续章节介绍,本章主要介绍 z 变换的性质与计算。

23.1　知识点

1. z 变换实际上是一种特殊的拉氏变换。对连续信号 $f(t)$ 进行周期采样后得

$$f_s(t) = f(t)\delta_T(t) = \sum_{k=-\infty}^{\infty} f(kT)\delta(t-kT)。$$

对 $f_s(t)$ 取双边拉氏变换得

$$F_s(s) = \sum_{k=-\infty}^{\infty} f(kT)e^{-kTs}。$$

令 $z = e^{sT}$,即得 z 变换

$$F(z) = \sum_{k=-\infty}^{\infty} f(k)z^{-k}。$$

2. 从上面的推导可以看出,$z = e^{sT}$ 或 $s = \dfrac{1}{T}\ln z$ 是将拉氏变换与 z 变换联系起来的桥梁。但 z 与 s 之间的映射不是单射,而是多射。若 s 的像是 z,则 $s + j\dfrac{2\pi}{T}k$(k 为整数)的像也是 z。由于这种多值映射性,则用脉冲响应不变法设计滤波器时,必须考虑频率混叠效应带来的影响。

$F(z)$ 的形式是一个无穷级数,因此存在收敛性问题。使得 $F(z)$ 收敛的 z 的范围称为 z 变换的收敛域,记为 ROC。解题时尽量不厌其烦地写出 z 变换的收敛域,是一个良好的习惯。

3. z 变换有双边 z 变换与单边 z 变换之分。在实际中,单边 z 变换用得更多,因为实际中的信号(序列)都是有起点的,在此起点之前的所有效果都可以等效为系统的初始状态。

当序列是双边的,或者系统是非因果的时候,必须用双边 z 变换。

4. z 变换的性质较多,与拉氏变换的性质对比学习,将起到事半功倍的效果。

学习 z 变换的性质,一定要亲自动手推导一遍,一来推导过程包含了很多计算与证明技巧,二来推导过后记忆更深更牢,即使忘了也能很快重新推导出来。推导时要注意收敛域的变化。

例 23.1　　$f_1(n) = u(n) \leftrightarrow \dfrac{z}{z-1}, |z| > 1$; $f_2(n) = u(n-1) \leftrightarrow \dfrac{1}{z-1}, |z| > 1$。

但 $f(n) = f_1(n) - f_2(n) = \delta(n) \leftrightarrow 1$,ROC 为整个 z 平面。这是因为两个序列作线性运算后,唯一的极点 1 与零点 1 相互抵消,因此收敛域扩大了。

5. 单边 z 变换的移位性质,左移与右移差别很大,注意将两者进行比较。

若 $f(n) \leftrightarrow F(z), |z| > \alpha > 0$,则序列右移的 z 变换为
$$f(n-1) \leftrightarrow z^{-1} F(z) + f(-1),$$
$$f(n-2) \leftrightarrow z^{-2} F(z) + z^{-1} f(-1) + f(-2),$$
等等。上述性质规律性极强,观察后不难发现其中的规律。

序列左移的 z 变换为
$$f(n+1) \leftrightarrow z F(z) - f(0) z,$$
$$f(n+2) \leftrightarrow z^2 F(z) - f(0) z^2 - f(1) z,$$
等等。同样地,上述 z 变换极有规律,也不难发现其中的规律性。

在解差分方程时,若方程是后向差分方程,则用序列右移的 z 变换性质,这时要用到 $f(-1), f(-2), \cdots$ 初始值。若方程是前向差分方程,则用序列左移的 z 变换性质,这时要用到 $f(0), f(1), \cdots$ 初始值。

下例求斐波那契数列(差分方程)的通项,分别采用后向差分方程和前向差分方程计算,都能得到结果。

例 23.2　　求斐波那契数列的通项公式,即数列 $\{y(n), n \geqslant 1\}$,已知
$$y(1) = 1, \quad y(2) = 1, \quad y(n+2) = y(n+1) + y(n)(n \geqslant 1),$$
求 $y(n)$ 的一般表达式。

解法 1　利用前向差分方程。

由 $y(n+2) = y(n+1) + y(n)$,令 $n = 0$,得 $y(2) = y(1) + y(0)$,所以 $y(0) = 0$。

对 $y(n+2) = y(n+1) + y(n)$ 两边取 z 变换,得
$$z^2 Y(z) - y(0) z^2 - y(1) z = [z Y(z) - y(0) z] + Y(z),$$
整理得
$$Y(z) = \frac{z}{z^2 - z - 1} = \frac{1}{\sqrt{5}} \left(\frac{z}{z - \dfrac{1+\sqrt{5}}{2}} - \frac{z}{z - \dfrac{1-\sqrt{5}}{2}} \right)。$$

取 z 逆变换,得
$$y(n) = \frac{1}{\sqrt{5}} \left[\left(\frac{1+\sqrt{5}}{2} \right)^n - \left(\frac{1-\sqrt{5}}{2} \right)^n \right], \quad n \geqslant 1。$$

解法 2　利用后向差分方程。

由 $y(n)=y(n-1)+y(n-2)$，令 $n=2$，得 $y(2)=y(1)+y(0)$，所以 $y(0)=0$；

令 $n=1$，得 $y(1)=y(0)+y(-1)$，所以 $y(-1)=1$；

令 $n=0$，得 $y(0)=y(-1)+y(-2)$，所以 $y(-2)=-1$。

对 $y(n)=y(n-1)+y(n-2)$ 两边取 z 变换，得

$$Y(z)=[z^{-1}Y(z)+y(-1)]+[z^{-2}Y(z)+y(-2)+y(-1)z^{-1}],$$

整理得

$$Y(z)=\frac{z}{z^2-z-1}=\frac{1}{\sqrt{5}}\left(\frac{z}{z-\frac{1+\sqrt{5}}{2}}-\frac{z}{z-\frac{1-\sqrt{5}}{2}}\right)。$$

取 z 逆变换，得

$$y(n)=\frac{1}{\sqrt{5}}\left[\left(\frac{1+\sqrt{5}}{2}\right)^n-\left(\frac{1-\sqrt{5}}{2}\right)^n\right]，\quad n\geqslant 1。$$

6. z 域尺度变换性质是一个易被忽视但极其重要的性质。该性质表述如下：

若 $f(n)\leftrightarrow F(z)$，$\alpha<|z|<\beta$，则对于 $a\neq 0$，有

$$a^n f(n)\leftrightarrow F\left(\frac{z}{a}\right)，\quad \alpha|a|<|z|<\beta|a|。$$

z 域尺度变换的物理意义：通过 z 域的变换，不仅可以对整个 z 平面（包括零极点）进行展缩（$|a|>1$ 时扩展，$|a|<1$ 时压缩），还可以进行旋转（这时 a 为复数）。

通过 z 域的展缩，可以使不稳定的系统变得稳定，或者反之；还可以通过展缩和旋转改变零极点的位置，使系统特性符合设计要求。

以下两个例子都是 z 域尺度变换性质的应用。

例 23.3 设 $x(n)$ 的有理 z 变换 $X(z)$ 有一个极点在 $z=\frac{1}{2}$，已知 $x_1(n)=\left(\frac{1}{4}\right)^n x(n)$ 是绝对可和的，而 $x_2(n)=\left(\frac{1}{8}\right)^n x(n)$ 不是绝对可和的。试确定 $x(n)$ 是左边的、右边的还是双边的。

分析 本题是文献[3]中习题 10.8，考查序列尺度变换后收敛域的变化。

(1) 对序列进行尺度变换，不改变其收敛域的形状，即圆外→圆外，圆环→圆环，圆内→圆内。

(2) 对序列进行尺度变换，所有的零极点和收敛域都进行相应的压缩或扩展。因为收敛域的展缩变化，使尺度变换后序列的收敛域可能包含单位圆（收敛），也可能不包含单位圆（不收敛）。

(3) 本题中，$X_1(z)$ 的极点是 $X(z)$ 的极点压缩至 $\frac{1}{4}$ 而得到的，$X_2(z)$ 的极点是 $X(z)$ 的极点压缩至 $\frac{1}{8}$ 而得到的。

(4) 分以下三种情形讨论：

(i) 若 $x(n)$ 是右边的，则 $x_1(n)$ 和 $x_2(n)$ 也是右边的。由题知 $X(z)$ 的极点压缩至 $\frac{1}{4}$

后都在单位圆内,而 $X(z)$ 的极点压缩至 $\dfrac{1}{8}$ 后反而不是都在单位圆内,这是不可能的,因此 $x(n)$ 不可能是右边的。

（ii）若 $x(n)$ 是左边的,则 $x_1(n)$ 和 $x_2(n)$ 也是左边的。由题知 $X_1(z)$ 在单位圆内有极点 $\dfrac{1}{8}$,从而 $x_1(n)$ 不可能绝对可和(因为收敛域不包含单位圆),因此 $x(n)$ 不可能是左边的。

（iii）若 $x(n)$ 是双边的,由题知 $X(z)$ 的收敛域(圆环)压缩 $\dfrac{1}{4}$ 后包含单位圆,但压缩 $\dfrac{1}{8}$ 后不包含单位圆,这是完全可以做到的。比如,若 $X(z)$ 的收敛域为 $\dfrac{2}{3}<|z|<5$,压缩 $\dfrac{1}{4}$ 后为 $\dfrac{1}{6}<|z|<\dfrac{5}{4}$,它包含单位圆;但压缩 $\dfrac{1}{8}$ 后为 $\dfrac{1}{12}<|z|<\dfrac{5}{8}$,不包含单位圆。这与 $x_1(n)$ 是绝对可和的,而 $x_2(n)$ 不是绝对可和的,完全吻合。

下面的例子在序列的升采样与降采样中有着重要的应用。

例 23.4　设有序列 $x(n)$,由 $x(n)$ 构造以下三个序列:

（1） $x_1(n)=\begin{cases} x(n), & n=mk \\ 0, & n\neq mk \end{cases}$。

其中,m 为正整数;$x_1(n)$ 是将 $x(n)$ 每隔 m 个点保留一点,其他点置为零构成的序列。

（2） $x_2(n)=x(mn)$,其中 m 为正整数。

$x_2(n)$ 是将 $x(n)$ 每隔 m 个点取一点,将中间的 $m-1$ 个点去掉(而不是置为零)构成的序列。

（3） $x_3(n)=\begin{cases} x(n/m), & n/m \text{ 为整数} \\ 0, & \text{其他 } n/m \text{ 取值} \end{cases}$。

$x_3(n)$ 是将 $x(n)$ 每两点之间插入 $m-1$ 个零构成的序列。

问题:如何用 $X(z)$ 表示 $X_1(z)$、$X_2(z)$、$X_3(z)$?

解　（1）设 $\tilde{x}_0(n)$ 是周期为 m 的周期序列,其主值区间 $[0,m-1]$ 内的值为 $\{1,0,\cdots,0\}$。由 DFS 理论易知,$\tilde{x}_0(n)$ 可以展开为

$$\tilde{x}_0(n)=\frac{1}{m}\left[1+\mathrm{e}^{\mathrm{j}\frac{2\pi}{m}n}+\mathrm{e}^{\mathrm{j}\frac{4\pi}{m}n}+\cdots+\mathrm{e}^{\mathrm{j}\frac{2(m-1)}{m}\pi n}\right]。$$

显然有 $x_1(n)=x(n)\cdot\tilde{x}_0(n)$,即

$$x_1(n)=\frac{1}{m}\left[1+\mathrm{e}^{\mathrm{j}\frac{2\pi}{m}n}+\mathrm{e}^{\mathrm{j}\frac{4\pi}{m}n}+\cdots+\mathrm{e}^{\mathrm{j}\frac{2(m-1)\pi}{m}n}\right]x(n)。$$

由 z 变换的性质:若 $x(n)\leftrightarrow X(z)$,则 $\mathrm{e}^{\mathrm{j}\omega_0 n}x(n)\leftrightarrow X(\mathrm{e}^{-\mathrm{j}\omega_0}z)$,得

$$X_1(z)=\frac{1}{m}\left\{X(z)+X(\mathrm{e}^{-\mathrm{j}2\pi/m}z)+\cdots+X[\mathrm{e}^{-\mathrm{j}2(m-1)\pi/m}z]\right\}。$$

（2）利用（1）小题结果可得

$$X_2(z)=\sum_{n=-\infty}^{\infty}x_2(n)z^{-n}=\sum_{n=-\infty}^{\infty}x_1(n)z^{-n/m}=X_1(z^{1/m})$$

$$=\frac{1}{m}\left\{X(z^{1/m})+X(\mathrm{e}^{-\mathrm{j}2\pi/m}z^{1/m})+\cdots+X[\mathrm{e}^{-\mathrm{j}2(m-1)\pi/m}z^{1/m}]\right\}。$$

（3）$X_3(z)=\sum\limits_{n=-\infty}^{\infty}x_3(n)z^{-n}=\sum\limits_{n=-\infty}^{\infty}x(n)z^{-mn}=X(z^m)$。

23.2 考研真题解析

真题 23.1 （中国科学技术大学，2010）已知因果序列 $x(n)$ 的 z 变换像函数为 $X(z)=\dfrac{z^{-3}}{1-1.5z^{-1}+0.5z^{-2}}$，试求序列 $x(n)$ 的初值 $x(0)$ 和终值 $\lim\limits_{n\to\infty}x(n)$。

解 $x(0)=\lim\limits_{z\to\infty}X(z)=0$，

$$x(\infty)=\lim_{z\to1}(z-1)X(z)=\lim_{z\to1}(z-1)\cdot\frac{z^{-1}}{(z-1)(z-0.5)}=2。$$

真题 23.2 （中国科学技术大学，2011）试求 $X(z)=\dfrac{2z^2+1}{z^2+z+1}$，$|z|>1$ 的逆 z 变换。

解 $X(z)=2-\dfrac{2z+1}{z^2+z+1}=2-2z^{-1}\cdot\dfrac{z\left(z+\frac{1}{2}\right)}{z^2+z+1}$。

由基本 z 变换对 $\delta(n)\leftrightarrow1$ 和

$$\cos\frac{2}{3}\pi n\cdot u(n)\leftrightarrow\frac{z(z+1/2)}{z^2+z+1}$$

及 z 变换的时移性质，得

$$x(n)=2\delta(n)-2\cos\frac{2}{3}\pi(n-1)\cdot u(n-1)。$$

真题 23.3 （中国科学技术大学，2013）已知 $X(z)$ 为序列 $x(n)$ 的 z 变换，试求以下序列 $x_1(n)$ 的 z 变换 $X_1(z)$、$x_2(n)$ 的 z 变换 $X_2(z)$，要求用 $X(z)$ 来表达：（1）$x_1(n)=x(-n)$；（2）$x_2(n)=x^*(n)$。

解 （1）$X_1(z)=\sum\limits_{n=-\infty}^{\infty}x_1(n)z^{-n}=\sum\limits_{n=-\infty}^{\infty}x(-n)z^{-n}=\sum\limits_{n=-\infty}^{\infty}x(n)(z^{-1})^{-n}=X(z^{-1})$，

即 $X_1(z)=X(z^{-1})$。

（2）$X_2(z)=\sum\limits_{n=-\infty}^{\infty}x_2(n)z^{-n}=\sum\limits_{n=-\infty}^{\infty}x^*(n)z^{-n}=\left[\sum\limits_{n=-\infty}^{\infty}x(n)(z^*)^{-n}\right]^*=X^*(z^*)$，

即 $X_2(z)=X^*(z^*)$。

真题 23.4 （中国科学技术大学，2014）计算 $[1+(-1)^n]u(n)$ 的 z 变换。

解 $\dfrac{1}{1-z^{-1}}+\dfrac{1}{1+z^{-1}}$ 或 $\dfrac{2}{1-z^{-2}}$，$|z|>1$。

真题 23.5 （中国科学技术大学，2015）已知序列 $x(n)=r^n\cos\omega_0 n\cdot u(n)$，$-\infty<n<+\infty$。求 $x(n)$ 的 z 变换 $X(z)$，并给出相应的收敛域。

解 $x(n)=\dfrac{1}{2}r^n(e^{j\omega_0 n}+e^{-j\omega_0 n})u(n)=\dfrac{1}{2}[(re^{j\omega_0})^n+(re^{-j\omega_0})^n]u(n)$，故

$$X(z) = \frac{1}{2}\left(\frac{1}{1-re^{j\omega_0}z^{-1}} + \frac{1}{1-re^{-j\omega_0}z^{-1}} \right)$$

$$= \frac{1-r\cos\omega_0 \cdot z^{-1}}{1-2r\cos\omega_0 \cdot z^{-1}+r^2z^{-2}}, \quad \text{ROC:} \mid z \mid > r。$$

真题 23.6 （中国科学技术大学,2016）试求 $X(z) = \dfrac{z^2+1}{z^2+z-2}, 1 < \mid z \mid < 2$ 的逆 z 变换。

解 $X(z) = \dfrac{z^2+1}{z^2+z-2} = \dfrac{z^2+1}{(z+2)(z-1)} = -\dfrac{1}{2} + \dfrac{5}{6} \cdot \dfrac{z}{z+2} + \dfrac{2}{3} \cdot \dfrac{z}{z-1}$,

结合收敛域,取逆 z 变换得

$$x(n) = -\frac{1}{2}\delta(n) + \frac{2}{3}u(n) - \frac{5}{6} \cdot (-2)^n u(-n-1)。$$

真题 23.7 （中国科学技术大学,2016）已知 $X(z)$ 为序列 $x(n)$ 的 z 变换,试求以下序列的 z 变换,要求用 $X(z)$ 表达: (1)$x(-n)$; (2)$x^*(n)$。

解 由题, $X(z) = \displaystyle\sum_{n=-\infty}^{\infty} x(n)z^{-n}$,故

$$\sum_{n=-\infty}^{\infty} x(-n)z^{-n} = \sum_{n=-\infty}^{\infty} x(n)(z^{-1})^{-n} = X(z^{-1}),$$

即 $x(-n) \leftrightarrow X(z^{-1})$;

$$\sum_{n=-\infty}^{\infty} x^*(n)z^{-n} = \left[\sum_{n=-\infty}^{\infty} x(n)(z^*)^{-n} \right]^* = X^*(z^*),$$

即 $x^*(n) \leftrightarrow X^*(z^*)$。

真题 23.8 （中国科学技术大学,2017）已知因果序列 $x(n)$ 的 z 变换像函数为 $X(z) = \dfrac{1}{1-1.25z^{-1}+0.25z^{-2}}$,试求序列 $x(n)$ 的初值 $x(0)$ 和终值 $\lim\limits_{n\to\infty} x(n)$。

解 $X(z) = \dfrac{1}{(1-z^{-1})(1-0.25z^{-1})}$, $\quad x(0) = \lim\limits_{z\to\infty} X(z) = 1$,

$$x(\infty) = \lim_{z\to 1}(z-1)X(z) = \frac{4}{3}。$$

真题 23.9 （中国科学技术大学,2017）已知序列 $x(n) = r^n \sin\omega_0 n \cdot u(n)$, $-\infty < n < \infty$,求 $x(n)$ 的 z 变换 $X(z)$,并给出相应的收敛域。

解 $x(n) = \dfrac{1}{2j}[(re^{j\omega_0})^n - (re^{-j\omega_0})^n]u(n)$,

$$X(z) = \frac{1}{2j}\left(\frac{1}{1-re^{j\omega_0}z^{-1}} - \frac{1}{1-re^{-j\omega_0}z^{-1}} \right)$$

$$= \frac{r\sin\omega_0 \cdot z^{-1}}{1-2r\cos\omega_0 z^{-1}+r^2z^{-2}}, \quad \text{ROC:} \mid z \mid > \mid r \mid。$$

真题 23.10 （中国科学技术大学,2018）已知序列 $x(n)$ 的 z 变换 $X(z) = $

$\dfrac{1}{1-1.5z^{-1}-z^{-2}}$，$0.5<|z|<2$，求 $x(n)$。

答案 $x(n)=-\dfrac{4}{5}\cdot 2^{n}u(-n-1)+\dfrac{1}{5}\cdot(-0.5)^{n}u(n)$。

真题 23.11 （中国科学技术大学，2018）证明 z 变换终值定理：$\lim\limits_{n\to\infty}h(n)=\lim\limits_{z\to1}(z-1)H(z)$。

证明 设当 $n\leqslant M-1$ 时，$h(n)=0$，即 $h(n)$ 为右边序列。

又设 $h(n)\leftrightarrow H(z)$，且 $H(z)$ 的收敛域包含单位圆。

令 $f(n)=h(n)-h(n-1)$，则

$$F(z)=\sum_{n=M}^{\infty}f(n)z^{-n}=\sum_{n=M}^{\infty}[h(n)-h(n-1)]z^{-n},$$

即

$$(1-z^{-1})H(z)=\sum_{n=M}^{\infty}[h(n)-h(n-1)]z^{-n}$$

$$=\lim_{N\to\infty}\sum_{n=M}^{N}[h(n)-h(n-1)]z^{-n}。$$

两边取 $z\to1$ 的极限，得

$$\lim_{z\to1}(1-z^{-1})H(z)=\lim_{z\to1}\lim_{N\to\infty}\sum_{n=M}^{N}[h(n)-h(n-1)]z^{-n}$$

$$=\lim_{N\to\infty}\lim_{z\to1}\sum_{n=M}^{N}[h(n)-h(n-1)]z^{-n}=\lim_{N\to\infty}h(N),$$

即 $\lim\limits_{n\to\infty}h(n)=\lim\limits_{z\to1}(z-1)H(z)$。

注：以上推导较为严格，实际中可以做简化。

真题 23.12 （中国科学技术大学，2021）已知序列 $x(n)$ 绝对可和，其 z 变换为 $X(z)=\dfrac{z^{2}}{z^{2}+z-\dfrac{3}{4}}$，试求 $x(n)$。

解 $X(z)=\dfrac{z^{2}}{z^{2}+z-\dfrac{3}{4}}=\dfrac{3}{4}\cdot\dfrac{z}{z+\dfrac{3}{2}}+\dfrac{1}{4}\cdot\dfrac{z}{z-\dfrac{1}{2}}$。

由题，ROC：$1/2<|z|<3/2$，取逆 z 变换得

$$x(n)=-\dfrac{3}{4}\left(-\dfrac{3}{2}\right)^{n}u(-n-1)+\dfrac{1}{4}\left(\dfrac{1}{2}\right)^{n}u(n)。$$

真题 23.13 （四川大学，2021）$x(n)$ 的 z 变换为 $X(z)$，$|z|>1$，则 $\sum\limits_{k=-\infty}^{n}x(k)$ 的 z 变换为 _____。

解 $\sum\limits_{k=-\infty}^{n}x(k)=x(n)*u(n)\leftrightarrow X(z)\cdot\dfrac{1}{1-z^{-1}}$，$\quad|z|>1$。

真题 23.14 （四川大学，2021）$x_1(n)=(-1/3)^{n}u(n-3)$，$x_2(n)=2^{n}u(-1-n)$，计算

$x_1(n) * x_2(n)$。

解　$X_1(z) = -\dfrac{z^{-3}}{27} \cdot \dfrac{1}{1 + \dfrac{1}{3}z^{-1}}$，　$|z| > \dfrac{1}{3}$，　$X_2(z) = -\dfrac{1}{1 - 2z^{-1}}$，　$|z| < 2$。

$$X_1(z)X_2(z) = \frac{z^{-3}}{27} \cdot \frac{1}{\left(1 + \dfrac{1}{3}z^{-1}\right)(1 - 2z^{-1})} = \frac{z^{-3}}{27} \cdot \left(\frac{1}{7} \cdot \frac{1}{1 + \dfrac{1}{3}z^{-1}} + \frac{6}{7} \cdot \frac{1}{1 - 2z^{-1}}\right)$$

$$= z^{-3}\left(\frac{1}{189} \cdot \frac{1}{1 + \dfrac{1}{3}z^{-1}} + \frac{2}{63} \cdot \frac{1}{1 - 2z^{-1}}\right), \quad \frac{1}{3} < |z| < 2。$$

取逆 z 变换得

$$x_1(n) * x_2(n) = \frac{1}{189} \cdot (-1/3)^{n-3} u(n-3) - \frac{2}{63} \cdot 2^{n-3} u(-n+2)。$$

真题 23.15　（四川大学,2021）设 $R_3(n) = u(n) - u(n-3)$，计算 $x(n) = \displaystyle\sum_{k=0}^{+\infty} R_3(n-7k)$ 的 z 变换。

解　由于 $R_3(z) = 1 + z^{-1} + z^{-2}$，故

$$X(z) = \sum_{k=0}^{\infty} R_3(z) \cdot z^{-7k} = \frac{1 + z^{-1} + z^{-2}}{1 - z^{-7}}, \quad |z| > 1。$$

真题 23.16　（上海交通大学,2022）设 $A = \displaystyle\sum_{n=0}^{\infty} n\left(\dfrac{1}{2}\right)^n$，则 $A = $ _____。

解　设 $f(n) = \displaystyle\sum_{k=0}^{n} k\left(\dfrac{1}{2}\right)^k = \sum_{k=-\infty}^{n} k \cdot \left(\dfrac{1}{2}\right)^k u(k)$，则

$$F(z) = \frac{\dfrac{1}{2}z}{\left(z - \dfrac{1}{2}\right)^2} \cdot \frac{z}{z - 1}, \quad f(\infty) = \lim_{z \to 1}(z-1)F(z) = 2。$$

附：本题还有两个纯数学方式的解答方法。

解法 1　显然 $\displaystyle\sum_{n=0}^{\infty} x^n = \frac{1}{1-x}$，当 $|x| < 1$ 且 $x \neq 0$ 时，两边对 x 求导得

$$\sum_{n=0}^{\infty} n x^{n-1} = \frac{1}{(1-x)^2}, \quad \sum_{n=0}^{\infty} n x^n = \frac{x}{(1-x)^2}。$$

令 $x = \dfrac{1}{2}$，即得 $\displaystyle\sum_{n=0}^{\infty} n\left(\dfrac{1}{2}\right)^n = 2$。

解法 2　令 $S_n = \displaystyle\sum_{k=0}^{n} k(1/2)^k$，用错位相减得

$$S_n - \frac{S_n}{2} = \frac{1}{2} + \left(\frac{1}{2}\right)^2 + \cdots + \left(\frac{1}{2}\right)^n - n \cdot \left(\frac{1}{2}\right)^{n+1}$$

$$= 1 - \left(\frac{1}{2}\right)^n - n \cdot \left(\frac{1}{2}\right)^{n+1}。$$

当 $n \to \infty$ 时，$S_n/2 \to 1, S_n \to 2$，即 $A = \lim\limits_{n \to \infty} S_n = 2$。

真题 23.17 （上海交通大学，2022）已知序列 $f(k) = \sum\limits_{n=0}^{k} \dfrac{3^{n-k}}{2^n}$，则其 z 变换 $F(z)$ 为

————。

解 $f(k) = \left(\dfrac{1}{3}\right)^k \sum\limits_{n=-\infty}^{k} \left(\dfrac{3}{2}\right)^n u(n)$，易知

$$\sum_{n=-\infty}^{k} \left(\frac{3}{2}\right)^n u(n) \leftrightarrow \frac{z}{z - \dfrac{3}{2}} \cdot \frac{z}{z-1},$$

故

$$F(z) = \frac{3z}{3z - \dfrac{3}{2}} \cdot \frac{3z}{3z - 1} = \frac{z^2}{\left(z - \dfrac{1}{2}\right)\left(z - \dfrac{1}{3}\right)}, \quad |z| > \frac{1}{2};$$

或

$$f(k) = 3^{-k} \cdot \sum_{n=0}^{k} \left(\frac{3}{2}\right)^n = 3^{-k} \cdot \frac{1 - \left(\dfrac{3}{2}\right)^{k+1}}{1 - \dfrac{3}{2}} = \left[3 \cdot \left(\frac{1}{2}\right)^k - 2 \cdot \left(\frac{1}{3}\right)^k\right] u(k),$$

故

$$F(z) = 3 \cdot \frac{z}{z - \dfrac{1}{2}} - 2 \cdot \frac{z}{z - \dfrac{1}{3}} = \frac{z^2}{\left(z - \dfrac{1}{2}\right)\left(z - \dfrac{1}{3}\right)}, \quad |z| > \frac{1}{2}。$$

第**24**章

推导z变换表是学习z变换的好方法

与拉氏变换表的推导一样,推导 z 变换表是学习 z 变换的极好方法。除少数几个 z 变换对需要在理解的基础上记忆,其他都无需记忆,只要知道变换对的来龙去脉,会推导就可以了,推导方法可以用来求解各种 z 变换及其逆变换。在平时解题时,要养成多查阅 z 变换表的习惯, z 变换表查得多了,就能熟悉一些常用的 z 变换对,从而提高解题速度。

下面推导文献[1]附录中的 z 变换表的变换对。为简洁起见,以下都省略了收敛域,但在解题时,最好不厌其烦地写上收敛域。

1. $\delta(k) \leftrightarrow 1$。

由 z 变换的定义即得。

2. $\delta(k-m) \leftrightarrow z^{-m}, m \geqslant 0$。

由 z 变换的定义即得,也可以由变换对 1 及 z 变换的时移性质得到。

3. $u(k) \leftrightarrow \dfrac{z}{z-1}$。

在变换对 8 中令 $a=1$ 即得。

4. $u(k-m) \leftrightarrow \dfrac{z}{z-1} \cdot z^{-m}$。

利用变换对 3 及 z 变换的时移性质即得。

5. $ku(k) \leftrightarrow \dfrac{z}{(z-1)^2}$。

利用变换对 3 及 z 域微分性质即得。

6. $k^2 u(k) \leftrightarrow \dfrac{z^2+z}{(z-1)^3}$。

利用变换对 5 及 z 域微分性质即得。

7. $k^3 u(k) \leftrightarrow \dfrac{z^3+4z^2+z}{(z-1)^4}$。

利用变换对 6 及 z 域微分性质即得。

8. $a^k u(k) \leftrightarrow \dfrac{z}{z-a}$。

用 z 变换的定义。

注意：这是最重要的一个 z 变换对,其他绝大部分 z 变换对都可以由该变换对推导出来。其中,a 是不为零的复数,可以是实数,也可以是纯虚数。

9. $\dfrac{a^k-(-a)^k}{2a}u(k)\leftrightarrow\dfrac{z}{z^2-a^2}$。

由变换对 8 得

$$a^k u(k)\leftrightarrow\frac{z}{z-a},\quad (-a)^k u(k)\leftrightarrow\frac{z}{z+a}。$$

再由 z 变换的线性性质,两个变换对左右两边分别相减,再除以 $2a$ 即得。

10. $\dfrac{a^k+(-a)^k}{2}u(k)\leftrightarrow\dfrac{z^2}{z^2-a^2}$。

与变换对 9 的推导完全类似,将两个变换对左右两边分别相加再除以 2 即得。

注：文献[1]中将 $\dfrac{a^k+(-a)^k}{2}$ 误为 $\dfrac{a^k+(-a)^k}{2a}$。

11. $ka^k u(k)\leftrightarrow\dfrac{az}{(z-a)^2}$。

利用变换对 8 及 z 域微分性质即得。

12. $k^2 a^k u(k)\leftrightarrow\dfrac{az^2+a^2 z}{(z-a)^3}$。

利用变换对 11 及 z 域微分性质即得。

13. $k^3 a^k u(k)\leftrightarrow\dfrac{az^3+4a^2 z^2+a^3 z}{(z-a)^4}$。

利用变换对 12 及 z 域微分性质即得。

14. $\dfrac{k(k-1)}{2}u(k)\leftrightarrow\dfrac{z}{(z-1)^3}$。

变换对 6 与变换对 5 左右两边分别相减,再除以 2 即得。

15. $\dfrac{k(k+1)}{2}u(k)\leftrightarrow\dfrac{z^2}{(z-1)^3}$。

变换对 6 与变换对 5 左右两边分别相加,再除以 2 即得。

16. $\dfrac{(k+2)(k+1)}{2}u(k)\leftrightarrow\dfrac{z^3}{(z-1)^3}$。

变换对 6,5,3 左右两边同时分别乘以 1,3,2 后相加,再除以 2 即得。

17. $ka^{k-1}u(k)\leftrightarrow\dfrac{z}{(z-a)^2}$。

变换对 11 两边同时除以 a 即得。

18. $(k+1)a^k\leftrightarrow\dfrac{z^2}{(z-a)^2}$。

变换对 11 和变换对 8 两边相加即得。

19. $\dfrac{k(k-1)\cdots(k-m+1)}{m!}u(k)\leftrightarrow\dfrac{z}{(z-1)^{m+1}},m\geqslant 1$。

本变换对可用数学归纳法来推导(证明)。

先验证 $m=1$ 时变换对成立;再假设对 $m \geqslant 1$ 变换对成立;最后验证 $m+1$ 时变换对也成立。则由数学归纳法原理,对任意 $m \geqslant 1$,变换对都成立。

令 $f_m(k) = \dfrac{k(k-1)\cdots(k-m+1)}{m!}, m \geqslant 1$,则

$$f_{m+1}(k) = \frac{k(k-1)\cdots(k-m+1)(k-m)}{(m+1)!} = \frac{k-m}{m+1} f_m(k)$$

$$= \frac{1}{m+1}\big[kf_m(k) - mf_m(k)\big]。$$

$m=1$ 时,即变换对 5,显然成立。

假设 $f_m(k) \leftrightarrow \dfrac{z}{(z-1)^{m+1}}, m \geqslant 1$ 成立。由 z 域微分性质得

$$kf_m(k) \leftrightarrow -z \frac{\mathrm{d}}{\mathrm{d}z} \frac{z}{(z-1)^{m+1}} = \frac{(mz+1)z}{(z-1)^{m+2}},$$

于是

$$f_{m+1}(k) = \frac{1}{m+1}\big[kf_m(k) - mf_m(k)\big]$$

$$\leftrightarrow \frac{1}{m+1}\left[\frac{(mz+1)z}{(z-1)^{m+2}} - m \cdot \frac{z}{(z-1)^{m+1}}\right] = \frac{z}{(z-1)^{m+2}}。$$

即对于 $m+1$ 时,变换对也成立,由数学归纳法知对于 $m \geqslant 1$ 变换对都成立。

20. $\dfrac{(k+1)(k+2)\cdots(k+m)}{m!} a^k u(k) \leftrightarrow \dfrac{z^{m+1}}{(z-a)^{m+1}}, m \geqslant 1$。

与变换对 19 的推导完全类似。

令 $f_m(k) = \dfrac{(k+1)(k+2)\cdots(k+m)}{m!} a^k u(k), m \geqslant 1$,则

$$f_{m+1}(k) = \frac{(k+1)(k+2)\cdots(k+m)(k+m+1)}{(m+1)!} a^k u(k)$$

$$= f_m(k) \cdot \frac{k+m+1}{m+1} = \frac{1}{m+1} \cdot kf_m(k) + f_m(k)。$$

当 $m=1$ 时,$(k+1)a^k u(k) \leftrightarrow \dfrac{z^2}{(z-a)^2}$,只要将变换对 11 和变换对 8 左右两边相加,可知成立。

假设 $f_m(k) \leftrightarrow \dfrac{z^{m+1}}{(z-a)^{m+1}}, m \geqslant 1$。由 z 域微分性质得

$$kf_m(k) \leftrightarrow -z \frac{\mathrm{d}}{\mathrm{d}z} \frac{z^{m+1}}{(z-a)^{m+1}} = \frac{a(m+1)z^{m+1}}{(z-a)^{m+2}}。$$

于是,

$$f_{m+1}(k) = \frac{1}{m+1} \cdot kf_m(k) + f_m(k) \leftrightarrow \frac{az^{m+1}}{(z-a)^{m+2}} + \frac{z^{m+1}}{(z-a)^{m+1}} = \frac{z^{m+2}}{(z-a)^{m+2}},$$

即 $m+1$ 时,变换对也成立。由数学归纳法知对于 $m \geqslant 1$,变换对都成立。

21. $\dfrac{a^k - b^k}{a - b} u(k) \leftrightarrow \dfrac{z}{(z-a)(z-b)}$。

由 $a^k u(k) \leftrightarrow \dfrac{z}{z-a}, b^k u(k) \leftrightarrow \dfrac{z}{z-b}$ 两式相减再除以 $(a-b)$ 即得。

22. $\dfrac{a^{k+1} - b^{k+1}}{a - b} u(k) \leftrightarrow \dfrac{z^2}{(z-a)(z-b)}$。

与变换对 21 完全类似，不再赘述。

23. $e^{ak} u(k) \leftrightarrow \dfrac{z}{z - e^a}$。

在变换对 8 中令 $a = e^a$ 即得。

24. $e^{j\beta k} u(k) \leftrightarrow \dfrac{z}{z - e^{j\beta}}$。

在变换对 8 中令 $a = e^{j\beta}$ 即得。同理可得变换对 $e^{-j\beta k} u(k) \leftrightarrow \dfrac{z}{z - e^{-j\beta}}$。

25. $\cos\beta k \cdot u(k) \leftrightarrow \dfrac{z(z - \cos\beta)}{z^2 - 2z\cos\beta + 1}$。

$$\cos\beta k \cdot u(k) = \frac{1}{2}(e^{j\beta k} + e^{-j\beta k}) u(k)$$

$$\leftrightarrow \frac{1}{2}\left(\frac{z}{z - e^{j\beta}} + \frac{z}{z - e^{-j\beta}}\right) = \frac{z(z - \cos\beta)}{z^2 - 2z\cos\beta + 1}$$

26. $\sin\beta k \cdot u(k) \leftrightarrow \dfrac{z\sin\beta}{z^2 - 2z\cos\beta + 1}$。

$$\sin\beta k \cdot u(k) = \frac{1}{2j}(e^{j\beta k} - e^{-j\beta k}) u(k)$$

$$\leftrightarrow \frac{1}{2j}\left(\frac{z}{z - e^{j\beta}} - \frac{z}{z - e^{-j\beta}}\right) = \frac{z\sin\beta}{z^2 - 2z\cos\beta + 1}$$

27. $\cos(\beta k + \theta) \cdot u(k) \leftrightarrow \dfrac{z^2\cos\theta - z\cos(\beta - \theta)}{z^2 - 2z\cos\beta + 1}$。

$$\cos(\beta k + \theta) \cdot u(k) = \frac{1}{2}\left[e^{j(\beta k + \theta)} + e^{-j(\beta k + \theta)}\right] u(k)$$

$$= \frac{1}{2}(e^{j\theta} e^{j\beta k} + e^{-j\theta} e^{-j\beta k}) u(k) = \frac{1}{2} e^{j\theta} e^{j\beta k} u(k) + \frac{1}{2} e^{-j\theta} e^{-j\beta k} u(k)$$

$$\leftrightarrow \frac{1}{2} e^{j\theta} \cdot \frac{z}{z - e^{j\beta}} + \frac{1}{2} e^{-j\theta} \frac{z}{z - e^{-j\beta}} = \frac{z^2\cos\theta - z\cos(\beta - \theta)}{z^2 - 2z\cos\beta + 1}$$

28. $\sin(\beta k + \theta) \cdot u(k) \leftrightarrow \dfrac{z^2\sin\theta + z\sin(\beta - \theta)}{z^2 - 2z\cos\beta + 1}$。

$$\sin(\beta k + \theta) \cdot u(k) = \frac{1}{2j}\left[e^{j(\beta k + \theta)} - e^{-j(\beta k + \theta)}\right] u(k)$$

$$= \frac{1}{2j} e^{j\theta} e^{j\beta k} u(k) - \frac{1}{2j} e^{-j\theta} e^{-j\beta k} u(k)$$

$$\leftrightarrow \frac{1}{2\mathrm{j}}\mathrm{e}^{\mathrm{j}\theta}\cdot\frac{z}{z-\mathrm{e}^{\mathrm{j}\beta}}-\frac{1}{2\mathrm{j}}\mathrm{e}^{-\mathrm{j}\theta}\frac{z}{z-\mathrm{e}^{-\mathrm{j}\beta}}=\frac{z^2\sin\theta+z\sin(\beta-\theta)}{z^2-2z\cos\beta+1}\,.$$

29. $a^k\cos\beta k\cdot u(k)\leftrightarrow\dfrac{z(z-a\cos\beta)}{z^2-2az\cos\beta+a^2}\,.$

由变换对 25 及序列乘 a^k 的性质即得。

30. $a^k\sin\beta k\cdot u(k)\leftrightarrow\dfrac{az\sin\beta}{z^2-2az\cos\beta+a^2}\,.$

由变换对 26 及序列乘 a^k 的性质即得。

31. $ka^k\cos\beta k\cdot u(k)\leftrightarrow\dfrac{az(z^2+a^2)\cos\beta-2a^2z^2}{(z^2-2az\cos\beta+a^2)^2}\,.$

由变换对 29 及 z 变换的微分性质即得。

32. $ka^k\sin\beta k\cdot u(k)\leftrightarrow\dfrac{az(z^2-a^2)\sin\beta}{(z^2-2az\cos\beta+a^2)^2}\,.$

由变换对 30 及 z 变换的微分性质即得。

33. $a^k\cosh(\beta k)\cdot u(k)\leftrightarrow\dfrac{z(z-a\cosh\beta)}{z^2-2az\cosh\beta+a^2}\,.$

$$a^k\cosh(\beta k)\cdot u(k)=a^k\cdot\frac{\mathrm{e}^{\beta k}+\mathrm{e}^{-\beta k}}{2}u(k)=\frac{1}{2}\big[(a\mathrm{e}^{\beta})^k+(a\mathrm{e}^{-\beta})^k\big]u(k)$$

$$\leftrightarrow\frac{1}{2}\left(\frac{z}{z-a\mathrm{e}^{\beta}}+\frac{z}{z-a\mathrm{e}^{-\beta}}\right)=\frac{z(z-a\cosh\beta)}{z^2-2az\cosh\beta+a^2}\,.$$

34. $a^k\sinh(\beta k)\cdot u(k)\leftrightarrow\dfrac{az\sinh\beta}{z^2-2az\cosh\beta+a^2}\,.$

与变换对 33 完全类似,不再赘述。

注:$\cosh x=\dfrac{1}{2}(\mathrm{e}^x+\mathrm{e}^{-x})$ 称为双曲余弦函数;

$\sinh x=\dfrac{1}{2}(\mathrm{e}^x-\mathrm{e}^{-x})$ 称为双曲正弦函数。

35. $\dfrac{1}{k}a^k u(k-1)\leftrightarrow\ln\dfrac{z}{z-a},k\geqslant1\,.$

由 $a^k u(k-1)\leftrightarrow\dfrac{a}{z-a}$ 及 z 域积分性质得

$$\frac{a^k}{k}u(k-1)\leftrightarrow\int_z^\infty\frac{a}{\eta(\eta-a)}\mathrm{d}\eta=\ln\frac{z}{z-a}\,.$$

也可以用 z 域微分性质推导。令

$$f(k)=\frac{a^k}{k}u(k-1)\leftrightarrow F(z),$$

由 z 域微分性质得

$$k\cdot\frac{a^k}{k}u(k-1)\leftrightarrow-zF'(z),\quad a^k u(k-1)\leftrightarrow-zF'(z)\,.$$

即

$$\frac{a}{z-a} = -zF'(z), \quad F'(z) = -\frac{a}{z(z-a)},$$

两边从 z 到 ∞ 积分,并利用 $F(\infty)=0$(由 z 变换初值定理得到),即得

$$F(z) = \ln \frac{z}{z-a}.$$

36. $\dfrac{1}{k!} a^k u(k) \leftrightarrow e^{a/z}$。

在级数 $e^x = 1 + x + \dfrac{x^2}{2!} + \cdots + \dfrac{x^k}{k!} + \cdots$ 中令 $x = a/z$,得

$$e^{a/z} = 1 + az^{-1} + \frac{a^2}{2!} z^{-2} + \cdots + \frac{a^k}{k!} z^{-k} + \cdots,$$

由 z 变换的定义即得 $\dfrac{a^k}{k!} u(k) \leftrightarrow e^{a/z}$。

37. $\dfrac{1}{k!} (\ln a)^k u(k) \leftrightarrow a^{1/z}$。

在变换对 36 中用 $\ln a$ 代替 a 即得。

38. $\dfrac{1}{(2k)!} u(k) \leftrightarrow \cosh \sqrt{1/z}$。

在级数 $e^x = 1 + x + \dfrac{x^2}{2!} + \cdots + \dfrac{x^k}{k!} + \cdots$ 中,x 分别为 $\sqrt{1/z}$ 和 $-\sqrt{1/z}$ 得

$$e^{\sqrt{1/z}} = 1 + \sqrt{1/z} + \frac{1}{2!} (\sqrt{1/z})^2 + \cdots + \frac{1}{k!} (\sqrt{1/z})^k + \cdots,$$

$$e^{-\sqrt{1/z}} = 1 - \sqrt{1/z} + \frac{1}{2!} (-\sqrt{1/z})^2 + \cdots + \frac{1}{k!} (-\sqrt{1/z})^k + \cdots.$$

两式相加并除以 2 得

$$\cosh \sqrt{1/z} = 1 + \frac{1}{2!} z^{-1} + \frac{1}{4!} z^{-2} + \cdots + \frac{1}{(2k)!} z^{-k} + \cdots,$$

由 z 变换的定义即得

$$\frac{1}{(2k)!} u(k) \leftrightarrow \cosh \sqrt{1/z}.$$

39. $\dfrac{1}{k+1} u(k) \leftrightarrow z \ln \dfrac{z}{z-1}$。

在变换对 35 中令 $a=1$,得 $\dfrac{1}{k} u(k-1) \leftrightarrow \ln \dfrac{z}{z-1}$。

利用 z 变换的时移(左移)性质,注意到当 $k=0$ 时,序列的值为 0,故

$$\frac{1}{k+1} u(k) \leftrightarrow z \ln \frac{z}{z-1}.$$

40. $\dfrac{1}{2k+1} u(k) \leftrightarrow \dfrac{1}{2} \sqrt{z} \ln \dfrac{\sqrt{z}+1}{\sqrt{z}-1}$。

由变换对 39 知

$$\sum_{k=0}^{\infty} \frac{1}{k+1} z^{-k} = z \ln \frac{z}{z-1}.$$

分别用 $\sqrt{z}$ 和 $-\sqrt{z}$ 代替 z 得

$$\sum_{k=0}^{\infty} \frac{1}{k+1} z^{-k/2} = \sqrt{z} \ln \frac{\sqrt{z}}{\sqrt{z}-1},$$

$$\sum_{k=0}^{\infty} \frac{1}{k+1} (-1)^k z^{-k/2} = -\sqrt{z} \ln \frac{\sqrt{z}}{\sqrt{z}+1}。$$

两式相加再除以 2 得

$$\sum_{k=0}^{\infty} \frac{1}{2k+1} z^{-k} = \frac{1}{2} \sqrt{z} \ln \frac{\sqrt{z}+1}{\sqrt{z}-1}。$$

由 z 变换的定义即得

$$\frac{1}{2k+1} u(k) \leftrightarrow \frac{1}{2} \sqrt{z} \ln \frac{\sqrt{z}+1}{\sqrt{z}-1}。$$

以上关于 z 变换对的推导过程中，用到了 z 变换的各种性质，包括线性、时移性质、z 域微分性质、z 域积分性质、序列乘 a^k 的性质，此外还用到了数学归纳法和函数的无穷级数展开等。推导 z 变换对，不仅可以进一步熟悉 z 变换的各种性质，还可以锻炼计算能力，这是一种很好的学习 z 变换的方法。

第25章

z域微分性质和z域积分性质

本章旨在说明,凡是用 z 域积分性质能解决的问题,用 z 域微分性质也能解决,而且计算量差不多。于是,我们只要了解 z 域积分性质即可,即使记不住也没有关系,因为 z 域积分性质的记忆略显困难。

25.1 知识点

1. z 域微分性质(序列乘 n)

若 $f(n) \leftrightarrow F(z), \alpha < |z| < \beta$,则

$$nf(n) \leftrightarrow -z \frac{\mathrm{d}}{\mathrm{d}z} F(z),$$

$$n^2 f(n) \leftrightarrow -z \frac{\mathrm{d}}{\mathrm{d}z} \left[-z \frac{\mathrm{d}}{\mathrm{d}z} F(z) \right],$$

...

$$n^k f(n) \leftrightarrow \left(-z \frac{\mathrm{d}}{\mathrm{d}z} \right)^k F(z), \quad \alpha < |z| < \beta。$$

其中,$\left(-z \dfrac{\mathrm{d}}{\mathrm{d}z} \right)^k$ 表示 $-z \dfrac{\mathrm{d}}{\mathrm{d}z} \left(\cdots \left(-z \dfrac{\mathrm{d}}{\mathrm{d}z} \left(-z \dfrac{\mathrm{d}}{\mathrm{d}z} F(z) \right) \right) \cdots \right)$,共进行 k 次求导和 k 次乘以 $-z$ 的运算。

z 域微分性质的推导较简单,这里从略。z 域微分性质的用处是,从变换对 $f(n) \leftrightarrow F(z)$,可以推出所有形如 $n^k f(n)$(k 为正整数)序列的变换对。

2. z 域积分性质(序列除以 $n+k$)

若 $f(n) \leftrightarrow F(z), \alpha < |z| < \beta$,设有整数 k,使得 $n+k > 0$,则

$$\frac{f(n)}{n+k} \leftrightarrow z^k \int_z^\infty \frac{F(\eta)}{\eta^{k+1}} \mathrm{d}\eta, \quad \alpha < |z| < \beta。$$

若 $k=0$ 且 $n>0$,则

$$\frac{f(n)}{n} \leftrightarrow \int_z^\infty \frac{F(\eta)}{\eta} \mathrm{d}\eta, \quad \alpha < |z| < \beta。$$

z 域积分性质在文献[1]中是从 z 变换的定义出发推导的,下面我们用 z 域微分性质来推导 z 域积分性质,从而说明 z 域积分性质与 z 域微分性质是一致的。

设 $g(n) = \dfrac{f(n)}{n+k} \leftrightarrow G(z)$,则 $(n+k)g(n) = f(n)$。由于

$$ng(n) \leftrightarrow -zG'(z), \quad kg(n) \leftrightarrow kG(z),$$

于是

$$-zG'(z) + kG(z) = F(z)。 \qquad ①$$

用常数变易法解微分方程①。令 $G(z) = C(z) \cdot z^k$,代入式①得

$$-z[C'(z) \cdot z^k + kC(z) \cdot z^{k-1}] + kC(z) \cdot z^k = F(z),$$

$$C'(z) = -\frac{F(z)}{z^{k+1}}。$$

对 $C'(z) = -\dfrac{F(z)}{z^{k+1}}$ 两边从 z 到 ∞ 积分(这样积分可以利用 z 变换初值定理得到 $C(\infty)$ 的值),得

$$C(\infty) - C(z) = -\int_z^\infty \frac{F(\eta)}{\eta^{k+1}} \mathrm{d}\eta。 \qquad ②$$

由于 $C(z) = \dfrac{G(z)}{z^k}$,由初值定理得 $G(\infty)$ 为有限值,故 $C(\infty) = 0$,代入式②即得

$$G(z) = z^k \int_z^\infty \frac{F(\eta)}{\eta^{k+1}} \mathrm{d}\eta,$$

即

$$\frac{f(n)}{n+k} \leftrightarrow z^k \int_z^\infty \frac{F(\eta)}{\eta^{k+1}} \mathrm{d}\eta, \quad \alpha < |z| < \beta。$$

令 $k = 0$ 且 $n > 0$,即有

$$\frac{f(n)}{n} \leftrightarrow \int_z^\infty \frac{F(\eta)}{\eta} \mathrm{d}\eta, \quad \alpha < |z| < \beta。$$

于是,利用 z 域微分性质,并结合常数变易法解一阶微分方程和 z 变换的初值定理,我们推导出 z 域积分性质。以上步骤看似繁琐,实则思路非常清晰且简单,整个推导过程实际上就是用 z 域微分性质计算 $\dfrac{f(n)}{n+k}$ 的 z 变换的过程。

下面的例题选自文献[1]中的例 6.2-10。

例 25.1 求序列 $\dfrac{1}{n+1}u(n)$ 的 z 变换。

分析 原解答直接用 z 域积分性质计算,下面用 z 域微分性质来计算。

解 令 $f(n) = \dfrac{1}{n+1}u(n)$,则 $nf(n) + f(n) = u(n)$,两边取 z 变换得

$$-z\frac{\mathrm{d}F(z)}{\mathrm{d}z} + F(z) = \frac{z}{z-1}。 \qquad ①$$

由 $-z\dfrac{\mathrm{d}F(z)}{\mathrm{d}z} + F(z) = 0$ 得 $F(z) = Cz$,令 $F(z) = C(z)z$ 代入式①得

$$-z[C'(z)z + C(z)] + C(z) \cdot z = \frac{z}{z-1},$$

$$C'(z) = -\frac{1}{z(z-1)} = \frac{1}{z} - \frac{1}{z-1}.$$

对最后一式两边从 z 到 ∞ 积分得

$$C(\infty) - C(z) = -\ln\frac{z}{z-1}.$$

由初值定理知 $C(\infty) = 0$,故 $C(z) = \ln\frac{z}{z-1}$。

最后得 $F(z) = z\ln\frac{z}{z-1}$,即

$$\frac{1}{n+1}u(n) \leftrightarrow z\ln\frac{z}{z-1}, \quad |z| > 1.$$

25.2 考研真题解析

真题 25.1 (重庆邮电大学,2018)序列 $f(n) = n2^n u(n)$ 的 z 变换为_____。

答案 $\dfrac{2z}{(z-2)^2}, |z| > 2$。

解 $2^n u(n) \leftrightarrow \dfrac{z}{z-2}, n2^n u(n) \leftrightarrow -z\,\mathrm{d}\left(\dfrac{z}{z-2}\right) = \dfrac{2z}{(z-2)^2}, |z| > 2$。

真题 25.2 (重庆邮电大学,2019)已知 $u(n) \leftrightarrow \dfrac{z}{z-1}$,则 $f(n) = \dfrac{n(n-1)}{2}u(n)$ 的 z 变换为_____。

答案 $\dfrac{z}{(z-1)^3}, |z| > 1$。

解 由 $u(n) \leftrightarrow \dfrac{z}{z-1}$ 及 z 域微分性质得

$$nu(n) \leftrightarrow -z\frac{\mathrm{d}}{\mathrm{d}z}\left(\frac{z}{z-1}\right) = \frac{z}{(z-1)^2},$$

$$n^2 u(n) \leftrightarrow -z\frac{\mathrm{d}}{\mathrm{d}z}\left[\frac{z}{(z-1)^2}\right] = \frac{z(z+1)}{(z-1)^3}, \quad |z| > 1.$$

所以

$$f(n) = \frac{1}{2}[n^2 u(n) - nu(n)]$$

$$\leftrightarrow \frac{1}{2}\left[\frac{z(z+1)}{(z-1)^3} - \frac{z}{(z-1)^2}\right] = \frac{z}{(z-1)^3}, \quad |z| > 1.$$

真题 25.3 (中国科学技术大学,2018)已知信号 $f(n)$ 的 z 变换 $F(z) = \ln(1 + az^{-1})$,$|z| > |a|$,求 $f(n)$。

答案 $f(n) = -\dfrac{1}{n}(-a)^n u(n-1)$。

注：除符号表示略有不同,与真题 25.4 完全相同。

真题 25.4 (中国科学技术大学,2020)已知 $x(n)$ 的 z 变换为 $X(z)=\ln(1+az^{-1})$,$|z|>|a|$,求 $x(n)$。

解 设 $x(n)\leftrightarrow X(z)=\ln(1+az^{-1})$,由 z 域微分性质得

$$nx(n)\leftrightarrow -z\cdot\frac{-az^{-2}}{1+az^{-1}}=\frac{az^{-1}}{1+az^{-1}},$$

取逆 z 变换得

$$nx(n)=a(-a)^{n-1}u(n-1)=-(-a)^n u(n-1),$$

故

$$x(n)=-\frac{1}{n}(-a)^n u(n-1)。$$

真题 25.5 (宁波大学,2021)已知 $X(z)=\ln(1-2z)$,$|z|<\dfrac{1}{2}$,求 $x(n)$。

解 设 $x(n)\leftrightarrow X(z)$,则 $nx(n)\leftrightarrow -z\dfrac{\mathrm{d}X(z)}{\mathrm{d}z}=-\dfrac{z}{z-\dfrac{1}{2}}$。

取逆 z 变换,并注意到收敛域,得

$$nx(n)=\left(\frac{1}{2}\right)^n u(-n-1),$$

故

$$x(n)=\frac{1}{n}\cdot\left(\frac{1}{2}\right)^n u(-n-1)。$$

第26章

"四两拨千斤"的向量法

画系统的频谱图,包括幅度谱(幅频特性曲线)和相位谱(相频特性曲线),是常见的考点,也是难点。

若已知连续系统的频率响应为 $H(\mathrm{j}\omega)=|H(\mathrm{j}\omega)|\mathrm{e}^{\mathrm{j}\varphi(\omega)}$,则幅度谱为 $|H(\mathrm{j}\omega)|$,相位谱为 $\varphi(\omega)$。

若已知连续系统的系统函数 $H(s)$,且其收敛域包含虚轴时,则频率响应为 $H(\mathrm{j}\omega)=H(s)\Big|_{s=\mathrm{j}\omega}$;若收敛域不包含虚轴,则频率响应不存在。

对于离散系统,当系统函数为 $H(z)$,且收敛域包含单位圆时,则频率响应为 $H(\mathrm{e}^{\mathrm{j}\omega})=H(z)\Big|_{z=\mathrm{e}^{\mathrm{j}\omega}}$;若收敛域不包含单位圆,则频率响应不存在。

频谱图的绘制常用解析法,先分别求出幅度谱与相位谱的表达式,有时要求出最值点及拐点,再用描点法绘图。与解析法相比,向量法有时起到"四两拨千斤"的效果,绘图又快又精确。

26.1 知识点

1. 解析法绘图的优点是精确,缺点是计算复杂,在仅需绘制频谱的概略图时,用解析法显然得不偿失,向量法在绘制概略图时则较为适用,在定性判断系统的滤波特性时,其优点尤其明显。

2. 当已知连续系统的频率响应 $H(\mathrm{j}\omega)$ 时,先通过 $H(s)=H(\mathrm{j}\omega)\Big|_{\mathrm{j}\omega=s}$ 将 $H(\mathrm{j}\omega)$ 转化为系统函数 $H(s)$,以下对于连续系统,仅讨论已知系统函数 $H(s)$ 情形的向量法绘图。同样地,当已知离散系统的频率响应 $H(\mathrm{e}^{\mathrm{j}\omega})$ 时,也可以先通过 $H(z)=H(\mathrm{e}^{\mathrm{j}\omega})\Big|_{\mathrm{e}^{\mathrm{j}\omega}=z}$ 将 $H(\mathrm{e}^{\mathrm{j}\omega})$ 转化为系统函数 $H(z)$。

以上两个转化前后并无本质不同,仅仅是为了讨论的简便。以下讨论中的系统函数的收敛域都包含虚轴(连续系统)或单位圆(离散系统),不再特别说明。

3. 设连续系统的系统函数为

$$H(s) = \frac{B(s)}{A(s)} = \frac{b_m s^m + b_{m-1} s^{m-1} + \cdots + b_1 s + b_0}{s^n + a_{n-1} s^{n-1} + \cdots + a_1 s + a_0}。$$

其中, $B(s)$ 和 $A(s)$ 分别是 m 次和 n 次有理多项式。根据代数基本理论, $B(s) = 0$ 有 m 个根 $\beta_k (k = 1, 2, \cdots, m)$, 称为系统的零点; $A(s) = 0$ 有 n 个根 $\alpha_k (k = 1, 2, \cdots, n)$, 称为系统的极点。

由于系统函数是有理分式,则当有一个零(极)点是虚数 z 时,必同时有另一个零(极)点为 z^*, 零(极)点要么是实数,要么是共轭成对出现。

将系统函数表示为

$$H(s) = \frac{b_m \prod\limits_{k=1}^{m} (s - \beta_k)}{\prod\limits_{k=1}^{n} (s - \alpha_k)}。$$

若 s 在虚轴上 $j\omega$ 处, $H(s)$ 即频率响应

$$H(j\omega) = \frac{b_m \prod\limits_{k=1}^{m} (j\omega - \beta_k)}{\prod\limits_{k=1}^{n} (j\omega - \alpha_k)}。$$

如果用 P 表示 $j\omega$ 点, B_k 表示 β_k 点, A_k 表示 α_k 点,则频率响应的向量表示为

$$H(j\omega) = \frac{b_m \prod\limits_{k=1}^{m} \overrightarrow{B_k P}}{\prod\limits_{k=1}^{n} \overrightarrow{A_k P}}。$$

将向量用极坐标表示,即

$$\overrightarrow{B_k P} = |\overrightarrow{B_k P}| e^{j \angle \overrightarrow{B_k P}}, \quad \overrightarrow{A_k P} = |\overrightarrow{A_k P}| e^{j \angle \overrightarrow{A_k P}}。$$

其中, $|\overrightarrow{B_k P}|$ 和 $|\overrightarrow{A_k P}|$ 分别为向量 $\overrightarrow{B_k P}$ 和 $\overrightarrow{A_k P}$ 的幅度; $\angle \overrightarrow{B_k P}$ 和 $\angle \overrightarrow{A_k P}$ 分别为向量 $\overrightarrow{B_k P}$ 和 $\overrightarrow{A_k P}$ 的幅角,频率响应可以表示为

$$H(j\omega) = \frac{b_m \prod\limits_{k=1}^{m} |\overrightarrow{B_k P}| e^{j \angle \overrightarrow{B_k P}}}{\prod\limits_{k=1}^{n} |\overrightarrow{A_k P}| e^{j \angle \overrightarrow{A_k P}}} = b_m \cdot \frac{\prod\limits_{k=1}^{m} |\overrightarrow{B_k P}|}{\prod\limits_{k=1}^{n} |\overrightarrow{A_k P}|} e^{j(\sum\limits_{k=1}^{m} \angle \overrightarrow{B_k P} - \sum\limits_{k=1}^{n} \angle \overrightarrow{A_k P})}。$$

于是,

$$|H(j\omega)| = |b_m| \cdot \frac{\prod\limits_{k=1}^{m} |\overrightarrow{B_k P}|}{\prod\limits_{k=1}^{n} |\overrightarrow{A_k P}|}, \quad \varphi(\omega) = (\sum\limits_{k=1}^{m} \angle \overrightarrow{B_k P} - \sum\limits_{k=1}^{n} \angle \overrightarrow{A_k P})。$$

但有一点要注意,由于幅角的定义范围为 $[0, 2\pi)$, 而频率响应的相位定义范围为 $(-\pi, \pi]$, 因此,当 $\sum\limits_{k=1}^{m} \angle \overrightarrow{B_k P} - \sum\limits_{k=1}^{n} \angle \overrightarrow{A_k P}$ 超出 $(-\pi, \pi]$ 的范围时,要加(减) 2π 的整数倍,使 $\varphi(\omega)$ 在

$(-\pi,\pi]$ 内。

如图 26.1 所示,虚轴上任一点 P 表示 $j\omega$,A_k 与 B_k 分别为极点与零点,$\overrightarrow{A_kP}$ 与 $\overrightarrow{B_kP}$ 的幅角如图 26.1 所示。

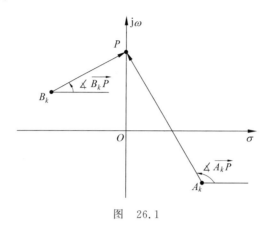

图　26.1

4. 由幅频特性的表达式

$$|H(j\omega)|=|b_m|\cdot\frac{\prod\limits_{k=1}^{m}|\overrightarrow{B_kP}|}{\prod\limits_{k=1}^{n}|\overrightarrow{A_kP}|}$$

可知,当极点 A_k 越靠近 P 点表示的某个频率 ω 时,$|\overrightarrow{A_kP}|$ 也越小,越有利于该频率成分通过系统;反之,若极点 A_k 越远离 P 点表示的某个频率 ω 时,$|\overrightarrow{A_kP}|$ 也越大,越不利于该频率成分通过系统。

当零点 B_k 越靠近 P 点表示的某个频率 ω 时,$|\overrightarrow{B_kP}|$ 也越小,越不利于该频率成分通过系统;当 B_k 点正好与某个频率 ω 重合时,这个频率成分完全不能通过系统。反之,当零点 B_k 越远离 P 点表示的某个频率 ω 时,$|\overrightarrow{A_kP}|$ 就越大,越有利于该频率成分通过系统。

以上仅讨论单个零极点对系统的影响,实际的系统可能有多个零极点,要综合考查所有零极点的影响。

5. 前面讨论了连续系统的情形,下面讨论离散系统。

设离散系统的系统函数为

$$H(z)=\frac{b_mz^m+b_{m-1}z^{m-1}+\cdots+b_1z+b_0}{z^n+a_{n-1}z^{n-1}+\cdots+a_1z+a_0}=\frac{b_m\prod\limits_{k=1}^{m}(z-z_k)}{\prod\limits_{k=1}^{n}(z-p_k)}。$$

其中,$z_k(k=1,2,\cdots,m)$ 为零点;$p_k(k=1,2,\cdots,n)$ 为极点,全部极点位于 z 平面的单位圆内。

极点 p_k 与零点 z_k 在复平面分别用 P_k 和 Z_k 点表示。当 z 在单位圆上取值时,$H(z)\Big|_{z=e^{j\omega}}=H(e^{j\omega})$ 即系统的频率响应。用 P 表示 $e^{j\omega}$ 点,则 $\overrightarrow{Z_kP}=z-z_k$,$\overrightarrow{P_kP}=z-p_k$,于是

$$H(e^{j\omega}) = \frac{b_m \prod\limits_{k=1}^{m} \overrightarrow{z_k P}}{\prod\limits_{k=1}^{n} \overrightarrow{P_k P}} = b_m \frac{\prod\limits_{k=1}^{m} |\overrightarrow{Z_k P}| \ e^{j\angle\overrightarrow{Z_k P}}}{\prod\limits_{k=1}^{n} |\overrightarrow{P_k P}| \ e^{j\angle\overrightarrow{P_k P}}} = b_m \frac{\prod\limits_{k=1}^{m} |\overrightarrow{Z_k P}|}{\prod\limits_{k=1}^{n} |\overrightarrow{P_k P}|} e^{j(\sum\limits_{k=1}^{m}\angle\overrightarrow{Z_k P} - \sum\limits_{k=1}^{n}\angle\overrightarrow{P_k P})} \circ$$

类似地,有

$$|H(e^{j\omega})| = |b_m| \frac{\prod\limits_{k=1}^{m} |\overrightarrow{Z_k P}|}{\prod\limits_{k=1}^{n} |\overrightarrow{P_k P}|}, \quad \varphi(\omega) = \sum_{k=1}^{m} \angle\overrightarrow{Z_k P} - \sum_{k=1}^{n} \angle\overrightarrow{P_k P} \circ$$

与连续系统相同,$\varphi(\omega)$ 限制在 $(-\pi, \pi]$ 的范围内,若超出这个范围,则要加(减)2π 的整数倍,使 $\varphi(\omega)$ 在 $(-\pi, \pi]$ 之内。

如图 26.2 所示,单位圆上任一点 P 表示 $e^{j\omega}$,P_k 为极点,Z_k 为零点,$\overrightarrow{P_k P}$ 与 $\overrightarrow{Z_k P}$ 的辐角如图 26.2 所示,$|\overrightarrow{P_k P}|$ 与 $|\overrightarrow{Z_k P}|$ 分别为向量 $\overrightarrow{P_k P}$ 和 $\overrightarrow{Z_k P}$ 的长度。

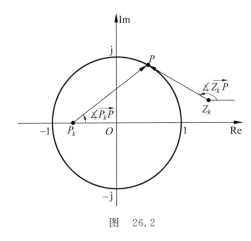

图 26.2

下面以中国科学技术大学 2022 年考研真题第四题中的频谱图的画法为例,说明向量法分析的过程。

例 26.1 如图 26.3 所示的离散时间因果系统满足 $y(0)=1, y(-1)=-0.5$。

(1) 求系统函数 $H(z)$,画出 $H(z)$ 的零极点图和收敛域;

(2) 概画出幅频特性曲线和相频特性曲线;

(3) 画出用最少数目的三种离散时间基本单元(数乘器、相加器和单位延时器)实现该系统的规范型实现结构;

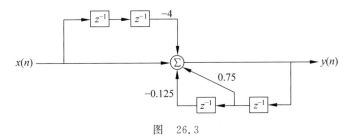

图 26.3

（4）当输入 $x(n)=(-0.5)^n u(n)$ 时，求系统的 $y_{zs}(n)$ 和 $y_{zi}(n)$。

整道题的详细解答请查阅本书其他部分，下面仅分析幅频特性与相频特性的画法。

由梅森公式得系统函数为

$$H(z)=\frac{1-4z^{-2}}{1-(0.75z^{-1}-0.125z^{-2})}=\frac{1-4z^{-2}}{1-0.75z^{-1}+0.125z^{-2}}。$$

易知零点为 ± 2，极点为 $0.5,0.25,|z|>0.5$。由于收敛域包含单位圆，故系统的频率响应 $H(\mathrm{e}^{\mathrm{j}\omega})$ 存在，且 $H(\mathrm{e}^{\mathrm{j}\omega})=H(z)\Big|_{z=\mathrm{e}^{\mathrm{j}\omega}}$。

先分析幅频特性。

由于极点 $0.5,0.25$ 靠近 $\mathrm{e}^{\mathrm{j}0}=1$ 点，远离 $\mathrm{e}^{\mathrm{j}\pi}=-1$ 点，故两个极点有利于 $\omega=0$ 附近的频率（低频）通过，不利于 $\omega=\pi$ 的频率（高频）通过。两个零点对称地分布于单位圆外，对幅频的影响较小。综合零极点对幅频特性的影响，该系统大致为低通滤波器。

设两个极点分别为 P_1 和 P_2，两个零点分别为 Z_1 和 Z_2，P 点在单位圆上。

当 $\omega=0$ 时，P 点位于单位圆最右端，如图 26.4 所示，这时有

$$|\overrightarrow{P_1 P}|=0.75,\quad |\overrightarrow{P_2 P}|=0.5,\quad |\overrightarrow{Z_1 P}|=3,\quad |\overrightarrow{Z_2 P}|=1,$$

故

$$|H(\mathrm{e}^{\mathrm{j}0})|=\frac{3\times 1}{0.75\times 0.5}=8。$$

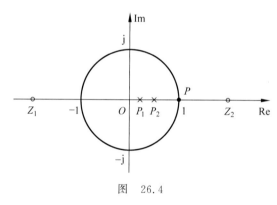

图　26.4

当 ω 从 $0\to\pi$，即 P 点沿单位圆旋转到最左端，$|\overrightarrow{P_1 P}|$、$|\overrightarrow{P_2 P}|$ 和 $|\overrightarrow{Z_2 P}|$ 递增，但 $|\overrightarrow{Z_1 P}|$ 递减。四者的综合效果导致 $|H(\mathrm{e}^{\mathrm{j}\omega})|$ 的递减。

当 $\omega=\pi$ 时，P 点位于单位圆最左端，这时有

$$|\overrightarrow{P_1 P}|=1.25,\quad |\overrightarrow{P_2 P}|=1.5,\quad |\overrightarrow{Z_1 P}|=1,\quad |\overrightarrow{Z_2 P}|=3,$$

故

$$|H(\mathrm{e}^{\mathrm{j}\pi})|=\frac{1\times 3}{1.25\times 1.5}=\frac{8}{5}。$$

再分析相频特性。

如图 26.5 所示，当 P 点为位于 $\omega=0$ 处即单位圆最右端，则 $\overrightarrow{Z_1 P}$、$\overrightarrow{P_1 P}$、$\overrightarrow{P_2 P}$ 的辐角都为 0，$\overrightarrow{Z_2 P}$ 的辐角为 π，因此 $\varphi(0)=\pi+0-0-0=\pi$。

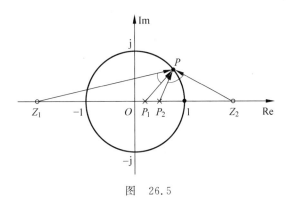

图 26.5

当 P 点位于半圆上时,由图 26.5 有

$$\measuredangle\overrightarrow{Z_2 P} = \measuredangle\overrightarrow{P_2 P} + \angle P_2 P Z_2,$$

$$\measuredangle\overrightarrow{P_1 P} = \measuredangle\overrightarrow{Z_1 P} + \angle P_1 P Z_1。$$

由以上两式有

$$\varphi(\omega) = (\measuredangle\overrightarrow{Z_1 P} + \measuredangle\overrightarrow{Z_2 P}) - (\measuredangle\overrightarrow{P_1 P} + \measuredangle\overrightarrow{P_2 P}) = \angle P_2 P Z_2 - \angle P_1 P Z_1。$$

当 $\omega = 0$ 时,$\angle P_2 P Z_2 = \pi$,$\angle P_1 P Z_1 = 0$,$\varphi(\omega) = \pi$。当 ω 从 0 单调增加到 π 时,$\angle P_2 P Z_2$ 从 π 单调递减到 0,而 $\angle P_1 P Z_1$ 从 0 单调递增到 π。

因此,当 ω 从 $0 \rightarrow \pi$ 时,$\varphi(\omega)$ 从 π 单调递减到 $-\pi$。

根据以上分析,先画出 $[0,\pi]$ 内的幅频特性与相频特性,再根据幅频特性与相频特性的偶对称与奇对称性,画出 $[-\pi,0]$ 内的部分。最后得 $|H(e^{j\omega})|$ 与 $\varphi(\omega)$ 在 $[-\pi,\pi]$ 内如图 26.6 所示。

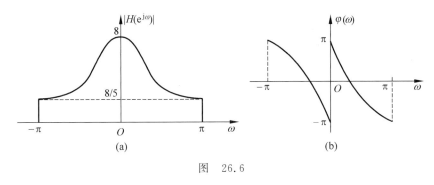

图 26.6

26.2 考研真题解析

用向量法画幅频特性与相频特性图的真题很多,散见于拉氏变换和 z 变换求解连续系统和离散系统的综合题中。一般是某一问要求画频谱图,同学们在练习时要勤于运用,一定会熟能生巧。下面举一个综合题为例说明向量法的运用。

真题 26.1 (中国科学技术大学,2022)已知一个连续时间实因果 LTI 系统的零极点如图 26.7 所示,且系统在输入 $x(t) = \sin t$ 时的输出为 $y(t) = 0.1\sin t - 0.3\cos t$。

(1) 写出它的系统函数 $H(s)$ 及其收敛域;

（2）说明该系统的单位冲激响应由哪些分量构成；

（3）写出该系统的微分方程表示；

（4）概画出系统的幅频特性曲线 $|H(\mathrm{j}\omega)|$ 和相频特性曲线 $\varphi(\omega)$；

（5）试求当系统在如下输入时的稳态响应：

$$x(t) = \sum_{k=0}^{\infty} 2^{-k} \cos\left(2t + \frac{k\pi}{4}\right)。$$

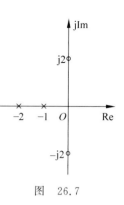

图 26.7

分析 本题为连续系统的综合解答题，由于不涉及时域与频域转换，采用拉氏变换作为工具解答即可。下面解答全题，对其中的第（4）问频谱图画法利用向量法进行详细分析。

解 （1）由零极点图可设

$$H(s) = A \cdot \frac{(s+\mathrm{j}2)(s-\mathrm{j}2)}{(s+1)(s+2)},$$

于是

$$H(\mathrm{j}1) = H(s)\Big|_{s=\mathrm{j}1} = A \cdot \frac{3}{(\mathrm{j}+1)(\mathrm{j}+2)}。$$

由题意有 $A \cdot \dfrac{3}{\sqrt{10}} = \sqrt{0.1^2 + 0.3^2}$，解得 $A = \dfrac{1}{3}$。故

$$H(s) = \frac{1}{3} \cdot \frac{s^2+4}{s^2+3s+2}, \quad \mathrm{Re}\{s\} > -1。$$

（2）$H(s) = \dfrac{1}{3} \cdot \dfrac{(s^2+3s+2)-(3s-2)}{(s+1)(s+2)} = \dfrac{1}{3}\left[1 - \dfrac{3s-2}{(s+1)(s+2)}\right]$

$= \dfrac{1}{3}\left(1 + 5 \cdot \dfrac{1}{s+1} - 8 \cdot \dfrac{1}{s+2}\right) = \dfrac{1}{3} + \dfrac{5}{3} \cdot \dfrac{1}{s+1} - \dfrac{8}{3} \cdot \dfrac{1}{s+2}$，

取拉氏逆变换得

$$h(t) = \frac{1}{3}\delta(t) + \left(\frac{5}{3}\mathrm{e}^{-t} - \frac{8}{3}\mathrm{e}^{-2t}\right)u(t)。$$

单位冲激响应包含一个强度为 $\dfrac{1}{3}$ 的冲激信号及两个指数衰减信号。

（3）由 $\dfrac{Y(s)}{X(s)} = \dfrac{\dfrac{1}{3}s^2 + \dfrac{4}{3}}{s^2+3s+2}$，得系统微分方程

$$y''(t) + 3y'(t) + 2y(t) = \frac{1}{3}x''(t) + \frac{4}{3}x(t)。$$

（4）下面详细说明幅频图与相频图（合称频谱图）的画法，先讨论幅频图的画法。

由于 $H(s)$ 有零点 $\pm\mathrm{j}2$，故 $H(\pm\mathrm{j}2)=0$，即 $\omega=2$ 的频率不能通过该系统。而两个极点 $-1, -2$ 靠近原点即 $\omega=0$ 的点，故有利于 $\omega=0$ 及其附近的频率通过。

设两个极点分别为 A_1 和 A_2，两个零点分别为 B_1 和 B_2，P 在虚轴的正半轴上。

当 P 与原点 O 重合时，

$$|\overrightarrow{A_1P}| = 2, \quad |\overrightarrow{A_2P}| = 1, \quad |\overrightarrow{B_1P}| = |\overrightarrow{B_2P}| = 2,$$

故 $|H(\mathrm{j}0)|=\dfrac{1}{3}\cdot\dfrac{2\times 2}{2\times 1}=\dfrac{2}{3}$。

当 P 从 O 向 B_1 移动时，$|\overrightarrow{A_1P}|$、$|\overrightarrow{A_2P}|$ 和 $|\overrightarrow{B_2P}|$ 都增加，$|\overrightarrow{B_1P}|$ 减小，总体效果幅频是递减的，即 $|H(\mathrm{j}\omega)|$ 从 $\dfrac{2}{3}$ 递减到 0。

当 P 从 B_1 移向 $+\infty$ 时，$|\overrightarrow{A_1P}|$、$|\overrightarrow{A_2P}|$、$|\overrightarrow{B_1P}|$ 和 $|\overrightarrow{B_2P}|$ 都增加，但 $|\overrightarrow{B_1P}|$ 与 $|\overrightarrow{B_2P}|$ 显然增加得更快，故在 $\omega>2$ 时，$H(\mathrm{j}\omega)$ 是递增的。但 $\omega\to\infty$ 时，$|H(\mathrm{j}\omega)|\to\dfrac{1}{3}$，故 $|H(\mathrm{j}\omega)|$ 在 $\omega>2$ 上从 0 递增到 $\dfrac{1}{3}$。

综上得到 $|H(\mathrm{j}\omega)|$ 在 $\omega\geqslant 0$ 上的图像，再结合 $|H(\mathrm{j}\omega)|$ 是关于 ω 的偶函数的性质，画出幅频特性 $|H(\mathrm{j}\omega)|$，如图 26.8 所示。

再讨论相频图的画法。

当 P 位于原点时，

$$\measuredangle\overrightarrow{A_1P}=\measuredangle\overrightarrow{A_2P}=0,\qquad \measuredangle\overrightarrow{B_1P}=\dfrac{3}{2}\pi,\qquad \measuredangle\overrightarrow{B_2P}=\dfrac{\pi}{2},$$

考虑到相位定义于 $[-\pi,\pi]$ 内，故 $\varphi(0)=0$。

P 点从 O 逐渐移向 B_1，$\measuredangle\overrightarrow{A_1P}$，$\measuredangle\overrightarrow{A_2P}$ 增加，而 $\measuredangle\overrightarrow{B_1P}$ 与 $\measuredangle\overrightarrow{B_2P}$ 不变，故 $\varphi(\omega)$ 单调减小，一直减小到 $\varphi(2-)=-\arctan 2-\dfrac{\pi}{4}$。

当 P 经过 B_1 点，即 ω 从 $2-$ 跳到 $2+$ 时，$\measuredangle\overrightarrow{B_1P}$ 会发生一个跳变，从 $\dfrac{3}{2}\pi$ 到 $\dfrac{\pi}{2}$，这时相位为

$$\varphi(2+)=\dfrac{\pi}{2}+\dfrac{\pi}{2}-\left(\arctan 2+\dfrac{\pi}{4}\right)=\dfrac{3\pi}{4}-\arctan 2。$$

P 点从 B_1 向虚轴正方向趋于无穷时，$\measuredangle\overrightarrow{A_1P}$ 与 $\measuredangle\overrightarrow{A_2P}$ 单调增加到 $\dfrac{\pi}{2}$，因此 $\varphi(\omega)$ 单调减小到零。

综上并结合 $\varphi(\omega)$ 关于 ω 为奇函数，可以画出相频特性，如图 26.9 所示。

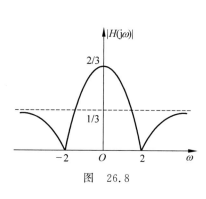

图 26.8

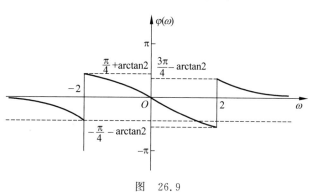

图 26.9

（5）由于 $H(\mathrm{j}2)=0$，故稳态响应为零。

和信号的时域波形的画法一样，如果频谱图有拐点，则要特别画出拐点。另外，3dB 频率点是一个重要的指标，也要画出来。

真题 26.2 （北京邮电大学，2021）双边指数信号可表示为 $f(t)=\mathrm{e}^{-\alpha|t|}$ （$-\infty<t<\infty$），其中 $\alpha>0$。

（1）请画出该信号的波形图；

（2）求信号 $f(t)$ 的傅里叶变换，并画出该信号的频谱图。

解 （1）$f(t)$ 波形如图 26.10 所示。

（2）$F(\mathrm{j}\omega)=\dfrac{2\alpha}{\omega^2+\alpha^2}$。计算得 $F(\mathrm{j}\omega)$ 的拐点为 $\omega=\pm\dfrac{\alpha}{\sqrt{3}}$，在 $-\dfrac{\alpha}{\sqrt{3}}<\omega<\dfrac{\alpha}{\sqrt{3}}$ 内频谱是上凸的；在 $\omega>\dfrac{\alpha}{\sqrt{3}}$ 和 $\omega<-\dfrac{\alpha}{\sqrt{3}}$ 上是下凸的。3dB 频率点为 $\omega=\pm\sqrt{\sqrt{2}-1}\,\alpha$。考虑了拐点与 3dB 频率点的频谱图如图 26.11 所示。

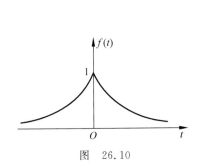

图 26.10

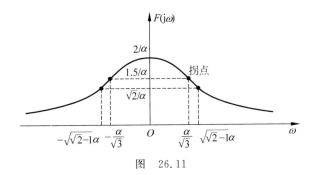

图 26.11

第**27**章

用z变换进行离散系统的综合求解

当离散系统不涉及时频分析,如滤波、采样率转换等时,z变换是进行离散系统分析与求解的强有力工具。若涉及时频分析,则要用DTFT作工具。

27.1 知识点

1. 与连续系统的拉氏变换求解一样,离散系统的 z 变换求解其考查的内容同样形形色色、五花八门,综合性很强,对物理概念的理解及计算能力有较高的要求。本部分通常技巧性不大,往往是思路简单而计算繁琐,需要平时多加练习。

2. 平时的训练与积累十分重要,只有多训练、多积累,才能做到解题又快又好。养成勤于推导 z 变换对、勤查 z 变换表的习惯,z 变换表查得多了,自然就熟悉了常用的 z 变换对。

掌握常用的现成结论对于加快解题速度很有好处。例如,对于二次多项式 $z^2 + \alpha z + \beta$,它的两个根都位于 z 平面单位圆内的充分必要条件是 $|\alpha| < 1 + \beta$,$|\beta| < 1$。如果不熟悉这个结论,用朱里准则或者讨论一元二次方程的解,则比较耗费时间。

3. 要十分熟悉梅森公式,梅森公式不仅用于根据框图或流图求系统函数,而且也用于根据系统函数画出各种结构的信号流图或框图。梅森公式在一道题目的解答中往往起到至关重要的作用。

27.2 考研真题解析

真题 27.1 (中国科学技术大学,2006)已知由差分方程

$$y(n) + \frac{1}{4}y(n-1) - \frac{1}{8}y(n-2) = x(n) - x(n-1) - \frac{3}{4}\sum_{k=0}^{\infty}\frac{1}{2^k}x(n-k-1)$$

表示的因果数字滤波器(即离散时间因果 LTI 系统),

(1) 试求该滤波器的系统函数 $H(z)$,并概画出其零极点图和收敛域;

(2) 该滤波器稳定吗? 若稳定,概画出它的幅频响应 $|\tilde{H}(\Omega)|$ 或 $|H(e^{j\Omega})|$,并指出它是什么类型的滤波器(低通、高通、带通、全通、最小相移等);

（3）画出它用离散时间三种基本单元构成的级联实现结构的框图或信号流图。

解　（1）差分方程可写成

$$y(n) + \frac{1}{4}y(n-1) - \frac{1}{8}y(n-2) = x(n) - x(n-1) - \frac{3}{4} \cdot \left(\frac{1}{2}\right)^n u(n) * x(n-1),$$

取 z 变换得

$$Y(z) + \frac{1}{4}z^{-1}Y(z) - \frac{1}{8}z^{-2}Y(z) = X(z) - z^{-1}X(z) - \frac{3}{4} \cdot \frac{1}{1-\frac{1}{2}z^{-1}} \cdot z^{-1}X(z),$$

$$\left(1 + \frac{1}{4}z^{-1} - \frac{1}{8}z^{-2}\right)Y(z) = \left(1 - z^{-1} - \frac{3}{4} \cdot \frac{z^{-1}}{1-\frac{1}{2}z^{-1}}\right)X(z)。$$

故系统函数为

$$H(z) = \frac{Y(z)}{X(z)} = \frac{1 - z^{-1} - \frac{3}{4} \cdot \dfrac{z^{-1}}{1-\frac{1}{2}z^{-1}}}{1 + \frac{1}{4}z^{-1} - \frac{1}{8}z^{-2}} = \frac{1 - 2z^{-1}}{\left(1 + \frac{1}{2}z^{-1}\right)\left(1 - \frac{1}{2}z^{-1}\right)}。$$

在有限 z 平面上零点为 $2,0$，极点为 $-\frac{1}{2}, \frac{1}{2}$，ROC：$|z| > \frac{1}{2}$。图略。

（2）由于极点都在单位圆内，故滤波器是稳定的。

将 $H(z)$ 写成

$$H(z) = \frac{\frac{1}{2} - z^{-1}}{1 - \frac{1}{2}z^{-1}} \cdot \frac{2}{1 + \frac{1}{2}z^{-1}},$$

其中，$\dfrac{\frac{1}{2} - z^{-1}}{1 - \frac{1}{2}z^{-1}}$ 是全通滤波器，故

$$|H(\mathrm{e}^{\mathrm{j}\Omega})| = \left|\frac{2}{1 + \frac{1}{2}\mathrm{e}^{-\mathrm{j}\Omega}}\right| = \frac{2}{\sqrt{\frac{5}{4} + \cos\Omega}}。$$

在 $[-\pi, \pi]$ 内，作 $|H(\mathrm{e}^{\mathrm{j}\Omega})|$ 如图 27.1 所示。

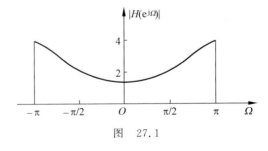

图　27.1

由图 27.1 知，这是一个高通滤波器。

（3）$H(z) = \dfrac{1-2z^{-1}}{1-\dfrac{1}{2}z^{-1}} \cdot \dfrac{1}{1+\dfrac{1}{2}z^{-1}}$，信号流图如图 27.2 所示。

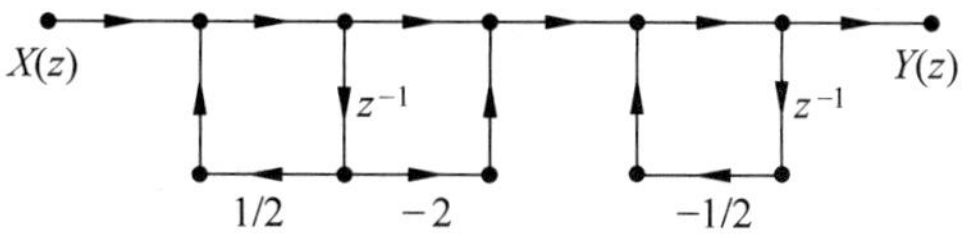

图　27.2

真题 27.2　（中国科学技术大学，2007)求解下列 2 小题。

（1）某因果数字滤波器由如下差分方程和零起始条件表示，试求它的系统函数，画出其零、极点图和收敛域，它是 FIR 还是 IR 滤波器？并画出它用三种基本数字单元构成的并联结构的信号流图：

$$y(n)+0.25y(n-1)-0.125y(n-2) = (0.5)^n \sum_{k=-\infty}^{n} 2^k x(k)。$$

（2）试求用相同差分方程和起始条件 $y(-1)=\dfrac{2}{9}$，$y(-2)=-\dfrac{4}{3}$ 表示的离散时间因果系统，在输入 $x(n)=u(n)$ 时的零输入响应 $y_{zi}(n)$ 和零状态响应 $y_{zs}(n)$，并分别写出其稳态响应和暂态响应。

解　（1）$y(n)+0.25y(n-1)-0.125y(n-2) = \left(\dfrac{1}{2}\right)^n u(n) * x(n)$，

取 z 变换得

$$(1+0.25z^{-1}-0.125z^{-2})Y(z) = \dfrac{1}{1-\dfrac{1}{2}z^{-1}} \cdot X(z)。$$

故系统函数为

$$
\begin{aligned}
H(z) = \dfrac{Y(z)}{X(z)} &= \dfrac{1}{(1+0.25z^{-1}-0.125z^{-1})\left(1-\dfrac{1}{2}z^{-1}\right)} \\
&= \dfrac{1}{\left(1+\dfrac{1}{2}z^{-1}\right)\left(1-\dfrac{1}{4}z^{-1}\right)\left(1-\dfrac{1}{2}z^{-1}\right)}。
\end{aligned}
$$

故零点为 $0(3$ 阶)，极点为 $-\dfrac{1}{2}$，$\dfrac{1}{4}$，$\dfrac{1}{2}$。零极点图略。

这是一个 IIR 滤波器。

$$H(z) = \dfrac{1}{3} \cdot \dfrac{1}{1+\dfrac{1}{2}z^{-1}} - \dfrac{1}{3} \cdot \dfrac{1}{1-\dfrac{1}{4}z^{-1}} + \dfrac{1}{1-\dfrac{1}{2}z^{-1}}。$$

并联结构信号流图如图 27.3 所示。

（2）对差分方程取 z 变换得

$$Y(z)+0.25[z^{-1}Y(z)+y(-1)]-0.125[z^{-2}Y(z)+z^{-1}y(-1)+y(-2)] = \dfrac{X(z)}{1-\dfrac{1}{2}z^{-1}},$$

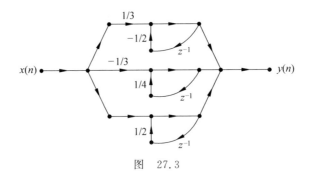

图 27.3

代入已知条件并整理得

$$Y(z) = -\frac{\frac{2}{9}+\frac{1}{36}z^{-1}}{\left(1+\frac{1}{2}z^{-1}\right)\left(1-\frac{1}{4}z^{-1}\right)} + \frac{1}{\left(1+\frac{1}{2}z^{-1}\right)\left(1-\frac{1}{4}z^{-1}\right)\left(1-\frac{1}{2}z^{-1}\right)\left(1-z^{-1}\right)},$$

$$Y_{zi}(z) = -\frac{\frac{2}{9}+\frac{1}{36}z^{-1}}{\left(1+\frac{1}{2}z^{-1}\right)\left(1-\frac{1}{4}z^{-1}\right)} = -\frac{1}{9}\left(\frac{1}{1+\frac{1}{2}z^{-1}} + \frac{1}{1-\frac{1}{4}z^{-1}}\right)。$$

故

$$y_{zi}(n) = -\frac{1}{9}\left[\left(-\frac{1}{2}\right)^n + \left(\frac{1}{4}\right)^n\right]u(n),$$

$$Y_{zs}(z) = \frac{1}{\left(1+\frac{1}{2}z^{-1}\right)\left(1-\frac{1}{4}z^{-1}\right)\left(1-\frac{1}{2}z^{-1}\right)\left(1-z^{-1}\right)}$$

$$= \frac{1}{9}\cdot\frac{1}{1+\frac{1}{2}z^{-1}} + \frac{1}{9}\cdot\frac{1}{1-\frac{1}{4}z^{-1}} - \frac{1}{1-\frac{1}{2}z^{-1}} + \frac{16}{9}\frac{1}{1-z^{-1}},$$

故

$$y_{zs}(n) = \left[\frac{1}{9}\left(-\frac{1}{2}\right)^n + \frac{1}{9}\left(\frac{1}{4}\right)^n - \left(\frac{1}{2}\right)^n + \frac{16}{9}\right]u(n)。$$

全响应：$y(n) = y_{zi}(n) + y_{zs}(n) = \left[\frac{16}{9} - \left(\frac{1}{2}\right)^n\right]u(n)$；

稳态响应：$y_{ss}(n) = \frac{16}{9}u(n)$；

暂态响应：$y_{tr}(n) = -\left(\frac{1}{2}\right)^n u(n)$。

真题 27.3　（中国科学技术大学，2009）由差分方程 $y(n) - \frac{3}{2}y(n-1) + \frac{1}{2}y(n-2) =$

$x(n) + \sum_{k=-\infty}^{n}x(k)$ 和起始条件 $y(-1)=1, y(-2)=2$ 表征的离散时间因果系统，当输入 $x(n) = (1/2)^n u(n)$ 时，求系统的输出 $y(n), n \geqslant 0$，并写出其中的零输入响应 $y_{zi}(n)$ 和零状

态响应 $y_{zs}(n)$。

解　$y(n) - \dfrac{3}{2}y(n-1) + \dfrac{1}{2}y(n-2) = x(n) + x(n) * u(n)$，

对差分方程取 z 变换得

$$Y(z) - \frac{3}{2}\left[z^{-1}Y(z) + y(-1)\right] + \frac{1}{2}\left[z^{-2}Y(z) + z^{-1}y(-1) + y(-2)\right]$$

$$= x(z) + x(z) \cdot \frac{1}{1 - z^{-1}}。$$

代入 $y(-1) = 1, y(-2) = 2, X(z) = \dfrac{1}{1 - \dfrac{1}{2}z^{-1}}$，并整理得

$$Y(z) = \frac{1}{2} \cdot \frac{1}{1 - \dfrac{1}{2}z^{-1}} + \frac{2}{(1 - z^{-1})^2\left(1 - \dfrac{1}{2}z^{-1}\right)}, \quad |z| > 1,$$

$$Y_{zs}(z) = \frac{2}{(1 - z^{-1})^2\left(1 - \dfrac{1}{2}z^{-1}\right)} = \frac{4z}{(z-1)^2} + \frac{2z}{z - \dfrac{1}{2}},$$

$$y_{zs}(n) = \left[4n + 2 \cdot \left(\frac{1}{2}\right)^n\right]u(n)。$$

$$Y_{zi}(z) = \frac{1}{2} \cdot \frac{1}{1 - \dfrac{1}{2}z^{-1}}, \quad y_{zi}(n) = \frac{1}{2} \cdot \left(\frac{1}{2}\right)^n u(n)。$$

全响应为

$$y(n) = y_{zs}(n) + y_{zi}(n) = \left[4n + \frac{3}{2}\left(\frac{1}{2}\right)^n\right]u(n)。$$

真题 27.4　（中国科学技术大学，2010）现欲对一个已知的 N 点序列 $x(n)(0 \leqslant n < N)$ 进行滤波处理，所用滤波器是系统函数为 $H(z) = \dfrac{2z + 4.5 + z^{-1}}{z + 4.5 + 2z^{-1}}$ 的稳定系统。

（1）确定该滤波器所对应的差分方程，给出它的规范型实现流图；

（2）画出 $H(z)$ 在 z 平面零极点分布并说明其收敛域；

（3）概画该滤波器的幅频响应特性曲线；

（4）假设 MATLAB 中存在一个函数 $y = \text{myfilter}(b, a, X)$，它能够实现对一维序列 X 按照向量 $\boldsymbol{b} = [b(1) \ b(2) \ \cdots \ b(n_b)]$ 和向量 $\boldsymbol{a} = [a(1) \ a(2) \ \cdots \ a(n_a)]$ 所确定的因果稳定的滤波器 $H_0(z) = \dfrac{b(1) + b(2)z^{-1} + \cdots + b(n_b)z^{-(n_b - 1)}}{a(1) + a(2)z^{-1} + \cdots + a(n_a)z^{-(n_a - 1)}}$ 进行因果滤波。请问，能否利用这个函数实现本题的滤波处理？如果能，请分析实现方法，并给出相应的处理过程。

解　（1）$H(z) = \dfrac{2 + 4.5z^{-1} + z^{-2}}{1 + 4.5z^{-1} + 2z^{-2}}$，差分方程为

$$y(n) + 4.5y(n-1) + 2y(n-2) = 2x(n) + 4.5x(n-1) + x(n-2)。$$

将 $H(z)$ 写成

$$H(z) = \frac{2 + 4.5z^{-1} + z^{-2}}{1 - (-4.5z^{-1} - 2z^{-2})},$$

故直接 II 型（规范型）流图如图 27.4 所示。

(2) $H(z) = \dfrac{2(1 + 2z^{-1})(1 + 0.25z^{-1})}{(1 + 4z^{-1})(1 + 0.5z^{-1})}$。

零点为 $-2, -0.25$，极点为 $-4, -0.5$，零极点图略。

由于系统是稳定的，故收敛域 $0.5 < |z| < 4$。

(3) 显然这是一个全通滤波器，故幅频响应曲线如图 27.5 所示。

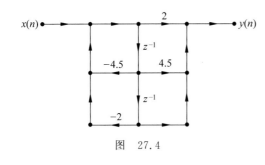 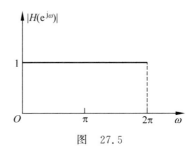

图　27.4　　　　　　　　　　图　27.5

(4) 利用数字信号处理的存储和延时功能，能实现非因果的滤波器。

由 $H(z) = \dfrac{4 + z^{-1}}{1 + 4z^{-1}} \cdot \dfrac{0.5 + z^{-1}}{1 + 0.5z^{-1}}$ 及其收敛域 $0.5 < |z| < 4$ 可知，$H(z) = H_1(z)H_2(z)$。

其中，一个是因果系统，

$$H_1(z) = \frac{0.5 + z^{-1}}{1 + 0.5z^{-1}}, \quad |z| > 0.5;$$

另一个是反因果系统，

$$H_2(z) = \frac{4 + z^{-1}}{1 + 4z^{-1}}, \quad |z| < 4。$$

要实现对一个已知序列的反因果滤波，可以看作从时间的反方向对该序列对应的因果滤波。反因果系统 $H_2(z)$ 得到对应的因果滤波器 $H_3(z)$，即

$$H_2(z) = \frac{4 + z^{-1}}{1 + 4z^{-1}}, \quad |z| < 4 \xrightarrow{z^{-1} = z} H_3(z) = \frac{4 + z}{1 + 4z} = \frac{1 + 4z^{-1}}{4 + z^{-1}}, \quad |z| > \frac{1}{4}。$$

可以看出，对应的 $H_3(z)$ 滤波器也是稳定的滤波器，为此可以利用实现因果稳定滤波功能的函数 $y = \mathrm{myfilter}(b, a, X)$ 来完成。

总之，利用函数 $y = \mathrm{myfilter}(b, a, X)$ 完成本题的滤波器 $H(z)$ 对 N 点序列 $x(n), 0 \leqslant n \leqslant N-1$ 进行滤波的处理过程如下所述。

第一步：调用函数 $y = \mathrm{myfilter}(b, a, X)$ 实现

$$H_1(z) = \frac{0.5 + z^{-1}}{1 + 0.5z^{-1}}, \quad |z| > 0.5$$

对 $x(n), 0 \leqslant n \leqslant N-1$ 的滤波处理，得到 $y_1(n), 0 \leqslant n \leqslant N-1$；

第二步：将序列 $y_1(n), 0 \leqslant n \leqslant N-1$ 反转得到序列

$$y_2(n) = y_1(N-1-n), \quad 0 \leqslant n \leqslant N-1;$$

第三步：调用函数 $y=\mathrm{myfilter}(b,a,X)$ 实现

$$H_3(z)=\frac{4+z}{1+4z}=\frac{1+4z^{-1}}{4+z^{-1}}, \quad |z|>\frac{1}{4}$$

对序列 $y_2(n),0\leq n\leq N-1$ 的滤波处理，得到 $y_3(n),0\leq n\leq N-1$；

第四步：将序列 $y_3(n),0\leq n<N-1$ 再次反转，得到序列

$$y(n)=y_3(N-1-n), \quad 0\leq n\leq N-1.$$

注：本题前三问较为简单，第(4)问的解答是网上流传的解答。如果滤波器是 FIR 滤波器，则采用存储移位实现非因果滤波很容易理解，实现起来也容易，因为作卷积运算后不改变顺序，只要将序号重新排一下即可。对于 FIR 滤波器，当输入很长时可以采用分段处理以减少时延。但 IIR 滤波器是作递归运算，而不是卷积运算，如果输出序列很长，作序列反转将会导致很大的时延，因此第(4)问的实际意义不大。

真题 27.5 （中国科学技术大学，2011）由差分方程

$$y(n)+0.75y(n-1)+0.125y(n-2)=x(n)+3x(n-1)$$

表示的因果系统，已知其附加条件为 $y(0)=1,y(-1)=-6$。

(1) 求系统函数 $H(z)$，画出 $H(z)$ 在 z 平面上零极点分布和收敛域；

(2) 试画出用最少数目的三种离散时间基本单元（离散时间数乘器、相加器和单位延时器）实现该系统的规范型实现结构；

(3) 当输入 $x(n)=(0.5)^n u(n)$ 时，求该系统的零状态响应 $y_{zs}(n)$ 以及零输入响应 $y_{zi}(n)$。

解 (1) 设系统的初始条件为零，对差分方程取 z 变换得

$$Y(z)+0.75z^{-1}Y(z)+0.125z^{-2}Y(z)=X(z)+3z^{-1}X(z),$$
$$(1+0.75z^{-1}+0.125z^{-2})Y(z)=(1+3z^{-1})X(z),$$

故

$$H(z)=\frac{Y(z)}{X(z)}=\frac{1+3z^{-1}}{1+0.75z^{-1}+0.125z^{-2}}=\frac{1+3z^{-1}}{(1+0.5z^{-1})(1+0.25z^{-1})}.$$

零点为 $-3,0$，极点为 $-0.5,-0.25$，ROC：$|z|>0.5$，零极点及收敛域图略。

(2) $H(z)=\dfrac{1+3z^{-1}}{1-(-0.75z^{-1}-0.125z^{-2})}$，规范型实现结构如图 27.6 所示。

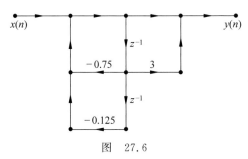

图 27.6

(3) 当 $x(n)=0.5^n \cdot u(n)$ 时，对差分方程两边取 z 变换得

$$Y(z)+0.75z^{-1}[z^{-1}Y(z)+y(-1)]+0.125[z^{-2}Y(z)+z^{-1}y(-1)+y(-2)]$$
$$=X(z)+3z^{-1}X(z),$$
$$(1+0.75z^{-1}+0.125z^{-2})Y(z)+0.75y(-1)+0.125[z^{-1}y(-1)+y(-2)]$$
$$=(1+3z^{-1})X(z),$$

故

$$Y_{zi}(z) = -\frac{0.75y(-1) + 0.125\left[z^{-1}y(-1) + y(-2)\right]}{1 + 0.75z^{-1} + 0.125z^{-2}},$$

$$Y_{zs}(z) = \frac{(1 + 3z^{-1})X(z)}{1 + 0.75z^{-1} + 0.125z^{-2}}。$$

在差分方程中令 $n=0$，得

$$y(0) + 0.75y(-1) + 0.125y(-2) = 1, 得\ y(-2) = 36。$$

将 $y(-1) = -6, y(-2) = 36, X(z) = \dfrac{1}{1 - 0.5z^{-1}}$ 代入 $Y_{zi}(z)$ 和 $Y_{zs}(z)$ 表达式得

$$Y_{zi}(z) = \frac{0.75}{(1 + 0.5z^{-1})(1 + 0.25z^{-1})} = 1.5 \cdot \frac{1}{1 + 0.5z^{-1}} - 0.75 \cdot \frac{1}{1 + 0.25z^{-1}},$$

$$Y_{zs}(z) = \frac{1 + 3z^{-1}}{(1 + 0.5z^{-1})(1 + 0.25z^{-1})(1 - 0.5z^{-1})}$$

$$= -5 \cdot \frac{1}{1 + 0.5z^{-1}} + \frac{11}{3} \cdot \frac{1}{1 + 0.25z^{-1}} + \frac{7}{3} \cdot \frac{1}{1 - 0.5z^{-1}}。$$

取逆 z 变换得

$$y_{zi}(n) = \left[1.5 \cdot (-0.5)^n - 0.75(-0.25)^n\right]u(n),$$

$$y_{zs}(n) = \left[-5 \cdot (-0.5)^n + \frac{11}{3} \cdot (-0.25)^n + \frac{7}{3} \cdot (0.5)^n\right]u(n)。$$

真题 27.6（中国科学技术大学，2012）对于起始松弛的离散时间 LTI 系统，当输入为 $x(n) = 0.5^n u(n)$ 时，系统的输出为 $y(n) = 0.5^n \cdot [u(n-2) - u(n-5)]$，求系统的单位冲激响应 $h(n)$。

解　$X(z) = \dfrac{1}{1 - 0.5z^{-1}}$，

$$y(n) = 0.5^n u(n-2) - 0.5^n u(n-5)$$

$$= 0.5^2 \cdot (0.5)^{n-2} u(n-2) - 0.5^5 \cdot 0.5^{n-5} u(n-5),$$

$$Y(z) = 0.5^2 z^{-2} \cdot \frac{1}{1 - 0.5z^{-1}} - 0.5^5 z^{-5} \cdot \frac{1}{1 - 0.5z^{-1}}。$$

故

$$H(z) = \frac{Y(z)}{X(z)} = (0.5)^2 \cdot z^{-2} - (0.5)^5 \cdot z^{-5},$$

取逆 z 变换得

$$h(n) = 0.5^2 \delta(n-2) - 0.5^5 \delta(n-5)。$$

注：本题如果对卷积性质熟悉，则可以直接写出结果，无需繁琐的中间过程。

真题 27.7（中国科学技术大学，2013）已知离散时间 LTI 系统的频率响应为 $H(e^{j\Omega}) = 1/(1 - 0.5e^{-j\Omega})$，试求当输入信号为 $x(n) = (-1)^n u(n)$ 时系统的响应 $y(n)$。

解　由题有 $H(z) = \dfrac{1}{1 - 0.5z^{-1}}, X(z) = \dfrac{1}{1 + z^{-1}}$，故

$$Y(z) = X(z)H(z) = \frac{1}{(1 + z^{-1})(1 - 0.5z^{-1})}$$

$$= \frac{2}{3} \cdot \frac{1}{1 + z^{-1}} + \frac{1}{3} \cdot \frac{1}{1 - 0.5 z^{-1}}, \quad |z| > 1。$$

取逆 z 变换得

$$y(n) = \left[\frac{2}{3}(-1)^n + \frac{1}{3} \cdot 0.5^n \right] u(n)。$$

真题 27.8　(中国科学技术大学,2013)对于如下差分方程描述的离散时间因果系统:

$$y(n) - \frac{1}{3} y(n-1) = 2x(n) + \sum_{k=0}^{n} (1/2)^{n-k} x(k),$$

已知 $x(n) = u(n)$,起始条件为 $y(-1) = 3$。

(1) 试求系统的全响应 $y(n), n \geqslant 0$,并写出其中的零输入响应、零状态响应、自由响应、强迫响应、稳态响应和暂态响应各分量;

(2) 试求系统函数 $H(z)$,画出 $H(z)$ 在 z 平面上零极点分布和收敛域;

(3) 试用最少数目的三种离散时间基本单元(数乘器、相加器和单位延时器)画出该系统的实现结构。

解　(1) $y(n) - \frac{1}{3} y(n-1) = 2x(n) + (1/2)^n u(n) * x(n)$,取 z 变换得

$$Y(z) - \frac{1}{3} \left[z^{-1} Y(z) + y(-1) \right] = 2X(z) + \frac{1}{1 - \frac{1}{2} z^{-1}} X(z),$$

$$\left(1 - \frac{1}{3} z^{-1} \right) Y(z) = \frac{1}{3} y(-1) + \frac{3 - z^{-1}}{1 - \frac{1}{2} z^{-1}} X(z)。$$

因此

$$Y_{zi}(z) = \frac{\frac{1}{3} y(-1)}{1 - \frac{1}{3} z^{-1}} = \frac{1}{1 - \frac{1}{3} z^{-1}},$$

$$Y_{zs}(z) = \frac{3 - z^{-1}}{\left(1 - \frac{1}{3} z^{-1} \right)\left(1 - \frac{1}{2} z^{-1} \right)} \cdot \frac{1}{1 - z^{-1}}$$

$$= 3 \cdot \frac{1}{\left(1 - \frac{1}{2} z^{-1} \right)(1 - z^{-1})} = 6 \cdot \frac{1}{1 - z^{-1}} - 3 \cdot \frac{1}{1 - \frac{1}{2} z^{-1}}。$$

取逆 z 变换得

$$y_{zi}(n) = \left(\frac{1}{3} \right)^n u(n), \quad y_{zs}(n) = \left[6 - 3 \cdot \left(\frac{1}{2} \right)^n \right] u(n)。$$

自由响应: $y_{fr}(n) = \left(\frac{1}{3} \right)^n u(n)$;

强迫响应: $y_{fo}(n) = \left[6 - 3 \cdot \left(\frac{1}{2} \right)^n \right] u(n)$;

稳态响应: $y_{st}(t) = 6 \cdot u(n)$;

暂态响应：$y_{\mathrm{tr}}(n) = \left[\left(\dfrac{1}{3}\right)^n - 3 \cdot \left(\dfrac{1}{2}\right)^n\right] u(n)$。

（2）令 $y(-1) = 0$，得

$$H(z) = \frac{Y(z)}{X(z)} = \frac{3}{1 - \dfrac{1}{2} z^{-1}}。$$

零点为 0，极点为 $\dfrac{1}{2}$，ROC：$|z| > 1/2$。图略。

（3）直接 II 型（规范型）结构如图 27.7 所示。

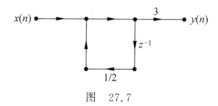

图 27.7

真题 27.9　（中国科学技术大学，2015）某稳定的 LTI 系统，系统函数 $H(z) = \dfrac{z + 6 + 8z^{-1}}{8z + 6 + z^{-1}}$。

（1）试求该系统所对应的差分方程，给出它的规范型实现流图；

（2）画出 $H(z)$ 在 z 平面的零极点分布及收敛域；

（3）概画出该系统的幅频响应特性曲线和相频响应特性曲线；

（4）当输入 $x(n) = -(-0.5)^{n-3} u(n)$ 时，已知 $y(0) = 4$，$y(-1) = -8$，求该系统的零输入响应 $y_{\mathrm{zi}}(n)$ 和零状态响应 $y_{\mathrm{zs}}(n)$。

解　（1）$H(z) = \dfrac{\dfrac{1}{8} + \dfrac{3}{4} z^{-1} + z^{-2}}{1 + \dfrac{3}{4} z^{-1} + \dfrac{1}{8} z^{-2}}$，故差分方程为

$$y(n) + \frac{3}{4} y(n-1) + \frac{1}{8} y(n-2) = \frac{1}{8} x(n) + \frac{3}{4} x(n-1) + x(n-2)。$$

由 $H(z) = \dfrac{\dfrac{1}{8} + \dfrac{3}{4} z^{-1} + z^{-2}}{1 - \left(-\dfrac{3}{4} z^{-1} - \dfrac{1}{8} z^{-2}\right)}$，得规范型实现流图，如图 27.8 所示。

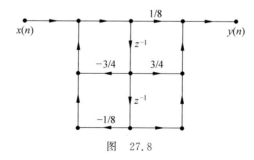

图 27.8

（2）零点为 -2，-4，极点为 $-\dfrac{1}{2}$，$-\dfrac{1}{4}$，ROC：$|z|>\dfrac{1}{2}$，图略。

（3）显然这是一个全通滤波器，故 $|H(\mathrm{e}^{\mathrm{j}\omega})|=1$。

由于两个零点都位于单位圆外，故这是一个最大相位滤波器。

幅频与相频特性分别如图 27.9(a) 和(b)所示。

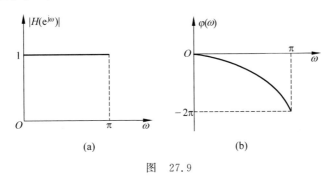

$$\text{图} \quad 27.9$$

（4）在差分方程中令 $n=0$，得 $y(-2)=24$。

对差分方程取 z 变换得

$$Y(z)+\frac{3}{4}\left[z^{-1}Y(z)+y(-1)\right]+\frac{1}{8}\left[z^{-2}Y(z)+z^{-1}y(-1)+y(-2)\right]$$

$$=\left(\frac{1}{8}+\frac{3}{4}z^{-1}+z^{-2}\right)X(z)。$$

代入已知条件并整理得

$$Y(z)=\frac{z^{-1}+3}{\left(1+\frac{1}{2}z^{-1}\right)\left(1+\frac{1}{4}z^{-1}\right)}+\frac{1+6z^{-1}+8z^{-2}}{\left(1+\frac{1}{2}z^{-1}\right)^{2}\left(1+\frac{1}{4}z^{-1}\right)},$$

$$Y_{\mathrm{zi}}(z)=\frac{z^{-1}+3}{\left(1+\frac{1}{2}z^{-1}\right)\left(1+\frac{1}{4}z^{-1}\right)}=2\,\frac{1}{1+\frac{1}{2}z^{-1}}+\frac{1}{1+\frac{1}{4}z^{-1}},$$

$$Y_{\mathrm{zs}}(z)=\frac{1+6z^{-1}+8z^{-2}}{\left(1+\frac{1}{2}z^{-1}\right)^{2}\left(1+\frac{1}{4}z^{-1}\right)}=-104\cdot\frac{z}{z+\frac{1}{2}}-21\cdot\frac{z}{\left(z+\frac{1}{2}\right)^{2}}+105\cdot\frac{z}{z+\frac{1}{4}}。$$

取逆 z 变换，得

$$y_{\mathrm{zi}}(n)=\left[2\cdot\left(-\frac{1}{2}\right)^{n}+\left(-\frac{1}{4}\right)^{n}\right]u(n),$$

$$y_{\mathrm{zs}}(n)=\left[-104\cdot\left(-\frac{1}{2}\right)^{n}-21n\left(-\frac{1}{2}\right)^{n}+105\left(-\frac{1}{4}\right)^{n}\right]u(n)。$$

真题 27.10 （中国科学技术大学，2017）某因果数字滤波器由如下差分方程和零起始条件表示：

$$y(n)-0.25y(n-1)-0.125y(n-2)=0.5^{n}\sum_{k=-\infty}^{n}2^{k}x(k)。$$

（1）试求它的系统函数 $H(z)$，画出其零、极点图和收敛域，它是 FIR 还是 IIR 滤波器？

（2）画出它用相加器、数乘器、单位延时器构成的规范型实现结构。

（3）试求以上差分方程和非零起始条件 $y(-1)=1, y(-2)=-1$ 表示的因果系统,在输入 $x(n)=\delta(n)$ 时的零输入响应 $y_{zi}(n)$ 和零状态响应 $y_{zs}(n)$ 。

解 （1） $y(n)-0.25y(n-1)-0.125y(n-2)=0.5^{n}u(n)*x(n)$,取 z 变换得

$$(1-0.25z^{-1}-0.125z^{-2})Y(z)=\frac{X(z)}{1-0.5z^{-1}},$$

故

$$H(z)=\frac{Y(z)}{X(z)}=\frac{1}{(1-0.5z^{-1})^2(1+0.25z^{-1})}。$$

零点为 0（3 阶）,极点为 0.5（2 阶）, -0.25 ,ROC: $|z|>0.5$,图略。

这是一个 IIR 滤波器。

（2） $H(z)=\dfrac{1}{1-(0.75z^{-1}-0.0625z^{-3})}$,规范型实现结构如图 27.10 所示。

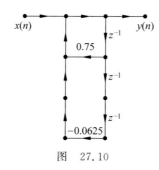

图　27.10

（3）此时差分方程为

$$y(n)-0.25y(n-1)-0.125y(n-2)=(0.5)^{n}u(n),$$

作 z 变换得

$$Y(z)-0.25[z^{-1}Y(z)+y(-1)]-0.125[z^{-2}Y(z)+z^{-1}y(-1)+y(-2)]$$
$$=\frac{1}{1-0.5z^{-1}},$$

整理得

$$Y_{zi}(z)=\frac{0.125(z^{-1}+1)}{(1-0.5z^{-1})(1+0.25z^{-1})}=\frac{0.25}{1-0.5z^{-1}}-\frac{0.125}{1+0.25z^{-1}},$$

$$Y_{zs}(z)=\frac{1}{(1-0.5z^{-1})^2(1+0.25z^{-1})}$$
$$=\frac{1}{9}\cdot\frac{z}{z+0.25}+\frac{8}{9}\cdot\frac{z}{z-0.5}+\frac{1}{3}\cdot\frac{z}{(z-0.5)^2}。$$

取逆 z 变换得

$$y_{zi}(n)=[0.25\cdot(0.5)^{n}-0.125\cdot(-0.25)^{n}]u(n),$$

$$y_{zs}(n)=\left[\frac{1}{9}\cdot(-0.25)^{n}+\frac{8}{9}\cdot(0.5)^{n}+\frac{2n}{3}(0.5)^{n}\right]u(n)。$$

真题 27.11 （中国科学技术大学,2019)某因果稳定系统存在零点 $z_1 = -2, z_2 = -4$，极点 $p_1 = -\dfrac{1}{2}, p_2 = -\dfrac{1}{4}$，对直流信号的增益为1。

（1）求出 $H(z)$，对应的差分方程,它的级联形式的实现流图；

（2）大概画出系统幅频曲线和相频曲线；

（3）当输入为 $x(n) = -(-0.5)^{n-3} u(n)$，已知 $y(0) = 4, y(-1) = -8$，求零输入响应 $y_{zi}(n)$ 和零状态响应 $y_{zs}(n)$。

解 （1）由题,设 $H(z) = K \cdot \dfrac{(z+2)(z+4)}{\left(z+\dfrac{1}{2}\right)\left(z+\dfrac{1}{4}\right)}$。

由题知, $H(e^{j0}) = 1$，即 $K \cdot \dfrac{3 \times 5}{\dfrac{3}{2} \times \dfrac{5}{4}} = 1, K = \dfrac{1}{8}$。故

$$H(z) = \frac{\dfrac{1}{8}(z+2)(z+4)}{\left(z+\dfrac{1}{2}\right)\left(z+\dfrac{1}{4}\right)}。$$

由 $H(z) = \dfrac{\dfrac{1}{8} + \dfrac{3}{4} z^{-1} + z^{-2}}{1 + \dfrac{3}{4} z^{-1} + \dfrac{1}{8} z^{-2}}$，得差分方程

$$y(n) + \frac{3}{4} y(n-1) + \frac{1}{8} y(n-2) = \frac{1}{8} x(n) + \frac{3}{4} x(n-1) + x(n-2)。$$

将 $H(z)$ 写成

$$H(z) = \frac{1}{8} \cdot \frac{1 + 2z^{-1}}{1 + \dfrac{1}{2} z^{-1}} \cdot \frac{1 + 4z^{-1}}{1 + \dfrac{1}{4} z^{-1}}。$$

级联形式的信号流图如图 27.11 所示。

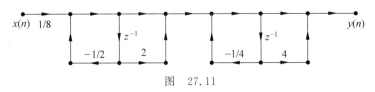

图 27.11

（2）由 $H(z)$ 的分子分母多项式系数特点知,这是一个全通滤波器；由于两个零点都在单位圆外,所以这是一个最大相位延迟系统。由 freqz 命令易得其幅频特性和相频特性分别如图 27.12(a)和(b)所示。

（3）在差分方程中令 $n = 0$，得 $y(-2) = 24$。对差分方程取 z 变换得

$$Y(z) + \frac{3}{4} [z^{-1} Y(z) + y(-1)] + \frac{1}{8} [z^{-2} Y(z) + z^{-1} y(-1) + y(-2)]$$

$$= \left(\frac{1}{8} + \frac{3}{4} z^{-1} + z^{-2}\right) X(z)。$$

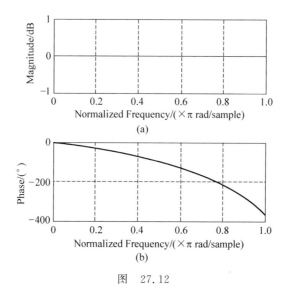

图 27.12

代入已知条件并整理得

$$Y(z) = \frac{z^{-1} + 3}{\left(1 + \frac{1}{2}z^{-1}\right)\left(1 + \frac{1}{4}z^{-1}\right)} + \frac{1 + 6z^{-1} + 8z^{-2}}{\left(1 + \frac{1}{2}z^{-1}\right)^2\left(1 + \frac{1}{4}z^{-1}\right)},$$

$$Y_{zi}(z) = \frac{z^{-1} + 3}{\left(1 + \frac{1}{2}z^{-1}\right)\left(1 + \frac{1}{4}z^{-1}\right)} = 2 \cdot \frac{1}{1 + \frac{1}{2}z^{-1}} + \frac{1}{1 + \frac{1}{4}z^{-1}},$$

$$Y_{zs}(z) = \frac{1 + 6z^{-1} + 8z^{-2}}{\left(1 + \frac{1}{2}z^{-1}\right)^2\left(1 + \frac{1}{4}z^{-1}\right)} = -104 \cdot \frac{z}{z + \frac{1}{2}} - 21 \cdot \frac{z}{\left(z + \frac{1}{2}\right)^2} + 105 \cdot \frac{z}{z + \frac{1}{4}}。$$

取逆 z 变换得

$$y_{zi}(n) = \left[2 \cdot \left(-\frac{1}{2}\right)^n + \left(-\frac{1}{4}\right)^n\right]u(n),$$

$$y_{zs}(n) = \left[-104 \cdot \left(-\frac{1}{2}\right)^n - 21n\left(-\frac{1}{2}\right)^n + 105\left(-\frac{1}{4}\right)^n\right]u(n)。$$

真题 27.12 (南京航空航天大学,2020)已知一个系统的框图如图 27.13 所示。

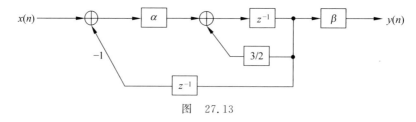

图 27.13

(1) 求 $H(z)$ 及系统的差分方程;

(2) 若 $h(n) = \left\{0, \frac{1}{2}, \frac{3}{4}, \frac{7}{8}, \frac{15}{16}, \frac{31}{32}, \cdots\right\}, n \geqslant 0$,确定 α 和 β;

(3) 在第(2)问条件下,若 $x(n) = u(n)$,求零状态响应 $y_{zs}(n)$;

（4）若 $y(0)=y(1)=1$，求零输入响应 $y_{zi}(n)$。

解　（1）由梅森公式得

$$H(z)=\frac{\alpha\beta z^{-1}}{1-\frac{3}{2}z^{-1}+\alpha z^{-2}}。 \qquad ①$$

由 $\dfrac{Y(z)}{X(z)}=\dfrac{\alpha\beta z^{-1}}{1-\frac{3}{2}z^{-1}+\alpha z^{-2}}$，得差分方程

$$y(n)-\frac{3}{2}y(n-1)+\alpha y(n-2)=\alpha\beta x(n-1)。$$

（2）由题得 $h(n)=[1-(1/2)^n]u(n)$，故

$$H(z)=\frac{1}{1-z^{-1}}-\frac{1}{1-\frac{1}{2}z^{-1}}=\frac{\frac{1}{2}z^{-1}}{1-\frac{3}{2}z^{-1}+\frac{1}{2}z^{-2}}。 \qquad ②$$

对比式①和式②得 $\alpha=\dfrac{1}{2}$，$\alpha\beta=\dfrac{1}{2}$，故 $\beta=1$，即 $\alpha=\dfrac{1}{2}$，$\beta=1$。

（3）$Y_{zs}(z)=X(z)H(z)=\dfrac{1}{1-z^{-1}}\cdot\dfrac{\frac{1}{2}z^{-1}}{1-\frac{3}{2}z^{-1}+\frac{1}{2}z^{-2}}$

$$=\frac{z}{z-1}\cdot\frac{\frac{1}{2}z}{(z-1)\left(z-\frac{1}{2}\right)}=\frac{z}{(z-1)^2}-\frac{z}{z-1}+\frac{z}{z-\frac{1}{2}},$$

取逆 z 变换得

$$y_{zs}(n)=[n-1+(1/2)^n]u(n)。$$

（4）由（3）得 $y_{zs}(0)=0$，$y_{zs}(1)=\dfrac{1}{2}$，故

$$y_{zi}(0)=y(0)-y_{zs}(0)=1,$$

$$y_{zi}(1)=y(1)-y_{zs}(1)=\frac{1}{2},$$

$$y_{zi}(n)-\frac{3}{2}y_{zi}(n-1)+\frac{1}{2}y_{zi}(n-2)=0。$$

特征方程及特征值分别为

$$\lambda^2-\frac{3}{2}\lambda+\frac{1}{2}=0,\quad \lambda_1=1,\quad \lambda_2=\frac{1}{2}。$$

通解为

$$y_{zi}(n)=[C_1+C_2(1/2)^n]u(n)。$$

由于 $y_{zi}(0)=1$，$y_{zi}(1)=\dfrac{1}{2}$，得

$$C_1+C_2=1,\quad C_1+\frac{1}{2}C_2=\frac{1}{2}。$$

所以 $C_1 = 0, C_2 = 1$，则 $y_{zi}(n) = (1/2)^n u(n)$。

真题 27.13 （四川大学,2021）因果二阶离散线性时不变系统框图如图 27.14 所示,其中系统函数满足 $H(z)\big|_{z=0.5} = \infty$。

(1) 求系统函数 $H(z)$ 和单位采样响应 $h(n)$；

(2) 输入 $x_1(n) = (-1)^n u(n)$，全响应

$$y(n) = 8\left(\frac{1}{2}\right)^n u(n) - 6\left(\frac{3}{4}\right)^n u(n)。$$

求零状态响应和初始状态 $y(-1)$ 和 $y(-2)$。

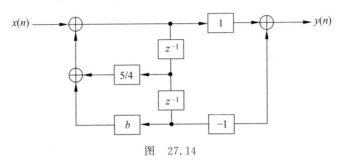

图 27.14

解 （1）由梅森公式得 $H(z) = \dfrac{1 - z^{-2}}{1 - \dfrac{5}{4}z^{-1} - bz^{-2}}$。

由题知,0.5 为 $H(z)$ 的极点,故 $1 - \dfrac{5}{4} \times 2 - b \times 4 = 0$,得 $b = -\dfrac{3}{8}$,故

$$H(z) = \frac{1 - z^{-2}}{1 - \dfrac{5}{4}z^{-1} + \dfrac{3}{8}z^{-2}}。$$

由于

$$H(z) = \frac{1 - z^{-2}}{\left(1 - \dfrac{1}{2}z^{-1}\right)\left(1 - \dfrac{3}{4}z^{-1}\right)} = -\frac{8}{3} + 6 \cdot \frac{z}{z - \dfrac{1}{2}} - \frac{7}{3} \cdot \frac{z}{z - \dfrac{3}{4}}, \quad |z| > \frac{3}{4},$$

取逆 z 变换得

$$h(n) = -\frac{8}{3}\delta(n) + \left[6 \cdot \left(\frac{1}{2}\right)^n - \frac{7}{3} \cdot \left(\frac{3}{4}\right)^n\right]u(n)。$$

(2) 先求零状态响应 $y_{zs}(n)$。

$$Y_{zs}(z) = \frac{1 - z^{-2}}{\left(1 - \dfrac{1}{2}z^{-1}\right)\left(1 - \dfrac{3}{4}z^{-1}\right)} \cdot \frac{1}{1 + z^{-1}} = \frac{1 - z^{-1}}{\left(1 - \dfrac{1}{2}z^{-1}\right)\left(1 - \dfrac{3}{4}z^{-1}\right)}$$

$$= \frac{2}{1 - \dfrac{1}{2}z^{-1}} - \frac{1}{1 - \dfrac{3}{4}z^{-1}}, \quad |z| > \frac{3}{4},$$

取逆 z 变换得

$$y_{zs}(n) = \left[2\left(\frac{1}{2}\right)^n - \left(\frac{3}{4}\right)^n\right]u(n)。$$

于是零输入响应为

$$y_{zi}(n) = y(n) - y_{zs}(n) = \left[8\left(\frac{1}{2}\right)^n - 6\left(\frac{3}{4}\right)^n\right]u(n) - \left[2\left(\frac{1}{2}\right)^n - \left(\frac{3}{4}\right)^n\right]u(n)$$

$$= \left[6\left(\frac{1}{2}\right)^n - 5\left(\frac{3}{4}\right)^n\right]u(n),$$

故

$$y(-1) = y_{zi}(-1) = \frac{16}{3}, \quad y(-2) = y_{zi}(-2) = \frac{136}{9}.$$

真题 27.14 （上海交通大学,2022)已知某一离散时间 LTI 系统的系统函数为

$$H(z) = \frac{1 - z^{-1}}{\left(1 - \frac{1}{2}z^{-1}\right)(1 - 2z^{-1})},$$

其单位脉冲响应 $h(n)$ 满足 $\sum\limits_{n=-\infty}^{\infty} |h(-n)| < \infty$。

(1) 求系统的单位脉冲响应 $h(n)$,并判断系统是否稳定;

(2) 已知输入信号 $x(n) = 3u(-n-1) + 2u(n)$,求系统的输出 $y(n)$。

解 (1) 由题知,ROC: $\frac{1}{2} < |z| < 2$,

$$H(z) = \frac{1}{3} \cdot \frac{1}{1 - \frac{1}{2}z^{-1}} + \frac{2}{3} \cdot \frac{1}{1 - 2z^{-1}}.$$

取逆 z 变换得

$$h(n) = \frac{1}{3} \cdot \left(\frac{1}{2}\right)^n u(n) - \frac{2}{3} \cdot 2^n u(-n-1).$$

由于收敛域包含单位圆,故系统是稳定的。

(2) $x(n) = 2 + u(-n-1)$。

其中,2 对应的输出为 $2 \cdot H(1) = 0$, $u(-n-1)$ 对应的输出的 z 变换为

$$-\frac{z}{z-1} \cdot \frac{1 - z^{-1}}{\left(1 - \frac{1}{2}z^{-1}\right)(1 - 2z^{-1})} = \frac{1}{3} \cdot \frac{z}{z - \frac{1}{2}} - \frac{4}{3} \cdot \frac{z}{z-2}, \quad \frac{1}{2} < |z| < 2.$$

取逆 z 变换得

$$\frac{1}{3} \cdot \left(\frac{1}{2}\right)^n + \frac{4}{3} \cdot 2^n u(-n-1),$$

即系统输出 $y(n)$。

真题 27.15 （清华大学,2022)已知某系统为 $y(n+1) - \frac{10}{3}y(n) + y(n-1) = x(n)$。

(1) 求系统函数 $H(z)$;

(2) 求 $h(n)$ 的各种可能结果,并讨论其收敛域、因果性。

解 (1) 将差分方程写成

$$y(n) - \frac{10}{3}y(n-1) + y(n-2) = x(n-1),$$

取 z 变换得

$$\left(1 - \frac{10}{3}z^{-1} + z^{-2}\right)Y(z) = z^{-1}X(z),$$

$$H(z) = \frac{Y(z)}{X(z)} = \frac{z^{-1}}{1 - \frac{10}{3}z^{-1} + z^{-2}} \, \circ$$

(2) $H(z) = \dfrac{z^{-1}}{\left(1 - \dfrac{1}{3}z^{-1}\right)(1 - 3z^{-1})} = \dfrac{3}{8}\left(\dfrac{1}{1 - 3z^{-1}} - \dfrac{1}{1 - \dfrac{1}{3}z^{-1}}\right),$

当 $|z| > 3$ 时,$h(n) = \dfrac{3}{8}\left[3^n - (1/3)^n\right]u(n)$,系统是因果的;

当 $|z| < \dfrac{1}{3}$ 时,$h(n) = -\dfrac{3}{8}\left[3^n - (1/3)^n\right]u(-n-1)$,系统是非因果的;

当 $\dfrac{1}{3} < |z| < 3$ 时,$h(n) = -\dfrac{3}{8} \cdot 3^n u(-n-1) - \dfrac{3}{8} \cdot (1/3)^n u(n)$,系统是非因果的。

真题 27.16 (重庆邮电大学,2022)某因果离散系统的信号流图如图 27.15 所示。

(1) 求系统函数 $H(z)$;

(2) 设 $h(n)$ 为系统的单位序列响应,求 $h(1)$ 的值;

(3) 判断系统的稳定性,需说明理由;

(4) 当激励为 $x(n) = \left(\dfrac{1}{2}\right)^n u(n)$ 时,系统全响应为

$$y(n) = \left[-\frac{11}{2}\left(-\frac{1}{2}\right)^n + \frac{9}{2}\left(-\frac{1}{4}\right)^n\right]u(n),$$

求 $y(-1)$ 和 $y(-2)$。

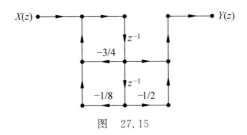

图 27.15

解 (1) 由梅森公式得

$$H(z) = \frac{z^{-1} - \frac{1}{2}z^{-2}}{1 - \left(-\frac{3}{4}z^{-1} - \frac{1}{8}z^{-2}\right)} = \frac{z - \frac{1}{2}}{z^2 + \frac{3}{4}z + \frac{1}{8}} \, \circ$$

(2) 由初值定理得

$$h(0) = \lim_{z \to \infty} H(z) = 0, \quad h(1) = \lim_{z \to \infty} z[H(z) - h(0)] = 1 \, \circ$$

(3) 由于极点 $-1/4, -1/2$ 都位于单位圆内,故系统是稳定的。

(4) $Y_{zs}(z) = X(z)H(z) = \dfrac{z}{z-\dfrac{1}{2}} \cdot \dfrac{z-\dfrac{1}{2}}{\left(z+\dfrac{1}{2}\right)\left(z+\dfrac{1}{4}\right)} = 4\left(\dfrac{z}{z+\dfrac{1}{4}} - \dfrac{z}{z+\dfrac{1}{2}}\right),$

$$y_{zs}(n) = 4\left[(-1/4)^n - (-1/2)^n\right]u(n),$$

$$y_{zi}(n) = y(n) - y_{zs}(n) = \left[\dfrac{1}{2}(-1/4)^n - \dfrac{3}{2}(-1/2)^n\right]u(n),$$

故

$$y(-1) = y_{zi}(-1) = 1, \quad y(-2) = y_{zi}(-2) = 2.$$

真题 27.17 （清华大学,2022)如图 27.16 所示系统。

(1) 求系统函数 $H(z)$;

(2) 若 $a_1 = -1, a_2 = 2, b_0 = 1, b_1 = 2, b_2 = 1$,系统是否稳定;

(3) 若 $a_1 = -1, a_2 = -0.99, b_0 = 0, b_1 = 1, b_2 = 0$,输入 $\cos\dfrac{\pi}{3}n$,求输出 $y(n)$。

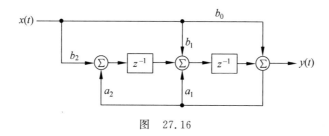

图 27.16

解 (1) 由梅森公式得

$$H(z) = \dfrac{b_0 + b_1 z^{-1} + b_2 z^{-2}}{1 - a_1 z^{-1} - a_2 z^{-2}}。$$

(2) $H(z) = \dfrac{z^2 + 2z + 1}{z^2 + z - 2} = \dfrac{(z+1)^2}{(z+2)(z-1)}$,由于有 1 个极点位于单位圆外,故系统是不稳定的。

(3) $H(z) = \dfrac{z}{z^2 - z + 0.99}$,$H(e^{j\pi/3}) = 100e^{-j2\pi/3}$,故

$$y(n) = 100\cos\left(\dfrac{1}{3}\pi n - \dfrac{2}{3}\pi\right)。$$

第28章

周期信号的单边拉氏变换与单边z变换

    周期信号的单边拉氏变换与单边 z 变换在实际中有着重要的应用。由于任何实际的系统都有起始时刻,这时信号的双边拉氏变换等价于单边拉氏变换,双边 z 变换等价于单边 z 变换。利用变换法求解系统将带来很大的方便。

    我们将周期信号 $f_T(t)$ 和 $f_N(n)$ 在 $t \geqslant 0$ 及 $n \geqslant 0$ 的部分称为"有始周期信号"。但要注意,有始周期信号并不是严格意义上的周期信号。下面讨论有始周期信号的单边拉氏变换(z 变换)。

28.1 知识点

    1. 周期信号的双边拉氏变换与双边 z 变换通常是不存在的。

    设有连续周期信号 $f_T(t)$,可以将它看作一个因果信号与一个反因果信号之和,即

$$f_T(t) = f_T(t)u(t) + f_T(t)u(-t)。$$

由于因果信号与反因果信号的拉氏变换收敛域的交集为空集,故拉氏变换不存在。

    例 28.1 求 $f(t) = \sin t$ 的双边拉氏变换 $F(s)$。

    解 $f(t) = \sin t \cdot u(t) + \sin t \cdot u(-t)$,易知

$$\sin t \cdot u(t) \leftrightarrow F_1(s) = \frac{1}{s^2 + 1}, \quad \mathrm{Re}\{s\} > 0;$$

$$\sin t \cdot u(-t) \leftrightarrow F_2(s) = -\frac{1}{s^2 + 1}, \quad \mathrm{Re}\{s\} < 0。$$

    由于 $F_1(s)$ 与 $F_2(s)$ 收敛域的交集为空集,故 $F(s)$ 不存在。

    同样地,离散周期信号 $f_N(n)$ 的双边 z 变换也不存在。

    设 $f_T(t)u(t) \leftrightarrow F_1(s)$,$f_T(t)u(-t) \leftrightarrow F_2(s)$。下面我们一般性地说明 $F_1(s)$ 与 $F_2(s)$ 的收敛域的交集为空集。

    取 $f_T(t)u(t)$ 在 $[0, T]$ 内的部分记为 $f_0(t)$,则

$$f_T(t)u(t) = \sum_{n=0}^{\infty} f_0(t - nT) = f_0(t) * \sum_{n=0}^{\infty} \delta(t - nT)。$$

由拉氏变换的卷积定理得

$$F_1(s) = F_0(s) \cdot \sum_{n=0}^{\infty} \mathrm{e}^{-nTs} = \frac{F_0(s)}{1-\mathrm{e}^{-Ts}}。$$

由于 $f_0(t)$ 是 $[0,T]$ 上的有限长信号，$F_0(s) = \int_0^T f_0(t)\mathrm{e}^{-st}\,\mathrm{d}t$ 在任何有限 s 平面上都收敛，即 $F_0(s)$ 在有限 s 平面上无极点，则 $F_1(s)$ 的极点全部位于 s 平面的虚轴上，故 ROC：$\mathrm{Re}\{s\} > 0$。

同理可知 $F_2(s)$ 的 ROC 为 $\mathrm{Re}\{s\} < 0$，故 $F_1(s)$ 与 $F_2(s)$ 的收敛域的交集为空集。

2. 实际上，上面已经求出了 $f_T(t)u(t)$ 的拉氏变换，即 $f_T(t)$ 的单边拉氏变换：

$$F(s) = \frac{F_0(s)}{1-\mathrm{e}^{-Ts}}, \quad \mathrm{Re}\{s\} > 0。$$

其中，$F_0(s)$ 是 $f_T(t)$ 在 $[0,T]$ 内这一部分所表示的信号 $f_0(t)$ 的拉氏变换。

3. 求离散周期信号 $f_N(n)$ 的单边 z 变换 $F(z)$，可以看作求 $f_N(n)u(n)$ 的双边 z 变换。记 $f_N(n)$ 在 $[0,N-1]$ 部分为 $f_0(n)$，则 $f_N(n)u(n)$ 可以看作 $f_0(n)$ 以 N 为周期在横轴的正半轴方向上进行周期延拓而成，故可以写成

$$f_n(n)u(n) = \sum_{k=0}^{\infty} f_0(n-kN) = f_0(n) * \sum_{k=0}^{\infty} \delta(n-kN)。$$

由 z 变换的卷积定理得

$$F(z) = F_0(z) \cdot \sum_{k=0}^{\infty} z^{-kN} = \frac{F_0(z)}{1-z^{-N}}, \quad |z| > 1。$$

由于 $f_0(n)$ 是 $[0,N-1]$ 上的有限长度信号，故 $F_0(z)$ 在整个有限 z 平面上无极点，故 $F(z)$ 的收敛域为 $|z| > 1$。

28.2　考研真题解析

真题 28.1　（中国科学技术大学，2003）试求如图 28.1 所示序列 $x(n)$ 的 z 变换 $X(z)$，并概画出 $X(z)$ 的零、极点分布和收敛域。

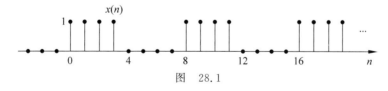

图　28.1

解　由图 28.1 知

$$x(n) = [\delta(n) + \delta(n-1) + \delta(n-2) + \delta(n-3)] * \sum_{k=0}^{\infty} \delta(n-8k),$$

故

$$X(z) = (1 + z^{-1} + z^{-2} + z^{-3}) \cdot \sum_{k=0}^{\infty} z^{-8k} = \frac{z^5}{(z-1)(z^4+1)}, \quad |z| > 1。$$

零点为 0（5 阶），极点为 $1, \mathrm{e}^{\mathrm{j}\pi/4}, \mathrm{e}^{\mathrm{j}3\pi/4}, \mathrm{e}^{\mathrm{j}5\pi/4}, \mathrm{e}^{\mathrm{j}7\pi/4}$。

真题 28.2　（中国科学技术大学，2006）概画出离散时间序列 $x(n) = \sum_{k=0}^{\infty} (-1)^k u(n-4k)$

的序列图形,并求它的 z 变换 $X(z)$,以及概画出 $X(z)$ 的零极点图和收敛域。

解 $x(n)$ 序列波形如图 28.2 所示(用逐点描图法)。

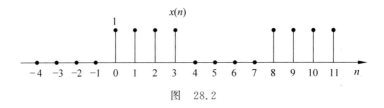

图 28.2

将 $x(n)$ 写成

$$x(n) = [u(n) - u(n-4)] * \sum_{k=0}^{\infty} \delta(n-8k)。$$

故

$$X(z) = (1-z^{-4}) \cdot \frac{1}{1-z^{-1}} \cdot \sum_{k=0}^{\infty} z^{-8k} = \frac{1}{(1-z^{-1})(1+z^{-4})}, \quad |z| > 1。$$

零点为 $0(5$ 阶$)$,极点为 $1, e^{j\frac{\pi+2k\pi}{4}}, k=0,1,2,3$。图略。

真题 28.3 (中国科学技术大学,2012)初相位为零的单位幅度 $50\,\text{Hz}$ 正弦电压 $v(t)$ 经半波整流后输出为 $x(t) = \begin{cases} v(t), & v(t) \geqslant 0 \\ 0, & v(t) < 0 \end{cases}$,概画出 $x(t)$ 的波形,并求 $x(t)$ 的双边拉氏变换 $X(s)$、单边拉氏变换 $X_u(s)$ 及收敛域 R_x。

解 由题知

$$x(t) = \sin 100\pi t \cdot \left[u(t) - u\left(t - \frac{1}{100} \right) \right] * \sum_{n=-\infty}^{\infty} \delta\left(t - \frac{1}{50}n \right),$$

作 $x(t)$ 波形如图 28.3 所示。

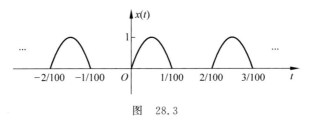

图 28.3

$x(t)$ 的双边拉氏变换不存在,因为 $x(t)(t>0)$ 的拉氏变换收敛域为 $\text{Re}(s)>0$, $x(t)(t<0)$ 的拉氏变换收敛域为 $\text{Re}(s)<0$,故收敛域为空集。

再求单边拉氏变换:

$$\sin 100\pi t \cdot \left[u(t) - u\left(t - \frac{1}{100} \right) \right] = \sin 100\pi t \cdot u(t) + \sin 100\pi \left(t - \frac{1}{100} \right) \cdot u\left(t - \frac{1}{100} \right)$$

$$\leftrightarrow \frac{100\pi}{s^2 + (100\pi)^2} + e^{-\frac{1}{100}s} \cdot \frac{100\pi}{s^2 + (100\pi)^2}$$

$$= (1 + e^{-\frac{1}{100}s}) \cdot \frac{100\pi}{s^2 + (100\pi)^2}。$$

而 $\displaystyle\sum_{n=0}^{\infty}\delta\left(t-\frac{1}{50}n\right)\leftrightarrow\sum_{n=0}^{\infty}\mathrm{e}^{-\frac{1}{50}ns}=\frac{1}{1-\mathrm{e}^{-\frac{1}{50}s}}$，故单边拉氏变换为

$$X_{\mathrm{u}}(s)=(1+\mathrm{e}^{-\frac{1}{100}s})\cdot\frac{100\pi}{s^2+(100\pi)^2}\cdot\frac{1}{1-\mathrm{e}^{-\frac{1}{50}s}}=\frac{1}{1-\mathrm{e}^{-\frac{1}{100}s}}\cdot\frac{100\pi}{s^2+(100\pi)^2}。$$

收敛域为 R_x：$\mathrm{Re}(s)>0$。

真题 28.4　（四川大学,2021）计算 $x(t)=|\sin t|\cdot u(t-\pi)$ 的拉氏变换。

解　$x(t)=\sin t\cdot[u(t)-u(t-\pi)]*\displaystyle\sum_{n=1}^{\infty}\delta(t-n\pi)$

$$=[\sin\cdot u(t)+\sin(t-\pi)\cdot u(t-\pi)]*\sum_{n=1}^{\infty}\delta(t-n\pi)。$$

由于

$$\sin\cdot u(t)+\sin(t-\pi)\cdot u(t-\pi)\leftrightarrow\frac{1}{s^2+1}+\mathrm{e}^{-\pi s}\cdot\frac{1}{s^2+1}=(1+\mathrm{e}^{-\pi s})\cdot\frac{1}{s^2+1},$$

$$\sum_{n=1}^{\infty}\delta(t-n\pi)\leftrightarrow\sum_{n=1}^{\infty}\mathrm{e}^{-n\pi s}=\frac{\mathrm{e}^{-\pi s}}{1-\mathrm{e}^{-\pi s}},$$

故

$$X(s)=(1+\mathrm{e}^{-\pi s})\cdot\frac{1}{s^2+1}\cdot\frac{\mathrm{e}^{-\pi s}}{1-\mathrm{e}^{-\pi s}}=\frac{\mathrm{e}^{-\pi s}(1+\mathrm{e}^{-\pi s})}{1-\mathrm{e}^{-\pi s}}\cdot\frac{1}{s^2+1},\quad\mathrm{Re}\{s\}>0。$$

真题 28.5　（上海交通大学,2023）已知系统的冲激响应 $h(t)$ 如图 28.4 所示,其中 $t<0$ 时 $h(t)=0$,$t>0$ 时 $h(t)$ 以周期 $T=2$ 重复。

（1）求 $h(t)$ 对应的系统函数 $H(s)$；

（2）画出 $H(s)$ 的极点分布图,并说明系统是否一定稳定。

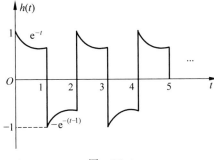

图　28.4

解　（1）$h(t)=\{\mathrm{e}^{-t}[u(t)-u(t-1)]-\mathrm{e}^{-(t-1)}[u(t-1)-u(t-2)]\}*\displaystyle\sum_{n=0}^{\infty}\delta(t-2n)$

$$=\mathrm{e}^{-t}[u(t)-u(t-1)]*[\delta(t)-\delta(t-1)]*\sum_{n=0}^{\infty}\delta(t-2n),$$

$$H(s)=\left[\frac{1}{s+1}-\frac{\mathrm{e}^{-(s+1)}}{s+1}\right](1-\mathrm{e}^{-s})\cdot\sum_{n=0}^{\infty}\mathrm{e}^{-2ns}$$

$$= \frac{1-e^{-(s+1)}}{s+1} \cdot (1-e^{-s}) \cdot \frac{1}{1-e^{-2s}} = \frac{1-e^{-(s+1)}}{(s+1)(1+e^{-s})}, \quad \mathrm{Re}\{s\} > -1 。$$

（2）极点 -1 与零点 -1 相抵消。令 $1+e^{-s}=0$，解得极点 $s=\mathrm{j}(2k+1)\pi, k$ 为整数。极点分布如图 28.5 所示。

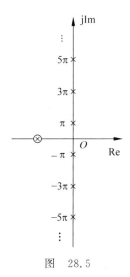

图　28.5

由于在虚轴上有无穷多个一阶极点，故系统临界稳定。

第**29**章

DTFT的计算及应用

离散非周期序列的傅里叶变换即 DTFT,与连续非周期信号的傅里叶变换(FT)的地位是对等的,是进行离散序列频谱分析和离散系统分析的重要工具。

29.1 知识点

1. 当序列 $f(n)$ 绝对可和时,其 DTFT 存在,且定义为

$$F(\mathrm{e}^{\mathrm{j}\omega}) = \sum_{n=-\infty}^{\infty} f(n)\mathrm{e}^{-\mathrm{j}\omega n}。 \tag{①}$$

DTFT 的逆变换 IDTFT 为

$$f(n) = \frac{1}{2\pi}\int_{-\pi}^{\pi} F(\mathrm{e}^{\mathrm{j}\omega})\mathrm{e}^{\mathrm{j}\omega n}\,\mathrm{d}\omega。 \tag{②}$$

式①与式②构成一对 DTFT 变换对。

2. $F(\mathrm{e}^{\mathrm{j}\omega})$ 是以 2π 为周期的周期函数,将其写成极坐标形式:

$$F(\mathrm{e}^{\mathrm{j}\omega}) = |F(\mathrm{e}^{\mathrm{j}\omega})|\mathrm{e}^{\mathrm{j}\varphi(\omega)},$$

则 $|F(\mathrm{e}^{\mathrm{j}\omega})|$ 称为幅频特性;$\varphi(\omega)$ 称为相频特性,它满足 $-\pi < \varphi(\omega) \leqslant \pi$。$|F(\mathrm{e}^{\mathrm{j}\omega})|$ 关于 ω 为偶函数,$\varphi(\omega)$ 关于 ω 为奇函数。

绘制幅频特性或相频特性图时,一般只要画出在 $[-\pi,\pi]$ 或 $[0,2\pi]$ 内的图形即可,但我们始终要记住:幅频特性与相频特性都是以 2π 为周期的图像。

3. $F(\mathrm{e}^{\mathrm{j}\omega})$ 是 $f(n)$ 的 z 变换 $F(z)$ 在单位圆上的取值,即

$$F(\mathrm{e}^{\mathrm{j}\omega}) = F(z)\bigg|_{z=\mathrm{e}^{\mathrm{j}\omega}}。$$

因此,DTFT 的性质都可以由 z 变换的性质推导出来,且采用向量法是辅助绘制频谱图及判断系统滤波特性的有效方法。

DTFT 的性质有很多,对每个性质我们都应该独立推导,以加深理解与记忆,达到熟练运用的目的。下面我们选择部分 DTFT 性质进行推导与分析。

4. 卷积定理:设 $f(n) \leftrightarrow F(\mathrm{e}^{\mathrm{j}\omega})$,$h(n) \leftrightarrow H(\mathrm{e}^{\mathrm{j}\omega})$,则

$$f(n) * h(n) \leftrightarrow F(\mathrm{e}^{\mathrm{j}\omega})H(\mathrm{e}^{\mathrm{j}\omega})。$$

证明
$$\sum_{n=-\infty}^{\infty}\big[f(n)*h(n)\big]\mathrm{e}^{-\mathrm{j}n\omega}=\sum_{n=-\infty}^{\infty}\Big[\sum_{m=-\infty}^{\infty}f(m)h(n-m)\Big]\mathrm{e}^{-\mathrm{j}n\omega}$$

$$=\sum_{m=-\infty}^{\infty}f(m)\Big[\sum_{n=-\infty}^{\infty}h(n-m)\mathrm{e}^{-\mathrm{j}n\omega}\Big]$$

$$=\sum_{m=-\infty}^{\infty}f(m)\cdot H(\mathrm{e}^{\mathrm{j}\omega})\mathrm{e}^{-\mathrm{j}m\omega}$$

$$=\Big[\sum_{m=-\infty}^{\infty}f(m)\mathrm{e}^{-\mathrm{j}m\omega}\Big]H(\mathrm{e}^{\mathrm{j}\omega})=F(\mathrm{e}^{\mathrm{j}\omega})H(\mathrm{e}^{\mathrm{j}\omega})_{\circ}$$

以上推导用到了卷积和定义、交换求和顺序、换元法及 DTFT 定义等知识。

5. 若 $f(n)\leftrightarrow F(\mathrm{e}^{\mathrm{j}\omega})$，则

$$f^{*}(n)\leftrightarrow F^{*}(\mathrm{e}^{-\mathrm{j}\omega}),\quad f(-n)\leftrightarrow F(\mathrm{e}^{-\mathrm{j}\omega}),\quad f^{*}(-n)\leftrightarrow F^{*}(\mathrm{e}^{\mathrm{j}\omega})_{\circ}$$

证明
$$\sum_{n=-\infty}^{\infty}f^{*}(n)\mathrm{e}^{-\mathrm{j}n\omega}=\Big[\sum_{n=-\infty}^{\infty}f(n)\mathrm{e}^{\mathrm{j}n\omega}\Big]^{*}=\Big[\sum_{n=-\infty}^{\infty}f(n)\mathrm{e}^{-\mathrm{j}n(-\omega)}\Big]^{*}=F^{*}(\mathrm{e}^{-\mathrm{j}\omega}),$$

即 $f^{*}(n)\leftrightarrow F^{*}(\mathrm{e}^{-\mathrm{j}\omega})_{\circ}$

$$\sum_{n=-\infty}^{\infty}f(-n)\mathrm{e}^{-\mathrm{j}n\omega}=\sum_{n=-\infty}^{\infty}f(n)\mathrm{e}^{-\mathrm{j}n(-\omega)}=F(\mathrm{e}^{-\mathrm{j}\omega}),$$

即 $f(-n)\leftrightarrow F(\mathrm{e}^{-\mathrm{j}\omega})_{\circ}$

$$\sum_{n=-\infty}^{\infty}f^{*}(-n)\mathrm{e}^{-\mathrm{j}n\omega}=\Big[\sum_{n=-\infty}^{\infty}f(-n)\mathrm{e}^{\mathrm{j}n\omega}\Big]^{*}=\Big[\sum_{n=-\infty}^{\infty}f(n)\mathrm{e}^{-\mathrm{j}n\omega}\Big]^{*}=F^{*}(\mathrm{e}^{\mathrm{j}\omega}),$$

即 $f^{*}(-n)\leftrightarrow F^{*}(\mathrm{e}^{\mathrm{j}\omega})_{\circ}$

另外，$f^{*}(-n)$ 的 DTFT 也可以由 $f^{*}(n)$ 及 $f(-n)$ 的 DTFT 联合推导而来。

以上推导反复利用了 DTFT 的定义及复数共轭的性质。

6. 设 $f(n)\leftrightarrow F(\mathrm{e}^{\mathrm{j}\omega})$，则

$$\mathrm{Re}\{f(n)\}\leftrightarrow F_{\mathrm{e}}(\mathrm{e}^{\mathrm{j}\omega})=\frac{1}{2}\big[F(\mathrm{e}^{\mathrm{j}\omega})+F^{*}(\mathrm{e}^{-\mathrm{j}\omega})\big],$$

$$\mathrm{jIm}\{f(n)\}\leftrightarrow F_{\mathrm{o}}(\mathrm{e}^{\mathrm{j}\omega})=\frac{1}{2}\big[F(\mathrm{e}^{\mathrm{j}\omega})-F^{*}(\mathrm{e}^{-\mathrm{j}\omega})\big]_{\circ}$$

证明
$$\mathrm{Re}\{f(n)\}=\frac{1}{2}\big[f(n)+f^{*}(n)\big]$$

$$\leftrightarrow F_{\mathrm{e}}(\mathrm{e}^{\mathrm{j}\omega})=\frac{1}{2}\big[F(\mathrm{e}^{\mathrm{j}\omega})+F^{*}(\mathrm{e}^{-\mathrm{j}\omega})\big],$$

$$\mathrm{jIm}\{f(n)\}=\frac{1}{2}\big[f(n)-f^{*}(n)\big]$$

$$\leftrightarrow F_{\mathrm{o}}(\mathrm{e}^{\mathrm{j}\omega})=\frac{1}{2}\big[F(\mathrm{e}^{\mathrm{j}\omega})-F^{*}(\mathrm{e}^{-\mathrm{j}\omega})\big]_{\circ}$$

以上用到了共轭序列的 DTFT 性质。

注意：$\mathrm{Im}\{f(n)\}$ 称为 $f(n)$ 的"虚部"，而 $\mathrm{jIm}\{f(n)\}$ 称为 $f(n)$ 的"虚数部分"，这是两个容易混淆的不同概念。

7. $\displaystyle\sum_{m=-\infty}^{\infty}f(m)y^{*}(n+m)\leftrightarrow F(\mathrm{e}^{-\mathrm{j}\omega})Y^{*}(\mathrm{e}^{-\mathrm{j}\omega})_{\circ}$

证明
$$\sum_{n=-\infty}^{\infty}\Big[\sum_{m=-\infty}^{\infty}f(m)y^*(n+m)\Big]\mathrm{e}^{-jn\omega}=\sum_{m=-\infty}^{\infty}f(m)\Big[\sum_{n=-\infty}^{\infty}y^*(n+m)\mathrm{e}^{-jn\omega}\Big]$$
$$=\sum_{m=-\infty}^{\infty}f(m)\Big[\sum_{n=-\infty}^{\infty}y^*(n)\mathrm{e}^{-j(n-m)\omega}\Big]$$
$$=\sum_{m=-\infty}^{\infty}f(m)\Big[\sum_{n=-\infty}^{\infty}y(n)\mathrm{e}^{jn\omega}\Big]^*\mathrm{e}^{jm\omega}$$
$$=F(\mathrm{e}^{-j\omega})Y^*(\mathrm{e}^{-j\omega}),$$

即
$$\sum_{m=-\infty}^{\infty}f(m)y^*(n+m)\leftrightarrow F(\mathrm{e}^{-j\omega})Y^*(\mathrm{e}^{-j\omega})。$$

另证
$$\sum_{m=-\infty}^{\infty}f(m)y^*(n+m)\xrightarrow{\text{换元}}\sum_{m=-\infty}^{\infty}f(m-n)y^*(m)$$
$$=y^*(m)f(-m)\leftrightarrow F(\mathrm{e}^{-j\omega})Y^*(\mathrm{e}^{-j\omega})。$$

以上用到了 DTFT 的卷积定理及 DTFT 的性质(见前)。

8. 帕塞瓦定理 若 $f(n)\leftrightarrow F(\mathrm{e}^{j\omega})$,$y(n)\leftrightarrow Y(\mathrm{e}^{j\omega})$,则
$$\sum_{n=-\infty}^{\infty}f(n)y^*(n)=\frac{1}{2\pi}\int_{-\pi}^{\pi}F(\mathrm{e}^{j\omega})Y^*(\mathrm{e}^{j\omega})\mathrm{d}\omega。$$

证明
$$\sum_{n=-\infty}^{\infty}f(n)y^*(n)=\sum_{n=-\infty}^{\infty}y^*(n)\Big[\frac{1}{2\pi}\int_{-\pi}^{\pi}F(\mathrm{e}^{j\omega})\mathrm{e}^{j\omega n}\mathrm{d}\omega\Big]$$
$$=\frac{1}{2\pi}\int_{-\pi}^{\pi}F(\mathrm{e}^{j\omega})\Big[\sum_{n=-\infty}^{\infty}y^*(n)\mathrm{e}^{j\omega n}\Big]\mathrm{d}\omega$$
$$=\frac{1}{2\pi}\int_{-\pi}^{\pi}F(\mathrm{e}^{j\omega})\Big[\sum_{n=-\infty}^{\infty}y(n)\mathrm{e}^{-j\omega n}\Big]^*\mathrm{d}\omega$$
$$=\frac{1}{2\pi}\int_{-\pi}^{\pi}F(\mathrm{e}^{j\omega})Y^*(\mathrm{e}^{j\omega})\mathrm{d}\omega,$$

即
$$\sum_{n=-\infty}^{\infty}f(n)y^*(n)=\frac{1}{2\pi}\int_{-\pi}^{\pi}F(\mathrm{e}^{j\omega})Y^*(\mathrm{e}^{j\omega})\mathrm{d}\omega。$$

取 $y(n)=f(n)$,即得
$$\sum_{n=-\infty}^{\infty}|f(n)|^2=\frac{1}{2\pi}\int_{-\pi}^{\pi}|F(\mathrm{e}^{j\omega})|^2\mathrm{d}\omega。$$

其物理意义是:能量信号(序列)$f(n)$的能量既可以在时域中计算,也可以在频域中计算,两者的计算结果是相等的。

9. (1) 若 $f(n)$ 是实偶序列,则 $F(\mathrm{e}^{j\omega})$ 是实偶函数。

证明 由定义
$$F(\mathrm{e}^{j\omega})=\sum_{n=-\infty}^{\infty}f(n)\mathrm{e}^{-jn\omega}=\sum_{n=-\infty}^{\infty}f(-n)\mathrm{e}^{jn\omega}=\sum_{n=-\infty}^{\infty}f(n)\mathrm{e}^{jn\omega}=F(\mathrm{e}^{-j\omega}),$$

故 $F(\mathrm{e}^{j\omega})$ 是偶函数。

又由 $F(\mathrm{e}^{j\omega})=\sum_{n=-\infty}^{\infty}f(n)\mathrm{e}^{-jn\omega}$,得

$$F^{*}(e^{j\omega}) = \sum_{n=-\infty}^{\infty} f(n) e^{jn\omega} = F(e^{-j\omega}) = F(e^{j\omega}),$$

故 $F(e^{j\omega})$ 是实函数。

综合得，$F(e^{j\omega})$ 是实偶函数。

同理可得：

（2）若 $f(n)$ 是实奇序列，则 $F(e^{j\omega})$ 是虚奇函数；

（3）若 $f(n)$ 是虚偶序列，则 $F(e^{j\omega})$ 是虚偶函数；

（4）若 $f(n)$ 是虚奇序列，则 $F(e^{j\omega})$ 是实奇函数。

10. 窗函数 $R_N(n) = \begin{cases} 1, & 0 \leqslant n \leqslant N-1 \\ 0, & \text{其他} \end{cases}$ 的 DTFT。

窗函数 $R_N(n)$ 是最常见、最重要的序列，其 DTFT 的计算方法也很有实用价值。

根据 DTFT 的定义，

$$\sum_{n=-\infty}^{\infty} R_N(n) e^{-jn\omega} = \sum_{n=0}^{N-1} e^{-jn\omega} = \frac{1-(e^{-j\omega})^N}{1-e^{-j\omega}}$$

$$= \frac{1-e^{-jN\omega}}{1-e^{-j\omega}} = \frac{e^{-jN\omega/2}(e^{jN\omega/2}-e^{-jN\omega/2})}{e^{-j\omega/2}(e^{j\omega/2}-e^{-j\omega/2})}$$

$$= e^{-j\frac{N-1}{2}\omega} \cdot \frac{\sin\dfrac{N\omega}{2}}{\sin\dfrac{\omega}{2}},$$

即

$$R_N(n) \leftrightarrow e^{-j\frac{N-1}{2}\omega} \cdot \frac{\sin\dfrac{N\omega}{2}}{\sin\dfrac{\omega}{2}}。$$

11. 单位阶跃序列 $u(n)$ 的 DTFT 的推导。

单位阶跃序列 $u(n)$ 的 DTFT 如下：

$$\text{DTFT}[u(n)] = U(e^{j\omega}) = \frac{1}{1-e^{-j\omega}} + \pi \sum_{k=-\infty}^{\infty} \delta(\omega - 2\pi k)。$$

这个变换对在绝大多数教材中未提及，或只是给出结果但未给出推导过程。在文献[6]中有推导，但它存在错误，实录原文证明过程如下所述。

令

$$x(n) = u(n) - \frac{1}{2}, \tag{a}$$

$$x(n-1) = u(n-1) - \frac{1}{2},$$

$$x(n) - x(n-1) = u(n) - u(n-1) = \delta(n)。 \tag{b}$$

对式（b）进行傅里叶变换，得到

$$X(e^{j\omega}) = \frac{1}{1-e^{-j\omega}}。$$

对式(a)进行傅里叶变换,得到

$$X(e^{j\omega}) = U(e^{j\omega}) - \pi \sum_k \delta(\omega - 2\pi k),$$

$$U(e^{j\omega}) = \frac{1}{1 - e^{-j\omega}} - \pi \sum_k \delta(\omega - 2\pi k).$$

上面的推导有两个错误:①最后一式右边为两项之和而不是之差,这属于笔误;②更严重的是,式(a)中的 1/2 换作任何实数 a,整个推导过程仍成立,因此最后的结果是不确定的。

下面我们提出自己的推导过程,对以上推导进行修正。

令

$$x(n) = u(n) - a, \qquad ①$$

其中,a 为待定常数,则有

$$x(n-1) = u(n-1) - a. \qquad ②$$

式①-式②,得

$$x(n) - x(n-1) = \delta(n). \qquad ③$$

对式③两边取 DTFT,得

$$(1 - e^{-j\omega})X(e^{j\omega}) = 1, \quad X(e^{j\omega}) = \frac{1}{1 - e^{-j\omega}}.$$

对式①两边取 DTFT,得

$$X(e^{j\omega}) = U(e^{j\omega}) - a \cdot 2\pi \sum_{k=-\infty}^{\infty} \delta(\omega - 2\pi k),$$

于是

$$U(e^{j\omega}) = X(e^{j\omega}) + a \cdot 2\pi \sum_{k=-\infty}^{\infty} \delta(\omega - 2\pi k)$$

$$= \frac{1}{1 - e^{-j\omega}} + a \cdot 2\pi \sum_{k=-\infty}^{\infty} \delta(\omega - 2\pi k). \qquad ④$$

又显然有 $u(n) + u(-n-1) = 1$,两边取 DTFF 得

$$U(e^{j\omega}) + e^{j\omega}U(e^{-j\omega}) = 2\pi \sum_{k=-\infty}^{\infty} \delta(\omega - 2\pi k). \qquad ⑤$$

将式④代入式⑤,可解得 $a = 1/2$,最后得

$$U(e^{j\omega}) = \frac{1}{1 - e^{-j\omega}} + \pi \sum_{k=-\infty}^{\infty} \delta(\omega - 2\pi k).$$

讨论　对比以下两个傅里叶变换对:

$$u(t) \leftrightarrow \frac{1}{j\omega} + \pi\delta(\omega),$$

$$u(n) \leftrightarrow \frac{1}{1 - e^{-j\omega}} + \pi \sum_{k=-\infty}^{\infty} \delta(\omega - 2\pi k),$$

可以发现它们非常相似,$\frac{1}{j\omega}$ 对应 $\frac{1}{1 - e^{-j\omega}}$,$\pi\delta(\omega)$ 对应 $\pi \sum_{k=-\infty}^{\infty} \delta(\omega - 2\pi k)$,我们可以利用这个

相似性来帮助记忆。

12. $f(n) = \dfrac{\sin\omega_c n}{\pi n}$ 的 DTFT。

这是非常重要的 DTFT,下面推导其 DTFT。

设 $f(t) = \dfrac{\sin\omega_c t}{\pi t}$,则 $F(j\omega) = g_{2\omega_c}(\omega)$。

对 $f(t)$ 以 $T=1$ 为周期进行理想采样,得

$$f(t) \cdot \sum_{n=-\infty}^{\infty} \delta(t-n) = \sum_{n=-\infty}^{\infty} \frac{\sin\omega_c n}{\pi n}\delta(t-n)。$$

对上式两边取傅里叶变换,得

$$\frac{1}{2\pi}F(j\omega) * 2\pi\sum_{n=-\infty}^{\infty}\delta(\omega-2\pi n) = \sum_{n=-\infty}^{\infty}\frac{\sin\omega_c n}{\pi n}e^{-jn\omega},$$

即

$$\sum_{n=-\infty}^{\infty}\frac{\sin\omega_c n}{\pi n}e^{-jn\omega} = \sum_{n=-\infty}^{\infty}F[j(\omega-2\pi n)] = \sum_{n=-\infty}^{\infty}g_{2\omega_c}(\omega-2\pi n)。$$

根据 DTFT 的定义,并仅考虑 ω 在 $[-\pi,\pi]$ 内的值,即得

$$\frac{\sin\omega_c n}{\pi n} \leftrightarrow g_{2\omega_c}(\omega) = \begin{cases} 1, & |\omega| \leqslant \omega_c \\ 0, & \omega_c \leqslant |\omega| \leqslant \pi \end{cases}。$$

13. 几个常见的周期序列的傅里叶变换。

(1) 对于以下两个变换对,如果对比起来记忆,将起到事半功倍的效果:

$$\sum_{n=-\infty}^{\infty}\delta(t-nT) \leftrightarrow \frac{2\pi}{T}\sum_{k=-\infty}^{\infty}\delta\left(\omega-\frac{2\pi}{T}k\right), \quad \sum_{i=-\infty}^{\infty}\delta(n-iN) \leftrightarrow \frac{2\pi}{N}\sum_{k=-\infty}^{\infty}\delta\left(\omega-\frac{2\pi}{N}k\right)。$$

当 $N=1$ 时,即得

$$f(n) = 1 \leftrightarrow 2\pi\sum_{k=-\infty}^{\infty}\delta(\omega-2\pi k)。$$

(2) $e^{j\omega_0 n} \leftrightarrow 2\pi\sum_{k=-\infty}^{\infty}\delta(\omega-\omega_0-2\pi k)$。

结合 $x(n)=1$ 的 DTFT 与 DTFT 的调制性质即得。

(3) $\cos(\omega_0 n + \varphi)$ 与 $\sin(\omega_0 n + \varphi)$ 的 DTFT。

先由欧拉公式将两个序列变形:

$$\cos(\omega_0 n + \varphi) = \frac{1}{2}(e^{j\varphi}e^{j\omega_0 n} + e^{-j\varphi}e^{-j\omega_0 n}), \quad \sin(\omega_0 n + \varphi) = \frac{1}{2j}(e^{j\varphi}e^{j\omega_0 n} - e^{-j\varphi}e^{-j\omega_0 n})。$$

再利用结合 $x(n)=1$ 的 DTFT,DTFT 的调制性质及线性性质即得

$$\cos(\omega_0 n + \varphi) \leftrightarrow \pi\sum_{k=-\infty}^{\infty}[e^{j\varphi}\delta(\omega-\omega_0-2\pi k) + e^{-j\varphi}\delta(\omega+\omega_0-2\pi k)],$$

$$\sin(\omega_0 n + \varphi) \leftrightarrow -j\pi\sum_{k=-\infty}^{\infty}[e^{j\varphi}\delta(\omega-\omega_0-2\pi k) - e^{-j\varphi}\delta(\omega+\omega_0-2\pi k)]。$$

例 29.1 已知序列 $f(n)$ 的 DTFT 为 $F(e^{j\omega})$,试用 $F(e^{j\omega})$ 表示如下两个序列的 DTFT:

$$(1)\ g(n) = f(2n);\quad (2)\ g(n) = \begin{cases} f(n/2), & n \text{ 为偶数} \\ 0, & n \text{ 为奇数} \end{cases}$$

解 (1) $G(\mathrm{e}^{\mathrm{j}\omega}) = \displaystyle\sum_{n=-\infty}^{\infty} g(n)\mathrm{e}^{-\mathrm{j}n\omega} = \sum_{n=-\infty}^{\infty} f(2n)\mathrm{e}^{-\mathrm{j}n\omega}$

$\qquad\qquad = \dfrac{1}{2}\displaystyle\sum_{n=-\infty}^{\infty}\big[f(n) + (-1)^n f(n)\big]\mathrm{e}^{-\mathrm{j}\frac{n}{2}\omega}$

$\qquad\qquad = \dfrac{1}{2}\displaystyle\sum_{n=-\infty}^{\infty}\big[f(n) + \mathrm{e}^{\mathrm{j}\pi n} f(n)\big]\mathrm{e}^{-\mathrm{j}n(\omega/2)}$

$\qquad\qquad = \dfrac{1}{2}\Big\{F(\mathrm{e}^{\mathrm{j}\omega/2}) + F\big[\mathrm{e}^{\mathrm{j}(\omega/2-\pi)}\big]\Big\} = \dfrac{1}{2}\Big\{F(\mathrm{e}^{\mathrm{j}\omega/2}) + F\big[\mathrm{e}^{\mathrm{j}(\omega-2\pi)/2}\big]\Big\}\text{。}$

(2) $G(\mathrm{e}^{\mathrm{j}\omega}) = \displaystyle\sum_{n=-\infty}^{\infty} g(n)\mathrm{e}^{-\mathrm{j}n\omega} = \sum_{\substack{n=-\infty \\ n\text{为偶数}}}^{\infty} f\left(\dfrac{n}{2}\right)\mathrm{e}^{-\mathrm{j}n\omega}$

$\qquad\qquad = \displaystyle\sum_{m=-\infty}^{\infty} f(m)\mathrm{e}^{-\mathrm{j}m(2\omega)} = F(\mathrm{e}^{\mathrm{j}2\omega})\text{。}$

14. 在 DTFT 公式

$$F(\mathrm{e}^{\mathrm{j}\omega}) = \sum_{n=-\infty}^{\infty} f(n)\mathrm{e}^{-\mathrm{j}n\omega}$$

中，令 $\omega = 0$，得

$$F(\mathrm{e}^{\mathrm{j}0}) = \sum_{n=-\infty}^{\infty} f(n)\text{。}$$

在 IDTFT 公式

$$f(n) = \frac{1}{2\pi}\int_{-\pi}^{\pi} F(\mathrm{e}^{\mathrm{j}\omega})\mathrm{e}^{\mathrm{j}n\omega}\,\mathrm{d}\omega$$

中，令 $n = 0$，得

$$f(0) = \frac{1}{2\pi}\int_{-\pi}^{\pi} F(\mathrm{e}^{\mathrm{j}\omega})\,\mathrm{d}\omega\text{。}$$

29.2 考研真题解析

真题 29.1 (中国科学技术大学,2007)已知离散时间 LTI 系统的单位采样响应为

$$h(n) = \frac{\sin(\pi n/4)\sin(\pi n/8)}{\pi n^2},$$

它是什么类型(低通、高通、带通等)的滤波器,并求当系统输入为如下的 $x(n)$ 时,系统的输出信号 $y(n)$:

$$x(n) = \sum_{k=-\infty}^{\infty} \delta(n-2k)\mathrm{e}^{\mathrm{j}k\pi} + \sum_{k=0}^{2} 2^{-k}\cos(2\pi kn/5) + \frac{1}{2}\sin\left(\frac{17\pi n}{8} - \frac{\pi}{3}\right)\text{。}$$

解 设

$$h_1(n) = \frac{\sin(\pi n/4)}{\pi n}, \quad h_2(n) = \frac{\sin(\pi n/8)}{\pi n},$$

则 $h(n) = \pi h_1(n) h_2(n)$。 显然在 $|\omega| \leqslant \pi$ 内有

$$H_1(\mathrm{e}^{\mathrm{j}\omega}) = g_{\pi/2}(\omega), \quad H_2(\mathrm{e}^{\mathrm{j}\omega}) = g_{\pi/4}(\omega)。$$

由 DTFT 卷积定理得

$$H(\mathrm{e}^{\mathrm{j}\omega}) = \frac{1}{2\pi} \cdot \pi H_1(\mathrm{e}^{\mathrm{j}\omega}) * H_2(\mathrm{e}^{\mathrm{j}\omega}) = \frac{1}{2} g_{\pi/2}(\omega) * g_{\pi/4}(\omega)。$$

在 $|\omega| \leqslant \pi$ 内，$H(\mathrm{e}^{\mathrm{j}\omega})$ 如图 29.1 所示。

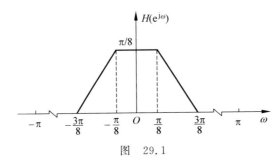

图 29.1

由图 29.1 可知，该系统为低通滤波器。

$$x(n) = \sum_{k=-\infty}^{\infty} \delta(n-2k)\mathrm{e}^{\mathrm{j}\frac{\pi}{2}n} + \left(1 + \frac{1}{2}\cos\frac{2}{5}\pi n + \frac{1}{4}\cos\frac{4}{5}\pi n\right) + \frac{1}{2}\sin\left(\frac{\pi}{8}n - \frac{\pi}{3}\right)。$$

设 $x_1(n) = \sum\limits_{k=-\infty}^{\infty} \delta(n-2k)\mathrm{e}^{\mathrm{j}\frac{\pi}{2}n}$，由

$$\sum_{k=-\infty}^{\infty} \delta(n-2k) \leftrightarrow \pi \sum_{k=-\infty}^{\infty} \delta(\omega - \pi k)$$

及 DTFT 频移性质得

$$X_1(\mathrm{e}^{\mathrm{j}\omega}) = \pi \sum_{k=-\infty}^{\infty} \delta\left(\omega - \pi k - \frac{\pi}{2}\right)。$$

由于在 $|\omega| \leqslant \pi$ 内有 $X_1(\mathrm{e}^{\mathrm{j}\omega}) H(\mathrm{e}^{\mathrm{j}\omega}) = 0$，故 $x_1(n)$ 的输出为零。

由于

$$H(\mathrm{e}^{\mathrm{j}0}) = H(\mathrm{e}^{\mathrm{j}\pi/8}) = \frac{\pi}{8}, \quad H(\mathrm{e}^{\mathrm{j}2\pi/5}) = H(\mathrm{e}^{\mathrm{j}4\pi/5}) = 0,$$

故

$$y(n) = \frac{\pi}{8} + \frac{\pi}{8} \cdot \frac{1}{2}\sin\left(\frac{\pi}{8}n - \frac{\pi}{3}\right) = \frac{\pi}{8} + \frac{\pi}{16}\sin\left(\frac{\pi}{8}n - \frac{\pi}{3}\right)。$$

真题 29.2 （中国科学技术大学，2009）由差分方程 $y(n) - \frac{3}{2}y(n-1) + \frac{1}{2}y(n-2) = x(n) + \sum\limits_{k=-\infty}^{n} x(k)$ 和起始条件 $y(-1) = 1, y(-2) = 2$ 表征的离散时间因果系统，当输入 $x(n) = (1/2)^n u(n)$ 时，求系统的输出 $y(n)$，$n \geqslant 0$，并写出其中的零输入响应 $y_{zi}(n)$ 和零状态响应 $y_{zs}(n)$。

解 $y(n) - \frac{3}{2}y(n-1) + \frac{1}{2}y(n-2) = x(n) + x(n) * u(n)$。

对差分方程取 z 变换得

$$Y(z) - \frac{3}{2}\left[z^{-1}Y(z) + y(-1)\right] + \frac{1}{2}\left[z^{-2}Y(z) + z^{-1}y(-1) + y(-2)\right]$$

$$= x(z) + x(z) \cdot \frac{1}{1-z^{-1}}。$$

代入 $y(-1)=1, y(-2)=2, X(z)=\dfrac{1}{1-\dfrac{1}{2}z^{-1}}$，并整理得

$$Y(z) = \frac{1}{2} \cdot \frac{1}{1-\frac{1}{2}z^{-1}} + \frac{2}{(1-z^{-1})^2\left(1-\frac{1}{2}z^{-1}\right)}, \quad |z|>1,$$

$$Y_{zs}(z) = \frac{2}{(1-z^{-1})^2\left(1-\frac{1}{2}z^{-1}\right)} = \frac{4z}{(z-1)^2} + \frac{2z}{z-\frac{1}{2}},$$

$$y_{zs}(n) = \left[4n + 2 \cdot \left(\frac{1}{2}\right)^n\right]u(n),$$

$$Y_{zi}(z) = \frac{1}{2} \cdot \frac{1}{1-\frac{1}{2}z^{-1}}, \quad y_{zi}(n) = \frac{1}{2} \cdot \left(\frac{1}{2}\right)^n u(n)。$$

全响应为

$$y(n) = y_{zs}(n) + y_{zi}(n) = \left[4n + \frac{3}{2}\left(\frac{1}{2}\right)^n\right]u(n)。$$

真题 29.3　（中国科学技术大学，2010）计算 $\dfrac{\sin(\pi n/2)}{\pi n} * \dfrac{\sin(\pi n/3)}{\pi n}$，其中"$*$"为卷积运算符号。

解　易知

$$\frac{\sin(\pi n/2)}{\pi n} \leftrightarrow \begin{cases} 1, & |\omega| \leqslant \frac{\pi}{2} \\ 0, & \frac{\pi}{2} < |\omega| \leqslant \pi \end{cases}, \qquad \frac{\sin(\pi n/3)}{\pi n} \leftrightarrow \begin{cases} 1, & |\omega| \leqslant \frac{\pi}{3} \\ 0, & \frac{\pi}{3} < |\omega| \leqslant \pi \end{cases}。$$

由 DTFT 卷积定理得

$$\frac{\sin(\pi n/2)}{\pi n} * \frac{\sin(\pi n/3)}{\pi n} \leftrightarrow \begin{cases} 1, & |\omega| \leqslant \frac{\pi}{3} \\ 0, & \frac{\pi}{3} < |\omega| \leqslant \pi \end{cases},$$

取 IDTFT，即得

$$\frac{\sin(\pi n/2)}{\pi n} * \frac{\sin(\pi n/3)}{\pi n} = \frac{\sin(\pi n/3)}{\pi n}。$$

真题 29.4　（中国科学技术大学，2012）在如图 29.2 所示的离散时间系统中，子系统 $H_1(z)$ 的单位冲激响应为 $h_1(n) = \left(\dfrac{1}{2}\right)^n u(n)$。

(1) 当系统输入 $x(n)=\delta(n)$ 时，求整个系统的单位冲激响应 $h(n)$；

(2) 求整个系统的系统函数 $H(z)$ 和频率响应 $H(e^{j\Omega})$；

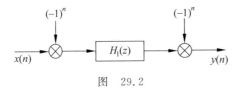

图 29.2

（3）画出 $H(e^{j\Omega})$ 的幅频特性曲线，并说明它的滤波特性；

（4）当系统的输入 $x(n)=\left(\dfrac{1}{2}\right)^n u(n)$ 时，求系统的输出 $y(n)$。

解 （1）由图 29.2 知 $y(n)=[(-1)^n x(n)*h_1(n)]\cdot(-1)^n$，而

$$(-1)^n x(n)\leftrightarrow X(-z),\quad (-1)^n x(n)*h_1(n)\leftrightarrow X(-z)H_1(z),$$
$$Y(z)=X(z)H_1(-z),$$

故

$$H(z)=\frac{Y(z)}{X(z)}=H_1(-z),$$

$$h(n)=(-1)^n h_1(n)=\left(-\frac{1}{2}\right)^n u(n)。$$

或者直接令 $x(n)=\delta(n)$，直接计算得

$$h(n)=[(-1)^n\delta(n)*h_1(n)]\cdot(-1)^n=(-1)^n h_1(n)=\left(-\frac{1}{2}\right)^n u(n),$$

这样做更加简单。

（2）由（1）知 $H(z)=H_1(-z)$，故 $H(e^{j\Omega})=H_1[e^{j(\Omega-\pi)}]$。

（3）$H_1(z)=\dfrac{1}{1-0.5z^{-1}}$，$H(z)=\dfrac{1}{1+0.5z^{-1}}$，故

$$|H(e^{j\Omega})|=\left|\frac{1}{1+0.5e^{-j\Omega}}\right|=\frac{1}{\sqrt{1.25+\cos\Omega}}。$$

在 $[-\pi,\pi]$ 内作 $|H(e^{j\Omega})|$ 如图 29.3 所示。

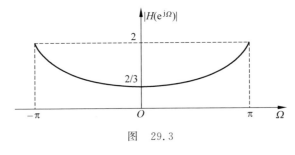

图 29.3

由图 29.3 知，系统为高通滤波器。

（4）$X(z)=\dfrac{1}{1-0.5z^{-1}}$，

$$Y(z)=\frac{1}{1-0.5z^{-1}}\cdot\frac{1}{1+0.5z^{-1}}=\frac{1}{2}\left(\frac{1}{1-0.5z^{-1}}+\frac{1}{1+0.5z^{-1}}\right),\quad |z|>0.5。$$

取逆 z 变换得

$$y(n) = \frac{1}{2}\left[0.5^n - (-0.5)^n\right]u(n)。$$

思考　第(1)问求整个系统的单位冲激响应 $h(n)$，这时整个系统是 LTI 的吗？请证明你的结论。

真题 29.5　（中国科学技术大学，2013）已知序列 $x(n)$ 的最高频率为 Ω_h，幅度频谱特性为 $|X(e^{j\Omega})|$，信号采样频率为 f_s（满足奈奎斯特采样频率）。对序列 $x(n)$ 进行信号变换得到序列 $x_1(n)$，即

$$x_1(n) = \begin{cases} x(n/2), & n = 2k \\ 0, & n = 2k+1 \end{cases}, \quad k \in \mathbb{Z}。$$

(1) 试推导 $x_1(n)$ 的幅度频谱特性 $|X_1(e^{j\Omega})|$，并在数字域频率坐标系下绘出 $|X(e^{j\Omega})|$ 和 $|X_1(e^{j\Omega})|$ 的对比示意图；

(2) 在模拟域频率坐标系下绘出 $|X(j\omega)|$ 和 $|X_1(j\omega)|$ 的对比示意图。

注意：所有示意图均要求标出必要的关键频率点，如图 29.4 所示。

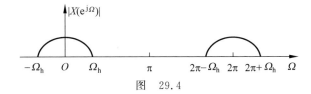

图　29.4

分析　本题实际上为升采样的初步处理，要产生镜像分量，如果要作进一步处理，则要滤除镜像分量。

解　(1) $X_1(e^{j\Omega}) = \sum\limits_{n=-\infty}^{\infty} x_1(n)e^{-jn\Omega} = \sum\limits_{n=-\infty}^{\infty} x(n)e^{-j2n\Omega} = X(e^{j2\Omega})$。

$|X(e^{j\Omega})|$ 和 $|X_1(e^{j\Omega})|$ 的对比示意图如下。注意点线部分为 $|X_1(e^{j\Omega})|$ 的频谱图，它产生了镜像分量。另外特别要注意，前者作归一化时采样频率为 f_s，而后者作归一化时采样频率为 $2f_s$，为对比方便，两个频谱画在一张图中，如图 29.5 所示。

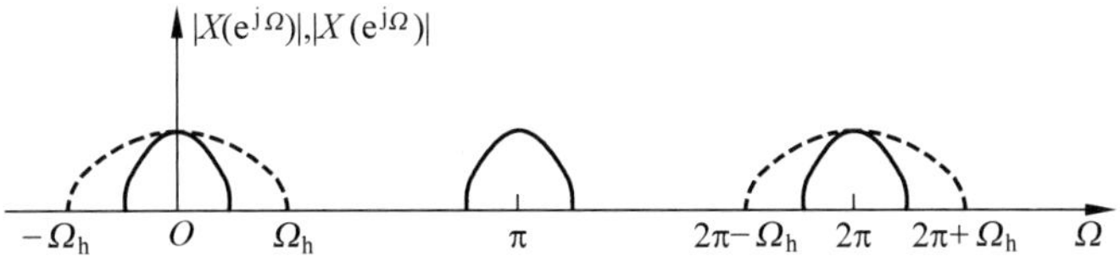

图　29.5

(2) 利用 $\Omega = \dfrac{f}{f_s} \cdot 2\pi$，将数字频率转化为模拟频率即可，图略。

真题 29.6　（中国科学技术大学，2014）已知一离散时间 LTI 系统的频率响应为 $H(e^{j\Omega}) = \sin^2\left(\dfrac{\Omega - \pi}{2}\right)$，试求该系统的单位冲激响应 $h(n)$。

解　$H(e^{j\Omega}) = \cos^2\dfrac{\Omega}{2} = \dfrac{1}{2}(1 + \cos\Omega)$

$$= \frac{1}{2}\left[1 + \frac{1}{2}(e^{j\Omega} + e^{-j\Omega})\right] = \frac{1}{4}e^{j\Omega} + \frac{1}{2} + \frac{1}{4}e^{-j\Omega},$$

因此

$$h(n) = \frac{1}{4}\delta(n+1) + \frac{1}{2}\delta(n) + \frac{1}{4}\delta(n-1),$$

或写成 $h(n) = \{1/4, \underline{1/2}, 1/4\}$。

真题 29.7 （中国科学技术大学，2014）$x_1(n)$ 和 $x_2(n)$ 均为稳定的因果序列，$X_1(e^{j\Omega})$ 和 $X_2(e^{j\Omega})$ 分别为 $x_1(n)$ 和 $x_2(n)$ 的 DTFT，求证：

$$\int_{-\pi}^{\pi} X_1(e^{j\Omega}) X_2(e^{j\Omega}) d\Omega = \frac{1}{2\pi} \int_{-\pi}^{\pi} X_1(e^{j\Omega}) d\Omega \int_{-\pi}^{\pi} X_2(e^{j\Omega}) d\Omega 。$$

证明 由卷积定理知 $x_1(n) * x_2(n) \leftrightarrow X_1(e^{j\Omega}) X_2(e^{j\Omega})$，即

$$x_1(n) * x_2(n) = \frac{1}{2\pi} \int_{-\pi}^{\pi} X_1(e^{j\Omega}) X_2(e^{j\Omega}) e^{jn\Omega} d\Omega 。$$

令 $n=0$，得

$$\int_{-\pi}^{\pi} X_1(e^{j\Omega}) X_2(e^{j\Omega}) d\Omega = 2\pi x_1(n) * x_2(n) \bigg|_{n=0}$$

$$= 2\pi x_1(0) x_2(0) = 2\pi \cdot \left[\frac{1}{2\pi} \int_{-\pi}^{\pi} X_1(e^{j\Omega}) d\Omega \right] \left[\frac{1}{2\pi} \int_{-\pi}^{\pi} X_2(e^{j\Omega}) d\Omega \right]$$

$$= \frac{1}{2\pi} \int_{-\pi}^{\pi} X_1(e^{j\Omega}) d\Omega \int_{-\pi}^{\pi} X_2(e^{j\Omega}) d\Omega ,$$

于是得证。

真题 29.8 （中国科学技术大学，2014）已知 $x(n) = \dfrac{\sin(\pi n/2)}{\pi n}$，$y(n) = x^2(n)$，求 $x(n)$ 与 $y(n)$ 的互相关函数 $r_{xy}(n)$。

解 $r_{xy}(n) = x(n) * y(-n)$，$R_{xy}(e^{j\omega}) = X(e^{j\omega}) Y(e^{-j\omega})$。

易知 $X(e^{j\omega}) = \begin{cases} 1, & |\omega| \leqslant \dfrac{\pi}{2} \\ 0, & \dfrac{\pi}{2} < |\omega| \leqslant \pi \end{cases}$，

$$Y(e^{j\omega}) = \frac{1}{2\pi} X(e^{j\omega}) * X(e^{j\omega}) = \frac{1}{2}(1 - |\omega|/\pi), \quad |\omega| \leqslant \pi,$$

$$Y(e^{-j\omega}) = Y(e^{j\omega}) = \frac{1}{2}(1 - |\omega|/\pi), \quad |\omega| \leqslant \pi,$$

最后得

$$R_{xy}(e^{j\omega}) = X(e^{j\omega}) Y(e^{-j\omega}) = \begin{cases} \dfrac{1}{2}(1 - |\omega|/\pi), & |\omega| \leqslant \dfrac{\pi}{2} \\ 0, & \dfrac{\pi}{2} < |\omega| \leqslant \pi \end{cases} 。$$

对 $R_{xy}(e^{j\omega})$ 作 IDTFT，得

$$r_{xy}(n) = \frac{1}{4} \cdot \frac{\sin \dfrac{\pi}{2} n}{\pi n} + \left(\frac{\sin \dfrac{\pi}{4} n}{\pi n} \right)^2 。$$

注：$r_{xy}(n)$的表达式中当 $n=0$ 时是可去间断点,应该理解为 $r_{xy}(0)=\dfrac{3}{16}$。

真题 29.9　(中国科学技术大学,2015)已知 $x(n)$ 是周期为 4 的周期序列,对序列 $x(n)$ 在 $0\leqslant n\leqslant 7$ 作 8 点 DFT 运算,得到 DFT 系数为

$$X(0)=X(2)=X(4)=X(6)=1,\quad X(1)=X(3)=X(5)=X(7)=0。$$

试求：

(1) 周期序列 $x(n)$,并画出它的序列图形；

(2) 该周期序列 $x(n)$ 通过单位冲激响应应为 $h(n)=(-1)^n\dfrac{\sin^2(\pi n/2)}{\pi^2 n^2}$ 的数字滤波器后的输出 $y(n)$,并概画出它的序列图形。

解　(1) 由题知 $X(k)=\{1,0,1,0,1,0,1,0\},0\leqslant k\leqslant 7$,对其作 IDTFT 得

$$x(n)=\{0.5,0,0,0,0.5,0,0,0\},\quad 0\leqslant n\leqslant 7。$$

故 $x(n)=x((n))_4,-\infty<n<+\infty$,序列 $x(n)$ 波形如图 29.6 所示。

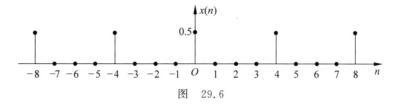

图　29.6

(2) $x(n)=\dfrac{1}{2}\displaystyle\sum_{k=-\infty}^{\infty}\delta(n-4k),X(e^{j\omega})=\dfrac{\pi}{4}\displaystyle\sum_{k=-\infty}^{\infty}\delta\left(\omega-\dfrac{\pi}{2}k\right)$,

$$h(n)=e^{j\pi n}\cdot\dfrac{\sin(\pi n/2)}{\pi n}\cdot\dfrac{\sin(\pi n/2)}{\pi n}。$$

由于

$$\dfrac{\sin(\pi n/2)}{\pi n}\leftrightarrow\begin{cases}1,&|\omega|\leqslant\pi/2\\0,&\pi/2<|\omega|<\pi\end{cases},$$

由 DTFT 卷积定理,得

$$\dfrac{\sin(\pi n/2)}{\pi n}\cdot\dfrac{\sin(\pi n/2)}{\pi n}\leftrightarrow H_1(e^{j\omega})。$$

$H_1(e^{j\omega})$ 在 $[-\pi,\pi]$ 内如图 29.7 所示。则 $H(e^{j\omega})=H_1(e^{j(\omega-\pi)})$,$H(e^{j\omega})$ 在 $[-\pi,\pi]$ 内如图 29.8 所示。

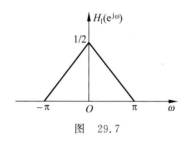

图　29.7

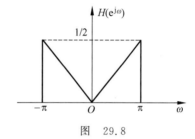

图　29.8

$$Y(\mathrm{e}^{\mathrm{j}\omega}) = X(\mathrm{e}^{\mathrm{j}\omega}) H(\mathrm{e}^{\mathrm{j}\omega}) = \frac{\pi}{16} \sum_{k=-\infty}^{\infty} \left[\delta\left(\omega - \frac{\pi}{2} - 2\pi k\right) + \delta\left(\omega + \frac{\pi}{2} - 2\pi k\right) \right] +$$

$$\frac{\pi}{8} \sum_{k=-\infty}^{\infty} \delta(\omega - \pi - 2\pi k)。$$

对 $Y(\mathrm{e}^{\mathrm{j}\omega})$ 取 IDTFT 得

$$y(n) = \frac{1}{16} \cos \frac{\pi}{2} n + \frac{1}{16}(-1)^n。$$

输出序列 $y(n)$ 图略。

真题 29.10 (中国科学技术大学,2016)已知一数字系统的系统函数为 $H(z)$,群延迟为 $\tau(\Omega)$。试证明:

$$\tau(\Omega) = -\mathrm{Re}\left[z \cdot \frac{\mathrm{d}H(z)}{\mathrm{d}z} \cdot \frac{1}{H(z)} \right]\bigg|_{z=\mathrm{e}^{\mathrm{j}\Omega}}。$$

证明 设

$$H(\mathrm{e}^{\mathrm{j}\Omega}) = M(\Omega)\mathrm{e}^{\mathrm{j}\varphi(\Omega)}, \qquad ①$$

其中,$M(\Omega)$ 为幅度函数,$\varphi(\Omega)$ 为相位函数,则 $\tau(\Omega) = -\dfrac{\mathrm{d}\varphi(\Omega)}{\mathrm{d}\Omega}$。

对式①两边对 Ω 求导,得

$$\frac{\mathrm{d}H(\mathrm{e}^{\mathrm{j}\Omega})}{\mathrm{d}\Omega} = \frac{\mathrm{d}M(\Omega)}{\mathrm{d}\Omega}\mathrm{e}^{\mathrm{j}\varphi(\Omega)} + \mathrm{j}M(\Omega)\mathrm{e}^{\mathrm{j}\varphi(\Omega)}\frac{\mathrm{d}\varphi(\Omega)}{\mathrm{d}\Omega},$$

$$\tau(\Omega) = -\frac{\mathrm{d}\varphi(\Omega)}{\mathrm{d}\Omega} = -\frac{1}{\mathrm{j}M(\Omega) \cdot \mathrm{e}^{\mathrm{j}\varphi(\Omega)}} \cdot \frac{\mathrm{d}H(\mathrm{e}^{\mathrm{j}\Omega})}{\mathrm{d}\Omega} + \frac{1}{\mathrm{j}M(\Omega)} \cdot \frac{\mathrm{d}M(\Omega)}{\mathrm{d}\Omega}$$

$$= \frac{\mathrm{j}\dfrac{\mathrm{d}H(\mathrm{e}^{\mathrm{j}\Omega})}{\mathrm{d}\Omega}}{M(\Omega)\mathrm{e}^{\mathrm{j}\varphi(\Omega)}} - \mathrm{j} \cdot \frac{1}{M(\Omega)} \cdot \frac{\mathrm{d}M(\Omega)}{\mathrm{d}\Omega}$$

$$= -\left\{ z\frac{\mathrm{d}H(z)}{\mathrm{d}z} \cdot \frac{1}{H(z)} \right\}\bigg|_{z=\mathrm{e}^{\mathrm{j}\Omega}} - \mathrm{j} \cdot \frac{1}{M(\Omega)} \cdot \frac{\mathrm{d}M(\Omega)}{\mathrm{d}\Omega},$$

即

$$\tau(\Omega) = -\mathrm{Re}\left\{ z \cdot \frac{\mathrm{d}H(z)}{\mathrm{d}z} \cdot \frac{1}{H(z)} \right\}\bigg|_{z=\mathrm{e}^{\mathrm{j}\Omega}}。$$

注:由于 $h(n) \leftrightarrow H(\mathrm{e}^{\mathrm{j}\Omega})$,由 DTFT 的微分性质得 $nh(n) \leftrightarrow \mathrm{j}\dfrac{\mathrm{d}H(\mathrm{e}^{\mathrm{j}\Omega})}{\mathrm{d}\Omega}$。

由 z 变换的 z 域微分性质,得

$$nh(n) \leftrightarrow -z\frac{\mathrm{d}H(z)}{\mathrm{d}z}。$$

最后,由 z 变换与 DTFT 的关系得

$$\mathrm{j}\frac{\mathrm{d}H(\mathrm{e}^{\mathrm{j}\Omega})}{\mathrm{d}\Omega} = -z\frac{\mathrm{d}H(z)}{\mathrm{d}z}\bigg|_{z=\mathrm{e}^{\mathrm{j}\Omega}}。$$

于是,

$$\frac{\mathrm{j}\dfrac{\mathrm{d}H(\mathrm{e}^{\mathrm{j}\Omega})}{\mathrm{d}\Omega}}{M(\Omega)\mathrm{e}^{\mathrm{j}\varphi(\Omega)}} = -\left\{ z\frac{\mathrm{d}H(z)}{\mathrm{d}z} \cdot \frac{1}{H(z)} \right\}\bigg|_{z=\mathrm{e}^{\mathrm{j}\Omega}}。$$

真题 29.11 （中国科学技术大学,2016）在如图 29.9 所示的离散时间系统中,子系统 $H_1(e^{j\Omega})$ 的单位冲激响应为

$$h_1(n) = \frac{\sin(\pi n/3)\sin(\pi n/6)}{\pi n^2}。$$

（1）求整个系统的单位冲激响应 $h(n)$;

（2）画出整个系统频率响应 $H(e^{j\Omega})$ 的频率响应特性曲线,并判断它是什么类型（低通、高通、带通等）的滤波器;

（3）当系统的输入

$$x(n) = \sum_{k=-\infty}^{\infty} \delta(n-2k)e^{jk\pi} + \sum_{k=0}^{2} 2^{-k}\cos\frac{\pi kn}{3} + \sin\frac{(31n-1)\pi}{12}$$

时,求系统的输出 $y(n)$。

解 （1）设 $x(n) \leftrightarrow X(e^{j\omega})$,则 $(-1)^n x(n) \leftrightarrow X[e^{j(\omega-\pi)}]$,

$$h_1(n) = \pi \cdot \frac{\sin(\pi n/3)}{\pi n} \cdot \frac{\sin(\pi n/6)}{\pi n},$$

$$H_1(e^{j\omega}) = \frac{1}{2\pi} \cdot \pi \cdot g_{2\pi/3}(\omega) * g_{\pi/3}(\omega) = \frac{1}{2} \cdot g_{2\pi/3}(\omega) * g_{\pi/3}(\omega)。$$

作 $H_1(e^{j\omega})$ 如图 29.10 所示。

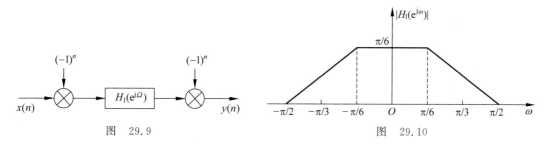

图 29.9

图 29.10

$H_1(e^{j\omega})$ 输出序列的傅里叶变换为 $X[e^{j(\omega-\pi)}]H_1(e^{j\omega})$。

再经过 $(-1)^n$ 反相后,输出为 $Y(e^{j\omega}) = X(e^{j\omega})H_1[e^{j(\omega-\pi)}]$。

故 $H(e^{j\omega}) = H_1[e^{j(\omega-\pi)}]$,取 DTFT 逆变换得 $h(n) = (-1)^n h_1(n)$。

（2）$|H(e^{j\omega})|$ 如图 29.11 所示（只画出一个周期）。

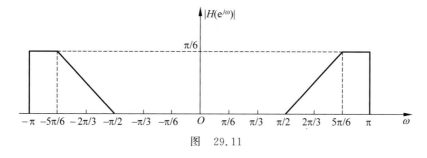

图 29.11

由图 29.11 可知,系统是一个高通滤波器。

（3）设 $x(n) = x_1(n) + x_2(n) + x_3(n)$。

$$x_1(n) = \sum_{k=-\infty}^{\infty} \delta(n-2k)e^{jk\pi} = \sum_{k=-\infty}^{\infty} (-1)^k \delta(n-2k)$$

$$= \sum_{k=-\infty}^{\infty} \delta(n-4k) - \sum_{k=-\infty}^{\infty} \delta(n-1-4k),$$

$$X_1(e^{j\omega}) = \frac{\pi}{2}\sum_{k=-\infty}^{\infty}\delta\left(\omega-\frac{\pi}{2}k\right) - e^{-j\omega}\cdot\frac{\pi}{2}\sum_{k=-\infty}^{\infty}\delta\left(\omega-\frac{\pi}{2}k\right)$$

$$= \frac{\pi}{2}\sum_{k=-\infty}^{\infty}(1-e^{-j\pi k})\delta\left(\omega-\frac{\pi}{2}k\right),$$

$$Y_1(e^{j\omega}) = X_1(e^{j\omega})H(e^{j\omega}) = 0,$$

故 $y_1(n)=0$,

$$x_2(n) = 1 + \frac{1}{2}\cos\frac{\pi n}{3} + \frac{1}{4}\cos\frac{2}{3}\pi n.$$

由于 $H(e^{j\pi/3})=0, H(e^{j2\pi/3})=\frac{\pi}{12}, H(e^{j0})=0$, 故

$$y_2(n) = \frac{1}{4}\cdot\frac{\pi}{12}\cos\frac{2\pi n}{3} = \frac{\pi}{48}\cos\frac{2\pi n}{3},$$

$$x_3(n) = \sin\left(\frac{31}{12}\pi n - \frac{\pi}{12}\right) = \sin\left(\frac{7}{12}\pi n - \frac{\pi}{12}\right).$$

由于 $H(e^{j\frac{7}{12}\pi})=\frac{\pi}{24}$, 故 $y_3(n)=\frac{\pi}{24}\sin\left(\frac{7}{12}\pi n - \frac{\pi}{12}\right)$.

最后得系统的输出为

$$y(n) = \frac{\pi}{48}\cos\frac{2\pi n}{3} + \frac{\pi}{24}\sin\left(\frac{7}{12}\pi n - \frac{\pi}{12}\right).$$

真题 29.12 (中国科学技术大学,2018)给定序列 $x(n)$, 其 z 变换为 $X(z)$, 对 $X(z)$ 进行 M 点单位圆均匀采样得到 $X(k),k=0,1,\cdots,M-1$, 求 IDFT$[X(k)]$。

解 设 $x_M(n)=$IDFT$[X(k)]$, 由题有

$$X(k) = X(z)\Big|_{z=e^{j\frac{2\pi}{M}k}} = \left[\sum_{n=-\infty}^{\infty}x(n)z^{-n}\right]\Big|_{z=e^{j\frac{2\pi}{M}k}} = \sum_{n=-\infty}^{\infty}x(n)e^{-j\frac{2\pi}{M}nk}.$$

故

$$x_M(n) = \frac{1}{M}\sum_{k=0}^{M-1}X(k)e^{j\frac{2\pi}{M}nk} = \frac{1}{M}\sum_{k=0}^{M-1}\left[\sum_{n_1=-\infty}^{\infty}x(n_1)e^{-j\frac{2\pi}{M}n_1 k}\right]e^{j\frac{2\pi}{M}nk}$$

$$= \frac{1}{M}\sum_{n_1=-\infty}^{\infty}x(n_1)\sum_{k=0}^{M-1}e^{j\frac{2\pi}{M}(n-n_1)k}.$$

当 $n-n_1=mM$(m 为整数)时, $\sum_{k=0}^{M-1}e^{j\frac{2\pi}{M}(n-n_1)k}=M$, 故

$$x_M(n) = \sum_{m=-\infty}^{\infty}x(n-mM)R_M(n).$$

即 IDFT$\{X(k)\}$ 为 $x(n)$ 以 M 为周期进行延拓再叠加,在主值区间 $[0,M-1]$ 上的值。

真题 29.13 （中国科学技术大学,2018）已知序列 $x(n)$ 的 DTFT 为 $X(e^{j\Omega})$,且满足以下条件:

(1) $x(n)=0,n>0$;

(2) $x(n)>0,n=0$;

(3) $\int_0^{2\pi} |X(e^{j\Omega})|^2 d\Omega=12\pi$;

(4) $X(e^{j\Omega})=\text{Re}[X(e^{j\Omega})]+j\text{Im}[X(e^{j\Omega})]$;

(5) $\text{Im}[X(e^{j\Omega})]=\sin\Omega-\sin2\Omega$。

求序列 $x(n)$。

解 由于

$$X(e^{j\Omega})=\sum_{n=-\infty}^{\infty} x(n)e^{-jn\Omega}=\sum_{n=-\infty}^{\infty} x(n)\cos n\Omega-j\sum_{n=-\infty}^{\infty} x(n)\sin n\Omega,$$

对照条件(5)并结合条件(2),得

$$-x(-2)\sin(-2\Omega)=-\sin2\Omega, \quad -x(-1)\sin(-\Omega)=-\sin\Omega,$$

得 $x(-2)=-1,x(-1)=1$。

由帕塞瓦公式及条件(3),得

$$(-1)^2+1^2+x^2(0)=\frac{1}{2\pi}\cdot 12\pi=6,$$

得 $x^2(0)=4$,结合条件(2)得 $x(0)=2$。故 $x(n)=\{-1,1,\underset{\cdot}{2}\}$。

真题 29.14 （中国科学技术大学,2019）已知 N 点序列 $x(n)$ 的 DFT 为 $X(k)$,以及 $y(n)=x(2n+1),0\leqslant n\leqslant N/2-1$,试求 $Y(k)$,要求用 $X(k)$ 表示。

解 设 $x(n)\leftrightarrow X(e^{j\omega}),y(n)\leftrightarrow Y(e^{j\omega})$,则

$$Y(e^{j\omega})=\sum_{n=0}^{\frac{N}{2}-1} y(n)e^{-jn\omega}=\sum_{n=0}^{\frac{N}{2}-1} x(2n+1)e^{-jn\omega}$$

$$=\frac{1}{2}\sum_{n=0}^{N-1}[x(n)-(-1)^n x(n)]e^{-j\frac{n-1}{2}\omega}$$

$$=\frac{1}{2}e^{j\omega/2}\left[\sum_{n=0}^{N-1} x(n)e^{-jn\omega/2}-\sum_{n=0}^{N-1}(-1)^n x(n)e^{-jn\omega/2}\right]$$

$$=\frac{1}{2}e^{j\omega/2}\left[\sum_{n=0}^{N-1} x(n)e^{-jn\omega/2}-\sum_{n=0}^{N-1} e^{-jn\pi}x(n)e^{-jn\omega/2}\right]$$

$$=\frac{1}{2}e^{j\omega/2}\{X(e^{j\omega/2})-X[e^{j(\omega/2+\pi)}]\},$$

故

$$Y(k)=Y(e^{j\omega})\Big|_{\omega=\frac{2\pi}{N/2}\cdot k}=\frac{1}{2}e^{j\frac{2\pi}{N}k}\{X(e^{j\frac{2\pi}{N}k})-X[e^{j(\frac{2\pi}{N}k+\pi)}]\}$$

$$=\frac{1}{2}e^{j\frac{2\pi}{N}k}[X(k)-X(k+N/2)], \quad k=0,1,\cdots,N/2-1。$$

真题 29.15 (中国科学技术大学,2020)离散周期序列 $\tilde{x}(n)$ 的傅里叶级数系数 $\widetilde{F}_k = 1 + 2\mathrm{e}^{-\mathrm{j}k\pi/2}$,求 $\tilde{x}(n)$ 及其傅里叶变换 $\widetilde{X}(\mathrm{e}^{\mathrm{j}\omega})$。

解 由于 $\widetilde{F}_k$ 的周期为 4,故 $\tilde{x}(n)$ 的周期也为 4,故

$$\tilde{x}(n) = \sum_{k=0}^{3} \widetilde{F}_k \mathrm{e}^{\mathrm{j}\frac{2\pi}{4}nk} = 3 + (1-\mathrm{j}2)\mathrm{e}^{\mathrm{j}\frac{\pi}{2}n} - \mathrm{e}^{\mathrm{j}\pi n} + (1+\mathrm{j}2)\mathrm{e}^{-\mathrm{j}\frac{\pi}{2}n}$$

$$= 3 - (-1)^n + 2\cos\frac{\pi}{2}n + 4\sin\frac{\pi}{2}n。$$

对 $\tilde{x}(n)$ 取 DTFT,即得

$$\widetilde{X}(\mathrm{e}^{\mathrm{j}\omega}) = 6\pi\sum_{k=-\infty}^{\infty}\delta(\omega - 2\pi k) - 2\pi\sum_{k=-\infty}^{\infty}\delta(\omega - \pi - 2\pi k) + $$

$$2\pi\sum_{k=-\infty}^{\infty}\left[\delta\left(\omega + \frac{\pi}{2} - 2\pi k\right) + \delta\left(\omega - \frac{\pi}{2} - 2\pi k\right)\right] + $$

$$\frac{4\pi}{\mathrm{j}}\sum_{k=-\infty}^{\infty}\left[\delta\left(\omega - \frac{\pi}{2} - 2\pi k\right) - \delta\left(\omega + \frac{\pi}{2} - 2\pi k\right)\right]。$$

真题 29.16 (中国科学技术大学,2021)已知

$$x(n) \xrightarrow{\text{DTFT}} X(\mathrm{j}\Omega) = \begin{cases} -\mathrm{j}, & 2k\pi < \Omega < 2k\pi + \pi \\ \mathrm{j}, & 2k\pi - \pi < \Omega < 2k\pi \end{cases}, \quad k = 0, \pm 1, \pm 2, \cdots,$$

试求 $x(n)$。

解 $x(n) = \dfrac{1}{2\pi}\displaystyle\int_{-\pi}^{\pi} X(\mathrm{j}\Omega)\mathrm{e}^{\mathrm{j}\Omega n}\mathrm{d}\Omega = \dfrac{1}{2\pi}\left[\displaystyle\int_{-\pi}^{0}\mathrm{j}\mathrm{e}^{\mathrm{j}\Omega n}\mathrm{d}\Omega + \displaystyle\int_{0}^{\pi}(-\mathrm{j})\mathrm{e}^{\mathrm{j}\Omega n}\mathrm{d}\Omega\right]$

$$= \frac{1}{2\pi}\left(\frac{1}{n}\mathrm{e}^{\mathrm{j}\Omega n}\bigg|_{-\pi}^{0} - \frac{1}{n}\mathrm{e}^{\mathrm{j}\Omega n}\bigg|_{0}^{\pi}\right) = \frac{1}{\pi n}(1 - \cos\pi n) = \frac{1}{\pi n}[1 - (-1)^n],$$

即

$$x(n) = \begin{cases} \dfrac{2}{\pi n}, & n\text{ 为奇数} \\ 0, & n\text{ 为偶数} \end{cases}。$$

真题 29.17 (中国科学技术大学,2021)已知 $x(n)$ 和 $y(n)$ 均为稳定的因果序列,其 DTFT 分别为 $X(\mathrm{j}\Omega)$ 和 $Y(\mathrm{j}\Omega)$,试证明:

$$\int_{-\pi}^{\pi} X(\mathrm{j}\Omega)Y(\mathrm{j}\Omega)\mathrm{d}\Omega = \frac{1}{2\pi}\int_{-\pi}^{\pi} X(\mathrm{j}\Omega)\mathrm{d}\Omega\int_{-\pi}^{\pi} Y(\mathrm{j}\Omega)\mathrm{d}\Omega。$$

证明 由 DTFT 卷积定理知

$$x(n) * y(n) = \frac{1}{2\pi}\int_{-\pi}^{\pi} X(\mathrm{j}\Omega)X(\mathrm{j}\Omega)\mathrm{e}^{\mathrm{j}n\Omega}\mathrm{d}\Omega。$$

令 $n = 0$,得

$$x(n) * y(n)\bigg|_{n=0} = \frac{1}{2\pi}\int_{-\pi}^{\pi} X(\mathrm{j}\Omega)X(\mathrm{j}\Omega)\mathrm{d}\Omega。$$

同理可得

$$x(0) = \frac{1}{2\pi}\int_{-\pi}^{\pi} X(\mathrm{j}\Omega)\mathrm{d}\Omega, \quad y(0) = \frac{1}{2\pi}\int_{-\pi}^{\pi} Y(\mathrm{j}\Omega)\mathrm{d}\Omega。$$

而

$$x(n) * y(n) \Big|_{n=0} = \sum_{m=-\infty}^{\infty} x(m) y(-m) = x(0) y(0)$$
$$= \left[\frac{1}{2\pi} \int_{-\pi}^{\pi} X(\mathrm{j}\Omega) \mathrm{d}\Omega \right] \left[\frac{1}{2\pi} \int_{-\pi}^{\pi} Y(\mathrm{j}\Omega) \mathrm{d}\Omega \right],$$

以上利用了 $x(n)$ 和 $y(n)$ 均为因果序列,故

$$\sum_{m=-\infty}^{\infty} x(m) y(-m) = x(0) y(0),$$

于是

$$\frac{1}{2\pi} \int_{-\pi}^{\pi} X(\mathrm{j}\Omega) X(\mathrm{j}\Omega) \mathrm{d}\Omega = \left[\frac{1}{2\pi} \int_{-\pi}^{\pi} X(\mathrm{j}\Omega) \mathrm{d}\Omega \right] \left[\frac{1}{2\pi} \int_{-\pi}^{\pi} Y(\mathrm{j}\Omega) \mathrm{d}\Omega \right],$$

即

$$\int_{-\pi}^{\pi} X(\mathrm{j}\Omega) Y(\mathrm{j}\Omega) \mathrm{d}\Omega = \frac{1}{2\pi} \int_{-\pi}^{\pi} X(\mathrm{j}\Omega) \mathrm{d}\Omega \int_{-\pi}^{\pi} Y(\mathrm{j}\Omega) \mathrm{d}\Omega。$$

注:本题与真题 29.7(中国科学技术大学 2014 年,第一大题第 4 小题)除信号表示略有不同外,解答过程完全相同。

真题 29.18 (中国科学技术大学,2021)现有一个相位均衡器,其系统函数为 $H(z)$,系统群延迟为 $\tau(\Omega)$,试证明:

$$\tau(\Omega) = -\mathrm{Re} \left[\frac{z}{H(z)} \frac{\mathrm{d}H(z)}{\mathrm{d}z} \right] \Big|_{z=\mathrm{e}^{\mathrm{j}\Omega}}。$$

证明 参看真题 29.10 解答。

本题与真题 29.10(中国科学技术大学 2016 年,第七大题)仅题目表述略有不同,证明过程完全相同。

真题 29.19 (四川大学,2021)计算 $X(\mathrm{e}^{\mathrm{j}\omega}) = \sum_{k=-\infty}^{+\infty} (-1)^k \delta\left(\omega - \frac{\pi}{2}k\right)$ 的傅里叶逆变换 $x(n)$。

解 $X(\mathrm{e}^{\mathrm{j}\omega}) = \mathrm{e}^{\mathrm{j}2\omega} \sum_{k=-\infty}^{\infty} \delta\left(\omega - \frac{\pi}{2}k\right)$,由基本 DTFT 变换对

$$\sum_{k=-\infty}^{\infty} \delta(n - 4k) \leftrightarrow \frac{\pi}{2} \sum_{k=-\infty}^{\infty} \delta\left(\omega - \frac{\pi}{2}k\right),$$

并利用 DTFT 的时移性质,得

$$\sum_{k=-\infty}^{\infty} \delta(n - 4k + 2) \leftrightarrow \frac{\pi}{2} \cdot \mathrm{e}^{\mathrm{j}2\omega} \sum_{k=-\infty}^{\infty} \delta\left(\omega - \frac{\pi}{2}k\right),$$

故 $x(n) = \frac{2}{\pi} \sum_{k=-\infty}^{\infty} \delta(n - 4k + 2)$。

真题 29.20 (四川大学,2021)离散线性时不变系统的单位采样响应为

$$h(n) = \frac{\sin \frac{\pi n}{6}}{\pi n} \cdot \cos \frac{\pi}{2} n,$$

输入 $x(n) = 1 + \sin \frac{\pi}{2} n - \frac{1}{2} \sin \frac{3\pi}{4} n + 2\cos \frac{7\pi}{5} n$,求:

（1）频率响应 $H(\mathrm{e}^{\mathrm{j}\omega})$；

（2）输出 $y(n)$。

解　（1）$h(n)=\dfrac{1}{2}\cdot\dfrac{\sin\frac{\pi}{6}n}{\pi n}\big(\mathrm{e}^{\mathrm{j}\frac{\pi}{2}n}+\mathrm{e}^{-\mathrm{j}\frac{\pi}{2}n}\big)$，

由于 $\dfrac{\sin\frac{\pi}{6}n}{\pi n}\leftrightarrow\begin{cases}1,&|\omega|\leqslant\dfrac{\pi}{6}\\0,&\text{其他}\end{cases}$，利用 DTFT 的频移性质得

$$H(\mathrm{e}^{\mathrm{j}\omega})=\begin{cases}\dfrac{1}{2},&\dfrac{\pi}{3}\leqslant|\omega|\leqslant\dfrac{2}{3}\pi\\0,&\text{其他}\end{cases}。$$

（2）$x(n)=1+\sin\dfrac{\pi}{2}n-\dfrac{1}{2}\sin\dfrac{3}{4}\pi n-2\cos\dfrac{2}{5}\pi n$。

由于

$$H(\mathrm{e}^{\mathrm{j}0})=H(\mathrm{e}^{\mathrm{j}3\pi/4})=0,\quad H(\mathrm{e}^{\mathrm{j}\pi/2})=H(\mathrm{e}^{\mathrm{j}2\pi/5})=\dfrac{1}{2},$$

故

$$y(n)=\dfrac{1}{2}\sin\dfrac{\pi}{2}n-\cos\dfrac{2}{5}\pi n。$$

真题 29.21　（中国科学技术大学,2022）求下列信号的 DTFT,用 $X(\mathrm{e}^{\mathrm{j}\omega})$ 表示。

（1）$y_1(n)=x^*(-n)$；（2）$y_2(n)=\begin{cases}x(n/2),&n\text{ 为偶数}\\0,&n\text{ 为奇数}\end{cases}$。

解　（1）$Y_1(\mathrm{e}^{\mathrm{j}\omega})=\displaystyle\sum_{n=-\infty}^{\infty}x^*(-n)\mathrm{e}^{-\mathrm{j}n\omega}=\sum_{n=-\infty}^{\infty}x^*(n)\mathrm{e}^{\mathrm{j}n\omega}$

$$=\Big[\sum_{n=-\infty}^{\infty}x(n)\mathrm{e}^{-\mathrm{j}n\omega}\Big]^*_{\infty}=X^*(\mathrm{e}^{\mathrm{j}\omega})。$$

（2）$Y_2(\mathrm{e}^{\mathrm{j}\omega})=\displaystyle\sum_{n=-\infty}^{\infty}y_2(n)\mathrm{e}^{-\mathrm{j}n\omega}=\sum_{\substack{n=-\infty\\n\text{为偶数}}}^{\infty}x(n/2)\mathrm{e}^{-\mathrm{j}n\omega}$

$$=\sum_{n=-\infty}^{\infty}x(n)\mathrm{e}^{-\mathrm{j}2n\omega}=\sum_{n=-\infty}^{\infty}x(n)\mathrm{e}^{-\mathrm{j}n(2\omega)}n=X(\mathrm{e}^{\mathrm{j}2\omega})。$$

真题 29.22　（上海交通大学,2022）序列 $x(n)$ 的傅里叶变换表示成 $X(\mathrm{e}^{\mathrm{j}\omega})$,又已知序列 $x_1(n)$ 和 $x_2(n)$ 的傅里叶变换分别为

$$X_1(\mathrm{e}^{\mathrm{j}\omega})=X(\mathrm{e}^{\mathrm{j}2\omega}),$$

$$X_2(\mathrm{e}^{\mathrm{j}\omega})=\begin{cases}X(\mathrm{e}^{\mathrm{j}2\omega}),&|\omega|\leqslant\pi/2\\0,&\pi/2<|\omega|\leqslant\pi\end{cases}。$$

分别写出用 $x(n)$ 表示 $x_1(n)$ 和 $x_2(n)$ 的表达式(要求有推导或证明)。

解　由 DTFT 的定义有

$$X_1(\mathrm{e}^{\mathrm{j}\omega}) = \sum_{n=-\infty}^{\infty} x_1(n)\mathrm{e}^{-\mathrm{j}n\omega} = \sum_{n=-\infty}^{\infty} x_1(2n-1)\mathrm{e}^{-\mathrm{j}(2n-1)\omega} + \sum_{n=-\infty}^{\infty} x_1(2n)\mathrm{e}^{-\mathrm{j}2n\omega}, \qquad ①$$

$$X(\mathrm{e}^{\mathrm{j}2\omega}) = \sum_{n=-\infty}^{\infty} x(n)\mathrm{e}^{-\mathrm{j}2n\omega}。 \qquad\qquad ②$$

由于 $X_1(\mathrm{e}^{\mathrm{j}\omega}) = X(\mathrm{e}^{\mathrm{j}2\omega})$，对比式①和式②知

$$x_1(2n-1) = 0, \quad x_1(2n) = x(n)。$$

即 $x_1(n)$ 为 $x(n)$ 在每两点之间插 1 个零所形成的序列，也可以写成

$$x_1(n) = \begin{cases} x(n/2), & n \text{ 为偶数} \\ 0, & n \text{ 为奇数} \end{cases}。$$

$X_2(\mathrm{e}^{\mathrm{j}\omega})$ 是 $X_1(\mathrm{e}^{\mathrm{j}\omega})$ 经过如下理想低通滤波器而得：

$$H_{\mathrm{LP}}(\mathrm{e}^{\mathrm{j}\omega}) = \begin{cases} 1, & |\omega| \leqslant \pi/2 \\ 0, & \pi/2 < |\omega| < \pi \end{cases}。$$

对 $H_{\mathrm{LP}}(\mathrm{e}^{\mathrm{j}\omega})$ 取 IDTFT，得

$$h_{\mathrm{LP}}(n) = \frac{1}{2\pi}\int_{-\pi}^{\pi} H_{\mathrm{LP}}(\mathrm{e}^{\mathrm{j}\omega})\mathrm{e}^{\mathrm{j}n\omega}\mathrm{d}\omega = \frac{1}{2\pi}\int_{-\pi/2}^{\pi/2} \mathrm{e}^{\mathrm{j}n\omega}\mathrm{d}\omega = \frac{\sin\dfrac{\pi}{2}n}{\pi n}。$$

由 DTFT 卷积定理，得

$$x_2(n) = x_1(n) * h_{\mathrm{LP}}(n) = \sum_{m=-\infty}^{\infty} \frac{\sin\dfrac{\pi}{2}(n-m)}{\pi(n-m)} \cdot x_1(m)$$

$$= \sum_{m=-\infty}^{\infty} \frac{\sin\dfrac{\pi}{2}(n-2m)}{\pi(n-2m)} \cdot x(m)。$$

第**30**章

系 统 函 数

系统函数完全表征了一个系统的特征。我们可以根据微分(差分)方程、系统框图或信号流图求出系统的系统函数,进而分析系统的特性,这个过程叫作系统的分析;也可以根据给定的指标(如幅频特性)求得满足条件的系统函数,这个过程叫作系统的综合。系统分析是信号与系统课程的主要内容,而系统综合是数字信号处理课程的主要内容。

30.1 知识点

1. 系统 $H(\,\cdot\,)=\dfrac{B(\,\cdot\,)}{A(\,\cdot\,)}$ 的零点即 $B(\,\cdot\,)=0$ 的根,极点即 $A(\,\cdot\,)=0$ 的根,其中 $B(\,\cdot\,)$ 和 $A(\,\cdot\,)$ 是 s 域或 z 域的有理多项式。之所以为有理多项式,是因为多项式的系数在实际中只能为有理数,例如,数字滤波器的参数由计算机(或芯片)的数值表示范围来确定,计算机(芯片)只能表示有限的数值,而模拟滤波器的参数只能进行有理近似。

2. 系统的性质(如稳定性和滤波特性等)主要由极点决定,但零点对系统性质也有重要影响,如影响滤波特性和相位特性。套用哲学术语,极点是系统的"主要矛盾",零点是系统的"次要矛盾"。

但对于(线性相位)FIR滤波器,由于它的极点全部位于原点,故它的性质完全由零点决定,零点反而成了"主要矛盾",零点的配置不仅决定滤波器的滤波特性,而且决定滤波器的相位是否为线性的。由于极点零位于单位圆内,系统永远是稳定的,极点反而成了"次要矛盾"。

3. 对于连续系统,当极点分别位于 s 平面的左半平面、虚轴、右半平面时,对应于该极点的单位冲激响应有不同的形状,并且与该极点的重数也有关系。零点仅影响各极点对应的单位冲激响应的幅度。

4. 对于离散系统,当极点分别位于 z 平面的单位圆内、单位圆上、单位圆外时,对应于该极点的单位采样响应也有不同的形状,并且与该极点的重数有关,零点仅影响各极点对应的单位采样响应的幅度。

5. 极点决定系统的稳定性,对于连续系统,当极点全部位于 s 平面的左半平面时,系统是稳定的;对于离散系统,当极点全部位于 z 平面的单位圆内时,系统是稳定的。

有两个判断系统稳定性非常有效的准则:对于连续系统是罗斯-霍尔维兹准则,对于离散系统是朱里准则。当系统的阶数较高时,由于构造罗斯阵列或朱里排列非常麻烦,因此这两个准则的理论意义大于实际意义。在计算机应用高度发达的今天,计算高次方程的根是一件极简单的事。

但是,对于二阶和三阶连续系统,有两个简单结论我们最好能在多运用的基础上记住。

(1) 对于连续系统,二阶多项式 $s^2+\alpha s+\beta$ 的两个根都位于 s 平面左半平面的充分必要条件是 $\alpha>0,\beta>0$;三阶多项式 $s^3+\alpha s^2+\beta s+\gamma$ 的根都位于 s 平面左半平面的充分必要条件是 $\alpha,\beta,\gamma>0$ 且 $\alpha\beta>\gamma$。

(2) 对于离散系统,二阶多项式 $z^2+\alpha z+\beta$ 的两个根都位于 z 平面的单位圆内的充分必要条件是 $|\alpha|<1+\beta,|\beta|<1$。

熟记以上几种简单情形,将给解题带来极大的方便。

6. 连续的非因果系统是不能实现的,但离散的非因果系统可以利用寄存器的储存特性来实现。在解题时,默认情况下系统都按照因果系统来处理,但是当给定系统函数而不说明收敛域,要求计算系统的单位冲激响应 $h(t)$ 或者单位采样响应 $h(n)$ 时,就要讨论不同的收敛域,这时系统可以是非因果的。

7. 在定性描绘系统的频率响应(包括幅频响应和相频响应)时,向量法是一种特别有效的方法,有时能起到四两拨千斤的效果。例如,求某个特定频率处的幅度或相位,用向量法比用解析法常常要优越得多。

8. 有一些真题是根据已知各种条件推理得出系统函数的题目,需要十分熟悉拉氏变换及 z 变换的各种性质,如初值定理、终值定理、线性相位 FIR 系统零点的性质等,对综合素质要求较高。

30.2　考研真题解析

真题 30.1　(华南理工大学,2012)关于信号 $x(t)$ 和它的拉氏变换 $X(s)$ 已知以下几点:

(1) $x(k/6)=\begin{cases}0, & k=1,3,5,7,\cdots \\ ce^{-t_0}, & k\neq 1,3,5,7,\cdots\end{cases}$,　c,t_0 是实数;

(2) $x(1)=2e^{-15}$;

(3) $X(s)$ 为有理拉氏变换式;

(4) $X(s)$ 仅有两个极点和一个零点;

(5) $X(s)$ 的收敛域为 $\mathrm{Re}\{s\}>-15$;

试确定 $x(t)$。

解　由(1)知 $x(t)$ 是指数振荡信号,且振荡周期为 $T=\dfrac{2}{3}$。结合条件(2)和条件(5),可设

$$x(t)=Ae^{-15t}\cos(3\pi t+\varphi)\cdot u(t)。$$

由条件(1)得 $\varphi=0$,再由条件(2)得 $A=-2$,故

$$x(t)=-2e^{-15t}\cos 3\pi t\cdot u(t)。\qquad ①$$

检验:显然 $x(t)$ 符合条件(1)和条件(2)。$x(t)$ 的拉氏变换为

$$X(s)=-2\cdot\frac{s+15}{(s+15)^2+(3\pi)^2},$$

$X(s)$ 显然满足条件(3),(4),(5)。故式①即所求。

真题 30.2 (华南理工大学,2017)关于一个单位脉冲响应为 $h(n)$,系统函数为 $H(z)$ 的 LTI 系统,已知下列条件:

(1) $h(n)$ 是实右边序列;

(2) $\lim\limits_{z \to \infty} H(z) = 2$;

(3) $H(z)$ 只有一个二阶零点;

(4) $H(z)$ 的其中一个极点为 $z_1 = \dfrac{2}{3} e^{j\pi/2}$;

(5) 对全部的 n,$x(n) = (1/2)^n$ 时,输出为 $y(n) = 0$,$-\infty < n < +\infty$。

求 $H(z)$ 的表达式及其收敛域。

解 由条件(2)~(4),设 $H(z) = 2 \dfrac{(z - z_2)^2}{(z - z_1)(z - \bar{z}_1)}$。

由条件(4)知 $H(z) = \dfrac{2(z - z_2)^2}{z^2 + \dfrac{4}{9}}$,由条件(5)知 $H(1/2) = 0$,故 $z_2 = \dfrac{1}{2}$。最后得

$$H(z) = \frac{2\left(z - \dfrac{1}{2}\right)^2}{z^2 + \dfrac{4}{9}}, \quad \text{ROC:} \ |z| > 2/3 \text{。}$$

真题 30.3 (南京航天航空大学,2020)已知一个系统的框图如图 30.1 所示。若系统是稳定的,求 K 的范围。

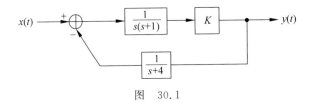

图 30.1

解 由梅森公式得

$$H(s) = \frac{\dfrac{K}{s(s+1)}}{1 + \dfrac{K}{s(s+1)} \cdot \dfrac{1}{s+4}} = \frac{K(s+4)}{s^3 + 5s^2 + 4s + K} \text{。}$$

若系统稳定,则所有极点都在 s 平面的左半平面,用罗斯-霍尔维兹准则判别,先构造阵列如下:

$$
\begin{array}{cc}
1 & 4 \\
5 & K \\
-\dfrac{1}{5}(K - 20) &
\end{array}
$$

于是 $-\dfrac{1}{5}(K - 20) > 0$ 且 $K > 0$,故 $0 < K < 20$。

另解　利用一个现成的结论：三阶多项式 $s^3 + \alpha s^2 + \beta s + \gamma$ 的根都位于 s 平面左半平面的充分必要条件是 $\alpha,\beta,\gamma > 0$ 且 $\alpha\beta > \gamma$。于是得 $K > 0, 5 \times 4 > K$，即 $0 < K < 20$，得到相同的结论。从这道题可见平时的细微积累是多么重要。

真题 30.4　（南京航天航空大学,2020）已知系统函数为
$$H(z) = 1 + az^{-1} + bz^{-2} + cz^{-3} + dz^{-4},$$
该系统有四个零点 -1、1、j、$-j$。

（1）求 a、b、c、d；

（2）求 $H(z)$ 的收敛域；

（3）该系统是否是线性相位的？是 IIR 还是 FIR？

（4）当输入为 $x(n) = \dfrac{1}{4} + \sin \dfrac{\pi}{2} n$ 时,求输出 $y(n)$。

解　（1）由题知
$$H(z) = (1 + z^{-1})(1 - z^{-1})(1 - jz^{-1})(1 + jz^{-1}) = 1 - z^{-4},$$
故 $a = b = c = 0, d = -1$。

（2）ROC：$|z| > 0$。

（3）$h(n) = \delta(n) - \delta(n-4)$ 满足奇对称,故系统是线性相位 FIR 系统。

（4）$H(e^{j\omega}) = 1 - e^{-j4\omega}, H(e^{j0}) = H(e^{j\pi/2}) = 0$,故输出 $y(n) = 0$。

真题 30.5　（厦门大学,2020）已知一个二阶因果线性时不变系统 $H_1(z)$,其零极点如图 30.2(a)所示。现考虑另一个二阶因果线性时不变系统 $H_2(z)$,其零极点如图 30.2(b)所示。存在一个序列 $g(n)$,使得下面三个条件都满足：

(i) $g(n)h_1(n) = h_2(n)$；

(ii) $g(n) = 0, n < 0$；

(iii) $\displaystyle\sum_{n=0}^{\infty} |g(n)| = 3$。

（1）求 $g(n)$；

（2）$H_1(z)$ 和 $H_2(z)$ 是什么滤波器,$g(n)$ 的作用是什么？

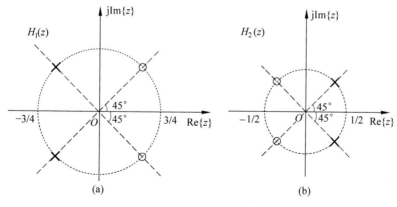

图　30.2

解　（1）由 z 变换的尺度变换性质知,若 $h_1(n) \leftrightarrow H_1(z)$,则 $a^n h_1(n) \leftrightarrow H_1(z/a)$。

令 $a = r\mathrm{e}^{\mathrm{j}\varphi}$，则 $a^n h_1(n) \leftrightarrow H_1\left(\dfrac{1}{r}\mathrm{e}^{-\mathrm{j}\varphi}z\right) = H_2(z)$。因子 a^n 的作用是将 $H_1(z)$ 在整个 z 平面沿径向压缩 $(0<r<1)$ 或伸展 $(r>1)r$ 倍，然后逆时针旋转 $(\varphi>0)$ 或顺时针旋转 $(\varphi<0)$ 角度 $|\varphi|$。

根据图 30.2(a) 和 (b) 零点和极点的位置，取 $a = -\dfrac{2}{3}$，即 $r = \dfrac{2}{3}$，$\varphi = \pi$，再结合条件 (iii) 得 $g(n) = \pm\left(-\dfrac{2}{3}\right)^n u(n)$。于是因子 $g(n)$ 就可以将图 30.2(a) 的零极点转换为图 30.2(b) 的零极点，且满足条件 (i)、条件 (ii) 和条件 (iii)。

(2) 由零极点位置可知，$H_1(z)$ 为高通滤波器，$H_2(z)$ 为低通滤波器。

$g(n)$ 对 $H_1(z)$ 在 z 平面上进行展缩且旋转，它将高通滤波器转变为低通滤波器。

真题 30.6 （中国科学技术大学，2021）某因果 LTI 系统，其单位冲激响应是 $h(t)$，系统函数是 $H(s)$，根据以下条件确定 $H(s)$ 及其收敛域：

(1) $H(s)$ 是有理分式；

(2) $H(s)$ 在无穷远处有一阶零点；

(3) 系统的单位冲激响应是绝对可积的；

(4) 当输入信号 $x(t) = u(t)$ 时，系统的输出信号 $y(t)$ 是绝对可积的；

(5) 由 $h(t)$ 构成的信号 $h''(t) + 4h'(t) + 5h(t)$ 是有限时长信号；

(6) $h(0_+) = 2$。

解 由条件 (2) 知，$H(s)$ 分母多项式的次数比分子多项式的次数多 1。

由条件 (3) 知，$H(s)$ 的极点都在 s 平面的左半平面上。

由条件 (4) 知，$H(s)$ 有零点 0。

由条件 (5) 知，$H(s)$ 的分母含因式 $s^2 + 4s + 5$。

综上可知，$H(s)$ 表达式为

$$H(s) = \frac{As}{s^2 + 4s + 5}。$$

由条件 (6) 知，$\lim\limits_{s\to\infty} sH(s) = 2$，解得 $A = 2$，故

$$H(s) = \frac{2s}{s^2 + 4s + 5}，\quad \mathrm{ROC}：\mathrm{Re}\{s\} > -2。$$

验证知，$H(s)$ 满足以上 (1)~(6) 所有条件，故为所求。

真题 30.7 （宁波大学，2021）已知描述某 LTI 因果离散时间系统的差分方程为

$$y(n) + ay(n-1) + by(n-2) = x(n) + cx(n-1)。$$

其中，a、b、c 均为实常数。系统具有以下特点：$H(z)$ 在 $z = 0.65$ 处有一阶零点；在 $z = 0.3$ 处有一阶极点，且 $H(1) = 1$。

(1) 求该系统的系统函数 $H(z)$，并确定差分方程中的常数 a、b、c；

(2) 求单位样值响应 $h(n)$，说明系统是否稳定；

(3) 若输入 $x(n) = 3\delta(n) - 5\delta(n-1)$，求系统的输出。

解 (1) 由差分方程知系统函数为 $H(z) = \dfrac{1 + cz^{-1}}{1 + az^{-1} + bz^{-2}}$。由题得

$$\begin{cases} 1+c \cdot (0.65)^{-1}=0 \\ 1+a \cdot (0.3)^{-1}+b \cdot (0.3)^{-2}=0 \\ \dfrac{1+c}{1+a+b}=1 \end{cases}。$$

解得 $a=-0.8, b=0.15, c=-0.65$，故

$$H(z)=\frac{1-0.65z^{-1}}{1-0.8z^{-1}+0.15z^{-2}}。$$

（2）$H(z)=\dfrac{1-0.65z^{-1}}{(1-0.3z^{-1})(1-0.15z^{-1})}=\dfrac{1.75}{1-0.3z^{-1}}-\dfrac{0.75}{1-0.15z^{-1}}$，

故 $h(n)=(1.75 \cdot 0.3^n-0.75 \cdot 0.5^n)u(n)$。

（3）由系统的线性与时不变性得

$y(n)=3h(n)-5h(n-1)$

$=3(1.75 \cdot 0.3^n-0.75 \cdot 0.5^n)u(n)-5(1.75 \cdot 0.3^{n-1}-0.75 \cdot 0.5^{n-1})u(n-1)$。

真题 30.8 （西安邮电大学，2022）描述某离散系统的系统函数 $H(z)=$ $\dfrac{z^2+3z+2}{2z^2-(K-1)z+1}$，为了使系统稳定，$K$ 的取值范围为_____。

答案 $-2<K<4$。

解 $H(z)=\dfrac{1}{2} \cdot \dfrac{z^2+3z+2}{z^2-\dfrac{K-1}{2}z+\dfrac{1}{2}}$，$\alpha=-\dfrac{K-1}{2}$，$\beta=\dfrac{1}{2}$。

由离散系统稳定的充分必要条件得

$$|\alpha|<1+\beta, \quad |\beta|<1,$$

即 $\left|\dfrac{K-1}{2}\right|<\dfrac{3}{2}$，$-2<K<4$。

真题 30.9 （电子科技大学，2022）一个二阶连续时间线性时不变系统，其系统函数 $H(s)$ 有理且单位冲激响应 $h(t)$ 为奇函数，已知：

（i）$H(s)$ 在有限 S 平面仅有一个零点；

（ii）$H(s)$ 有一个极点 $p_1=2$；

（iii）$\displaystyle\int_{-\infty}^{+\infty} h(t) \mathrm{e}^{-t} \mathrm{d}t=1$。

要求：

（1）写出 $H(s)$ 的表达式和收敛域；

（2）画出系统框图；

（3）写出单位冲激响应 $h(t)$，并判断其稳定性。

解 （1）由条件(i)和条件(ii)，可设 $H(s)=\dfrac{A(s-a)}{(s-2)(s-b)}$。

由于 $h(t)$ 是奇函数，则 $H(s)=-H(-s)$，故 $a=0, b=-2$，

$$H(s)=\frac{As}{(s+2)(s-2)}。$$

由条件(iii)可知 $H(1)=1$，故 $A=-3$，最后得

$$H(s) = \frac{-3s}{(s+2)(s-2)}, \quad -2 < \text{Re}\{s\} < 2 。$$

（2）$H(s) = \dfrac{-3s^{-1}}{1-4s^{-2}}$，流图如图 30.3 所示。

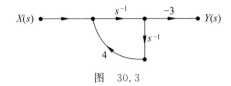

图　30.3

（3）$H(s) = -\dfrac{3}{2}\left(\dfrac{1}{s+2} + \dfrac{1}{s-2}\right)，-2 < \text{Re}\{s\} < 2$。取拉氏逆变换得

$$h(t) = -\frac{3}{2}\text{e}^{-2t}u(t) + \frac{3}{2}\text{e}^{2t}u(-t) 。$$

由于收敛域包含虚轴，故系统是稳定的。

第31章

梅森公式其实挺简单

熟练掌握梅森公式,对学习数字信号处理和信号与系统这两门课程都极有好处,不仅可以从任何信号流图或框图迅速写出对应的系统函数,而且可以从不同形式的系统函数画出对应的信号流图或框图。

有些同学对梅森公式望而生畏,觉得很难。其实梅森公式并不复杂,只要正确解三个概念即可:前向通路、回路、回路的接触。

31.1 知识点

1. 信号流图及其与系统框图之间的转换

信号流图是一种用有向的线图来描述线性方程组变量间因果关系的图形。用它来描述系统框图更为简便。

文献[1]中表明:"(信号流图)可以通过梅森公式将系统函数与相应的信号流图联系起来。"其实,我们只要理解了系统框图的拓扑结构,就可以直接从框图写出系统函数,无需将框图转化为信号流图。

将框图转化为流图时,只要将加法器转化为结点,将各支路转化为有向线条(直线或曲线,根据自己的喜好),并在有向线条上标出各自的增益(增益为 1 时可以省略,默认为 1)。下面以文献[1]中例 1.5-3 中的框图为例,说明框图如此转化为信号流图。框图如图 31.1 所示。

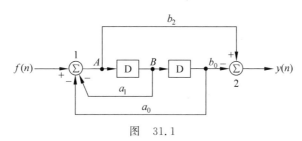

图　31.1

将加法器 1 和 2 分别看作两个结点,则系统一共有 5 个结点。注意,A 点可以与加法器

1 合并，不算独立结点，加法器 2 的出支路可以省略，这样更简洁一些。然后根据框图结构将各结点连接起来，标出信号流向，在每条支路上标出增益。延迟器增益为 z^{-1}。注意乘法器的正负号，图中有三个乘法器都有负号，故增益分别为 $-a_1$、$-a_0$、$-b_0$，另一个乘法增益为 b_2。其他支路增益都为 1，则不标（默认为 1）。最后，系统框图转化为如图 31.2 所示信号流图。

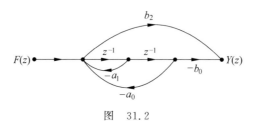

图　31.2

将信号流图转化为系统框图是上述过程的相反过程。当一个结点有两个或两个以上入支路时，则将该结点转化为加法器。有时为了美观起见，可以添加结点或支路，如图 31.1 中的结点 A 及加法器 2 的出支路等。下面以文献 [1] 习题 7.37 中的信号流图为例，如图 31.3 所示。

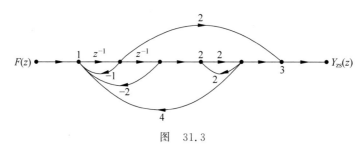

图　31.3

该信号流图共有 8 个结点，其中结点 1、2、3 都有至少 2 个入支路，故转化为加法器，z^{-1} 转化为延迟器，另外还有 6 个乘法器。最后将信号流图转化为如图 31.4 所示系统框图。

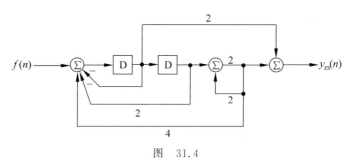

图　31.4

如果熟悉了系统框图与信号流图之间的转换，那么在运用梅森公式时，既可以根据信号流图写出系统函数，也可以根据系统框图写出系统函数。

2. 基本概念

本部分基本概念很多，有些概念与基础电路中电路网络的概念十分类似，要注意它们之间的异同。

结点和支路、源点和汇点、通路等概念从略。

开通路：如果通路与任一结点相遇不多于一次，则称为开通路。

回路：如果通路的终点就是通路的起点（与其余结点相遇不多于一次），则称为回路，也叫作闭通路或环。只有一个结点和一条支路的回路，称为自回路（或自环）。回路中各路增益的乘积称为回路增益。

前向通路：从源点到汇点的开通路称为前向通路，前向通路中各支路增益的乘积称为前向通路增益。

回路的接触（接触回路）：若两个回路有任何共同的支路或结点，就称为是接触的，否则称为是不接触的。

例 31.1 下面以西安电子科技大学 2011 年一道考研真题中的离散系统信号流图（图 31.5）为例，说明以上概念。

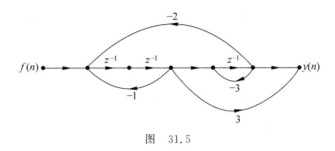

图 31.5

如图 31.6 所示，A、B、C、D、E、F、G 为结点，共 7 个结点。

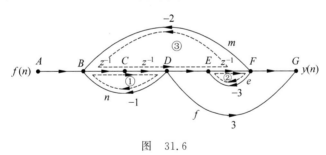

图 31.6

AB、BC、CD、DE、EF、FG、FmB、DnB、FeE、DfG 为支路，共 10 个支路。

A 为源点，G 为汇点。

通路：A 到 D 的通路包括 $ABCD$，$ABCDnBCD$，$\cdots$；

开通路：A 到 D 的无数个通路中，只有 $ABCD$ 是开通路；

有两条前向通路：$ABCDEFG$，$ABCDfG$；

回路：有 3 个回路，即①$BCDnB$；②$EFeE$；③$BCDEFmB$。其中，回路①与回路②互不接触，回路③与回路①和②都接触，故两两不接触的回路只有①与②，没有三三不接触的回路。

3. 梅森公式

$$H = \frac{1}{\Delta} \sum_i P_i \Delta_i。$$

说明：

(1) $\Delta = 1 - \sum\limits_{j} L_j + \sum\limits_{m,n} L_m L_n - \sum\limits_{p,q,r} L_p L_q L_r + \cdots$，$\Delta$ 称为特征行列式。

$\sum\limits_{j} L_j$：所有不同回路的增益之和；

$\sum\limits_{m,n} L_m L_n$：所有两两不接触回路的增益乘积之和；

$\sum\limits_{p,q,r} L_p L_q L_r$：所有三个互不接触回路的增益乘积之和。

特征行列式 Δ 的表达式看起来很复杂，但在实际的大多数场合常常只有两项，即

$$\Delta = 1 - \sum\limits_{j} L_j，$$

因为实际中很少出现两个及以上互不接触的回路。

(2) $\sum\limits_{i} P_i \Delta_i$

i：从源点到汇点的第 i 条前向通路的标号；

P_i：源点到汇点的第 i 条前向通路的增益；

Δ_i：第 i 条前向通路的特征行列式的余子式，即与第 i 条前向通路不接触的子图的特征行列式。

上述 P_i 较易理解，Δ_i 需要进一步说明。

Δ_i 是将与第 i 条前向通路相接触的所有支路全部删掉，剩下的部分计算其特征行列式 Δ，如前所述，Δ_i 的表达式在大多数情况下为 $\Delta_i = 1 - \sum\limits_{j} L_j$ 的形式。

例 31.2 下面仍以图 31.5 为例说明梅森公式的运用。

先计算 Δ。由于 3 个回路中只有①和②互不接触，没有三三不接触的回路，故

$$\begin{aligned}
\Delta &= 1 - (L_1 + L_2 + L_3) + L_1 L_2 \\
&= 1 - (-z^{-2} - 3z^{-1} - 2z^{-3}) + (-z^{-2})(-3z^{-1}) \\
&= 1 + 3z^{-1} + z^{-2} + 5z^{-3}。
\end{aligned}$$

再计算 $\sum\limits_{i} P_i \Delta_i$。显然 $i = 2$。两条前向通路中，第 1 条前向通路 $ABCDEFG$ 与 3 个回路都接触，故其代数余子式 $\Delta_1 = 1$。第 2 条前向通路 $ABCDfG$ 与回路 ① 和 ③ 接触，与回路 ② 不接触。故其代数余子式为

$$\Delta_2 = 1 - L_2 = 1 + 3z^{-1}。$$

易知 $P_1 = z^{-3}$，$P_2 = 3z^{-2}$，故

$$\sum\limits_{i} P_i \Delta_i = z^{-3} \cdot 1 + 3z^{-2}(1 + 3z^{-1}) = 3z^{-2} + 10z^{-3}。$$

最后由梅森公式得系统函数为

$$H(z) = \frac{\sum\limits_{i} P_i \Delta_i}{\Delta} = \frac{3z^{-2} + 10z^{-3}}{1 + 3z^{-1} + z^{-2} + 5z^{-3}} = \frac{3z + 10}{z^3 + 3z^2 + z + 5}。$$

4. 掌握了梅森公式之后,再回头来看信号流图的简化就很容易理解了

（1）串联支路的合并,如图 31.7 所示。

图　31.7

根据梅森公式得

$$H(s) = \frac{ab \cdot 1}{1} = ab。$$

（2）并联支路的合并如图 31.8 所示。

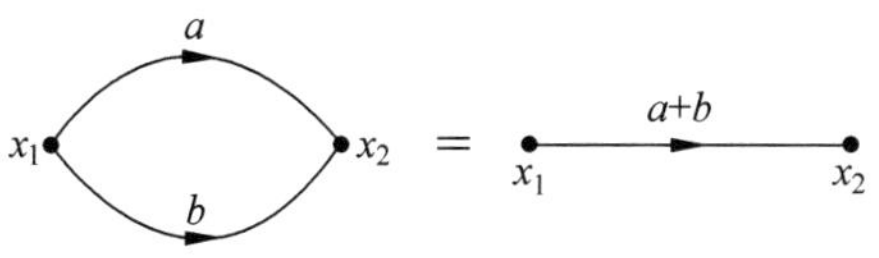

图　31.8

根据梅森公式得

$$H(s) = \frac{a \cdot 1 + b \cdot 1}{1} = a + b。$$

（3）自环的消除如图 31.9 所示。

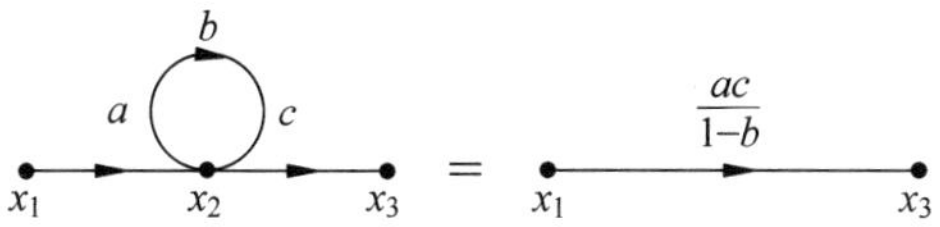

图　31.9

根据梅森公式得

$$H(s) = \frac{ac \cdot 1}{1 - b} = \frac{ac}{1 - b}。$$

下面看一个更加复杂的例子,取自文献[5]中例 5.4,但文献[5]中采用消元法,十分繁琐。下面我们用梅森公式求解。

例 31.3　已知两个离散系统的信号流图分别如图 31.10(a)和(b)所示,分别求它们的系统函数 $H_1(z)$ 和 $H_2(z)$。

分析　两个信号流图看起来十分相似,且都有四条前向通路和两个回路,相对位置也差不多,但仔细观察就会发现,图 31.10(a)下支路的两个前向通路与回路①是接触的,而图 31.10(b)下支路的两个前向通路与回路①是不接触的,这个微妙的区别将导致两个系统零点的截然不同。但由于两个流图的回路个数及接触情况相同,故两个系统的极点完全相同。

另外,在图 31.10(a)的流图中,上下支路不是并联关系,因为并联结构要求有相同的输入,而在图 31.10(b)中,上下支路是并联关系。

解　图 31.10(a)和(b)中的两个回路都不接触,故特征行列式 Δ 相同:
$$\Delta = 1 - (2z^{-1} + 0.1z^{-1}) + 2z^{-1} \cdot 0.1z^{-1} = 1 - 2.1z^{-1} + 0.2z^{-2}。$$

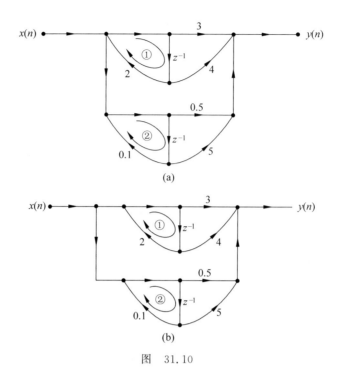

图 31.10

再分别计算 $\sum_{i=1}^{4} P_i \Delta_i$ 项。

图 31.10(a)中,上支路的两个前向通路($i=1,2$)都与回路①接触,且都与回路②不接触,故

$$P_1 \Delta_1 + P_2 \Delta_2 = 3(1-0.1z^{-1}) + 4z^{-1}(1-0.1z^{-1}) = 3+3.7z^{-1} - 0.4z^{-2}。$$

下支路的两个前向通路($i=3,4$)与回路①和②都接触,故

$$\Delta_3 = \Delta_4 = 1, \quad P_3 \Delta_3 + P_4 \Delta_4 = 0.5 + 5z^{-1}。$$

由梅森公式得图 31.10(a)的系统函数为

$$H_1(z) = \frac{\sum_{i=1}^{4} P_i \Delta_i}{\Delta} = \frac{3+3.7z^{-1}-0.4z^{-2}+0.5+5z^{-1}}{1-2.1z^{-1}+0.2z^{-2}} = \frac{3.5+8.7z^{-1}-0.4z^{-2}}{1-2.1z^{-1}+0.2z^{-2}}。$$

图 31.10(b)中,上支路的两个前向通路($i=1,2$)都与回路①接触,但与回路②不接触,故

$$\Delta_1 = \Delta_2 = 1-0.1z^{-1},$$

$$P_1 \Delta_1 + P_2 \Delta_2 = 3(1-0.1z^{-1}) + 4z^{-1}(1-0.1z^{-1}) = 3+3.7z^{-1} - 0.4z^{-2}。$$

这两项与图 31.10(a)完全相同。

下支路的两个前向通路($i=3,4$)都与回路②接触,与回路①都不接触,故

$$\Delta_3 = \Delta_4 = 1-2z^{-1},$$

$$P_3 \Delta_3 + P_4 \Delta_4 = 0.5(1-2z^{-1}) + 5z^{-1}(1-2z^{-1}) = 0.5+4z^{-1} - 10z^{-2}。$$

由梅森公式得图 31.10(b)的系统函数为

$$H_2(z) = \frac{3 + 3.7z^{-1} - 0.4z^{-2} + 0.5 + 4z^{-1} - 10z^{-2}}{1 - 2.1z^{-1} + 0.2z^{-2}}$$

$$= \frac{3.5 + 7.7z^{-1} - 10.4z^{-2}}{1 - 2.1z^{-1} + 0.2z^{-2}}。$$

由于图 31.10(b) 中上、下两个支路是并联的,可以将上下支路看作两个子系统,它们的系统函数分别为 $\dfrac{3 + 4z^{-1}}{1 - 2z^{-1}}$ 和 $\dfrac{0.5 + 5z^{-1}}{1 - 0.1z^{-1}}$,故

$$H_2(z) = \frac{3 + 4z^{-1}}{1 - 2z^{-1}} + \frac{0.5 + 5z^{-1}}{1 - 0.1z^{-1}} = \frac{3.5 + 7.7z^{-1} - 10.4z^{-2}}{1 - 2.1z^{-1} + 0.2z^{-2}}。$$

只要正确理解了梅森公式的用法,我们就可以直接从系统框图写出系统函数,而无需将框图转换为信号流图。下列以一道考研真题为例加以说明。

例 31.4 (中国科学技术大学,2022)如图 31.11 所示的离散时间因果系统满足 $y(0) = 1$,$y(-1) = -0.5$。

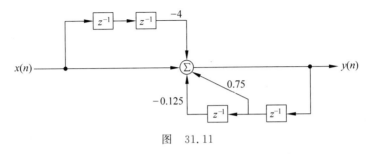

图 31.11

(1) 求系统函数 $H(z)$,画出 $H(z)$ 的零极点图和收敛域;

(2) 概画出幅频特性曲线和相频特性曲线;

(3) 画出用最少数目的三种离散时间基本单元(数乘器、相加器和单位延时器)实现该系统的规范型实现结构;

(4) 当输入 $x(n) = (-0.5)^n u(n)$ 时,求系统的 $y_{zs}(n)$ 和 $y_{zi}(n)$。

分析 本题解答的前提是首先求出系统函数。

显然,系统有两条回路,回路增益分别为

$$L_1 = 0.75z^{-1}, \quad L_2 = -0.125z^{-2},$$

且两条回路相互接触,故特征行列式为

$$\Delta = 1 - (L_1 + L_2) = 1 - (0.75z^{-1} - 0.125z^{-2})$$

$$= 1 - 0.75z^{-1} + 0.125z^{-2}。$$

其次,系统有两条前向通路 $(i = 1, 2)$,增益分别为 $P_1 = 1$,$P_2 = -4z^{-2}$,且两条前向通路与两条回路都接触,$\Delta_1 = \Delta_2 = 1$,于是

$$\sum_{i=1}^{2} P_i \Delta_i = P_1 \Delta_1 + P_2 \Delta_2 = 1 - 4z^{-2}。$$

最后,由梅森公式得系统函数为

$$H(z) = \frac{\displaystyle\sum_{i=1}^{2} P_i \Delta_i}{\Delta} = \frac{1 - 4z^{-2}}{1 - 0.75z^{-1} + 0.125z^{-2}}。$$

本题的详细解答如下。

解 （1）由梅森公式得

$$H(z) = \frac{1 - 4z^{-2}}{1 - (0.75z^{-1} - 0.125z^{-2})} = \frac{1 - 4z^{-2}}{1 - 0.75z^{-1} + 0.125z^{-2}}。$$

零点为 ± 2，极点为 0.5 和 0.25，$|z| > 0.5$，图略。

（2）由零极点位置并结合描点法画出 $[-\pi, \pi]$ 内的幅频特性 $|H(e^{j\omega})|$ 及相频特性 $\varphi(\omega)$，如图 31.12 所示。

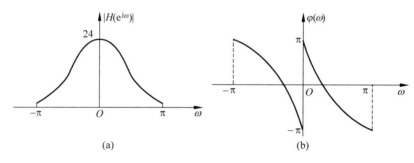

图 31.12

（3）采用直接 II 型，如图 31.13 所示。

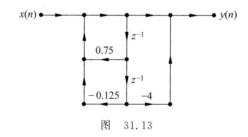

图 31.13

由图知，它只有两个延迟器，而题目中有四个延迟器，从而节省了两个延迟器，优点是不仅代价更小，而且性能更优越。

（4）由 $\dfrac{Y(z)}{X(z)} = \dfrac{1 - 4z^{-2}}{1 - 0.75z^{-1} + 0.125z^{-2}}$，得系统差分方程

$$y(n) - 0.75y(n-1) + 0.125y(n-2) = x(n) - 4x(n-2)。$$

令 $n = 0$，得

$$y(0) - 0.75y(-1) + 0.125y(-2) = 1, \quad y(-2) = -3。$$

对差分方程取 z 变换，得

$$Y(z) - 0.75[z^{-1}Y(z) + y(-1)] + 0.125[z^{-2}Y(z) + z^{-1}y(-1) + y(-2)]$$

$$= (1 - 4z^{-2})X(z)。$$

代入已知条件并整理得

$$Y(z) = \frac{-0.75 + 0.0625z^{-1}}{(1 - 0.5z^{-1})(1 - 0.25z^{-1})} + \frac{1 - 4z^{-2}}{(1 - 0.5z^{-1})(1 - 0.25z^{-1})(1 + 0.5z^{-1})},$$

$$Y_{zi}(z) = \frac{-0.75 + 0.0625z^{-1}}{(1 - 0.5z^{-1})(1 - 0.25z^{-1})} = 0.5 \cdot \frac{1}{1 - 0.25z^{-1}} - 1.25 \cdot \frac{1}{1 - 0.5z^{-1}},$$

$$y_{zi}(n) = (0.5 \cdot 0.25^n - 1.25 \cdot 0.5^n)u(n),$$

$$Y_{zs}(z) = \frac{1 - 4z^{-2}}{(1 - 0.5z^{-1})(1 - 0.25z^{-1})(1 + 0.5z^{-1})}$$

$$= \frac{1}{1 - 0.5z^{-1}} + \frac{1}{3}\left(\frac{1}{1 + 0.5z^{-1}} - \frac{1}{1 - 0.25z^{-1}}\right) -$$

$$4z^{-2}\left[\frac{1}{1 - 0.5z^{-1}} + \frac{1}{3}\left(\frac{1}{1 + 0.5z^{-1}} - \frac{1}{1 - 0.25z^{-1}}\right)\right],$$

$$y_{zs}(n) = \left\{0.5^n + \frac{1}{3}\left[(-0.5)^n - 0.25^n\right]\right\}u(n) -$$

$$4\left\{0.5^{n-2} + \frac{1}{3}\left[(-0.5)^{n-2} - 0.25^{n-2}\right]\right\}u(n-2).$$

5. 有些复杂的信号流图，它们设计出来的唯一目的就是练习梅森公式的运用，其本身的实际意义并不大，它们可以用更简单的结构来代替，从而实现代价及性能都要优于原来的结构。

下画仍以文献[1]中习题 7.37 的信号流图为例加以说明，如图 31.14 所示。

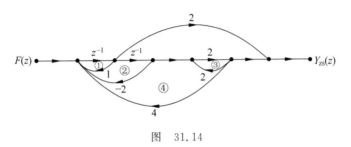

图　31.14

可见流图中有四个回路：①、②、③、④，其中两两不接触的回路有③与①、③与②，没有三个及以上互不接触的回路。有两条前向通路，即上方的非直线通路与下方的直线通路，前一个前向通路与回路③不接触，与其他三个回路都接触；后一个前向通路与所有四个回路都接触。由梅森公式，不难写出系统函数为

$$H(z) = \frac{2z^{-1}(1-4) + 2z^{-2}}{1 - (-z^{-1} - 2z^{-2} + 4 + 8z^{-2}) + [4(-z^{-1}) + 4(-2z^{-2})]}$$

$$= \frac{6z^{-1} - 2z^{-2}}{3 + 3z^{-1} + 14z^{-2}} = \frac{2z^{-1} - \frac{2}{3}z^{-2}}{1 + z^{-1} + \frac{14}{3}z^{-2}}.$$

求出 $H(z)$ 后，将 $H(z)$ 写成

$$H(z) = \frac{2z^{-1} - \frac{2}{3}z^{-2}}{1 - \left(-z^{-1} - \frac{14}{3}z^{-2}\right)}.$$

于是我们可以用另一种信号流图来实现 $H(z)$，如图 31.15 所示。

比较图 31.14 与图 31.15 两个信号流图，有如下结论。

(1) 图 31.14 的信号流图有 3 个加法器，6 个乘法器，而图 31.15 的信号流图只有 2 个

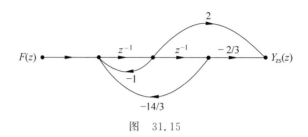

图　31.15

加法器和 4 个乘法器；两者都有 2 个延迟器。显然后者实现的代价更小。

（2）后者比前者有更优良的误差性能。

31.2　考研真题解析

真题 31.1　（中国科学技术大学,2020）对于用图 31.16 描述的系统,假设 $n<0$ 时,$y(n)=0$,试画出 $x(n)=\delta(n)$ 时,$y(n)$ 的序列波形。

解　由梅森公式得系统函数为 $H(z)=\dfrac{z^{-1}}{1+z^{-1}}$,取逆 z 变换得

$$h(n)=(-1)^{n-1}u(n-1)。$$

波形如图 31.17 所示。

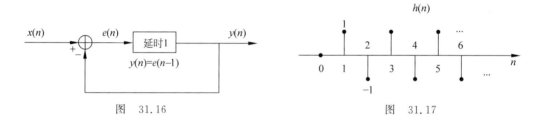

图　31.16　　　　　　　　　　　图　31.17

真题 31.2　（中国科学技术大学,2021）某离散时间因果 LTI 系统的零极点分布如图 31.18(a)所示,并已知它对常数输入的放大倍数为 2,试求:

（1）该系统是否稳定？它有因果稳定的逆系统吗？

（2）概画出该系统的幅频特性曲线和相频特性曲线,它是低通、高通,还是带通滤波器？

（3）由该系统 $H(z)$ 再构造一个如图 31.18(b)所示的反馈系统,试求整个系统的系统函数 $H_f(z)$。

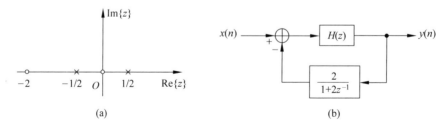

(a)　　　　　　　　　　(b)

图　31.18

解 （1）由于两个极点都在单位圆内，故系统是稳定的。由于有一个零点在单位圆外，故没有因果稳定的逆系统。

（2）由零极点图，可设

$$H(z) = \frac{Az(z+2)}{\left(z+\frac{1}{2}\right)\left(z-\frac{1}{2}\right)}。$$

由题有 $H(\mathrm{e}^{\mathrm{j}0}) = H(1) = 2$，得 $A = \frac{1}{2}$，故

$$H(z) = \frac{\frac{1}{2}z(z+2)}{\left(z+\frac{1}{2}\right)\left(z-\frac{1}{2}\right)}。$$

用描点法画出幅频特性 $|H(\mathrm{e}^{\mathrm{j}\omega})|$，大致如图 31.19 所示。

由于 1 个零点在单位圆外，故该系统是最大相位延迟系统，相频特性大致如图 31.20 所示。

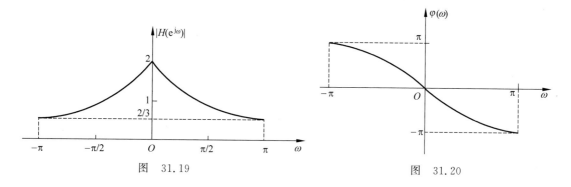

图 31.19

图 31.20

（3）由梅森公式得

$$H_f(z) = \frac{H(z)}{1 + \frac{2}{1+2z^{-1}} \cdot H(z)} = \frac{\frac{1}{2} \cdot \frac{z(z+2)}{\left(z+\frac{1}{2}\right)\left(z-\frac{1}{2}\right)}}{1 + \frac{2z}{z+2} \cdot \frac{1}{2}\frac{z(z+2)}{\left(z+\frac{1}{2}\right)\left(z-\frac{1}{2}\right)}}$$

$$= \frac{\frac{1}{2}z(z+2)}{\left(z+\frac{1}{2}\right)\left(z-\frac{1}{2}\right)+z^2} = \frac{1}{4} \cdot \frac{1+2z^{-1}}{1-\frac{1}{8}z^{-2}},$$

即

$$H_f(z) = \frac{1}{4} \cdot \frac{1+2z^{-1}}{1-\frac{1}{8}z^{-2}}。$$

第**32**章

DFT的概念及其应用

离散傅里叶变换(DFT)是数字信号处理课程的主要内容之一,但在中国科学技术大学等高校,DFT也属于硕士研究生入学考试大纲的内容,主要考查DFT的基本性质、DFT的快速计算(快速傅里叶变换(FFT))、用DFT计算线性卷积的重叠相加法和重叠保留法、圆周卷积与线性卷积之间的关系、用DFT进行频谱分析时的参数关系、DFT与离散傅里叶逆变换(IDTFT)之间的关系等基本内容。

32.1 知识点

1. DFT是对信号进行频谱分析的工具,并不是一种新的变换,而是将离散傅里叶级数(DFS)和离散时间傅里叶变换(DTFT)结合起来,对有限长序列进行频谱分析的一种方法。在学习DFT时,应体会它和DFS、DTFT之间的密切联系。

2. DFT的定义

由于DFS是周期性的,其仅有有限个序列值有意义。如果只考虑有限个值,就得到DFT的概念,即DFS在主值区间上的值。设N点序列为$x(n)(0 \leqslant n \leqslant N-1)$,则DFT定义为

$$X(k) = \mathrm{DFT}[x(n)] = \sum_{n=0}^{N-1} x(n) e^{-j\frac{2\pi}{N}nk} = \sum_{n=0}^{N-1} x(n) W_N^{nk}, \quad k = 0, 1, \cdots, N-1。$$

其中,$W_N = e^{-j\frac{2\pi}{N}}$。DFT的逆变换为

$$x(n) = \mathrm{IDFT}[X(k)] = \frac{1}{N} \sum_{k=0}^{N-1} X(k) e^{j\frac{2\pi}{N}nk}$$

$$= \frac{1}{N} \sum_{n=0}^{N-1} X(k) W_N^{-nk}, \quad n = 0, 1, \cdots, N-1。$$

定义于第一个周期$(0 \leqslant n \leqslant N-1)$中的DFS就是DFT,因此DFT隐含有周期性,即在DFT的讨论中,有限长序列都是作为周期序列的一个周期来表示的。对DFT的任何处理,都是先把序列值进行周期延拓,再作相应的处理,然后取主值区间$(0 \leqslant n \leqslant N-1)$的值,就得到处理的结果。

3. DFT 与 DTFT 及 z 变换之间的关系

DFT 与 DTFT 及 z 变换之间为频域抽样的关系,即

$$X(k)=X(\mathrm{e}^{\mathrm{j}\omega})\Big|_{\omega=\frac{2\pi}{N}k}=X(z)\Big|_{z=\mathrm{e}^{\mathrm{j}\frac{2\pi}{N}k}},\quad k=0,1,\cdots,N-1,$$

即 N 点 DFT 为 $x(n)$ 的 DTFT 在 $0\leqslant\omega<2\pi$ 上的 N 个等间隔点上的抽样值,或 $x(n)$ 的 z 变换在单位圆上的抽样值。当 N 很大时,$X(k)$ 的幅度谱 $|X(k)|$ 的包络将更加逼近 $|X(\mathrm{e}^{\mathrm{j}\omega})|$ 曲线,在用 DFT 进行谱分析时,这一概念起着重要的作用。

4. DFT 的性质

DFT 包含很多性质,是数字信号处理课程的重要内容,这里我们选讲几个常用性质,这些性质根据 DFT 的定义很容易证明。

(1) 圆周移位性质。

$x(n)$ 的 m 点移位定义为 $x_m(n)=x((n+m))_N R_N(n)$。圆周移位有两个重要公式,第一个是

$$X_m(k)=\mathrm{DFT}[x_m(n)]=\mathrm{DFT}[x((n+m))_N R_N(n)]$$
$$=W_N^{-mk}X(k)=\mathrm{e}^{\mathrm{j}\frac{2\pi}{N}mk}X(k),$$

即有限长序列的 m 点圆周移位,在离散频域的频率响应中只引入一个与频率 $\left(\omega_k=\dfrac{2\pi}{N}k\right)$ 成比例的线性相移 W_N^{-km},对频率响应的幅度没有影响。

第二个重要公式是 DFT 的调制特性,即

$$\mathrm{IDFT}[X((k+l))_N R_N(k)]=W_N^{nl}x(n)=\mathrm{e}^{-\mathrm{j}\frac{2\pi}{N}nl}x(n),$$

即离散时域的调制(相乘)等于离散频域的圆周移位。

利用欧拉公式,可以得到如下两个重要的关系式:

$$\mathrm{DFT}\left[x(n)\cos\left(\frac{2\pi nl}{N}\right)\right]=\frac{1}{2}[X((k-l))_N+X((k+l))_N]R_N(k),$$
$$\mathrm{DFT}\left[x(n)\sin\left(\frac{2\pi nl}{N}\right)\right]=\frac{1}{2\mathrm{j}}[X((k-l))_N-X((k+l))_N]R_N(k).$$

(2) 圆周翻转序列的 DFT:

$$\mathrm{DFT}[x((-n))_N R_N(n)]=X((-k))_N R_N(k),$$

即 $\mathrm{DFT}[x(N-n)]=X(N-k)$。

(3) 对偶性。

若 $x(n)\leftrightarrow X(k)$,则 $X(n)\leftrightarrow Nx(N-k)$。

5. DFT 的对称性质

和 DTFT 一样,DFT 也有一些重要的对称性质。对称意味着信息的冗余,即由一部分信息推断另一部分信息,或由部分信息推断整体信息。对称性质常用于简化运算,或检验计算结果是否正确。

DTFT 的对称是指序列的实部与虚部、共轭对称分量与共轭反对称分量,及其 DTFT 的实部与虚部、共轭对称分量与共轭反对称分量之间的关系。类似地,DFT 具有圆周共轭对称性,并且和 DTFT 中的对称性非常类似。

首先介绍一个记号:$x((n))_N$,它表示模运算关系,其运算如下:

$$x((n))_N = x(n \bmod N) = x(n_1),$$

其中，$n_1 = (n \bmod N)$，$0 \leqslant n_1 \leqslant N-1$，即 n_1 为主值区间中的值。

下面给出一些重要结果并加以证明。

设 $x(n) = \mathrm{Re}[x(n)] + \mathrm{j}\,\mathrm{Im}[x(n)]$，$X(k) = \mathrm{DFT}[x(n)]$。

(1) 共轭序列 $x^*(n)$ 的 DFT

$$\mathrm{DFT}[x^*(n)] = X^*((-k))_N R_N(k) = X^*((N-k))_N R_N(k) = X^*(N-k)。$$

证明 因为 $((-k))_N = -k + rN$，其中 r 为整数，且使得 $0 \leqslant -k+rN \leqslant N-1$，所以

$$X^*((-k))_N R_N(k) = X^*((N-k))_N R_N(k) = X^*(N-k)，\quad 0 \leqslant k \leqslant N-1。$$

而

$$\mathrm{DFT}[x^*(n)] = \sum_{n=0}^{N-1} x^*(n) W_N^{kn}, \quad X(N-k) = \sum_{n=0}^{N-1} x(n) W_N^{(N-k)n} = \sum_{n=0}^{N-1} x(n) W_N^{-kn},$$

$$X^*(N-k) = \sum_{n=0}^{N-1} x^*(n) W_N^{kn} = \mathrm{DFT}[x^*(n)]。$$

于是原式得证。

直观地理解，$x(n)$ 与 $x^*(n)$ 的 DFT 是关于圆周共轭对称的。

(2) 圆周共轭反转序列的 DFT

$$\mathrm{DFT}[x^*((-n))_N R_N(n)] = \mathrm{DFT}[x^*(N-n)] = x^*(k)。$$

证明 根据 $((\cdot))_N$ 的定义知

$$x^*((-n))_N R_N(n) = x^*(N-n)，\quad 0 \leqslant n \leqslant N-1。$$

由 $X(k) = \sum_{n=0}^{N-1} x(n) W_N^{nk}$，得 $X^*(k) = \sum_{n=0}^{N-1} x^*(n) W_N^{-nk}$，而

$$\mathrm{DFT}[x^*(N-n)] = \sum_{n=0}^{N-1} x^*(N-n) W_N^{nk} = \sum_{n'=1}^{N} x^*(n') W_N^{(N-n')k}$$

$$= \sum_{n=1}^{N} x^*(n) W_N^{-nk} = \sum_{n=0}^{N-1} x^*(n) W_N^{-nk}。$$

最后一个等式之所以成立，是因为 $x^*(n) W_N^{-nk}$ 是周期为 N 的周期函数。

于是证得 $\mathrm{DFT}[x^*(N-n)] = x^*(k)$。

(3) 复序列 $x(n)$ 可分解为圆周共轭对称分量 $x_{\mathrm{ep}}(n)$ 与圆周共轭反对称分量 $x_{\mathrm{op}}(n)$ 之和，即

$$x(n) = x_{\mathrm{ep}}(n) + x_{\mathrm{op}}(n)。$$

其中，

$$x_{\mathrm{ep}}(n) = \frac{1}{2}[x(n) + x^*(N-n)]，\quad x_{\mathrm{op}}(n) = \frac{1}{2}[x(n) - x^*(N-n)]。$$

$x_{\mathrm{ep}}(n)$ 满足圆周共轭偶对称，即 $x_{\mathrm{ep}}(n) = x_{\mathrm{ep}}^*(N-n)$；

$x_{\mathrm{op}}(n)$ 满足圆周共轭奇对称，即 $x_{\mathrm{op}}(n) = -x_{\mathrm{op}}^*(N-n)$。

(4) 若 $x(n)$ 为实序列，则有 $x_{\mathrm{ep}}(n) = x_{\mathrm{ep}}(N-n)$，$x_{\mathrm{op}}(n) = -x_{\mathrm{op}}(N-n)$，分别称 $x_{\mathrm{ep}}(n)$ 满足圆周偶对称关系，$x_{\mathrm{op}}(n)$ 满足圆周奇对称关系。

若 $x(n)$ 为实序列，由于 $x(n) = x^*(n)$，则有 $X(k) = X^*(N-k)$，称 $X(k)$ 满足圆周

共轭对称关系。

将 $X(k)$ 表示为 $X(k)=|X(k)|\mathrm{e}^{\mathrm{jarg}[X(k)]}$，则有

$$X(k)=|X(N-k)|, \quad \arg[X(k)]=-\arg[X(N-k)].$$

即实序列 $x(n)$ 的幅度满足圆周偶对称关系，相角满足圆周奇对称关系，$k=\dfrac{N}{2}$ 对应频率 $\dfrac{f_s}{2}$，即折叠频率。

若 $X(k)=X_\mathrm{R}(k)+\mathrm{j}X_\mathrm{I}(k)$，则

$$X_\mathrm{R}(k)=X_\mathrm{R}(N-k), \quad X_\mathrm{I}(k)=-X_\mathrm{I}(N-k).$$

即实序列的 DFT 实部满足圆周偶对称，虚部满足圆周奇对称。

(5) 如果序列 $x(n)=x_\mathrm{R}(n)+\mathrm{j}x_\mathrm{I}(n)$ 对应的 $X(k)=\mathrm{DFT}[x(n)]$ 分成圆周共轭对称分量与圆周共轭反对称分量之和，即 $X(k)=X_\mathrm{ep}(k)+X_\mathrm{op}(k)$，其中 e 和 o 分别表示共轭对称与共轭反对称，p 表示圆周，以与普通共轭对称与共轭反对称相区别。那么，存在如下的对偶关系：

$$X_\mathrm{ep}(k)=\mathrm{DFT}[x_\mathrm{R}(n)], \quad X_\mathrm{op}(k)=\mathrm{DFT}[\mathrm{j}x_\mathrm{I}(n)].$$

下面证明前一个等式，后一个等式同理可证。

证明 由于 $x_\mathrm{R}(n)=\dfrac{1}{2}[x(n)+x^*(n)]$，于是

$$\mathrm{DFT}[x_\mathrm{R}(n)]=\frac{1}{2}\mathrm{DFT}[x(n)+x^*(n)]=\frac{1}{2}[X(k)+X^*(N-k)]=X_\mathrm{ep}(k).$$

其中 $\mathrm{DFT}[x^*(n)]=X^*(N-k)$ 用到了上一条性质。

如果将 $x(n)$ 分成圆周共轭对称分量与圆周共轭反对称分量，对应的 DFT 分成实部与虚部，则有如下的对偶关系：

$$\mathrm{DFT}[x_\mathrm{ep}(n)]=X_\mathrm{R}(k), \quad \mathrm{DFT}[x_\mathrm{op}(n)]=\mathrm{j}X_\mathrm{I}(k).$$

下面证明前一个等式，后一个等式同理可证。

因为 $x_\mathrm{ep}(n)=\dfrac{1}{2}[x(n)+x^*(N-n)]$，而

$$\mathrm{DFT}[x(n)]=X(k), \quad \mathrm{DFT}[x^*(N-n)]=X^*(k),$$

所以

$$\mathrm{DFT}[x_\mathrm{ep}(n)]=\frac{1}{2}[X(k)+X^*(k)]=X_\mathrm{R}(k).$$

将以上两对对偶关系总结为如图 32.1 所示。

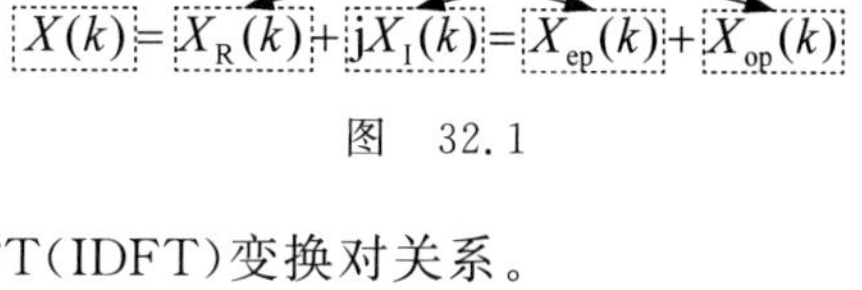

图 32.1

其中双向箭头表示互为 DFT(IDFT)变换对关系。

6. 利用 DFT 进行信号的频谱分析

设有模拟信号 $x(t)$，对 $x(t)$ 进行抽样，抽样频率为 f_s，抽样时间间隔为 $T=\dfrac{1}{f_s}$，则抽

样序列为

$$x(n) = x(t)\Big|_{t=nT} = x(nT)。$$

取 N 点 $x(n)(n=0,1,\cdots,N-1)$ 进行 DFT 分析,即

$$X(k) = X(\mathrm{e}^{\mathrm{j}\omega_k})\Big|_{\omega_k = \frac{2\pi}{N}k}。$$

其中,$X(\mathrm{e}^{\mathrm{j}\omega})$ 为 $x(n)$ 的 DTFT,则各参数之间的关系为

$$\omega_k = \frac{2\pi}{N}k = \Omega_k T = 2\pi f_k T = 2\pi \frac{f_k}{f_s}, \quad 0 \leqslant k \leqslant N-1。$$

式中,f_k 为模拟频率(Hz),Ω_k 为模拟角频率(rad/s),k 为离散参量,ω_k 为第 k 个抽样的数字角频率。

将 $F_0 = \dfrac{f_s}{N} = \dfrac{1}{NT}$ 定义为频率分辨率,可见,增加记录时间(即增加 N),就能减小 F_0,因而提高频率分辨率。

用时域序列补零的方法不能提高频率分辨率,这是因为补零不能增加信号的有效长度,补零后序列的频谱 $X(\mathrm{e}^{\mathrm{j}\omega})$ 不会变化,没有增加任何信息,所以不能提高分辨率。但补零可以增加频率抽样的点数,减少栅栏效应的影响。

用 DFT 对 $x(t)$ 作谱分析,要注意以下几个问题。

(1) 频谱混叠失真

这是由时间域的突变及信号的高频噪声产生的,提高采样频率 f_s 以及对信号进行带限,都可以减轻频率混叠失真的影响。

(2) 频谱泄漏

这是由时域的截断(即加窗)产生的,可用如下两种方法减轻频谱泄漏:①采用缓变型的窗函数,使窗的旁瓣幅度更小;②加大窗长 N,使主瓣更窄,也可以减轻泄漏。

(3) 栅栏效应

由于 DFT 是对 $X(\mathrm{e}^{\mathrm{j}\omega})$ 的抽样,所以任意相邻两点之间的频率点上的频谱值是未知的,此即栅栏效应。减轻栅栏效应有两个方法:①在数据长度 T_0 不变时,增加 f_s,由于 $T_0 = NT = \dfrac{N}{f_s}$,则增加 f_s 即增加 N;②在有效 N 点数据后面补零。

7. 利用 DFT 计算线性卷积

利用圆周卷积可以计算线性卷积,但在实际中不是直接用圆周卷积来计算线性卷积的,而是利用圆周卷积和定理,用 DFT 来计算圆周卷积,从而得到线性卷积的。这种方法可以利用 DFT 的快速算法 FFT 进行快速计算。

设有两个序列分别为 $x_1(n)(0 \leqslant n \leqslant N_1-1)$ 和 $x_2(n)(0 \leqslant n \leqslant N_2-1)$,用 DFT 计算线性卷积 $y_l(n) = x_1(n) * x_2(n)$ 的过程如下:

(1) 取最小的正整数 m,使 $L = 2^m \geqslant N_1 + N_2 - 1$;

(2) 将 $x_1(n)$ 与 $x_2(n)$ 尾部补零至长 L;

(3) 求两个 L 点 DFT,即 $X_1(k) = \mathrm{DFT}[x_1(n)]$,$X_2(k) = \mathrm{DFT}[x_2(n)]$;

(4) 求 $Y(k) = X_1(k)X_2(k)$;

(5) 求 $y(n) = \mathrm{IDFT}[Y(k)](0 \leqslant n \leqslant L-1)$;

(6) 取 $y_l(n) = y(n)$,$0 \leqslant n \leqslant N_1 + N_2 - 2$。

32.2 考研真题解析

真题 32.1 （中国科学技术大学,2003)可以运用一个 N 点 FFT 程序同时计算两个 N 点的不同实序列 $x_1(n)$ 和 $x_2(n)$ 的 DFT 值 $X_1(k)$ 和 $X_2(k)$,试简述这一计算方法和计算框图,并推导相应的运算公式。

分析 本题考查用一次 N 点复序列 FFT 同时计算两个 N 点实序列的 DFT,是 FFT 的应用必须掌握的基本内容。本题算法部分不难,难的是根据算法画计算框图。从 $X(k)$ 恢复 $X_1(k)$ 和 $X_2(k)$ 时有一个蝶形结构,是 FFT 算法结构的基本单元。

解 计算方法包括如下三个步骤:

(1) 将 $x_1(n)$ 和 $x_2(n)$ 组成一个复序列: $x(n)=x_1(n)+\mathrm{j}x_2(n)$;

(2) 对复序列 $x(n)$ 作 N 点 FFT,得 $X(k)$;

(3) 根据 DFT 的圆周共轭对称性(推导过程见前面概述部分)得

$$X_1(k)=\frac{X(k)+X^*(N-k)}{2}, \quad X_2(k)=\frac{X(k)-X^*(N-k)}{\mathrm{j}2}。$$

计算框图如图 32.2 所示。

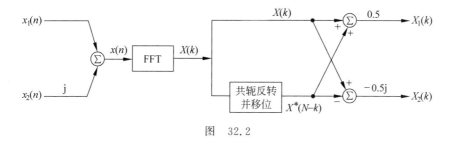

图 32.2

真题 32.2 （中国科学技术大学,2006)已知序列值为 $\{2,1,0,1\}$ 的 4 点序列 $x(n)$,试计算 8 点序列

$$y(n)=\begin{cases} x(n/2), & n=2l \\ 0, & n\neq 2l \end{cases}, \quad l \text{ 为整数}$$

的离散傅里叶变换 $Y(k),k=0,1,2,3,4,5,6,7$。

分析 本题已知 4 点序到,在每两点之间插入一个 0,构成一个 8 点新序列,求新序列的 DFT。本题由于序列点数较少,所以可以直接用 DFT 定义计算。

解 由于 $x(n)=\{2,1,0,1\}$,故 $y(n)=\{2,0,1,0,0,0,1,0\}$。

$$Y(k)=\sum_{n=0}^{7} y(n)\mathrm{e}^{-\mathrm{j}\frac{2\pi}{8}nk}=2+\mathrm{e}^{-\mathrm{j}\frac{\pi}{4}\cdot 2k}+\mathrm{e}^{-\mathrm{j}\frac{\pi}{4}\cdot 6k}$$

$$=2+2\cos\frac{\pi}{2}k, \quad k=0,1,\cdots,7。$$

故

$$Y(k)=\{4,2,0,2,4,2,0,2\}。$$

注:一般地,有如下结论:设 $x(n)$ 为 N 点序列,且 $x(n)\leftrightarrow X(k),n,k=0,1,\cdots,N-1$。

在 $x(n)$ 每两点之间插入 $(m-1)$ 个零,构成一个 mN 点新序列 $y(n)$,即

$$y(n)=\begin{cases}x(n/m),&n/m\text{ 为整数}\\0,&n/m\text{ 不为整数}\end{cases},\quad n=0,1,\cdots,mN-1。$$

设 $y(n)\leftrightarrow Y(k)$,则

$$Y(k)=\underbrace{\{X(k),X(k),\cdots,X(k)\}}_{m\text{个}X(k)}。$$

本题中 $m=2$ 且 $X(k)=\{4,2,0,2\}$,故

$$Y(k)=\{4,2,0,2,4,2,0,2\}。$$

真题 32.3 (中国科学技术大学,2007)现成可用的 FFT 程序都是为计算复序列的 DFT 设计的,试画出只使用一次 N 点 FFT 程序,能同时计算出两个 N 点实序列 $x_1(n)$ 和 $x_2(n)$ 的 N 点 DFT$X_1(k)$ 和 $X_2(k)$ 的计算流程图(图中只允许有一个计算 N 点 DFT 的方框)。

分析 本题与该校 2003 年第 5 题几乎完全相同,也是用一次 N 点复序列的 FFT 计算两个实序列的 DFT,仅在题目表述上略有不同。

解 令 $x(n)=x_1(n)+jx_2(n)$,用 FFT 计算 $X(k)=\text{DFT}\{x(n)\}$。

由 DFT 的奇偶对称性知

$$\begin{cases}X_1(k)=\dfrac{1}{2}[X(k)+X^*(N-k)]\\X_2(k)=-j\cdot\dfrac{1}{2}[X(k)-X^*(N-k)]\end{cases},$$

计算流程图如图 32.3 所示。

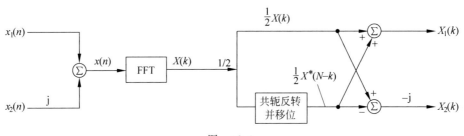

图　32.3

真题 32.4 (中国科学技术大学,2008)有两种不同的方法可以借助现成的 N 点 FFT 程序,直接计算离散傅里叶变换的逆变换(IDFT),试分别证明这两种方法,并相应地画出这两种用 N 点 FFT 程序、由 N 点 DFT 系数 $X(k)$ 直接计算出 N 点序列 $x(n)$,即 $x(n)=\text{IDFT}\{X(k)\}$ 的计算流程图。

分析 DFT 与 IDFT 是互逆的过程,但计算过程十分相似,故可用同一个 FFT 结构计算。方法 1 思路自然,是大多数教材中介绍的方法;方法 2 利用了 DFT 的性质,即对序列 $x(n)$ 连续进行两次 DFT 运算得到 $x(N-n)$,只要将 $x(N-n)$ 调整一下顺序即得 $x(n)$。

解　方法 1 根据公式

$$x(n)=\frac{1}{N}\sum_{k=0}^{N-1}X(k)W_N^{-nk}=\frac{1}{N}\left[\sum_{k=0}^{N-1}X^*(k)W_N^{nk}\right]^*。$$

计算步骤如下：

(1) 先对 $X(k)$ 取共轭得 $X^*(k)$；

(2) 由 N 点 FFT 程序计算 $\sum\limits_{k=0}^{N-1} X^*(k) W_N^{nk}$；

(3) 对结果再次取共轭，得 $\sum\limits_{k=0}^{N-1} X(k) W_N^{-nk}$；

(4) 乘以系数 $\dfrac{1}{N}$，即得 $x(n)$。

计算流程图如图 32.4 所示。

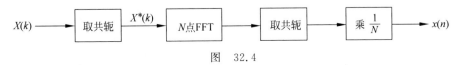

$$X(k) \longrightarrow \boxed{\text{取共轭}} \xrightarrow{X^*(k)} \boxed{N\text{点FFT}} \longrightarrow \boxed{\text{取共轭}} \longrightarrow \boxed{\text{乘}\ \dfrac{1}{N}} \xrightarrow{x(n)}$$

图 32.4

注：方法 1 思路自然，是大多数教材介绍的方法。

方法 2 由 $x(n) = \dfrac{1}{N}\sum\limits_{k=0}^{N-1} X(k) W_N^{-nk}$，得

$$x(N-n) = \frac{1}{N}\sum_{k=0}^{N-1} X(k) W_N^{-(N-n)k} = \frac{1}{N}\sum_{k=0}^{N-1} X(k) W_N^{nk}。$$

由此得计算步骤如下：

(1) 先对 $X(k)$ 作 N 点 FFT，得 $\sum\limits_{k=0}^{N-1} X(k) W_N^{nk}$；

(2) 乘以 $\dfrac{1}{N}$，即得 $x(N-n)$；

(3) 将 $x(N-n)$ 保留第 1 个值顺序不变，第 2 至第 N 个值倒序排列，即得 $x(n)$。

计算流程图如图 32.5 所示。

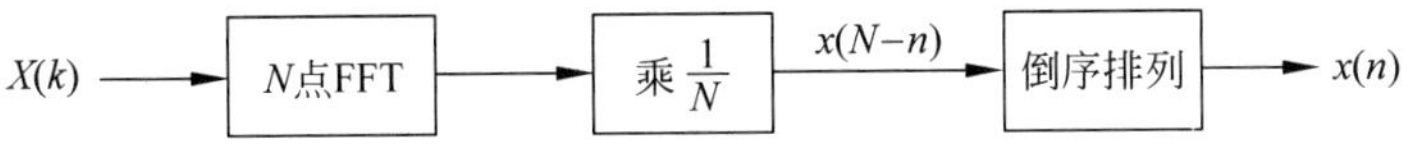

$$X(k) \longrightarrow \boxed{N\text{点FFT}} \longrightarrow \boxed{\text{乘}\ \dfrac{1}{N}} \xrightarrow{x(N-n)} \boxed{\text{倒序排列}} \longrightarrow x(n)$$

图 32.5

真题 32.5 （中国科学技术大学，2009）数字滤波器是最常用的数字信号处理方法，对于 IIR 和 FIR 这两种数字滤波器，有效实现无限长数字信号 $x(n), n=0,1,2\cdots$ 的滤波方法是不相同的。

(1) 对于 IIR 滤波器，若已知滤波器的系统函数

$$H_{\mathrm{d}}(z) = \frac{b_0 + b_1 z^{-1} + b_2 z^{-2}}{a_0 + a_1 z^{-1} + a_2 z^{-2} + a_3 z^{-3}},$$

试写出计算无限长数字信号 $x(n)$ 通过该 IIR 滤波器的输出信号 $y(n), n=0,1,2\cdots$ 的计算公式，以及用三种计算单元(数字相加器、数乘器和单位延时器)的实现框图。

(2) 对于 FIR 滤波器，通常采用 FFT 程序的快速卷积(或称频域滤波)方法来实现 $x(n)$ 的数字滤波。若已知 FIR 滤波器的单位冲激响应 $h_{\mathrm{d}}(n) = \sum\limits_{k=0}^{15} h_k \delta(n-k)$，试画出采

用 128 点 FFT 程序,分段计算无限长数字信号 $x(n)$ 通过该 FIR 滤波器的输出信号 $y(n)$,$n = 0,1,2,\cdots$ 的实现框图;并分别说明采用重叠相加法和重叠保留法的快速卷积方法来计算输出信号 $y(n)$ 时,对 $x(n)$ 是如何分段的,又如何从每个分段滤波结果连接成无限长的 $y(n)$。

分析 本题考查 IIR 滤波器的实现结构,用 FFT 进行卷积的快速计算,及分段 FFT 算法中重叠相加法和重叠保留法的实现原理。

解 (1) 由 $H_d(z) = \dfrac{Y(z)}{X(z)} = \dfrac{b_0 + b_1 z^{-1} + b_2 z^{-2}}{a_0 + a_1 z^{-1} + a_2 z^{-2} + a_3 z^{-3}}$,得

$$a_0 y(n) + a_1 y(n-1) + a_2 y(n-2) + a_3 y(n-3)$$
$$= b_0 x(n) + b_1 x(n-1) + b_2 x(n-2),$$

$$y(n) = -\frac{a_1}{a_0} y(n-1) - \frac{a_2}{a_0} y(n-2) - \frac{a_3}{a_0} y(n-3) +$$

$$\frac{b_0}{a_0} x(n) + \frac{b_1}{a_0} x(n-1) + \frac{b_2}{a_0} x(n-2)。$$

由上式即可递推计算 $y(n)$,$n = 0,1,2,\cdots$。

将 $H_d(z)$ 写成

$$H_d(z) = \frac{\dfrac{b_0}{a_0} + \dfrac{b_1}{a_0} z^{-1} + \dfrac{b_2}{a_0} z^{-2}}{1 - \left(-\dfrac{a_1}{a_0} z^{-1} - \dfrac{a_2}{a_0} z^{-2} - \dfrac{a_3}{a_0} z^{-3} \right)},$$

直接 II 型实现流图如图 32.6 所示。

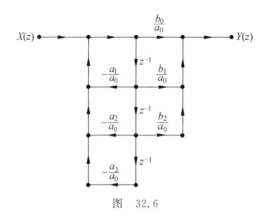

图 32.6

(2) $h_d(n)$ 长为 16,将其补零至 128 位,用 FFT 计算 $H_d(k) = \text{DFT}\{h_d(n)\}$。由于 $H_d(k)$ 要重复使用,所以将其储存备用。

将 $x(n)$ 分段为 $x_i(n)$,$i = 0,1,2,\cdots$。由于有重叠相加法和重叠保留法两种方法,对 113 点 $x_i(n)$ 的处理略有不同,将其补零扩展至 128 点,再用 FFT 计算 $X_i(k) = \text{DFT}\{x_i(n)\}$。

令 $Y_i(k) = X_i(k) H_d(k)$,用 IFFT 计算 $y_i(n) = \text{IDFT}\{Y_i(k)\}$。将 $y_i(n)$ 中的点数以合适的方式连接起来,即可得 $y(n)$,实现框图如图 32.7 所示。

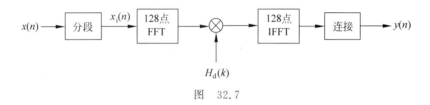

图　32.7

（i）重叠相加法。

设 $x(n)$ 分段 $x_i(n)$ 长为 L，由 $L+16-1=128$ 得 $L=113$，即分段的每段长 113 每段补零至 128 位。

用 FFT 计算 $y_i(n)=x_i(n)*h_d(n)$。

由于
$$x(n)=x_0(n)+x_1(n)*\delta(n-L)+\cdots+x_i(n)*\delta(n-iL)+\cdots,$$
故
$$y(n)=y_0(n)+y_1(n)*\delta(n-L)+\cdots+y_i(n)*\delta(n-iL)+\cdots。$$

由上式可知，相邻两段 $y_i(n)$ 与 $y_{i+1}(n)$ 相加时，$y_i(n)$ 的最后 15 个点与 $y_{i+1}(n)$ 的前 15 个点要重叠相加。

（ii）重叠保留法。

仍按每段长 113 对 $x(n)$ 分段，但保留上一段的最后 15 个点，构成 128 点，第一个分段前填充 15 个零，得到 $x_i(n)$。用 FFT 计算 $y_i(n)=x_i(n)*h_d(n)$。将 $y_i(n)$ 的前 15 个点舍去，余下的点前后相连，即可得到 $y(n)$。

真题 32.6　（中国科学技术大学，2010）现有一长度为 N 的序列 $\{x(n),n=0,1,\cdots,N-1\}$。设 N 可以表达为两个正整数的乘积，即 $N=ML$，这里 M 和 L 分别为两个正整数。现欲求序列 $x(n)$ 的 DFT。为减少乘法运算量，要求将该 N 点 DFT 分解成为若干 M 点 DFT 和若干 L 点 DFT 进行运算。

（1）试推导出分解运算表达式；

（2）试给出分解运算后的复数乘法运算量，并与直接计算 N 点 DFT 所需的复数乘法运算量作比较，给出你的结论。

分析　本题考查 FFT 的混合基（多基多进制）快速算法，属于数字信号处理的较高要求。通常考查基-2 按时间抽取或按频率抽取 FFT 算法较多。混合基 FFT 算法的复数乘法运算量需在理解的基础上记忆。

解　（1）设 $n=Ln_1+n_0$，$n_1=0,1,\cdots,M-1$，$n_0=0,1,\cdots,L-1$；
$$k=Mk_1+k_0,k_1=0,1,\cdots,L-1,k_0=0,1,\cdots,M-1。$$

$$X(k)=\sum_{n_0=0}^{L-1}\sum_{n_1=0}^{M-1}x(n)W_N^{nk}$$

$$=\sum_{n_0=0}^{L-1}\sum_{n_1=0}^{M-1}x(n_1,n_0)W_N^{(Ln_1+n_0)(Mk_1+k_0)}$$

$$=\sum_{n_0=0}^{L-1}\left\{\left[\sum_{n_1=0}^{M-1}x(n_1,n_0)W_M^{n_1k_0}\right]W_N^{n_0k_0}\right\}W_L^{n_0k_1}。$$

即 $X(k)$ 分解为三个步骤：

（i）计算 L 个 M 点 DFT： $\sum_{n_1=0}^{M-1} x(n_1,n_0)W_M^{n_1k_0}$ ；

（ii）乘以旋转因子 $W_N^{n_0k_0}$ ；

（iii）计算做 M 个 L 点 DFT，即得

$$X(k)=\sum_{n_0=0}^{L-1}\left\{\left[\sum_{n_1=0}^{M-1}x(n_1,n_0)W_M^{n_1k_0}\right]W_N^{n_0k_0}\right\}W_L^{n_0k_1}。$$

（2）分解后，复数乘法运算量为 $N(M+L+1)$ ，而直接计算的复数乘法运算量为 N^2 。当 N 较大，且 M 和 L 比较接近时，复数乘法运算量大大减小。

真题 32.7 （中国科学技术大学，2011）已知 $X(k)=\mathrm{DFT}\{x(n)\}$ ， $0\leqslant k\leqslant 2N-1$ ， $x(n)$ 为实序列。现要求通过 $X(k)$ 求取 $x(n)$ ，即对 $X(k)$ 进行 IDFT。请根据 $x(n)$ 序列的特点，设计一种节省计算量的计算方法，仅用一次 N 点的 IDFT 完成逆变换。给出求取 $x(n)$ 的计算公式和步骤。

分析 本题考查用一次 N 点复数 IDFT，从 $2N$ 点实序列的 DFT 值 $X(k)$ 计算 $x(n)$ 。

解 设 $x_1(n)=x(2n)$ ， $x_2(n)=x(2n+1)$ ， $n=0,1,\cdots,N-1$ ，则

$$x_1(n)+\mathrm{j}x_2(n)\leftrightarrow X_1(k)+\mathrm{j}X_2(k)。$$

$x(n)(0\leqslant n\leqslant 2N-1)$ 的 DFT 为

$$\begin{aligned}X(k)&=\sum_{n=0}^{2N-1}x(n)W_{2N}^{nk}=\sum_{n=0}^{N-1}x(2n)W_{2N}^{2nk}+\sum_{n=0}^{N-1}x(2n+1)W_{2N}^{(2n+1)k}\\&=\sum_{n=0}^{N-1}x_1(n)W_N^{nk}+W_{2N}^k\sum_{n=0}^{N-1}x_2(n)W_N^{nk}\\&=X_1(k)+W_{2N}^kX_2(k)。\end{aligned}$$

于是有

$$\begin{cases}X(k)=X_1(k)+W_{2N}^kX_2(k)\\X(k+N)=X_1(k)-W_{2N}^kX_2(k)\end{cases}, \quad k=0,1,\cdots,N-1。$$

解得

$$\begin{cases}X_1(k)=\dfrac{1}{2}[X(k)+X(k+N)]\\X_2(k)=\dfrac{1}{2W_{2N}^k}[X(k)-X(k+N)]\end{cases}, \quad k=0,1,\cdots,N-1。$$

于是，由 $X(k)(0\leqslant k\leqslant 2N-1)$ 可计算得 $X_1(k)$ 和 $X_2(k)$ ，进而构造 $X_1(k)+\mathrm{j}X_2(k)$ ，对其作 IDFT，实部即 $x_1(n)=x(2n)$ ，虚部即 $x_2(n)=x(2n+1)$ 。

最后，由 $x_1(n)$ 和 $x_2(n)$ 构造 $x(n)$ ，即实现用一次 N 点 IDFT 恢复 $x(n)$ 。

真题 32.8 （中国科学技术大学，2012）对一模拟时域信号进行 DFT 频谱分析，采样频率为 10.24kHz，采样点数为 2048。

（1）求整个采样过程的持续时间；

（2）求 DFT 的频率分辨率，分别以模拟域频率 Δf 和数字域频率 $\Delta\Omega$ 表示；

（3）求谱线 $X(1000)$ 所对应的频点，分别以模拟域频率 f_k 和数字域频率 Ω_k 表示。

分析 本题考查 DFT 频谱分析中有关参数的计算。

解 (1) $f_s=10.24\,\mathrm{kHz}$, $T=\dfrac{1}{f_s}$, $N=2048$,故

$$\Delta T=NT=2048\times\frac{1}{10.24\times1000}\,\mathrm{s}=0.2\,\mathrm{s}。$$

(2) $\Delta f=\dfrac{f_s}{N}=\dfrac{10.24\times10^3}{2048}\,\mathrm{Hz}=5\,\mathrm{Hz}$, $\Delta\Omega=\dfrac{2\pi}{N}=\dfrac{\pi}{1024}\,\mathrm{rad}$。

(3) $f_k=1000\cdot\Delta f=5000\,\mathrm{Hz}=5\,\mathrm{kHz}$, $\Omega_k=\dfrac{f_k}{f_s}\cdot2\pi=0.97656\pi\,\mathrm{rad}$。

真题 32.9 (中国科学技术大学,2013)已知一个 4 点序列 $x(n)$ 的序列值依次为 1,0, 2,−1,计算其 4 点 DFT 系数 $X(k)$。

分析 本题相当于送分题,简单 DFT 计算,考查复数的计算。

解 $X(k)=\displaystyle\sum_{n=0}^{3}x(n)\mathrm{e}^{-\mathrm{j}\frac{\pi}{2}nk}=1+2\cdot(-1)^k-\mathrm{j}^k$,故

$$X(0)=2,\quad X(1)=-1-\mathrm{j},\quad X(2)=4,\quad X(3)=-1+\mathrm{j}。$$

真题 32.10 (中国科学技术大学,2014)一个长度为 M 点的数字信号 $x(n)$ 分别通过两个均为 L 点的 FIR 数字滤波器(它们的单位采样响应分别为 $h_1(n)$ 和 $h_2(n)$)的输出分别是 $y_1(n)$ 和 $y_2(n)$。现有一个 N 点 FFT 程序($N\geqslant M+L-1$),试画出仅用这个 N 点 FFT 程序,高效快速地同时分别计算出 $y_1(n)$ 和 $y_2(n)$ 的算法框图,并加以必要的说明。 (提示:数字信号 $x(n)$,以及 $h_1(n)$ 和 $h_2(n)$ 都属于实序列。)

分析 考查一个 N 点实序列与另两个 N 点实序列进行卷积运算的快速算法。

解 算法过程如下:

(1) 将 $x(n)$ 和 $h_1(n)$、$h_2(n)$ 补零至 N 位,得到 $\hat{x}(n)$ 和 $\hat{h}_1(n)$、$\hat{h}_2(n)$;

(2) 令 $\hat{h}(n)=\hat{h}_1(n)+\mathrm{j}h_2(n)$;

(3) 用 FFT 计算 $\mathrm{DFT}\{\hat{x}(n)\}=\hat{X}(k)$, $\mathrm{DFT}\{\hat{h}(n)\}=\hat{H}(k)$;

(4) 计算 $\hat{Y}(k)=\hat{X}(k)\hat{H}(k)$;

(5) 用 FFT 计算 $\mathrm{IDFT}\{\hat{Y}(k)\}=\left\{\mathrm{DFT}\left[\dfrac{1}{N}\hat{Y}^*(k)\right]\right\}^*=\hat{y}(n)$;

(6) 最后对 $\hat{y}(n)$ 分别取实部和虚部即得

$$y_1(n)=\mathrm{Re}\{\hat{y}(n)\},\quad y_2(n)=\mathrm{Im}\{\hat{y}(n)\}。$$

由以上算法步骤画出实现框图,如图 32.8 所示。

真题 32.11 (中国科学技术大学,2014)已知一个周期为 $N=6$ 的周期序列 $x(n)$,其 $0\leqslant n\leqslant5$ 的序列值依次为 1,−1,0,2,0,−1,计算 $x(n)$ 的 6 点 DFT 系数 $X(k)$ 以及 $x(n)$ 的 DFS 系数 F_k, $k\in\mathbb{Z}$。

分析 考查简单 DFT 的计算以及 DFT 与 DFS 之间的关系:DFT 是 DFS 在主值区间的值,DFS 是 DFT 的周期延拓。

解 由 $X(k)=\displaystyle\sum_{n=0}^{5}x(n)W_6^{nk}$,计算得 $X(k)=\{1,-2,4,1,4,-2\}$。

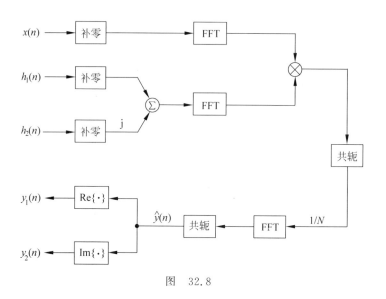

图　32.8

DFS 系数 F_k, $k \in \mathbb{Z}$ 为 $F_k = X((k))_6$。

真题 32.12 （中国科学技术大学,2014)以 20.48kHz 的采样频率对一模拟时域信号进行 DFT 频谱分析,取样点数为 1024。

(1) 求其频谱分辨率,分别以模拟域频率 Δf 和数字域频率 $\Delta \omega$ 表示;

(2) 求谱线 $X(127)$ 所对应的频率分别以模拟域频率 f_k 和数字域频率 ω_k 表示。

分析　考查用 DFT 对模拟信号进行频谱分析时参数的计算。

解　(1) $\Delta f = \dfrac{f_s}{N} = \dfrac{20480}{1024}Hz= 20$Hz, $\Delta \omega = \dfrac{\Delta f}{f_s} \cdot 2\pi = \dfrac{20}{20480} \cdot 2\pi$rad$= \dfrac{\pi}{512}$rad。

(2) $f_k = 20 \times 127$Hz$= 2540$Hz, $\omega_k = \Delta \omega \times 127 = \dfrac{127}{512}\pi$rad。

真题 32.13 （中国科学技术大学,2016)对于长度为 N 的有限长序列 $x(n)$, $n = 0, 1, 2, \cdots, N-1$,试问对 $x(n)$ 进行 N 点 DFT 运算所得到的序列 $X(k)$,其与 $x(n)$ 的傅里叶频谱 $X(e^{j\Omega})$ 有何关系? 对该序列 $x(n)$ 以周期 N 左右无限延拓构成周期序列 $\tilde{x}(n)$,试问 $\tilde{x}(n)$ 的傅里叶级数系数 F_k 与 $X(k)$ 有何关系?

分析　考查 DFT 与 DTFT,以及 DFS 与 DFT 之间的关系。

解　$X(k)$ 为 $X(e^{j\Omega})$ 在单位圆上的均匀采样,即

$$X(k) = X(e^{j\Omega}) \Big|_{\Omega = \frac{2\pi}{N}k}, \quad k = 0, 1, \cdots, N-1。$$

F_k 为 $X(k)$ 以周期 N 左右无限延拓构成的周期序列,即 $F_k = X((k))_N$。

真题 32.14 （中国科学技术大学,2017)某计算离散时间信号序列 $x(n)$ 的 DFT,序列长度 $N = 9$。试根据复合数分解算法的原理,设计快速计算方法并导出计算公式,估算采用该算法所需要的复数乘法次数。

分析　本题考查复合数分解 FFT 算法,并估算复数乘法次数。

解　$x(n) = x(3n_1 + n_0) = x(n_1, n_0)$, $n_1, n_0 = 0, 1, 2$。

$X(k) = X(3k_1 + k_0) = X(k_1, k_0)$, $k_1, k_0 = 0, 1, 2$。

$$X(k) = \sum_{n=0}^{8} x(n)W_9^{nk} = \sum_{n_0=0}^{2}\sum_{n_1=0}^{2} x(n_1,n_0)W_9^{(3n_1+n_0)(3k_1+k_0)}$$

$$= \sum_{n_0=0}^{2}\sum_{n_1=0}^{2} x(n_1,n_0)W_9^{3n_1k_0+3n_0k_1+n_0k_0}$$

$$= \sum_{n_0=0}^{2} W_3^{n_0k_1}\left\{\left[\sum_{n_1=0}^{2} x(n_1,n_0)W_3^{n_1k_0}\right]\cdot W_9^{n_0k_0}\right\}.$$

步骤如下：

(1) 先计算 3 个 3 点 DFT：$\sum_{n_1=0}^{2} x(n_1,n_0)W_3^{n_1k_0}, n_0=0,1,2$；

(2) 将结果乘以旋转因子 $W_9^{n_0k_0}$，得 $\left[\sum_{n_1=0}^{2} x(n_1,n_0)W_3^{n_1k_0}\right]\cdot W_9^{n_0k_0}$；

(3) 再计算 3 个 3 点 DFT：$\sum_{n_0=0}^{2} W_3^{n_0k_1}\left\{\left[\sum_{n_1=0}^{2} x(n_1,n_0)W_3^{n_1k_0}\right]W_9^{n_0k_0}\right\}$。

(1)中复数乘法次数：$3\times 3^2=27$；

(2)中复数乘法次数：9；

(3)中复数乘法次数：$3\times 3^2=27$。

所以，共需复数乘法次数：$27+9+27=63$。

真题 32.15 （中国科学技术大学,2017）对一模拟信号进行时域采样并作 DFT 频谱分析,采样间隔为 0.1ms。要求频谱分辨率优于 10Hz,且时域采样点数必须为 2 的整数幂。试求：

(1) 该模拟信号所允许的最高频率；

(2) 满足要求的最少采样点数；

(3) DFT 的频谱分辨率,分别以模拟域频率和数字域频率表示；

(4) 谱线 $X(100)$ 所对应的频点,分别以模拟域频率和数字域频率表示。

分析 考查用 DFT 进行模拟信号频谱分析时有关参数的计算。

解 (1) $T=0.1\times 10^{-3}$s,$f_s=\frac{1}{T}=10^4$Hz,$f_m\leqslant\frac{1}{2}f_s=5000$Hz,即模拟信号所允许的最高频率为 5000Hz。

(2) $\Delta f=\frac{f_s}{N}\leqslant 10$,$N\geqslant\frac{f_s}{10}=1000$,取 $N=2^{10}=1024$。

(3) $\Delta f=\frac{f_s}{N}=\frac{10^4}{1024}Hz=9.766$Hz,$\Delta\omega=\frac{2\pi}{N}=\frac{\pi}{512}$rad。

(4) $f=100\Delta f=976.6$Hz,$\omega=100\Delta\omega=\frac{25}{128}\pi$rad。

真题 32.16 （中国科学技术大学,2017）已知两个有限长序列分别为 $x_1(n)=n+1$,$0\leqslant n\leqslant 3$ 和 $x_2(n)=1,0\leqslant n\leqslant 2$。现要求以等价的圆周卷积计算上述两个序列的线性卷积。

(1) 试求等价圆周卷积的最小周期(必须为 2 的整数幂)；

（2）分别构造两个等价圆周序列；

（3）写出等价圆周卷积的计算公式，以及计算结果。

分析 考查用圆周卷积计算线性卷积的步骤。采用圆周卷积矩阵计算圆周卷积，注意圆周卷积矩阵的构造。

解 （1）$x_1(n)=\{1,2,3,4\}$，$x_2(n)=\{1,1,1\}$。由于 $L=4+3-1=6$，故取 $N=2^3=8$。

（2）将 $x_1(n)$ 和 $x_2(n)$ 分别补零至 8 位：

$$\hat{x}_1(n)=\{1,2,3,4,0,0,0,0\}, \quad \hat{x}_2(n)=\{1,1,1,0,0,0,0,0\}。$$

圆周卷积计算公式为

$$\hat{x}_1(n)\circledast \hat{x}_2(n)=\sum_{m=0}^{7}x_1(m)x_2((n-m))_8=\sum_{m=0}^{7}x_2(m)x_1((n-m))_8,$$

也可以用如下矩阵形式计算：

$$\begin{bmatrix} 1 & 0 & 0 & 0 & 0 & 4 & 3 & 2 \\ 2 & 1 & 0 & 0 & 0 & 0 & 4 & 3 \\ 3 & 2 & 1 & 0 & 0 & 0 & 0 & 4 \\ 4 & 3 & 2 & 1 & 0 & 0 & 0 & 0 \\ 0 & 4 & 3 & 2 & 1 & 0 & 0 & 0 \\ 0 & 0 & 4 & 3 & 2 & 1 & 0 & 0 \\ 0 & 0 & 0 & 4 & 3 & 2 & 1 & 0 \\ 0 & 0 & 0 & 0 & 4 & 3 & 2 & 1 \end{bmatrix} \begin{bmatrix} 1 \\ 1 \\ 1 \\ 0 \\ 0 \\ 0 \\ 0 \\ 0 \end{bmatrix} = \begin{bmatrix} 1 \\ 3 \\ 6 \\ 9 \\ 7 \\ 4 \\ 0 \\ 0 \end{bmatrix}。$$

故

$$\hat{x}_1(n)\circledast \hat{x}_2(n)=\{1,3,6,9,7,4,0,0\}。$$

即 $x_1(n)*x_2(n)=\{\underline{1},3,6,9,7,4\}$。

真题 32.17 （中国科学技术大学，2019）以 $f_s=8\text{kHz}$ 采样频率对一模拟信号进行 DFT 频谱分析，取样点数 $N=512$，求采样间隔，分别用 $\Delta\Omega$、Δf、$\Delta\omega$ 表示。

答案 $\Delta\Omega=31.25\pi\text{rad/s}$，$\Delta f=15.625\text{Hz}$，$\Delta\omega=\dfrac{\pi}{256}\text{rad}$。

真题 32.18 （南京航空航天大学，2020）已知序列 $x(n)=2\delta(n)+\delta(n-1)+\delta(n-3)$，其 5 点 $\text{DFT}\{x(n)\}=X(k)$。

（1）若 $Y(k)=X^2(k)$，求 5 点 $\text{IDFT}\{Y(k)\}=y(n)$；

（2）求 $y(n)$ 与 $x(n)$ 的线性卷积；

（3）若 $w(n)=y((n-2))_8$，求 $w(n)$ 与 $x(n)$ 的 8 点圆周卷积；

（4）求 $\text{Re}[X(k)]$ 和 $\text{Im}[X(k)]$。

解 （1）$x(n)=\{2,1,0,1,0\}$。由圆周卷积定理知 $y(n)=x(n)⑤x(n)$，这里 ⑤ 表示 5 点圆周卷积。用圆周卷积矩阵计算：

$$\begin{bmatrix} 2 & 0 & 1 & 0 & 1 \\ 1 & 2 & 0 & 1 & 0 \\ 0 & 1 & 2 & 0 & 1 \\ 1 & 0 & 1 & 2 & 0 \\ 0 & 1 & 0 & 1 & 2 \end{bmatrix} \begin{bmatrix} 2 \\ 1 \\ 0 \\ 1 \\ 0 \end{bmatrix} = \begin{bmatrix} 4 \\ 5 \\ 1 \\ 4 \\ 2 \end{bmatrix},$$

故 $y(n)=\{4,5,1,4,2\}$。

（2）用不进位乘法计算,得

$$y(n)*x(n)=\{8,14,7,13,13,3,4,2\}。$$

（3）$y((n-2))_8=\{0,0,4,5,1,4,2,0\}$。用圆周卷积矩阵计算圆周卷积:

$$\begin{bmatrix}0&0&2&4&1&5&4&0\\0&0&0&2&4&1&5&4\\4&0&0&0&2&4&1&5\\5&4&0&0&0&2&4&1\\1&5&4&0&0&0&2&4\\4&1&5&4&0&0&0&2\\2&4&1&5&4&0&0&0\\0&2&4&1&5&4&0&0\end{bmatrix}\begin{bmatrix}2\\1\\0\\1\\0\\0\\0\\0\end{bmatrix}=\begin{bmatrix}4\\2\\8\\14\\7\\13\\13\\3\end{bmatrix},$$

故 $w(n)\circledS x(n)=\{4,2,8,14,7,13,13,3\}$,其中⑧表示 8 点圆周卷积。

（4）$X(k)=\sum_{n=0}^{4}x(n)\mathrm{e}^{-\mathrm{j}\frac{2\pi}{5}nk}=2+\mathrm{e}^{-\mathrm{j}\frac{2\pi}{5}k}+\mathrm{e}^{-\mathrm{j}\frac{6\pi}{5}k}$,

$$\mathrm{Re}\{X(k)\}=2+\cos\frac{2\pi}{5}k+\cos\frac{6\pi}{5}k,\quad k=0,1,2,3,4;$$

$$\mathrm{Im}\{X(k)\}=-\left(\sin\frac{2\pi}{5}k+\sin\frac{6\pi}{5}k\right),\quad k=0,1,2,3,4。$$

注：$\mathrm{Im}\{X(k)\}$ 称为虚部,$\mathrm{jIm}\{X(k)\}$ 称为虚数部分。

真题 32.19 （中国科学技术大学,2022)对一时域序列 $x(n)$ 进行 DFT 频谱分析。采样频率为8kHz,采样点数为 512。

（1）求 $X(k)$ 的频谱分辨率,分别以数字域和模拟域表示;

（2）求谱线 $X(100)$ 所对应的频点,分别以数字域和模拟域表示;

（3）在 $x(n)$ 序列的尾部补 88 个 0,形成新序列 $y(n)$,推导出 $y(n)$ 的离散傅里叶变换 $Y(k)$,并求出其频谱分辨率,分别以数字域和模拟域表示;

（4）求谱线 $Y(100)$ 所对应的频点,分别以数字域和模拟域表示。

解 （1）$\Delta\omega=\dfrac{2\pi}{512}=\dfrac{\pi}{256}\mathrm{rad}$,$\Delta f=\dfrac{8000}{512}=15.625\mathrm{Hz}$。

（2）$\omega=100\Delta\omega=\dfrac{25}{64}\pi\mathrm{rad}$,$f=100\Delta f=1562.5\mathrm{Hz}$。

（3）$x(n)$ 序列的尾部补 88 个 0 后,不改变有效长度,故

$$\Delta\omega_1=\frac{2\pi}{512}=\frac{\pi}{256}\mathrm{rad},\quad \Delta f_1=\frac{8000}{512}=15.625\mathrm{Hz},$$

$$Y(k)=\sum_{n=0}^{599}y(n)\mathrm{e}^{-\mathrm{j}\frac{2\pi}{600}nk}=\sum_{n=0}^{511}x(n)\mathrm{e}^{-\mathrm{j}\frac{2\pi}{600}nk},\quad k=0,1,2,\cdots,599。$$

（4）$\omega_1=100\Delta\omega_1=\dfrac{\pi}{3}\mathrm{rad}$,$f_1=100\Delta f_1=1333.33\mathrm{Hz}$。

真题 32.20 （中国科学技术大学,2022)对序列 $x(n)$,$n=0,1,\cdots,7$ 使用 DFT 的原理,试根据复合数分解算法设计一种快速计算方法,并导出计算公式,要求在所有算法流程图上

必须标注旋转因子,且

(1) 所有分解过程必须按复合数分解完成后最小计算单元为 2 点的 DFT;

(2) 所有分解过程必须推导算法表达式,并画出对应的算法流程图;

(3) 推导出最终算法表达式,并画出算法流程图。

解 $X(k) = \sum_{n=0}^{7} x(n)W_8^{nk} = \sum_{n=0}^{3} x(2n)W_8^{2nk} + \sum_{n=0}^{3} x(2n+1)W_8^{(2n+1)K}$

$$= \sum_{n=0}^{3} x(2n)W_4^{nk} + W_8^{k} \sum_{n=0}^{3} x(2n+1)W_4^{nk} 。 \qquad ①$$

令 $x_1(n) = x(2n)$,$x_2(n) = x(2n+1)$,即 $x_1(n)$ 为 $x(n)$ 的偶序列,$x_2(n)$ 为 $x(n)$ 的奇序列,且

$$X_1(k) = \text{DFT}[x_1(n)], \quad X_2(k) = \text{DFT}[x_2(n)]。$$

由式①知

$$X(k) = X_1(k) + W_8^k X_2(k),$$

$$X(k+4) = X_1(k) - W_8^k X_2(k), \quad k=0,1,2,3。$$

于是,$X(k)$ 可由两个 4 点 DFT 即 $X_1(k)$ 和 $X_2(k)$ 得到。

以上过程可由如图 32.9 所示蝶形结构表示。

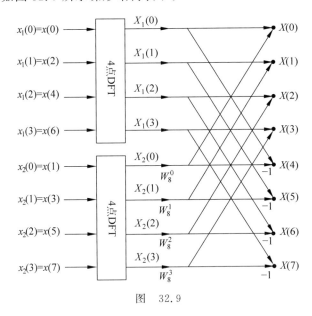

图 32.9

进一步,可将 $x_1(n)$ 和 $x_2(n)$ 分成两个 2 点偶序列和奇序列,则 $X_1(k)$ 和 $X_2(k)$ 可由两个 2 点 DFT 得到。

最后得到计算 $X(k)$ 的蝶形结构(信号流图如图 32.10 所示)。

真题 32.21 (上海交通大学,2022)两个实数序列 $x(n)$ 和 $y(n)$ 在 $0 \leqslant n \leqslant N-1$ 之外为 0,它们的 N 点 DFT 分别记作 $X(k)$ 和 $Y(k)$。已知 $x(n)$ 和 $Y(k)$,要求计算 $x(n)$ 的 N 点 DFT 得到 $X(k)$,计算 $Y(k)$ 的 N 点 IDFT 得到 $y(n)$。以下步骤采用一次 N 点 DFT 同时计算上述 DFT 和 IDFT,写出步骤(1),(2),(4),(5)的具体计算公式(无需推导)。

步骤(1) 用 $x(n)$ 构造一个周期性(圆周)共轭对称的 N 点复数序列 $s(n)$;

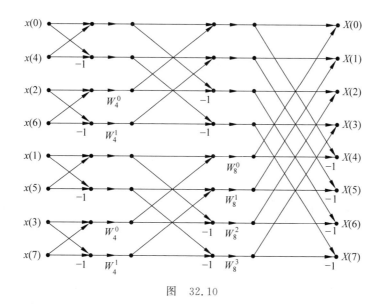

图 32.10

步骤(2) 用 $s(n)$ 和 $y(n)$ 构造一个 N 点序列 $g(n)$;

步骤(3) 计算 $g(n)$ 的 N 点 DFT 得到 $G(k)$;

步骤(4) 用 $G(k)$ 得到 $s(n)$ 的 N 点 DFT $S(k)$ 以及 $y(n)$;

步骤(5) 用 $S(k)$ 得到 $X(k)$。

解 两个长为 N 的实序列 $x(n)$ 和 $y(n)$,对应的 DFT 分别为 $X(k)$ 和 $Y(k)$。本题给定 $x(n)$ 和 $Y(k)$,要求用一次 DFT 同时计算出 $X(k)$ 和 $y(n)$。

先考虑两种常见的简单情形。

(1) 给定两个实序列 $x(n)$ 和 $y(n)$,要求用一次 DFT 同时计算出 $X(k)$ 和 $Y(k)$。

构造 $z(n)=x(n)+\mathrm{j}y(n)$,计算 $Z(k)=\mathrm{DFT}\{z(n)\}$,则由 DFT 的圆周共轭对称性质知

$$x(n)\leftrightarrow Z_{\mathrm{ep}}(k)=\frac{1}{2}\big[X(k)+X^*(N-k)\big],$$

$$y(n)\leftrightarrow \frac{1}{\mathrm{j}}Z_{\mathrm{op}}(k)=\frac{1}{2\mathrm{j}}\big[X(k)+X^*(N-k)\big]。$$

(2) 给定 $X(k)$ 和 $Y(k)$,要求用一次 DFT 同时计算出 $x(n)$ 和 $y(n)$。

构造 $Z(k)=X(k)+\mathrm{j}Y(k)$,计算 $z(n)=\mathrm{DFT}\{Z(k)\}$,由 DFT 的对称性知

$$z(n)=N\big[x(N-n)+\mathrm{j}y(N-n)\big]。$$

于是,$\dfrac{1}{N}z(n)$ 的实部为 $x(N-n)$,虚部为 $y(N-n)$,调整顺序后即得 $x(n)$ 和 $y(n)$。

但本题给定一个时域序列 $x(n)$ 和一个 DFT 值 $Y(k)$,要求用一次 DFT 同时计算出 $X(k)$ 和 $y(n)$。

由 $Y(k)$ 计算 $y(n)$ 很容易,由 DFT 的对称性,即若 $y(n)\leftrightarrow Y(k)$,则 $Y(k)\leftrightarrow Ny(N-k)$,于是先计算

$$\mathrm{DFT}\{Y(k)\}=Ny(N-n),$$

于是 $y(N-n)=\dfrac{1}{N}\mathrm{DFT}\{Y(k)\}$。将 $y(N-n)$ 调整顺序后即得 $y(n)$。可以将 $y(n)$ 安排

在输出序列的虚部。

下面探讨步骤(1)中 $s(n)$ 的构造,使其 DFT 包含 $X(k)$ 的全部信息,且由于 $y(n)$ 已安排在输出的虚部,所以 $X(k)$ 的全部信息必须安排在输出的实部。

由于 $X(k) = X^*(N-k)$,即 $X(k)$ 满足共轭对称关系,第 k 个 DFT 与第 $N-k$ 个 DFT 的实、虚部是完全相关的。下面分 N 为奇、偶进行讨论。

(1) 若 N 为奇数,则只需要 $X(1),X(2),\cdots,X(N-1)$ 共 $N-1$ 个值前一半的实部与虚部,再加上 $X(0)$ 就可以完全确定 $X(k)$,因此可以取

$$S(k) = \left\{X(0), X_R(1), X_R(2), \cdots, X_R\left(\frac{N-1}{2}\right), X_I(1), X_I(2), \cdots, X_I\left(\frac{N-1}{2}\right)\right\}。$$

(2) 若 N 为偶数,则只要 $X(1),X(2),\cdots,X\left(\frac{N}{2}-1\right)$ 的实部与虚部,再加上 $X(0)$,$X\left(\frac{N}{2}\right)$,就可以完全确定 $X(k)$。可以取

$$S(k) = \left\{X(0), X\left(\frac{N}{2}\right), X_R(1), X_R(2), \cdots, X_R\left(\frac{N}{2}-1\right), X_I(1), X_I(2), \cdots, X_I\left(\frac{N}{2}-1\right)\right\}。$$

于是,由 $S(k)$ 可以重构 $X(k)$。

再构造 $s(n)$,只要取 $s(n) = \text{IDFT}\{S(k)\}$ 即可,由于 $S(k)$ 的所有元素都是由 $x(n)$ 构造的,于是 $s(n)$ 也是由 $x(n)$ 构造而来。但由 $x(n)$ 构造 $s(n)$ 的表达式太复杂,因此这里从略。

如果简单地将 $s(n)$ 构造为

$$s(n) = \frac{1}{2}[x(n) + x(N-n)],$$

那么从 $S(k)$ 只能得到 $X(k)$ 的实部,无法得到虚部,因而无法恢复 $X(k)$;同理,也不能将 $s(n)$ 构造为

$$s(n) = \frac{1}{2}[x(n) - x(N-n)]。$$

本题为了实现一次 DFT 同时计算出 $X(k)$ 和 $y(n)$,构造 $s(n)$ 的计算量要远大于一次 DFT 的计算量,因此本题作为一道题目,仅仅具有练习的意义,毫无实际意义。

步骤(1) 构造 $s(n)$ 使得 $s(n) \leftrightarrow S(k)$ 且

$$S(k) = \left\{X(0), X_R(1), \cdots, X_R\left(\frac{N-1}{2}\right), X_I(1), X_I(2), \cdots, X_I\left(\frac{N-1}{2}\right)\right\},$$

当 N 为奇数时;或者

$$S(k) = \left\{X(0), X\left(\frac{N}{2}\right), X_R(1), \cdots, X_R\left(\frac{N}{2}-1\right), X_I(1), X_I(2), \cdots, X_I\left(\frac{N}{2}-1\right)\right\},$$

当 N 为偶数时。其中,R 和 I 分别表示 $X(k)$ 的实部和虚部。

由于

$$\frac{1}{2}[x(n) + x(N-n)] \leftrightarrow X_R(k),$$

$$\frac{1}{2}[x(n) - x(N-n)] \leftrightarrow jX_I(k),$$

故

$$X_R(k) = \mathrm{DFT}\left\{\frac{1}{2}\big[x(n) + x(N-n)\big]\right\},$$

$$X_I(k) = \mathrm{DFT}\left\{\frac{1}{2\mathrm{j}}\big[x(n) - x(N-n)\big]\right\}.$$

显然 $X_R(k)$ 和 $X_I(k)$ 是由 $x(n)$ 构造的，再对 $S(k)$ 取 IDFT，于是 $s(n)$ 也是 $x(n)$ 构造而来，但 $s(n)$ 的表达式太复杂，这里从略。

步骤(2)　$g(n) = s(n) + \mathrm{j}Y(n)$。

步骤(3)　$G(k) = S(k) + \mathrm{j}Ny(N-n)$。

$G(k)$ 的虚部除以 N 得 $y(N-n)$，调整顺序后即得 $y(n)$。

步骤(4)　由 $G(k)$ 的实部 $S(k)$ 可以重构

$$X(k) = \begin{cases} X(0), & k=0 \\ X_R(k) + \mathrm{j}X_I(k), & k=1,2,\cdots,\dfrac{N-1}{2} \\ X_R(N-k) - \mathrm{j}X_I(N-k), & k=\dfrac{N+1}{2},\dfrac{N+3}{2},\cdots,N-1 \end{cases},$$

当 k 为奇数时；或者

$$X(k) = \begin{cases} X(0), & k=0 \\ X(N/2), & k=N/2 \\ X_R(k) + \mathrm{j}X_I(k), & k=1,2,\cdots,N/2-1 \\ X_R(N-k) - \mathrm{j}X_I(N-k), & k=N/2+1,N/2+2,\cdots,N-1 \end{cases},$$

当 k 为偶数时。

真题 32.22（清华大学，2023）已知 $x(n) = \sin\dfrac{\pi n}{N}$，$n=0,1,2,\cdots,N-1$，求其 DFT。

解　$X(k) = \displaystyle\sum_{n=0}^{N-1} x(n)\mathrm{e}^{-\mathrm{j}\frac{2\pi}{N}nk} = \frac{1}{2\mathrm{j}}\sum_{n=0}^{N-1}\left(\mathrm{e}^{\mathrm{j}\frac{\pi n}{N}} - \mathrm{e}^{-\mathrm{j}\frac{\pi n}{N}}\right)\mathrm{e}^{-\mathrm{j}\frac{2\pi}{N}nk}$

$$= \frac{1}{2\mathrm{j}}\sum_{n=0}^{N-1}\left[\mathrm{e}^{-\mathrm{j}\frac{2\pi}{N}n\left(k-\frac{1}{2}\right)} - \mathrm{e}^{-\mathrm{j}\frac{2\pi}{N}n\left(k+\frac{1}{2}\right)}\right]$$

$$= \frac{1}{2\mathrm{j}}\left\{\frac{1 - \left[\mathrm{e}^{-\mathrm{j}\frac{2\pi}{N}\left(k-\frac{1}{2}\right)}\right]^N}{1 - \mathrm{e}^{-\mathrm{j}\frac{2\pi}{N}\left(k-\frac{1}{2}\right)}} - \frac{1 - \left[\mathrm{e}^{-\mathrm{j}\frac{2\pi}{N}\left(k+\frac{1}{2}\right)}\right]^N}{1 - \mathrm{e}^{-\mathrm{j}\frac{2\pi}{N}\left(k+\frac{1}{2}\right)}}\right\}$$

$$= \frac{1}{\mathrm{j}}\left[\frac{1}{1 - \mathrm{e}^{-\mathrm{j}\frac{2\pi}{N}\left(k-\frac{1}{2}\right)}} - \frac{1}{1 - \mathrm{e}^{-\mathrm{j}\frac{2\pi}{N}\left(k+\frac{1}{2}\right)}}\right]$$

$$= \frac{1}{\mathrm{j}}\cdot\frac{\left[1 - \mathrm{e}^{-\mathrm{j}\frac{2\pi}{N}\left(k+\frac{1}{2}\right)}\right] - \left[1 - \mathrm{e}^{-\mathrm{j}\frac{2\pi}{N}\left(k-\frac{1}{2}\right)}\right]}{\left[1 - \mathrm{e}^{-\mathrm{j}\frac{2\pi}{N}\left(k-\frac{1}{2}\right)}\right]\left[1 - \mathrm{e}^{-\mathrm{j}\frac{2\pi}{N}\left(k+\frac{1}{2}\right)}\right]}$$

$$= \frac{2\mathrm{e}^{-\mathrm{j}\frac{2\pi}{N}k}\sin\dfrac{\pi}{N}}{\mathrm{e}^{-\mathrm{j}\frac{\pi}{N}\left(k-\frac{1}{2}\right)}\left[\mathrm{e}^{\mathrm{j}\frac{\pi}{N}\left(k-\frac{1}{2}\right)} - \mathrm{e}^{-\mathrm{j}\frac{\pi}{N}\left(k-\frac{1}{2}\right)}\right]\mathrm{e}^{-\mathrm{j}\frac{\pi}{N}\left(k+\frac{1}{2}\right)}\left[\mathrm{e}^{\mathrm{j}\frac{\pi}{2}\left(k+\frac{1}{2}\right)} - \mathrm{e}^{-\mathrm{j}\frac{\pi}{2}\left(k+\frac{1}{2}\right)}\right]}$$

$$= \frac{2\mathrm{e}^{-\mathrm{j}\frac{2\pi}{N}k}\sin\frac{\pi}{N}}{\mathrm{e}^{-\mathrm{j}\frac{2\pi}{N}k} \cdot 2\mathrm{j}\sin\frac{\pi}{N}\left(k-\frac{1}{2}\right) \cdot 2\mathrm{j}\sin\frac{\pi}{N}\left(k+\frac{1}{2}\right)}$$

$$= -\frac{1}{2} \cdot \frac{\sin\frac{\pi}{N}}{\sin\frac{\pi}{N}\left(k-\frac{1}{2}\right)\sin\frac{\pi}{N}\left(k+\frac{1}{2}\right)} = \frac{\sin\frac{\pi}{N}}{\cos\frac{2\pi}{N}k-\cos\frac{\pi}{N}}。$$

即

$$X(k) = \frac{\sin\frac{\pi}{N}}{\cos\frac{2\pi}{N}k-\cos\frac{\pi}{N}}, \quad k=0,1,2,\cdots,N-1。$$

第**33**章

滤波器设计

频谱分析和滤波器设计是数字信号处理课程的两大主要内容,大部分高校的信号与系统考研大纲不包括滤波器设计,但有少数高校如中国科学技术大学把简单的滤波器设计作为必考内容(大约占 20％的内容)。

滤波器设计套路性很强,在实践中有高度集成的 MATLAB 命令,设计起来很便捷。我们的任务是搞清楚滤波器设计的原理,即弄懂 MATLAB 命令的"底层逻辑"。

33.1　知识点

1. 数字滤波器包括无限冲激响应(IIR)滤波器和有限冲激响应(FIR)滤波器两种。IIR有反馈回路,存在稳定性问题;FIR 没有反馈回路,永远是稳定的,不存在稳定性问题。

2. IIR 滤波器与 FIR 滤波器虽只有一字之差,但设计方法却大相径庭,一般来说,IIR滤波器比 FIR 滤波器设计更复杂。IIR 滤波器一般先求出模拟低通原型滤波器,然后经过模拟域频率变换和(或)数字域频率变换,完成数字滤波器的设计。

3. 设计 IIR 滤波器时,对其有个全局的了解是很有好处的,IIR 滤波器设计的逻辑关系如图 33.1 所示。

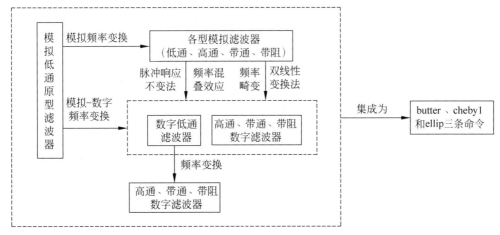

图　33.1

(1) 先设计各种原型低通滤波器,包括巴特沃思(Butterworth)、切比雪夫(Chebyshev)、椭圆模拟低通滤波器;

(2) 再进行模拟域频率变换,转变为其他各型模拟滤波器;

(3) 最后进行模拟域-数字域频率变换,转变为对应的数字滤波器。

在完成(1)后,也可以直接进行模拟域-数字域频率变换,从模拟原型低通滤波器直接完成数字滤波器的设计,但这种方法在实际中运用较少。

也可以直接从数字低通滤波器经过数字域频率变换,转换为其他各型数字滤波器,这种方法有很成熟的理论,但由于计算繁琐,在考试中几乎不会涉及。

在考试中,经过(1)~(3)这三个步骤的设计比较普遍,是 IIR 滤波器设计的一般步骤。

4. 考研真题中 IIR 滤波器设计步骤大致如下:

(1) 确定数字滤波器的指标。

(2) 进行预畸变,将数字滤波器的指标转化为模拟滤波器的指标。

(3) 将模拟滤波器指标归一化,转化为模拟低通滤波器的指标,计算滤波器的阶数,查表得低通原型滤波器。通常采用巴特沃思低通原型滤波器。

(4) 通过模拟域频率变换,将低通原型滤波器转变为其他各型模拟滤波器。

(5) 利用双线性变换法,将各型模拟滤波器转变为对应的数字滤波器。

5. 上面的 IIR 滤波器设计过程中,最后用到了双线性变换法将模拟滤波器转变为数字滤波器。双线性变换法存在的主要问题是它会产生频率畸变,这是由频率的非线性变换产生的,但可能通过频率预畸变来消除频率畸变,即"预畸变—畸变",经过两次畸变后刚好得到所需要的指标。

6. 另一种常用的 IIR 滤波器设计方法是冲激响应不变法,它的思想是使采样点上数字滤波器的单位采样响应与模拟滤波器的单位冲激响应相等。冲激响应不变法的主要问题是存在频率混叠,不能设计高通滤波器和带阻滤波器,这两种滤波器有丰富的高频成分,频率混叠效应比较严重;这种方法只能设计低通和带阻滤波器,这两种滤波器高频衰减得厉害,频率混叠可以忽略不计。

冲激响应不变法需要计算系统函数的极点并进行部分分式展开,过程十分繁琐,但对于计算机来说这些计算也不存在问题。

7. 线性相位 FIR 滤波器的设计主要考查两种方法:窗函数法和频率采样法。

窗函数法设计线性相位 FIR 滤波器的步骤如下:

(1) 由阻带最小衰减确定窗类型;

(2) 由主瓣宽度或过渡带宽度确定滤波器长度 N,从而得窗函数 $w_N(n)$;

(3) 由理想线性相位 FIR 滤波器的频率响应 $H_d(e^{j\omega})$ 求得单位采样响应

$$h_d(n) = \text{IDTFT}\{H_d(e^{j\omega})\};$$

(4) 对 $h_d(n)$ 加窗,即得所求的 FIR 滤波器,

$$h(n) = h_d(n) \cdot w_N(n)。$$

8. 四种理想线性相位 FIR 滤波器的频率响应 $H(e^{j\omega})$ 及单位采样响应 $h_d(n)$ 归纳如下。

(1) 理想线性相位低通滤波器。

$$H_d(e^{j\omega}) = \begin{cases} e^{-j\omega\tau}, & 0 \leqslant |\omega| \leqslant \omega_c \\ 0, & \omega_c \leqslant |\omega| \leqslant \pi \end{cases}。$$

其中，ω_c 为带通截止频率，$\tau = \dfrac{N-1}{2}$ 为群延迟，N 为滤波器长度。对 $H_d(e^{j\omega})$ 作 IDTFT 即得单位采样响应：

$$h_d(n) = \text{IDTFT}\{H_d(e^{j\omega})\} = \begin{cases} \dfrac{\sin\omega_c(n-\tau)}{\pi(n-\tau)}, & n \neq \tau \\ 0, & n = \tau \end{cases}, \quad \tau \text{ 为整数}。$$

注：在本书 DTFT 部分，我们已推导如下 DTFT 变换对：

$$\frac{\sin\omega_c n}{\pi n} \leftrightarrow g_{2\omega_c}(\omega), \quad |\omega| \leqslant \pi。$$

(2) 理想线性相位带通滤波器。

$$H_d(e^{j\omega}) = \begin{cases} e^{-j\omega\tau}, & \omega_1 \leqslant |\omega| \leqslant \omega_2 \\ 0, & 0 \leqslant |\omega| \leqslant \omega_1, \omega_2 \leqslant |\omega| \leqslant \pi \end{cases}。$$

其中，ω_1 和 ω_2 分别为通带上、下截止频率，$\tau = \dfrac{N-1}{2}$ 为群延迟，N 为滤波器长度。对 $H_d(e^{j\omega})$ 作 IDTFT 即得单位采样响应：

$$h_d(n) = \text{IDTFT}\{H_d(e^{j\omega})\}$$

$$= \begin{cases} \dfrac{1}{\pi(n-\tau)}\big[\sin\omega_2(n-\tau) - \sin\omega_1(n-\tau)\big], & n \neq \tau \\ \dfrac{\omega_2 - \omega_1}{\pi}, & n = \tau \end{cases}, \quad \tau \text{ 为整数}。$$

记忆：带通滤波器可看作两个低通滤波器之差，如图 33.2 所示。

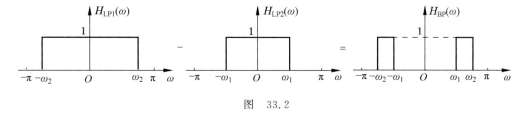

图　33.2

(3) 理想线性相位带阻滤波器。

$$H_d(e^{j\omega}) = \begin{cases} e^{-j\omega\tau}, & 0 \leqslant |\omega| \leqslant \omega_1, \omega_2 \leqslant |\omega| \leqslant \pi \\ 0, & \omega_1 \leqslant |\omega| \leqslant \omega_2 \end{cases}。$$

其中，ω_1 和 ω_2 分别为阻带上、下截止频率，$\tau = \dfrac{N-1}{2}$ 为群延迟，N 为滤波器长度。对 $H_d(e^{j\omega})$ 作 IDTFT 即得单位采样响应：

$$h_d(n) = \text{IDTFT}\{H_d(e^{j\omega})\}$$

$$= \begin{cases} \dfrac{1}{\pi(n-\tau)}\left[\sin\pi(n-\tau) - \sin\omega_2(n-\tau) + \sin\omega_1(n-\tau)\right], & n \neq \tau \\ 1 - \dfrac{\omega_2 - \omega_1}{\pi}, & n = \tau \end{cases}, \quad \tau \text{ 为整数。}$$

记忆：高通滤波器加上低通滤波器即得带阻滤波器，如图 33.3 所示。

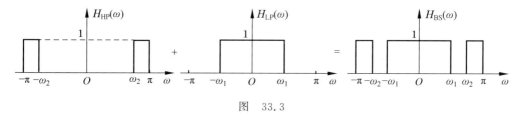

图　33.3

（4）理想线性相位高通滤波器。

$$H_d(e^{j\omega}) = \begin{cases} e^{-j\omega\tau}, & \omega_c \leqslant |\omega| \leqslant \pi \\ 0, & 0 \leqslant |\omega| \leqslant \omega_c \end{cases}。$$

其中，ω_c 为带通截止频率，$\tau = \dfrac{N-1}{2}$ 为群延迟，N 为滤波器长度。对 $H_d(e^{j\omega})$ 作 IDTFT 即得单位采样响应：

$$h_d(n) = \text{IDTFT}\{H_d(e^{j\omega})\}$$

$$= \begin{cases} \dfrac{1}{\pi(n-\tau)}\left[\sin\pi(n-\tau) - \sin\omega_c(n-\tau)\right], & n \neq \tau \\ 1 - \dfrac{\omega_c}{\pi}, & n = \tau \end{cases}, \quad \tau \text{ 为整数。}$$

记忆：全通滤波器减去低通滤波器即为高通滤波器，如图 33.4 所示。

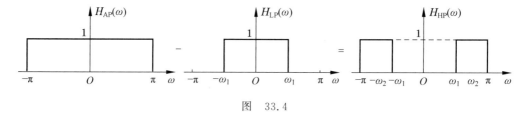

图　33.4

例 33.1　华中师范大学 2014 年信号与系统、数字信号处理（839）考研真题第 10 题如下：

题目　试用矩形窗口法设计一个 5 阶线性相位 FIR 带阻数字滤波器，要求其幅频响应逼近

$$|H_d(e^{j\omega})| = \begin{cases} 0, & \pi/3 \leqslant \omega \leqslant 2\pi/3 \\ 1, & \text{其他} \end{cases}。$$

请分别求出：

（1）$h(n)$ 的表达式及 $h(n)$ 的具体值；

（2）系统函数 $H(z)$ 的表达式；

（3）画出其线性相位的直接型结构图。

分析 由于设计的是 5 阶线性相位 FIR 滤波器，故 $N=6$。分 $h(n)$ 为偶对称、奇对称两种情形讨论。

当 $h(n)$ 偶对称时，显然 $H(z)$ 有零点 -1，即 $H(\mathrm{e}^{\mathrm{j}\pi})=0$，故 $H(z)$ 不可能设计带阻滤波器；

当 $h(n)$ 奇对称时，显然 $H(z)$ 有零点 1，即 $H(\mathrm{e}^{\mathrm{j}0})=0$，故 $H(z)$ 也不可能设计带阻滤波器。

综上，本题是一道错题。

只有一种情形能设计带阻滤波器，即 $h(n)$ 为偶对称且 N 为奇数的情形。将原题中的 5 改成 8，下面对修改后的题目详解。

解 （1）由于要设计 8 阶线性相位 FIR 滤波器，故 $N=9$，群延迟为 $\tau=\dfrac{N-1}{2}=4$。理想带阻 FIR 滤波器的频响为

$$H_{\mathrm{d}}(\mathrm{e}^{\mathrm{j}\omega})=\begin{cases}0, & \dfrac{\pi}{3}\leqslant|\omega|\leqslant\dfrac{2\pi}{3}\\ \mathrm{e}^{-\mathrm{j}4\omega}, & \text{其他}\end{cases}。$$

对 $H_{\mathrm{d}}(\mathrm{e}^{\mathrm{j}\omega})$ 作 IDTFT，得单位采样响应为

$$\begin{aligned}h_{\mathrm{d}}(n)&=\mathrm{IDTFT}[H_{\mathrm{d}}(\mathrm{e}^{\mathrm{j}\omega})]\\ &=\begin{cases}\dfrac{1}{\pi(n-4)}\Big[\sin\pi(n-4)-\sin\dfrac{2\pi}{3}(n-4)+\sin\dfrac{\pi}{3}(n-4)\Big], & n\neq4\\ \dfrac{2}{3}, & n=4\end{cases}。\end{aligned}$$

故

$$h(n)=h_{\mathrm{d}}(n)R_9(n)=\{-0.1378,0,0.2757,0,0.6667,0,0.2757,0,-0.1378\}。$$

（2）对 $h(n)$ 作 z 变换即得

$$H(z)=-0.1378+0.2757z^{-2}+0.6667z^{-4}+0.2757z^{-6}-0.1378z^{-8}。$$

（3）线性相位直接型结构如图 33.5 所示。

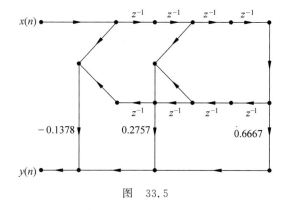

图 33.5

用 MATLAB 绘制幅频特性,如图 33.6 所示,可见符合要求。

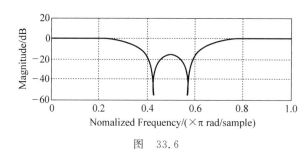

图 33.6

9. 线性相位 FIR 滤波器的频率抽样法设计。

设计步骤:

(1)确定理想线性相位 FIR 滤波器的频率响应 $H_d(e^{j\omega})$;

(2)在 ω 的一个周期 $[0,2\pi]$ 内对 $H_d(e^{j\omega})$ 采样 N 个点:

$$H_d(k) = H_d(e^{j\omega})\Big|_{\omega=\frac{2\pi}{N}k}, \quad k=0,1,\cdots,N-1。$$

(3)对 $H_d(k)$ 取 IDTFT 得

$$h(n) = \text{IDTFT}\{H_d(k)\}。$$

(4)最后对 $h(n)$ 取 z 变换,即得频率抽样法设计的线性相位 FIR 滤波器 $H(z)$,它是用 IIR 形式的滤波器实现 FIR 滤波器。

10. 频率抽样法设计滤波器存在一个严重的问题,即稳定性问题。由于 IIR 形式的系统函数的极点不一定与零点相抵消,使系统不稳定。解决的办法是将零极点移到单位圆内很靠近单位圆的圆上。详见考研真题 33.11 的"分析"部分。

33.2 考研真题解析

真题 33.1 (中国科学技术大学,2004)某数字滤波器在 z 平面上只有一个 $2N$ 阶极点 $z=0$ 和一个 $2N$ 阶零点 $z=-1$,并已知该滤波器对常数序列输入具有单位增益。

(1)试求数字滤波器的系统函数 $H(z)$(应确定常数 H_0)及其收敛域。

(2)试求数字滤波器的频率响应 $\widetilde{H}(\Omega)$(或 $H(e^{j\Omega})$),并以 $N=2$ 为例,概画出幅频响应 $|\widetilde{H}(\Omega)|$ 和相频响应 $\widetilde{\varphi}(\Omega)$,它是什么类型(低通、高通、带通、全通、线性相位等)滤波器?

(3)试求数字滤波器的单位冲激响应 $h(n)$,它是 FIR 还是 IIR 滤波器?并以 $N=2$ 为例,概画出 $h(n)$ 的序列图形。

(4)仍以 $N=2$ 为例,试分别画出该滤波器基于系统函数 $H(z)$ 和单位冲激响应 $h(n)$ 的两种实现结构(或信号流图)。

(5)为了设计频率响应 $\widetilde{H}_1(\Omega)=\widetilde{H}(\Omega-\pi)$ 的新的数字滤波器,它又是什么类型(低通、高通、带通、全通、线性相位、FIR 和 IIR 等)滤波器?并仍以 $N=2$ 为例,画出新滤波器的两种相应的结构(或信号流图)。

分析 考查 FIR 滤波器的频谱图的绘制、滤波特性、信号流图(直接型、线性相位型)的绘制,以及由调制性质(序列乘 $e^{j\pi n}$)产生新的滤波器及其性质。本题难度不大,只有各种重复的计算与绘图。

解　(1) 由题设 $H(z)=H_0 \cdot \dfrac{(z+1)^{2N}}{z^{2N}}=H_0 \cdot (1+z^{-1})^{2N}$。又 $H(e^{j0})=H(1)=1$,

故 $H_0=\dfrac{1}{2^{2N}}$。最后得系统函数为

$$H(z)=\frac{1}{2^{2N}}(1+z^{-1})^{2N}, \quad |z|>0。$$

(2) $H(e^{j\Omega})=H(z)\Big|_{z=e^{j\Omega}}=\dfrac{1}{2^{2N}}(1+e^{-j\Omega})^{2N}$

$$=\frac{1}{2^{2N}}\big[e^{-j\Omega/2}(e^{j\Omega/2}+e^{-j\Omega/2})\big]^{2N}=\left(\cos\frac{\Omega}{2}\right)^{2N} \cdot e^{-jN\Omega}。$$

当 $n=2$ 时,$H(e^{j\Omega})=\left(\cos\dfrac{\Omega}{2}\right)^{4} \cdot e^{-j2\Omega}$。

幅频特性为 $|H(e^{j\Omega})|=\left(\cos\dfrac{\Omega}{2}\right)^{4}$,相频特性为 $\varphi(\Omega)=-2\Omega$。

画出 Ω 在 $[-\pi,\pi]$ 内幅频特性和相频特性图像,如图 33.7 所示。

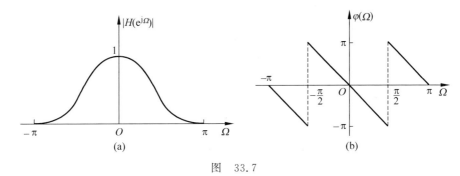

图　33.7

注:画出幅频特性时,要注意大致画出拐点在 $\pm\pi/3$,不能在整个 $[-\pi,\pi]$ 区间内都是上凸或下凸的。

由频谱图知,系统是线性相位低通滤波器。

(3) 由于

$$H(z)=\frac{1}{2^{2N}}(1+z^{-1})^{2N}=\frac{1}{2^{2N}}\sum_{k=0}^{2N}C_{2N}^k z^{-k},$$

取逆 z 变换得

$$h(n)=\frac{1}{2^{2N}}\sum_{k=0}^{2N}C_{2N}^k\delta(n-k)。$$

该数字滤波器是 FIR 滤波器。

当 $N=2$ 时,$h(n)=\left\{\dfrac{1}{16},\dfrac{1}{4},\dfrac{3}{8},\dfrac{1}{4},\dfrac{1}{16}\right\}$。

$h(n)$ 如图 33.8 所示。

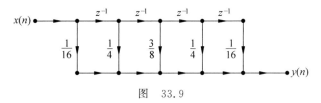

图　33.8

（4）$N=2$ 时，

$$H(z)=\frac{1}{16}(1+z^{-1})^4=\frac{1}{16}+\frac{1}{4}z^{-1}+\frac{3}{8}z^{-2}+\frac{1}{4}z^{-3}+\frac{1}{16}z^{-4}。$$

$H(z)$ 的直接型结构如图 33.9 所示。

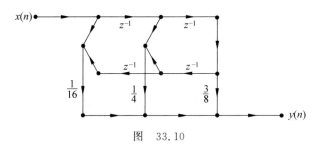

图　33.9

线性相位型结构如图 33.10 所示。

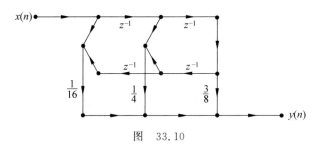

图　33.10

（5）$H_1(e^{j\Omega})$ 是高通滤波器。

$$H_1(z)=\left[\frac{1}{2}(1-z^{-1})\right]^4=\frac{1}{16}-\frac{1}{4}z^{-1}+\frac{3}{8}z^{-2}-\frac{1}{4}z^{-3}+\frac{1}{16}z^{-4}。$$

$H_1(z)$ 的直接型和线性相位型结构分别如图 33.11 和图 33.12 所示。

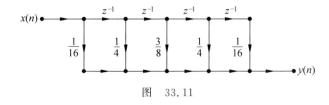

图　33.11

真题 33.2　（中国科学技术大学,2005）如图 33.13 信号流图所示的数字滤波器，

（1）试求它的系统函数 $H(z)$ 及其收敛域,并画出它用一个 1 阶全通滤波器和一个 4 阶 FIR 滤波器的级联实现的框图或信号流图;

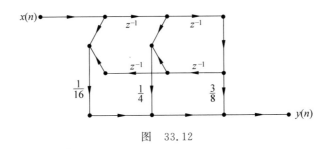

图 33.12

（2）概画出该数字滤波器的幅频响应 $|\widetilde{H}(\Omega)|$（或 $|H(\mathrm{e}^{\mathrm{j}\Omega})|$）。

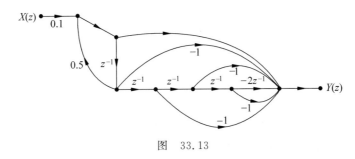

图 33.13

分析 考查梅森公式的运用（由信号流图写出系统函数，以及由系统函数的分解画对应的信号流图），全通滤波器的概念及幅频图的绘制。

解 （1）由梅森公式得

$$H(z)=0.1 \cdot \frac{1-z^{-1}-z^{-2}-z^{-3}-z^{-4}-2z^{-5}}{1-0.5z^{-1}}, \quad \text{ROC:} \ |z|>0.5。$$

将 $H(z)$ 写成

$$H(z)=0.1 \cdot \frac{1-2z^{-1}}{1-0.5z^{-1}} \cdot (1+z^{-1}+z^{-2}+z^{-3}+z^{-4})=H_1(z)H_2(z),$$

其中，

$$H_1(z)=0.1 \cdot \frac{1-2z^{-1}}{1-0.5z^{-1}}$$

是一个全通滤波器；

$$H_2(z)=1+z^{-1}+z^{-2}+z^{-3}+z^{-4}$$

是一个 4 阶 FIR 滤波器。

$H(z)$ 的信号流图如图 33.14 所示。

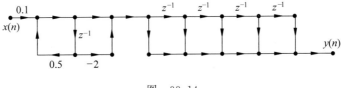

图 33.14

（2）$H(\mathrm{e}^{\mathrm{j}\Omega})=H(z)\Big|_{z=\mathrm{e}^{\mathrm{j}\Omega}}=0.1\cdot\dfrac{1-2\mathrm{e}^{-\mathrm{j}\Omega}}{1-0.5\mathrm{e}^{-\mathrm{j}\Omega}}(1+\mathrm{e}^{-\mathrm{j}\Omega}+\mathrm{e}^{-\mathrm{j}2\Omega}+\mathrm{e}^{-\mathrm{j}3\Omega}+\mathrm{e}^{-\mathrm{j}4\Omega})$

$$=0.1\cdot\dfrac{1-2\mathrm{e}^{-\mathrm{j}\Omega}}{1-0.5\mathrm{e}^{-\mathrm{j}\Omega}}\cdot\dfrac{\sin\dfrac{5}{2}\Omega}{\sin\dfrac{\Omega}{2}}\cdot\mathrm{e}^{-\mathrm{j}2\Omega}。$$

故幅频特性为

$$\mid H(\mathrm{e}^{\mathrm{j}\Omega})\mid=0.2\cdot\left|\dfrac{\sin\dfrac{5}{2}\Omega}{\sin\dfrac{\Omega}{2}}\right|。$$

画出$\mid H(\mathrm{e}^{\mathrm{j}\Omega})\mid$在$[-\pi,\pi]$内的图像，大致如图 33.15 所示。

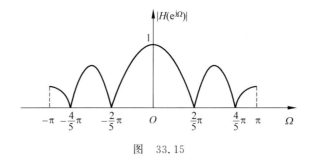

图　33.15

真题 33.3　（中国科学技术大学，2008）有一个 FIR 数字滤波器，其单位采样响应$h(n)$见表 33.1。

表　33.1

n	0	1	2	3	4	5	6	$n>6$
$h(n)$	0.05	0.30	0.75	1.00	0.75	0.30	0.05	0.00

（1）它是什么类型（低通、高通、带通、全通和线性相位等）的滤波器？并说明理由；

（2）画出该滤波器的实现结构，要求结构中只用三个数乘器；

（3）如果该滤波器的频率响应为$\widetilde{H}(\Omega)$（即$H(\mathrm{e}^{\mathrm{j}\Omega})$），试求频率响应为$H(\Omega-\pi)$（$H(\mathrm{e}^{\mathrm{j}(\Omega-\pi)})$）的滤波器之单位采样响应$h(n)$；它又是什么类型（FIR、IIR、低通、高通、带通、全通和线性相位等）的数字滤波器？

分析　考查线性相位 FIR 滤波器的概念，线性相位信号流图的画法，以及利用 DTFT 的调制性质产生新的滤波器。

解　（1）由于$h(n)$为偶对称，所以这是一个线性相位 FIR 滤波器。

由于所有的$h(n)>0$，所以这是一个加权平均滤波器，即低通滤波器。也可以求出系统的频率响应：

$$H(\mathrm{e}^{\mathrm{j}\omega})=(0.1\cos3\omega+0.6\cos2\omega+1.5\cos\omega+1)\mathrm{e}^{-\mathrm{j}3\omega}。$$

其中，幅度函数为

$$H(\omega)=0.1\cos3\omega+0.6\cos2\omega+1.5\cos\omega+1。$$

用描点法画出 $H(\omega)$ 在 $[0,\pi]$ 内的曲线,大致如图 33.16 所示。

由图 33.16 也可以看出,这是一个低通滤波器。

（2）采用线性相位 FIR 结构,信号流图如图 33.17 所示。

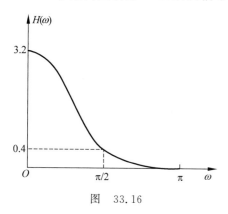

图　33.16

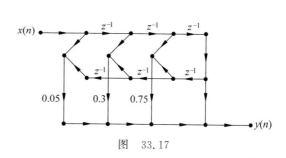

图　33.17

（3）设 $h(n) \leftrightarrow \widetilde{H}(\Omega)$,则

$$(-1)^n h(n) = e^{j\pi n} h(n) \leftrightarrow \widetilde{H}(\Omega - \pi),$$

故

$$\tilde{h}(n) = (-1)^n h(n) = \{0.05, -0.3, 0.75, -1, 0.75, -0.3, 0.05\}。$$

它是一个线性相位 FIR 高通滤波器。

真题 33.4 （中国科学技术大学,2009）加窗是数字信号处理中常见的操作。汉宁（Hanning）窗是一种常见窗序列,其偶对称表示式为

$$w(n) = \begin{cases} \cos^2 \dfrac{n\pi}{N}, & n = -\dfrac{N}{2}, \cdots, -1, 0, 1, \cdots, \dfrac{N}{2}, \\ 0, & \text{其他} \end{cases}$$

其中,N 为偶的正整数。

（1）试确定该汉宁窗的频谱函数 $W(e^{j\Omega})$。

（2）如果把该汉宁窗的频谱函数表达为 $W(e^{j\Omega}) = W(\Omega) e^{-j\Omega\alpha}$,其中 $W(\Omega)$ 是实函数,试概略画出 $W(\Omega)$ 的图形。

（3）在实际的数字信号处理中,通常使用的是单边汉宁窗,其表示式 $w(n) = \sin^2(n\pi/N), n = 0, 1, \cdots, N-1$,其中 N 为偶的正整数。对序列 $x(n)$ 进行汉宁窗 $w(n)$ 加权后的离散傅里叶变换为 $X_W(k) = \sum\limits_{n=0}^{N-1} w(n) x(n) e^{-j\frac{2\pi}{N}kn}$。

试证明:计算 $X_W(k)$ 完全可以省略掉 $x(n)$ 与 $w(n)$ 的相乘运算,而是直接计算 $x(n)$ 的 DFT 变换 $X(k)$,然后通过对 $X(k)$ 序列进行线性组合来得到 $X_W(k)$。

分析　考查汉宁窗的频谱的计算,涉及 DTFT 的调制性质的应用。

解　（1）$W(e^{j\Omega}) = \sum\limits_{n=-N/2}^{N/2} w(n) e^{-jn\Omega} = \sum\limits_{n=-N/2}^{N/2} \cos^2 \dfrac{n\pi}{N} \cdot e^{-jn\Omega}$

$$= \frac{1}{2} \sum_{n=-N/2}^{N/2} \left[1 + \frac{1}{2}(e^{j2n\pi/N} + e^{-j2n\pi/N})\right] e^{-jn\Omega}。$$

其中，

$$\sum_{n=-N/2}^{N/2} \mathrm{e}^{-\mathrm{j}n\Omega} = \frac{\mathrm{e}^{\mathrm{j}\Omega N/2}\left[1-\left(\mathrm{e}^{-\mathrm{j}\Omega}\right)^{N+1}\right]}{1-\mathrm{e}^{-\mathrm{j}\Omega}}$$

$$= \frac{\mathrm{e}^{\mathrm{j}\Omega N/2}\cdot\mathrm{e}^{-\mathrm{j}\frac{N+1}{2}\Omega}\left(\mathrm{e}^{\mathrm{j}\frac{N+1}{2}\Omega}-\mathrm{e}^{-\mathrm{j}\frac{N+1}{2}\Omega}\right)}{\mathrm{e}^{-\mathrm{j}\Omega/2}\left(\mathrm{e}^{\mathrm{j}\Omega/2}-\mathrm{e}^{-\mathrm{j}\Omega/2}\right)} = \frac{\sin\dfrac{N+1}{2}\Omega}{\sin\dfrac{\Omega}{2}}\text{。}$$

由 DTFT 的频移性质得

$$\sum_{n=-N/2}^{N/2} \mathrm{e}^{\mathrm{j}\frac{2n\pi}{N}}\mathrm{e}^{-\mathrm{j}n\Omega} = \frac{\sin\dfrac{N+1}{2}\left(\Omega-\dfrac{2\pi}{N}\right)}{\sin\left(\dfrac{\Omega}{2}-\dfrac{\pi}{N}\right)},$$

$$\sum_{n=-N/2}^{N/2} \mathrm{e}^{-\mathrm{j}\frac{2n\pi}{N}}\mathrm{e}^{-\mathrm{j}n\Omega} = \frac{\sin\dfrac{N+1}{2}\left(\Omega+\dfrac{2\pi}{N}\right)}{\sin\left(\dfrac{\Omega}{2}+\dfrac{\pi}{N}\right)}\text{。}$$

最后得

$$W(\mathrm{e}^{\mathrm{j}\Omega}) = \frac{1}{2}\cdot\frac{\sin\dfrac{N+1}{2}\Omega}{\sin\dfrac{\Omega}{2}} + \frac{1}{4}\left[\frac{\sin\dfrac{N+1}{2}\left(\Omega-\dfrac{2\pi}{N}\right)}{\sin\left(\dfrac{\Omega}{2}-\dfrac{\pi}{N}\right)} + \frac{\sin\dfrac{N+1}{2}\left(\Omega+\dfrac{2\pi}{N}\right)}{\sin\left(\dfrac{\Omega}{2}+\dfrac{\pi}{N}\right)}\right]\text{。}$$

（2）由第（1）问知，$W(\Omega)=W(\mathrm{e}^{\mathrm{j}\Omega})$，如图 33.18 所示。

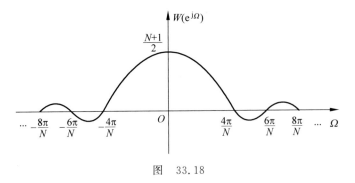

图　33.18

（3）$X_\mathrm{W}(k) = \displaystyle\sum_{n=0}^{N-1}\sin^2\frac{n\pi}{N}\cdot x(n)\mathrm{e}^{-\mathrm{j}\frac{2\pi}{N}nk}$

$$= \frac{1}{2}\sum_{n=0}^{N-1}\left[1-\frac{1}{2}\left(\mathrm{e}^{\mathrm{j}2\pi n/N}+\mathrm{e}^{-\mathrm{j}2\pi n/N}\right)\right]x(n)\mathrm{e}^{-\mathrm{j}\frac{2\pi}{N}nk},$$

而 $X(k) = \displaystyle\sum_{n=0}^{N-1} x(n)\mathrm{e}^{-\mathrm{j}\frac{2\pi}{N}nk}$，由 DFT 的频移性质得

$$\mathrm{DFT}\{\mathrm{e}^{\mathrm{j}\frac{2\pi}{N}n}x(n)\} = X((k-1))_N R_N(n),$$

$$\mathrm{DFT}\{\mathrm{e}^{-\mathrm{j}\frac{2\pi n}{N}}x(n)\} = X((k+1))_N R_N(n)\text{。}$$

所以有

$$X_{\mathrm{W}}(k)=\frac{1}{2}X(k)-\frac{1}{4}\big[X((k-1))_N R_N(n)+X((k+1))_N R_N(n)\big],$$

即 $X_{\mathrm{W}}(k)$ 可以通过对 $X(k)$ 进行线性组合得到。

真题 33.5 （中国科学技术大学,2010）用窗函数法设计具有线性相位特性的 FIR 低通滤波器,系统采样频率为 40kHz。滤波器的幅度特性要求为:通带截止频率为 10kHz,过渡带宽为 2kHz,带外最小衰减不低于 50dB。

（1）根据设计指标要求在表 33.2 中选择最佳的窗函数,导出滤波器阶数 N;

（2）若采用窗函数 $w(n)$,且已经确定滤波器阶数为 N,试导出该滤波器的单位冲激（或单位取样）响应 $h(n)$ 表达式。

表 33.2　参考窗函数表

窗　函　数	主瓣宽度	旁瓣电平	最小阻带衰减
矩形窗: $w(n)=1, n=0,1,\cdots,N-1$	$4\pi/N$	$-13\mathrm{dB}$	21dB
三角形窗: $w(n)=\begin{cases}\dfrac{n}{N/2}, & n=0,1,\cdots,\dfrac{N}{2}\\[2mm]\dfrac{N-n-1}{N/2}, & n=\dfrac{N}{2}+1,\dfrac{N}{2}+2,\cdots,N-1\end{cases}$	$8\pi/N$	$-25\mathrm{dB}$	25dB
Hamming 窗 $w(n)=\sin^2\left(\dfrac{\pi}{N}n\right),\quad n=0,1,\cdots,N-1$	$8\pi/N$	$-32\mathrm{dB}$	44dB
Hamming 窗 $w(n)=0.54-0.46\cos\left(\dfrac{\pi}{N}n\right),\quad n=0,1,\cdots,N-1$	$8\pi/N$	$-42\mathrm{dB}$	53dB
Blackman 窗 $w(n)=0.42-0.5\cos\left(\dfrac{2\pi}{N}n\right)+0.08\cos\left(\dfrac{4\pi}{N}n\right),\quad n=0,1,\cdots,N-1$	$12\pi/N$	$-57\mathrm{dB}$	74dB

分析　考查窗函数法设计线性相位 FIR 低通滤波器,步骤如下:

(1) 由带外衰减指标确定窗类型,再确定滤波器长度(N)或阶数($M=N-1$);

(2) 由理想低通滤波器的频率特性计算其单位采样响应 $h_{\mathrm{d}}(n)$;

(3) 最后对 $h_{\mathrm{d}}(n)$ 加窗,即得所设计的滤波器。

一般来说,还要用 MATLAB 对所设计的滤波器进行验证,符合要求则设计完成,如果不符合要求则要进一步改进。

解　（1）由于带外最小衰减不低于 50dB,查表知选择汉明窗即可。

由题,$\dfrac{8\pi}{N}\leqslant\dfrac{11}{40}\cdot 2\pi$,故 $N\geqslant 14.55$,取 $N=15$。

注:这里的 15 是滤波器点数或长度 N,而不是滤波器阶数 M,滤波器长度 N 和阶数 M 相差 1,即 $N=M+1$。

（2）由题，$\omega_c = \dfrac{11}{40} \cdot 2\pi = 0.55\pi$，故低通滤波器的频率响应为

$$H_d(e^{j\omega}) = \begin{cases} e^{-j\omega\tau}, & 0 \leqslant |\omega| \leqslant 0.55\pi \\ 0, & 0.55\pi < |\omega| \leqslant \pi \end{cases}。$$

其中，$\tau = \dfrac{N-1}{2} = 7$。取 IDTFT 得单位取样响应

$$h_d(n) = \frac{\sin 0.55\pi(n-7)}{\pi(n-7)}, \quad -\infty < n < +\infty。$$

故所设计的 FIR 低通滤波器的单位取样响应为

$$h(n) = h_d(n)w_H(n), \quad 0 \leqslant n \leqslant 14。$$

其中，$w_H(n)$ 是长为 15 的汉明窗。

真题 33.6　（中国科学技术大学，2011）试用冲激响应不变原则设计一个数字滤波器。已知其参考模拟滤波器的冲激响应为 $h_a(t) = e^{-0.9t}u(t)$，数字系统的采样周期为 T。

（1）导出数字滤波器系统函数 $H(z)$；

（2）试论证采样周期 T 的取值对数字滤波器稳定性的影响。

分析　考查冲激响应不变法设计数字滤波器，以及极点位置对滤波器稳定性的影响。

解　（1）$t = nT$，$h(n) = e^{-0.9nT}u(n) = (e^{-0.9T})^n u(n)$，取 z 变换得 $H(z) = \dfrac{1}{1 - e^{-0.9T}z^{-1}}$。

（2）由于 $T > 0$，故极点 $e^{-0.9T} < 1$，即滤波器总是稳定的。

当 T 越小时，$e^{-0.9T}$ 越接近 1，滤波器越接近临界稳定。

真题 33.7　（中国科学技术大学，2015）采用频域变换方法设计一个数字高通滤波器，试选择合适的原型滤波器模型并推导系统函数 $H(z)$。要求如下：

（1）系统采样频率为 100kHz；

（2）$0 \leqslant f \leqslant 18$kHz 时，幅度衰减大于 15dB；

（3）$f \geqslant 38$kHz 时，幅度起伏小于 1dB；

（4）滤波器的幅度响应随频率单调增加。

分析　考查数字高通滤波器的设计，总体思路是：先设计模拟低通滤波器，再在模拟域转化为模拟高通滤波器，最后用双线性变换法转化为数字高通滤波器。设计步骤如下：

（1）确定数字高通滤波器的指标；

（2）预畸变，确定模拟高通滤波器的指标；

（3）确定归一化模拟低通滤波器的指标；

（4）确定归一化模拟低通原型滤波器；

（5）利用模拟域频率变换，将模拟低通原型滤波器转换为模拟高通滤波器；

（6）最后用双线性变换法将模拟高通滤波器转换为数字高通滤波器。

以上复杂过程集成为两个 MATLAB 命令"buttord""butter"，前一个命令计算原型低通滤波器的阶数 N 以及 3dB 截止频率 ω_c，后一个命令完成模拟域低通到高通的转换，以及双线性变换法转换成数字高通滤波器的过程。

在实际中设计滤波器并不难，难的是理解其复杂的设计过程。我们不仅要知其然，更要知其所以然，这样才能真正掌握设计方法。

解 由条件(4)知,应采用巴特沃思低通原型。首先确定数字高通的技术指标:

$$\omega_p = \frac{38}{100} \cdot 2\pi = 0.76\pi \text{rad}, \quad \alpha_p = 1\text{dB};$$

$$\omega_s = \frac{18}{100} \cdot 2\pi = 0.36\pi \text{rad}, \quad \alpha_s = 15\text{dB}。$$

然后将数字高通指标转换成模拟高通指标,需预畸变:

$$\Omega_p = 2f_s \cdot \tan \frac{\omega_p}{2} = 135.9\text{kHz}, \quad \alpha_p = 1\text{dB},$$

$$\Omega_s = 2f_s \cdot \tan \frac{\omega_s}{2} = 58.1\text{kHz}, \quad \alpha_s = 15\text{dB}。$$

再确定归一化模拟低通滤波器指标:

$$\lambda_p = 1, \quad \alpha_p = 1\text{dB}, \quad \lambda_s = \frac{\Omega_p}{\Omega_s} = 2.34, \quad \alpha_s = 15\text{dB}。$$

设计归一化模拟低通滤波器 $G(p)$:

$$k_{sp} = \sqrt{\frac{10^{0.1\alpha_s} - 1}{10^{0.1\alpha_p} - 1}} = 10.875, \quad \lambda_{sp} = \frac{\lambda_s}{\lambda_p} = 2.34,$$

$$N = \frac{\lg k_{sp}}{\lg \lambda_{sp}} = 2.81,$$

取 $N = 3$。查表知,归一化三阶低通原型系统函数为

$$G(p) = \frac{1}{p^3 + 2p^2 + 2p + 1}。$$

利用模拟域频率变换,将低通滤波器转换为高通滤波器:

$$H_a(s) = G(p)\Big|_{p=\frac{\Omega_p}{s}} = \frac{s^3}{s^3 + 2\Omega_p s^2 + 2\Omega_p^2 s + \Omega_p^3},$$

其中,$\Omega_p = 135.9$。

最后,用双线性变换法将 $H_a(s)$ 转换成数字高通滤波器 $H(z)$:

$$H(z) = H_a(s)\Big|_{s=2f_s \cdot \frac{1-z^{-1}}{1+z^{-1}}}。$$

真题 33.8 (中国科学技术大学,2019)已知一个 FIR 滤波器的系统函数为

$$H(z) = 2(1 + 2z^{-1} - 3z^{-2} + 3z^{-4} - 2z^{-5} - z^{-6})。$$

(1)画出该系统的实现流图,要求使用器件最少;

(2)说明该滤波器不能用于实现哪种滤波器。

分析 考查线性相位 FIR 滤波器的信号流图的画法,以及滤波器长度 N 的奇偶性与 $h(n)$ 的奇偶对称性对滤波器类型的影响。

解 (1)该 FIR 滤波器满足奇对称,满足线性相位条件,因此采用线性相位 FIR 结构能够满足要求,如图 33.19 所示。

(2)由于 $H(e^{j0}) = H(e^{j\pi}) = 0$,故只能实现带通滤波器,不能实现其他三种滤波器,即低通滤波器、高通滤波器和带阻滤波器。

真题 33.9 (中国科学技术大学,2020)用窗函数法设计具有线性相位的 FIR 高通滤波器,要求滤波器低端截止频率为 10kHz,阻带最小衰减不小于 20dB,过渡带不大于 1.99kHz,系

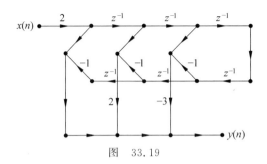

图 33.19

统的采样频率为 40kHz,

(1) 选择窗函数以及窗长 N,使系统满足要求且性能良好;

(2) 推导该系统的单位取样响应序列。

分析 考查窗函数法设计线性相位 FIR 高通滤波器,设计步骤为:

(1) 确定窗类型;

(2) 确定滤波器长度 N;

(3) 计算理想高通滤波器的单位采样响应 $h_d(n)$;

(4) 加窗,即得所设计的滤波器。

解 (1) 由题,$\omega_c = \dfrac{(10+11.99)/2}{f_s} \cdot 2\pi \approx 0.55\pi$。

查表知,矩形窗即可满足最小衰减要求。

由 $\dfrac{1.8\pi}{N} \leqslant \Delta\omega = \dfrac{1.99}{40} \cdot 2\pi$,则 $N \geqslant 18.09$,取 $N=19$,$\tau = \dfrac{N-1}{2} = 9$。

(2) 由于 $h_d(e^{j\omega}) = \begin{cases} e^{-j\omega\tau}, & \omega_c \leqslant |\omega| \leqslant \pi \\ 0, & 0 \leqslant |\omega| < \omega_c \end{cases}$,故

$$h_d(n) = \mathrm{IDTFT}[h_d(e^{j\omega})] = \begin{cases} -\dfrac{\sin(n-\tau)\omega_c}{\pi(n-\tau)}, & n \neq \tau \\ 0.45, & n = \tau \end{cases}, \quad \tau \text{ 为整数}。$$

最后得

$$h(n) = h_d(n)R_N(n) = \begin{cases} -\dfrac{\sin 0.55\pi(n-9)}{\pi(n-9)}, & n = 0,1,\cdots,8,10,\cdots,18 \\ 0.45, & n = 9 \end{cases}。$$

真题 33.10 (中国科学技术大学,2020)有一 FIR 滤波器的幅度函数为 $H(\Omega) = \sum\limits_{n=1}^{N/2} d(n)\sin\Omega(n-1/2)$,其中 N 为偶数,请详细推导出该系统幅度函数的周期性和对称性。

(1) 若具有周期性,则导出最小周期值;

(2) 若具有偶对称性,则导出所有偶对称点;

(3) 若具有奇对称性,则导出所有奇对称点;

(4) 画出 $H(\Omega)$ 的幅频特性曲线;

(5) 判断该系统适合哪种(低通、高通、带通、带阻)滤波器。

分析　考查 FIR 滤波器度幅度函数的性质,包括周期性、奇偶对称性、幅频特性,并判断该系统所能设计的滤波器的类型。

解　(1) 当 $n \geqslant 1$ 时,$\sin\Omega\left(n-\dfrac{1}{2}\right)$ 的周期为 $T_n = \dfrac{2\pi}{n-\dfrac{1}{2}} = \dfrac{4\pi}{2n-1}$。

所有周期的最小公倍数为 4π,故 $T = 4\pi$。

(2) 设 $\sin\Omega\left(n-\dfrac{1}{2}\right)$ 以 Ω_0 为偶对称,则

$$\sin\left(n-\frac{1}{2}\right)(\Omega_0 + \Omega) = \sin\left(n-\frac{1}{2}\right)(\Omega_0 - \Omega)。 \tag{①}$$

即 $\cos\left(n-\dfrac{1}{2}\right)\Omega_0 \cdot \sin\left(n-\dfrac{1}{2}\right)\Omega = 0$,故

$$\cos\left(n-\frac{1}{2}\right)\Omega_0 = 0。 \tag{②}$$

显然,当 $\Omega_0 = (2k+1)\pi$(k 为整数)时,式②恒成立,式①也恒成立。

故偶对称点为 $\Omega = (2k+1)\pi$,k 为整数。

(3) 同理可得奇对称点为 $\Omega = 2k\pi$,k 为整数。

(4) 绘图时,只要在一个周期 4π 内满足偶对称及奇对称的特点即可,图略。

(5) 由于 $H(\mathrm{e}^{\mathrm{j}0}) = 0$,故不能设计低通滤波器及带阻滤波器,只能设计高通及带通滤波器。

真题 33.11　(中国科学技术大学,2021)已知频率抽样序列为 $\{H(k), k = 0, 1, \cdots, N-1\}$,试采用频率抽样法设计滤波器。

(1) 试导出该滤波器的系统函数 $H(z)$;

(2) 以频率采样结构实现该滤波器时,为避免由计算误差引起的系统不稳定,请提出改进办法并推导出相应的系统函数。

分析　考查频率抽样法设计 FIR 滤波器,设计步骤是:

(1) 利用 IDFT 由 $H(k)$ 计算 $h(n)$;

(2) 对 $h(n)$ 取 z 变换即得滤波器 $H(z)$。

频率抽样法设计 FIR 滤波器,是用 IIR 形式的 $H(z)$ 实现 FIR,故会产生零极点不能抵消的现象,使得系统不稳定,处理的办法是将零极点都移到单位圆内接近于单位圆的圆上。

解　(1) 对 $H(k)$ 作 IDFT 得

$$h(n) = \frac{1}{N}\sum_{k=0}^{N-1} H(k) W_N^{-nk}。$$

对 $h(n)$ 取 z 变换得

$$\begin{aligned}
H(z) &= \sum_{n=-\infty}^{\infty} h(n) z^{-n} = \sum_{n=0}^{N-1}\left[\frac{1}{N}\sum_{k=0}^{N-1} H(k) W_N^{-nk}\right] z^{-n} \\
&= \frac{1}{N}\sum_{k=0}^{N-1} H(k) \sum_{n=0}^{N-1} (W_N^{-k} z^{-1})^n \\
&= \frac{1-z^{-N}}{N} \cdot \sum_{k=0}^{N-1} \frac{H(k)}{1 - W_N^{-k} z^{-1}}。
\end{aligned}$$

（2）由量化效应产生的极点位置的偏移，不能被零点所抵消，造成系统的不稳定。解决的办法是：将梳状滤波器的零点以及各一阶极点移到单位圆内半径为 r 的圆上，r 为小于且接近 1 的正数，如 $r=0.9,0.95$ 等。修正的系统函数为

$$H(z)=\frac{1-(z/r)^{-N}}{N}\sum_{k=0}^{N-1}\frac{H_r(k)}{1-W_N^{-k}\cdot(z/r)^{-1}}=\frac{1-r^N z^{-N}}{N}\sum_{k=0}^{N-1}\frac{H_r(k)}{1-rW_N^{-k}z^{-1}}。$$

由于 $H_r(k)$ 是采样点 $H(k)$ 移动到半径为 $r(r\approx1)$ 的圆上，所以可以用 $H(k)$ 代替 $H_r(k)$，于是系统函数为

$$H(z)=\frac{1-r^N z^{-N}}{N}\sum_{k=0}^{N-1}\frac{H(k)}{1-rW_N^{-k}z^{-1}}。$$

真题 33.12 （清华大学，2022）线性相位 FIR 滤波器的零点分布可能的情况为（   ）。

A. 都在圆内   B. 都在圆外

C. 以单位圆镜像对称   D. 在单位圆上

分析 考查线性相位 FIR 滤波器的零点的特点。

解 线性相位 FIR 滤波器的零点分布有两个特点：①共轭成对出现；②以单位圆为镜像对称成对出现，故选 D。

真题 33.13 （上海交通大学，2022）给出离散时间高通滤波器的指标：

$$H(\mathrm{e}^{\mathrm{j}\omega})=\begin{cases}|H(\mathrm{e}^{\mathrm{j}\omega})|\leqslant0.1, & |\omega|\leqslant0.2\pi\\0.99\leqslant|H(\mathrm{e}^{\mathrm{j}\omega})|\leqslant1.01, & 0.22\pi<|\omega|\leqslant\pi\end{cases}。$$

要求采用凯泽（Kaiser）窗设计一个逼近指标要求的广义线性相位 FIR 滤波器。

（1）写出设计滤波器的步骤以及最终的单位脉冲响应 $h(n)$ 的表达式（凯泽窗序列用 $w_{\beta,M}(n)$ 表示即可，β 和 M 要给出具体值）。

提示：凯泽窗的设计公式：

$$\beta=\begin{cases}0.1102(A-8.7), & A>50\\0.584(A-21)^{0.4}+0.07886(A-21), & 21\leqslant A\leqslant50, \\0, & A<21\end{cases}\quad M=\frac{A-8}{2.285\Delta\omega}。$$

其中，β 是窗形状参数，$(M+1)$ 是窗长，A 是阻带衰减，$\Delta\omega$ 是过渡带宽。

（2）将该离散时间滤波器用于处理一个连续时间信号，采样率是 10kHz，该滤波器将信号延迟了多少秒？

分析 考查凯泽窗设计广义线性相位高通 FIR 滤波器。

设计步骤如下：

（1）确定 β 和 M 参数，从而确定凯泽窗；

（2）计算理想高通滤波器的单位采样响应 $h_\mathrm{d}(n)$；

（3）对 $h_\mathrm{d}(n)$ 加凯泽窗即得所求线性相位高通 FIR 滤波器。

解 （1）由题，$A=-20\log0.1=20\mathrm{dB}$，$\Delta\omega=0.02\pi\mathrm{rad}$。则滤波器的阶数为

$$M=\frac{A-8}{2.285\Delta\omega}=\frac{20-8}{2.285\times0.02\pi}=83.5825。$$

取 $M=84$，则窗长 $N=M+1=85$。

由于 $A<20$，故 $\beta=0$。于是所求凯泽窗为 $W_{0.84}(n)R_N(n)$。所设计的高通滤波器的

截止频率为 $\omega_c = \dfrac{0.2\pi + 0.22\pi}{2} = 0.21\pi$。

理想线性相位高通滤波器的频率响应为

$$H_d(e^{j\omega}) = \begin{cases} e^{-j\omega\tau}, & \omega_c \leqslant |\omega| \leqslant \pi \\ 0, & 0 \leqslant |\omega| \leqslant \omega_c \end{cases}。$$

其中，$\tau = \dfrac{N-1}{2} = \dfrac{M}{2} = 42$。

对 $H_d(e^{j\omega})$ 取 IDTFT 得单位抽样响应为

$$h_d(n) = \begin{cases} -\dfrac{\sin(n-\tau)\omega_c}{\pi(n-\tau)}, & n \neq \tau \\ 1 - \dfrac{\omega_c}{\pi}, & n = \tau \end{cases}, \quad \tau \text{ 为整数}。$$

故所设计的 FIR 滤波器为

$$h(n) = h_d(n) W_{0,84}(n) R_N(n)。$$

(2) $\Delta T = \dfrac{N-1}{2} T = 42 \times \dfrac{1}{10000} \text{s} = 4.2 \times 10^{-3} \text{s}$。

第 34 章

系统的状态变量分析

前面的所有内容都是用系统的输入-输出关系描述系统,称为外部描述,存在不可克服的缺点,即有时不能给出信号所有的完整信息。内部描述则可以对系统所有的信号进行完整描述。

状态变量分析的有关内容在现代自动控制原理中有十分严格而完备的理论,在信号与系统考研中一般要求不高,大多数情况下只要列出状态方程和输出方程即可。状态方程的求解由于数学性太强,通常很少考查,但有时需要求计算状态矩阵 e^{At},或判断系统的可控制性或可观测性(同样涉及矩阵计算)。

34.1　知识点

1. 在内部描述中,先确定几个关键变量,即系统的状态变量,使得系统中的每个信号都能用这些状态变量来表达。例如,在无源 RLC 电路中,每个信号都可以用其中独立电容上的电压和通过独立电感的电流来表达,因此独立电容电压和独立电感电流就是电路的状态变量。状态变量是系统的关键变量。

综上,一个系统可以用一组状态变量来描述,即一个 N 阶系统可以用 N 个状态变量联立的一阶微(差分)分方程来表征,状态方程代表了系统的内部描述。

2. 对于有 p 个输入 $f_1(t),f_2(t),\cdots,f_p(t),q$ 个输出 $y_1(t),y_2(t),\cdots,y_q(t),n$ 个状态变量 $x_1(t),x_2(t),\cdots,x_n(t)$ 的多输入-多输出 LTI 连续系统,用矩阵形式表示的状态方程和输出方程分别为

$$\dot{x}(t) = Ax(t) + Bf(t),\qquad ①$$
$$\dot{y}(t) = Cx(t) + Df(t)。\qquad ②$$

其中,

A:$n \times n$ 方阵,称为系统矩阵;

B:$n \times p$ 矩阵,称为控制矩阵;

C:$q \times n$ 矩阵,称为输出矩阵;

D:$q \times p$ 矩阵,称为前馈矩阵(输入-输出传递矩阵)。

类似地,对于离散系统,则有

$$x(n+1) = Ax(k) + Bf(k), \qquad ③$$

$$y(k) = Cx(k) + Df(k)。 \qquad ④$$

矩阵 A、B、C、D 的含义与连续系统类似。

以上式①、式②和式③、式④分别是连续系统和离散系统的状态方程和输出方程的标准形式。

3. 对于 LTI 电路,通常选电容电压和电感电流为状态变量。对于 n 阶系统,所选状态变量的个数应为 n,并且必须保证这 n 个状态变量相互独立。对于电路而言,必须保证所选状态变量为独立的电容电压和独立的电感电流。

例 34.1 （自编）判断对错:

一个 LTI 电路含 2 个电容和 1 个电感,则它一定是三阶系统。

解 错。如果 2 个电容和 1 个电感都是相互独立的,则系统是三阶的；否则如果它们存在相关性,则系统可能是二阶甚至一阶的。

4. 由电路图直接列写状态方程和输出方程的步骤[1]:

(1) 选电路中所有独立的电容电压和电感电流作为状态变量；

(2) 对接有所选电容的独立结点列写 KCL 电流方程,对含有所选电感的独立回路列写 KVL 电压方程；

(3) 若第(2)步所列的方程中含有除激励以外的非状态变量,则利用适当的 KCL 方程和 KVL 方程将它们消去,然而整理给出标准的状态方程形式；

(4) 用观察法由电路或前面已推导出的一些关系直接列写输出方程,并整理成标准形式。

5. 系统有四种描述形式:输入-输出方程、系统函数、模拟框图、信号流图,它们之间可以方便地相互转化。这四种形式以信号流图最简洁、直观。如果已知系统的输入-输出方程或系统函数,通常首先将其转换为信号流图,然后由信号流图再列出系统的状态方程。

例 34.2 （重庆邮电大学,2021）已知离散系统 $H(z) = \dfrac{2}{z^2 + z + 0.16}$,写出该系统矩阵形式的动态方程。

解 $H(z) = \dfrac{2z^{-2}}{1 - (-z^{-1} - 0.16z^{-2})}$,信号流图如图 34.1 所示。

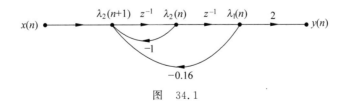

图 34.1

如图 34.1 所示,设两个状态变量分别为 $\lambda_1(n)$ 和 $\lambda_2(n)$,则有

$$\begin{cases} \lambda_1(n+1) = \lambda_2(n) \\ \lambda_2(n+1) = -0.16\lambda_1(n) - \lambda_2(n) + x(n) \end{cases}。$$

写成矩阵形式为

$$\begin{bmatrix} \lambda_1(n+1) \\ \lambda_2(n+1) \end{bmatrix} = \begin{bmatrix} 0 & 1 \\ -0.16 & -1 \end{bmatrix} \begin{bmatrix} \lambda_1(n) \\ \lambda_2(n) \end{bmatrix} + \begin{bmatrix} 0 \\ 1 \end{bmatrix} x(n).$$

输出方程为 $y(n)=2\lambda_1(n)$，写成矩阵形式为

$$y(n) = \begin{bmatrix} 2 & 0 \end{bmatrix} \begin{bmatrix} \lambda_1(n) \\ \lambda_2(n) \end{bmatrix} + \mathbf{0} \cdot x(n).$$

6. 对于连续系统的信号流图，选积分器的输出作为状态变量 $x_i(t)$，则积分器的输入端为 $\dot{x}_i(t)$。对于离散系统的信号流图，选择延迟单元的输出作为状态变量 $x_i(k)$，则延迟器输入端为 $x_i(k+1)$。

对信号流图中每个对应于加法器的结点（输出结点除外）都可以列一个方程，整理后即得状态方程。输出方程由输出结点列出，有时要利用状态方程作恒等变形或化简。

当状态变量较多、信号流图较复杂时，状态方程的建立十分复杂，需要多加练习才能熟练掌握。

7. 连续系统的状态方程一般用拉氏变换求解，对

$$\dot{x}_i(t) = \mathbf{A}x(t) + \mathbf{B}f(t)$$

两边取拉氏变换，并利用拉氏变换的时域微分性质得

$$(s\mathbf{I}-\mathbf{A})\mathbf{X}(s) = x(0_-) + \mathbf{B}F(s),$$

$$\mathbf{X}(s) = (s\mathbf{I}-\mathbf{A})^{-1}x(0_-) + (s\mathbf{I}-\mathbf{A})^{-1}\mathbf{B}F(s).$$

令 $\boldsymbol{\Phi}(s)=(s\mathbf{I}-\mathbf{A})^{-1}$，称为预解矩阵，则

$$\mathbf{X}(s) = \boldsymbol{\Phi}(s)x(0_-) + \boldsymbol{\Phi}(s)\mathbf{B}F(s).$$

对 $\mathbf{X}(s)$ 取拉氏逆变换即得 $x_{zi}(t)$ 和 $x_{zs}(t)$。

可以看出，求解状态方程的关键是计算预解矩阵 $\boldsymbol{\Phi}(s)$，即计算一个带参数 s 的矩阵的逆矩阵。

值得注意的是，在考研真题中求解状态方程的情形并不多。

8. 连续系统的稳定性只与状态方程中的系统矩阵 $\mathbf{A}$ 有关，$\det(s\mathbf{I}-\mathbf{A})=0$ 的根即系统的特征根，它决定系统是否稳定。

9. 连续系统状态方程的时域求解，计算 $e^{\mathbf{A}t}$ 是关键，通常手工计算用两种方法，一种方法是将矩阵 $\mathbf{A}$ 进行对角化，另一种方法需要利用哈密顿-凯莱（Hamilton-Cayley）定理，请参阅文献[4]的有关内容。

10. 离散系统的状态方程的求解一般用 z 变换，其过程及稳定性的讨论与连续系统十分相似，仅仅略有不同，这里不再赘述。

11. 系统的可控制性与可观测性是现代控制理论的两个重要概念，不过仅有极少数大学的考纲将这两个概念作为考点。下面简述这两个重要概念及各自的判据。

(1) 系统的可控制性：当系统用状态方程描述时，给定系统的任意初始状态，如果存在一个输入矢量 $f(\cdot)$，在有限时间内把系统的全部状态引向状态空间的原点即零状态 $x(0)=\mathbf{0}$，则称系统是完全可控的，简称系统可控。如果只对部分状态变量能做到这一点，则称系统是不完全可控的。

系统可控的判据：构造可控性判别矩阵

$$\mathbf{M}_c = \begin{bmatrix} \mathbf{B} & \mathbf{AB} & \mathbf{A}^2\mathbf{B} & \cdots & \mathbf{A}^{n-1} & \mathbf{B} \end{bmatrix},$$

则系统可控的充分必要条件是 $\boldsymbol{M}_c$ 满秩,即 $\mathrm{rank}\boldsymbol{M}_c = n$。

（2）系统的可观测性：当系统用状态方程描述时,给定输入（控制）,若能在有限时间间隔内根据系统的输出唯一地确定系统的所有初始状态,则称系统是完全可观测的,简称系统可观。若只能确定部分初始状态,则称系统是不完全可观测的。

系统可观的判据：将矩阵 $\boldsymbol{A}$、$\boldsymbol{C}$ 组成可观性判别矩阵

$$\boldsymbol{M}_o = \begin{bmatrix} \boldsymbol{C} & \boldsymbol{CA} & \boldsymbol{CA}^2 & \cdots & \boldsymbol{CA}^{n-1} \end{bmatrix}^T,$$

则系统可观的充分必要条件是 $\boldsymbol{M}_o$ 满秩,即 $\mathrm{rank}\boldsymbol{M}_o = n$。

12. 系统可分为四个子类：

（1）既可控又可观的子系统；

（2）不可控但可观的子系统；

（3）可控但不可观的子系统；

（4）既不可控又不可观的子系统。

系统的转移函数所表示的是系统中既可控又可观的那一部分。

重要结论：一个线性系统,若系统的系统函数 $H(\cdot)$ 没有零极点抵消的现象,则系统是即可控又可观的；如果有零极点抵消发生,则它将是不完全可控或不完全可观的；零极点相消的部分必定是不可控或不可观部分,而留下的是可控或可观的。

用系统函数 $H(\cdot)$ 描述系统只能反映系统中可控和可观部分的运动规律,而用状态方程和输出方程来描述系统,则比系统函数描述更全面、更详尽。

34.2 考研真题解析

真题 34.1 （大连理工大学,1991）某连续系统如图 34.2 所示。

（1）写出其状态方程和输出方程；

（2）求系统的转移函数；

（3）若 $e(t) = \mathrm{e}^{-2t}u(t)$,$y(0) = 1$,$y'(0) = 0$,求 $y(t)$。

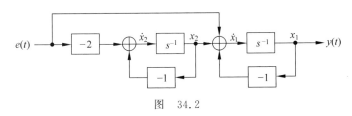

图 34.2

解 （1）设状态变量为 $\dot{x}_1$、$\dot{x}_2$,由图 34.2 得状态方程

$$\begin{cases} \dot{x}_1 = -x_1 + x_2 + e(t) \\ \dot{x}_2 = -x_2 - 2e(t) \end{cases}。$$

输出方程为 $y(t) = x_1(t)$。

（2）由梅森公式得转移函数为

$$H(s) = \frac{s^{-1}(1 + s^{-1}) - 2s^{-2}}{1 - (-s^{-1} - s^{-1}) + (-s^{-1})(-s^{-1})} = \frac{s-1}{s^2 + 2s + 1}。$$

（3）由 $\dfrac{Y(s)}{E(s)} = H(s) = \dfrac{s-1}{s^2+2s+1}$，得系统微分方程

$$y''(t) + 2y'(t) + y(t) = e'(t) - e(t)。$$

取拉氏变换得

$$[s^2 Y(s) - sy(0_-) - y'(0_-)] + 2[sY(s) - y(0_-)] + Y(s) = (s-1)E(s)。 \qquad ①$$

由于输入不含 $\delta(t)$ 及各阶导数，故

$$y(0_-) = y(0) = 1, \quad y'(0_-) = y'(0) = 0。$$

另外 $E(s) = \dfrac{1}{s+2}$，将以上条件代入式①并整理得

$$(s+1)^2 Y(s) = (s+2) + (s-1) \cdot \dfrac{1}{s+2} = \dfrac{s^2+5s+3}{s+2},$$

$$Y(s) = \dfrac{s^2+5s+3}{(s+1)^2(s+2)} = 4 \cdot \dfrac{1}{s+1} - \dfrac{1}{(s+1)^2} - 3 \cdot \dfrac{1}{s+2}。$$

取拉氏逆变换得

$$y(t) = (4e^{-t} - te^{-t} - 3e^{-2t})u(t)。$$

真题 34.2 （大连理工大学，1992）某连续系统如图 34.3 所示。

（1）按如图 34.3 所示取各积分器的输出为状态变量，请写出该系统的状态方程和输出方程（矩阵形式）；

（2）根据状态方程，写出系统的微分方程；

（3）此系统在 $e(t) = u(t)$ 作用下的全响应为

$$y(t) = \left(\dfrac{1}{3} + \dfrac{1}{2}e^{-t} - \dfrac{5}{6}e^{-3t} \right)u(t)。$$

求系统的初始状态 $\begin{bmatrix} x_1(0) \\ x_2(0) \end{bmatrix}$。

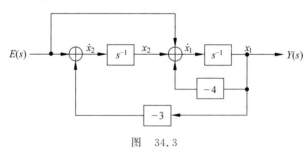

图 34.3

解 （1）如图 34.3 所示标出 $\dot{x}_1$ 和 $\dot{x}_2$，得状态方程

$$\begin{cases} \dot{x}_1 = -4x_1 + x_2 + e(t), \\ \dot{x}_2 = -3x_1 + e(t) \end{cases},$$

写成矩阵形式为

$$\begin{bmatrix} \dot{x}_1 \\ \dot{x}_2 \end{bmatrix} = \begin{bmatrix} -4 & 1 \\ -3 & 0 \end{bmatrix} \begin{bmatrix} x_1 \\ x_2 \end{bmatrix} + \begin{bmatrix} 1 \\ 1 \end{bmatrix} e(t)。$$

输出方程为 $y(t) = x_1(t)$,写成矩阵形式为

$$y(t) = \begin{bmatrix} 1 & 0 \end{bmatrix} \begin{bmatrix} x_1 \\ x_2 \end{bmatrix} + \mathbf{0} \cdot e(t)。$$

（2）对状态方程取拉氏变换得

$$\begin{cases} sX_1(s) = -4X_1(s) + X_2(s) + E(s) \\ sX_2(s) = -3X_1(s) + E(s) \end{cases},$$

消去 $X_2(s)$ 得

$$X_1(s) = \frac{s+1}{s^2 + 4s + 3} E(s),$$

故

$$Y(s) = \frac{s+1}{s^2 + 4s + 3} E(s),$$

$$(s^2 + 4s + 3)Y(s) = (s+1)E(s)。$$

取拉氏逆变换得

$$y''(t) + 4y'(t) + 3y(t) = e'(t) + e(t)。$$

（3）**方法 1**（时域法）

$$x_1(t) = y(t) = \left(\frac{1}{3} + \frac{1}{2}e^{-t} - \frac{5}{6}e^{-3t} \right) u(t),$$

故 $x_1(0) = 0$,

$$\dot{x}_1 = \left(-\frac{1}{2}e^{-t} + \frac{5}{2}e^{-3t} \right) u(t),$$

$$x_2 = \dot{x}_1 + 4x_1 - e(t) = \left(\frac{1}{3} + \frac{3}{2}e^{-t} - \frac{5}{6}e^{-3t} \right) u(t)。$$

故 $x_2(0) = 1$。最后得

$$\begin{bmatrix} x_1(0) \\ x_2(0) \end{bmatrix} = \begin{bmatrix} 0 \\ 1 \end{bmatrix}。$$

方法 2（拉氏变换法）

$$\boldsymbol{Y}(s) = \boldsymbol{C}\boldsymbol{\Phi}(s)\boldsymbol{x}(0) + [\boldsymbol{C}\boldsymbol{\Phi}(s)\boldsymbol{B} + \boldsymbol{D}]E(s)。 \tag{①}$$

其中,

$$\boldsymbol{A} = \begin{bmatrix} -4 & 1 \\ -3 & 0 \end{bmatrix}, \quad \boldsymbol{B} = \begin{bmatrix} 1 \\ 1 \end{bmatrix}, \quad \boldsymbol{C} = \begin{bmatrix} 1 & 0 \end{bmatrix}, \quad \boldsymbol{D} = \mathbf{0},$$

$$\boldsymbol{\Phi}(s) = (s\boldsymbol{I} - \boldsymbol{A})^{-1} = \frac{1}{s^2 + 4s + 3} \begin{bmatrix} s & 1 \\ -3 & s+4 \end{bmatrix}, \quad E(s) = \frac{1}{s},$$

$$Y(s) = \frac{1}{3} \cdot \frac{1}{s} + \frac{1}{2} \cdot \frac{1}{s+1} - \frac{5}{6} \cdot \frac{1}{s+3} = \frac{2s+1}{s(s+1)(s+3)}。$$

将以上条件代入式①,解得

$$\boldsymbol{x}(0) = \begin{bmatrix} x_1(0) \\ x_2(0) \end{bmatrix} = \begin{bmatrix} 0 \\ 1 \end{bmatrix}。$$

注：时域法远比拉氏变换法简单。

真题 34.3 （大连理工大学,2011）某双输入-双输出连续系统如图 34.4 所示。

（1）写出矩阵形式的状态方程和输出方程;

（2）若系统稳定,求 a_1 和 a_2 的范围。

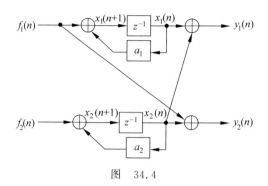

图 34.4

解 （1）如图 34.4 所示,设状态变量 $x_1(n)$ 和 $x_2(n)$。

由左边的两个加法器得状态方程:

$$\begin{cases} x_1(n+1)=a_1 x_1(n)+f_1(n) \\ x_2(n+1)=a_2 x_2(n)+f_2(n) \end{cases},$$

写成矩阵形式为

$$\begin{bmatrix} x_1(n+1) \\ x_2(n+1) \end{bmatrix} = \begin{bmatrix} a_1 & 0 \\ 0 & a_2 \end{bmatrix} \begin{bmatrix} x_1(n) \\ x_2(n) \end{bmatrix} + \begin{bmatrix} 1 & 0 \\ 0 & 1 \end{bmatrix} \begin{bmatrix} f_1(n) \\ f_2(n) \end{bmatrix}.$$

由右边的两个加法器得输出方程:

$$\begin{cases} y_1(n)=x_1(n)+x_2(n) \\ y_2(n)=x_2(n)+f_1(n) \end{cases},$$

写成矩阵形式为

$$\begin{bmatrix} y_1(n+1) \\ y_2(n+1) \end{bmatrix} = \begin{bmatrix} 1 & 1 \\ 0 & 1 \end{bmatrix} \begin{bmatrix} x_1(n) \\ x_2(n) \end{bmatrix} + \begin{bmatrix} 0 & 0 \\ 1 & 0 \end{bmatrix} \begin{bmatrix} f_1(n) \\ f_2(n) \end{bmatrix}.$$

（2）$\boldsymbol{A}=\begin{bmatrix} a_1 & 0 \\ 0 & a_2 \end{bmatrix}$, $|z\boldsymbol{I}-\boldsymbol{A}|=(z-a_1)(z-a_2)$, $z_1=a_1$, $z_2=a_2$。

若系统稳定,则必有 $|a_1|<1,|a_2|<1$。

真题 34.4 （大连理工大学,2013）如图 34.5 所示系统,取积分器输出为状态变量,分别设为 $x_1(t)$ 和 $x_2(t)$。

（1）试写出系统状态方程和输出方程的矩阵形式;

（2）若系统在初始状态不为 0 的条件下,对单位阶跃信号 $e(t)=u(t)$ 的状态变量完全响应为

$$\begin{bmatrix} x_1(t) \\ x_2(t) \end{bmatrix} = \begin{bmatrix} 4e^{-t}-2e^{-2t}-2 \\ 8e^{-t}-2e^{-2t}-6 \end{bmatrix} u(t),$$

求图中各参数 a、b 和 c 的值。

解 （1）由图 34.5 可得

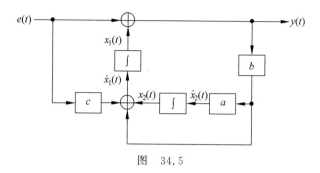

图 34.5

$$\begin{cases} y(t) = x_1(t) + e(t), & ① \\ \dot{x}_1(t) = x_2(t) + by(t) + ce(t), & ② \\ \dot{x}_2(t) = aby(t)。 & ③ \end{cases}$$

将式①分别代入式②、式③得

$$\dot{x}_1(x) = x_2(t) + b[x_1(t) + e(t)] + ce(t) = bx_1(t) + x_2(t) + (b+c)e(t),$$

$$\dot{x}_2(t) = ab[x_1(t) + e(t)] = abx_1(t) + abe(t)。$$

写成矩阵形式为

$$\begin{bmatrix} \dot{x}_1(t) \\ \dot{x}_2(t) \end{bmatrix} = \begin{bmatrix} b & 1 \\ ab & 0 \end{bmatrix} \begin{bmatrix} x_1(t) \\ x_2(t) \end{bmatrix} + \begin{bmatrix} b+c \\ ab \end{bmatrix} e(t)。$$

输出方程的矩阵形式为

$$y(t) = \begin{bmatrix} 1 & 0 \end{bmatrix} \begin{bmatrix} x_1(t) \\ x_2(t) \end{bmatrix} + 1 \cdot e(t)。$$

（2）由题知 -1 和 -2 为 $A = \begin{bmatrix} b & 1 \\ ab & 0 \end{bmatrix}$ 的特征值，而 $|\lambda I - A| = \lambda^2 - b\lambda - ab$，于是得

$$(-1) + (-2) = b, \quad (-1)(-2) = -ab,$$

即得 $a = \dfrac{2}{3}$，$b = -3$，于是

$$\dot{x}_1(t) = -3x_1(t) + x_2(t) + (c-3)u(t)。 \qquad ④$$

将完全响应代入式④，解得 $c = 3$。

真题 34.5　（重庆邮电大学,2018)写出离散系统 $H(z) = \dfrac{z+1}{z^2 + 0.5z + 0.6}$ 矩阵形式的动态方程。

解　将系统函数写成

$$H(z) = \frac{z^{-1} + z^{-2}}{1 - (-0.5)z^{-1} - (-0.6z^{-2})},$$

系统流图如图 34.6 所示。

如图 34.6 所示设状态变量 $x_1(n)$ 和 $x_2(n)$，由图 34.6 得

$$\begin{cases} x_1(n+1) = -0.5x_1(n) - 0.6x_2(n) + f(n) \\ x_2(n+1) = x_1(n) \end{cases},$$

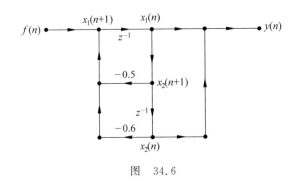

图 34.6

写成矩阵形式即得动态方程

$$\begin{bmatrix} x_1(n+1) \\ x_2(n+1) \end{bmatrix} = \begin{bmatrix} -0.5 & -0.6 \\ 1 & 0 \end{bmatrix} \begin{bmatrix} x_1(n) \\ x_2(n) \end{bmatrix} + \begin{bmatrix} 1 \\ 0 \end{bmatrix} f(n) .$$

真题 34.6 (重庆邮电大学,2019)已知系统方程为

$$\frac{\mathrm{d}^3 y(t)}{\mathrm{d}t^3} + 8 \frac{\mathrm{d}^2 y(t)}{\mathrm{d}t^2} + 19 \frac{\mathrm{d}y(t)}{\mathrm{d}t} + 12 y(t) = 4 \frac{\mathrm{d}f(t)}{\mathrm{d}t} + 10 f(t) .$$

(1) 写出系统函数;

(2) 画出并联形式的模拟信号流图;

(3) 建立第(2)小题中的状态方程和输出方程。

解 (1)对微分方程两边取拉氏变换得

$$(s^3 + 8s^2 + 19s + 12)Y(s) = (4s + 10)F(s) ,$$

故 $H(s) = \dfrac{Y(s)}{F(s)} = \dfrac{4s+10}{s^3+8s^2+19s+12}$。

(2) $H(s) = \dfrac{4s+10}{(s+1)(s+3)(s+4)} = \dfrac{1}{s+1} + \dfrac{1}{s+3} - 2 \cdot \dfrac{1}{s+4}$

$$= \frac{s^{-1}}{1-(-s^{-1})} + \frac{s^{-1}}{1-(-3s^{-1})} - \frac{2s^{-1}}{1-(-4s^{-1})} 。$$

信号流图如图 34.7 所示。

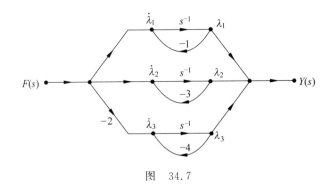

图 34.7

（3）由信号流图得

$$
\begin{cases}
\dot{\lambda}_1 = f(t) - \lambda_1 \\
\dot{\lambda}_2 = f(t) - 3\lambda_2 \\
\dot{\lambda}_3 = -2f(t) - 4\lambda_3
\end{cases},
$$

于是矩阵形式状态方程为

$$
\begin{bmatrix} \dot{\lambda}_1 \\ \dot{\lambda}_2 \\ \dot{\lambda}_3 \end{bmatrix} = \begin{bmatrix} -1 & 0 & 0 \\ 0 & -3 & 0 \\ 0 & 0 & -4 \end{bmatrix} \begin{bmatrix} \lambda_1 \\ \lambda_2 \\ \lambda_3 \end{bmatrix} + \begin{bmatrix} 1 \\ 1 \\ -2 \end{bmatrix} f(t)。
$$

输出方程为

$$
y(t) = \lambda_1 + \lambda_2 + \lambda_3 = \begin{bmatrix} 1 & 1 & 1 \end{bmatrix} \begin{bmatrix} \lambda_1 \\ \lambda_2 \\ \lambda_3 \end{bmatrix} + \begin{bmatrix} 0 \end{bmatrix} f(t)。
$$

真题 34.7 （重庆邮电大学,2020)离散系统的信号流图如图 34.8 所示。

（1）求系统函数 $H(z)$；

（2）写出矩阵形式的状态方程。

解 （1）由梅森公式得 $H(z) = \dfrac{3 + 2z^{-2}}{1 + \dfrac{1}{4}z^{-2}}$。

（2）如图 34.9 所示,设两个状态变量分别为 $x_1(n)$ 和 $x_2(n)$,则有

$$
\begin{cases}
x_1(n) = -\dfrac{1}{4}x_2(n-1) + f(n) \\
x_2(n) = x_1(n-1)
\end{cases},
$$

写成矩阵形式为

$$
\begin{bmatrix} x_1(n) \\ x_2(n) \end{bmatrix} = \begin{bmatrix} 0 & -\dfrac{1}{4} \\ 1 & 0 \end{bmatrix} \begin{bmatrix} x_1(n-1) \\ x_2(n-1) \end{bmatrix} + \begin{bmatrix} 1 \\ 0 \end{bmatrix} f(n)。
$$

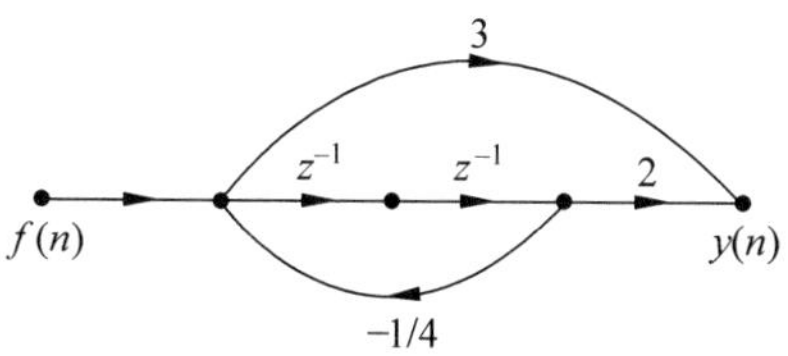

图 34.8

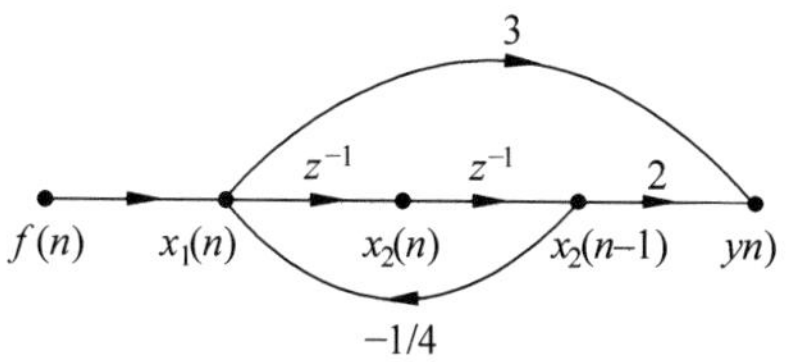

图 34.9

真题 34.8 （华中科技大学,2020)输入-输出的二阶连续时间 LTI 系统的转移函数矩阵如下:

$$
H(s) = \begin{bmatrix} \dfrac{1}{s+1} + \dfrac{2}{s+2} & \dfrac{1}{s+2} \\ \dfrac{2}{s+2} & \dfrac{2}{s+2} \end{bmatrix}。
$$

若定义状态变量为 $x_1(t) = y_1(t)$，$x_2(t) = y_2(t)$，其中 $y_1(t)$ 和 $y_2(t)$ 分别代表系统的两个输出，则

（1）根据转移函数矩阵画出系统的模拟信号流图（注：两个输入分别用 $v_1(t)$ 和 $v_2(t)$ 表示）；

（2）列写矩阵形式状态方程和输出方程。

分析 输出方程的系数矩阵很容易求，难点在状态方程的系数矩阵的求解，用逆矩阵求解，先求 B，再求 A。

解 （1）已知 $H(s) = C\Phi(s)B + D$，其中，$\Phi(s) = (sI - A)^{-1}$，A、B、C、D 分别为状态方程和输出方程的系数矩阵。由输出方程

$$\begin{bmatrix} y_1(t) \\ y_2(t) \end{bmatrix} = \begin{bmatrix} 1 & 0 \\ 0 & 1 \end{bmatrix} \begin{bmatrix} x_1(t) \\ x_2(t) \end{bmatrix} + 0 \cdot \begin{bmatrix} v_1(t) \\ v_2(t) \end{bmatrix} \qquad ①$$

知 $C = \begin{bmatrix} 1 & 0 \\ 0 & 1 \end{bmatrix}$，$D = 0$，故 $H(s) = \Phi(s)B$，即

$$H(s) = (sI - A)^{-1}B。$$

两边取逆得

$$H^{-1}(s) = B^{-1}(sI - A) = B^{-1}s - B^{-1}A。$$

易知

$$H^{-1}(s) = \begin{bmatrix} s+1 & -\frac{1}{2}(s+1) \\ -(s+1) & s + \frac{3}{2} \end{bmatrix} = \begin{bmatrix} 1 & -1/2 \\ -1 & 1 \end{bmatrix} s + \begin{bmatrix} 1 & -1/2 \\ -1 & 3/2 \end{bmatrix},$$

于是

$$B^{-1} = \begin{bmatrix} 1 & -1/2 \\ -1 & 1 \end{bmatrix}, \quad B = \begin{bmatrix} 2 & 1 \\ 2 & 2 \end{bmatrix}。$$

由 $-B^{-1}A = \begin{bmatrix} 1 & -1/2 \\ -1 & 3/2 \end{bmatrix}$ 得

$$A = -B \begin{bmatrix} 1 & -1/2 \\ -1 & 3/2 \end{bmatrix} = \begin{bmatrix} -1 & -1/2 \\ 0 & -2 \end{bmatrix},$$

于是得状态方程

$$\begin{bmatrix} \dot{x}_1(t) \\ \dot{x}_2(t) \end{bmatrix} = \begin{bmatrix} -1 & -1/2 \\ 0 & -2 \end{bmatrix} \begin{bmatrix} x_1(t) \\ x_2(t) \end{bmatrix} + \begin{bmatrix} 2 & 1 \\ 2 & 2 \end{bmatrix} \begin{bmatrix} v_1(t) \\ v_2(t) \end{bmatrix}, \qquad ②$$

即

$$\begin{cases} \dot{x}_1(t) = -x_1(t) - \dfrac{1}{2}x_2(t) + 2v_1(t) + v_2(t) \\ \dot{x}_2(t) = -2x_2(t) + 2v_1(t) + 2v_2(t) \end{cases}。$$

加上输出方程

$$\begin{cases} y_1(t) = x_1(t) \\ y_2(t) = x_2(t) \end{cases},$$

画出系统的信号流图如图 34.10 所示。

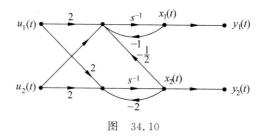

图 34.10

（2）状态方程和输出方程分别为式②和式①。

真题 34.9 （厦门大学，2020）已知

$$\begin{bmatrix} \dot{\lambda}_1(t) \\ \dot{\lambda}_2(t) \end{bmatrix} = \begin{bmatrix} 1 & 0 \\ 0 & -3 \end{bmatrix} \begin{bmatrix} \lambda_1(t) \\ \lambda_2(t) \end{bmatrix} + \begin{bmatrix} 1 \\ 0 \end{bmatrix} f(t), \quad y(t) = \begin{bmatrix} 1 & 0 \end{bmatrix} \begin{bmatrix} \lambda_1(t) \\ \lambda_2(t) \end{bmatrix},$$

$$f(t) = u(t), \quad \begin{bmatrix} \lambda_1(0_-) \\ \lambda_2(0_-) \end{bmatrix} = \begin{bmatrix} 1 \\ 0 \end{bmatrix}.$$

（1）求 $(s\boldsymbol{I} - \boldsymbol{A})^{-1}$；

（2）求 $\boldsymbol{H}(s)$；

（3）求系统的全响应。

解 （1）$(s\boldsymbol{I} - \boldsymbol{A})^{-1} = \begin{bmatrix} s-1 & 0 \\ 0 & s+3 \end{bmatrix}^{-1} = \begin{bmatrix} \dfrac{1}{s-1} & 0 \\ 0 & \dfrac{1}{s+3} \end{bmatrix}.$

（2）$\boldsymbol{A} = \begin{bmatrix} 1 & 0 \\ 0 & -3 \end{bmatrix}, \boldsymbol{B} = \begin{bmatrix} 1 \\ 0 \end{bmatrix}, \boldsymbol{C} = \begin{bmatrix} 1 & 0 \end{bmatrix}, \boldsymbol{D} = \boldsymbol{0}$，故

$$\boldsymbol{H}(s) = \boldsymbol{C}\boldsymbol{\Phi}(s)\boldsymbol{B} = \begin{bmatrix} 1 & 0 \end{bmatrix} \begin{bmatrix} \dfrac{1}{s-1} & 0 \\ 0 & \dfrac{1}{s+3} \end{bmatrix} \begin{bmatrix} 1 \\ 0 \end{bmatrix} = \dfrac{1}{s-1},$$

其中，$\boldsymbol{\Phi}(s) = (s\boldsymbol{I} - \boldsymbol{A})^{-1}$。

（3）$\boldsymbol{Y}(s) = \boldsymbol{C}\boldsymbol{\Phi}(s)\lambda(0_-) + \boldsymbol{H}(s)\boldsymbol{F}(s) = \dfrac{1}{s-1} + \dfrac{1}{s(s-1)} = \dfrac{2}{s-1} - \dfrac{1}{s}, \quad \mathrm{Re}\{s\} > 1.$

取拉氏逆变换得全响应

$$y(t) = (2e^t - 1)u(t).$$

真题 34.10 （武汉大学，2021）已知两输入-两输出离散系统的信号流图如图 34.11 所示。

（1）求出关于该信号流图的状态方程和输出方程；

（2）求出该系统的特征根。

解 （1）在 $x_1(n)$ 处有 $x_1(n+1) - x_1(n) = x_2(n)$，即

$$x_1(n+1) = x_1(n) + x_2(n).$$ ①

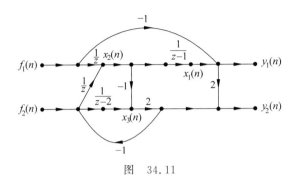

图 34.11

在 $x_2(n)$ 处有

$$x_2(n+1) = -2x_3(n) + f_1(n) + f_2(n)。 \quad ②$$

在 $x_3(n)$ 处有

$$-X_2(z) + [-2X_3(z) + F_2(z)] \cdot \frac{1}{z-2} = X_3(z),$$

$$[X_2(z) + X_3(z)](z-2) = -2X_3(z) + F_2(z),$$

$$[x_2(n+1) + x_3(n+1)] - 2[x_2(n) + x_3(n)] = -2x_3(n) + f_2(n)。$$

将式②代入并化简得

$$x_3(n+1) = 2x_2(n) + 2x_3(n) - f_1(n)。 \quad ③$$

由式①~式③即得,矩阵形式的状态方程为

$$\begin{bmatrix} x_1(n+1) \\ x_2(n+1) \\ x_3(n+1) \end{bmatrix} = \begin{bmatrix} 1 & 1 & 0 \\ 0 & 0 & -2 \\ 0 & 2 & 2 \end{bmatrix} \begin{bmatrix} x_1(n) \\ x_2(n) \\ x_3(n) \end{bmatrix} + \begin{bmatrix} 0 & 0 \\ 1 & 1 \\ -1 & 0 \end{bmatrix} \begin{bmatrix} f_1(n) \\ f_2(n) \end{bmatrix}。$$

输出方程为

$$y_1(n) = x_1(n) - f_1(n),$$

$$y_2(n) = 2[x_1(n) - f_1(n)] + 2x_3(n) = 2x_1(n) + 2x_3(n) - 2f_1(n)。$$

写成矩阵形式为

$$\begin{bmatrix} y_1(n) \\ y_2(n) \end{bmatrix} = \begin{bmatrix} 1 & 0 & 0 \\ 2 & 0 & 2 \end{bmatrix} \begin{bmatrix} x_1(n) \\ x_2(n) \\ x_3(n) \end{bmatrix} + \begin{bmatrix} -1 & 0 \\ -2 & 0 \end{bmatrix} \begin{bmatrix} f_1(n) \\ f_2(n) \end{bmatrix}。$$

(2) $|sI - A| = \begin{vmatrix} s-1 & -1 & 0 \\ 0 & s & 2 \\ 0 & -2 & s-2 \end{vmatrix} = (s-1)(s^2 - 2s + 4) = 0,$

解得 $s_1 = 1, s_{2,3} = 1 \pm j\sqrt{3}$,即为所求特征根。

真题 34.11 (海南大学,2021)某系统框图如图 34.12 所示,状态变量选取如图所示。

(1) 试列出其状态方程和输出方程;

(2) 若输入为 $f(t)$,输出为 $y_1(t)$,求该系统对应的微分方程;

(3) 若输入为 $f(t) = 2$,求输出 $y_2(t)$。

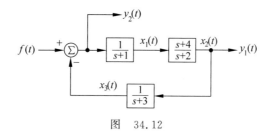

图　34.12

解　(1) 由图得

$$
\begin{cases}
\dot{x}_1 + x_1(t) = y_2(t) & ① \\
\dot{x}_1 + 4x_1(t) = \dot{x}_2 + 2x_2(t) & ② \\
\dot{x}_3 + 3x_3(t) = x_2(t) & ③ \\
y_2(t) = -x_3(t) + f(t) & ④
\end{cases}
$$

由式①和式④消去 $y_2(t)$，得 $\dot{x}_1 = -x_1(t) - x_3(t) + f(t)$；代入式②得 $\dot{x}_2 = 3x_1(t) - 2x_2(t) + f(t)$；由式③得 $\dot{x}_3 = x_2(t) - 3x_3(t)$。

于是状态方程为

$$
\begin{cases}
\dot{x}_1 = -x_1(t) - x_3(t) + f(t) \\
\dot{x}_2 = 3x_1(t) - 2x_2(t) - x_3(t) + f(t), \\
\dot{x}_3 = x_2(t) - 3x_3(t)
\end{cases}
$$

输出方程为

$$
\begin{cases}
y_1(t) = x_2(t) \\
y_2(t) = -x_3(t) + f(t)
\end{cases}
$$

(2) 由梅森公式得系统函数

$$
H_1(s) = \frac{\dfrac{1}{s+1} \cdot \dfrac{s+4}{s+2}}{1 + \dfrac{1}{s+1} \cdot \dfrac{s+4}{s+2} \cdot \dfrac{1}{s+3}} = \frac{(s+3)(s+4)}{(s+1)(s+2)(s+3)(s+4)}
$$

$$
= \frac{s^2 + 7s + 12}{s^3 + 6s^2 + 12s + 10}
$$

由 $\dfrac{Y_1(s)}{f(s)} = \dfrac{s^2 + 7s + 12}{s^3 + 6s^2 + 12s + 10}$ 得微分方程

$$
y_1'''(t) + 6y_1''(t) + 12y_1'(t) + 10y_1(t) = f''(t) + 7f'(t) + 12f(t)
$$

(3) 由梅森公式得

$$
H_2(s) = \frac{1}{1 + \dfrac{1}{s+1} \cdot \dfrac{s+4}{s+2} \cdot \dfrac{1}{s+3}} = \frac{(s+1)(s+2)(s+3)}{(s+1)(s+2)(s+3) + (s+4)}
$$

由于 $H_2(0) = 0.6$，故输出为 $y_2(t) = 1.2$。

真题 34.12 （华中科技大学,2021）两输入-两输出三状态离散 LTI 系统的状态模型如下：

$$\begin{bmatrix} x_1(n+1) \\ x_2(n+1) \\ x_3(n+1) \end{bmatrix} = \begin{bmatrix} -1 & 0 & 0 \\ 0 & -3 & 0 \\ 0 & 0 & -2 \end{bmatrix} \begin{bmatrix} x_1(n) \\ x_2(n) \\ x_3(n) \end{bmatrix} + \begin{bmatrix} 1 & 1 \\ 1 & 0 \\ 0 & 1 \end{bmatrix} \begin{bmatrix} v_1(n) \\ v_2(n) \end{bmatrix},$$

$$\begin{bmatrix} y_1(n) \\ y_2(n) \end{bmatrix} = \begin{bmatrix} 1 & 0 & 1 \\ 0 & 2 & 1 \end{bmatrix} \begin{bmatrix} x_1(n) \\ x_2(n) \\ x_3(n) \end{bmatrix}。$$

其中,$v_1(n)$ 和 $v_2(n)$ 为输入,$y_1(n)$ 和 $y_2(n)$ 为输出,$x_1(n)$、$x_2(n)$、$x_3(n)$ 为状态变量。

试画出该系统的信号流图,并求系统转移矩阵 $\boldsymbol{H}(z)$。

解 由矩阵形式的状态方程及输出方程得

$$\begin{cases} x_1(n+1) = -x_1(n) + v_1(n) + v_2(n) \\ x_2(n+1) = -3x_2(n) + v_1(n) \\ x_3(n+1) = -2x_3(n) + v_2(n) \end{cases},$$

及

$$\begin{cases} y_1(n) = x_1(n) + x_3(n) \\ y_2(n) = 2x_2(n) + x_3(n) \end{cases}。$$

由此得信号流图,如图 34.13 所示。

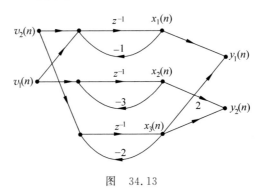

图 34.13

系统转移矩阵为

$$\begin{aligned} \boldsymbol{H}(z) &= \boldsymbol{C}(z\boldsymbol{I} - \boldsymbol{A})^{-1}\boldsymbol{B} + \boldsymbol{D} \\ &= \begin{bmatrix} 1 & 0 & 1 \\ 0 & 2 & 1 \end{bmatrix} \begin{bmatrix} z+1 & 0 & 0 \\ 0 & z+3 & 0 \\ 0 & 0 & z+2 \end{bmatrix}^{-1} \begin{bmatrix} 1 & 1 \\ 1 & 0 \\ 0 & 1 \end{bmatrix} \\ &= \begin{bmatrix} \dfrac{1}{z+1} & \dfrac{2z+3}{(z+1)(z+2)} \\ \dfrac{2}{z+3} & \dfrac{1}{z+2} \end{bmatrix}。 \end{aligned}$$

真题 **34.13** (上海大学,2021)某一连续时间系统状态方程和输出方程分别为

$$\frac{d}{dt}\begin{bmatrix}\lambda_1(t)\\\lambda_2(t)\end{bmatrix}=\boldsymbol{A}\begin{bmatrix}\lambda_1(t)\\\lambda_2(t)\end{bmatrix}+\boldsymbol{B}\begin{bmatrix}x_1(t)\\x_2(t)\end{bmatrix},\quad\begin{bmatrix}y_1(t)\\y_2(t)\end{bmatrix}=\boldsymbol{C}\begin{bmatrix}\lambda_1(t)\\\lambda_2(t)\end{bmatrix}+\boldsymbol{D}\begin{bmatrix}x_1(t)\\x_2(t)\end{bmatrix}。$$

其中,

$$\boldsymbol{A}=\begin{bmatrix}-2&-1\\-1&-2\end{bmatrix},\quad\boldsymbol{B}=\begin{bmatrix}1&0\\3&2\end{bmatrix},\quad\boldsymbol{C}=\begin{bmatrix}1&2\\0&4\end{bmatrix},\quad\boldsymbol{D}=\begin{bmatrix}1&1\\0&1\end{bmatrix}。$$

(1) 判断系统的稳定性;

(2) 求 e^{-At},$t\geqslant0$;

(3) 求系统函数矩阵 $\boldsymbol{H}(s)$;

(4) 求冲激响应矩阵 $\boldsymbol{h}(t)$;

(5) 若保持 $x_2(t)=0$,以 $x_1(t)$ 为输入信号,以 $y_2(t)$ 为输出信号,则该系统能否作为高通滤波器使用,请说明理由。

解 (1) $\det(s\boldsymbol{I}-\boldsymbol{A})=\begin{vmatrix}s+2&1\\1&s+2\end{vmatrix}=s^2+4s+3=0,s_1=-1,s_2=-3$。

由于两个极点都位于 s 平面的左半平面,故系统是稳定的。

(2) 令 $\boldsymbol{A}_1=-\boldsymbol{A}$,$\boldsymbol{A}_1$ 的特征值是 1 和 3。

令 $e^{\boldsymbol{A}_1 t}=\alpha_0\boldsymbol{I}+\alpha_1\boldsymbol{A}_1$,则有 $\begin{cases}\alpha_0+\alpha_1=e^t\\\alpha_0+3\alpha_1=e^{3t}\end{cases}$,解得

$$\begin{cases}\alpha_0=\frac{1}{2}(3e^t-e^{3t})\\\alpha_1=-\frac{1}{2}(e^t-e^{3t})\end{cases}$$

故

$$e^{-At}=e^{\boldsymbol{A}_1 t}=\alpha_0\boldsymbol{I}+\alpha_1\boldsymbol{A}_1=\begin{bmatrix}\frac{1}{2}(e^t+e^{3t})&-\frac{1}{2}(e^t-e^{3t})\\-\frac{1}{2}(e^t-e^{3t})&\frac{1}{2}(e^t+e^{3t})\end{bmatrix}。$$

(3) $\boldsymbol{H}(s)=\boldsymbol{C}(s\boldsymbol{I}-\boldsymbol{A})^{-1}\boldsymbol{B}+\boldsymbol{D}=\begin{bmatrix}1+\frac{7s+9}{(s+1)(s+3)}&1+\frac{4s+6}{(s+1)(s+3)}\\\frac{12s+20}{(s+1)(s+3)}&1+\frac{8s+16}{(s+1)(s+3)}\end{bmatrix}。$

(4) 将 $\boldsymbol{H}(s)$ 部分分式展开为

$$\boldsymbol{H}(s)=\begin{bmatrix}1+\frac{1}{s+1}+\frac{6}{s+3}&1+\frac{1}{s+1}+\frac{3}{s+3}\\\frac{4}{s+1}+\frac{8}{s+3}&1+\frac{4}{s+1}+\frac{4}{s+3}\end{bmatrix},$$

取拉氏逆变换得

$$\boldsymbol{h}(t)=\begin{bmatrix}\delta(t)+(e^{-t}+6e^{-3t})u(t)&\delta(t)+(e^{-t}+3e^{-3t})u(t)\\(4e^{-t}+8e^{-3t})u(t)&\delta(t)+4(e^{-t}+e^{-3t})u(t)\end{bmatrix}。$$

（5）由 $\boldsymbol{Y}(s) = \boldsymbol{H}(s)\boldsymbol{X}(s)$ 得

$$\begin{bmatrix} Y_1(s) \\ Y_2(s) \end{bmatrix} = \begin{bmatrix} 1 + \dfrac{1}{s+1} + \dfrac{6}{s+3} & 1 + \dfrac{1}{s+1} + \dfrac{3}{s+3} \\[3mm] \dfrac{4}{s+1} + \dfrac{8}{s+3} & 1 + \dfrac{4}{s+1} + \dfrac{4}{s+3} \end{bmatrix} \begin{bmatrix} X_1(s) \\ 0 \end{bmatrix},$$

$$Y_2(s) = \left(\frac{4}{s+1} + \frac{8}{s+3} \right) X_1(s)。$$

系统函数为

$$H_0(s) = \frac{Y_2(s)}{X_1(s)} = \frac{4}{s+1} + \frac{8}{s+3} = \frac{4(3s+5)}{(s+1)(s+3)}。$$

零点为 $-\dfrac{5}{3}$，极点为 -1 和 -3，由零极点位置可知，这是一个低通滤波器，不能作用高频滤波器使用（也可以说，因为无穷远处有零点，所以不能用作高通滤波器）。

真题 34.14　（重庆邮电大学，2022）某连续时间因果系统的结构如图 34.14 所示，其中 $H_1(j\omega) = \dfrac{j\omega - 1}{5 - \omega^2 + j4\omega}$。

（1）求系统函数 $H(s)$；

（2）欲使系统稳定，试确定 K 的取值范围；

（3）若系统临界稳定，求系统的单位冲激响应 $h(t)$；

（4）当 $K = -1$ 时，画出系统 s 域并联型信号流图，并写出系统的动态方程。

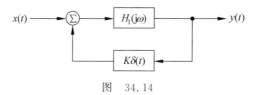

图　34.14

解　（1）由梅森公式得

$$H(s) = \frac{H_1(s)}{1 - KH_1(s)} = \frac{\dfrac{s-1}{s^2+4s+5}}{1 - K \cdot \dfrac{s-1}{s^2+4s+5}} = \frac{s-1}{s^2+(4-K)s+(5+K)}。$$

（2）若系统稳定，则 $4 - K > 0$，$5 + K > 0$，故 $-5 < K < 4$。

（3）此时 $K = 4$，则

$$H(s) = \frac{s-1}{s^2+9} = \frac{s}{s^2+9} - \frac{1}{3} \cdot \frac{3}{s^2+9},$$

$$h(t) = \left(\cos 3t - \frac{1}{3} \sin 3t \right) u(t)。$$

（4）$K = -1$ 时，

$$H(s) = \frac{s-1}{s^2+5s+4} = -\frac{2}{3} \cdot \frac{1}{s+1} + \frac{5}{3} \cdot \frac{1}{s+4} = -\frac{2}{3} \cdot \frac{s^{-1}}{1-(-s^{-1})} + \frac{5}{3} \cdot \frac{s^{-1}}{1-(-4s^{-1})}。$$

信号流图如图 34.15 所示。

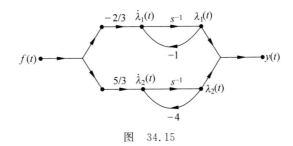

图 34.15

如图 34.15 所示，设状态变量为 $\lambda_1(t)$ 和 $\lambda_2(t)$，则有

$$\begin{cases} \dot{\lambda}_1(t) = -\lambda_1(t) - \dfrac{2}{3}f(t) \\ \dot{\lambda}_2(t) = -4\lambda_2(t) + \dfrac{5}{3}f(t) \end{cases}$$

真题 34.15 （厦门大学，2022）已知某电路如图 34.16 所示，已知 $x_1(0_-) = 1\text{V}$，$x_2(0_-) = 1\text{A}$。

(1) 若以 $x_1(t)$ 和 $x_2(t)$ 为状态变量，求状态方程和输出方程；

(2) 若以 $x_1(t)$ 和 $x_2(t)$ 为响应变量，求零输入响应；

(3) 求系统函数 $H(s)$ 和单位冲激响应 $h(t)$；

(4) 求关于 $x_1(t)$ 和 $x_2(t)$ 的微分方程。

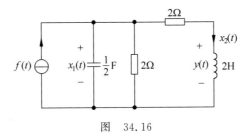

图 34.16

解 (1) 列 KVL 方程和 KCL 方程，即得状态方程：

$$\begin{cases} \dfrac{1}{2}\dot{x}_1(t) + \dfrac{1}{2}x_1(t) + x_2(t) = f(t) \\ 2\dot{x}_2(t) + 2x_2(t) = x_1(t) \end{cases},$$

即

$$\begin{cases} \dot{x}_1(t) = -x_1(t) - 2x_2(t) + 2f(t) \\ \dot{x}_2(t) = \dfrac{1}{2}x_1(t) - x_2(t) \end{cases}。$$

也可以写成矩阵形式

$$\begin{bmatrix} \dot{x}_1(t) \\ \dot{x}_2(t) \end{bmatrix} = \begin{bmatrix} -1 & -2 \\ \dfrac{1}{2} & -1 \end{bmatrix} \begin{bmatrix} x_1(t) \\ x_2(t) \end{bmatrix} + \begin{bmatrix} 2 \\ 0 \end{bmatrix} f(t)。$$

输出方程为 $y(t) = 2\dot{x}_2(t)$，写成矩阵形式为

$$y(t) = \begin{bmatrix} 0 & 2 \end{bmatrix} \begin{bmatrix} x_1(t) \\ x_2(t) \end{bmatrix}。$$

（2）解方程 $\dot{x}(t) = \begin{bmatrix} -1 & -2 \\ \dfrac{1}{2} & -1 \end{bmatrix} x(t)$，初始条件为 $x(0_-) = \begin{bmatrix} 1 \\ 1 \end{bmatrix}$。

用拉氏变换求解：

$$X(s) = (sI - A)^{-1} x(0_-) = \begin{bmatrix} s+1 & 2 \\ -\dfrac{1}{2} & s+1 \end{bmatrix}^{-1} \begin{bmatrix} 1 \\ 1 \end{bmatrix}$$

$$= \begin{bmatrix} \dfrac{s-1}{s^2+2s+2} \\ \dfrac{s+\dfrac{3}{2}}{s^2+2s+2} \end{bmatrix} = \begin{bmatrix} \dfrac{(s+1)-2}{(s+1)^2+1} \\ \dfrac{(s+1)+\dfrac{1}{2}}{(s+1)^2+1} \end{bmatrix}。$$

取拉氏逆变换得

$$x(t) = \begin{bmatrix} \mathrm{e}^{-t}(\cos t - 2\sin t)u(t) \\ \mathrm{e}^{-t}\left(\cos t + \dfrac{1}{2}\sin t\right)u(t) \end{bmatrix}。$$

（3）$A = \begin{bmatrix} -1 & -2 \\ \dfrac{1}{2} & -1 \end{bmatrix}$，$B = \begin{bmatrix} 2 \\ 0 \end{bmatrix}$，$C = \begin{bmatrix} 0 & 2 \end{bmatrix}$，$D = 0$。

$$H(s) = C(sI - A)^{-1} B = \begin{bmatrix} 0 & 2 \end{bmatrix} \frac{1}{s^2+2s+2} \begin{bmatrix} s+1 & -2 \\ \dfrac{1}{2} & s+1 \end{bmatrix} \begin{bmatrix} 2 \\ 0 \end{bmatrix}$$

$$= \frac{2}{s^2+2s+2} = \frac{2}{(s+1)^2+1},$$

取拉氏逆变换得

$$h(t) = 2\mathrm{e}^{-t}\sin t \cdot u(t)。$$

（4）对 $\dot{x}(t) = Ax(t) + Bf(t)$ 取拉氏变换得

$$sX(s) = AX(s) + BF(s), \quad (sI - A)X(s) = BF(s),$$

$$X(s) = (sI - A)^{-1} BF(s) = \frac{1}{s^2+2s+2} \begin{bmatrix} s+1 & -2 \\ \dfrac{1}{2} & s+1 \end{bmatrix} \begin{bmatrix} 2 \\ 0 \end{bmatrix} F(s) = \begin{bmatrix} \dfrac{2(s+1)}{s^2+2s+2} \\ \dfrac{1}{s^2+2s+1} \end{bmatrix}。$$

故关于 $x_1(t)$ 和 $x_2(t)$ 的微分方程为

$$\begin{cases} x_1''(t) + 2x_1'(t) + 2x_1(t) = 2f'(t) + 2f(t) \\ x_2''(t) + 2x_2'(t) + 2x_2(t) = f(t) \end{cases}。$$

第35章

信号与系统学习经验谈

信号与系统课程的重要性是不言而喻的,其地位就像数学专业的数学分析、高等代数一样。由于信号与系统数学公式多、专业术语多,很多同学视为畏途。下面笔者就信号与系统课程的学习方法和解题经验,做个随想录式的杂谈,希望可以让同学们有所启发。适合自己的才是最好的,每位同学在学习中都会摸索出适合自己的学习方法,因此笔者的经验谈仅供参考,大家一定不要生搬硬套。

35.1 多读教材

笔者曾写过一篇短文"多读教材",照录如下:

我一贯主张多读教材,尤其是经典教材要反复阅读、仔细体会,要少看视频甚至不看视频。为什么呢?

教材里面几乎包含了所有解题技巧(信不信由你)。看教材不要仅仅记住定理、公式、性质,而要仔细体会定理、公式、性质的推导过程和来龙去脉,因为推导过程用到的各种技巧,在解题中都要用到。多推导基本公式是一个很好的学习方法。为什么有的同学解题办法不多,捉襟见肘,而有的同学看过书后办法层出不穷,能解决各种问题呢?就是看书的深度不同。

多看书才能理解各部分内容之间的联系,知识体系不要人为分割开,而应该作为一个有机的整体来理解和运用。

经典教材都是知识长期积累的结果,是最成熟、最正确、最深刻的理论,一定要反复看,用心体会。

"书读百遍,其义自见",大家多看教材吧!

能不能读好教材,是优秀学生和普通学生之间的最主要区别。下面将结合学习中的具体例子,对读好教材进行更加细致的说明。

35.2 数学上只有两招——定义与恒等变形

信号与系统里面尽管公式很多,令人眼花缭乱,但是仔细分析就会发现其实只有那么几招在反复使用,就像散打的拳法和腿法的招数一样,只要运用熟练,就会威力无穷。下面举几个例子,从这些例子可以看出来,所有的数学技巧其实逃不出两招,即定义和数学恒等变形。

定义看似简单,其实灵活运用却不容易,同学们大都容易忽视这一点。**恒等变形就是数学运算,涉及一个人的基本数学素质,其养成不是一朝一夕的事**。

例 35.1 傅里叶级数的复指数形式的推导。

$$f(t) = \frac{A_0}{2} + \sum_{n=1}^{\infty} A_n \cos(n\Omega t + \varphi_n)$$

$$= \frac{A_0}{2} + \sum_{n=1}^{\infty} \frac{A_n}{2} \left[e^{j(n\Omega t + \varphi_n)} + e^{-j(n\Omega t + \varphi_n)} \right]$$

$$= \frac{A_0}{2} + \frac{1}{2} \sum_{n=1}^{\infty} A_n e^{j\varphi_n} e^{jn\Omega t} + \frac{1}{2} \sum_{n=1}^{\infty} A_n e^{-j\varphi_n} e^{-jn\Omega t} .$$

解 上式中第三项:n 用 $-n$ 代换,$A_{-n} = A_n$,$\varphi_{-n} = -\varphi_n$,

$$f(t) = \frac{A_0}{2} + \frac{1}{2} \sum_{n=1}^{\infty} A_n e^{j\varphi_n} e^{jn\Omega t} + \frac{1}{2} \sum_{n=-1}^{-\infty} A_n e^{j\varphi_n} e^{jn\Omega t} .$$

令 $A_0 = A_0 e^{j\varphi_0} e^{j0\Omega t}$,$\varphi_0 = 0$,所以

$$f(t) = \frac{1}{2} \sum_{n=-\infty}^{\infty} A_n e^{j\varphi_n} e^{jn\Omega t} .$$

令 $F_n = \frac{1}{2} A_n e^{j\varphi_n}$,即得

$$f(t) = \sum_{n=-\infty}^{\infty} F_n e^{jn\Omega t} ,$$

其中,$F_n = \frac{1}{T} \int_{-T/2}^{T/2} f(t) e^{-jn\Omega t} \, dt$。

以上推导看起来复杂,其实只用到以下几个基本知识:

(1) 同频信号相加还是同频信号,但幅度和相位要发生变化;

(2) 欧拉公式;

(3) 分拆、换元、再合并;

(4) 最后一项中的 $F_n = \frac{1}{T} \int_{-T/2}^{T/2} f(t) e^{-jn\Omega t} \, dt$ 的推导用到了如下完备正交函数集的正交性质:

$$\{ e^{jn\Omega t} , n = 0, \pm 1, \pm 2, \cdots \} .$$

如果以上恒等变形过程熟悉了,各种量之间的关系就一目了然,无需死记硬背,在解题中可以根据需要灵活运用,即使忘记了也能临时推导。

记住:学习中对数学公式一定不能死记硬背,而要理解推导过程,因为推导过程包含了各种解题技巧!

例 35.2 傅里叶变换的对称性:若 $f(t) \leftrightarrow F(\omega)$,则 $F(t) \leftrightarrow 2\pi f(-\omega)$。

分析 傅里叶变换的对称性很重要,它能将傅里叶变换对一下子扩大一倍。下面进行证明。

证明　由 $f(t)=\dfrac{1}{2\pi}\displaystyle\int_{-\infty}^{\infty}F(j\omega)e^{j\omega t}d\omega$，将 $t\to\omega$，$\omega\to t$，得

$$f(\omega)=\dfrac{1}{2\pi}\int_{-\infty}^{\infty}F(jt)e^{j\omega t}dt。$$

再 $\omega\to-\omega$，即得

$$f(-\omega)=\dfrac{1}{2\pi}\int_{-\infty}^{\infty}F(jt)e^{-j\omega t}dt，$$

即 $F(jt)\leftrightarrow 2\pi f(-\omega)$。

以上推导只用到两个数学知识：

（1）傅里叶变换（包括正变换和逆变换）的定义；

（2）换元，换了两次元，第一次是 $t\to\omega$，$\omega\to t$，第二次是 $\omega\to-\omega$。

由于有了傅里叶变换的对称性，我们可以由一个傅里叶变换对立马写出另一个变换对，因而基本傅里叶变换对表无需扩大一倍，正如 9×9 乘法口诀表无需扩大到 19×19 乘法口诀表一样。

如果熟悉了以上过程，就会牢牢记住傅里叶变换的对称性并能灵活运用。

记住：学习中对数学公式一定不能死记硬背，而要理解推导过程，因为推导过程包含了各种解题技巧！

例 35.3　傅里叶变换卷积定理：若 $f_1(t)\leftrightarrow F_1(j\omega)$，$f_2(t)\leftrightarrow F_2(j\omega)$，则

$$f_1(t)*f_2(t)\leftrightarrow F_1(j\omega)F_2(j\omega)，$$

$$f_1(t)\cdot f_2(t)\leftrightarrow\dfrac{1}{2\pi}F_1(j\omega)*F_2(j\omega)。$$

分析　傅里叶变换卷积定理表明：两个信号在时域作卷积，则在频域作乘积；反之，两个信号在时域作乘积，则在频域作卷积。这个定理很重要，它揭示了信号在时域和频域之间的深刻关系，为系统分析时在时域与频域之间"倒来倒去"提供了依据。它也提供了一个间接求卷积的方法。下面对卷积定理进行证明。

证明　$f_1(t)*f_2(t)=\displaystyle\int_{-\infty}^{\infty}f_1(\tau)f_2(t-\tau)d\tau$，于是

$$f_1(t)*f_2(t)\leftrightarrow\int_{-\infty}^{\infty}\left[\int_{-\infty}^{\infty}f_1(\tau)f_2(t-\tau)d\tau\right]e^{-j\omega t}dt$$

$$=\int_{-\infty}^{\infty}f_1(\tau)\left[\int_{-\infty}^{\infty}f_2(t-\tau)e^{-j\omega t}dt\right]d\tau$$

$$=\int_{-\infty}^{\infty}f_1(\tau)F_2(j\omega)e^{-j\omega\tau}d\tau$$

$$=F_1(j\omega)\cdot F_2(j\omega)，$$

即证得

$$f_1(t)*f_2(t)\leftrightarrow F_1(j\omega)F_2(j\omega)。$$

同理可证另一个关系式：

$$f_1(t)\cdot f_2(t)\leftrightarrow\dfrac{1}{2\pi}F_1(j\omega)*F_2(j\omega)。$$

以上推导用到如下数学知识：

（1）卷积定义；

（2）傅里叶变换定义；

（3）交换积分顺序；

（4）傅里叶变换的时移性质(或者换元法)。

以上两次用到了定义，一次用到交换积分顺序，一次用到其他性质或者换元法。总结起来其实只用到两招：定义和恒等变形。

记住：学习中对数学公式一定不能死记硬背，而要理解推导过程，因为推导过程包含了各种解题技巧！(重要的事说三遍)

例 35.4 能量信号的帕塞瓦定理：若 $f(t)$ 为能量信号，且 $f(t)\leftrightarrow F(\mathrm{j}\omega)$，则有

$$E = \int_{-\infty}^{\infty} |f(t)|^2 \mathrm{d}t = \frac{1}{2\pi}\int_{-\infty}^{\infty} |F(\mathrm{j}\omega)|^2 \mathrm{d}\omega。$$

分析 能量信号的帕塞瓦定理非常重要，首先它表明能量信号的能量既可以在时域计算，也可以在频域计算，两者计算的结果相等；其次，利用帕塞瓦定理，我们可以将一个困难的积分化为一个简单的积分来计算，例如 $\int_{-\infty}^{\infty}\left(\frac{\sin t}{t}\right)^2 \mathrm{d}t$，$\int_{-\infty}^{\infty}\left(\frac{\sin t}{t}\right)^4 \mathrm{d}t$ 等化成在频域计算就很简单了。下面推导帕塞瓦定理。

证明
$$E = \int_{-\infty}^{\infty} |f(t)|^2 \mathrm{d}t = \int_{-\infty}^{\infty} f(t)f^*(t)\mathrm{d}t$$
$$= \int_{-\infty}^{\infty} f(t)\left[\frac{1}{2\pi}\int_{-\infty}^{\infty} F^*(\mathrm{j}\omega)\mathrm{e}^{-\mathrm{j}\omega t}\mathrm{d}\omega\right]\mathrm{d}t$$
$$= \frac{1}{2\pi}\int_{-\infty}^{\infty} F^*(\mathrm{j}\omega)\left[\int_{-\infty}^{\infty} f(t)\mathrm{e}^{-\mathrm{j}\omega t}\mathrm{d}t\right]\mathrm{d}\omega$$
$$= \frac{1}{2\pi}\int_{-\infty}^{\infty} F^*(\mathrm{j}\omega)F(\mathrm{j}\omega)\mathrm{d}\omega$$
$$= \frac{1}{2\pi}\int_{-\infty}^{\infty} |F(\mathrm{j}\omega)|^2 \mathrm{d}\omega。$$

以上推导第一个等号用到能量定义，其他等号用到如下数学知识：

（1）两次用到复数的性质：$|z|^2 = zz^*$，其中 z^* 为 z 的共轭复数；

（2）傅里叶变换(正变换和逆变换)定义与性质；

（3）交换积分顺序。

以上两次用到复数性质，一次用到傅里叶逆变换定义与性质，一次用到交换积分顺序。归纳起来，就是恒等变形和定义。

例 35.5 证明：以 T 为周期的信号 $f(t)$ 的复指数级数展开

$$f(t) = \sum_{n=-\infty}^{\infty} F_n \mathrm{e}^{\mathrm{j}n\Omega t} \qquad (*)$$

中系数 F_n 为

$$F_n = \frac{1}{T}\int_{-T/2}^{T/2} f(t)\mathrm{e}^{-\mathrm{j}n\Omega t}\mathrm{d}t。$$

其中，$\Omega = 2\pi/T$ 为基波频率。

证明 以 $\mathrm{e}^{-\mathrm{j}m\Omega t}$ 乘以 $(*)$ 式两端，并从 $-T/2$ 到 $T/2$ 积分得

$$\int_{-T/2}^{T/2} f(t)\mathrm{e}^{-\mathrm{j}m\Omega t}\mathrm{d}t = \int_{-T/2}^{T/2}\left(\sum_{n=-\infty}^{\infty} F_n\mathrm{e}^{\mathrm{j}n\Omega t}\right)\mathrm{e}^{-\mathrm{j}m\Omega t}\mathrm{d}t = \sum_{n=-\infty}^{\infty} F_n\int_{-T/2}^{T/2}\mathrm{e}^{\mathrm{j}(n-m)\Omega t}\mathrm{d}t。$$

以上第二个等号利用了积分和求和交换顺序。

利用完备正交函数集 $\{\mathrm{e}^{\mathrm{j}n\Omega t}\mid n\in\mathbb{Z}\}$ 的正交性,即

$$\int_{-T/2}^{T/2}\mathrm{e}^{\mathrm{j}(n-m)\Omega t}\,\mathrm{d}t=\begin{cases}0, & n\neq m\\ T, & n=m\end{cases}。$$

当 n 从 $-\infty$ 到 ∞ 取遍,仅当 $n=m$ 时,

$$\int_{-T/2}^{T/2}\mathrm{e}^{\mathrm{j}(n-m)\Omega t}\,\mathrm{d}t=T;$$

当 $n\neq m$ 时,全部有

$$\int_{-T/2}^{T/2}\mathrm{e}^{\mathrm{j}(n-m)\Omega t}\,\mathrm{d}t=0,$$

于是得

$$\int_{-T/2}^{T/2}f(t)\mathrm{e}^{-\mathrm{j}m\Omega t}\,\mathrm{d}t=TF_m。$$

上式中将 m 换成 n,变形即得

$$F_n=\frac{1}{T}\int_{-T/2}^{T/2}f(t)\mathrm{e}^{-\mathrm{j}n\Omega t}\,\mathrm{d}t。$$

以上推导用到如下数学招数:

(1) 完备正交函数集 $\{\mathrm{e}^{\mathrm{j}n\Omega t}\mid n\in\mathbb{Z}\}$ 的正交性(正交性的定义);

(2) 恒等变形:积分、求和交换顺序。

下面我们以南京航空航天大学 2020 年信号系统与数字信号处理考研真题第六题的解答为例展示数学上的招数。

例 35.6 已知 $\mathrm{DFT}\{x(n)\}=X(k),0\leqslant n,k\leqslant N-1$。

(1) 用 $X(k)$ 表示 $N/2$ 点 $\mathrm{DFT}\{x(2n)\},0\leqslant k\leqslant N/2-1$;

(2) 用 $X(k)$ 表示 $2N$ 点 $\mathrm{DFT}\{x(n/2)\},0\leqslant k\leqslant 2N-1$。

解 (1) $X(k)=\sum_{n=0}^{N-1}x(n)W_N^{nk}$, $X((k+N/2))_N=\sum_{n=0}^{N-1}(-1)^n x(n)W_N^{nk}$,

两式相加得

$$X(k)+X((k+N/2))_N=2\sum_{n=0}^{N/2-1}x(2n)W_N^{2nk},$$

故

$$\sum_{n=0}^{N/2-1}X(2n)W_{N/2}^{nk}=\frac{1}{2}[X(k)+X((k+N/2))_N]。$$

于是

$$\mathrm{DFT}\{x(2n)\}=\frac{1}{2}[X(k)+X(k+N/2)],\quad 0\leqslant k\leqslant N/2-1。$$

(2) 设 $x_2(n)=x(n/2)$,则

$$X_2(k)=\sum_{n=0}^{2N-1}x_2(n)W_{2N}^{nk}=\sum_{n=0}^{N-1}x(n)W_{2N}^{2nk}$$
$$=\sum_{n=0}^{N-1}x(n)W_N^{nk}=X(k),\quad 0\leqslant k\leqslant N-1。$$

当 $N \leqslant k \leqslant 2N-1$ 时，$X_2(k)=X(k-N)$。因此，

$$X_2(k)=\begin{cases} X(k), & 0 \leqslant k \leqslant N-1 \\ X(k-N), & N \leqslant k \leqslant 2N-1 \end{cases}。$$

注：若 $x(n)$ 为实序列，也可以利用 $X_2(k)$ 的共轭对称性得

$$X_2(k)=\begin{cases} X(k), & 0 \leqslant k \leqslant N-1 \\ X^*(2N-k), & N \leqslant k \leqslant 2N-1 \end{cases}。$$

以上计算用到如下数学招数：

(1) 一个特殊的恒等式：$\dfrac{1}{2}[x(n)+(-1)^n x(n)]=\begin{cases} x(n), & \text{当 } n \text{ 为偶数} \\ 0, & \text{当 } n \text{ 为奇数} \end{cases}$；

(2) $W_N=\mathrm{e}^{-\mathrm{j}\frac{2\pi}{N}}$ 的可约性：$W_{2N}^{2n}=W_N^n$；

(3) DFT 的定义：

$$\mathrm{DFT}\{x(2n)\}=\sum_{n=0}^{N/2-1} X(2n)W_{N/2}^{nk}, \quad X_2(k)=\sum_{n=0}^{2N-1} x_2(n)W_{2N}^{nk};$$

(4) W_N^{nk} 的周期性：$W_N^{n(k\pm N)}=W_N^{nk}$。

以上(1)，(2)，(4)可以归于恒等变形，(3)可以归于定义，于是我们在数学上只用到了两招：恒等变形和定义。

下例是华侨大学康凯旋同学发给笔者解答的题目，解答的关键是恒等变形。

例 35.7 已知某 LTI 系统的冲激响应 $h(t)=-\dfrac{\cos 1.5t}{t-\pi/3}$，若输入信号 $f(t)=\displaystyle\sum_{n=-\infty}^{\infty} \mathrm{e}^{-\mathrm{j}nt}$，求系统的输出信号 $y(t)$。

分析　我们只要将冲激响应 $h(t)$ 作一点恒等变形，就得到一个很常见的 Sa 信号，求傅里叶逆变换得到系统的频率响应 $H(\mathrm{j}\omega)$，根据前述的特征信号与特征值的有关知识，就可以求出复指数形式的输入信号的响应。

解　$h(t)=1.5 \cdot \dfrac{\sin 1.5(t-\pi/3)}{1.5(t-\pi/3)}=1.5\mathrm{Sa}[1.5(t-\pi/3)]$，故 $H(\mathrm{j}\omega)=\pi\mathrm{e}^{-\mathrm{j}\frac{\pi}{3}\omega}g_3(\omega)$。

因为 $H(\mathrm{j}0)=\pi$，$H(\mathrm{j}1)=\pi\mathrm{e}^{-\mathrm{j}\pi/3}$，$H(-\mathrm{j}1)=\pi\mathrm{e}^{\mathrm{j}\pi/3}$，所以

$$y(t)=\pi+\pi\mathrm{e}^{\mathrm{j}(t-\pi/3)}+\pi\mathrm{e}^{-\mathrm{j}(t-\pi/3)}=\pi[1+\mathrm{e}^{\mathrm{j}(t-\pi/3)}+\mathrm{e}^{-\mathrm{j}(t-\pi/3)}]$$
$$=\pi[1+2\cos(t-\pi/3)]。$$

两天前，一名考研学生在一个考研微信群里发来如下一道题：

例 35.8 已知一离散时间 LTI 系统的频率响应为 $H(\mathrm{e}^{\mathrm{j}\Omega})=\sin^2\left(\dfrac{\Omega-\pi}{2}\right)$，试求该系统的单位冲激响应 $h(n)$。

注：这道题是中国科学技术大学 2014 年信号与系统考研真题第一题第 3 小题。

解　先将 $H(\mathrm{e}^{\mathrm{j}\Omega})$ 作恒等变形：

$$H(\mathrm{e}^{\mathrm{j}\Omega})=\cos^2\frac{\Omega}{2}=\frac{1}{2}(1+\cos\Omega)=\frac{1}{2}\left[1+\frac{1}{2}(\mathrm{e}^{\mathrm{j}\Omega}+\mathrm{e}^{-\mathrm{j}\Omega})\right]=\frac{1}{4}\mathrm{e}^{\mathrm{j}\Omega}+\frac{1}{2}+\frac{1}{4}\mathrm{e}^{-\mathrm{j}\Omega}。$$

对比 $H(\mathrm{e}^{\mathrm{j}\Omega})$ 的定义式：

$$H(e^{j\Omega}) = \sum_{n=-\infty}^{\infty} h(n)e^{-jn\Omega} = \cdots + h(-1)e^{j\Omega} + h(0) + h(1)e^{-j\Omega} + \cdots$$

可知

$$h(n) = \begin{cases} 1/4, & n = \pm 1 \\ 1/2, & n = 0 \\ 0, & \text{其他} \end{cases}.$$

因此，

$$h(n) = \frac{1}{4}\delta(n+1) + \frac{1}{2}\delta(n) + \frac{1}{4}\delta(n-1),$$

或写成 $h(n) = \{1/4, \underline{1/2}, 1/4\}$。

35.3 相信自己，大胆质疑

学习的过程是掌握知识、追求真理的过程：正确的，我们要吸收；错误的，我们要大胆质疑，在质疑中明辨是非。

由于对教学的不重视等制度性原因，考研真题中的错题和不严谨的题目层出不穷，我们应该带着批判的眼光看待这些问题，大胆地指出问题。用正确的方法解决错误的题目毫无意义。宁可在答卷上写上大大的几个字："本题有误"，也不要硬着头皮去强行解答。下面举几个错题的例子，这些例子大都在本书的其他部分进行了详细分析。

中国科学技术大学 2011 年信号与系统考研真题第四题如下：

某 LTI 系统的系统结构如图 35.1 所示，其中 $H_i(\omega)$ 的频率响应特性为

$$H_i(\omega) = [u(\omega + \omega_0) - u(\omega - \omega_0)] \cdot e^{-j\omega t_0}.$$

(1) 求系统的单位冲激响应 $h(t)$；

(2) 求系统的频率响应 $H(\omega)$，画出幅频响应和相频响应特性曲线；

(3) 求输入信号 $x(t) = 1 + [1 + \cos(\omega_0 t/2)]\cos\omega_c t$ 时的系统输出 $y(t)$。

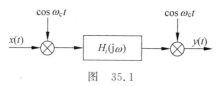

图　35.1

本题第(1)问求系统的单位冲激响应 $h(t)$ 没有意义，因为系统是非 LTI 的系统，单位冲激响应本来就是 LTI 系统中的概念。

此外，第(2)问中的 $H(\omega)$ 国内教材大多用来表示幅度函数，频率响应通常用 $H(j\omega)$ 表示，前者是实数，后者一般来说是复函数。幅度函数 $H(\omega)$ 和幅频特性 $|H(j\omega)|$ 也是两个不同的概念，前者可正可负，后者只能是非负的。这属于表达不规范、不严谨的问题。

重庆邮电大学 2022 年信号与系统考研真题第 19 题第(3)问，要求计算一个子系统的单位冲激响应，同样也是错误的，因为该子系统是非 LTI 的，这点很容易证明。该题及详细解答见本书的其他部分。

2021 年，有一名考研学生发来奥本海姆的经典教材[3]上的一道习题如下：

假设 $g(t)=x(t)\cdot\cos t$，而 $g(t)$ 的傅里叶变换是 $G(\omega)=\begin{cases}1,&|\omega|\leqslant 2\\0,&\text{其他}\end{cases}$。

（1）求 $x(t)$；

（2）若 $g(t)=x_1(t)\cos\dfrac{2}{3}t$，试求 $x_1(t)$ 的傅里叶变换 $X_1(\omega)$。

这道题笔者做了一个多小时才做出来。首先是苦思冥想，各种办法都行不通，直到最后才恍然大悟，原来是题目有问题，将(b)问中的 $g(t)=x_1(t)\cos\dfrac{2}{3}t$ 改成 $g(t)=x_1(t)\sin\dfrac{2}{3}t$，解答就没有问题了。

下题是华中师范大学 2014 年信号与系统、数字信号处理(839)考研真题第 10 题：

试用矩形窗口法设计一个 5 阶线性相位 FIR 带阻数字滤波器，要求其幅频响应逼近

$$|H_d(e^{j\omega})|=\begin{cases}0,&\pi/3\leqslant\omega\leqslant 2\pi/3\\1,&\text{其他}\end{cases}。$$

请分别求出：

（1）$h(n)$ 的表达式及 $h(n)$ 的具体值；

（2）系统函数 $H(z)$ 的表达式；

（3）画出其线性相位的直接型结构图。

由于设计的是 5 阶线性相位 FIR 滤波器，故 $N=6$。分 $h(n)$ 为偶对称、奇对称两种情形讨论，两者都不能设计带阻滤波器，因此这是一道错题。只有一种情形能设计带阻滤波器，即 $h(n)$ 为偶对称且 N 为奇数的情形，将原题中的 5 改成偶数比如 8 就可以正常解答了。

错题实在太多，不一一列举了。同学们在学习中、在解题中，要保持清晰的头脑和敏锐的批判精神，审慎地对待每个知识点和每一道题，不要盲目迷信别人，也不要妄自菲薄。在解题时如果发现答案和别人不一样，则多做几遍，宁可相信自己。

35.4　笔者的学习与解题心得

1. 一般来说，在变换域中解答比在时域中解答简单得多，如果题目指定在时域求解，可以装作在时域解答，比如写上积分或者求和表达式，结果可以在变换域中计算，这叫"明修栈道，暗度陈仓"。

2. MATLAB 极其重要，平时学习中可以结合 MATLAB 进行辅助计算或绘图，以检验计算结果是否正确，或者绘图（主要是频谱图）的大致形状是否差不多。有了 MATLAB 的辅助学习，将给人以"如虎添翼"的自信。

3. 不要害怕画图，只要画出大致形状即可，零极点图更简单。多看通信原理里面的图，信号与系统里的很多绘图都是有物理意义的，常常取材于通信原理。

4. 不要把信号与系统当作数学来学，如果当作数学来学，那就是本末倒置，数学是为物理服务的。有的题根据物理意义求解将会非常简单。对任何题，能用信号与系统的知识求解的，就不要用纯数学方法求解，即使是用专业知识求解反而更加复杂，因为出题者出题的用意是考查某个专业知识点的，用纯数学方法解答就无法知道对该知识点掌握得怎么样。

5. 思路重于计算,要多看题,多开拓思路,计算只有靠平时多训练和考试时临场发挥了。对于思路简单而计算复杂的题目,一定要多练,否则考试时一紧张,就会完全失去继续计算下去的信心了。

6. 三大变换即傅里叶变换、拉氏变换和 z 变换是这门课的重点,时域分析是为变换域打基础的,在学习和训练时要把重点放在三大变换上,不要在时域求解上耗费太多时间。这叫"抓主要矛盾"。

7. 数字信号处理和信号与系统是一家,要考好信号与系统,对数字信号处理学得越深越好。这两门课大有融合为一门课来考查的趋势。要根据考试大纲来备考,注意,有的高校在信号与系统里面要考一部分数字信号处理的内容,比如中国科学技术大学等。

8. 解答无所谓优劣,适合自己的就是最好的,巧妙的解答其思路常常不容易想到,笨拙的方法有时是最自然的解答。有时返璞归真,用最原始的定义求解才是最好的。在解题中逐渐摸索,寻求简洁快速的方法。

9. 最重要的是,要多看教材,教材看得越深越好,多推导各种公式和性质,要勤于动笔,不要只看不动手。笔者确信教材中包含一切所谓"难题"的解答技巧。当笔者解题遇到困惑时,大多是由于对某个知识点理解不深,于是去阅读相关章节的内容,往往能得到启发和思路。

有需要探讨解答过程或对解答有质疑的读者,请联系笔者:870777816@qq.com。

第**36**章

自测练习——近几年10套考研真题及参考答案

本书作者有幸在"网学天地"（www. e-studysky.com）讲解过近百套全国各大高校的考研真题，既有原"985"和"211"大学，也有普通高校。本节精选 10 套不同类型的高校近两三年来的信号与系统考研真题，以供考研学生在临近考前作自我测验之用。这 10 套真题有的只有信号与系统的内容，有少数是将信号与系统和数字信号处理合为一门课考试。

这十套真题目录如下：

1. 中国人民解放军陆军工程大学 2022 年信号与系统(807)考研真题
2. 西安邮电大学 2022 年信号与系统考研真题
3. 北京工业大学 2021 年信号与系统(822)考研真题
4. 西安交通大学 2021 年信号与系统分析及数字信号处理(909)考研真题
5. 国防科技大学 2021 年信号与系统考研真题及参考答案
6. 上海交通大学 2021 年信号系统与信号处理(819)考研真题
7. 四川大学 2021 年信号与系统(951)考研真题
8. 中国科学院大学 2020 年信号与系统考研真题
9. 电子科技大学 2021 年信号与系统(858)考研真题
10. 北京邮电大学 2021 年信号与系统(804)考研真题

中国人民解放军陆军工程大学
2022 年信号与系统(807)考研真题

一、**选择题**(本题共 6 小题,每小题 4 分,共 24 分)

1. 关于系统 $y(t)=t^2 f(t-1)$,下列说法正确的是(　　)。

    A. 线性时不变系统   B. 非线性时变系统

    C. 线性时变系统   D. 非线性时不变系统

2. 周期信号 $f(t)$ 的时域波形如图 36.1 所示,其中 $T=100\mu s$,$\tau=20\mu s$,则该信号不包含的频率为(　　)。

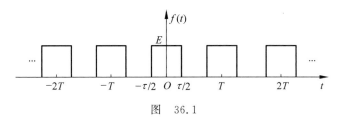

图 36.1

    A. 10kHz   B. 20kHz   C. 50kHz   D. 60kHz

3. 已知信号 $f(t)$ 的最高频率为 2kHz,则信号 $f(2t)+f(t/2)$ 的奈奎斯特采样频率为(　　)。

    A. 1kHz   B. 2kHz   C. 4kHz   D. 8kHz

4. 已知电路结构如图 36.2 所示,输入为 $f(t)$,输出为 $y(t)$,则该电路具有(　　)特性。

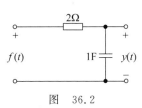

图 36.2

    A. 低通   B. 高通   C. 带通   D. 带阻

5. 已知某 LTI 系统的系统函数如下,则属于稳定系统的是(　　)。

    A. $H(s)=\dfrac{s+1}{s^2+2}$ B. $H(s)=\dfrac{s-1}{s^3+2s^2+2s+2}$

    C. $H(s)=\dfrac{s+1}{s^3+4s+3}$ D. $H(s)=\dfrac{2s+1}{s^3+2s^2+s-2}$

6. 已知 $x(n)$ 的 z 变换 $X(z)=\dfrac{z+1}{(z+3)(z-1)}$,则 $x(n)$ 的收敛域为(　　)时,$x(n)$ 为左边序列。

A. $|z| < -3$ B. $z < 1$ C. $1 < |z| < 3$ D. $|z| < 1$

二、填空题(本题共 8 小题,每空 4 分,共 32 分)

1. 已知某 LTI 系统无初始储能,当激励为 $u(t)$ 时响应为 $\mathrm{e}^{-4t}u(t)$,则当激励为 $2\delta(t)+u(t-1)$ 时,系统响应为_____。

2. 已知描述某 LTI 系统的微分方程为 $y''(t)+6y'(t)+8y(t)=2f(t)$,则该系统的单位冲激响应为_____。

3. 已知周期信号 $f(t)$ 的双边振幅谱如图 36.3 所示,则该信号的平均功率为_____ W。

4. 已知某线性时不变系统,当输入 $f(t)=\mathrm{e}^{-t}u(t)$ 时,其零状态响应 $y_{zs}(t)$ 的频谱函数为 $\dfrac{2}{1+\mathrm{j}4\omega}$,则该系统的系统函数为 $H(\mathrm{j}\omega)=$_____。

5. 若信号 $f(t)$ 的频谱函数为 $F(\mathrm{j}\omega)$,则 $\dfrac{2}{3}F(\mathrm{j}2\omega/3)\mathrm{e}^{-\mathrm{j}2\omega}$ 对应的原函数 $f_1(t)$ 为_____。

6. 已知 $F(s)=\dfrac{3s+4}{s^3+4s^2+5s}$,则其对应时域信号 $f(t)$ 的终值 $f(\infty)=$_____。

7. $\displaystyle\sum_{n=0}^{\infty}(n^2+2n-2)\delta(n-3)=$_____。

8. $x(n)$ 的波形如图 36.4 所示,则 $x_1(n)=x(n)\cdot R_4(n-2)$ 的 z 变换 $X_1(z)$ 为_____。

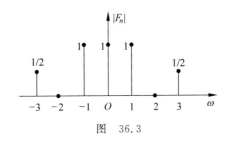

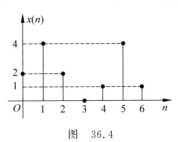

图 36.3   图 36.4

三、变换与反变换(本题共 3 小题,每小题 8 分,共 24 分)

1. (1) 已知信号 $f(t)$ 的时域表达式如下,求其傅里叶变换 $F(\mathrm{j}\omega)$:

$$f(t)=\begin{cases}3+2\cos 5t, & |t|<3 \\ 0, & |t|>3\end{cases}$$

(2) 已知信号 $f(t)$ 的振幅谱和相位谱分别如图 36.5(a)和(b)所示,求 $f(t)$ 的时域表达式。

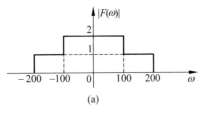

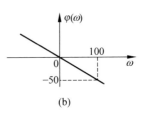

(a)   (b)

图 36.5

2. (1) 信号 $f(t)$ 的波形如图 36.6 所示,求 $f(t)$ 的拉氏变换 $F(s)$。

(2) 已知 $F(s) = \dfrac{s^3 + 5s^2 + 9s + 7}{(s+1)(s+2)}$,求其拉氏逆变换 $f(t)$。

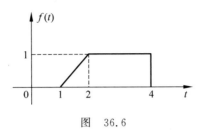

图　36.6

3. (1) 求序列 $x(n) = 3^n[u(n) - u(n-3)]$ 的 z 变换 $X(z)$,并注明收敛域。

(2) 已知序列 $x(n)$ 的 z 变换 $X(z) = \dfrac{11z - 15}{z^2 - 2z - 15}$,$3 < |z| < 5$,求序列 $x(n)$。

四、计算及画图(本题共 7 小题,每小题 10 分,共 70 分)

1. 已知信号 $f(t)$ 的波形如图 36.7 所示。

(1) 画出 $f(-3t-3)$ 的波形;

(2) 画出 $f_1(t) = f(t) * \delta'(t-1)$ 的波形,并写出 $f_1(t)$ 的表达式。

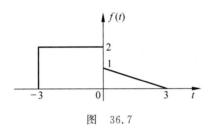

图　36.7

2. 已知周期信号 $f(t)$ 三角形式的频谱图如图 36.8(a)所示。

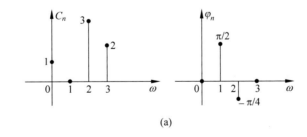

(a)

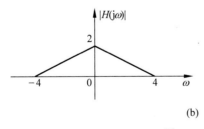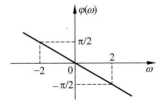

(b)

图　36.8

（1）写出 $f(t)$ 的表达式；

（2）若该信号通过频率响应如图 36.8(b)所示系统，求输出 $y(t)$；

（3）判断该信号通过系统是否失真，如有失真，请指出失真类型。

3. 已知某系统结构如图 36.9(a)所示。若输入信号 $f(t)$ 的频谱如图 36.9(b)所示，请分别画出 A、B、C 和 D 四点的频谱图。

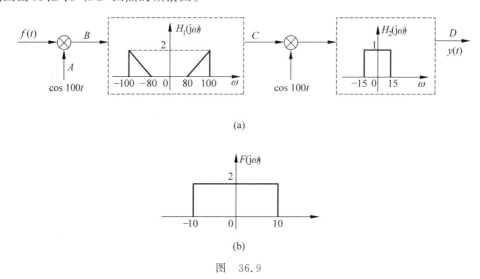

(a)

(b)

图　36.9

4. 已知某 LTI 连续系统的系统函数 $H(s)$ 零极点分布如图 36.10 所示，若该系统的单位冲激响应 $h(t)$ 满足 $h(0_+)=2$。

（1）求系统函数 $H(s)$；

（2）若激励 $f(t)=\dfrac{1}{2}\mathrm{e}^{-t}u(t)$，求系统的零状态响应 $y_{zs}(t)$。

5. 如图 36.11 所示电路，已知 $t<0$ 时开关 K 一直处于"2"位置，电路已处于稳态。当 $t=0$ 时开关切换到"3"位置。

（1）求电容的初始电压 $v_C(0_-)$ 和电感的初始电流 $i_L(0_-)$；

（2）画出开关切换后电路的 s 域等效电路；

（3）求开关切换后电路中的电流 $i(t)$。

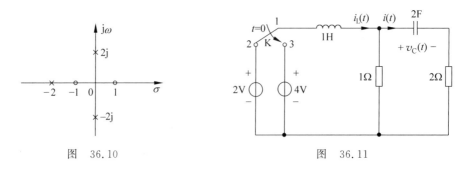

图 36.10

图　36.11

6. 已知某离散时间系统的单位样值响应 $h(n)$ 的波形如图 36.12 所示。

（1）判断该系统的因果性和稳定性；

(2) 画出 $y(n)=h(2n) * [u(n-2)-u(n-4)]$ 的波形，并写出 $y(n)$ 的表达式。

7. 已知某二阶因果线性时不变离散系统的框图如图 36.13 所示。

(1) 写出该系统的差分方程；

(2) 求该系统的系统函数 $H(z)$；

(3) 画出系统的零极点图；

(4) 当激励 $x(n)=3(-1)^n u(n)$ 时，求系统的零状态响应 $y(n)$。

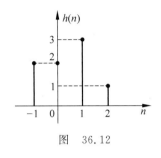

图　36.12

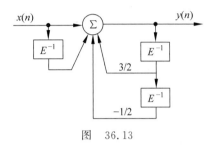

图　36.13

参 考 答 案

一、1. C　2. C　3. D　4. A　5. B　6. D

二、1. $2\delta(t)-8e^{-4t}u(t)+e^{-4(t-1)}u(t-1)$。　2. $h(t)=(e^{-2t}-e^{-4t})u(t)$。

3. $P=7/2$。　4. $H(j\omega)=\dfrac{2(1+j\omega)}{1+j4\omega}$。　5. $f_1(t)=f\left(\dfrac{3}{2}t-3\right)$。

6. $f(\infty)=\dfrac{4}{5}$。　7. 13。　8. $X_1(z)=2z^{-2}+z^{-4}+4z^{-5}$，$|z|>0$。

三、1. (1) $F(j\omega)=6\{3Sa(3\omega)+Sa[3(\omega+5)]+Sa[3(\omega-5)]\}$。

(2) $f(t)=\dfrac{\sin200\left(t-\dfrac{1}{2}\right)+\sin100\left(t-\dfrac{1}{2}\right)}{\pi\left(t-\dfrac{1}{2}\right)}$。

2. (1) $f(t)=\dfrac{1}{s^2}(e^{-s}-e^{-2s})-\dfrac{1}{s}e^{-4s}$。

(2) 若 $\mathrm{Re}\{s\}>-1$，则
$$f(t)=\delta'(t)+2\delta(t)+(2e^{-t}-e^{-2t})u(t)。$$
若 $-2<\mathrm{Re}\{s\}<-1$，则
$$f(t)=\delta'(t)+2\delta(t)-2e^{-t}u(-t)-e^{-2t}u(t)。$$
若 $\mathrm{Re}\{s\}<-2$，则
$$f(t)=\delta'(t)+2\delta(t)-(2e^{-t}-e^{-2t})u(-t)。$$

3. (1) $X(z)=1+3z^{-1}+9z^{-2}$，　$|z|>0$。

(2) $x(n)=\delta(n)-5^n u(-n-1)-2(-3)^n u(n)$。

四、1. (1) $f(-3t-3)$ 如图 36.14 所示。

(2) $f_1(t)=2\delta(t+2)-\delta(t-1)-\dfrac{1}{3}[u(t-1)-u(t-4)]$。

$f_1(t)$ 的波形如图 36.15 所示。

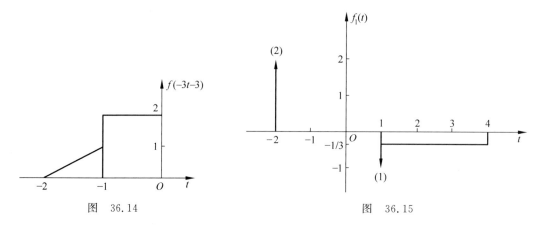

图 36.14

图 36.15

2. (1) $f(t)=1+3\cos\left(2t-\dfrac{\pi}{4}\right)+2\cos3t$。

(2) $y(t)=2+3\cos\left(2t-\dfrac{3\pi}{4}\right)+\cos\left(3t-\dfrac{3}{4}\pi\right)$。

(3) 有失真,为幅度失真。

3. A 点频谱图如图 36.16 所示。

B 点频谱图如图 36.17 所示。

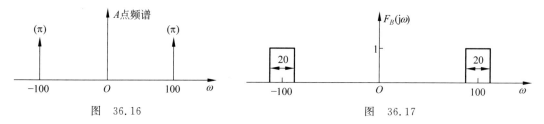

图 36.16

图 36.17

C 点频谱图如图 36.18 所示。

D 点频谱图如图 36.19 所示。

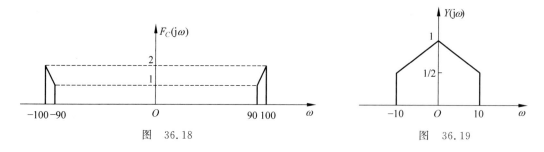

图 36.18

图 36.19

4. (1) 系统函数为 $H(s)=\dfrac{2(s+1)(s-1)}{(s+2)(s^2+4)}$。

(2) $y_{zs}(t)=\left(-\dfrac{3}{8}e^{-2t}+\dfrac{3}{8}\cos2t+\dfrac{1}{8}\sin2t\right)u(t)$。

5. (1) $v_C(0_-)=2\text{V},i_L(0_-)=2\text{A}$。

(2) s 域等效电路如图 36.20 所示。

(3) $i(t)=4(\text{e}^{-t/3}-\text{e}^{-t/2})u(t)$。

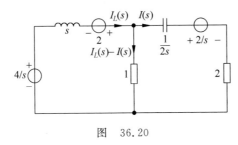

图　36.20

6. (1) 系统是非因果、稳定的。

(2) $y(n)=\{0,0,\underset{-}{2},3,1\}$。波形如图 36.21 所示。

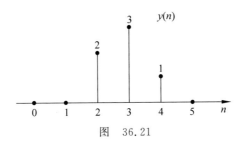

图　36.21

7. (1) $y(n)-\dfrac{3}{2}y(n-1)+\dfrac{1}{2}y(n-2)=x(n)+x(n-1)$。

(2) $H(z)=\dfrac{1+z^{-1}}{1-\dfrac{3}{2}z^{-1}+\dfrac{1}{2}z^{-2}}$。

(3) 零点为 $0,-1$,极点为 $1,1/2$,零极点图略。

(4) $y(n)=3\cdot[2-(1/2)^n]u(n)$。

西安邮电大学
2022 年信号与系统考研真题及参考答案

一、填空题(共 10 题,每空 3 分,共 30 分)

1. 积分 $\int_{-\infty}^{\infty} (t^2 + 2)[\delta'(t-1) + \delta(t-1)]dt = $ _____。

2. 已知 $f_1(t) = e^{-2t}u(t)$,$f_2(t) = tu(t)$,则 $f_1(t) * f_2(t) = $ _____。

3. 已知冲激序列 $\delta_T(t) = \sum_{n=-\infty}^{\infty} \delta(t - nT)$,其三角函数形式的傅里叶级数为 $a_n = $ _____,$b_n = $ _____。

4. 周期信号 $f(n) = e^{j\frac{\pi}{3}n}$ 的周期是 _____。

5. 某线性滤波网络满足无失真传输条件,其单位冲激响应的傅里叶变换为 $H(j\omega)$,若 $H(j1000\pi) = 10e^{-j\frac{2}{5}\pi}$,则 $H(j500\pi) = $ _____。

6. 因果序列 $F(z) = \dfrac{1 + z^{-1} + z^{-2}}{1 - 3z^{-1} + 2z^{-2}}$,原序列的终值是 _____。

7. 频谱函数 $F(j\omega) = 2u(1-\omega)$ 的傅里叶逆变换 $f(t) = $ _____。

8. 已知 $f(n)u(n)$ 的 z 变换为 $F(z)$,则 $y(n) = \sum_{i=0}^{n} f(i)$ 的 z 变换为 _____。

9. 描述某离散系统的系统函数 $H(z) = \dfrac{z^2 + 3z + 2}{2z^2 - (K-1)z + 1}$,为了使系统稳定,$K$ 的取值范围为 _____。

10. 若对信号 $f(t) = \mathrm{Sa}(\pi t)\mathrm{Sa}(4\pi t)$ 进行采样,则满足奈奎斯特最小抽样速率 $f_s = $ _____。

二、选择题(共 10 题,每题 4 分,共 40 分)

1. 如果 $f(t)$ 是实信号,下列说法不正确的是(   )。

 A. 该信号相位谱是奇函数

 B. 该信号幅度谱是偶函数

 C. 该信号频谱是实偶函数

 D. 该信号频谱实部是偶函数,虚部是奇函数

2. 描述某系统的方程为 $y(t) = \dfrac{\mathrm{d}}{\mathrm{d}t}[f(t)] + 2\int_{-\infty}^{t} f(\tau)\mathrm{d}\tau + 2$,其中 $f(t)$ 为激励,$y(t)$ 为全响应,那么该系统是(   )。

 A. 线性,时变   B. 线性,时不变

 C. 非线性,时变   D. 非线性,时不变

3. 已知 LTI 连续因果系统的微分方程为 $y'(t)+ay(t)=bf'(t)+f(t)$，已知当输入 $f(t)=e^{-t}u(t)$ 时，系统的全响应为 $y(t)=(2e^{-2t}-e^{-t})u(t)$，则系统的强迫响应为（　　）。

    A. $-e^{-2t}u(t)$　　　　　　　　　　　B. $-e^{-t}u(t)$

    C. $2e^{-2t}u(t)$　　　　　　　　　　　D. $(3e^{-2t}-e^{-t})u(t)$

4. 脉冲信号 $f(t)$ 与 $2f(2t)$ 之间具有相同的（　　）。

    A. 频带宽度　　　　　B. 脉冲宽度　　　　　C. 直流分量　　　　　D. 能量

5. 已知 $y(t)=f(t)*h(t)=\int_{-\infty}^{+\infty}f(\tau)h(t-\tau)\mathrm{d}\tau$，则 $f(-t)*h(-t)$，$f'(t)*h'(t)$，$f(3t)*h(3t)$ 的值分别为（　　）。

    A. $y(-t),y''(t),\frac{1}{3}y(3t)$　　　　　　　B. $y(t),y'(t),\frac{1}{9}y(9t)$

    C. $y(-t),y'(t),\frac{1}{9}y(3t)$　　　　　　　D. $y(t),y''(t),\frac{1}{3}y(9t)$

6. 若信号 $f(t)=3t[u(t)-u(t-1)]$ 的傅里叶变换为 $F(\mathrm{j}\omega)$，则 $F(0)=F(\mathrm{j}\omega)\big|_{\omega=0}$ 为（　　）。

    A. 0.5　　　　　B. 1.5　　　　　C. -1.5　　　　　D. -0.5

7. 信号 $f(t)=\int_0^t(2\tau+1)u(\tau)\mathrm{d}\tau$ 的单边拉氏变换等于（　　）。

    A. $\frac{2}{s^3}+\frac{1}{s^2}$　　　　B. $\frac{2}{s^4}+\frac{1}{s^3}$　　　　C. $\frac{2}{s^2}+\frac{1}{s}$　　　　D. $\frac{3}{s}$

8. 像函数 $F(s)=\frac{e^{-(s+a)T}}{s+\alpha}$ 的拉氏逆变换 $f(t)$ 为（　　）。

    A. $e^{-\alpha(t-T)}u(t-T)$　　　　　　　B. $e^{-\alpha t}u(t-T)$

    C. $e^{\alpha t}u(t-T)$　　　　　　　D. $e^{\alpha(t-T)}u(t-T)$

9. 已知某非因果离散系统的系统函数 $H(z)=\dfrac{2z^2+6}{\left(z+\frac{1}{2}\right)\left(z-\frac{3}{4}\right)(z+2)}$，且该系统存在频率响应函数 $H(e^{\mathrm{j}\omega})$，则该 $H(z)$ 的收敛域为（　　）。

    A. $|z|<\frac{1}{2}$　　　　　　　　　　　B. $\frac{1}{2}<|z|<2$

    C. $|z|>2$　　　　　　　　　　　D. $\frac{3}{4}<|z|<2$

10. 下面的说法正确的是（　　）。

    A. 若极点位于 s 平面的原点，则其对应的单位冲激响应是单位阶跃信号

    B. 若极点位于 s 平面的实轴上，则其对应的单位冲激响应具有指数形式

    C. 若极点位于 s 平面的虚轴上，则其对应的单位冲激响应是正弦信号

    D. 以上说法均不对

三、简答题（共 2 题，每题 5 分，共 10 分）

1. 已知 $f(t)$ 的波形如图 36.22 所示，试画出 $f_1(t)=\dfrac{\mathrm{d}}{\mathrm{d}t}[f(1-2t)]$ 的波形。

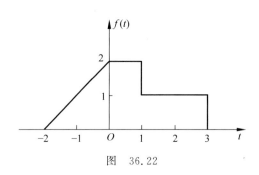

图　36.22

2. 已知系统输入信号为 $f(t)$，且 $f(t) \leftrightarrow F(j\omega)$，系统函数为 $H(j\omega) = -2j\omega$，试求当 $F(j\omega) = \dfrac{1}{2+j\omega}$ 时系统的零状态响应 $y_{zs}(t)$。

四、（20 分）如图 36.23 所示 LTI 系统，已知输入 $f(t) = \dfrac{\sin 2t}{t}$，$s(t) = \cos 4t$，系统的频

率响应 $H(j\omega) = \begin{cases} e^{j\pi/2}, & -4 < \omega < 0 \\ e^{-j\pi/2}, & 0 < \omega < 4 \\ 0, & \text{其他} \end{cases}$，试求：

（1）信号 $f(t)$ 的频谱 $F(j\omega)$，画出其频谱图；

（2）信号 $y_1(t)$ 的频谱 $Y_1(j\omega)$；

（3）输出信号 $y(t)$ 的频谱 $Y(j\omega)$；

（4）输出信号 $y(t)$。

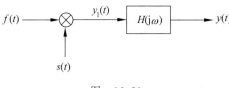

图　36.23

五、（25 分）某连续时间系统的信号流图如图 36.24 所示，

（1）试求系统函数 $H(s)$；

（2）试求系统的冲激响应 $h(t)$；

（3）若系统的初始状态 $y(0_-) = 0$，$y'(0_-) = 1$，求系统的零输入响应 $y_{zi}(t)$；

（4）若初始状态不变，输入为 $f(t) = e^{-t} \sin t \cdot u(t)$，求系统的全响应 $y(t)$；

（5）判断该系统的稳定性，并写出该系统的微分方程。

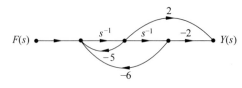

图　36.24

六、(25分)已知线性时不变离散因果系统框图如图36.25所示,试求:

(1) 该系统的系统函数 $H(z)$;

(2) 该系统的单位序列响应 $h(n)$;

(3) 该系统的单位阶跃响应 $g(n)$;

(4) 输入 $f(n)=5\cos\pi n$ 时系统的响应 $y(n)$;

(5) 状态变量设置如图36.25所示,写出该系统矩阵形式的状态方程和输出方程。

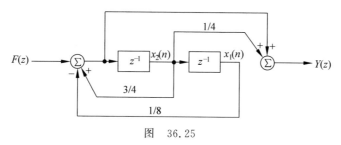

图　36.25

参　考　答　案

一、1. 1。　2. $\left(-\dfrac{1}{4}+\dfrac{1}{2}t+\dfrac{1}{4}\mathrm{e}^{-2t}\right)u(t)$。　3. $\dfrac{2}{T},0$。　4. 6。　5. $10\mathrm{e}^{-\mathrm{j}\frac{\pi}{5}}$。

6. 不存在。　7. $\delta(t)+\dfrac{\mathrm{e}^{\mathrm{j}t}}{\mathrm{j}\pi t}$。　8. $\dfrac{F(z)}{1-z^{-1}}$。　9. $-2<K<4$。　10. 5Hz。

二、1. C　2. D　3. B　4. C　5. A　6. B　7. A　8. B　9. D　10. D

三、1. $f(1-2t)$绘图过程如图36.26所示。

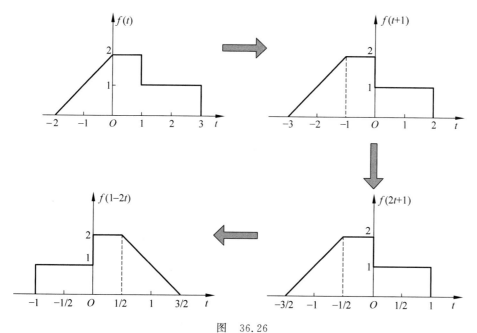

图　36.26

$f_1(t)$ 波形如图 36.27 所示。

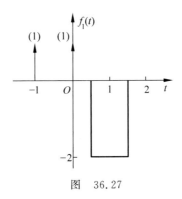

图 36.27

2. $y_{zs}(t) = -2\delta(t) + 4e^{-2t}u(t)$。

四、(1) $F(j\omega) = \pi g_4(\omega)$，频谱图如图 36.28 所示。

(2) $Y_1(j\omega) = \dfrac{1}{2}\{F(j\omega+4) + F[j(\omega-4)]\}$。$Y_1(j\omega)$ 频谱图如图 36.29 所示。

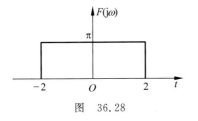

图 36.28

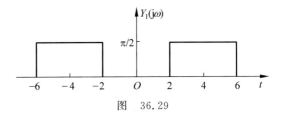

图 36.29

(3) $Y(j\omega) = \begin{cases} \dfrac{\pi}{2}e^{j\pi/2}, & -4<\omega<-2 \\ \dfrac{\pi}{2}e^{-j\pi/2}, & 2<\omega<4 \\ 0, & \text{其他} \end{cases}$ (4) $y(t) = Sa(t) \cdot \sin 3t$。

五、(1) $H(s) = \dfrac{2s^{-1} - 2s^{-2}}{1 + 5s^{-1} + 6s^{-2}} = \dfrac{2(s-1)}{(s+2)(s+3)}$， $\operatorname{Re}\{s\} > -2$。

(2) $h(t) = 2(4e^{-3t} - 3e^{-2t})u(t)$。

(3) $y_{zi}(t) = (e^{-2t} - e^{-3t})u(t)$。

(4) $y(t) = \left[-2e^{-2t} + \dfrac{3}{5}e^{-3t} + \dfrac{1}{5}e^{-t}(7\cos t + \sin t)\right]u(t)$。

(5) 系统是稳定的。系统的微分方程为

$$y''(t) + 5y'(t) + 6y(t) = 2f'(t) - 2f(t)。$$

六、(1) $H(z) = \dfrac{1 + \dfrac{1}{4}z^{-1}}{1 - \dfrac{3}{4}z^{-1} + \dfrac{1}{8}z^{-2}}$，$|z| > \dfrac{1}{2}$。

(2) $h(n) = [3 \cdot (1/2)^n - 2 \cdot (1/4)^n]u(n)$。

（3）$g(n)=\left[\dfrac{10}{3}-3\cdot(1/2)^n+\dfrac{2}{3}\cdot(1/4)^n\right]u(n)$。

（4）$y(n)=2\cos\pi n$。

（5）状态方程为

$$\begin{bmatrix} x_1(n+1) \\ x_2(n+1) \end{bmatrix}=\begin{bmatrix} 0 & 1 \\ -\dfrac{1}{8} & \dfrac{3}{4} \end{bmatrix}\begin{bmatrix} x_1(n) \\ x_2(n) \end{bmatrix}+\begin{bmatrix} 0 \\ 1 \end{bmatrix}f(n)。$$

输出方程为

$$y(n)=\begin{bmatrix} -\dfrac{1}{8} & 1 \end{bmatrix}\begin{bmatrix} x_1(n) \\ x_2(n) \end{bmatrix}+[1]\cdot f(n)。$$

北京工业大学
2021年信号与系统(822)考研真题及参考答案

一、选择题(共20分,每题2分)

1. LTI系统中的初始状态(或条件)有"0_-"和"0_+"之分,数学上在用经典法解微分方程时用到的"0"状态(条件)通常是指LTI系统中的_____状态(或条件)。

    A. 0_+ B. 0_- C. 0   D. 0_- 和 0_+

2. 两个序列的卷积和运算就是一个序列与另一个序列_____的相关运算。

    A. 相乘后   B. 相加后   C. 反折后   D. 积分

3. 已知信号 $x_1(t)=\sin t \cdot u(t)$,$x_2(t)=\delta'(t)+u(t)$,则 $x_1(t)*x_2(t)=$_____。

    A. $\delta(t)$ B. $\sin t \cdot \delta(t)$ C. $u(t)$ D. $\cos t \cdot u(t)$

4. 对于模拟信号 $x(t)$,它的频谱 $X(j\Omega)$(这里 Ω 是模拟角频率)的频率范围是$(-\infty,+\infty)$;然而对于离散时间序列 $x(n)$,其频谱 $X(e^{j\omega})$(这里 ω 是数字角频率)的频率范围只在_____频率区间。

    A. $(-\infty,+\infty)$ B. $(-\pi,0)$和$(0,\pi)$

    C. $(-2\pi,2\pi)$ D. $(-\pi,\pi)$和$(0,2\pi)$

5. 限带信号 $f(t)$ 的最高频率为100Hz,若对 $f^2(t)$、$f(t)*f(2t)$ 和 $f(t)+f^2(t)$ 分别进行时域采样,则上述三个函数对应的奈奎斯特采样频率分别为_____。

    A. $400\text{Hz},200\text{Hz},400\text{Hz}$ B. $400\text{Hz},400\text{Hz},400\text{Hz}$

    C. $400\text{Hz},400\text{Hz},200\text{Hz}$ D. $200\text{Hz},200\text{Hz},400\text{Hz}$

6. 如果系统传递函数 $H(z)$ 的收敛域ROC包括单位圆($z=e^{j\omega}$),则可以在单位圆上计算 $H(z)$ 得到频率响应 $H(e^{j\omega})$,它正好是系统_____的DTFT。

    A. 零状态响应   B. 单位样值响应 $h(n)$

    C. 冲激响应 $h(t)$ D. 零输入响应

7. 已知连续时间系统的系统函数 $H(s)=\dfrac{s}{s^2+3s+2}$,则其幅频特性响应所属类型为_____。

    A. 低通   B. 高通   C. 带通   D. 带阻

8. 已知离散时间信号 $x(n)=-(-1/2)^n u(-n-1)$,则其对应的 z 变换 $X(z)$ 为_____。

    A. $X(z)=\dfrac{z}{z-\dfrac{1}{2}},|z|>\dfrac{1}{2}$ B. $X(z)=\dfrac{z}{z-\dfrac{1}{2}},|z|<\dfrac{1}{2}$

    C. $X(z)=\dfrac{z}{z+\dfrac{1}{2}},|z|<\dfrac{1}{2}$ D. $X(z)=\dfrac{z}{z+\dfrac{1}{2}},|z|>\dfrac{1}{2}$

9. 若和信号 $f(t)=f_1(t)+f_2(t)$，则下列说法正确的是_____。

　　A. 在任何情况下，和信号的能量等于各信号的能量之和

　　B. 在任何情况下，和信号的能量不等于各信号的能量之和

　　C. 当 $f_1(t)$ 和 $f_2(t)$ 在区间 $\left(-\dfrac{T}{2},\dfrac{T}{2}\right)$ 内正交时，和信号的能量等于各信号的能量之和

　　D. 当 $f_1(t)$ 和 $f_2(t)$ 在区间 $\left(-\dfrac{T}{2},\dfrac{T}{2}\right)$ 内正交时，和信号的能量不等于各信号的能量之和

10. 设序列 $x_1(n)$ 和 $x_2(n)=x_1(-n)$ 的 z 变换分别为 $X_1(z)$ 和 $X_2(z)$，则_____。

　　A. $X_2(z)=X_1(z)$ 　　　　　　　　B. $X_2(z)=X_1(-z)$

　　C. $X_2(z)=X_1(1/z)$ 　　　　　　　D. $X_2(1/z)=X_1(1/z)$

二、填空题（共 30 分，每题 3 分）

11. 由于数学上将采样操作描述成信号与单位梳状函数序列 $\delta_{\mathrm{p}}(t)$ 相乘的一个过程，故采样是一种_____运算。

12. 用拉氏变换求解微分方程时，在数学上系统的初始条件 $f(0_-),\cdots,f^{(n-1)}(0_-)$ 在变换过程中作为_____出现。

13. 已知 $y(t)=x(t)*h(t)=\mathrm{e}^{-t}u(t)$，则 $y_1(t)=x(2t)*h(2t)$ 为_____。

14. 周期函数 $x(t)=\sin\left(t+\dfrac{\pi}{4}\right)$ 的指数型傅里叶级数的系数 $c_k=$_____。

15. 若连续时间函数 $f_1(t)$ 的频谱密度函数为 $F_1(\mathrm{j}\omega)$，则函数 $f_2(t)=\dfrac{1}{2}f_1^2(t)\cos\omega_0 t$ 的频谱函数 $F_2(\mathrm{j}\omega)=$_____。

16. 一个稳定的线性时不变系统可由如下微分方程表征：

$$\frac{\mathrm{d}y(t)}{\mathrm{d}t}+ay(t)=x(t),\quad a>0。$$

其频响为_____，该系统的单位冲激响应为_____。

17. 已知 z 变换 $Z[x(n)]=\dfrac{1}{1-0.5z^{-1}}$，收敛域 $|z|>0.5$，则其逆变换 $x(n)=$_____。

18. 某离散时间系统函数为 $H(z)=\dfrac{z^3-2z^2+z}{z^2+\dfrac{1}{4}z+\dfrac{1}{8}}$，在不确定其收敛域的情况下，_____（能或不能）判断其因果特性，理由是_____。

19. 某系统传递函数的极点位于 $-2\pm\mathrm{j}$ 处，且有 $h(0_+)=-4$，则该系统的传递函数 $H(s)=$_____。

20. 某信号序列 $x(n)=-a^nu(-n-1)$，式中 a 是实数，则其 DTFT（离散时间傅里叶变换）为_____。

三、分析计算证明题（共 7 题，100 分）

21. （10 分）某二径系统如图 36.30 所示，系统输出 $y(t)$ 为

$$y(t)=a_1x(t-\tau_1)+a_2x(t-\tau_2)。$$

其中，$x(t)$ 是输入，a_i，$\tau_i > 0$，这里 $i = 1,2$ 分别是衰减系数（典型值小于 1）和延迟时间。

(1) 判断系统的因果性；

(2) 试求出系统的冲激响应；

(3) 证明系统是 BIBO 稳定的。

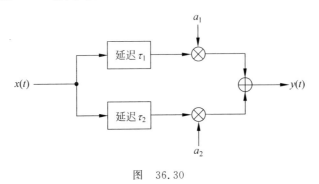

图　36.30

22. (15 分)已知两个连续时间信号的傅里叶变换分别如图 36.31(a)和(b)所示：请分别求出这两个时域信号的 E 值和 D 值，其中 E 值和 D 值的定义分别为：

(1) $E = \displaystyle\int_{-\infty}^{+\infty} |x(t)|^2 \mathrm{d}t$；(2) $D = \left. \dfrac{\mathrm{d}}{\mathrm{d}t} x(t) \right|_{t=0}$。

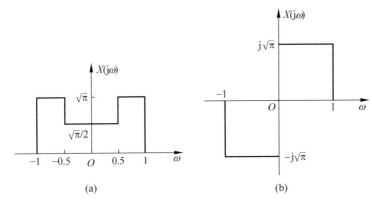

(a)　　　　　　　(b)

图　36.31

23. (15 分)设两个周期信号 $x(t)$ 和 $y(t)$ 的周期均为 T，它们的傅里叶系数分别为 $x(t) \overset{\mathrm{FS}}{\longleftrightarrow} X_k$ 和 $y(t) \overset{\mathrm{FS}}{\longleftrightarrow} Y_k$。试证明：

对 $x(t)$ 和 $y(t)$ 的乘积 $z(t) = x(t)y(t)$，有

$$x(t)y(t) \overset{\mathrm{FS}}{\longleftrightarrow} \sum_{q=-\infty}^{\infty} Y_q X_{k-q} = X_k * Y_k。$$

式中，$X_k * Y_k = \displaystyle\sum_{q=-\infty}^{\infty} Y_q X_{k-q}$ 定义为傅里叶系数 X_k 和 Y_k 的卷积和。

24. (15 分)双边带抑制载波(DSB-SC)调制的信号模型为

$$s(t) = c(t)m(t) = A_c \cos\omega_c t \cdot m(t)。$$

式中,$c(t)=A_c\cos\omega_c t$ 是载波,$m(t)$ 是消息信号。DSB-SC 调制过程的框图如图 36.32(a)所示,它的解调及相干检波器框图如图 36.32(b)所示。

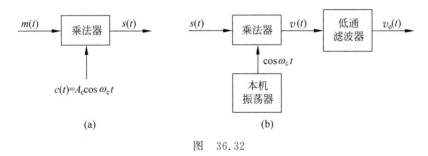

图　36.32

现设 $m(t)=A_0\cos\omega_0 t$,且 $\omega_c \gg \omega_0$。试给出:

(1) DSB-SC 已调波的时域和频域特性;

(2) 图 36.32(b)中解调输出 $v(t)$(设相位 $\phi=0$);

(3) 图 36.32(b)中低通滤波器应该滤除哪几个频率成分?

25. (15 分)用差分方程描述离散时间系统时,其传递函数 $H(z)$ 的一般形式为

$$H(z)=\frac{Y(z)}{X(z)}=\frac{\sum\limits_{k=0}^{M}b_k z^{-k}}{1+\sum\limits_{l=1}^{N}a_l z^{-l}}。$$

如果传递函数的收敛域包括单位圆($z=e^{j\omega}$),则可以在这个单位圆上计算 $H(z)$,并得到频率响应函数 $H(e^{j\omega})$。试给出这个频率响应函数 $H(e^{j\omega})$ 的通式。

26. (15 分)某离散滤波器的传递函数如下:

$$H(z)=\frac{1+2z^{-1}+z^{-2}}{(1-0.5z^{-1})(1-z^{-1})}。$$

其极点位于 $z=1$ 和 $z=0.5$。试求:

(1) 所有可能的与之相关的冲激响应;

(2) 该滤波器是否稳定?

27. (15 分)设某系统微分方程为 $\dfrac{d^3 y}{dt^3}+7\dfrac{d^2 y}{dt^2}+14\dfrac{dy}{dt}+8y=3u$。

试以 $x_1=y,x_2=\dfrac{dy}{dt},x_3=\dfrac{d^2 y}{dt^2}$ 为状态变量:

(1) 建立该系统的状态方程;

(2) 建立该系统的输出方程。

参 考 答 案

一、1. A　2. C　3. C　4. D　5. A　6. B　7. C　8. C　9. C　10. C

二、11. 线性。　12. 与零输入响应有关的项。　13. $\dfrac{1}{2}e^{-2t}u(t)$。

14. $\dfrac{1}{2}e^{-j\frac{\pi}{4}k}$,$k=\pm 1$。　15. $\dfrac{1}{8\pi}\left\{F_1[j(\omega+\omega_0)]+F_1[j(\omega-\omega_0)]\right\}*F_1(j\omega)$。

16. $\dfrac{1}{j\omega+a}$, $h(t)=e^{-at}u(t)$。   17. $0.5^n u(n)$。

18. 能，收敛域不包含无穷远点，系统是非因果的。

19. $\dfrac{-4s+a}{s^2+4s+5}$，a 为任意实数。   20. $\begin{cases} \dfrac{1}{1-ae^{-j\omega}}, & |a|>1 \\[3mm] \dfrac{1}{1-e^{-j\omega}}-\displaystyle\sum_{i=-\infty}^{\infty}\pi\delta(\omega-2\pi i), & a=1 \\[3mm] \dfrac{1}{1+e^{-j\omega}}-\displaystyle\sum_{i=-\infty}^{\infty}\pi\delta(\omega-\pi-2\pi i), & a=-1 \\[3mm] \text{不存在}, & |a|<1 \end{cases}$。

三、21. （1）系统是因果的。

（2）$h(t)=\alpha_1\cdot\delta(t-\tau_1)+\alpha_2\cdot\delta(t-\tau_2)$。

（3）当输入 $x(t)$ 有界，即 $|x(t)|\leqslant M<+\infty$ 时，
$$|y(t)|=|\alpha_1\cdot x(t-\tau_1)+\alpha_2\cdot x(t-\tau_2)|\leqslant\alpha_1|x(t-\tau_1)|+$$
$$\alpha_2|x(t-\tau_2)|\leqslant(\alpha_1+\alpha_2)M<+\infty,$$

即输出也是有界的，故系统是 BIBO 稳定的。

22. （a）$E=\dfrac{5}{8}$，$D=0$。   （b）$E=1$，$D=-\dfrac{1}{2\sqrt{\pi}}$。

23. **证明** 由题意有
$$x(t)=\sum_{k=-\infty}^{\infty}X_k e^{j\frac{2\pi}{T}kt}, \quad y(t)=\sum_{k=-\infty}^{\infty}Y_k e^{j\frac{2\pi}{T}kt}。$$

其中，
$$X_k=\frac{1}{T}\int_{-T/2}^{T/2}x(t)e^{-j\frac{2\pi}{T}kt}, \quad Y_k=\frac{1}{T}\int_{-T/2}^{T/2}y(t)e^{-j\frac{2\pi}{T}kt}。$$

显然，$z(t)$ 也是周期为 T 的周期函数，也可以展开为复指数傅里叶级数形式，设其系数为 Z_k，则
$$Z_k=\frac{1}{T}\int_{-T/2}^{T/2}x(t)y(t)e^{-j\frac{2\pi}{T}kt}\,dt=\frac{1}{T}\int_{-T/2}^{T/2}x(t)\Big(\sum_{q=-\infty}^{\infty}Y_q e^{j\frac{2\pi}{T}qt}\Big)e^{-j\frac{2\pi}{T}kt}\,dt$$

$$=\sum_{q=-\infty}^{\infty}Y_q\cdot\frac{1}{T}\int_{-T/2}^{T/2}x(t)e^{-j\frac{2\pi}{T}(k-q)t}\,dt=\sum_{q=-\infty}^{\infty}Y_q X_{k-q}=X_k*Y_k。$$

24. （1）$s(t)=\dfrac{A_c A_0}{2}[\cos(\omega_c+\omega_0)t+\cos(\omega_c-\omega_0)t]$，

$$S(j\omega)=\frac{A_c A_0\pi}{2}[\delta(\omega+\omega_c+\omega_0)+\delta(\omega-\omega_c-\omega_0)+\delta(\omega+\omega_c-\omega_0)+\delta(\omega-\omega_c+\omega_0)]。$$

（2）$v(t)=\dfrac{A_c A_0}{4}[\cos(2\omega_c+\omega_0)t+2\cos\omega_0 t+\cos(2\omega_c-\omega_0)t]$。

（3）应滤除 $\omega=2\omega_c\pm\omega_0$ 这两个频率成分。

25. $H(\mathrm{e}^{\mathrm{j}\omega}) = H(z)\Big|_{z=\mathrm{e}^{\mathrm{j}\omega}} = \dfrac{\displaystyle\sum_{k=0}^{M} b_k \mathrm{e}^{-\mathrm{j}\omega k}}{1 + \displaystyle\sum_{l=1}^{N} a_l \mathrm{e}^{-\mathrm{j}\omega l}}$。

26. （1）若 ROC：$|z| > 1$，则 $h(n) = 2\delta(n) + (8 - 9 \cdot 0.5^n)u(n)$。

若 ROC：$|z| < 0.5$，则 $h(n) = 2\delta(n) + (9 \cdot 0.5^n - 8)u(-n-1)$。

若 ROC：$0.5 < |z| < 1$，则 $h(n) = 2\delta(n) - 8u(-n-1) - 9 \cdot 0.5^n u(n)$。

（2）不稳定，因为单位圆上有一个极点。

27. （1）状态方程：$\begin{cases} \dot{x}_1 = x_2 \\ \dot{x}_2 = x_3 \\ \dot{x}_3 = -8x_1 - 14x_2 - 7x_3 + 3u \end{cases}$。

（2）输出方程：$y = x_1$。

本题若要求用矩阵表示状态方程和输出方程，则分别为

$$\begin{bmatrix} \dot{x}_1 \\ \dot{x}_2 \\ \dot{x}_3 \end{bmatrix} = \begin{bmatrix} 0 & 1 & 0 \\ 0 & 0 & 1 \\ -8 & -14 & -7 \end{bmatrix} \begin{bmatrix} x_1 \\ x_2 \\ x_3 \end{bmatrix} + \begin{bmatrix} 0 \\ 0 \\ 3 \end{bmatrix} u, \quad y = \begin{bmatrix} 1 & 0 & 0 \end{bmatrix} \begin{bmatrix} x_1 \\ x_2 \\ x_3 \end{bmatrix} + \mathbf{0} \cdot u.$$

西安交通大学
2021年信号与系统分析及数字信号处理(909)
考研真题及参考答案

一、判断题(1~8 小题,每小题 2 分,共 16 分)

1. 若奇函数 $x(t)$ 的傅里叶变换为 $X(\mathrm{j}\omega)$,则 $\int_{-\infty}^{+\infty} X(\mathrm{j}\omega)\mathrm{d}\omega = 0$。 (　　)

2. 线性常系数微分方程所描述的系统一定是线性系统。 (　　)

3. 二阶全通系统不可能为最小相位系统。 (　　)

4. 时域信号的平移会带来信号频谱结构上的非线性相移。 (　　)

5. 非周期信号经过一个 LTI 系统,其输出一定是非周期的。 (　　)

6. 两个离散时间一阶 LTI 系统的级联可以实现一个带通滤波器。 (　　)

7. $\cos\omega t$ 是一切连续时间 LTI 系统的特征函数。 (　　)

8. 一个实、偶的离散时间信号 $x(n)$,若存在一个复数极点 z_p,则 z_p^{*},z_p^{-1},$(z_\mathrm{p}^{*})^{-1}$ 也一定为其极点。 (　　)

二、单项选择题(9~15 小题,每小题 2 分,共 14 分)

9. 自然界中的系统大多是_____。

    A. 离散时间非因果、稳定的　　　　　　　B. 连续时间因果、稳定的

    C. 离散时间因果、非稳定的　　　　　　　D. 连续时间非因果、非稳定的

10. 序列 $\sin\dfrac{15\pi}{32}n$ 的周期为_____。

    A. 16　　　　　　　B. 15　　　　　　　C. 32　　　　　　　D. 64

11. 若某线性时不变系统的单位冲激响应为 $\delta(t+1)$,下列说法正确的是_____。

    A. 该系统不稳定　　　　　　　　　　　　B. 该系统是非线性相位系统

    C. 该系统是全通系统　　　　　　　　　　D. 该系统是因果系统

12. 一阶离散因果 LTI 系统的极点为 7/8,零点在原点,则系统频率特性为_____。

    A. 低通　　　　　　　B. 带通　　　　　　　C. 高通　　　　　　　D. 带阻

13. 余弦信号 $x(t)=\cos\dfrac{\pi t}{3}$ 经采样频率为 $\omega_\mathrm{s}=\dfrac{\pi}{2}$ 的理想冲激串采样后,再通过一个截止频率为 $\omega_\mathrm{c}=\pi$ 的理想低通滤波器,则_____包含输出信号的全部振荡频率。

    A. $\dfrac{\pi}{6}$

    B. $\dfrac{\pi}{6}$ 和 $\dfrac{\pi}{3}$

    C. $\dfrac{\pi}{2}$

    D. $\dfrac{\pi}{6}$、$\dfrac{\pi}{3}$、$\dfrac{2\pi}{3}$ 和 $\dfrac{5\pi}{6}$

14. 已知离散时间 LTI 系统的差分方程为

$$y(n)=a_0 x(n)+a_1 y(n-1)+a_3 y(n-3), \quad a_0 a_1 a_3 \neq 0,$$

则该系统是_____。

A. IIR 系统　　　　B. 线性相位系统　　C. FIR 系统　　　　D. 全通系统

15. 一个振荡频率为 30Hz 的余弦信号,对其截取 3 个连续完整周期所得到的有限长信号,以下说法正确的是_____。

A. 该有限长信号是周期的

B. 该有限长信号的奈奎斯特采样频率为 60Hz

C. 该有限长信号采样后无法通过 LTI 系统完全恢复

D. 频域上该有限长信号的频谱为两根冲激谱

三、**计算**(16～20 题,每小题 6 分,共 30 分)

16. 已知 $x_1(n) = \delta(n) + 3\delta(n-1) + 2\delta(n-2)$,$x_2(n) = u(n-1) - u(n-3)$,求 $x(n) = x_1(n) * x_2(n)$。

17. 两个 8 点序列 $x_1(n)$ 和 $x_2(n)$ 如图 36.33 所示,其 8 点 DFT 分别为 $X_1(k)$ 和 $X_2(k)$,试确定 $X_1(k)$ 和 $X_2(k)$ 的关系。

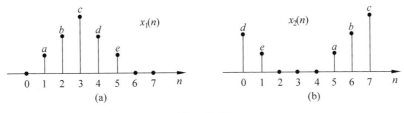

图　36.33

18. 已知 $x(n) = \delta(n) - 2\delta(n-1) + \delta(n-2)$,其傅里叶变换为 $X(e^{j\omega})$,计算 $\int_0^\pi |X(e^{j\omega})|^2 d\omega$。

19. 求 $x(t) = e^{-|t|}\cos 2t$ 的傅里叶变换 $X(j\omega)$。

20. 某 LTI 系统的差分方程为 $y(n) - \frac{1}{2}y(n-1) = x(n) + x(n-1)$,求系统的单位采样响应 $h(n)$ 在 $n = 0, 1, \cdots, 4$ 时的值。

四、(25 分)某连续时间 LTI 系统如图 36.34 所示,该系统最初是松弛的。

(1) 求系统函数 $H(s)$,说明系统稳定性。

(2) 画出系统的零极点图,并概略画出系统的幅频特性 $|H(j\omega)|$,说明系统是低通、高通还是带通?

(3) 若输出 $y(t) = (4e^{-2t} - 2e^{-t} - 2e^{-4t})u(t)$,求 $x(t)$。

(4) 若系统输入 $x(t) = \cos 3t$,求系统对该 $x(t)$ 的幅度响应。

(5) 输入 $x(t) = e^{-4t}u(t)$ 和 $x(t) = \cos 3t$ 中哪个可测得系统的频率响应 $H(j\omega)$? 简述原因。

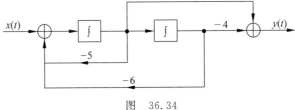

图　36.34

五、(20 分)某数字滤波器结构如图 36.35 所示。

(1) 求传递函数 $H(z)$；

(2) 求单位采样响应 $h(n)$；

(3) 求幅频特性 $|H(e^{j\omega})|$；

(4) 求零点和极点；

(5) 系统是 IIR 还是 FIR？并判断其是否具有线性相位特性；

(6) 系统是低通、高通、带通还是带阻滤波器？

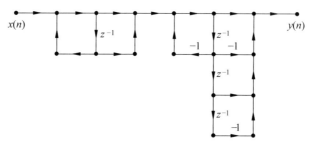

图　36.35

六、(25 分)用频率采样法设计一个长度 $N=5$ 的线性相位低通 FIR 滤波器，截止角频率 $\omega_c = \dfrac{\pi}{2}$。

(1) 确定所设计线性相位低通 FIR 滤波器的类型，说明所设计的 $h(n)$ 是奇对称还是偶对称；

(2) 列出各频率采样点的角频率，确定该理想线性相位低通滤波器的频率响应 $H_d(e^{j\frac{2\pi}{N}k}) = H_d(k)e^{j\theta_k}$ 中的 $H_d(k)$、θ_k 和 $H_d(e^{j\frac{2\pi}{N}k})$ 在各采样点的表达式；

(3) 给出该低通滤波器单位采样响应 $h(n)$ 的表达式；

(4) 计算 $h(n)$，$n=0,1,2,3,4$ 的值，验证 $h(n)$ 的奇/偶对称性。

七、(20 分)一个对连续时间信号进行采样和恢复的系统如图 36.36 所示，采样角频率 $\omega_s = \dfrac{2\pi}{T}$，其中 T 为采样间隔。假设输入信号 $x_c(t)$ 为带限信号，其傅里叶变换满足 $X_c(j\omega)=0$，$|\omega| \geqslant \dfrac{\omega_s}{2}$。将信号 $x_p(t)$ 和 $y_c(t)$ 的傅里叶变换分别记为 $X_p(j\omega)$ 和 $Y_c(j\omega)$。

(1) 将采样函数设为周期冲激串信号 $p(t) = \sum\limits_{n=-\infty}^{\infty} \delta(t-nT)$。试用 $X_c(j\omega)$ 来表示 $X_p(j\omega)$，并证明 $y_c(t) = x_c(t)$。

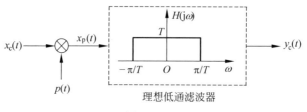

图　36.36

（2）将采样函数 $p(t)$ 设置为如图 36.37 所示的周期为 T 的矩形脉冲信号，其中 $\Delta(\Delta<T)$ 为每个脉冲的宽度，试用 $X_c(j\omega)$ 来表示 $X_p(j\omega)$，并推导 $y_c(t)$ 和 $x_c(t)$ 之间的关系。

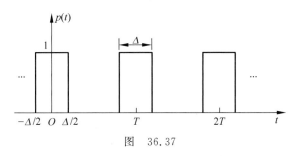

图　36.37

（3）若 $p(t)$ 设置为图 36.37 所示的周期矩形脉冲信号，并将图 36.38 中虚框中的理想低通滤波器更换为图 36.38 所示的低通滤波器，那么对于输入信号 $x_c(t)=\cos\dfrac{\pi}{2T}t$，试确定输出信号 $y_c(t)$。

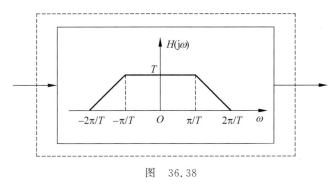

图　36.38

参 考 答 案

一、1. √　2. √　3. √　4. ×　5. ×　6. √　7. ×　8. √

二、9. B　10. D　11. C　12. A　13. D　14. A　15. C

三、16. $x(n)=\delta(n-1)+4\delta(n-2)+5\delta(n-3)+2\delta(n-4)$。

17. $X_2(k)=W_8^{4k}X_1(k)$。　　18. $\displaystyle\int_0^\pi |X(e^{j\omega})|^2\,d\omega=6\pi$。

19. $X(j\omega)=\dfrac{1}{(\omega+2)^2+1}+\dfrac{1}{(\omega-2)^2+1}$。

20. $h(0)=1$,　$h(1)=\dfrac{3}{2}$,　$h(2)=\dfrac{3}{4}$,　$h(3)=\dfrac{3}{8}$,　$h(4)=\dfrac{3}{16}$。

四、（1）$H(s)=\dfrac{s^{-1}-4s^{-2}}{1+5s^{-1}+6s^{-2}}$。

由于极点 -2 和 -3 都位于 s 平面左半平面，故系统是稳定的。

（2）零点 4，极点 -2，-3，由零、极点位置知，系统是低通滤波器，零极点图及幅频图略。

（3）$x(t)=\left(\dfrac{4}{5}e^{-t}+\dfrac{1}{2}e^{-4t}+\dfrac{7}{10}e^{4t}\right)u(t)$。

(4) $|H(\mathrm{j}3)| = \dfrac{5\sqrt{26}}{78}$。

(5) $x(t) = \mathrm{e}^{-4t}u(t)$ 可测 $H(\mathrm{j}\omega)$，因为它包括所有的频率，而 $x(t) = \cos 3t$ 只有一个频率。

五、(1) $H(z) = \dfrac{1+z^{-1}}{1-z^{-1}} \cdot \dfrac{1-z^{-1}+z^{-2}-z^{-3}}{1+z^{-1}} = 1+z^{-2}$。

(2) $h(n) = \delta(n) + \delta(n-2)$。

(3) $|H(\mathrm{e}^{\mathrm{j}\omega})| = |1+\mathrm{e}^{-\mathrm{j}2\omega}| = 2|\cos\omega|$。

(4) 零点为 $\pm\mathrm{j}$，极点为 $0(2$ 阶$)$。

(5) FIR。由于 $h(n)$ 满足偶对称，故具有线性相位。

6. 由幅频特性知，该系统是带阻滤波器。

六、(1) $h(n)$ 必为偶对称，因为 $N=5$ 为奇数，若 $h(n)$ 为奇对称，则只能设计带通滤波器，不能设计其他几种滤波器，属于第三种类型，即 $N=5$ 为奇数，$h(n)$ 为偶对称的类型。

(2) $H_{\mathrm{d}}(\mathrm{e}^{\mathrm{j}\omega}) = \begin{cases} \mathrm{e}^{-\mathrm{j}2\omega}, & 0 \leqslant \omega \leqslant \dfrac{\pi}{2}, \dfrac{3}{2}\pi \leqslant \omega \leqslant 2\pi \\ 0, & \text{其他} \end{cases}$。

令 $\omega = \dfrac{2\pi}{5}k$，$k=0,1,2,3,4$，$H(k) = H(\mathrm{e}^{\mathrm{j}\frac{2\pi}{5}k})$，得

$$H(0)=1, \quad H(1)=\mathrm{e}^{-\mathrm{j}\frac{4}{5}\pi}, \quad H(2)=0, \quad H(3)=0, \quad H(4)=\mathrm{e}^{\mathrm{j}\frac{4}{5}\pi}。$$

(3) $h(n) = \dfrac{1}{5}\sum\limits_{k=0}^{4} H(k)\mathrm{e}^{\mathrm{j}\frac{2\pi}{T}kn} = \dfrac{1}{5}(1 + \mathrm{e}^{-\mathrm{j}\frac{4}{5}\pi}\mathrm{e}^{\mathrm{j}\frac{2\pi}{5}n} + \mathrm{e}^{\mathrm{j}\frac{4}{5}\pi}\mathrm{e}^{-\mathrm{j}\frac{2\pi}{5}n})$

$$= \dfrac{1}{5} + \dfrac{2}{5}\cos\left(\dfrac{2\pi}{5}n - \dfrac{4}{5}\pi\right), \quad n=0,1,2,3,4。$$

(4) 在 $h(n)$ 中分别令 $n=0,1,2,3,4$，得

$$h(0) = \dfrac{1}{5} - \dfrac{2}{5}\cos\dfrac{\pi}{5}, \quad h(1) = \dfrac{1}{5} + \dfrac{2}{5}\cos\dfrac{2}{5}\pi, \quad h(2) = \dfrac{3}{5},$$

$$h(3) = \dfrac{1}{5} + \dfrac{2}{5}\cos\dfrac{2}{5}\pi, \quad h(4) = \dfrac{1}{5} - \dfrac{2}{5}\cos\dfrac{\pi}{5},$$

可见 $h(n)$ 满足偶对称。

七、(1) $X_{\mathrm{p}}(\mathrm{j}\omega) = \dfrac{1}{T}\sum\limits_{n=-\infty}^{\infty} X_{\mathrm{c}}[\mathrm{j}(\omega - 2\pi n/T)]$，$\quad y_{\mathrm{c}}(t) = x_{\mathrm{c}}(t)$。

(2) $X_{\mathrm{p}}(\mathrm{j}\omega) = \dfrac{\Delta}{T}\sum\limits_{n=-\infty}^{\infty} \mathrm{Sa}\left(\dfrac{\pi\Delta}{T}n\right) X_{\mathrm{c}}[\mathrm{j}(\omega - 2\pi n/T)]$，$\quad y_{\mathrm{c}}(t) = \Delta \cdot x_{\mathrm{c}}(t)$。

(3) $y_{\mathrm{c}}(t) = \Delta \cdot \cos\dfrac{\pi}{2T}t + \dfrac{\Delta}{2}\mathrm{Sa}\left(\dfrac{\pi\Delta}{T}\right)\cos\dfrac{3\pi}{2T}t$。

国防科技大学
2021年信号与系统(831)考研真题及参考答案

一、**选择题**(每小题2分,共30分)

1. 某系统当输入信号为 $x(t)$ 时,其输出为 $y(t)=2\cos\left(3t+\dfrac{\pi}{4}\right)x(t)$,则该系统是( )系统。

    A. 线性时不变   B. 线性时变

    C. 非线性时不变   D. 非线性时变

2. 连续时间线性时不变系统的输入信号与系统的单位冲激响应进行卷积积分,其结果就是系统的( )。

    A. 零输入响应   B. 零状态响应

    C. 自然响应   D. 强迫响应

3. 下列关于周期矩形脉冲信号的论述中,正确的是( )。

    A. 脉冲宽度增大,则谱线间隔减小   B. 脉冲宽度增大,则谱线间隔增大

    C. 信号周期增大,则谱线间隔增大   D. 信号周期增大,则谱线间隔减小

4. 下列四个等式中,成立的是( )。

    A. $\delta(2t-2)=\dfrac{1}{2}\delta(t-2)$ B. $\displaystyle\int_{-1}^{1}e^{-t}\delta(t-2)\mathrm{d}t=e^{-2}$

    C. $\displaystyle\int_{-\infty}^{\infty}2\delta(t-2)\mathrm{d}t=2$ D. $e^{-2t}\delta(t-2)=e^{-2}\delta(t-2)$

5. 下列函数表示的信号中,带宽有限的信号是( )。

    A. $e^{-2t}u(t)$ B. $\delta(t)$ C. $u(t)$ D. $\mathrm{Sa}(2t)$

6. 已知周期信号 $x(t)=\cos\left(\dfrac{\pi}{2}t+\dfrac{3\pi}{4}\right)-2\sin\left(\dfrac{4\pi}{3}t+\dfrac{\pi}{4}\right)$,其周期为( )。

    A. 8   B. 12   C. 16   D. 24

7. 对信号 $x(t)=\sin 200\pi t$ 以抽样频率1000Hz对其进行理想抽样,得到的离散序列为( )。

    A. $\sin 1000\pi n$ B. $\sin 0.1\pi n$ C. $\sin 0.2\pi n$ D. $\sin 0.5\pi n$

8. 单边拉氏变换 $X(s)=\dfrac{s\,e^{-s}}{s^{2}+1}$ 的原函数 $x(t)$ 为( )。

    A. $\cos(t-1)u(t-1)$ B. $\cos(t-1)u(t)$

    C. $\sin(t-1)u(t-1)$ D. $\sin(t-1)u(t)$

9. 某因果系统的系统函数为 $H(s)=\dfrac{s-2}{s^{2}+5s+6}$,则该系统是( )滤波器。

    A. 低通   B. 带通   C. 带阻   D. 高通

10. 下列序列中,z 变换的收敛域为 $2<|z|<5$ 的是(　　　）。

　　A. $2^n u(n)+5^n u(n)$ 　　　　　　　　　　B. $2^n u(-n-1)+5^n u(-n-1)$

　　C. $2^n u(n)+5^n u(-n-1)$ 　　　　　　　D. $2^n u(-n-1)+5^n u(n)$

11. 在系统框图构成中,通常不会在框图中出现的基本运算单元是(　　　）。

　　A. 加法器 　　　　　　B. 乘法器 　　　　　　C. 微分器 　　　　　　D. 积分器

12. 下列系统是因果系统的有(　　　）。

　　A. $y(t)=t^2 x(t+4)$ 　　　　　　　　　　B. $y(t)=t^2 x(3-t)$

　　C. $y(n)=\displaystyle\sum_{n=-10}^{10} x(n-m)$ 　　　　　　D. $y(n)=\displaystyle\sum_{m=-10}^{n} x(m)$

13. 下列等式成立的是(　　　）。

　　A. $\dfrac{\mathrm{d}}{\mathrm{d}t}[x_1(t) * x_2(t)]=\dfrac{\mathrm{d}}{\mathrm{d}t}[x_1(t)] * \dfrac{\mathrm{d}}{\mathrm{d}t}[x_2(t)]$

　　B. $x(t) * u(t)=\displaystyle\int_{-\infty}^{t} x(\tau)\mathrm{d}\tau$

　　C. $x(t) * \delta(t-t_0)=x(t_0)\delta(t-t_0)$

　　D. $x(t-t_0) * x(t+t_0)=x(t)$

14. 已知连续时间信号 $x(t)$ 是某个截止频率为 $\omega_c=1000\pi \mathrm{rad/s}$ 的理想低通滤波器的输出信号,若以采样间隔 T 为(　　　）对 $x(t)$ 进行理想采样,则能保证 $x(t)$ 由采样点恢复。

　　A. $0.5\times10^{-3}\mathrm{s}$ 　　B. $2\times10^{-3}\mathrm{s}$ 　　C. $4\times10^{-3}\mathrm{s}$ 　　D. $1.5\times10^{-3}\mathrm{s}$

15. 已知 $x(n)$ 是一个绝对可和的序列,且其 z 变换 $X(z)$ 是有理函数,如果已知 $X(z)$ 在 $z=\dfrac{1}{5}$ 处有一个极点,则 $x(n)$ 不可能是(　　　）。

　　A. 无限长序列 　　　　B. 双边序列 　　　　C. 右边序列 　　　　D. 左边序列

二、填空题(每空 2 分,共 20 分)

1. 功率有限信号的能量为_____,能量有限信号的平均功率为_____。

2. 已知某连续时间线性时不变系统的频率响应 $H(\mathrm{j}\omega)=-\mathrm{j}\mathrm{sgn}(\omega)$,则该系统对信号 $x(t)=2\cos\omega_0 t+3\sin\omega_0 t(\omega_0>0)$ 的响应 $y(t)=$_____。

3. 对信号 $x(t)=\dfrac{\sin\pi t}{t}\cos\pi t+\dfrac{\sin2\pi t}{t}\sin5\pi t$ 进行采样,其奈奎斯特间隔为_____秒。

4. 某连续时间线性时不变系统,若该系统的单位阶跃响应为 $\mathrm{e}^{-2t}u(t)$,则该系统的单位冲激响应 $h(t)=$_____。

5. 已知离散时间信号 $x(n)$ 和 $x_1(n)$ 的 z 变换分别为 $x(n)\leftrightarrow X(z),x_1(n)\leftrightarrow X_1(z)$,且 $X_1(z)=X(-z)$,则 $x(n)$ 和 $x_1(n)$ 的关系为 $x_1(n)=$_____。

6. 某连续时间系统的频率响应 $H(\mathrm{j}\omega)$ 满足_____,或者系统的单位冲激响应 $h(t)$ 满足_____时,该系统为无失真传输系统。

7. 序列 $\left(\dfrac{1}{2}\right)^n[u(n)-u(n-10)]$ 的 z 变换为_____,其收敛域为_____。

三、简单计算题(每题 10 分,共 40 分)

1. 已知信号 $x(t)$ 的波形如图 36.39 所示。

(1) 试写出信号 $x(t)$ 的解析表达式;

（2）试画出信号 $x(3-3t)$ 的波形图。

2. 试分别求出下列各式所描述的系统的单位冲激响应 $h(t)$，其中 $x(t)$ 代表输入信号，$y(t)$ 代表输出信号。

（1）$y(t)=\mathrm{e}^{-3t}\displaystyle\int_{-\infty}^{t}x(\tau)\mathrm{e}^{3\tau}\mathrm{d}\tau$；

（2）$y(t)=x(t-6)$。

3. 一个系统的输入-输出关系可以描述为 $y(t)=|x(t)|$，若输入信号 $x(t)=\cos t$。

（1）分别求输入信号 $x(t)$ 和输出信号 $y(t)$ 的直流分量的幅度；

（2）输出信号 $y(t)$ 含有哪些频率分量？试写出它们的频率。

4. 某连续时间线性时不变系统的零极点图如图 36.40 所示。

（1）指出该系统所有可能的收敛域；

（2）对（1）中所有可能的收敛域，分别判断系统是否稳定或因果。

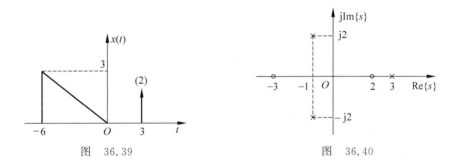

图 36.39　　　　　　　　　　　　　图 36.40

四、（20 分）一个连续时间线性时不变系统的单位冲激响应为 $g(t)=\mathrm{e}^{t}u(t)$。

（1）该系统是否为稳定系统？说明理由。

（2）该系统增加一个反馈环节，如图 36.41 所示，其中 K 为反馈支路的系数，求新系统的系统函数 $H(s)$。

（3）为使新系统稳定，K 应如何取值？

（4）取 $K=2$，当输入信号 $x(t)=\mathrm{e}^{-t}u(t)$ 时，求新系统的零状态响应。

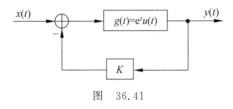

图 36.41

五、（20 分）某信号处理系统如图 36.42（a）所示，输入信号 $x(t)$ 的频谱 $X(\mathrm{j}\omega)$ 如图 36.42（b）所示，其中心频率为 $3\omega_0$ 并且 $B=0.8\omega_0$。对该信号进行理想冲激串抽样，抽样间隔 $T=\dfrac{\pi}{2\omega_0}$，抽样后的信号经过频谱搬移和滤波，输出信号 $y(t)$ 的频谱 $Y(\mathrm{j}\omega)$ 满足

$$Y(\mathrm{j}\omega)=\begin{cases}X[\mathrm{j}(\omega+3\omega_0)], & |\omega|\leqslant 0.4\omega_0 \\ 0, & |\omega|>0.4\omega_0\end{cases},$$

如图 36.42(c)所示。

(1) 试绘制抽样后信号 $x_s(t)$ 的频谱 $X_s(j\omega)$。

(2) 图 36.42(a)中第二个乘法器起到频谱搬移的作用,如图 36.42(a)中虚线框所示,通过设计合适的频谱搬移和滤波参数,可以使得输出满足要求,请问此时 $d(t)$ 应具有什么形式?并求出 $d(t)$ 在抽样时刻的值 $d(nT)$(n 为整数)。

(3) 为使得输出满足要求,应采用何种类型的滤波器?其截止频率有什么要求?

(4) 输出信号 $y(t)$ 是实信号吗?为什么?

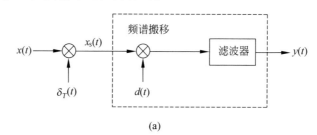

(a)

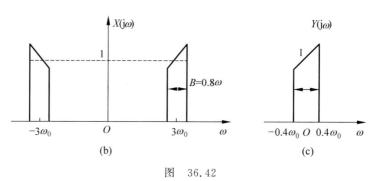

(b)   (c)

图 36.42

六、(20 分)因果离散时间系统的差分方程如下,其中 a 为实数:
$$y(n) - ay(n-1) = x(n)。$$

(1) 求该系统的系统函数 $H(z)$,并绘出其信号流图;

(2) 试讨论 a 的取值与系统稳定性的关系;

(3) 在系统稳定的情况下,试讨论 a 的取值与系统滤波特性的关系;

(4) 当输入信号为 $x(n) = \delta(n) - a^4\delta(n-4)$ 时,求零状态响应,该响应是否含有自然响应分量?说明理由。

参 考 答 案

一、1. B　2. B　3. D　4. C　5. D　6. B　7. C　8. A　9. A　10. C
11. C　12. D　13. B　14. A　15. D

二、1. 无穷大,零。　2. $2\sin\omega_0 t - 3\cos\omega_0 t$。　3. $1/7$。　4. $\delta(t) - 2e^{-2t}u(t)$。

5. $(-1)^n x(n)$。　6. $H(j\omega) = Ae^{-j\omega t_0}, h(t) = A\delta(t-t_0), A \neq 0, t_0 > 0$。

7. $\left[1 - \left(\dfrac{1}{2}z^{-1}\right)^{10}\right] \cdot \dfrac{1}{1 - \dfrac{1}{2}z^{-1}}$,ROC:$|z| > 0$。

三、1.（1）$x(t)=-\dfrac{t}{2}[u(t+6)-u(t)]+2\delta(t-3)$。

（2）$x(3-3t)$波形如图 36.43 所示。

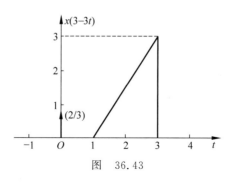

图 36.43

2.（1）$h(t)=\mathrm{e}^{-3t}u(t)$。　（2）$h(t)=\delta(t-6)$。

3.（1）$0,\dfrac{2}{\pi}$。　（2）包含直流 $\omega_0=0$，即 k 次谐波 $\omega_k=2k$，$k\geqslant 1$。

4.（1）可能的收敛域有三种：

（i）$\mathrm{Re}\{s\}>3$；（ii）$\mathrm{Re}\{s\}<-1$；（iii）$-1<\mathrm{Re}\{s\}<3$。

（2）当 $\mathrm{Re}\{s\}>3$ 时，系统是因果、不稳定的；

当 $\mathrm{Re}\{s\}<-1$ 时，系统是非因果、不稳定的；

当 $-1<\mathrm{Re}\{s\}<3$ 时，系统是非因果、稳定的。

四、（1）由于 $\displaystyle\int_{-\infty}^{\infty}|g(t)|\,\mathrm{d}t$ 不存在，或者 $G(s)=\dfrac{1}{s-1}$ 的极点 1 位于 s 平面的右半平面，故系统是不稳定的。

（2）$H(s)=\dfrac{G(s)}{1+KG(s)}=\dfrac{\dfrac{1}{s-1}}{1+K\cdot\dfrac{1}{s-1}}=\dfrac{1}{s+(K-1)}$。

（3）$K>1$。　（4）$y_{zs}(t)=t\mathrm{e}^{-t}u(t)$。

五、（1）$X_s(\mathrm{j}\omega)=\dfrac{2\omega_0}{\pi}\displaystyle\sum_{n=-\infty}^{\infty}X[\mathrm{j}(\omega-4\omega_0 n)]$。$X_s(\mathrm{j}\omega)$ 如图 36.44 所示。

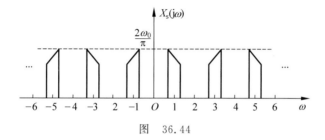

图 36.44

（2）$d(t)=\mathrm{e}^{\mathrm{j}\omega_0 t}$，$d(nT)=x(nT)\mathrm{e}^{\mathrm{j}\omega_0 nT}$。

（3）滤波器为截止频率 ω_c 满足 $0.4\omega_0\leqslant|\omega_c|<2.6\omega_0$ 的低通滤波器。

(4) $y(t)$ 不是实信号,因为 $Y(j\omega)$ 不满足幅频特性关于 ω 偶对称。

六、(1) $H(z) = \dfrac{Y(z)}{X(z)} = \dfrac{1}{1-az^{-1}}, |z| > |a|$。$H(z)$ 的信号流图如图 36.45 所示。

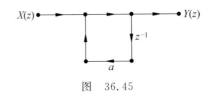

图 36.45

(2) 当 $|a| < 1$ 时,系统是稳定的;当 $|a| \geqslant 1$ 时,系统是不稳定的。

(3) 当 $|a| < 1$ 且 a 接近 1 时,为低通滤波器;当 $|a| < 1$ 且 a 接近 -1 时,为高通滤波器。

(4) $y_{zs}(n) = \delta(n) + a\delta(n-1) + a^2\delta(n-2) + a^3\delta(n-3)$,$y_{zs}(n)$ 中不含自然响应分量,因为发生了零极点抵消。

上海交通大学
2021年信号系统与信号处理(819)及参考答案

一、计算题(每题3分,共15分)

1. 已知 $f(t) * tu(t) = (t + e^{-t} - 1)u(t)$,求 $f(t)$,其中 $u(t)$ 为单位阶跃信号。

2. $f(t) = \begin{cases} 1 + \cos t, & |t| < \pi \\ 0, & |t| > \pi \end{cases}$,求该信号的傅里叶变换。

3. 求下列 z 变换对应的序列 $x(n)$:
$$X(z) = \ln(1 - 2z), \quad |z| < \frac{1}{2}。$$

二、(15分)已知某连续时间系统如图36.46所示,其中两个子系统的单位冲激响应分别为 $h_1(t) = \dfrac{\sin^2 \pi t}{\pi t^2}$, $h_2(t) = \pi \delta(t)$。

(1) 求 $f(t) \rightarrow y(t)$ 的单位冲激响应 $h(t)$ 和频率响应 $H(\mathrm{j}\omega)$,并画出 $H(\mathrm{j}\omega)$ 的图形。

(2) 此系统具有何种滤波功能?

(3) 当 $f(t) = \dfrac{1}{2} + \dfrac{2}{\pi} \sum\limits_{n=1}^{\infty} \dfrac{1}{2n-1} \sin(2n-1)\pi t$,求系统输出 $y(t)$。

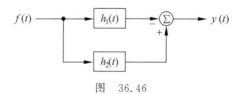

图 36.46

三、(15分)某连续 LTI 系统中,当输入 $f(t) = e^{-t}u(t)$ 时,输出为
$$y(t) = [1 - e^{-(t+T)}]u(t+T) - [1 - e^{-(t-T)}]u(t-T),$$
式中,T 为正常数;$u(t)$ 表示单位阶跃信号。

(1) 求该系统的单位冲激响应 $h(t)$。

(2) 该系统是否为因果系统?为什么?

(3) 当系统输入 $f_1(t) = e^{-|t|}$ 时,求系统的输出 $y_1(t)$。

四、(15分)已知一因果系统的 z 域框图如图36.47所示,其中 m 为常数。

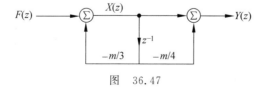

图 36.47

(1) 求该系统的 $H(z)$,并指出其收敛域;

(2) 当 m 取何值时,该系统是稳定的;

(3) 如果 $m=1$,对所有 n,有 $f(n)=(2/3)^n$,求 $y(n)$。

五、(15 分)已知某系统如图 36.48 所示。

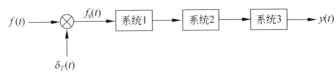

图 36.48

输入信号 $f(t)$ 经理想采样后通过 3 个子系统得到输出 $y(t)$。已知输入 $f(t)=2+\cos 10t$,采样角频率 $\omega_s=25\text{rad/s}$。

(1) 子系统 1 为理想低通滤波器 $H_1(\text{j}\omega)=\begin{cases}0, & |\omega|>20\text{rad/s} \\ 1, & |\omega|<20\text{rad/s}\end{cases}$;

(2) 子系统 2 为微分器(当其输入 $x(t)$ 时输出 $x'(t)$);

(3) 子系统 3 的冲激响应 $h_3(t)=\dfrac{1}{\pi t}$。

求输出信号 $y(t)$。

六、选择题(每题 2 分,共 10 分)

1. 已知一个周期为 N 的信号的 DFS 是 $\widetilde{X}(k)$,经频率响应为 $H(\text{e}^{\text{j}\omega})$ 的 LTI 系统,则输出信号的 DFS 是(   )。

A. $\widetilde{X}(k)H(\text{e}^{\text{j}\omega})$

B. $\widetilde{X}(k)H(\text{e}^{\text{j}\omega})\Big|_{\omega=k}$

C. $\widetilde{X}(k)H(\text{e}^{\text{j}\omega})\Big|_{\omega=\frac{2\pi k}{N}}$

D. $\sum_{k=1}^{N-1}\widetilde{X}(k)H(\text{e}^{\text{j}\omega})\Big|_{\omega=\frac{2\pi k}{N}}\text{e}^{\text{j}\frac{2\pi kn}{N}}$

2. 如图 36.49 所示的改变采样率的系统中,$x(n)$ 采样率为 3kHz,信号最高频率是 πrad,若 $L=8,M=3$,则下列说法错误的是(   )。

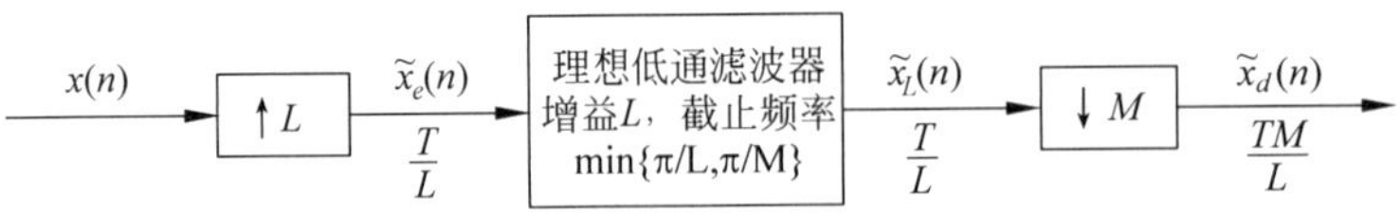

| $x(n)$ → | $\uparrow L$ | $\widetilde{x}_e(n)$ $\dfrac{T}{L}$ → | 理想低通滤波器
增益L,截止频率
$\min\{\pi/L,\pi/M\}$ | $\widetilde{x}_l(n)$ $\dfrac{T}{L}$ → | $\downarrow M$ | $\widetilde{x}_d(n)$ $\dfrac{TM}{L}$ → |

图 36.49

A. $\widetilde{x}_d(n)$ 的采样率为 8kHz

B. $x_e(n)$ 的最高频率为 $\dfrac{\pi}{8}\text{rad}$

C. $\widetilde{x}_L(n)$ 的最高频率为 $\dfrac{\pi}{8}\text{rad}$

D. $\widetilde{x}_d(n)$ 的最高频率为 $\dfrac{3\pi}{8}\text{rad}$

3. 已知 $x(n)$ 的 N 点 DFT 是 $X(k),0\leqslant k\leqslant N-1$,根据基-2 时域抽选 FFT 第一次分解的原理,推断 $x(2n)$ 的 $\dfrac{N}{2}$ 点 DFT 是(   )。

A. $[X(k)+X(k+N/2)]/2,0\leqslant k\leqslant N/2-1$

    B. $[X(k)+X(k+N/2)]/(2W_N^k),0\leqslant k\leqslant N/2-1$

    C. $[X(k)-X(k+N/2)]/2,0\leqslant k\leqslant N/2-1$

    D. $[X(k)-X(k+N/2)]/(2W_N^k),0\leqslant k\leqslant N/2-1$

4. 利用基-2频域抽选FFT第一次分解的原理,判断图36.50中所示序列中8点DFT满足"$X(k)=0,k$为奇数"的是(　　　)。

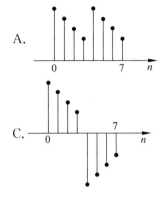
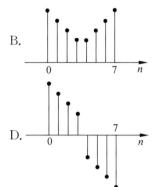

图　36.50

5. 关于滑动平均系统 $y(n)=\dfrac{1}{M+1}\sum\limits_{k=0}^{M}x(n-k)$,下列说法错误的是(　　　)。

    A. 单位脉冲响应是矩形序列   B. M越大,则3dB截止频率越低

    C. M越大,则过渡带越窄   D. M越大,则阻带波纹幅度越小

七、(15分)用两个4点的实数序列 $x_1(n)$ 和 $x_2(n)$ 构造一个4点的复数序列:

$$y(n)=x_1(n)+\mathrm{j}x_2(n),\quad 0\leqslant n\leqslant 3。$$

已知 $y(n)$ 的4点DFT为 $Y(k)=\{1+\mathrm{j}2,3+\mathrm{j}4,5+\mathrm{j}6,7+\mathrm{j}8\},0\leqslant k\leqslant 3$,求 $x_2(n)$ 的4点DFT的值 $X_2(k)$。

八、(15分)考虑一个长度为 $N(N$ 是正整数)的实数列 $x(n)=0,0\leqslant n\leqslant N-1$,其时域反转序列 $y(n)=x(N-1-n),0\leqslant n\leqslant N-1$。已知 $x(n)$ 是最小相位序列,其 z 变换 $X(z)$ 的一个零点是 $0.5\mathrm{e}^{\mathrm{j}\frac{\pi}{4}}$。

(1) 写出所有可以推断出的 $Y(z)$ 的零点;

(2) 设因果稳定系统函数 $H(z)=\dfrac{Y(z)}{X(z)}$,写出其幅度响应 $|H(\mathrm{e}^{\mathrm{j}\omega})|$;

(3) FIR系统的系统函数 $G(z)=X(z)Y(z)$,写出其群延迟;

(4) $G(z)$ 是否可能是带阻滤波器?

九、(20分)考虑一个200点的实序列 $x(n)\neq 0,0\leqslant n\leqslant 199$,以及一个FIR系统,其单位脉冲响应为20点的实序列 $h(n)\neq 0,0\leqslant n\leqslant 19$。它们的傅里叶变换分别为 $X(\mathrm{e}^{\mathrm{j}\omega})$ 和 $H(\mathrm{e}^{\mathrm{j}\omega})$。

(1) 考虑对 $x(n)$ 先乘以一个窗函数,然后作256点FFT进行谱分析,要能将其中的两个频率 $\dfrac{2\pi}{32}\mathrm{rad}$ 和 $\dfrac{3\pi}{32}\mathrm{rad}$ 完全分辨清楚(即主瓣宽度小于等于两个频率间隔),则可以选择矩形窗、汉宁窗、三角窗和布莱克曼窗中的哪些窗?

(2) 采用(1)中分析方法得到的 FFT,哪个 k 对应频率 $\dfrac{2\pi}{32}\text{rad}$?

(3) 对 $X(\mathrm{e}^{\mathrm{j}\omega})H(\mathrm{e}^{\mathrm{j}\omega})\Big|_{\omega=\frac{2\pi k}{160}}$,$0\leqslant k\leqslant159$ 作 160 点 IDFT 得到的时域信号,其在哪个区间与 $x(n)*h(n)$ 完全相同?

(4) 采用重叠保留法分段求 $x(n)*h(n)$,将 $x(n)$ 分为 4 段,每段长度为 50(此 50 点不包含段间重叠的点),则 DFT 的最小点数是多少? 如果采用基-2 FFT 计算 DFT,则 FFT 的最小点数是多少?

十、(15 分)考虑采用 $H_{\mathrm{c}}(s)=\dfrac{s}{s+1}$,$\mathrm{Re}\{s\}>-1$ 的连续时间滤波器作为原型滤波器,设计一个具有相同性质选频特性的离散时间滤波器。

(1) 根据 $H_{\mathrm{c}}(s)$ 的极点和零点判断其为低通还是高通滤波器? 只能选择脉冲响应不变法或双线性变换法,还是两种方法都可以实现?

(2) 现要求采用双线性变换法,为了使离散时间滤波器的 3dB 截止频率是 $\dfrac{\pi}{3}\text{rad}$,确定转换公式中的 T_{d} 的取值,并写出离散时间系统的系统函数 $H(z)$。

参 考 答 案

一、1. $f(t)=\mathrm{e}^{-t}u(t)$。

2. $F(\mathrm{j}\omega)=\pi\{2\mathrm{Sa}(\pi\omega)+\mathrm{Sa}[\pi(\omega+1)]+\mathrm{Sa}[\pi(\omega-1)]\}$。

3. $x(n)=\dfrac{1}{n}\cdot\left(\dfrac{1}{2}\right)^{n}u(-n-1)$。

二、(1) $H(\mathrm{j}\omega)=H_{2}(\mathrm{j}\omega)-H_{1}(\mathrm{j}\omega)=\pi-H_{1}(\mathrm{j}\omega)$。$H(\mathrm{j}\omega)$ 如图 36.51 所示。

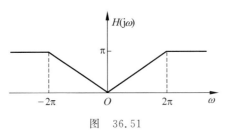

图　36.51

(2) 具有高通滤波器功能。

(3) $y(t)=\sin\pi t+2\displaystyle\sum_{n=2}^{\infty}\dfrac{1}{2n-1}\sin(2n-1)\pi t$。

三、(1) $h(t)=u(t+T)-u(t-T)$。

(2) 不是因果系统,因为 $t<0$ 时,$h(t)$ 不恒为 0。

(3) $y_{1}(t)=2[u(t+T)-u(t-T)]-[\mathrm{e}^{-(t+T)}u(t+T)-\mathrm{e}^{-(t-T)}u(t-T)]+[\mathrm{e}^{t+T}u(-t-T)-\mathrm{e}^{t-T}u(-t+T)]$。

四、(1) $H(z)=\dfrac{1-\dfrac{m}{4}z^{-1}}{1+\dfrac{m}{3}z^{-1}}$,ROC:$|z|>\dfrac{|m|}{3}$。

（2）$|m| < 3$。

（3）$y(n) = \dfrac{5}{12} \cdot \left(\dfrac{2}{3}\right)^n$。

五、$y(t) = \dfrac{125}{\pi}\cos 10t + \dfrac{375}{2\pi}\cos 15t$。

六、1. C　2. B　3. A　4. A　5. D

七、$X_2(k) = \dfrac{1}{2\mathrm{j}}\{\mathrm{j}4, -4+\mathrm{j}12, \mathrm{j}12, 4+\mathrm{j}12\} = \{2, 6+\mathrm{j}2, 6, 6-\mathrm{j}2\}$。

八、（1）$2\mathrm{e}^{\mathrm{j}\frac{\pi}{4}}, 2\mathrm{e}^{-\mathrm{j}\frac{\pi}{4}}$。　　（2）$|H(\mathrm{e}^{\mathrm{j}\omega})| = 1$。　　（3）$\tau = \dfrac{(2N-1)-1}{2} = N-1$。

（4）$g(n)$ 长为奇数，呈偶对称，四种滤波器都可以设计，故 $G(z)$ 可能是带阻滤波器。

九、（1）可选择矩形窗、汉宁窗和三角窗。

（2）$\dfrac{2\pi}{256} \cdot k = \dfrac{2\pi}{32}, k = 8$。

（3）$59 \leqslant k \leqslant 159$。

（4）用重叠保留法计算 $x(n) * h(n)$，DFT 的最小点数为 69。

若采用基-2 FFT 算法，则最小点数为 $2^7 = 128$。

十、（1）零点为 0，极点为 -1，由零极点位置知，这是一个高通滤波器，由于脉冲响应不变法存在频率混叠，故选择双线性变换法。

（2）$T_\mathrm{d} = \dfrac{2}{3}\sqrt{3}$，$H(z) = \dfrac{\sqrt{3}(1-z^{-1})}{(\sqrt{3}+1) + (1-\sqrt{3})z^{-1}}$。

四川大学
2021年信号与系统(951)考研真题及参考答案

一、填空题(每小题3分,共30分)

1. 已知 $x_1(t)=u(t)-u(t-1)$, $x_2(t)=u(t+2)-u(t-2)$, 设 $y(t)=x_1(t)*\dfrac{\mathrm{d}}{\mathrm{d}t}x_2(2t)$, 则 $y(0)=$_____。

2. $x(t)$ 的周期为5,傅里叶级数系数 $a_k=2-(-1)^k$, 则 $x(1-2t)$ 的第五次谐波分量和第六次谐波分量的平均功率之和为_____。

3. 一连续时间线性系统输入 $x(t)=\mathrm{e}^{\mathrm{j}2t}$, 输出 $y(t)=3\mathrm{e}^{\mathrm{j}3t}$, 输入 $x(t)=\mathrm{e}^{-\mathrm{j}2t}$, 输出 $y(t)=3\mathrm{e}^{-\mathrm{j}3t}$。则当输入 $x(t)=\cos(2t-1)+\sin(2t+1)$ 时,输出为_____。

4. $x(n)=1+\mathrm{e}^{\mathrm{j}4\pi\frac{n}{5}}-\mathrm{e}^{\mathrm{j}2\pi\frac{n}{3}}$ 的基波周期为_____。

5. 两积分器级联组成的系统单位冲激响应 $h(t)=$_____。

6. 离散信号 $x(n)=3$ 的平均功率为_____。

7. 信号无失真传输系统的频率响应要满足:幅频特性 $|H(\mathrm{j}\omega)|$ 应为_____,相频特性 $\measuredangle H(\mathrm{j}\omega)$ 应为_____。

8. 对信号 $x(t)$ 理想抽样的奈奎斯特频率为 200π, 则对 $x(t)*x(t/2)$ 理想抽样的奈奎斯特频率为_____。

9. $x(t)$ 频谱 $X(\mathrm{j}\omega)$ 带宽为 ω_{m}, 则 $x^2(3t)$ 的频谱宽度为_____。

10. $x(n)$ 的 z 变换为 $X(z)$, $|z|>1$, 则 $\displaystyle\sum_{k=-\infty}^{n}x(k)$ 的 z 变换为_____。

二、判断题(判断正确与否,若错误请改正。每小题4分,共28分)

1. 连续时间和离散时间傅里叶级数都存在收敛问题和吉布斯现象。　　　　(　　)

2. 一阶递归离散时间滤波器 $y(n)-ay(n-1)=x(n)$, 其单位采样响应 $h(n)=a^{-n}u(n)$, 通带带宽随 $|a|$ 的减小而减小。　　　　(　　)

3. 时间长度有限信号理想抽样后可用理想低通滤波器无失真恢复。　　　　(　　)

4. 连续周期信号 $x(t)$ 经时域尺度变换后,傅里叶级数系数 a_k 会改变, $x(t)$ 平均功率也会改变。　　　　(　　)

5. 系统 $y(n)=3x(n)+1$ 是因果线性系统,满足初始松弛条件。　　　　(　　)

6. 实奇信号 $x(t)$ 的拉氏变换 $X(s)$ 为虚奇函数。　　　　(　　)

7. $y(n)=x(1-n)$ 描述的是线性时不变因果系统。　　　　(　　)

三、计算题(每小题5分,共15分)

1. 已知 $x(-2t+3)$ 图像如图36.52所示,画出 $x(t)$ 和 $\dfrac{\mathrm{d}}{\mathrm{d}t}x(t)$ 的图像。

2. 设 $u_1(t)=\dfrac{\mathrm{d}}{\mathrm{d}t}\delta(t)$, 计算 $x(t)=\displaystyle\int_{-\infty}^{t}\mathrm{e}^{-5\tau}u_1(\tau)\mathrm{d}\tau$。

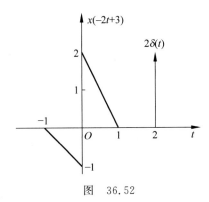

图 36.52

3. $x_1(n) = (-1/3)^n u(n-3)$，$x_2(n) = 2^n u(-1-n)$，计算 $x_1(n) * x_2(n)$。

四、完成下列运算或变换（每小题 6 分，共 24 分）

1. 计算 $x(t) = t\mathrm{e}^{-|t|}$ 的傅里叶变换 $X(\mathrm{j}\omega)$。

2. 计算 $X(\mathrm{e}^{\mathrm{j}\omega}) = \sum\limits_{k=-\infty}^{+\infty} (-1)^k \delta\left(\omega - \dfrac{\pi}{2}k\right)$ 的傅里叶逆变换 $x(n)$。

3. 设 $R_3(n) = u(n) - u(n-3)$，计算 $x(n) = \sum\limits_{k=0}^{+\infty} R_3(n-7k)$ 的 z 变换。

4. 计算 $x(t) = |\sin t| \cdot u(t-\pi)$ 的拉氏变换。

五、（本题共 9 分）离散线性时不变系统的单位采样响应为 $h(n) = \dfrac{\sin\dfrac{\pi n}{6}}{\pi n}\cos\dfrac{\pi}{2}n$，输入

$x(n) = 1 + \sin\dfrac{\pi}{2}n - \dfrac{1}{2}\sin\dfrac{3\pi}{4}n + 2\cos\dfrac{7\pi}{5}n$，求：

(1) 频率响应 $H(\mathrm{e}^{\mathrm{j}\omega})$；

(2) 输出 $y(n)$。

六、（本题共 14 分）因果二阶离散线性时不变系统框图如图 36.53 所示，其中系统函数

满足 $H(z)\big|_{z=0.5} = \infty$。

(1) 求系统函数 $H(z)$ 和单位采样响应 $h(n)$；

(2) 输入 $x_1(n) = (-1)^n u(n)$，全响应

$$y(n) = 8(1/2)^n u(n) - 6(3/4)^n u(n)。$$

求零状态响应和初始状态 $y(-1)$，$y(-2)$。

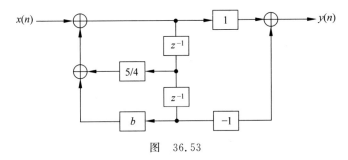

图 36.53

七、(本题共 14 分)因果连续线性时不变系统满足条件:

(1)初始状态不为 0,输入 $x(t)=u(t)$ 时,全响应 $y_1(t)=\left(3\mathrm{e}^{-2t}+\dfrac{2}{3}\mathrm{e}^{-t}\right)u(t)$;

(2)初始状态同 1,输入 $x(t)=\dfrac{\mathrm{d}\delta(t)}{\mathrm{d}t}$ 时,全响应 $y_2(t)=\left(-3\mathrm{e}^{-2t}+\dfrac{2}{3}\mathrm{e}^{-t}\right)u(t)$。

求:

(1)系统单位冲激响应 $h(t)$,并判断系统稳定性;

(2)画出系统模拟框图;

(3)输入 $x(t)=u(t)$,初始状态 $y(0_-)=1$,$y'(0_-)=y''(0_-)=0$ 时的全响应。

八、(本题共 16 分)系统如图 36.54 所示,其中 $x(t)=\dfrac{\sin\omega_{\mathrm{m}}t}{\pi t}$,$\omega_{\mathrm{m}}=100\pi(\mathrm{rad/s})$,

$H_1(\mathrm{j}\omega)$ 和 $p_2(t)$ 如图,$T=\dfrac{1}{200}(\mathrm{s})$,求:

(1)A 点频谱或画出 A 点频谱图;

(2)B 点频谱或画出 B 点频谱图;

(3)$p_2(t)$ 频谱或画出 $p_2(t)$ 频谱图;

(4)是否存在子系统 $h_2(t)$,使 D 点输出 $y(t)=Kx(t)$(K 为常数)? 若存在,设计 $h_2(t)$。

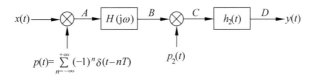

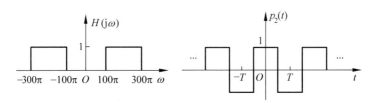

图   36.54

参 考 答 案

一、1. $\dfrac{1}{2}$。

2. 20(本题无意义,因为本题中周期信号的功率 $P=\displaystyle\sum_{k=-\infty}^{\infty}|a_k|^2\to\infty$)。

3. $3\cos(3t-1)+3\sin(3t+1)$。   4. 15。   5. $t\cdot u(t)$。   6. 9。

7. 正常数,过原点的负斜率直线。   8. 100π。   9. $6\omega_{\mathrm{m}}$。

10. $X(z)\cdot\dfrac{1}{1-z^{-1}}$,$|z|>1$。

二、1. 错。连续时间傅里叶级数存在收敛问题和吉布斯现象,但离散时间傅里叶级数不存在收敛问题和吉布斯现象。

2. 错。单位采样响应为 $h(n) = a^n u(n)$。

另外,仅当 $|a| < 1$ 时,系统才是收敛的,这时滤波器存在频率响应。

当 $0 < a < 1$ 且 a 接近 1 时,该系统为低通滤波器;当 $-1 < a < 0$ 且 a 接近 -1 时,该系统为高通滤波器。

$|a|$ 越大,频率选择性越强;$|a|$ 越小,频率选择性越弱。

3. 错。时间长度有限信号的频谱一定是无限的,经理想抽样后,一定会发生频谱混叠,用理想低通滤波器不能无失真恢复。

4. 错。傅里叶级数的系数 a_k 会改变,但 $x(t)$ 平均功率不会改变。

5. 错。系统 $y(n) = 3x(n) + 1$ 是非线性系统。

6. 错。实奇信号 $x(t)$ 的傅里叶变换 $X(j\omega)$ 为虚奇函数。

7. 错。$y(n) = x(1-n)$ 描述的是线性、时变、非因果系统。

三、1. $x(t)$ 如图 36.55 所示。

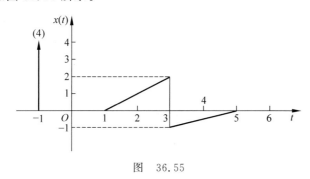

图　36.55

$\dfrac{\mathrm{d}x(t)}{\mathrm{d}t}$ 如图 36.56 所示。

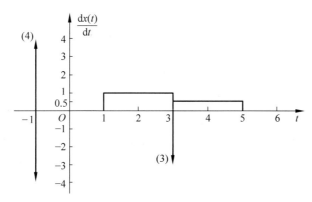

图　36.56

2. $x(t) = \delta(t) + 5u(t)$。

3. $\dfrac{1}{189} \cdot (1/3)^{n-3} u(n-3) - \dfrac{2}{63} \cdot 2^{n-3} u(-n+2)$。

四、1. $X(j\omega) = -j\,\dfrac{4\omega}{(\omega^2+1)^2}$。　2. $x(n) = \dfrac{2}{\pi} \displaystyle\sum_{k=-\infty}^{\infty} \delta(n-4k+2)$。

3. $X(z) = \sum_{k=0}^{\infty} R_3(z) \cdot z^{-7k} = \dfrac{1 + z^{-1} + z^{-2}}{1 - z^{-7}}$, $|z| > 1$。

4. $X(s) = \dfrac{e^{-\pi s}(1 + e^{-\pi s})}{1 - e^{-\pi s}} \cdot \dfrac{1}{s^2 + 1}$, $\mathrm{Re}\{s\} > 0$。

五、(1) $H(e^{j\omega}) = \begin{cases} \dfrac{1}{2}, & \dfrac{\pi}{3} \leqslant |\omega| \leqslant \dfrac{2}{3}\pi \\ 0, & \text{其他} \end{cases}$。 (2) $y(n) = \dfrac{1}{2} \sin \dfrac{\pi}{2} n + \cos \dfrac{3}{5} \pi n$。

六、(1) 系统函数 $H(z) = \dfrac{1 - z^{-2}}{1 - \dfrac{5}{4} z^{-1} + \dfrac{3}{8} z^{-2}}$, $|z| > \dfrac{3}{4}$;

单位采样响应 $h(n) = -\dfrac{8}{3}\delta(n) + \left[6\left(\dfrac{1}{2}\right)^n - \dfrac{7}{3}\left(\dfrac{3}{4}\right)^n \right] u(n)$。

(2) $y(-1) = \dfrac{16}{3}, y(-2) = \dfrac{136}{9}$。

七、(1) $h(t) = (4e^{-2t} - 3e^{-t} - e^{t}) u(t)$。由于收敛域不包含虚轴,故系统是不稳定的。

(2) $H(s) = \dfrac{-6s^{-2}}{1 - (-2s^{-1} + s^{-2} + 2s^{-3})}$,系统流图如图 36.57 所示。

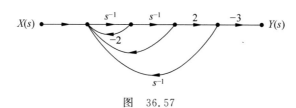

图 36.57

(3) $y(t) = \left(-\dfrac{7}{3} e^{-2t} + 4e^{-t} - \dfrac{2}{3} e^{t} \right) u(t)$。

八、(1) A 点频谱图如图 36.58 所示。

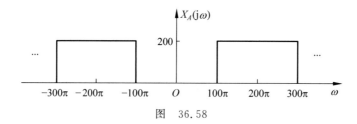

图 36.58

(2) B 点频谱图如图 36.59 所示。

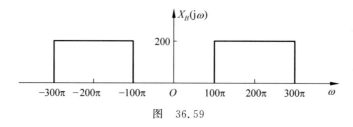

图 36.59

(3) $P_2(j\omega) = 2\pi \sum\limits_{n=-\infty}^{\infty} \text{Sa}\left[\left(n+\dfrac{1}{2}\right)\pi\right] \delta(\omega - 200\pi(2n+1))$。

(4) 选择 $h_2(t)$ 为一个低通滤波器，其频谱特性如下：

$$H_2(j\omega) = \begin{cases} 1, & 100\pi \leqslant |\omega| < 300\pi \\ 0, & \text{其他} \end{cases},$$

可以使 D 点输出 $y(t) = Kx(t)$（K 为常数）。

中国科学院大学
2020年信号与系统试题及参考答案

一、**单项选择**(每题 2 分,共 20 分)

1. 系统的微分方程为 $\dfrac{\mathrm{d}y(t)}{\mathrm{d}t}+2y(t)=f(t)$,若 $y(0_+)=1$,$f(t)=\sin 2t \cdot u(t)$,解得全响应为 $y(t)=\dfrac{5}{4}\mathrm{e}^{-2t}+\dfrac{\sqrt{2}}{4}\sin(2t-45°)$,$t \geqslant 0$,则全响应中 $\dfrac{\sqrt{2}}{4}\sin(2t-45°)$ 为(　　)。

    A. 零输入响应分量　　　　　　　　B. 零状态响应分量

    C. 自由响应分量　　　　　　　　　D. 稳态响应分量

2. 若 $f(t)=\displaystyle\int_{0_-}^{t}(\tau-3)\delta(\tau)\mathrm{d}\tau$,则 $f(t)$ 等于(　　)。

    A. $-3\delta(t)$　　　　B. $-3u(t)$　　　　C. $u(t-3)$　　　　D. $3\delta(t-3)$

3. 已知信号 $f(t)$ 的傅里叶变换为 $F(\mathrm{j}\omega)$,则信号 $f(2t-5)$ 的傅里叶变换为(　　)。

    A. $\dfrac{1}{2}F\left(\dfrac{\mathrm{j}\omega}{2}\right)\mathrm{e}^{-\mathrm{j}5\omega}$　　　　　　　　B. $F\left(\dfrac{\mathrm{j}\omega}{2}\right)\mathrm{e}^{-\mathrm{j}5\omega}$

    C. $F\left(\dfrac{\mathrm{j}\omega}{2}\right)\mathrm{e}^{-\mathrm{j}\frac{5}{2}\omega}$　　　　　　　　D. $\dfrac{1}{2}F\left(\dfrac{\mathrm{j}\omega}{2}\right)\mathrm{e}^{-\mathrm{j}\frac{5}{2}\omega}$

4. 已知信号 $f(t)$ 的傅里叶变换 $F(\mathrm{j}\omega)=u(\omega+\omega_0)-u(\omega-\omega_0)$,则 $f(t)$ 为(　　)。

    A. $\dfrac{\omega_0}{\pi}\mathrm{Sa}(\omega_0 t)$　　　　　　　　B. $\dfrac{\omega_0}{\pi}\mathrm{Sa}(\omega_0 t/2)$

    C. $2\omega_0\mathrm{Sa}(\omega_0 t)$　　　　　　　　D. $2\omega_0\mathrm{Sa}(\omega_0 t/2)$

5. 已知一因果 LTI 系统,其频率响应为 $H(\mathrm{j}\omega)=\dfrac{1}{\mathrm{j}\omega+2}$,对于输入 $x(t)$ 所得输出信号的傅里叶变换为 $Y(\mathrm{j}\omega)=\dfrac{1}{(\mathrm{j}\omega+2)(\mathrm{j}\omega+3)}$,则该输入 $x(t)$ 为(　　)。

    A. $-\mathrm{e}^{-3t}u(t)$　　　　　　　　B. $\mathrm{e}^{-3t}u(t)$

    C. $-\mathrm{e}^{3t}u(t)$　　　　　　　　D. $\mathrm{e}^{3t}u(t)$

6. 已知某系统的系统函数为 $H(s)$,唯一决定该系统单位冲激响应 $h(t)$ 模态的是(　　)。

    A. $H(s)$ 的零点　　　　　　　　B. $H(s)$ 的极点

    C. 系统的输入信号　　　　　　　D. 系统的输入信号与 $H(s)$ 的极点

7. 信号 $f(t)=\mathrm{e}^{-2t}u(t)$ 的拉氏变换及收敛域为(　　)。

    A. $\dfrac{1}{s-2}$,$\mathrm{Re}\{s\}>2$　　　　　　　　B. $\dfrac{1}{s+2}$,$\mathrm{Re}\{s\}<-2$

    C. $\dfrac{1}{s-2}$,$\mathrm{Re}\{s\}<2$　　　　　　　　D. $\dfrac{1}{s+2}$,$\mathrm{Re}\{s\}>-2$

8. $F(s)=\dfrac{s+2}{s^2+5s+6}$，$\mathrm{Re}\{s\}>-2$ 的拉氏逆变换为（   ）。

    A. $(e^{-3t}+2e^{-2t})u(t)$ B. $(e^{-3t}-2e^{-2t})u(t)$

    C. $\delta(t)+e^{-3t}u(t)$ D. $e^{-3t}u(t)$

9. 某离散线性时不变系统的单位样值响应 $h(n)=2^n u(n)$，则该系统是（   ）。

    A. 因果系统、稳定系统   B. 因果系统、不稳定系统

    C. 非因果系统、稳定系统   D. 非因果系统、不稳定系统

10. 如图 36.60 所示，序列 $f(n)=[u(n-2)-u(n-5)]\cos\dfrac{\pi n}{2}$ 的正确图形是（   ）。

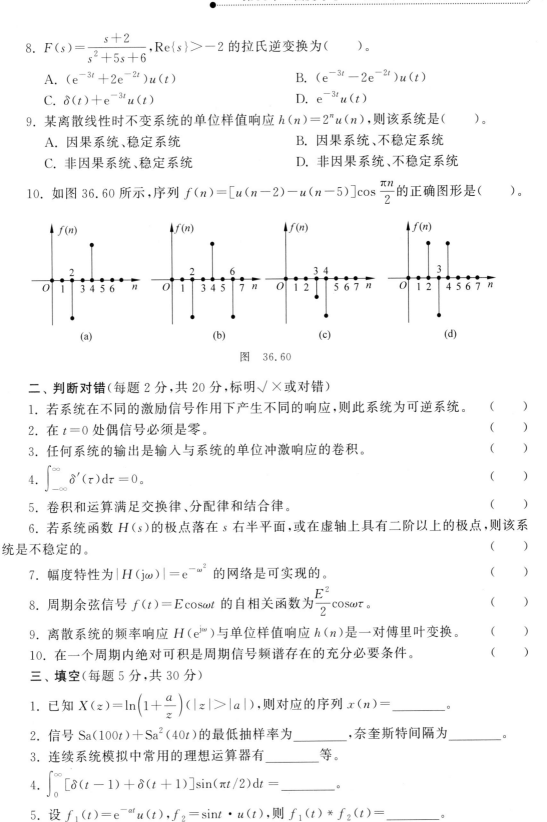

图 36.60

二、判断对错（每题 2 分，共 20 分，标明√×或对错）

1. 若系统在不同的激励信号作用下产生不同的响应，则此系统为可逆系统。 （   ）

2. 在 $t=0$ 处偶信号必须是零。 （   ）

3. 任何系统的输出是输入与系统的单位冲激响应的卷积。 （   ）

4. $\displaystyle\int_{-\infty}^{\infty}\delta'(\tau)\mathrm{d}\tau=0$。 （   ）

5. 卷积和运算满足交换律、分配律和结合律。 （   ）

6. 若系统函数 $H(s)$ 的极点落在 s 右半平面，或在虚轴上具有二阶以上的极点，则该系统是不稳定的。 （   ）

7. 幅度特性为 $|H(j\omega)|=e^{-\omega^2}$ 的网络是可实现的。 （   ）

8. 周期余弦信号 $f(t)=E\cos\omega t$ 的自相关函数为 $\dfrac{E^2}{2}\cos\omega\tau$。 （   ）

9. 离散系统的频率响应 $H(e^{j\omega})$ 与单位样值响应 $h(n)$ 是一对傅里叶变换。 （   ）

10. 在一个周期内绝对可积是周期信号频谱存在的充分必要条件。 （   ）

三、填空（每题 5 分，共 30 分）

1. 已知 $X(z)=\ln\left(1+\dfrac{a}{z}\right)(|z|>|a|)$，则对应的序列 $x(n)=$_____。

2. 信号 $\mathrm{Sa}(100t)+\mathrm{Sa}^2(40t)$ 的最低抽样率为_____，奈奎斯特间隔为_____。

3. 连续系统模拟中常用的理想运算器有_____等。

4. $\displaystyle\int_0^{\infty}[\delta(t-1)+\delta(t+1)]\sin(\pi t/2)\mathrm{d}t=$_____。

5. 设 $f_1(t)=e^{-at}u(t)$，$f_2=\sin t\cdot u(t)$，则 $f_1(t)*f_2(t)=$_____。

6. 已知因果离散时间系统的输入 $x(n)$，输出 $y(n)$ 之间满足 $y(n)+3y(n-1)=$

$x(n)$，则系统的单位样值响应 $h(n)=$ _____。

四、(20分)LTI系统框图如图 36.61 所示。试求：(1)系统函数；(2)画出信号流图，列写状态方程和输出方程；(3)若想将 A 矩阵表示为对角阵形式，应如何改换系统流图结构形式，并写出此时的状态方程和输出方程。

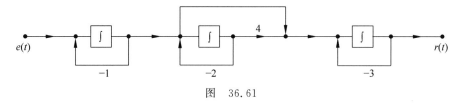

图 36.61

五、(15分)LTI 系统框图如图 36.62 所示。(1)写出系统函数及其收敛域；(2)求输入输出差分方程；(3)判断系统的稳定性、全通性。

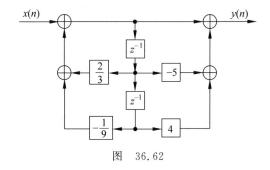

图 36.62

六、(25分)单边带调幅系统发送端调制器如图 36.63(a)所示。其中，输入信号 $f(t)$ 频谱受限于 $-\omega_m \sim +\omega_m$ 之间，如图 36.63(b)所示，$\omega_c \gg \omega_m$；$H(j\omega)=-j \cdot \mathrm{sgn}(\omega)$。(1)画出上支路信号 $g_I(t)$、下支路信号 $g_Q(t)$ 和输出信号 $g(t)$ 的频谱；(2)写出 $g(t)$ 的时域表达式；(3)计算输出信号的平均功率；(4)画出接收解调器，并证明其可以实现无失真信号解调。

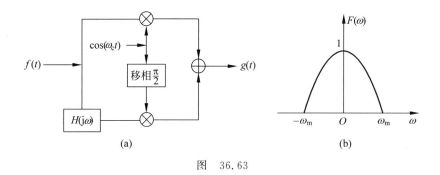

图 36.63

七、(20分)电路如图 36.64 所示。(1)写出电压转移函数 $H(s)=\dfrac{V_2(s)}{V_1(s)}$；(2)画出 $H(s)$ 的零极点分布，并判定该系统的频率选择特性；(3)若激励 $v_1(t)=10\sin t \cdot u(t)$，求响应 $v_2(t)$，并指出自由响应、强迫响应、暂态响应和稳态响应。

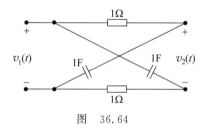

图 36.64

参 考 答 案

一、1. D 2. B 3. D 4. A 5. B 6. B 7. D 8. D 9. B 10. A

二、1. √ 2. × 3. × 4. √ 5. √ 6. × 7. × 8. √ 9. √ 10. ×

三、1. $x(n) = \begin{cases} 0, & n = 0 \\ \dfrac{a}{n}(-a)^{n-1}u(n-1), & n \geqslant 1 \end{cases}$。 2. $\dfrac{100}{\pi}$Hz, $\dfrac{\pi}{100}$s。

3. 加法器、数乘器和积分器。 4. 1。

5. $\left(\dfrac{1}{\alpha^2+1}e^{-at} + \dfrac{\alpha}{\alpha^2+1}\sin t - \dfrac{1}{\alpha^2+1}\cos t\right)u(t)$。 6. $(-3)^n u(n)$。

四、(1) $H(s) = \dfrac{s^{-1}}{1+s^{-1}} \cdot \dfrac{1+4s^{-1}}{1+2s^{-1}} \cdot \dfrac{s^{-1}}{1+3s^{-1}}$。

(2) 信号流图如图 36.65 所示。

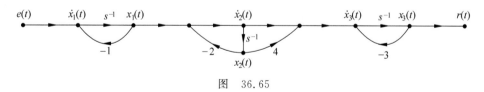

图 36.65

设如图 36.65 所示状态变量,则状态方程为

$$\begin{cases} \dot{x}_1(t) = -x_1(t) + e(t) \\ \dot{x}_2(t) = x_1(t) - 2x_2(t) \\ \dot{x}_3(t) = x_1(t) + 2x_2(t) - 3x_3(t) \end{cases}$$

写成矩阵形式为

$$\begin{bmatrix} \dot{x}_1(t) \\ \dot{x}_2(t) \\ \dot{x}_3(t) \end{bmatrix} = \begin{bmatrix} -1 & 0 & 0 \\ 1 & -2 & 0 \\ 1 & 2 & -3 \end{bmatrix} \begin{bmatrix} x_1(t) \\ x_2(t) \\ x_3(t) \end{bmatrix} + \begin{bmatrix} 1 \\ 0 \\ 0 \end{bmatrix} e(t)$$。

输出方程 $r(t) = x_3(t)$,写成矩阵形式为

$$r(t) = (0 \quad 0 \quad 1) \begin{bmatrix} x_1(t) \\ x_2(t) \\ x_3(t) \end{bmatrix} + 0 \cdot e(t)$$。

（3）将系统结构改为一阶并联形式即可，

$$H(s) = \frac{s+4}{(s+1)(s+2)(s+3)} = \frac{3}{2} \cdot \frac{1}{s+1} - 2 \cdot \frac{1}{s+2} + \frac{1}{2} \cdot \frac{1}{s+3}$$

$$= \frac{3}{2} \cdot \frac{s^{-1}}{1-(-s^{-1})} - 2\frac{s^{-1}}{1-(-2s^{-1})} + \frac{1}{2} \cdot \frac{s^{-1}}{1-(-3s^{-1})}。$$

对应的信号流图如图 36.66 所示。

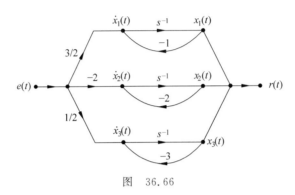

图　36.66

设如图 36.66 所示状态变量，则状态方程为

$$\begin{cases} \dot{x}_1(t) = -x_1(t) + \frac{3}{2}e(t) \\ \dot{x}_2(t) = -2x_2(t) - 2e(t) \\ \dot{x}_3(t) = -3x_3(t) + \frac{1}{2}e(t) \end{cases},$$

写成矩阵形式为

$$\begin{bmatrix} \dot{x}_1(t) \\ \dot{x}_2(t) \\ \dot{x}_3(t) \end{bmatrix} = \begin{bmatrix} -1 & 0 & 0 \\ 0 & -2 & 0 \\ 0 & 0 & -3 \end{bmatrix} \begin{bmatrix} x_1(t) \\ x_2(t) \\ x_3(t) \end{bmatrix} + \begin{bmatrix} \frac{3}{2} \\ -2 \\ \frac{1}{2} \end{bmatrix} e(t)。$$

输出方程为

$$y(t) = x_1(t) + x_2(t) + x_3(t) = \begin{bmatrix} 1 & 1 & 1 \end{bmatrix} \begin{bmatrix} x_1 \\ x_2 \\ x_3 \end{bmatrix} + \begin{bmatrix} 0 \end{bmatrix} \cdot e(t)。$$

五、（1）$H(z) = \dfrac{1 - 5z^{-1} + 4z^{-2}}{1 - \dfrac{2}{3}z^{-1} + \dfrac{1}{9}z^{-2}}$，　ROC：$|z| > \dfrac{1}{3}$。

（2）$y(n) - \dfrac{2}{3}y(n-1) + \dfrac{1}{9}y(n-2) = x(n) - 5x(n-1) + 4x(n-2)$。

（3）由于极点 $\dfrac{1}{3}$ 位于单位圆内，故系统是稳定的。由极点与零点位置知，这是一个高通滤波器。

六、(1) 三个频谱分别如图 36.67(a)~(c)所示。

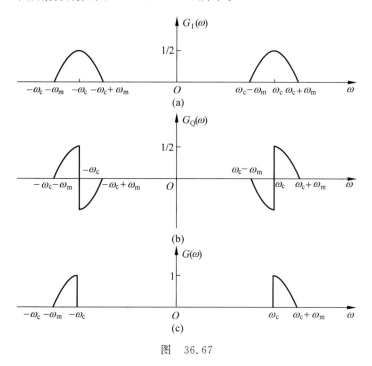

图 36.67

(2) $g(t) = f(t)\cos\omega_c t + \tilde{f}(t)\cos\left(\omega_c t + \dfrac{\pi}{2}\right)$，其中，$\tilde{f}(t)$ 为 $f(t)$ 的希尔伯特变换。

(3) 由图知，输出信号与输入信号的平均功率相等。

(4) 用相干解调法，如图 36.68 所示。

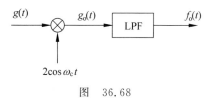

图 36.68

其中，LPF 为截止频率在 $\omega_m \sim 2\omega_c$ 之间的低通滤波器，相乘器输出信号 $g_o(t)$ 的频谱如图 36.69 所示。

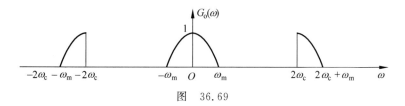

图 36.69

由图 36.69 知，用一个低通滤波器即可恢复输入信号，实现无失真信号解调。

七、(1) $H(s) = \dfrac{1-s}{1+s}$。

(2) 零点为 1，极点为 -1，全通滤波器。

（3）$V_1(s) = 10 \cdot \dfrac{1}{s^2+1}$，

$V_2(s) = 10 \cdot \dfrac{1}{s^2+1} \cdot \dfrac{1-s}{1+s} = -10 \cdot \dfrac{s-1}{(s+1)(s^2+1)} = 10\left(\dfrac{1}{s+1} - \dfrac{s}{s^2+1}\right)$。

$v_2(t) = 10(e^{-t} - \cos t)u(t)$。

自由响应与暂态响应为 $10e^{-t}u(t)$，强迫响应与稳态响应为 $-10\cos t \cdot u(t)$。

电子科技大学

2021年信号与系统(858)考研真题及参考答案

一、填空题。

1. 计算 $\sum_{k=0}^{n} \cos\dfrac{k\pi}{4} \cdot \delta(k-4) = ($ $)$。

   A. 1   B. $-u(n-4)$

   C. -1 D. $-u(n)$

2. 已知连续时间线性时不变系统的单位冲激响应为 $h(t)=\mathrm{e}^{-t}u(t)$，当输入信号为 $x(t)=\cos(t+20°)$ 时,该系统的零状态响应为(   )。(注:"°"表示角度度数)

   A. $\dfrac{1}{\sqrt{2}}\cos(t-25°)$ B. $\dfrac{1}{\sqrt{2}}\cos(t+65°)$

   C. $\dfrac{1}{2}\cos t$ D. $\dfrac{1}{\sqrt{2}}\cos t$

3. 下列叙述错误的是(   )。

   A. 若周期信号通过线性时不变系统输出非零,则输出一定为周期信号

   B. 一个周期信号与一个非周期信号之和不一定为周期信号

   C. 两个线性时不变系统级联构成的系统一定是线性时不变系统

   D. 两个非线性系统级联构成的系统一定是非线性系统

4. 卷积和 $(1/2)^n u(n) * \sum_{k=0}^{n-2}\delta(k)$ 的结果为(   )。

   A. $-[1-(1/2)^{n-1}]u(n-2)$ B. $2[1-(1/2)^{n-1}]u(n-2)$

   C. $[1-(1/2)^{n-1}]u(n-2)$ D. $[2-(1/2)^{n-1}]u(n-2)$

5. 某离散时间线性时不变系统函数 $H(z)$ 的零极点图如图 36.70 所示,其中"○"表示零点,"×"表示极点,且已知 $\sum_{n=-\infty}^{+\infty} |h(n)(1/2)^n| < \infty$,则该系统满足(   )。

   A. 非因果、稳定   B. 因果、稳定

   C. 因果、不稳定   D. 非因果、不稳定

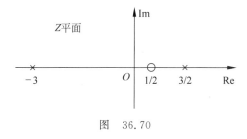

图 36.70

6. 设信号 $x(t)$ 的频谱函数为 $X(\mathrm{j}\omega)$，则信号 $x\left(-\dfrac{t}{3}+2\right)$ 的频谱函数为（　　）。

   A. $\dfrac{1}{3}X\left(-\mathrm{j}\dfrac{\omega}{3}\right)\mathrm{e}^{-\mathrm{j}\frac{2}{3}\omega}$ B. $\dfrac{1}{3}X\left(\mathrm{j}\dfrac{\omega}{3}\right)\mathrm{e}^{\mathrm{j}\frac{2}{3}\omega}$

   C. $3X(-\mathrm{j}3\omega)\mathrm{e}^{-\mathrm{j}6\omega}$ D. $3X(-\mathrm{j}3\omega)\mathrm{e}^{\mathrm{j}6\omega}$

7. 积分 $\displaystyle\int_{-\infty}^{+\infty}\sqrt{t^2+4t-1}\cdot\delta(2t-2)\mathrm{d}t$ 的结果为（　　）。

   A. 0   B. 1   C. $\dfrac{1}{2}$ D. 2

8. 系统输入 $x(t)$（或 $x(n)$）与输出 $y(t)$（或 $y(n)$）满足下列关系，不是线性时不变系统的是（　　）。

   A. $y(t)=\displaystyle\int_{-\infty}^{t}x(\tau)\mathrm{d}\tau$

   B. $y(n)=x(n)-x(n-1)$

   C. $y(t)=2t\cdot x(t)-2$

   D. $y(n)-2y(n-1)-3y(n-2)=x(n)+x(n+1)$

9. 已知信号 $x(t)$ 频谱的最高频率为 ω_{m}，对信号 $x(t/3)$ 采样需满足的奈奎斯特最大采样间隔 $T_{\max}$ 等于（　　）。

   A. $\dfrac{\pi}{3\omega_{\mathrm{m}}}$ B. $\dfrac{3\pi}{\omega_{\mathrm{m}}}$ C. $\dfrac{6\pi}{\omega_{\mathrm{m}}}$ D. $\dfrac{2\pi}{\omega_{\mathrm{m}}}$

10. 已知 $y(t)=x(t)*h(t)$，则用 $y(t)$ 表示 $y_1(t)=x(-t)*h(-t)$ 为（　　）。

   A. $y_1(t)=y(t)$ B. $y_1(t)$ 不能用 $y(t)$ 表示

   C. $y_1(t)=-y(t)$ D. $y_1(t)=y(-t)$

二、已知 $x(t)=u(t+2)-u(t-2)$，$y(t)=x(2-2t)*x\left(\dfrac{t}{2}+1\right)$，计算 $y(t)$ 的解析表达式，并画出 $y(t)$ 的波形。

三、简答题。

（1）计算信号 $x(t)=\mathrm{e}^{-|t|}\mathrm{sgn}(t)$ 的傅里叶变换 $X(\mathrm{j}\omega)$，其中 $\mathrm{sgn}(t)=\begin{cases}1, & t>0 \\ -1, & t<0\end{cases}$。

（2）计算积分 $A=\displaystyle\int_{-\infty}^{+\infty}\dfrac{t^2}{(1+t^2)^2}\mathrm{d}t$。

四、如图 36.71 所示是一个用于幅度调制的非线性系统，先将调制信号 $x(t)$ 与载波信号 $\cos\omega_c t$ 之和取平方，再通过一个带通滤波器获得幅度已调信号。假定输入 $x(t)$ 为带限信号，即 $|\omega|>\omega_{\mathrm{m}}$ 时，$X(\mathrm{j}\omega)=0$。要使滤波器输出 $y(t)$ 成为 $x(t)$ 幅度调制的结果，即 $y(t)=x(t)\cos\omega_c t$。

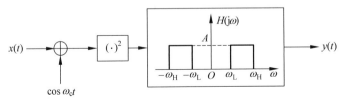

图　36.71

（1）确定带通滤波器的参数 A，以及 ω_L 和 ω_H 的取值范围；

（2）给出 ω_c 和 ω_m 之间应满足的必要约束条件。

五、一因果连续时间线性时不变系统，其系统函数 $H(s)$ 是一有理函数，且系统满足下列 (a)，(b)，(c) 三个条件：

① $H(s)$ 仅有两个极点，分别位于 s 平面上的 $s=-2$ 和 $s=-3$ 处；

② 当输入信号 $x(t)=2$ 时，输出信号 $y(t)=0$；

③ 该系统单位冲激响应 $h(t)$ 在 $t=0_+$ 时值为 1。

（1）确定 $H(s)$ 的表达式及其收敛域。

（2）求系统的单位冲激响应 $h(t)$，该系统是否为稳定系统？

（3）若系统有初始条件：$y(0_-)=2$，$y'(0_-)=1$，当输入信号为 $u(t)$ 时，求系统的全响应。

六、离散时间因果线性时不变系统框图如图 36.72 所示。

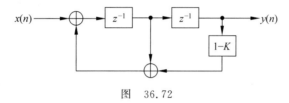

图 36.72

（1）写出系统函数表达式 $H(z)$；

（2）写出系统的线性差分方程；

（3）确定该系统稳定的实数 K 的取值范围。

七、已知信号 $x(n)=\left\{b^n\sum\limits_{k=0}^{n}\left(\dfrac{a}{b}\right)^k\cos\omega_0 k\cdot\sin\omega_0(n-k)\right\}u(n)$，计算双边 z 变换 $X(z)$，并给出收敛域。

八、连续时间线性时不变系统的单位冲激响应为 $h(t)=\dfrac{4\pi t\cos 4\pi t-\sin 4\pi t}{\pi t^2}$，系统输入信号 $x(t)=\sum\limits_{n=-\infty}^{+\infty}\delta\left(t-\dfrac{2}{3}n\right)$。

（1）求 $x(t)$ 的傅里叶级数表达式；

（2）计算系统的频率响应 $H(j\omega)$；

（3）求系统的零状态响应 $y_{zs}(t)$。

九、利用傅里叶变换的性质计算积分

$$I=\int_{-\infty}^{+\infty}\text{sinc}\left[2\omega_0\left(t-\dfrac{n}{2\omega_0}\right)\right]\text{sinc}\left[2\omega_0\left(t-\dfrac{m}{2\omega_0}\right)\right]\mathrm{d}t,$$

这里 m,n 均为整数，$\text{sinc}(x)=\dfrac{\sin\pi x}{\pi x}$，$\omega_0>0$。

参 考 答 案

一、1. B　2. A　3. D　4. B　5. D　6. C　7. B　8. C　9. B　10. D

二、$y(t)=g_2(t)*g_8(t)*\delta(t+1)$。其中，卷积 $g_2(t)*g_8(t)$ 的结果是上底为 6，下

底为 10,高为 2,以纵轴为对称轴的等腰梯形,再向左平移 1 个单位,即得 $y(t)$,波形如图 36.73 所示。

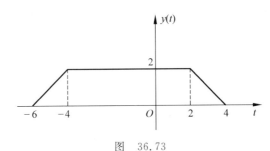

图 36.73

三、(1) $X(\mathrm{j}\omega)=\dfrac{1}{\mathrm{j}\omega+1}-\dfrac{1}{-\mathrm{j}\omega+1}=\dfrac{-\mathrm{j}2\omega}{\omega^2+1}$。 (2) $\dfrac{\pi}{2}$。

四、(1) $A=\dfrac{1}{2}$,通带边界 ω_L 和 ω_H 满足 $\begin{cases}2\omega_\mathrm{m}\leqslant\omega_\mathrm{L}\leqslant\omega_\mathrm{c}-\omega_\mathrm{m}\\ \omega_\mathrm{c}+\omega_\mathrm{m}\leqslant\omega_\mathrm{H}\leqslant2\omega_\mathrm{c}\end{cases}$。 (2) $\omega_\mathrm{c}\geqslant3\omega_\mathrm{m}$。

五、(1) $H(s)=\dfrac{s}{(s+2)(s+3)}$, $\mathrm{Re}\{s\}>-2$。

(2) $h(t)=(-2\mathrm{e}^{-2t}+3\mathrm{e}^{-3t})u(t)$。是稳定系统。

(3) $y(t)=2(4\mathrm{e}^{-2t}-3\mathrm{e}^{-3t})u(t)$。

六、(1) $H(z)=\dfrac{z^{-2}}{1-z^{-1}-(1-K)z^{-2}}$。

(2) $y(n)-y(n-1)-(1-K)y(n-2)=x(n-2)$。

(3) $1<K<2$。

七、$X(z)=\dfrac{z(z-a\cos\omega_0)}{z^2-2az\cos\omega_0+a^2}\cdot\dfrac{bz\sin\omega_0}{z^2-2bz\cos\omega_0+b^2}$, ROC:$|z|>\max\{|a|,|b|\}$。

八、(1) $x(t)=\dfrac{3}{2}\displaystyle\sum_{n=-\infty}^{\infty}\mathrm{e}^{\mathrm{j}3\pi nt}$。

(2) $H(\mathrm{j}\omega)=\mathrm{j}\omega[u(\omega+4\pi)-u(\omega-4\pi)]$。

(3) $y_{\mathrm{zs}}(t)=-9\pi\sin3\pi t$。

九、$I=\begin{cases}\dfrac{1}{2\omega_0}, & m=n\\ 0, & m\neq n\end{cases}$。

北京邮电大学
2021 年信号与系统(804)考研真题及参考答案

一、填空题(每小题 2 分,共 20 分)

1. 信号 $e^{-3t}u(t-1)$ 的单边拉氏变换为_____。

2. 信号 $x(t)=\dfrac{1}{1+jt}$ 的傅里叶变换为_____。

3. 对于离散信号,$\delta(2n)=A\delta(n)$,则 $A=$_____。

4. 序列 $x(n)=0.8^n\cos\dfrac{\pi}{4}n\cdot u(n)$ 的 z 变换为_____。

5. 信号 $f(t)=\sin^2 t$,可表示为指数函数形式的傅里叶级数 $f(t)=\displaystyle\sum_{n=-\infty}^{\infty}F_n e^{j2nt}$,$n$ 为整数,$F_0=$_____。

6. 已知信号 $x(t)$ 的傅里叶变换 $X(j\omega)$ 如图 36.74 所示,则 $\displaystyle\int_{-\infty}^{\infty}x(t)\mathrm{d}t=$_____。

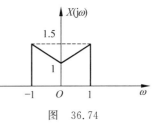

图 36.74

7. 已知连续时间稳定系统的系统函数为 $H(s)=\dfrac{3s-1}{s^2+s-6}$,该系统的单位冲激响应为_____。

8. 某离散时间系统的方框图如图 36.75 所示,则该系统的单位样值响应为_____。

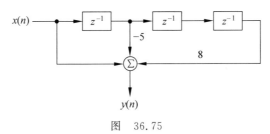

图 36.75

9. 信号 $f(t)$ 为带限信号,若对其采用角频率 $\omega_s=10^4\pi\,\mathrm{rad/s}$ 抽样可无失真恢复原信号,则信号 $f(t)$ 的最高允许频率为_____Hz。

10. 已知一离散时间线性时不变系统的单位样值响应为 $h(n)=\delta(n)-\delta(n-1)$,则信号 $x(n)=1+2\sin 0.5\pi n$ 经过该系统的稳态响应为_____。

二、判断题(每小题 2 分,共 10 分。正确的答"T",错误的答"F")

1. 某连续时间因果线性时不变系统的系统函数为 $H(s)=\dfrac{3(s-1)(s-2)}{(s+1)(s+2)}$,该系统具有低通滤波特性。 (   )

2. 某连续系统的系统函数为 $H(s) = \dfrac{s^2 - 2s - 3}{s^2 + 7s + 10}$，可以找到一个既因果又稳定的逆系统。　　　　　　　　　　　　　　　　　　　　　　　　　　（　　）

3. 已知 $x(t)$ 为实值信号，则 $\displaystyle\int_{-\infty}^{\infty}[x(t) + x(-t)]\sin\Omega_0 t\,\mathrm{d}t = 0$。　　　　（　　）

4. 已知信号 $x(t)$ 的带宽为 ω_m，则信号 $x(2t-1)$ 的带宽为 $2\omega_m$。　　　（　　）

5. 系统的输入和输出分别为 $x(t)$ 和 $y(t)$，则系统 $y(t) = |x(t)|$ 是线性系统。（　　）

三、(10 分)升余弦脉冲定义为 $x(t) = \dfrac{1}{2}(1 + \cos\omega t)\left[u\left(t + \dfrac{\pi}{\omega}\right) - u\left(t - \dfrac{\pi}{\omega}\right)\right]$。

(1) 画出 $x(t)$ 的波形图；

(2) 求该信号的能量；

(3) 请画出信号 $y(t) = x(t)\delta\left(t - \dfrac{\pi}{2\omega}\right)$ 的波形图。

四、(10 分)双边指数信号可表示为 $f(t) = \mathrm{e}^{-a|t|}$ $(-\infty < t < \infty)$，其中 $a > 0$。

(1) 请画出该信号的波形图；

(2) 求信号 $f(t)$ 的傅里叶变换，并画出该信号的频谱图。

五、(10 分)某离散时间系统的单位样值响应为 $h(n) = 0.8^n u(n)$。

(1) 画出 $h(n)$ 的图形，并判断系统的稳定性和因果性；

(2) 求该系统的系统函数，并画出系统的零极点图。

六、(10 分)如图 36.76 所示系统由两个"子系统"组成，其中子系统 $h_1(t)$ 为理想积分器，$h_2(t) = \mathrm{e}^{-t}u(t)$。

(1) 求 $h_1(t)$ 的表达式；

(2) 求该合成系统的单位冲激响应 $h(t)$，并画出 $h(t)$ 的图形。

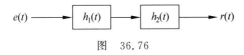

图　36.76

七、(10 分)能量信号 $x(t)$ 的带宽可以定义为包含信号能量 90% 的频带宽度，用符号 W_{90} 表示，即

$$\frac{1}{2\pi}\int_{-W_{90}}^{W_{90}} |X(\mathrm{j}\omega)|^2\,\mathrm{d}\omega = 0.9E_x,$$

其中 E_x 为信号 $x(t)$ 的能量。求信号 $x(t) = \mathrm{e}^{-at}u(t)$，$a > 0$ 的 W_{90}。

八、(10 分)电路如图 36.77 所示，$v_1(t)$ 和 $v_2(t)$ 分别为输入和输出信号。

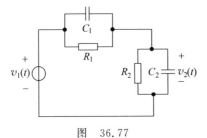

图　36.77

(1) 写出电压转移函数 $H(s)$;

(2) 为得到无失真传输,元件参数 R_1、R_2、C_1、C_2 应满足什么关系?

九、(10 分)已知某因果离散时间系统的差分方程为

$$y(n) - 0.9y(n-1) = x(n),$$

求该系统的单位阶跃响应,并写出其中的零输入响应和自由响应。

十、(10 分)已知一个离散时间系统的方框图如图 36.78 所示,其中抽头系数 a_0、a_1、a_2 均为不为 0 的实常数,系统的频率响应特性在 $\omega = 0$ 时为 1,在 $\omega = \dfrac{2\pi}{3}$ 弧度时为 0。求符合上述条件的系数 a_0,a_1,a_2。

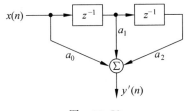

图　36.78

十一、(10 分)一连续时间线性时不变系统的系统函数为

$$H(s) = \frac{s+4}{s^3 + 6s^2 + 11s + 6}。$$

(1) 试画出系统并联结构形式的信号流图;

(2) 根据第 1 题所得信号流图建立状态方程和输出方程。

十二、(10 分)已知系统如图 36.79 所示,图中理想低通滤波器的系统函数为

$$H_1(\mathrm{j}\omega) = [u(\omega + 2\Omega_0) - u(\omega - 2\Omega_0)]\mathrm{e}^{-\mathrm{j}\omega t_0},$$

其中 $\omega_0 \gg \Omega_0$,t_0 为常数。

(1) 请画出系统 $H_1(\mathrm{j}\omega)$ 的幅频和相频特性曲线;

(2) 若输入信号 $e(t) = \mathrm{Sa}(2\Omega_0 t)\cos\omega_0 t$,求信号 $s(t)$ 的傅里叶变换,并画出信号 $s(t)$ 的频谱图;

(3) 求系统的输出信号 $r(t)$。

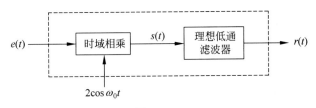

图　36.79

十三、**填空题**(每小题 4 分,共 20 分)

1. 某因果连续时间系统,已知其系统的频率响应特性的实部为 $\sin\omega$,则该系统的频率响应特性的表达式为 _____。

2. 信号 $x(t) = [u(t+0.5) - u(t-0.5)] * \sum\limits_{n=-\infty}^{\infty} \delta(t-2n)$,这里 n 为整数,则该信号

的第 2021 次谐波分量可表示为_____。

3. 已知 $h(n)$ 的 z 变换为 $H(z)$，则 $h^*(-n)$ 的 z 变换为_____。

4. 描述某 2 阶连续时间系统的状态方程和输出方程分别为 $\dot{\Lambda}=A\Lambda+BE$，$R=CA+DE$，$\Lambda$ 为状态变量矩阵，E 为输入信号矩阵，R 为输出信号矩阵，其中矩阵 $A=\begin{bmatrix}-1 & 2 \\ -1 & -4\end{bmatrix}$。求得状态转移矩阵为_____。

5. 将正弦基带信号对载波信号 $A_c\cos\omega_c t$ 进行调频或调相，得到角度调制信号 $s(t)=A_c\cos(\omega_c t+\beta\sin\omega_m t)$，这里 $A_c,\omega_c,\beta,\omega_m$ 为已知常数，$s(t)$ 可以写成 $s(t)=A_c\mathrm{Re}(\mathrm{e}^{\mathrm{j}\omega_c t}\mathrm{e}^{\mathrm{j}\beta\sin\omega_m t})$。其中 $\mathrm{e}^{\mathrm{j}\beta\sin\omega_m t}$ 为周期信号，其傅里叶级数展开式为 $\mathrm{e}^{\mathrm{j}\beta\sin\omega_m t}=\sum_{n=-\infty}^{\infty}\mathrm{J}_n(\beta)\mathrm{e}^{\mathrm{j}n\omega_m t}$，$n$ 为整数，其中 $\mathrm{J}_n(\bullet)$ 称作第一类 n 阶贝塞尔函数。则 $s(t)$ 的傅里叶变换为_____。

参 考 答 案

一、1. $\dfrac{\mathrm{e}^{-(s+3)}}{s+3}$。 2. $2\pi\mathrm{e}^{\omega}u(-\omega)$。 3. 1。

4. $X(z)=\dfrac{1-0.4\sqrt{2}z^{-1}}{1-0.8\sqrt{2}z^{-1}+0.64z^{-2}}$， $|z|>0.8$。

5. $\dfrac{1}{2}$。 6. 1。 7. $h(t)=2\mathrm{e}^{-3t}u(t)-\mathrm{e}^{2t}u(-t)$。

8. $h(n)=\delta(n)-5\delta(n-1)+8\delta(n-3)$。

9. 2500。 10. $y_{ss}(n)=2\sqrt{2}\sin\left(0.5\pi n+\dfrac{\pi}{4}\right)$。

二、1. F 2. F 3. T 4. T 5. F

三、(1) $x(t)$ 波形如图 36.80 所示。

(2) $E_x=\dfrac{3\pi}{4\omega}$。 (3) $y(t)=\dfrac{1}{2}\delta\left(t-\dfrac{\pi}{2\omega}\right)$，如图 36.81 所示。

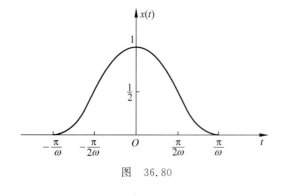

图 36.80

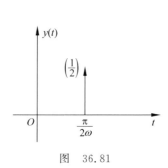

图 36.81

四、(1) $f(t)$ 波形如图 36.82 所示。

(2) $F(\mathrm{j}\omega)=\dfrac{2\alpha}{\omega^2+\alpha^2}$。计算得 $F(\mathrm{j}\omega)$ 的拐点为 $\omega=\pm\dfrac{\alpha}{\sqrt{3}}$，3dB 频率点为 $\omega=\pm\sqrt{\sqrt{2}-1}\,\alpha$。

考虑了拐点与3dB频率点的频谱图如图36.83所示。

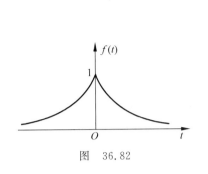

图 36.82

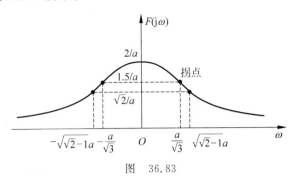

图 36.83

五、(1) $h(n)$ 如图36.84所示。

由于 $\sum\limits_{n=0}^{\infty} |h(n)| = 5 < \infty$,故系统是稳定的。

当 $n<0$ 时,$h(n)=0$,故系统是因果的。

(2) $H(z) = \dfrac{1}{1-0.8z^{-1}}$,零点为0,极点为0.8,图略。

六、(1) $h_1(t) = u(t)$。

(2) $h(t) = u(t) * \mathrm{e}^{-t}u(t) = (1-\mathrm{e}^{-t})u(t)$。$h(t)$ 波形如图36.85所示。

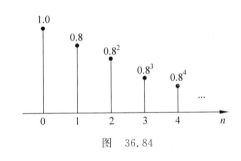

图 36.84

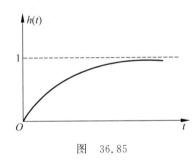

图 36.85

七、$W_{90} = \alpha \cdot \tan 0.45\pi$。

八、(1) $H(s) = \dfrac{sC_1 + \dfrac{1}{R_1}}{s(C_1+C_2) + \dfrac{1}{R_1} + \dfrac{1}{R_2}}$。

(2) 当 $\dfrac{C_1}{C_1+C_2} = \dfrac{\dfrac{1}{R_1}}{\dfrac{1}{R_1}+\dfrac{1}{R_2}} = \dfrac{R_2}{R_1+R_2}$,即 $R_1C_1 = R_2C_2$ 时,可以实现无失真传输。

九、单位阶跃响应 $g(n) = (10-9\cdot0.9^n)u(n)$。

其中,自由响应为 $-9\cdot0.9^n u(n)$,强迫响应为 $10u(n)$。

十、$a_0 = a_1 = a_2 = \dfrac{1}{3}$。

十一、(1) $H(s)=\dfrac{3}{2}\cdot\dfrac{s^{-1}}{1-(-s^{-1})}-2\cdot\dfrac{s^{-1}}{1-(-2s^{-1})}+\dfrac{1}{2}\cdot\dfrac{s^{-1}}{1-(-3s^{-1})}$。

并联结构信号流图如图 36.86 所示。

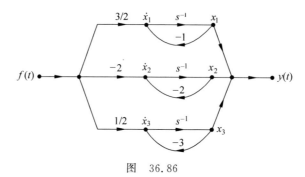

图 36.86

(2) 如图 36.86 设状态变量为 x_1,x_2,x_3,则状态方程为

$$\begin{cases}\dot{x}_1=-x_1+\dfrac{3}{2}f\\[2mm]\dot{x}_2=-2x_2-2f\\[2mm]\dot{x}_3=-3x_3+\dfrac{1}{2}f\end{cases}$$

输出方程为 $y(t)=x_1(t)+x_2(t)+x_3(t)$。

十二、(1) $H_1(j\omega)$ 的幅频特性与相频特性分别如图 36.87(a) 和 (b) 所示。

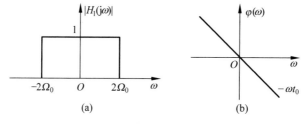

图 36.87

(2) $S(j\omega)=\dfrac{1}{2\pi}\cdot\dfrac{\pi}{2\Omega_0}g_{4\Omega_0}(\omega)*\pi[\delta(\omega+2\omega_0)+\delta(\omega-2\omega_0)+2\delta(\omega)]$

$=\dfrac{\pi}{4\Omega_0}[g_{4\Omega_0}(\omega+2\omega_0)+g_{4\Omega_0}(\omega-2\omega_0)+2g_{4\Omega_0}(\omega)]$。

$S(j\omega)$ 如图 36.88 所示。

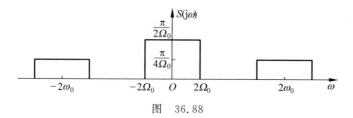

图 36.88

（3）$r(t) = \text{Sa}[2\Omega_0(t - t_0)]$。

十三、1. $H(\mathrm{j}\omega) = \sin\omega + \mathrm{j}\cos\omega$。

2. $\dfrac{2}{2021\pi}\cos 2021\pi t$。

3. $H^*\left(\dfrac{1}{z^*}\right)$。

4. $\mathrm{e}^{At} = \begin{bmatrix} 2\mathrm{e}^{-2t} - \mathrm{e}^{-3t} & 2(\mathrm{e}^{-2t} - \mathrm{e}^{-3t}) \\ -\mathrm{e}^{-2t} + \mathrm{e}^{-3t} & -\mathrm{e}^{-2t} + 2\mathrm{e}^{-3t} \end{bmatrix}$。

5. $S(\mathrm{j}\omega) = \pi A_c \displaystyle\sum_{n=-\infty}^{\infty} \mathrm{J}_n(\beta)\{\delta[\omega - (\omega_c + n\omega_m)] + \delta[\omega + (\omega_c + n\omega_m)]\}$。

附录

几道信息论考研题

为了涵盖中国科学技术大学近 20 年(2003—2022 年)信号与系统所有考研真题,现将中国科学技术大学 2011 年信号与系统考研真题中的两道信息论题目及解答作为附录放在书末,以保证这 20 套试题的完整性。

1. 简要回答信源编码和信道编码的作用,及其与有效性和可靠性的关系。

答 信源编码即压缩信息冗余,用最少的比特表示信源信息,它包括无损压缩和有损压缩。信源编码追求的是有效性。信道编码即对信源编码添加保护比特,对传输的信息进行保护,它追求的是可靠性。有效性与可靠性之间通常是相互矛盾的。

2. 当单位符号离散信源发出消息的概率分布趋向集中时,试说明信息熵和信源发出消息的不确定性的变化。

答 当发出消息的概率分布趋于集中时,信息熵和消息的不确定性都将减小。

3. 当信源 $X: \begin{bmatrix} X & P \end{bmatrix}: \begin{cases} x: & a_1 & a_2 & a_3 \\ p(x): & 1/3 & 1/3 & 1/3 \end{cases}$,首先通过如下信道

$$[P] = \begin{matrix} & \begin{matrix} b_1 & b_2 & b_3 \end{matrix} \\ \begin{matrix} a_1 \\ a_2 \\ a_3 \end{matrix} & \begin{bmatrix} 2/3 & 1/6 & 1/6 \\ 1/6 & 2/3 & 1/6 \\ 1/6 & 1/6 & 2/3 \end{bmatrix} \end{matrix}$$

传输。若此信道输出的信息还需要另一个信道传输,那么后一个信道的信道容量至少需要多少?

分析 考查对称信道的信道容量及有噪信道编码定理。由于是对称信道,所以当输入均匀分布时达到信道容量。

解 信源符号通过第一个信道,由于该信道时对称信道,且输入符号是等概率分布的,则这时达到信道容量的最大值,即

$$C = \log 3 - H\left(\frac{2}{3}, \frac{1}{6}, \frac{1}{6}\right) (比特/符号)$$

其中,

$$H\left(\frac{2}{3}, \frac{1}{6}, \frac{1}{6}\right) = \frac{2}{3}\log\frac{3}{2} + \frac{1}{6}\log 6 + \frac{1}{6}\log 6 = \log 3 - \frac{1}{3},$$

于是,根据有噪信道编码定理,后一个信道的信道容量至少为

$$C = \log 3 - \left(\log 3 - \frac{1}{3}\right) = \frac{1}{3} (比特/符号)。$$

参 考 文 献

[1] 吴大正.信号与线性系统分析[M].5 版.北京:高等教育出版社,2019.

[2] 郑君里,应启珩,杨为理.信号与系统(上、下册)[M].3 版.北京:高等教育出版社,2011.

[3] 奥本海姆.信号与系统[M].2 版.刘树棠,译.北京:电子工业出版社,2014.

[4] 陈生潭,郭宝龙,李学武,等.信号与系统[M].4 版.西安:西安电子科技大学出版社,2014.

[5] 吴镇扬.数字信号处理[M].3 版.北京:高等教育出版社,2010.

[6] 程佩青.数字信号处理教程[M].4 版.北京:清华大学出版社,2015.

[7] 高西全,丁玉美,数字信号处理[M].2 版.西安:西安电子科技大学出版社,2001.